BEIHEFTE ZUR
ZEITSCHRIFT FÜR ROMANISCHE PHILOLOGIE

BEGRÜNDET VON GUSTAV GRÖBER
HERAUSGEGEBEN VON GÜNTER HOLTUS

Band 326

ANNETTE GERSTENBERG

Thomaso Porcacchis *L'Isole piu famose del mondo*

Zur Text- und Wortgeschichte der Geographie im Cinquecento (mit Teiledition)

MAX NIEMEYER VERLAG TÜBINGEN
2004

Bibliografische Information der Deutschen Bibliothek

Die Deutsche Bibliothek verzeichnet diese Publikation in der Deutschen Nationalbibliografie; detaillierte bibliografische Daten sind im Internet über *http://dnb.ddb.de* abrufbar.

ISBN 3-484-52326-3 ISSN 0084-5396

Printed in Germany.
Gedruckt auf alterungsbeständigem Papier.
Druck: Laupp & Göbel, Nehren
Einband: Norbert Klotz, Jettingen-Scheppach

Vorwort

Die vorliegende Arbeit ist als Dissertationsschrift auf Anregung von Prof. Dr. Wolfgang Schweickard (Saarbrücken) entstanden. Er hat die Arbeit in vielen Gesprächen und Lektüren betreut sowie zahlreiche Texte und Materialien aus dem Forschungsprojekt des *Deonomasticon Italicum* zur Verfügung gestellt. Für diese Unterstützung und den kontinuierlichen Austausch möchte ich ihm an dieser Stelle herzlich danken.

Danken möchte ich auch Prof. Dr. Dr. h.c. mult. Max Pfister sowie Prof. Dr. Rita Franceschini (beide Saarbrücken) für wichtige Hinweise und Anregungen im Zusammenhang der Zweit- und Drittgutachten der Dissertation, Prof. Dr. Günter Holtus (Göttingen) für die Aufnahme der Schrift in die Reihe der Beihefte zur Zeitschrift für romanische Philologie, Prof. Dr. Dietrich Briesemeister (Jena/Wolfenbüttel) für sein stetes, ermutigendes Interesse am Thema und weiterführende Literaturhinweise sowie vielen Kolleginnen und Kollegen für Gespräche und Gedankenaustausch. Besonders haben mir Dr. Jan Reinhardt (Dresden), dott.ssa Ester Salamanna-Diallo und Dr. Barbara Wolf (beide Saarbrücken) mit sprachlichen und inhaltlichen Korrekturen des Manuskriptes geholfen. Dr. Ulrike Dedner und Herr Norbert Alvermann vom Max Niemeyer Verlag haben mich zuverlässig und sehr entgegenkommend bei der Druckvorbereitung unterstützt. Frau Dipl.-Kartographin Rosemarie Mendler (Jena) erstellte die Übersichtskarte zum Raum des *Arcipelago*.

Die Zeit der Arbeit haben mir meine Familie, Freundinnen und Freunde mit viel Geduld, Teilnahme und Ablenkung erleichtert und verschönt, in nächster Nähe mein Mann Tobias Mayer.

Inhaltsverzeichnis

1. Einleitung

1.1. Thema

Thomaso Porcacchi verfasste mit *L'Isole piu famose del mondo*[1] (1572) ein umfassendes und aktuelles, dabei bündig und unterhaltsam geschriebenes geographisches Kompendium. Le Isole wird in der vorliegenden Studie unter diesem Gesichtspunkt sprachhistorisch untersucht und als Schlüsseltext der Geographie seiner Zeit gedeutet. Im *Prohemio* heißt es:

> «[...] non ho voluto lasciar di mettermi a cosi animosa impresa per giovare *et* dilettare (se tanto delle fatiche mie posso promettere) a coloro che dello studio della Geografia si dilettano: *et* cosi ho descritto alcune Isole piu famose del mondo con quella maggior brevità, che m'è stato possibile [...]» (Le Isole, b3v°).

Porcacchi selbst stellt hier die Geographie als Thema heraus, ein ebenso erfreuliches (*per giovare et dilettare*) wie lehrreiches (*dello studio*) Sujet. Seine Darstellung ist von globalem Anspruch (*del mondo*), aber in der Form begrenzt auf ein Inselbuch (*L'Isole*).

In dieser formalen Anlage gehört das Buch in die Tradition der *Isolari*, inhaltlich ist Le Isole einem breiten Spektrum von Texten verpflichtet – vor allem antike Geographien und Reiseberichte –, die in ihrer Gesamtheit die frühneuzeitliche Geographie konstituieren. Le Isole stellt eine Kompilation dieser Quellen dar.

Die vorliegende Arbeit erschließt diese Zusammenhänge unter dem Titel «Text- und Wortgeschichte». In beiden Bereichen werden jeweils unterschiedliche Methoden kombiniert, um sich einer «Textgeschichte» und einer «Wortgeschichte» zu nähern. Insbesondere die begriffliche Unschärfe von «Textgeschichte», auf die bereits Schlieben-Lange hinweist,[2] ermöglicht es, diesen Terminus für den hier gegebenen Zusammenhang zu definieren. «Textgeschichte» wird im Kontext der vorliegenden Arbeit als eine Summe komplementärer Methoden verstanden. Dazu gehört im historischen Längsschnitt die bibliographisch und konzeptionell orientierte Geschichte der geographischen Texttraditionen. Im historischen Querschnitt wird im Anschluss

---

1 Im Folgenden: Le Isole.

2 «Ein einzelner Text hat keine Geschichte, er ist das jeweils individuelle Produkt der Sprechtätigkeit. Man kann allenfalls seine Produktionsgeschichte als Geschichte der Textfassungen, seine Überlieferungsgeschichte oder seine Rezeptionsgeschichte schreiben, nicht die Geschichte des Textes selber» (Schlieben-Lange 1983, 138).

daran der textexterne Entstehungskontext von Le Isole betrachtet; danach werden die textinternen sprachlichen sowie textuellen Eigenschaften analysiert.

Zeitlich steht im Zentrum der Betrachtung das 16. Jahrhundert; die Darstellung der Texttraditionen setzt jedoch bereits im 15. Jahrhundert ein. Diese mehrdimensionale «Textgeschichte» wird mit der «Wortgeschichte» der Geographie in Bezug gesetzt und knüpft damit an die von Grafton (1990) skizzierte Idee der *Transmission of Culture* an, der zufolge «sich Veränderungen einzelner Texte als Indikatoren eines Bedeutungswandels verstehen lassen» (Vogel 1999, 6).

Konkret zeigt sich dies an der Begriffsgeschichte zu it. *geografia*, in deren Rahmen der Wandel des Bedeutungsinhaltes an Hand von Quellenbelegen dargestellt wird. Der sich wandelnde Bedeutungsinhalt erschließt sich im Zusammenhang des semantischen Feldes, zu dem auch *cosmografia*, *corografia*, *topografia* gehören. Aus dieser quellennahen begriffsgeschichtlichen Darstellung entsteht eine erste Konturierung der hier in Betracht gezogenen «geographischen Textgeschichte».

Ebenfalls eng mit der «Textgeschichte» verbunden ist die zweite wortgeschichtliche Herangehensweise: Die umrissenen geographischen Texttraditionen werden exemplarisch als Textgrundlagen für die historische Lexikographie ausgewertet. Dies geschieht zum einen exemplarisch für einige geographische «Fach»begriffe, zum anderen im Glossar zu den Namen der griechischen (und türkischen) Inseln im Italienischen, in Form einer historischen Belegdokumentation. Die Studie basiert auf einer integralen Edition des Textes, deren zentrale Kapitel in die vorliegende Publikation aufgenommen wurden.[3]

Am Beginn der Untersuchung stehen die begriffsgeschichtliche Untersuchung zu it. *geografia* (→ 2.1.), die Überlieferungs- und Editionsgeschichte der zentralen Texte und Textsammlungen sowie deren Situierung im Zusammenhang zeitgleicher Diskurstraditionen mit geographischer Thematik.

Mit «Ausdifferenzierung der Diskurstraditionen» wird dabei einerseits ein in medialer Hinsicht breites Textspektrum angesprochen, das auch mündliche und kartographische Realisierungen umfasst, andererseits werden unter diesem Aspekt Hinweise auf Gattungen und Gesprächsformen gedeutet, in welchen zeitgenössisch geographische Themen an Relevanz gewannen, so etwa unterschiedliche Formen von Berichten, das «gelehrte Gespräch» im akademischen Umfeld oder gelehrte Privatbriefe (→ 2.2.). Vier Traditionslinien der «Textgeschichte der Geographie im '500», welche für Le Isole konstituierend sind, werden schließlich eingehender dargestellt. Dabei stehen die Fragen nach dem jeweiligen Bekanntheitsgrad, die herstellerische Ausstattung, kartographische Illustration und Zielsetzung der Editoren, sowie Darstellungsprinzipien und Hinweise auf die Leserschaft im Mittelpunkt, welche den zeitgenössischen Stellenwert des konturierten Geographie-Begriffs und der Texte, in denen er seine kommunikative Wirkung entfaltet, abzuschätzen helfen. Im Kontext der vorliegenden Arbeit werden als «geographische Texte» die sprachhistorisch bisher kaum oder gar nicht beachteten Werke wie Geographien antiken Stils, die *Isolari* und «praxisorientierte» Texte stärker gewichtet als die in der

3 Eine Online-Edition kann über die Homepage des Verlages aufgesucht werden (http://www.niemeyer.de/links/link_material.html).

Sprachgeschichtsschreibung besser bekannten Reiseberichte. Zuerst werden die antiken Geographien und ihre italienischen Übersetzungen behandelt (→ 2.3.), dann die Gattung[4] der *Isolari* (→ 2.4.) und Sammlungen von Reiseberichten (→ 2.5.),[5] schließlich als «praxisorientierte Texte» das Segelhandbuch von Medina und die Beschreibung der Weltkarte von Gastaldi (→ 2.6). Im letztgenannten Bereich werden damit exemplarisch zwei Texte aufgegriffen, die für Le Isole als direkte Quellen vorausgesetzt werden können.

Im dritten Kapitel werden der Text Le Isole und seine sprachlichen Eigenheiten vorgestellt. Ausgangspunkt ist die Überlegung, dass erst aus dem historischen Entstehungskontext heraus die Textkonstitution erklärbar wird, d.h. nur bei genauer Kenntnis der Arbeitsbedingungen eines *collaboratore editoriale* wie Porcacchi die Texteigenschaften eines kompilierten Textes zu verstehen sind. Daher wird einleitend die sprachexterne Kontextualisierung[6] von Le Isole vorgenommen, im Hinblick auf das venezianische Verlagswesen und die Tätigkeit eines *poligrafo* wie Porcacchi (→ 3.1.). Hier berühren sich kultur-, sozial- und wirtschaftshistorische Fragestellungen, wenn inhaltliche ebenso wie nachfragebezogene Aspekte der Buchproduktion zur Sprache kommen und das soziale Umfeld[7] des Autors beschrieben wird; im Anschluss daran erfolgt eine biographische Skizze (→ 3.2.) sowie eine knappe Charakteristik des Buches (→ 3.3.), wobei die eingangs angesprochene Intention des Autors, «Geographie» kurz, unterhaltsam und verständlich darzustellen, an Hand der häufigen Autorenkommentare untersucht wird. Im Rahmen der sprachhistorischen Analyse (→ 3.4.) werden Merkmale herausgestellt, die Porcacchis Bemühen um eine kurze und anschauliche Darstellung zeigen; wenngleich er dem toskanischen Standard folgt, lassen sich auch Elemente der *lingua corrente* feststellen. Außerdem wird das Inventar von Satzzeichen besonders im Hinblick auf die syntaktische Funktion betrachtet. Dies geschieht aus editionsphilologischer Perspektive, um die Notwendigkeit einer originalgetreuen Transkription auch in diesem Bereich aufzuzeigen.

---

4 Die Vielzahl der gemeinsamen Merkmale in inhaltlicher und formaler Hinsicht sowie ihre Tradition, auf die sich spätere Autoren selbst berufen, erlaubt es, die *Isolari* als Gattung im Sinne einer zeitgenössisch wahrnehmbaren und empirisch zu beschreibenden Größe (cf. Wilhelm 1996, 11) aufzufassen.

5 «I lunghi viaggi terrestri e soprattutto le navigazioni dei secc. 15°–18° schiudono agli Europei tutti i mari del mondo e permettono di delineare con discreta approssimazione i contorni di quasi tutte le terre: per un lungo periodo, storia delle esplorazioni e storia della conoscenza geografica coincidono» (EncTreccani 5,97).

6 Zum editionsphilologischen Erfordernis der sprachexternen Kontextualisierung cf. Holtus/Völker (1999, 407s.); cf. Schlieben-Lange (1983, 35) zur «Schöpfung von sprachlichen und textuellen *Traditionen* [...] unter sich ebenfalls verändernden *Bedingungen* [die physikalische, soziale, kulturelle Umwelt]». Auf den Stellenwert der «conditions réelles» der Textproduktion weist auch Zumthor (1981, 9), in seiner Untersuchung zu *Intertextualité et mouvance* hin.

7 Cf. das Plädoyer von Grafton (1998, 76), für die Verknüpfung text- und sozialhistorischer Fragestellungen: «connecting the social history of editors to the internal history of the texts they edited».

Das vierte Kapitel hat die Le Isole zu Grunde liegenden Quellen und die Prinzipien ihrer Überarbeitung zum Thema. Dafür wird zunächst die Verarbeitung von Vorlagen als Grundzug geographischer Texte herausgestellt. Des Weiteren wird Porcacchis Text in die Vielzahl von Texten eingeordnet, die in der zweiten Hälfte des 16. Jahrhunderts als *riscrittura* bereits publizierter Vorlagen zu verstehen sind (→ 4.1.). Eine Systematisierung der verwendeten Zitierweisen sowie exemplarische Synopsen stellen Grundzüge dieser Quellenüberformung heraus (→ 4.2.). Da einige der ausgewerteten Quellen bisher kaum bekannt sind, fallen hier die Exzerpte ausführlicher aus. Eine gesonderte Untersuchung gilt Buondelmontis *Liber insularum archipelagi* als Quelle für Le Isole, da dieser Text die Tradition der *Isolari* begründet und inhaltlich und formal eine wichtige Vorlage für Le Isole ist (→ 4.3.). Zudem ist die Überlieferungsgeschichte von besonderem editionsphilologischen Interesse. In einem weiteren Schritt wird die These aufgestellt, dass Le Isole auch eine Kompilation von Textsorten ist (→ 4.4.). Um dafür zu argumentieren, ist der erste Schritt die Selektion von Textsorten, welche für Le Isole Vorbilder darstellen, wobei die als tragend einzustufenden Textsorten im Zentrum stehen.[8] Es erfolgen jeweils synoptische Darstellungen von Passagen aus Vorlage und Le Isole zu den Textsorten «Erläuterung» (Pedro de Medina) und «Erzählung» (Pietro Martire d'Anghiera), daneben tritt ein tabellarischer Ausschnitt aus Ptolemäus' Geographie (Edition: TolomeoGeografiaMattioli), aus dem die Merkmale der «Beschreibung» entwickelt werden. Auf diese Weise wird ein Modell der Klassifikation und Beschreibung historischer Textsorten umrissen und exemplifiziert. Eine daran anschließende Analyse verdeutlicht die Technik der Kompilation auf der Ebene der Kompilation von Textsorten.

Die gegenseitige Nutzbarkeit einer «Textgeschichte» und einer «Wortgeschichte» der Geographie veranschaulicht das fünfte Kapitel auf Basis von zwei lexikographischen Abschnitten. Um Belege, lexikographische Metasprache und Definitionen bruchlos zu präsentieren, wurde in diesen Abschnitten die Beschreibungssprache Italienisch gewählt. Die Beleglage einiger geographischer Termini und griechischer Inselnamen im Italienischen wird an Hand der in der «Textgeschichte» behandelten Quellen dargestellt, ergänzt durch Belege aus anderen einschlägigen Quellen.

Die exemplarische Diskussion der Wortgeschichte zentraler geographischer Termini (→ 5.1.) greift einige Beispiele auf, die auch Porcacchi in seinem Vorwort (*Prohemio*) definiert, und an denen sich zeigen lässt, dass die Rückverfolgung seiner Quellen, welche zur in 2. verdeutlichten «Textgeschichte» der Geographie gehören, zum Erstbeleg führen kann (*altezza*, *arcipelago*, *continente*, *lunghezza*, *longitudine*, *polesine*).

Daran schließt sich das Glossar zu den in den *Isolari* überlieferten Inselnamen an, bezogen auf den Raum, den Buondelmonti als *Arcipelago* beschreibt, und der – begonnen mit Korfu – das ionische Meer, die Zykladen, die südlichen wie die nörd-

---

[8] Auf Grund der enzyklopädischen Anlage des Textes als Kompendium eines breiten Spektrums zeitgenössischer Texte nicht nur «geographischer» Art, sondern auch historischer, literarischer und kartographischer Natur, kann dabei nicht die vollständige Erfassung aller potenziell differenzierbaren Textsorten erzielt werden.

lichen Sporaden umfasst und bis Konstantinopel reicht. Dieser Glossarteil zeigt die Ergiebigkeit der in 2. beschriebenen geographischen Texte für eine lexikographische Untersuchung der Eigennamen. Kern der Dokumentation sind die Belege aus den *Isolari* von Buondelmonti, Sonetti, Bordone, Porcacchi, Boschini und Coronelli. Darüber hinaus werden Karten, Nameninventare zu Karten, Chroniken, Reiseberichte sowie Übersetzungen antiker Epen und antiker Geographien (vorwiegend literarische Texte und Übersetzungen aus den Textdatenbanken von OVI und LIZ) ausgewertet, für die modernen Namenformen auch Atlanten und Enzyklopädien. Im Anschluss an die Begründung der methodischen Vorgehensweise (→5.2.1.–5.2.3.) werden kurz die historischen Bedingungen für Namenwandel und Namenwechsel der Inseln geschildert sowie ihre Merkmale (→ 5.2.4.–5.2.5.). Ein eigener Abschnitt ist der Frage gewidmet, wie in den Texten selber auf den Variantenreichtum der Inselnamen aufmerksam gemacht wird: Die Autoren, Herausgeber oder Übersetzer geographischer Texte weisen (avant la lettre) auf den diastratischen und den diachronischen Aspekt der Namenvarianten hin (→ 5.2.6.). Bei der Zusammenfassung der Ergebnisse (→ 5.2.7.) wird bezüglich der *Isolari* die Frage gestellt, welche Aufschlüsse die Wortgeschichte der Inselnamen für die Textgeschichte der Gattung geben kann. Auf Grundlage ihres toponymischen Bestandes – antike Namenformen neben mittelalterlichen und modernen – werden diese Texttraditionen unterscheidbar und Texte können im Hinblick auf die Verwendung von «antiken» vs. «modernen» Namenformen gruppiert werden. Weiterhin können im Hinblick auf fehlerhafte Varianten Aufschlüsse über genetische Zusammenhänge gewonnen werden.

1.2. Forschungsstand und Quellenlage

Le Isole wurde bisher sprachhistorisch nicht monographisch untersucht. Porcacchis lexikographische Arbeit wird in den Arbeiten von Coglievina (1965) und Tancke (1984) behandelt. In der Studie Di Filippo Bareggis (1988) werden die Entstehungszusammenhänge seiner Arbeiten und die von anderen Verlagsmitarbeitern aus dem *mestiere di scrivere* beleuchtet.

Le Isole wird als Quelle der historischen Lexikographie erstmals im *Deonomasticon Italicum* ausgewertet (z.B. Erstbeleg der Variante *monte Cinthio* in DI 1,510). Auch den Großteil der übrigen zitierten geographischen Texte wertet das DI aus (cf. DISuppl).

Auf editorische Desiderata in der historischen Lexikographie bezüglich des Quellenkanons und der editorischen Methode wiesen in jüngster Zeit Gleßgen/Lebsanft (1997b, 6s.), Möhren (1997, 164), Varvaro (1998) und Schweickard (2002) hin (→ 1.3., *Editionsphilologische Methode*).

Für Theorie und Praxis der Begriffsgeschichte sei auf die *Geschichtlichen Grundbegriffe* (GGB) verwiesen und ihre einleitend von Koselleck (GGB 1, 1972) formulierte Zielsetzung, sowie – über diese hinausgehend – auf die Beiträge zum aktuellen Forschungsstand in Bödeker (2002a), zur begriffsgeschichtlichen Methode besonders Bödeker (2002b, 92; 120). Im Bereich der Sprachgeschichtsschreibung fanden begriffsgeschichtliche Fragestellungen bisher kaum Berücksichtigung, stellen jedoch ein Desiderat dar (Lebsanft 2003, 489). Blank (2001, 69; 151) klammert sie ausdrücklich aus dem Bereich der «allgemeinen» Historischen Semantik aus.

In der italienischen Sprachgeschichtsschreibung bildet im Bereich nichtliterarischer Texte der Themenbereich der Geographie zumeist keine eigene Kategorie, wenngleich hier bekanntermaßen früh Texte im Volgare zu finden sind (Koch 1988b, 354). Üblich ist die – eher knappe – Zusammenfassung von geographischen Texten und Reiseberichten. So subsumiert Marazzini «libri geografici e di viaggio» und stellt die Bedeutung von Ramusios *Navigationi e viaggi* heraus.[9] Er geht jedoch nicht näher darauf ein, welche anderen Texte zu den «geografici» zu zählen sind. Die *Storia della lingua italiana* von Migliorini (MiglioriniStoria) geht kurz auf astronomische Texte (291) und auf Reiseberichte (292) ein, nicht jedoch auf geographische Texte bzw. Übersetzungen. Quondam (1977, 63) und Di Filippo Bareggi (1988, 288) klassifizieren innerhalb der Buchproduktion des 16. Jahrhunderts eine Gruppe «geographischer Texte», jedoch erfolgt keine kritische Diskussion dieser Kategorie, etwa der Frage, ob und warum Reiseberichte dazu zu rechnen sind.

Zu den *Isolari* erschienen in jüngerer Zeit mehrere Untersuchungen. Eine monographische Studie zum Thema stammt von Lancioni (1991), welcher bisher den umfänglichsten historischen und bibliographischen Überblick bietet. Der Schwerpunkt der Darstellung liegt auf dem *Isolario* als Zeichensystem.[10] Im Detail beschränkt sich der Autor auf zusammenfassende Angaben und berücksichtigt über das *Isolario* hinausgehende Textgrundlagen nicht (cf. Lancioni 1991, 94). Semiotische Aspekte behandelt bereits Umberto Eco in den Vorworten zu Lancioni (1991)[11] und zu BordoneLibroEco.

Im Rahmen seiner Darstellung zu *Spazio e modernità. Libri, carte, isolari nell'età delle scoperte* erfährt die Tradition der *Isolari* bei Donattini (2000) eine ausführliche und auch bibliographisch informative Darstellung. Häufig werden *Isolari* als Randaspekt in kartographiegeschichtlichen Darstellungen (z.B. Bagrow/Skelton 1963) untersucht, wobei ihr Verhältnis zu den Portulankarten diskutiert wird.[12] Die

---

9 Marazzini (1993, 68): «la silloge di tutti i testi del genere fin allora disponibili, riunita in un *corpus* ampio e completo [...]. Il pubblico, evidentemente, era appassionato di tali narrazioni».

10 «Mentre funziona come testo che parla di isole, le descrive e le localizza, l'isolario si presenta anche come testo che utilizza l'isola in qualità di elemento sintattico, puro elemento differenziale di un sistema tassonomico in cui possono venir ordinati campi semantici lontani dal contesto geografico: storie ed eventi, personaggi illustri e meraviglie di natura si accumulano nel testo tramite le espansioni narrative prodotte a partire dal livello descrittivo del testo stesso» (Lancioni 1991, 70).

11 «[...] modalità rappresentativa dell'ignoto e del noto, artificio classificatorio, capitolo di una storia dell'iconografia, elemento di una strategia narrativa [...] che da Omero a oggi non cessa di abitare, più che i suoi spazi mediterranei, iperborei ed oceanici, il nostro spazio mentale» (Eco in Lancioni 1991, VIII).

12 «Of more questionable status are those manuscripts that borrowed the portolan chart outlines and place-names but not their rhumb lines. Examples can be found in the fifteenth-century island books (*isolarii*) of Cristoforo Buondelmonti and Henricus Martellus Germanus [*Insularium Illustratum*, 1470–1480]. These have sometimes been treated as nautical charts, even though they clearly had no navigational function» (Campbell 1987a, 380).

literarische Entwicklung der Gattung zwischen Poesie und Reisebericht untersucht Guglielminetti (1989), kulturhistorische Ansätze stellen die Korrespondenzen zwischen dem Sujet, der antiken Traditionen der ägäischen Inselwelt und der Text- und Kartenform des *Isolario* in den Vordergrund.[13] Den Quellenwert der *Isolari* für die historische Topographie und Bevölkerungskunde untersucht Koder (1977), Ansätze zur ethnologischen Auswertung auch bei Χατζιπαναγιωτη (1994), welche zugleich die Einbettung der *Isolari* in die Tradition der venezianischen Kartographie hervorhebt und kurz auf genetische Zusammenhänge der Texttradition eingeht. Das «interesse sempre crescente che gli studiosi vengono dimostrando per gli scritti di Cristoforo Buondelmonti», welches Gerola (1932–1933, 1129, unter Verweis auf Jacobs 1903; 1927; Jacopi 1930) konstatierte, konnte sich jedoch trotz der von ihm aufgezeigten Forschungsperspektiven nicht etablieren.

Der weitere Forschungsstand zu den im Einzelnen besprochenen Autoren und Texten wird im Verlauf der Darstellung aufbereitet. Hierbei konnte nur in Ausnahmen auf sprachhistorische Untersuchungen zurückgegriffen werden (z.B. Tavoni 1992; Barbato 2001), hinzugezogen wurden zumeist geographiegeschichtliche Darstellungen (darunter die Standardwerke von Bagrow/Skelton 1963; Shirley 1984; Harley/Woodward 1987). Kultur-, sozial- und wirtschaftshistorische Aspekte der Kartographie berücksichtigt Woodward (1987; 1996).

Die Ausdehung des Untersuchungsinteresses auf «Diskurstraditionen», die thematisch der Geographie verpflichtet sind, geschah in Anlehnung an die Definitionen von Koch/Oesterreicher (1990, 7), Koch (1997), Wilhelm (2001).

Die sprachinterne Untersuchung basiert in weiten Teilen auf Studien zum Zusammenhang von sprachinterner Standardisierung und Verbreitung des Buchdrucks.[14] Diese Problematik hat Eingang in sprachhistorische Gesamtdarstellungen gefunden (Maraschio 1993; Marazzini 1993; MiglioriniStoria; Trifone 1993), sowie

---

[13] «Ce fut là qu'on rangea l'héritage scientifique de l'Antiquité redécouverte, et le lieu d'origine devint lieu de classement. Les îles de l'Archipelague [...] offraient, en même temps que la source de légendes et d'histoires remises en honneur par l'humanisme renaissant, un cadre taxinomique idéal, où stocker cette multitude d'informations hétérogènes et merveilleuses venues d'un autre âge» (Lestringant 1993, 41). Conley (1996, 129) spricht von der «virtuellen» Bewegung in «a space whose limits, that whet desire, are both islandshores and the constraints of a lyrical model». Auch Broc (1980, 184s.) spielt auf die Faszination des «Mikrokosmos» einer Inselwelt zwischen Wirklichkeit und Imagination an; gleichwohl erfasst er *Isolari* in der Kategorie *atlas nautiques*. Donattini 1999 situiert die *Isolari* in kurzen Essays z.B. zur Ptolemäus-Rezeption, zur Entdeckung der Neuen Welt, zu Sammlungen von Reiseberichten, zur Faszination des Insel-Motivs, in der geographiegeschichtlichen Tradition mit ihren kulturhistorischen Implikationen.

[14] «Numerose ricerche mostrano che già negli anni '20 i correttori conoscono e mettono in pratica gli insegnamenti delle prime grammatiche a stampa [...] e che la loro prassi è relativamente omogenea [...]. Certo, occorre guardarsi da facili generalizzazioni, tenendo presente che filoni diversi di sensibilità linguistica si fronteggiano per tutto il secolo, e anche oltre, nelle tipografie italiane, ma è lecito supporre che verso la metà del secolo il lavoro dei correttori – quando ci sono – sia ancora più omogeneo, almeno per quanto riguarda le tendenze più generali (vocalismo e consonantismo fiorentino, morfologia del verbo e del nome petrarchesca, ecc.)» (Trovato 1987, 3s.). Cf. Trovato (1998, 179).

zu zahlreichen Einzelstudien Anlass gegeben (Richardson 1986; Trovato 1987; 1994; Castellani 1995; Bloc-Duraffour/Lazard 1996; Scavuzzo 1996). Eine monographische Studie zum Zusammenhang von sprachlicher Normierung und Buchdruck blieb jedoch bisher aus (Trifone 1993, 426).

Die Rolle Bembos wird in jüngerer Zeit relativiert.[15] Pozzi (1988, 14) weist im Kontext der *Discussioni linguistiche del Cinquecento*, im Rahmen der «opera di uniformazione, compiuta nelle tipografie», auf das Nebeneinander höherer und niedrigerer Sprachregister hin: «Accanto alla lingua dell'alta letteratura, insomma, si consolida una lingua ‹corrente›», an diese Feststellung knüpft die Untersuchung der innersprachlichen Merkmale von Le Isole an. Zur Frage der Diaphasie werden v.a. die Untersuchung zu *Gattungsgeschichte und Sprachgeschichte* von Wilhelm (1996) sowie Lucchesi (1988) herangezogen, sowie im Kontext der Diskussion des «Gesprochenen» Koch/Oesterreicher (1985) und Koch (1988a).

Zur Syntax auch des 16. Jahrhunderts erschien zuletzt die Monographie von Stein (1997), welcher Livius-Übersetzungen untersucht; aus dieser Perspektive bleiben diaphasische Aspekte weitgehend unberücksichtigt.

Für die innersprachliche Untersuchung wurden weiterhin die historische Grammatik von Rohlfs (1966–1969), die Gesamtdarstellungen von Devoto (1971), Durante (1994), Migliorini (MiglioriniStoria) und Beiträge aus Serianni/Trifone (1993–1994) herangezogen, dazu mehrere Einzelstudien, unter denen Schwendener (1923), Lyer (1934), Herczeg (1949; 1972), Corti (1953), Migliorini (1957b; 1957c; 1968) und Richardson (1994; 1996) hervorzuheben sind. Die Untersuchung der textuellen Eigenschaften von Le Isole basiert v.a. auf Conte (1988) und Brinker (2001).

Die Entwicklung der Interpunktion und die spezifische Umsetzung bei einzelnen Autoren hat in den letzten Jahren vermehrtes Interesse gefunden (Borrelli 1987; Chiantera 1992; Cresti/Maraschio/Toschi 1992; Marazzini 1993).

Die sprachhistorische Relevanz liegt zum einen in der Entwicklung eines mehr oder weniger regelhaften eigenständigen Systems der Zeichensetzung (in diesem Sinne Chiantera 1992, 197), zum anderen werden Wechselbeziehungen zu benachbarten Bereichen beschrieben: zur Typographie (Trovato 1998),[16] zu syntaktischen Erfordernissen (Lucchesi 1988, bes. 102) und – in weiterem Sinne – der Gestaltung des Sprachflusses (Borrelli 1987, bes. 58).

Auch wurde das Desiderat formuliert, dass Editionen das Material für diachrone Untersuchungen zur Verfügung stellen sollen.[17] Für das Konzept der *riscrittura*, das

---

[15] «In realtà, la standardizzazione dell'italiano letterario sembra piuttosto un processo di medio periodo, diciamo una sessantina d'anni, che inizia prima dell'azione del Bembo (nato 1470) ed è già in atto quando le *Prose* vengono pubblicate. Non si tratta di un processo lineare di causa-effetto, ma di un'evoluzione lenta, complicata dal sovrapporsi di più effetti di *feed-back* o retroazione [...]» (Trovato 1998, 164; cf. 144; 170). Cf. zur Rolle Bembos u.a.: MiglioriniStoria, 329; Pfister (1981, 103).

[16] «E l'interpunzione, che noi consideriamo come una variabile indipendente, è piuttosto, nei primi decenni del '500, in funzione di altre scelte dello stampatore: dei caratteri e del formato e insomma del pubblico» (Trovato 1998, 212).

[17] «[...] la punteggiatura dei testi del Cinquecento e del Seicento viene di solito ritoccata disinvoltamente dagli editori moderni, senza che ad essa venga attribuito un significato rile-

im Rahmen der Quellenanalyse zentral ist, sind die von Cherchi verfassten (1980; 1998a und b; 1999b) und herausgegebenen (Cherchi 1998b; 1999a) Beiträge grundlegend.

Das Desiderat einer Textsortenklassifikation gehört zu den Kernanliegen der Textsortenlinguistik (cf. Steger 1983, 33). Ein Grundlagenmodell wurde jedoch bisher nicht erstellt; historische Fallstudien stehen daher vor dem Erfordernis, auf das spezifische Interesse zugeschnittene Merkmale herauszuarbeiten, welche eine Klassifizierbarkeit der im Textkorpus vorhandenen Textsorten ermöglichen.[18]

Ansätze für die gewählte Methode der Textsortenanalyse findet sich bei Ambrosini für Bordone[19] und Wagner für Münster.[20] Ansätze zu *Reisebeschreibungen in der Textsortenklassifikation* für die germanistische Sprachgeschichtsschreibung formuliert Babenko (1997; cf. auch die stark verkürzenden Thesen bei Babenko 1991). *Discorsi*, Dialoge, wissenschaftliche Briefe und Pamphlete im historischen Kontext charakterisiert Olschki (1922; Kapitel V *Die Formen der wissenschaftlichen Darstellung*, 303ss.) und stellt stilistische Texteigenheiten heraus, die auch für eine Untersuchung der Textsorteneigenschaften dieser Gattungen von Interesse sind. Zur weiteren Problematik der Textsortenanalyse, die im Kontext der Quellendiskussion stattfindet, erfolgt eine eingehende Darstellung des Forschungsstandes am Anfang im Kapitel *Terminologie und Methode* (→4.4.1.). Für das Insel-Glossar wurde auf das *Deonomasticon Italicum* (DI) und Materialien des DI zurückgegriffen, weiterhin wurden die Inventare von Cappacci (CapacciTopon), Kretschmer (KretschmerPortolane), Markl (1966), für die griechischen Toponomastika VOUR

vante. Questo comportamento è in parte giustificato, ma non deve farci trascurare lo studio dell'uso antico nel ‹puntare gli scritti›, come allora si diceva. In esso si riscontrano molte interessanti differenze rispetto alle abitudini moderne [...]» (Marazzini 1993, 211).

18 «Es ist dabei offensichtlich, daß nur solche Merkmale zur Modellbildung geeignet sind, die relevant und intersubjektiv möglichst eindeutig erkennbar sind und sicher gehandhabt werden können. Sie sollen ausdrücklich nicht die kommunikativen Ganzheiten *beschreiben*, sondern sie modellieren» (Steger 1983, 45s.).

19 Ambrosini (1990, 14), untersucht die Mexiko-Passage bei Bordone: «Non era però una sintesi fedele, quella che Bordone aveva fatto del testo cortesiano: da questo, infatti, egli aveva estratto la sola parte descrittiva, eliminando ogni componente narrativa [nota: Bordone, *Isolario*, f. VIII rev, sintetizza ad esempio la descrizione dei luoghi di culto messicani de *La preclara narratione*, ff. [Iiv]r–Kv, omettendo però la scena concitata e drammatica che vede Cortés abbattere gli idoli e sostituirli con immagini sacre cattoliche: ‹le quai tute cose Muteezuma et gli altri habbitatori hebbero molto a male› (*La preclara narratione...*, f. Krev)] e volgendo al presente i verbi, per lo più al passato nella *Preclara narratione*. Di qui la dimensione astratta, atemporale, in fondo irreale di queste pagine».

20 «Münsters Amerikateil [in: *Cosmographie* 1550] geht wiederum zurück auf Texte des *Novvs orbis*, er gibt eine *narratio* der Entdeckungs- und Eroberungsgeschichte anhand ausgewählter spektakulärer Episoden der ersten drei Reisen Columbus' nach Peter Martyr und Vespuccis *Quatuor Navigationes*, in die signifikante deskriptive Passagen zu *vita & mores* der Einwohner übernommen wurden [...]. Sebastian Münster hat durch die Komprimierung der *Narrationes* und *Descriptiones* verschiedener Berichte eine *Historia* der Neuen Welt geschrieben, wenngleich mit ‹open end› in ihrer weiteren Bedeutung für den europäischen Leser» (Wagner 1994, 235ss.).

(1993) und EGLE (2001), ausgewertet sowie einige Monographien (Leonhardt 1899; Dieterich 1912) und Zeitschriftenartikel (Philippson 1901; 1947; 1950–1959; Gerola 1914; 1931; 1932–1933; Amantos 1929; 1949; Kahane 1938; Kahane/Kahane 1940; 1953–1954; 1968–1976; 1987; Georgacas 1943; 1949/1950; 1964; 1970; Armao 1947; Fels 1951; Thomopoulos 1952; Cortelazzo 1959; 1965; Thiriet 1959; 1977; Lognon 1960; Kahane/Kahane/Bremner 1967; Avramea 1975; Bosteels 1977; Kramer 1987–1993). Zur Quellenbasis und zu den zitierten Lexika cf. die Einleitung zum Glossar (→ 5.2.3.).

Die ausgewerteten geographischen Texte wurden zum überwiegenden Teil in den Originalversionen eingesehen, zum Teil in den Beständen deutscher Bibliotheken, zum Teil in Reproduktionen von Mikrofilmen. Dabei handelt es sich ausschließlich um gedruckte Texte. Ergänzend wurden zwei Handschriften von Volgarizzamenti des *Libro* von Buondelmonti nach Mikrofilmen der Bibliotheca Ambrosiana Milano (BuondelmontiLibroA) und der Universitätsbibliothek Wien (BuondelmontiLibroV) hinzugezogen.

Andere geographische Texte liegen in Editionen vor. Hier ist die von Raleigh A. Skelton inspirierte Amsterdamer Reihe *Theatrum Orbis Terrarum* hervorzuheben, welche die zentralen Texte der frühneuzeitlichen Geographie in Faksimile-Editionen zur Verfügung stellt. Ausgewertet wurden aus dieser Reihe folgende Texte: BerlinghieriGeographia, BordoneLibroSkelton, RamusioNavigazioni, SonettiIsolario, TolomeoCosmografiaBologna, TolomeoGeografiaMunstero.

In digitalisierten Versionen liegen die *Navigazioni e viaggi* von Ramusio und die *Piazza universale* von Garzoni (relevant ist das Kapitel *De' cosmografi, e geografi, e dissegnanti, o corografi, e topografi*) vor. Beide Texte sind Bestandteile der Textdatenbank LIZ. Jedoch handelt es sich in beiden Fällen um in mehrfacher Hinsicht modernisierende Editionen (RamusioMilanesi bzw. GarzoniPiazzaCherchi/Collina), so dass nach den Ausgaben RamusioNavigazioni und GarzoniPiazzaBronzini zitiert wurde.

1.3. Editionsphilologische Methode

Im Bereich nicht-literarischer, gedruckter Texte des Italienischen aus der Frühen Neuzeit bestehen markante Editionsdesiderata. Für die historische Lexikographie (cf. Schweickard 2002), aber auch für andere sprachhistorische Untersuchungsgebiete (Textsortengeschichte, Geschichte des Schriftsystems, varietätenlinguistische Untersuchungen) sind dadurch wichtige Quellen unerschlossen. Die Vielzahl der Druckwerke, die bereits während der ersten Jahrhunderte des Buchdrucks entstanden, erfordert plausible Leitfragen bei der Auswahl der zu edierenden Texte, weil eine sorgfältige editorische Aufbereitung nur stellvertretend für die Gesamtheit aller Texte geleistet werden kann.[21] Wie eingangs dargestellt ist das Ziel der vorliegenden

[21] «Sobald die Quellenmasse überhand nimmt, was besonders bei dokumentarischen Quellen bereits für das Mittelalter geschehen kann, muß man auswählen, doch mit dem Ziel einer exemplarischen Erfassung aller Quellentypen und der an diese gebundenen ‹Dis-

Edition, Le Isole als Schlüsseltext für die geographische Text- und Wortgeschichte seiner Zeit zur Verfügung zu stellen.

Wie auch in anderen Editionen frühneuzeitlicher Texte muss auf einen ausführlichen sachlichen Kommentar – etwa zur Richtigkeit der Textinformation – verzichtet werden.[22] Le Isole konfrontiert den Leser mit einer solchen Fülle historischer und geographischer Fakten, dass eine sorgfältige Prüfung und Kommentierung, d.h. Verifizierung, Korrektur und Ergänzung, im gegebenen Rahmen nicht gerechtfertigt wäre. Insofern übernehmen die Abschnitte zur externen Sprachgeschichte zugleich die Aufgabe eines Kommentars, d.h. «geschichtliche Sachverhalte und zeitbedingte Eigentümlichkeiten zu transportieren, die unserem Wissen und Bewußtsein längst entrückt sind oder die durch den Fortschritt der Wissenschaften überholt wurden [..]».[23]

Im Bereich der Transkription erscheint ein gedruckter Text zunächst weniger aufwändig, er gibt weniger Probleme bei der Entzifferung und der Differenzierung von Lesarten auf als die Transkription älterer bzw. handgeschriebener Texte.[24] Gleichwohl gilt auch für frühneuzeitliche Drucke Segres Diktum, dass Abschrift immer Auslegung bedeutet:

> «La trascrizione, qualunque sia il suo grado di fedeltà, è sempre interpretazione e riscrittura».[25]

Interpretative Entscheidungen bei der Edition eines frühneuzeitlichen Druckes sind dort gefragt, wo es um die wertende Auswahl derjenigen Druckeigenheiten des Originals geht, welche in die Edition eingehen. Dies geschieht aus dem Forschungsinteresse heraus, welches die Edition motiviert: Editionen von Vertretern historischer Disziplinen geben der Verstehbarkeit des edierten Textes häufig höhere Priorität als der Bewahrung sprachhistorisch relevanter Texteigenschaften (Bein 1998, 924s.). Doch auch innerhalb der Gruppe von sprachhistorischen Editionen können in Folge der heutigen breiten Ausdifferenzierung der wissenschaftlichen Interessen unter-

---

kurs›strategien und sprachlichen Eigenheiten. Analog gilt dies für die Texte der frühen Neuzeit und der Moderne, wo die Quellenflut noch größere Vorsicht gebietet, wo wir aber andererseits nicht auf ein exemplarisches Studium der verschiedenen Äußerungen von Schriftlichkeit – schließlich der einzige historisch zugängliche Niederschlag der Sprache – verzichten dürfen. Einer Beschränkung nur auf Textformen mit hohem ästhetischen Anspruch wird heute ohnehin niemand mehr das Wort reden» (Gleßgen/Lebsanft 1997b, 6).

[22] Zur Schwierigkeit, der Edition eines Textes aus dem 16. und 17. Jahrhundert einen «wirklich umfassende[n] Kommentar im Sinne eines Realienbandes» beizugeben cf. Tarot (1971, 383), zur Diskussion aus literarhistorischer Perspektive Roloff 1992a, zur wechselseitigen Bedingtheit von *Textkonstitution und Erläuterungspraxis* Hagen 1993.

[23] *Fragen zur Gestaltung von Kommentaren* (Roloff 1992a, 136).

[24] Cf. als Edition eines handschriftlich überlieferten *Isolario* des 16. Jahrhunderts SantaCruz-IslarioNaudé.

[25] Segre (1985, 35); zur «interpretatio» bei der Manuskriptedition cf. Avalle (1970, 83) nach Paul Maas «la separazione dell parole e dei paragrafi, la colometria, la interpunzione, le lettere iniziali maiuscole». Zur mittelalterlichen Editionsphilologie und -praxis cf. u.a. Masai 1950; Contini 1986; Gleßgen 1996 (bes. vol. 1, 81ss.); Ménard 2003.

schiedliche Schwerpunkte gesetzt werden. Besonders in den Bereichen Interpunktion und Orthographie werden häufig nur Teilaspekte «konservativ» behandelt.

1.3.1. Varianten

Die Edition des *Orlando Furioso* von Debenedetti/Segre (1960) ist das bedeutendste Beispiel für die editorische Aufbereitung der Varianten gedruckter Auflagen. Durch die Zusammenschau der lexikalischen Varianten zwischen den Auflagen wird die Überarbeitung von diatopisch markierten Sprachmerkmalen des *padano illustre* zugunsten der toskanischen Literatursprache nachvollziehbar.[26]

Im Bereich der Editionsphilologie gedruckter Texte der Frühen Neuzeit ist es besonders die *textual bibliography/bibliografia testuale* gewesen, die das Problem der Varianten in neue Fragestellungen der italienischen Philologie übertragen hat.[27] Sie hat auch zu einer detaillierteren Analyse der Editionen von Ariosts *Orlando Furioso* und Garzonis *Piazza universale* beigetragen.[28] Varianten lassen sich nicht nur von Auflage zu Auflage (*tirature* vs. *emissioni*), sondern auch infolge kurzfristiger Fahnenkorrekturen innerhalb einer einzigen Auflage unterscheiden.[29] Die Einschätzung der Wichtigkeit einer Variante erfordert genaue Kenntnisse über die Abläufe der Drucklegung.[30]

Das gestiegene Interesse am Erkenntniswert, der sich aus Varianten ziehen lässt, weist Berührungspunkte mit der *Nouvelle Philologie* und ihrem Leitsatz auf: «Or l'écriture médiévale ne produit pas des variantes, elle est variance» (Cerquiglini 1989, 111).[31]

---

26 Cf. hierzu Aquilecchia (1986, 3) und Fahy 1987; zur Sprache Ariosts Migliorini 1957a.

27 Cf. Fahy 1980a und b; 1999 zur (Vor-)Geschichte der «bibliografia testuale» und 1985 zum Konzept des «esemplare ideale» und seinem Stemma, methodisch analog zu dem einer Manuskripttradition; Aquilecchia (1985, 68s.), zur Berücksichtigung der Problematik in italienischen Handbüchern der Editionsphilologie; zu den Konsequenzen auch für die bibliothekarische Arbeit (ICCU); «[Fahy] ha indicato un ponte metodologico tra la filologia, la bibliografia e la biblioteconomia» (Campioni 1999, 211).

28 Fahy (1987, 137); zu Garzoni cf. Carcereri 1996.

29 Das Phänomen der «satzinternen» oder «Pressvarianz» wird bereits seit längerem untersucht, u.a. mit Hilfe optischer Vergleichsgeräte; cf. Fabian/Kranz 1971, Boghardt (1985, 4) sowie Dupuigrenet Desroussilles (1984, 236s.): «très fréquent, on commençait d'imprimer les formes non corrigées. Lorsque les épreuves arrivaient, on arrêtait l'impression et on procédait aux corrections. [...]. L'impression reprenait ensuite, mais les premières feuilles n'étaient pas éliminées. On doit en effet se souvenir que jusqu'à la fin du XVIIIe siècle le papier est un matériel extrêmement cher qui entre pour au moins 50% dans le prix de revient d'une édition. [...] on comprend facilement que le mélange de feuilles corrigées et non corrigées doit aboutir à des variantes internes à une même édition».

30 Maraschio (1993, 192); cf. zur Arbeitsteilung der Setzer Fahy (1980a, 163ss.).

31 Cf. Dupuigrenet Desroussilles (1984, 242): «A la Renaissance, un texte n'est pas un livre, un texte, c'est des livres. A la limite, le texte n'existe plus, il n'est qu'un moment dans le processus de la réécriture». An Korrekturen, die während des Druckes an unterschiedlichen Exemplaren innerhalb einer Auflage vorgenommen wurden, zeige sich durchaus die Intention des Autors (Dupuigrenet Desroussilles 1984, 240).

Theoretische und anwendungsbezogene Aspekte der Diskussion um die *Nouvelle Philologie* beleuchten die Beiträge in Gleßgen/Lebsanft (1997a).[32]

Eine Materiallage, welche es erlaubt, den Weg vom Autor bis zur letzten druckgelegten Fassung nachvollziehbar zu machen, stellt einen Idealfall dar für Untersuchungen, die typographischen Varianten gelten (Maraschio 1993, 187) – die Identifizierung von «varianti d'autore» ist jedoch äußerst selten möglich. Ein Großteil von Varianten ist rein typographischer Natur und durch satztechnische Erfordernisse bedingt (Dupuigrenet Desroussilles 1984, 235).

Die vollständige Erfassung der Varianten anderer Exemplare mit Erscheinungsdatum 1572 oder späterer Auflagen erschien für die vorliegende Edition wenig geraten, da Aufwand und Erkenntnisgewinn kaum in einem sinnvollen Verhältnis stehen dürften. Zudem ist nur eine der späteren Auflagen (1576) vor dem Tod des Autors erschienen, so dass sprachlich oder inhaltlich relevante Varianten ohne weitgehende Studien zu den editorischen Produktionsumständen, welche eine erhebliche Verschiebung der Fragestellung mit sich bringen würden, nicht sinnvoll interpretiert werden können.[33] Die Errata der ersten Auflage werden erfasst (→ 8.), um gegebenenfalls den Abgleich mit anderen Exemplaren dieser Auflage zu ermöglichen – Korrekturen während der Drucklegung waren keine Seltenheit.[34]

Veränderungen in späteren Auflagen von Le Isole werden im Rahmen dieser Arbeit jedoch in ihren Grundzügen erfasst und exemplarisch untersucht. Zunächst erfolgt ein Vergleich der Inhaltsverzeichnisse, auf dem eine Analyse struktureller Veränderungen und inhaltlicher Ausweitungen basiert. Sodann werden am Beispiel einer repräsentativen Textpassage die sprachlichen und satztechnischen Unterscheidungsmerkmale mehrerer Exemplare der späteren Auflagen von Le Isole herausgestellt und es wird auf Korrespondenzen mit dem sprachhistorischen Prozess der orthographischen Standardisierung hingewiesen (1576, 1590, 1604, 1620, 1686; → 3.3.5.).

---

32 Auch hier wird das «Lob der Variante» laut, weil Varianten die Präsenz der Diachronie in der Synchronie exemplifizieren, cf. Raible (1997, 140), andererseits aber auch kritische Töne, cf. Menard 1997 und Varvaro (1997, 42): «La coscienza della fertilissima variabilità del testo medievale ed anche moderno non comporta affatto entusiasmo incontrollato per la viariabilità in quanto tale. Intanto, la viariabilità medievale (la *variance*) non è mai presenza di varianti ma instabilità del testo in luoghi, ambienti, tempi diversi. Non è mai esistita una contemporaneità concorrenziale delle varianti, se non nei margini delle *editiones variorum*. Inoltre né la variabilità né la sua assenza sono valori, ma solo circostanze. Noi invece, in quanto filologi, cherchiamo significati e valori; e per fare questo ci vuole competenza, preparazione, cultura».

33 Zu Problemen und Darstellungsprinzipien der Überlieferungsgeschichte frühneuzeitlicher Drucke cf. Tarot (1971, 374s.), ferner Roloff (1992b, 13), im Sinne einer «pauschalen und systematischen Darstellung» der Varianten.

34 Daraus entstanden «interne Varianten» (Fahy 1975, 184s.), mit der Folge: «Si avrà così uno o più fogli di stampa, in cui il testo esiste in due (e talvolta in più di due) *stati* successivi».

1.3.2. EDV

Der Einsatz von EDV hat wissenschaftsgeschichtlich zur leichteren Realisierung traditioneller textphilologischer Ansätze geführt: schneller zu erstellen bzw. übersichtlicher zu lesen sind etwa Kollationspartituren, Konkordanzen, Wörterlisten, statistische Auswertungen,[35] und die Analyse von Orthographie oder autorenabhängigen linguistischen Eigenheiten, ein weiterer Fortschritt ist die Möglichkeit der Verknüpfung von Faksimile und Transkription in einem Hypertext.[36]

Weiterhin wurden neue hermeneutische Zielsetzungen entwickelt, welche sich z.T. an den Thesen der New Philology orientieren.[37] So präsentieren Iannone/Russo (1998) die *Divina Commedia* als «opera aperta»[38] in digitalisierter Form.

Diese als Datenbank konzipierte Edition ermöglicht die Kollationierung unterschiedlicher Kodizes und bietet die Synopse von Transkription und digitaler Reproduktion des Originalmanuskripts.

Zuweilen scheint allerdings auch die Wirkungsmächtigkeit elektronischer Medien auf die editorische Qualität überschätzt zu werden.[39] Editionen digitalisierter Textkorpora erweitern ihre Nutzungsfunktionen, wenn sie in eine Datenbank eingebunden sind, welche z.B. Tools und Material für lexikographische Analysen bieten (Bivio, LIZ, OVI) bzw. wenn die Edition bereits als Hypertext konzipiert ist.[40] Auch bei Einzeleditionen ist die Publikation auf CD-Rom oder im Internet äußerst lesefreundlich, da Suchfunktionen und andere Werkzeuge zur Texterschließung vom Nutzer im eigenen Interesse eingesetzt werden können (cf. für das Französische die CD-Rom-Edition Ernst/Wolf 2001/2002).

Bis heute bestehen jedoch bei elektronischen Datenträgern offene Fragen bezüglich der Konvertierbarkeit und ihrer langfristigen Nutzbarkeit.

Die vorliegende Untersuchung von Le Isole profitiert in mehrfacher Hinsicht von der Digitalisierung des Textes: Textpassagen für Synopsen (Variantenabgleich und

---

35 Z.B. lässt die quantitative Beschreibbarkeit des Vorkommens graphischer Varianten im transkribierten Korpus Rückschlüsse auf die regionale Herkunft einzelner Schreiber zu, cf. Holtus/Völker (1999, 404).

36 Cf. Mordenti 1992; Cazalé Berard/Mordenti 1997; Straub (1997, 230); Bein (1998, 928s.). Zu anglistischen Editionsprojekten von mittelalterlichen und Renaissance-Texten als Hypertexte cf. Caie 2000. Hypertexte vs. lineare Texte charakterisiert Landow 1997.

37 Cf. Kloocke (1997, 294). Die «mouvance» mittelalterlicher Texttraditionen mit Hilfe EDV-gestützter Kollationierungen abzubilden, gehört zu den zentralen Forderungen der New Philologie, cf. Cerquiglini (1989, 112ss.); cf. ferner die Beiträge in Sammelband *The Renaissance text: theory, editing, textuality*, ed. Murphy 2000.

38 «Il ricercatore, disponendo in compresenza di tutti i dati, acquisisce un controllo totale sulla tradizione [...]. L'edizione non è più allora un atto conchiuso, così come il testo non è una realtà immobile» (Iannone/Russo 1998, 241).

39 «Eine elektronische Edition würde das Nebeneinander der verschiedenen Editionen im Volltext ermöglichen, würde den lückenlosen Kommentar und die lückenlose Dokumentierung von der Handschrift bis zur letzten Ausgabe sicherstellen und würde auf der Zusammenarbeit aller interessierten Wissenschaftler im weltweiten Netz basieren» (Hoffmann/Jörgensen/Foelsche 1993, 220).

40 Cf. das Editionsprojekt von zu Cesare Ripa, Maffei 1997.

Quellenvergleich) standen zur Verfügung und konnten aufbereitet werden; die Durchsuchbarkeit des Dokumentes verkürzte die inhaltliche Analyse; mit Hilfe von WordSmith erstellte Frequenzlisten und Konkordanzen liegen der sprachlichen Untersuchung zu Grunde; auch die Indizes wurden mit Hilfe der Textverarbeitung (Word) generiert. Insofern handelt es sich um eine «computerunterstützte Edition». Eine veritable Computeredition, die nur am Bildschirm aufgerufen werden kann,[41] wäre im Rahmen eines erweiterten Forschungsinteresses lohnend (→ 6.).

1.3.3. Transkription

Die originalgetreue Wiedergabe der Orthographie eines Textes ist die Basis für zentrale sprachhistorische Fragestellungen wie die Lokalisierung zwischen Volgare und Latein, die Geschichte der italienischen Orthographie und graphischer Latinismen, Identifizierung von direkten und indirekten Entlehnungen aus anderen Sprachen bei Wahrung oder Aufgabe der Graphie der Gebersprache sowie die Situierung von Texten lokaler Provenienz.[42] Neben dem ungleich besser ausgebauten Bereich der Mediävistik erhält dadurch auch die Editionsphilologie gedruckter Texte ein eigenes Gewicht:

> «Dies ist völlig anders bei frühneuzeitlichen oder gar modernen Texten, die man auch dann noch unmittelbar versteht, wenn sie diplomatisch wiedergegeben werden – zumindest wenn makroskopische Gliederungshinweise und syntaktische sowie vor allem lexikalisch-sachliche Erklärungen dem Leser zu Hilfe eilen. Bei solchen Texten entsteht im übrigen gerade aus der Abweichung von einer expliziten, dem Leser zudem intuitiv-muttersprachlich nahestehenden Norm ein interessanter Untersuchungsgegenstand» (Gleßgen/Lebsanft 1997b, 11).

Die Standardisierung, welche die geschriebene Sprache im Zusammenhang mit der Ausbreitung des Buchdrucks im 16. Jahrhundert erfuhr, bedarf noch der vertieften einzelsprachlichen Beschreibung (Ineichen 1994, 677). Diese Standardisierung kann über die Ermittlung einer jeweiligen textinternen Norm beschrieben werden oder zu diachron angelegten Darstellungen führen; editorische Desiderata gibt es gerade auch im Bereich von Interpunktion und Orthographie zu viele, um hier eine empirisch auf breiter Basis abgesicherte Sprachgeschichtsschreibung zu ermöglichen.[43]

---

41 Eine kurze Diskussion beider Editionstypen bei Tarot (1998, 937).

42 Schweickard 2002; philologische Kritik an modernisierender Editionspraxis üben auch Castellani (1985, 240); Pfister 1996.

43 Cf. Durante (1994, 202): «in alcune lettere del Marino troviamo già la prassi dei punti sospensivi, sempreché non si tratti di un arbitrio degli editori». Kloocke (1997, 287ss.) plädiert dafür, alle Varianten, einschließlich solcher der Zeichensetzung, ohne Normalisierungen im Apparat zu verzeichnen, so dass aus derart orientierten Editionen ein Korpus entsteht, «das es ermöglicht, Tendenzen in der Entwicklung der Schriftsprache darzustellen», 291. Zur Wichtigkeit und Aussagekraft von Interpunktion cf. Köhler (1998, 168ss.).

Zu wenig bekannt ist etwa über die syntaktische Funktion der unterschiedlichen Satzzeichen.[44]

Die Editionspraxis ist gerade im Bereich von Orthographie und Interpunktion äußerst heterogen. Als «ordinari criteri di ammodernamento grafico in uso» bezeichnen etwa Salvatori/Salvatori (1994, XVII) in den Editionskriterien zu Ortensio Lando die Ersetzung der zeittypischen latinisierenden Graphien (*pt* > *tt*, *mph* > *nf*, *x* > *ss* etc.).[45] Doch auch in sprachhistorisch orientierten Editionen, welche die Graphien originalgetreu transkribieren, werden Zeichensetzung, Akzentsetzung und Groß- und Kleinschreibung – wenngleich behutsam – modernisiert.[46] Für eine «konservative» Editionspraxis, welche die Eigenheiten des paragraphematischen Systems erhält, plädiert Castellani. Er weist darauf hin, dass Drucke, die ab der Mitte des Cinquecento erschienen, auch bezüglich der Zeichensetzung, Worttrennung, Groß- und Kleinschreibung sowie Akzentsetzung ein «sistema sufficientemente evoluto e coerente» konstituieren (u.a. in Folge der Schriften von Autoren wie Lodovico Dolce und Girolamo Ruscelli), welches editorische Berücksichtigung erfordert.[47] Jedoch

---

44 Für die Geschichte der deutschen Interpunktion 1522–1961 auf Grundlage eines Korpus' von Bibelübersetzungen konstatiert Günther (2000, 284): «Die bisherigen Befunde lassen sich *cum grano salis* so zusammenfassen, dass es die heute üblichen, grammatisch geregelten Interpunktionsstellen schon vom ersten Druck unseres Textausschnitts an gibt (1522)». Cf. zur germanistischen Editionspraxis auch Martens (2000, 204s.): «So hat sich selbst in zahlreichen Leseausgaben neuerer deutscher Literatur die Einsicht durchgesetzt, daß Wortlaut, Interpunktion und Orthographie literarischer Texte in der authentischen Gestalt, d.h. ohne normalisierende und modernisierende Eingriffe des Herausgebers, abgedruckt werden müssen».

45 Für eine solche Praxis der Modernisierung finden sich zahlreiche weitere Beispiele, etwa die «norme ormai divenute tradizionali nella edizione di un testo antico» von Pallucchini 1966 oder die *Nota ai testi* in VespucciPozzi, 50s., wenngleich diese Edition mit dem beigefügten Faksimile-Druck dennoch die Gelegenheit gibt, die Graphie des Originals zu betrachten.

46 Cf. u.a. Marri 1989 und Lieber/Marri (1997, 268ss.). Richardson 1984 konserviert in seiner Edition der *Trattati sull'Ortografia del Volgare 1524–1526* die graphischen Aspekte des Originals bis ins Detail, wie er in den Transkriptionskriterien darlegt: «la grafia è in un certo senso l'espressione visuale del pensiero degli autori», 163. Die Interpunktion modernisiert er jedoch, konsequent im Rahmen seiner Fragestellung, 164s. GarzoniPiazzaBronzini (cf. XLVss.) transkribiert mit geringfügigen Ausnahmen auch Groß- und Kleinschreibung sowie die Interpunktion; darin und in der originalgetreuen Wiedergabe der graphischen Eigenheiten hebt diese Ausgabe sich von GarzoniPiazzaCherchi/Collina ab. Letztere erhält analytische Formen wie *tal volta*, *a pena*, sowie *ess-* aus lat. *ex-* und den Nexus *-ns-* (*inspirare*). Demgegenüber werden im orthographischen Bereich latinisierende Züge wie *h*-etimologica enfernt, ferner steht *f* statt *ph*, *z* statt *(t)ti* und die Konjunktion *e* statt *et* bzw. den Zeichen für *&*, GarzoniPiazzaCerchi/Collina CXs.

47 Castellani (1985, 246). Dabei zieht er keine scharfe Trennlinie zwischen Autor und Verleger: «È ovvio che le abitudini paragrafematiche d'un editore o consulente editoriale che abbia esercitato il suo mestiere nell'epoca che c'interessa non si discosteranno molto, nella gran maggioranza dei casi, da quelle attribuibili a uno scrittore della stessa epoca», 247. Auch Simmler (1992, 49s.), misst der originalgetreuen Abschrift u.a. der Interpunktion sprachhistorische Wichtigkeit zu: «durch die Übertragungen gegenwärtig gültiger Inter-

umreißt auch seine Schlussfolgerung «di non intervenire, o d'intervenire il meno possibile, sull'assetto paragrafematico dei testi a stampa posteriori [...] al quarto, quinto decennio del secolo XVI» (Castellani 1985, 247) den interpretatorischen Spielraum, «so wenig wie möglich» einzugreifen. Denn jede Abschrift eines Alten Drucks in einen modernen Standardzeichensatz bringt Entscheidungen mit sich, die Kompromisse für die Originaltreue bedeuten. Die Notwendigkeit, Einschränkungen bei der Originaltreue der Abschrift zu machen, ergibt sich zudem in Anbetracht der zunehmenden Diversifizierung des Forschungsinteresses an druckgraphischen Fragen.[48]

So ist es sicher als Desiderat zu bezeichnen, editorische Standards für sprachhistorische Editionen festzulegen und im Dialog mit den historisch arbeitenden Nachbardisziplinen weiterzuentwickeln, um die Mühe einer Edition durch breite Verwendbarkeit zu rechtfertigen.[49] Auf der anderen Seite ist jede Edition selbst aus einem spezifischen Forschungsinteresse entstanden, und somit an einen konkreten (wissenschafts-)historischen Kontext gebunden. Dies begrenzt die Zahl der möglichen Fragestellungen, auf die sie Antwort geben kann.

1.3.4. Kriterien für die vorliegende Edition

Die Edition bildet die Grundlage der vorliegenden sprachhistorischen Analyse von Le Isole, welche auch die Verwendung von Graphie und Interpunktion berücksichtigt. Daher werden auch diese Texteigenheiten originalgetreu wiedergegeben. Vereinheitlichungen erfolgen zurückhaltend und unter Berücksichtigung der textinternen Norm; wo sie nicht vorhanden ist, wird die Heterogenität des Textes abgebildet. Im Einzelnen führt dieses Prinzip zu folgenden Entscheidungen:

- Etymologisierende Graphien, z.B. ‹h› (*hoggi*) oder ‹ti› statt ‹zi› (*informatione*) werden beibehalten.
- Die Groß- und Kleinschreibung von Substantiven und Eigennamen wird in ihrer Heterogenität belassen. Im Glossar und in den Indizes gilt aber die Großschreibung für Eigennamen; für den Titel *L'Isole piu famose del mondo* wurde nach dem Sprachgebrauch des Textes entschieden: ‹Isole› ist mit Majuskel üblich, aber ‹mondo› mit Minuskel, in Abgrenzung vom Toponym ‹Mondo nuovo›.
- Akzente werden gesetzt, wie sie im Originaldruck erscheinen (mit Ausnahme von ‹à› (Präposition) und ‹ò› (Konjunktion) bei kursiver Type (*Prohemio* und Marginalüberschriften), die mit ‹a› bzw. ‹o› transkribiert werden; Gegenstand der Untersuchung ist die Akzentsetzung beim Variantenabgleich, → 3.3.5.3.).

---

pungierungen auf historische Überlieferungen [werden] Auswertungen syntaktischer Strukturen erschwert und in einigen Fällen sogar unmöglich gemacht».

48 Zur editorischen Bedeutung von Illustrationen, Layout und Paratexten cf. Armstrong 2000. Zur «scritturazione» cf. Roger Laufer nach Mordenti (1992, 248). Zu Metainformationen (Kustode, Kopfzeilen) und «metatextuellen Steuerungselementen» wie «Stichworte[n], Überschriften oder Kommentare, die, meist mit anderer Schrifttype, an den Rand der Seite gesetzt werden» cf. Giesecke (1991, 29).

49 Cf. die *Editionsprinzipien für deutsche Texte der Neuzeit II: nichtliterarische Texte* (Woesler 1998, 946s.).

- Die Interpunktion erfolgt originalgetreu, da sie ebenfalls Gegenstand der Untersuchung ist (→ 3.4.7.). Sprichwörter und Redensarten (*proverbi*) werden durch Anführungszeichen hervorgehoben (‹...›), die im Original nicht oder nur angedeutet (z.B. durch Einrückung) zu finden sind.
- Trunkierung (*esser*) und Elision (*d'ogn'intorno*) werden übernommen. Wortabstände, welche auf Grund ihrer offenkundigen satztechnischen Bedingtheit (verfügbarer Raum in der Druckzeile) wenig sprachhistorische Aussagekraft besitzen, werden vereinheitlicht, orientiert an der Version, welche im Originaldruck häufiger vorkommt: Die Schreibweise *de gli* wird beibehalten, da sie durchgängig verwendet wird. Gesetzt wird der Wortabstand auch nach trunkiertem Plural-*i* (*a', co', da', de', ne'*) und bei *il quale*. Vor Aphärese (*'l*) und bei *cio è* > *cioè* wird kein Wortabstand transkribiert, wie es der dominierende Usus im Druck nahe legt.
- Zahlen in römischen oder arabischen Ziffern erscheinen in der Edition wie im Originaldruck, verzichtet wird jedoch auf die sporadisch verwendete Majuskel als Initiale einer römischen Zahl, ebenso auf den im Originaldruck gelegentlich gesetzten abschließenden Punkt.
- Satzfehler werden korrigiert und in einer gesonderten Errataliste (→ 8.) verzeichnet, komplementär zur Aufstellung der *Errori da corregersi* (Le Isole, b2v°).
- Auf der Ebene von Typographie und Layout wird konsequent modernisiert: Die Grapheme ‹u› und ‹v› werden unterschieden (im Originaldruck erscheint bei der Minuskel bis auf wenige Ausnahmen nur ‹u›, als Majuskel nur ‹V›). Im Originaldruck wird als Minuskel durchgängig ‹ſ› verwendet, ‹s› erscheint nur in der Position ‹s'›, unregelmäßig auch in den Kombinationen ‹ss›, ‹sb›, ‹sf›, ‹st›; in der Transkription wird jedoch ausschließlich ‹s› verwendet. Abgekürzte Buchstaben werden ergänzt und zur Kenntlichmachung kursiv gesetzt; auch ‹&› wird wie eine Abkürzung behandelt und als *et* ausgeschrieben. Inhaltsrelevante Hervorhebungen, so die Kapitälchen im *Prohemio*, werden jedoch übernommen.
- Die Charakteristika des originalen Layouts werden als Gesamtkonzept aufgefasst, welches nur am Originalexemplar überprüft werden kann bzw. editorisch nur durch ein Faksimile adäquat umgesetzt werden kann. Die Konstituenten dieses Gesamtkonzeptes – Kolumnentitel, die Integration von Karten und ausgestalteten Initialen, die typographische Unterscheidung von Textkorpus und Überschriften sowie zugehörige Zeilenumbrüche – werden daher nicht in die Edition übertragen. Auch entfielen textbegleitende Komponenten wie die *Tavola delle Cose Notabili*, welche im Originaldruck dem Text vorangestellt ist und als eine Art «Sachindex» auf die Marginalüberschriften verweist. Seitenumbrüche werden durch Übernahme der Originalpaginierung in eckigen Klammern angezeigt; wird dadurch Silbentrennung erforderlich, so steht in der Regel im Original ein Trennstrich. Er wird ergänzt, wo er im Original ausnahmsweise fehlt.
- Die Marginalüberschriften werden hingegen als nach heutiger Lesegewohnheit textgliedernde Absatzüberschriften übertragen. Als solche geben sie im Rahmen der editorischen Fragestellung über die inhaltlichen Schwerpunkte der geographischen Darstellung Auskunft (→ 3.3.4.).

- Das Inhaltsverzeichnis sowie die Indizes von Personennamen und geographischen Eigennamen sind weitere Beispiele dafür, dass die Funktion der textbegleitenden Komponenten sich nach dem Anspruch der Edition und nicht nach den zeitgenössischen Gepflogenheiten der Vorlage richtet. Gleichwohl verweisen die Seitenangaben im Index wie auch aller im Text dieser Untersuchung zitierten Passagen auf den Originaldruck, da die Paginierung des Drucks in die Edition eingegangen ist (in eckigen Klammern transkribiert und fett gesetzt).
- Auch bei Zitaten aus zeitgenössischen Drucken wird grundsätzlich die Originalgraphie wiedergegeben. Dieses Erfordernis ist umso wichtiger, da die historische Belegdokumentation durch Texte ergänzt wird, für die auch fehlerhafte oder regional markierte Schreibweisen (z.B. von Pedro de Medinas italienischem Übersetzer) Aussagekraft besitzen. Wie bei Le Isole werden Abkürzungen aufgelöst und ergänzte Buchstaben kursiv gesetzt (Ausnahme: Eigennamen, Gio., M.), als Abkürzung wird auch ‹&› behandelt und als *et* wiedergegeben.[50]
- In der bibliographischen Aufnahme der Alten Drucke erfolgte die Transkription unter der Prämisse, orthographische und sprachliche Originalität zu bewahren. Dennoch gilt der Grundsatz, dass die weitergehende Wiedergabe auch satztechnischer Eigenheiten – wie Abkürzungen, Groß- und Kleinschreibung, Zeilenumbrüche, Kursivierung und Wechsel von Typen, auch Satzzeichen innerhalb von Überschriften – in einer bibliographischen Angabe nicht in vollem Umfang wiedergegeben werden kann und soll (cf. Maltese 1999, 218).

[50] Die typographisch getreue Wiedergabe der zeitgenössischen Varianten für das Abkürzungszeichen ‹&› kann ohnehin nicht angestrebt werden.

2. Geographie im Cinquecento

2.1. Zur Begriffsgeschichte von it. *geografia*

Im 16. Jahrhundert, so gilt es als Konsens, wurden *cosmographia* (*cosmografia*) und *geographia* (*geografia*) synonym verwendet. In der EncTreccani (3,455) heißt es s.v. *cosmografia*: «Nei secc. 15° e 16° sinon. di *geografia*». Dennoch ist es möglich, aus den Quellen des 16. Jahrhunderts den Begriffsinhalt und seine Entwicklung differenzierter darzustellen.

Bereits in der Antike umfasste das griechische Wort *γεωγραφία* 'geografia' (Liddell/Scott it.) zugleich die Bereiche der Erdbeschreibung und der karthographischen Darstellung.[1] Seit Eratosthenes wurde in immer stärkerem Maße «Geographie» und Kartenentwurf gleichgesetzt. Diese Entwicklung fand bei Ptolemäus ihren Höhepunkt; zur «Erdzeichnung» wurde auch astronomisches Wissen eingesetzt (Beck 1973, 32s., 57). Jacopo Angelo setzt in seiner lateinischen Übersetzung zu Beginn des 15. Jahrhunderts (→ 2.3.4.) den griechischen Titel *Γεωγραφικὴ ὑφήγησις* als *Cosmographia* um, da er Himmel und Erde gleichermaßen in den Blick rücken will. Diese humanistische Verwendung, welche sich an gr. *κόσμος* ('ordine universale, universo, mondo; firmamento', Liddell/Scott it.) orientiert, machte Schule. Der Bedeutungsinhalt von lat. *cosmographia* wurde erweitert und auf '(kartographische) Erdbeschreibung' ausgedehnt, nicht nur im engeren Kontext der Ptolemäus-Rezeption:

> «Pendant la première moitié du XVe siècle, le terme *cosmographia* fut utilisé non seulement pour désigner l'œuvre cartographique de Ptolémée ou un traité de géographie et de cartographie où intervenaient quelques éléments astronomiques, mais aussi pour des cartes de la terre entière, ou d'une partie de celle-ci, basées sur ces traités» (De Smet 1970, 18).

Der Begriff it. *geografia*, f. 'scienza che studia il mondo in cui viviamo, nelle sue caratteristiche di insieme e nella sua articolazione in regioni e paesaggi' ist im DELIN als *geographia* zuerst 1500 (P. Coppo) belegt, der GDLI nennt als Erstbeleg N. Martelli, ebenfalls im DELIN verzeichnet (1546).

Aus der Textgeschichte der Geographie ist der Begriff jedoch auf das Jahr 1482 vorzudatieren. In diesem Jahr verwendet Berlinghieri im Titel seiner an Ptolemäus

---

[1] «Sein vermutlich erstes Auftreten in einer pseudo-aristotelischen Schrift bezeichnet keineswegs zugleich den Beginn der Sache selbst, sondern machte nur schlagartig den schon wesentlich älteren Inhalt und Gehalt bewußt. Geographie heißt in wörtlicher Übersetzung Erdbeschreibung und Zeichnung der Erde (Kartographie)» (Beck 1973, 13).

orientierten Darstellung das Wort *Geographia* (→ 2.3.4.). Im Hinblick auf den Zeitraum der Abfassung kann auf 1478/1479 vordatiert werden (cf. Almagià 1945, 225). Die lateinische Ptolemäus-Übersetzung, die 1490 in Rom gedruckt wird, übernimmt diesen Titel, der mit dem griechischen Original übereinstimmt – bei allen folgenden Editionen bleibt er erhalten (cf. Woodward 1996, 6). Eine Definition des Begriffsinhaltes findet im ersten Buch der Geographie von Ptolemäus in Abgrenzung vom Begriff der *chorographia* statt, wobei zum einen der Maßstab angesprochen wird (großräumig vs. kleinräumig), zum anderen die Methode (mathematische vs. bildhafte Darstellung). So heißt es in der italienischen Übersetzung dieser Passage:[2]

> «La Geographia è imitatione di dipintura di tutta la parte della terra, che si conosce, *et* di tutte quelle cose, che quasi universalmente sono con essa terra ligate. E differente dalla Chorographia. Imperoche quella divide i luoghi partitamente, *et* constituisce ciascuna cosa per se stessa, *et* descrive quasi tutte quelle minutissime cose, che noi possiamo comprendere, come porti, ville, populi, rami di fiumi, che derivano da i grandi, *et* altre cose simili a queste [...]. La Chorographia adonque s'estende piu intorno al disporre la qualita, che la quantita, et pero in ogni luogo ha cura, della qualita, ma non cosi del commisurare i siti. La Geographia poi s'estende piu intorno alla quantita che alla qualita, *et* qualche volta ha in tutto dilige*n*te ragione della p*ro*portione delle distanze, ma della similtudine ha solamente fino alle circonscrittioni delle grandissime parti, *et* fino solamente a essa figura, *et* pero quella ha bisogno della dipintura de i luoghi, ne mai alcuno l'esercitara bene se non e buon dipintore. Ma a questa non accade tal cosa. Percioche solamente per linee, come si vogli sottili, *et* per alcune denotationi puo ella dimostrare ove i luoghi sieno posti, *et* le figurationi di tutto l'universo» (*In che cosa sia differente la Geographia dalla Corographia. Cap. I*, TolomeoGeografiaMattioli, 1r°s.).

Auf Grundlage dieser Unterscheidung von Ptolemäus wurde im 16. Jahrhundert der Begriff der Geographie in unterschiedlichen Erweiterungen definiert (cf. Broc 1980, 13). Eine neue, gelehrte Auffassung der Geographie zeichnet sich z.B. im Kommentar Sebastian Münsters zu seiner Ptolemäus-Edition ab (lat. 1540, zitiert nach der italienischen Übersetzung Mattiolis, 1548). Hier wird die Geographie einerseits als Wissenschaft, andererseits unter professionellem Aspekt als Basiskenntnis beruflicher Tätigkeit (*arte*) dargestellt:

> «La Geographia e una scienza, che ne insegna la descrittione della terra, *et* parimente ne manifesta il sito di tutto il mondo, laqual cognitione e tanto necessaria a gli Studiosi, che nissuno puo in qual si voglia arte, felicemente far buon profitto, senza essa» (*Aggiunta di Sebastiano [Munstero, Name geschabt], ne la qual si dichiara quanto sia utile, et necessaria la Geographia a gli studiosi. Cap. I.*, TolomeoGeografiaMattioli, [† iiiiir°]).

Die Abgrenzung zur Kosmographie ist in dieser Definition nicht scharf. Als Kernbereich der Geographie gelten zwar die Beschreibung der Erde, ihrer Landschaften und der historischen Zusammenhänge, jedoch umfasst sie im Weiteren auch den

---

2 «Chorography was the work of the artist or painter; it was qualitative and unmeasured. Geography, on the other hand, required mathematics, specifically geometry, to compile maps based on a framework of longitude and latitude» (Woodward 1996, 6).

Kernbereich der Kosmographie, nämlich die Erdbeschreibung im Gesamtsystem der Gestirne:

> «[...] la Geographia e molto necessaria a coloro, che vogliono haver chiara notitia delle cose fatte, *et* parimente delle favole, perche senza essa, chi vuol essere Historiographo, non conseguisce al fine, se non poco, o niente, *et* quantonque la Geographia presa, in questo modo, s'estenda intorno alle considerationi del mondo, *et* insiememente del cielo. Bisogna pero, che i principij suoi naschino dalla terra, *et* da quelle cose, che sono famose in terra, et in mare, per essere la notitia loro d'utilita, *et* d'uso incredibile. Acq*ui*stata, che sia cosi la co*mm*une scienza della terra, si possono poscia piu facilmente accommodare sopra la terra cognosciuta i Circuli meridiani, *et* Paralelli, *et* ciascuna altra cosa, che s'appartenga alla ragione, *et* consideratione del Cielo, *et* cosi finire la Geographia, per Cosmographia» (TolomeoGeografiaMattioli, *Cap. II*, [† iiiiiv°]s.).

Der hier angesprochene Bereich der Kosmographie, in dem ausgehend vom Himmelssystem die zeitlichen und räumlichen Maßstäbe der Erde bestimmt werden, wird geradezu durch Ptolemäus personifiziert, er ist der «Prencipe di questa arte» (TolomeoGeografiaMattioli, [† iiiiv°]), und dies auch bei Francesco Guicciardini: «Tolomeo, per confessione di tutti principe de' cosmografi» (*Storia d'Italia*, Lib. 6, Cap. 9, LIZ). Diese säkulare Ansicht unterscheidet sich deutlich von der stärker theologischen Perspektive, die Münster seiner eigenen, zuerst in deutscher Sprache erschienenen Kosmographie zu Grunde legt.[3]

Häufig werden das Wort *geografia* und seine Ableitungen bei Ramusio verwendet.[4] Dieser «gran Cosmografo» (Le Isole, 7), gilt bis heute auf Grund seiner Edition der *Navigationi et viaggi* (→ 2.3.3.) als «Begründer der Geographie» (cf. Bevilacqua 1980, 271: «primo geografo»). Auch von seinem Verleger Tommaso Giunti (*A i lettori*, RamusioNavigazioni 2,2r°–v°) wird Ramusio als *intendente ancho della Geographia* bezeichnet, womit die Kompetenz in theoretischen und praktischen Fragen gemeint ist:

> «[...] la cui notitia s'haveva esso acquistata, parte dal co*n*tinovo [sic], *et* dilige*n*te studio, che poneva nel legger i buoni auttori, che n'ha*n*no trattato, *et* parte dall'haver nella sua giovenezza praticato molti anni in diversi paesi, ma*n*datovi p*er* honorati servitij da questa Eccellentiss*ima* Republica [...]» (RamusioNavigazioni 2,2r°s.).

Dies korrespondiert mit einer häufigen Verwendung von *geografia* (in zeitgenössischer Graphie meistens *geographia*) in den *Navigationi et viaggi*. Bereits die erste editorische Vorbemerkung macht dies deutlich: *Alli Studiosi di Geographia* (RamusioNavigazioni, fIIIr°). Inhaltlich bezieht sich dieser Terminus zunächst auf die Erweiterung geographischer Kenntnisse auf der Basis der ptolemäischen

---

3 Cf. MünsterCosmographia, [aiiir°]: «Die geographi ist ein erka*n*tnuß des ertrichs/das wir tödtlichen auß der gaben Gottes ynwone*n*/welche die kunst liebhaber richtig und fertig macht zů verston die geschen ding/so uns von alter zeit her in geschrifften verlassen seind».

4 Wenngleich die von ihm verwendeten Texte von unterschiedlichen Autoren stammen, werden die sprachliche Überarbeitung und damit die Terminologie ihm zugeschrieben.

Geographie, denn deren *tavole della Geografia*, d.h. die Karten, sollen durch die von Ramusio edierten Texte zunächst erweitert und verbessert, schließlich dann überflüssig gemacht werden. So erläutert es Ramusio in der Widmungsrede *All'Eccellentiss. M. Hieronimo Fracastoro*:

«Ma venendo in luce le stampate nella provincia della China, *et* quelle sopra l'Asia *et* Africa descritte; *et* promesse per el s. Giovan de Barros, crediamo che una parte della Geographia moderna, sarà talmente Illustrata, che poco neccessario sarà l'affaticarsi sopra le Tavole di Ptolomeo» (Vorbemerkung in RamusioNavigazioni 1,[fIIIr°]).

«Ma la cagione che mi fece affaticar volentieri in questa opera, fu, che vedendo, *et* considerando le tavole della Geografia di Tolomeo, dove si descrive l'Africa, *et* la India esser molto imperfette, rispetto alla gran cognitione che si ha hoggi di quelle regioni, ho stimato dover esser caro, *et* forse non poco utile al mondo il mettere insieme le narrationi de gli scrittori de' nostri tempi, che sono stati nelle sopradette parti del mondo, *et* di quelle han parlato minutamente, allequali aggiugnendo la descrittion delle carte marine Portoghesi, si portrian fare altre tante tavole, che sarebbero di grandissima satisfattione à quelli che si dilettano di tal cognitione. perche sarian certi de i gradi delle larghezze, *et* lunghezze almanco delle marine di tutte queste parti, *et* de' nomi de luoghi, città, *et* signori, che vi habitano al presente, *et* potrian conferirle con quel tanto, che ne hanno scritto gli auttori antichi» (RamusioNavigazioni 1,aijv°).

Jedoch zeigt die Verwendung von *geografia* bei Ramusio weitere Aspekte. So wird in der Anrede «Alli studiosi di Geografia» (RamusioNavigazioni) deutlich, dass sich die Geographie als Wissensgebiet etabliert hatte, eine «dilettantische» Wissenschaft darstellte:

«[...] condotto [L. Africano] à Roma fu donato à sua Santità [Papst Leo X]: laquale havendo veduto, *et* inteso che si dilettava delle cose di Geografia, *et* gia ne havea scritto un libro che seco portava, assai benignamente lo raccolse, *et* l'accarezzò molto [...]» (RamusioNavigazioni 1,aijv°).

Die Verwendung von *geografia* tritt jedoch zahlenmäßig bei Ramusio hinter derjenigen von *cosmografia* zurück (25 mal vs. 36 mal; LIZ. Die im Folgenden zitierten Belegstellen stammen aus der ed. RamusioNavigazioni). Die Verwendung beider Begriffe in den *Navigationi et viaggi* ist partiell synonym, es gibt einige Syntagmen, in denen sie unterschiedslos gebraucht werden. Ein gemeinsamer Bedeutungsinhalt ist der Bezug auf Ptolemäus:

geografia: «Tolomeo compose la sua Geografia» (*Andrea Corsali fiorentino* [...] *Della navigatione del mar Rosso*, 1,181r°), «Tolomeo ne i libri della Geographia» (*Discorso sopra la navigatione Del Mar Rosso fino all'India Orientale scritta per Arriano*, 1,282v°);

cosmografia: «la cosmographia di Tolomeo» (*Sommario sulle Indie occidentali del S. Gonzalo Oviedo*, 3,46r°).

Allerdings sprechen einige häufige syntagmatische Verwendungen dafür, einen speziellen Bedeutungsinhalt von *geografia* von einem speziellen Bedeutungsinhalt für *cosmografia* abzugrenzen:

geografia 'testi scritti': «Plinio, la volse descriver ne' libri della sua Geographia» (*Discorso sopra la Navigatione di Hannone*, 1,112v°), «un'altro scrittore di Geographia della sua età, detto Marino Tirio» (*Discorso sopra la navigatione Del Mar Rosso fino all'India Orientale scritta per Arriano*, 1,281r°), «nella nostra geographia particolarmente facciamo relazione» (*Della Historia del Signor Giovan de Barros*, 1,386v°), «navigando da questo capo Comori per fuora della Isola Ceilam verso levante per distantia di quattrocento leghe secondo li naviganti, *et* non per situatione di geographia, si trova un'altro capo cosi illustre con un'altra molto notabile isola» (*Della Historia del Signor Giovan de Barros*, 389v°), «questo libro di Geographia» (*Di M. Giovambattista Ramusio Prefatione Sopra il Principio del libro del Mag. M. Marco Polo*, 2,4r°);

geografia 'descrizione comprendente la rappresentazione cartografica': «Tavole di Geographia» (*Alli Lettori*, 1,384r°), «tavole della nostra geographia» (*Della Historia del Signor Giovan de Barros*, 1,388v°), «tavole della Geographia dello illustre sig. Gio. de Barros» (*Di M. Giovambattista Ramusio Prefatione Sopra il Principio del libro del Mag. M. Marco Polo*, 2,5r°), «carte di Geographia» (*Navigatione di Sebastiano Cabota. Prefatione*, 2,211v°), «tavole nuovamente fatte di Geografia» (*Discorso di M. Gio. Battista Ramusio Sopra il Terzo volume*, 3,*6r°).

Die Beispiele zeigen, dass *geografia* häufig im Zusammenhang mit Karten und Büchern verwendet wird, in einem Fall wird sogar die geographische Lage als «Buchstabenwissen der Geographie» (*situazione di geografia*) bezeichnet und dem erfahrenen Wissen der Seeleute gegenübergestellt (*secondo li naviganti e non per situazione di geografia*). Dem entspricht, dass *cosmografia* häufig in Kombination mit *navigazione* verwendet wird:

> «rimettere alle carte da navicare, e cosmografia nuova» (*Sommario sulle Indie occidentali del S. Gonzalo Oviedo*, 3,37v°), «perduta la navigatione, *et* cosmographia di queste parti» (*Della naturale, et generale Historia dell'Indie* [Oviedo], 3,64r°).

Der Zusammenhang von Kosmographie und Seefahrt wird besonders deutlich in einem Abschnitt aus den *Navigazioni verso le Indie orientali* (Vespucci); hier wird die Kosmographie in den Dienst der Seefahrt gestellt. Sie erfordert theoretische Kenntnisse im Umgang mit den *instrumenti astrologici*:

> «[...] *et* eravamo venuti in luogo, che se io non havessi avuto notitia della cosmographia, per negligentia del nocchiero gia havevamo finito il corso della nostra vita: percioche non ci era pilotto alcuno che sapesse insino à 50 leghe, dove noi fussimo. *et* andavamo errando, *et* vagabondi senza sap*er* dove ci andassimo: se io non havessi à pu*n*to p*ro*veduto alla salute mia *et* de compagni con l'astrolabio *et* col quadrante instrumenti astrologici. *et* per q*ue*sta cagione mi acquistai non picciola gloria: di modo che dall'hora inna*n*zi appresso di loro fui tenuto in quel luogo, che i dotti sono havuti appresso gli uomini da bene. percioche insegnai loro la carta da navigare, *et* feci che co*n*fessassero che i nocchieri ordinarij ignoranti della cosmographia, a mia co*m*paratione non havessero saputo niente» (*Sommario di Amerigo Vespucci*, 1,130v°).

Aus dieser konkreten Anwendbarkeit erklären sich die folgenden Verwendungen des Begriffes *cosmografia*, im Sinne einer 'scienza spaziale empirica, moderna e verificata':

«per quello, che la moderna Cosmographia ne insegna» (*Della naturale, et generale Historia dell'Indie* [Oviedo], 3,64r°),

«la regola delle carti moderne, *et* l'isperimentata Cosmographia» (*Della naturale, et generale Historia dell'Indie*, 70v°),

«come potrà meglio intenderlo chi serà curioso, per la moderna, *et* sperimentata Cosmographia di quest'Indie: poiche Tolomeo antico, *et* vero Cosmographo non parlò di questa terra» (*Della naturale, et generale Historia dell'Indie*, 71v°),

«per riferire [...] della vera Cosmografia delle provincie *et* terre» (*Della naturale, et generale Historia dell'Indie*, 100v°),

«come la nuova Cosmografia ci mostra» (*Della naturale, et generale Historia dell'Indie*, 141r°).

Vereinfacht gesagt: *geografia* und *cosmografia* meinen bei Ramusio gleichermaßen das Studienobjekt räumlicher Kenntnisse in Fortsetzung der ptolemäischen Geographie; *geografia* wird zudem schwerpunktmäßig für die mediale Realisierung geographischer Beschreibungen in Büchern und Karten verwendet, *cosmografia* wird auch auf den theoretischen und praktischen Umgang mit Astrolabium und Quadranten bezogen, der einer auf empirischer Grundlage erneuerten *scienza* zu Grunde liegt.

Eine andere Tradition der Begriffsbestimmung orientiert sich am räumlichen Maßstab der Darstellung und hierarchisiert danach die Begriffe *cosmographia*, *geographia*, *corographia* und *topographia*. Dieses Konzept findet sich bei Bordone (1528):

«[...] Iddio è somma sapientia, dal quale niuna cosa è fatta a caso anci con un certo fine il divino animo co*n* necessita di alcuna divina legge per le intelligentie che i cieli moveno trappassando, con uno in infinito ordine, quelle muove, lequali essendo da uno p*er*fettissimo motor mosse, no*n* possono altro che cose p*er*fette creare [...] dependendo l'Astrologia da cieli, consequentemente è cosa perfetta, donque perche la Cosmographia dipende da l'Astrologia, è cosa vera. Ora stando questo termine, gli philosophi la divisero in q*ua*ttro parti, cio è la Cosmographia, Geographia, Corographia, *et* Topographia, delle tre prime, al presente l'openione mia, non è alcuna cosa dire, ma solamente della Topographia, percio che, questa parte di cose particulari tratta, onde io parlando delle isole, de fiumi, de monti, de le selve, de le castella, de le città, *et* de altre simili cose, sara il parlar mio» (BordoneLibro, *Proemio*, [AAiiir°]).[5]

---

[5] It. *topographia*, bzw. *topografia* wird noch heute mit geographisch-deskriptiver Bedeutung verwendet, cf. EncTreccani (12,182): «Configurazione di un luogo, spec. di una città, nella distribuzione delle sue strade e dei suoi monumenti, e la relativa descrizione» – ist im DELIN erst für 1566 belegt: *topografia* 'descrizione particolare di qualche tratto di paese', G. Ruscelli. Der Erstbeleg kann jedoch vordatiert werden, der Begriff ist bereits 1528 im zitierten Passus bei Bordone belegt (s.o., BordoneLibro, *Proemio*, [Aaiii r°]). Im Neulatein ist *topographia* im Titel einer Landkarte belegt: *Italia Nuova. Accipe Candide Let. Elegantioris Italiae Topographiam*, Romae, 1558, cf. Tooley (1939, nr. 327); Woodward (1996, 7). Als Gräzismus ist *topographia* im Mittellateinischen bei Eberhard von Bethune, gest.

Auch Gastaldi orientiert sich an diesem Konzept und stellt es in *La universale descrittione del mondo* (GastaldiUniversaleDescrizione; cf. Woodward 1996, 6; → 4.2.3.1.). dar. Der *cosmographia* als Beschreibung der Gesamtheit von Himmel, Erde und Ozeanen auf Grund der Längen- und Breitengrade folgt hier die *geographia* als Beschreibung der einzelnen Länder, welche durch *chorographia* und *topographia* in immer kleineren Bezugsräumen fortgesetzt wird. Diese Auffassung referiert Porcacchi in seiner *Descrittione del Mappamondo* (Le Isole, 109–113):

«Questa forma piana tratta dalla forma sferica vien chiamata Mappamondo, quasi voglia dire Tavola, o Tovaglia, sopra la quale s'è fatto apparecchio di tutti i luoghi del mondo: percioche non pur vi sono i luoghi della Cosmografia, cioè le quattro generali parti, in che è diviso tutto in mondo: ma anchora le particolari, come son terre, mari, divisioni delle provincie, *et* de' regni, monti, laghi, porti, golfi, isole *et* simili, ch'appartengono alla Geografia» (Le Isole, 109s.).

Im Übrigen wird bei Porcacchi deutlich, dass er sich an Ramusio orientiert, wenn er im *Prohemio* seine Leser anspricht: «a coloro che dello studio della Geografia si dilettano» (Le Isole, b3v°). Diese *geografia* stellt ein eigenes Wissensgebiet dar. Porcacchi befindet sich in einer Schlüsselposition: er studiert die vielfältigen Materialien mit großer Sorgfalt, um sie dann in eine verständliche, kurze und unterhaltsame Form zu bringen. Eigene Abschnitte gelten dem begrifflichen Instrumentarium der Geographie:

«io non ho lasciato di trascorrer diligentemente gli altri auttori, cosi antichi, come moderni, che in piu lingue habbiano della Geografia trattato [...]» (Le Isole, b4r°).

«m'è occorso in queste descrittioni usare alcune voci peculiari a' Geografi, le quali non cosi da tutti vengono intese; però avanti ch'io venga al principio dell'opera, ho pensato di dichiararle tutte» (Le Isole, b4r°).

Garzoni schließlich, zum Ende des 16. Jahrhunderts (1589), befürwortet den unterschiedslosen Gebrauch der Begriffe *geografia* und *cosmografia*, wenngleich er auch solche Positionen referiert, die beides gegeneinander abgrenzen:

«Et sono i geografi insieme con gli cosmografi una cosa istessa, benché alcuni, prendendo largamente questo nome *cosmos*, che significa mondo, vogliono che cosmografi siano quelli, che descrivono tutta la fabrica dell'universo congionta col globo de' cieli [...] e geografi quei solamente, che descrivono questa nostra terra da basso habitabile [...]. Ma infine si vede, che nessun di loro sta tanto ristretto in queste conditioni, che non trapassi ne' termini del compagno, onde sia meglio a giudicargli una istessa cosa, versando intorno all'istesso di commun consenso, come fanno» (GarzoniPiazzaBronzini, Discorso XXXVII, 394).

Somit erfahren beide Bedeutungsinhalte eine Generalisierung (*nessun di loro sta tanto ristretto in queste conditioni*).

1212, dokumentiert: «Temporis esse solet descriptio *chronographia*, *Topographia* loci, sed mundi *cosmographia*» (ed. Wrobel 1987, s.v.).

Bei Florio (1598) wird *Geografia* (s.v.) als «the description of the earth» definiert, während s.v. *Cosmografia* «the arte of Cosmographie, or describing of the world» definiert wird; die Ähnlichkeit der Bedeutungsangaben ist auffällig, wobei die Klassifizierung der *cosmografia* als «arte» für die stärkere Etabliertheit im Wissenskanon spricht. Der Beginn einer «geographischen Wissenschaft» im vormodernen Sinne wird mit der *Geographia generalis* (1650) des deutschen Arztes Bernhardt Varen (Bernardus Varenius) angesetzt: «la geografia è per la prima volta presentata come un organismo scientifico ben individuato, con compiti e metodi propri» (EncTreccani 12,644). Der moderne wissenschaftliche Bedeutungsinhalt für it. *geografia* wurde Ende des 19. Jahrhunderts festgelegt.[6]

2.2. Geographische Texttraditionen

2.2.1. Vorgeschichte

Geographische Texte finden sich bereits unter den frühen italienischen Drucken. Dabei sind humanistisch-literarische Interessen zunächst ausschlaggebend. Folgenreich wurde die praktische Umsetzung des neu erworbenen Wissens in der Seefahrt.[7] So ist bekannt, dass Kolumbus u.a. die *Naturalis historia* von Plinius d.Ä., die *Imago mundi* von Pierre d'Ailly, die *Historia rerum ubique gestarum* von Enea Silvio Piccolomini und ein Exemplar der *Cosmographia* von Ptolemäus besaß, die «sein Unternehmen gedanklich trugen» (Reichert 1999, 667), wozu auch die folgenreiche Fehleinschätzung des Erdumfanges zählte (cf. Whitfield 1998, 54s.). Die westliche mittelalterliche Geographie lässt sich unter den Stichworten Antikentradition, Reiseberichte, Kosmographien und nautischer Fortschritt beschreiben. Für das frühe Mittelalter konstatiert das Lexikon des Mittelalters (LexMa 4,1266):

> «Die Mischung aus absoluter religiöser Präponderanz, mangelhafter Quellenkenntnis, weitgehender Kritikunfähigkeit und Mißverständnissen brachte einen Niedergang der wissenschaftlichen G[eographie] [...]».

Gleichwohl bestand ein kontinuierliches Interesse an der Beschreibung ferner Länder. Im Hochmittelalter entstanden mehrere Reiseberichte über Mittel- und Ostasien, wie seit dem 13. Jahrhundert die Darstellungen der Franziskanermönche Giovanni di Pian del Carpine, Wilhelm v. Rubruk, Johannes de Montecorvino, Odoricus v. Pordenone und insbesondere die Schriften Marco Polos, der vermutlich Zentral- und Ostasien 1271–1295 bereiste. In diesen Texten sind die Grenzen zwischen Reisebericht und fabulöser Ausschmückung fließend (Broc 1980, 17s.; Lancioni

---

6 Cf. Bustico (1932, 139), s.v. *geografia*: «scienza che studia la superficie della terra nei suoi rapporti coll'uomo. La definizione dell'oggetto della Geografia e la determinazione dei suoi limiti in relazione alle altre scienze risulta dalle conclusioni del Congresso internazionale tenuto a Venezia nel 1881».

7 Cf. die im Kontext der europäischen Geographiegeschichte kommentierte Anthologie von Beck 1973.

1991, 50s.). Fiktive Züge enthalten auch die Weltbeschreibung *Imago Mundi* von Pierre d'Ailly und die *Viaggi* [8] John de Mandevilles, eine der bekanntesten mittelalterlichen Kompilationen, «Kosmographien» oder «Weltbilder».[9] Der quantitative Anteil geographischer Texte innerhalb des Gesamtspektrums der schriftlichen Überlieferung ist im Früh- und Hochmittelalter jedoch gering. Als Hinweis darauf sei auf ihre Präsenz in der Textdatenbank OVI (1998ss.) verwiesen, welche auf einer Kategorisierung nach Gattungen der erfassten Texte aufbaut. Die 1.498 hier erfassten altitalienischen Texte mit Entstehungsdatum vor 1375 sind in 22 Kategorien sortiert; unter dem Stichwort «geografico ed astronomico» befinden sich nur sieben Texte: Restoro d'Arezzo, *La Composizione del mondo colle sue cascioni* (1282); Anonimo, *Itinerario ai luoghi santi* (1300); Anonimo, *Il Milione di Marco Polo (versione toscana del Trecento)* (1310); Anonimo, *I Libri astronomici di Alfonso X in una versione fiorentina del Trecento* (1341); Fra Niccolò da Poggibonsi, *Libro d'oltramare* (1345); Anonimo, *La Metaura d'Aristotele* (1355); Fazio degli Uberti, *Il Dittamondo* (1367). Diese ließen sich unter Berücksichtigung benachbarter Kategorien um Texte wie Zucchero Bencivennis *La Sfera di Alfragano* (1313–1314), klassifiziert als «comm.» (*commenti e glosse*) ergänzen, wodurch sich jedoch der Befund nicht ändert, dass geographische Texte einen geringen Anteil im Gesamtspektrum einnehmen. In der Textdatenbank LIZ findet hingegen keine Kategorisierung der Texte statt.

Im 15. Jahrhundert entstanden Gelehrtenarbeiten im Umfeld des Florentiner Humanismus mit auch geographischem Bezug. Dazu gehört Silvestris *De insulis et earum proprietatibus* (1421), welcher die geographischen Abhandlungen Boccaccios ergänzen wollte und für seinen alphabetisch geordneten Katalog, der reich ist an historischen, archäologischen, moralischen, phantastischen und allegorischen Elementen, vorwiegend antike Quellen verarbeitete (cf. ed. Pecoraro 1954; Gormley/Rouse/Rouse 1984, 307; Montesdeoca Medina 2000, 8), sowie die gereimte Kosmographie *La sfera* (verfasst von Gregorio, gest. ca. 1435 und/oder seinem Bruder Leonardo Dati, gest. ca. 1424).[10]

Kartographisch sind die sogenannten TO-Karten typisch, welche die bekannte Welt in einem Kreis und ihre Gewässer stilisiert in einem T (horizontal: Don und Nil; vertikal: das Mittelmeer; unterschieden werden so die Kontinente Asien, Afrika und Europa) darstellten, und bei denen der Osten oben lag. Diesem Typ entsprach auch die erste gedruckte Weltkarte, die der Edition von Isidor von Sevillas *Etymologiae* (1472) beigegeben war (Campbell 1987b, 2). Einem weiteren mittelalterlichen

---

8 Italienische Fassung: z. B. Johanne de Mandivilla, *Viaggi nell'Oriente dal 1322*, descritti nel 1357, sec. XV; überliefert als Nr. 245 der *Codices italici monacensis in 4° e 8°*.

9 «Diese Werke erreichten einen hohen Bekanntheitsgrad und bereiteten in gewisser Weise die Berichte der Reisenden vor. Zudem zeigt sich ihre lang anhaltende Geltungskraft z.B. daran, dass Columbus auf seine Fahrt Briefe für den von Marco Polo beschriebenen Großen Khan mitnahm und Vasco da Gama dem legendären Priesterkönig Johannes, der nach dem Bericht Mandevilles in Indien lebte, Botschaften überbringen sollte» (Todorov 1996, 343).

10 Cf. ed. Galletti 1865. Erhalten sind auch Ausgaben, die offensichtlich für Repräsentationszwecke kartographisch illustriert wurden (cf. Kimble 1968, 227).

Kartentyp sind die Weltkarten von Hereford, ca. 1275, und Ebstorf, ca. 1235, zuzurechnen, welche detailreicher waren und eine Vielzahl von Quellen verwerteten, jedoch dadurch auch fiktionale Elemente enthielten. Seit Mitte des 13. Jahrhunderts brachte der Kompass einen entscheidenden Fortschritt in der kartographischen Darstellung der bekannten Welt: Auf beiderseitig benutztem Pergament gezeichnete Kompass- oder Portulankarten ermöglichten genauere Kurs- und Distanzbestimmungen. In den Portulankarten sind die aus der Praxis der Seefahrt entstandenen und zur praktischen Verwendung bestimmten topographischen Informationen weitgehend realitätsnah wiedergegeben; zudem waren sie genordet.[11] Sie ermöglichten die nautische Orientierung an den Himmels- bzw. Windrichtungen:

> «Die Darstellung der Meeresküsten und Einzeichnung der Häfen geschah mit Hilfe der Triangulation auf der Grundlage der Windrichtungen, deren Namen in ihrer Dialektform (vorwiegend italienisch) in den Windrosen Viertel um Viertel eingetragen sind. Dieses Detail beweist die experimentelle, auf der Praxis beruhende Entstehung der Portulankarte».[12]

So entstand ein eigenes System von Referenzlinien, welches als Fixpunkte die Küstenorte hatte, nicht aber astronomisch fixierte Punkte. Die Ausgangspunkte dieser Referenzlinien von Karte zu Karte waren unterschiedlich und kamen niemals zur Deckung (Turnbull 1996, 9). Augenfällig ist entsprechend das Liniennetz, das von den Teilstrichen meist mehrerer über die Karte verteilter Windrosen ausgeht und die entstehenden Schnittpunkte wiederum mit eigenen Vertikalen und Horizontalen verbindet.[13]

Neben den Informationen über Himmelsrichtungen und Distanzen bilden die Linien der Küstenführung und die im rechten Winkel daran gesetzten, listenartig untereinander geschriebenen Ortsnamen den zweiten wichtigen Karteninhalt, unterstützt durch farbige Hervorhebung z.B. wichtiger Häfen.

Zudem entstand eine textuelle Ergänzung der Portulankarten, die sog. *Portulani* oder *Portolani*, d.h. Küstenbücher (cf. Uzielli/Amat 1882; 23s.). Der älteste bekannte Portulano befindet sich in der Biblioteca Marciana, Venedig; er ist in etwa so alt wie die erste Portulankarte, die *Carta Pisana* (Ende des 12., Anfang des

---

11 «Mit Hilfe von Koordinatentabellen hat man die Orte zuerst auf einen großen Globus aufgetragen, sodann einen kreisförmigen Ausschnitt für den P[ortulane] gewählt und diesen mit einem Zirkel auf das Pergament übertragen. Das Sehnennetz wurde zuletzt und auf jedem P. anders aufgebracht und durch die Kompaßrosen die magnet. Nordrichtung angegeben, die im SpätMA im P.gebiet um ca. 7–12° vom astronom. Nordpol abwich. Bei der Benutzung wurde ein Magnetnadelkompaß (Bussole) so auf eine Kompaßrose des P.s gelegt, daß Magnetnadel und Nordpfeil der Kompaßrose übereinstimmten. Der Navigator konnte dann Richtung und Entfernung mit dem Zirkel (*compasso*) abgreifen» (LexMa 7,122s.).

12 La Roncière/Mollat du Jourdin (1984, 12); cf. KretschmerPortolane 31s.; Kimble (1968, 225ss.); Campbell (1987a, 446); zur *Terminologie des Seekompasses in Italien und auf der Italienischen Halbinsel bis 1600* cf. Metzeltin 1970.

13 Cf. Fischer (1886, 83); La Roncière/Mollat du Jourdin (1984, 12); Campbell (1987a, 395–398).

13. Jahrhunderts).[14] Die Produktion von Portulani, mit detaillierten Angaben zu Windrichtungen, Entfernungen, aber auch zu den naturräumlichen Gegebenheiten der Küste und zu ihren Städten, Burgen und Häfen der Küste, war insbesondere in Italien groß.[15] Vergleichende Studien zur Genauigkeit und Unterschiedlichkeit der erhaltenen Portulankarten ergaben, dass sie im Bereich des Mittelmeeres eine hohe Übereinstimmung aufweisen. Deshalb wird davon ausgegangen, dass alle Portulankarten auf einer gemeinsamen Vermessungsgrundlage beruhen.[16] Portulankarten wurden bis weit ins 16. Jahrhundert hinein angefertigt; diese späten Exemplare umfassten auch teilweise Gebiete der Neuen Welt (cf. CapacciTopon; Di Palma 1987, Abb. 71). Historisches Interesse an Portulankarten ist bereits aus dem 18. Jahrhundert dokumentiert.[17]

2.2.2. Ausdifferenzierung der Diskurstraditionen

Das 16. Jahrhundert ist geprägt durch die Ausdifferenzierung der geographischen Kenntnisse und damit verbunden der Diskurstraditionen, welche ihrer Erarbeitung, Aufarbeitung, Tradierung und Rezeption zuzuordnen sind. Auch über gedruckte Texte hinaus etabliert sich eine mediale Vielfalt geographischer Diskurstraditionen im 16. Jahrhundert.[18] Der Fluss der Informationen über die neu entdeckten Gebiete stellt einen wichtigen, noch nicht umfassend analysierten Forschungsbereich dar, denn den gedruckten Editionen gingen stets mündliche Berichte, Notizbücher, Manuskripte voraus.[19] Einen weiteren Bestandteil auch gesprochen realisierter Diskurstraditionen bildeten gelehrte Auseinandersetzungen. Solche Unterhaltungs- und Informationsgespräche führten z.B. die Mitglieder der Accademia Veneziana, wo die Kosmographie zur *stanza* der Mathematik gehörte (cf. Woodward 1996, 18).

Nicht nur im akademischen Umfeld, sondern auch im privaten Bereich fanden Auseinandersetzungen über geographische Themen statt, im Rahmen von privaten

---

14 Cf. CapacciTopon XIII; La Roncière/Mollat du Jourdin (1984, 12).

15 Weitere Produktionszentren sind Katalonien und Portugal. Eine differenzierte Aufstellung zu Herkunft von Karten und Autoren findet sich bei Campbell (1987a, 449ss.).

16 Cf. die Darstellung des Projekts zur Ermittlung der Genauigkeit der Küstendarstellung in mittelalterlichen Portolanen an der Universität GH Essen: «Es ergibt sich, daß mit Ausnahme von zwei Karten alle Portolane den Mittelmeerraum im wesentlichen exakt wiedergeben. So kann auch die These bezüglich des gemeinsamen geodätischen Ursprungs aller Portolane bestätigt werden» (Mesenburg 1994, 74s.).

17 Cf. den Brief von Bernardino Noja an Kardinal Stefano Borgia aus dem Jahr 1770 über den Portolan Grazioso Benincasas. Nach einer kodikologischen Beschreibung und biographischen Anmerkungen spricht er auch die Methode Benincasas an sowie den geringen wissenschaftlichen Bekanntheitsgrad des Textes: «L'opera o notizia de' porti di questo Autore non è stata sin ora divulgata, il nome di esso tra gli scrittori di nautica e d'idrografiche carte non è stato annoverato neppure dal diligentissimo Mazzocchelli nella sua Biblioteca degli Scrittori Italiani» (ed. Bruzzo 1897, 448).

18 Zum Konzept der «Diskurstraditionen» cf. Koch 1997; Wilhelm 2001.

19 «Throughout Western Europe, the connections were close between the élite merchants, the court and the prominent geographers and publishers» (Zandvliet 1998, 32); cf. Baldacci in ScillacioIsoleBaldacci 22ss., zur Verarbeitung mündlicher Quellen.

Kontakten, Einladungen und Korrespondenzen.[20] Grande (1904) untersucht die Briefwechsel zwischen Pietro Bembo, Girolamo Fracastoro, Giovanni Battista Ramusio und Iacopo Gastaldi, in welchen sich zugleich die Reflexe ihrer persönlichen und beruflichen Bekanntschaft zeigen, die an ihre unterschiedlichen geographischen Arbeitsgebiete (Historiographie, Übersetzung, Edition und Kommentar, Kartographie) anknüpft.

Eine eigene geographische Diskurstradition stellen landeskundliche Berichte dar, die in der Politik verwendbar sind. Staatskunde im Sinne einer vormodernen Statistik[21] umfasst dabei die Kenntnis der Geschichte, der Herrschaftsverhältnisse, der Wirtschaft, des Siedlungsnetzes und der Bevölkerung der Länder, die als Freunde oder Feinde der Republik von Interesse sind. Die Verbindung von Politik und Geographie deutet sich auch in Le Isole an. Vorauszusetzen sind Gespräche, in denen die diesbezüglichen Informationen getauscht werden:

> «[...] ho piu per vera, essendomi massimamente stata data co'l ragguaglio dell'altre cose ch'io ne son per dire, dal Magnifico Messer Francesco Pesaro figliuolo del Clarissimo *et* prestantissimo S*enatore* il S*ignor* Lionardo Pesaro: il qual M*esser* Francesco ne gli studi che fa intorno alle cose di Geografia, a' governi de' Regni, *et* alle scientie pertinenti, *et* necessarie a chi vole in questa Santa Republica ascendere a' primi gradi d'honore; ha di questa, *et* d'altre Isole, Provincie, *et* Regni havuto vera, *et* distinta informatione» (Le Isole, 16).

Auch für repräsentative Zwecke in der politischen Öffentlichkeit Venedigs spielt die Geographie eine Rolle. Um die Mitte des 16. Jahrhunderts, d.h. in einer Zeit, in der die politische und wirtschaftliche Macht im Niedergang begriffen ist, demonstrieren die großen kartographischen Wandgemälde im Palazzo Ducale die Rolle Venedigs bei den Entdeckungsreisen und die Kunstfertigkeit der venezianischen Kartographen (cf. Grande 1904, 184; Schulz 1987, 118).

---

[20] Cf. Lucchetta (1980b, 484) und Benzoni (1996, 797): «dotti appuntamenti nella villa di Fracastoro [...] una conversazione lungo la quale s'affaccia la scienza, compare l'astronomia e si ricorre al mappamondo», in Gesellschaft von Navagero und Ramusio, und die «ospitalità selettiva» Pietro Bembos.

[21] «Es hat vom 16. bis zum Ende des 18. Jahrhunderts in Europa eine empirische Gesellschafts-, Volks- und Staatsbeschreibung gegeben, für die der Göttinger Professor Gottfried Achenwall 1749 die Bezeichnung ‹Statistik› in Umlauf gebracht hat. Man verstand darunter alles das, was für den praktischen Staatsmann (*statista*) zu wissen notwendig war, also Informationen über ‹Land und Leute›, Machtmittel und Verfassungen der verschiedenen Staaten sowie deren Religion, Kultur, neueste Geschichte und führende Persönlichkeiten. Dergleichen ist seit der zweiten Hälfte des 16. Jahrhunderts in Form von Kompendien gedruckt worden, beginnend mit Francesco Sansovinos *Del Governo e amministrazione di diversi regni e republiche così antiche come moderne* (Vinetia, 1562). In Deutschland hat Hermann Couring [daraus] unter dem Titel *Notitia rerum publicarum* ein Universitätsfach gemacht (1660). Es ist wichtig festzuhalten, daß diese frühe Statistik mit Worten und nicht mit Zahlen gearbeitet hat. Die Berichte von Reisenden bildeten weitgehend das Rohmaterial, das von den statistischen Kompilatoren verarbeitet wurde» (Stagl 1980, 354).

Im privaten Bereich erlangen gedruckte Karten neben Drucken mit Darstellungen klassischer oder religiöser Thematik Sammlerwert und wurden zu Statussymbolen (Woodward 1996, 76; 84; 99ss.). Die Verbreitung gedruckter Karten war in mehrfacher Hinsicht zentral für den Wandel des Weltbildes:

> «As [maps] became more and more a part of everyday life, they played a subtle but important role in the shaping of ideas about the world. Beyond the conveying knowledge – factual or otherwise – about strange places and events, they symbolised through a complex iconography some overarching themes: the magic of capturing the world as a single ordered image, the replacement of the content of classical geography with a ‹modern› geography that incorporated ‹the new discoveries›, and the secularisation of the world image from the representation of spiritual to geometric place» (Woodward 1996, 78).

Kartographisch setzt sich die mittelalterliche Dichotomie von Mappae mundi und Portulankarten, d.h. zwischen umfassender, theoretischer Erfassung und zum Gebrauch bestimmter Küstenführer fort; erst Mercator führt 1569 diese Traditionen zusammen (cf. Woodward 1996, 16s.). Einerseits werden in Fortsetzung der antiken Tradition Weltkarten mit dem Titel *Cosmographia* oder *Mappamondo* (cf. Le Isole, 109: *Descrittione del mappamondo*, → 4.2.2.1.) erarbeitet, auf der anderen Seite werdem Seekarten angefertigt, die auch die Windrichtungen anzeigten. Eine solche ist ebenfalls Le Isole beigegeben (*Discorso intorno alla Carta da navigare*, cf. Le Isole, 114; → 4.2.5.1.). Hier hat der Anspruch der nautischen Verwendbarkeit Zitatcharakter. Der Titel *Discorso* könnte sich an die zahlreichen *Discorsi* Ramusios in den *Navigationi et Viaggi* orientieren (→ 2.5.).

Im editorischen Bereich ist das Bestreben zu erkennen, quantitativ vollständig und qualitativ anspruchsvoll das tradierte und das neu hinzugewonnene Wissen abzubilden, wie es mit den großen Reihen von Klassikereditionen und ihren Übersetzungen, Sammlungen von Reiseberichten und Kartensammlungen in der Blütezeit des Buchdrucks geschieht.[22] Zu den bevorzugten Diskurstraditionen zählen «Kommentare» zu antiken Autoren und Sammlungen von Reiseberichten, welche das wachsende Vermögen zu empirischer Absicherung und herstellerisch gehobener Ausstattung repräsentieren. Die Übersetzung ins Italienische zeigt dabei zum einen das gewachsene Selbstbewusstsein in Bezug auf die der Verwendbarkeit des Volgare; zum anderen tragen volkssprachliche Texte und Reiseberichte zur Popularisierung des geographischen Wissens bei.[23]

Zu Ende des 16. Jahrhunderts ist die vorwissenschaftliche Geographie in vielfältigen und kaum noch überschaubaren diskurstraditionellen und inhaltlichen Ausprä-

---

[22] Die frühen Drucke von Plinius, Strabon und Ptolemäus werden vollständig bei Herkenhoff (1996, 80ss.) aufgeführt. Der Appendix in Shirley 1984 gibt einen Überblick auch über seltene geographische Drucke seit dem 15. Jahrhundert

[23] Cf. die Untersuchung Grendlers 1969a zur *Italian Popular History 1500–1600*, in der er definiert: «Popularizations attempt to present a body of information in an intelligible form to the non-specialist [...]. Readers who lacked the critical insight to extract the lessons from history looked to popularizations which presented the lessons in clear and simplified form», 139s. Auch Skelton (1970, XI) spricht vom «popular character of the literature of voyages».

gungen vertreten[24]. Die Diskrepanz zwischen den antiken Schemata und Wissensbeständen der geographischen Beschreibung und den neuzeitlichen Erkenntniszuwächsen tritt deutlich hervor, und die Gegenüberstellung der «antichi» und der «moderni» unter den geographischen Autoren, wie sie etwa Porcacchi häufig vornimmt, dokumentiert eine wachsende «Einsicht in die Geschichtlichkeit des menschlichen Geistes» (Buck 1976, 233). Dennoch finden umfassende moderne Beschreibungen der Welt im Rahmen der Ptolemäus-Ausgaben (→ 2.3.4.) statt und dokumentieren dadurch das «unkritische», d.h. einer Entscheidung ausweichende, aus heutiger Sicht anachronistische Nebeneinander der Weltbilder («[la geografia] non dà luogo a costruzioni razionali, non ricerca leggi, non si fa scienza», EncTreccani 5,97). Olschki spricht von der «Kluft, die auch [in Italien] die Wissenschaft von den Bestrebungen und Notwendigkeiten der Zeit trennte» (Olschki 1922, 216s.). Er bringt dieses Verhältnis auf die Formel vom «Übergang vom humanistischen Synkretismus zum gelehrten Eklektizismus, den wir bei den führenden Forschern und Sammlern des 16. Jahrhunderts an Hand ihrer Werke verfolgt haben» (Olschki 1922, 216s.).

In diesem Sinne präsentiert sich die Geographie bei Tommaso Garzoni in seiner manieristisch angelegten Enzyklopädie *La piazza universale di tutte le professioni del mondo* (Venezia, 1585). Bereits die Kapitelüberschrift *De' cosmografi, e geografi, e dissegnanti, o corografi, e topografi* zeigt eine Tendenz zur Reihung, die sich in der Darstellung fortsetzt (GarzoniPiazzaBronzini, 392ss.). In inhaltlicher Hinsicht stehen bei Garzoni sachlich abgesicherte Informationen neben antiken Motiven und fabulösen Elementen:

> «Consideriamo il discorso XXXVII, ‹De cosmografi, e geografi, e dissegnanti, o corografi, e topografi›, discorso che, coprendo ben quaranta pagine della *Piazza*, è il più lungo di tutta l'opera, e ci dà una misura sia dell'importanza assunta dalla geografia nella cultura del Cinquecento, sia del come in questa geografia si mescolassero scienza e fantasia, tradizioni letterarie ed esotismo» (Cherchi 1980, 71).

Diese Art von Iuxtapposition stellt sich aus der historischen Distanz für Lestringant als «Krise der Renaissance-Kosmographie» dar:

> «La crise de la cosmographie à la Renaissance naît de l'absence de réponse satisfaisante à ces deux questions: de quelle manière concilier la cartographie pratique des navigateurs au long cours avec la géographie érudite des humanistes? Comment proclamer la primauté de l'‹autopsie› ou vue par soi-même, tout en prétendant rajeunir et mettre à jour une tradition scientifique vieille d'un millénaire et demi? De cette double contradiction – pratique contre théorie, autopsie contre tradition – la cosmographie périra, sous son avatar renouvelé par Münster et ses émules» (Lestringant 1993, 326s.).

---

[24] Cf. die «condizioni nuove della memoria letteraria» (Bolzoni 1997, 22): «Il vecchio modello umanistico, faticoso, aristocratico, si rivela insufficiente in un'età che vede, attraverso la stampa, un forte aumento del pubblico, oltre che del ceto dei letterati».

2.2.3. Geographische Texte in der Buchproduktion

Auf der Basis der editorischen Produktion von 14 venezianischen Verlagsmitarbeitern (*collaboratori editoriali*) weist Di Filippo Bareggi auf die klassifikatorische Problematik «geographischer Texte» hin und konstatiert zugleich die geringe Relevanz von Reiseberichten:

> «[...] la voce ‹geografia› comprende le opere di sostanziale interesse geografico e la scarna letteratura di viaggi trovata» (Di Filippo Bareggi 1988, 55); «Infine, assai significativa per tracciare la mentalità del tempo è la scarna sezione ‹geografia› (11 edizioni fra cui 6 di Tolomeo), cui fa riscontro la totale assenza di una vera ‹letteratura di viaggio›, proprio negli anni della grande raccolta del Ramusio» (Di Filippo Bareggi 1988, 96).

Diese Nischenposition erklärt Di Filippo Bareggi mit der Orientierung der Verleger an den etablierten kulturellen Interessen der Leser, zu denen das geographische Themenspektrum nicht zählte.[25] Auch im europäischen Kontext der *Apparition du livre* konstatieren Febvre/Martin ein zunächst auf einen kleinen Personenkreis beschränktes Interesse an Reiseberichten, wobei die Jahrhundertmitte einen Wendepunkt markierte, welcher die Erfolge der großen Reisesammlungen vorbereitet habe.[26] Eine 88 Titel umfassende Bibliographie zu Reiseberichten und italienischen Übersetzungen stellt Donattini (2000) zusammen (*Libri: i viaggi al Nuovo Mondo nell'editoria italiana*, 96–105). Das *Supplemento bibliografico* des DI (DISuppl) leistet die bisher umfassendste Zusammenstellung italienischer Reiseberichte und geographischer Texte.

In ihrem Erscheinungsbild repräsentieren geographische Texte einen Querschnitt von sorgfältig ausgestatteten, großformatigen Bänden bis hin zu eigens auf das Lesepublikum im '500 zugeschnittenen handlichen Formaten wie die erste italienische

---

25 «Lo dimostrano, nell'ambito della produzione esaminata, il forte legame con un passato lontano, ben visibile nelle numerosissime traduzioni ed edizioni dei classici, ma anche il vero *revival* della letteratura popolare medievale e, parallelamente, il noto ritardo con il quale il secolo seppe riconoscere e riflettere sui cambiamenti portati dalle scoperte geografiche e la sua incapacità di accogliere gli spunti pur numerosi della ‹nuova scienza›: tutti dati che sono appunto da mettere in relazione con la necessità degli stampatori di seguire sempre e solo un mercato e dunque dei settori culturali da lungo tempo rodati» (Di Filippo Bareggi 1988, 304).

26 «Tout cela montre que les grandes découvertes géographiques, les conquêtes espagnoles et portugaises ne passèrent pas inaperçues; mais qu'on ne s'y trompe pas: jusque vers 1550, celles-ci n'intéressent avant tout, hors de la péninsule ibérique, qu'un public relativement restreint de savants, de gens cultivés, de grand marchands [...]. Ce n'est qu'à partir de 1550 qu'il cesse d'en être ainsi. L'Europe prend alors plus nettement conscience des nouveaux horizons géographiques [...]. Tant de publications relatives aux terres nouvelles paraissent dès lors qu'il devient de plus en plus difficile de s'y retrouver. L'intérêt grandissant que le public leur manifeste provoque l'apparition de vastes recueils: un peu partout on en voit paraître. Parmi les plus célèbres citons ceux de Ramusio en Italie, et surtout d'Halkug [sic; i.e. Hakluyt] et Purchas en Angleterre. Bientôt, à Francfort-sur-le-Main, une famille de marchands d'estampes, les de Bry, entreprennent de publier [...] d'énormes collections de grands et de petits voyages» (Febvre/Martin 1999, 388s.).

Übersetzung der ptolemäischen *Geografia* von 1548 (TolomeoGeografiaMattioli, → 2.3.4.).[27]

Zur Verbreitung gedruckter Karten, eine eigene Form geographischer Texte, trug insbesondere das Haus Tramezzino bei, mit den Zentren Rom (Druck und Vertrieb) und Venedig (Vertrieb).[28] In Venedig ging 1539 auch die *Carta Marina* von Olaus Magnus in Druck.[29] Venedig war ein bedeutender Umschlagplatz auch für geographische Kenntnisse: «Al secolare progresso delle conoscenze geografiche Venezia contribuisce in maniera ingente, sia per l'ampiezza del raggio dei suoi traffici, sia per il richiamo che esercita come centro economico-culturale» (Bevilacqua 1980, 356). Einen Eindruck vom Spektrum verfügbarer Karten gibt Antonio Lafreri (gest. 1577). Er stellte die Drucke, die er verkaufte, in einem Katalog zusammen. Dieser umfasst Weltkarten, Seekarten und zahlreiche Regionalstudien.[30]

Mit der Verbreitung der griechischen Versionen von Ptolemäus und Strabon etablierten sich neue geographische Gattungstraditionen geographischer Beschreibung im Italienischen. Editionen dieser Autoren zählen zu den frühesten gedruckten Publikationen. Aus dem Hause Aldus Manutius ging bereits 1518 eine Sammlung antiker geographischer Texte hervor (*Pomponius Mela. Iulius Solinus. Itinerarium Antonini Aug. Vibius Sequester. P. Victor De regionibus urbis Romae. Dionysius Afer De situ orbis, Prisciano interprete*, Venetiis, Aldus, 1518); diese Sammlung erlebte mehrere Nachdrucke (dokumentiert in CTC 5, 1984, 259).

Auch Reiseberichte gehörten zu den frühen gedruckten Werken, etwa der italienische Erstdruck von Marco Polo (Venedig, Giovan Battista Sessa, 1496; cf. Reichert 1999, 667) oder Volgarizzamenti von Mandeville (zuerst *Tractato de le piu maravegliose cosse e piu notabile che se trovano in le parte del mondo*, Pietro da Corneno, Milan, 31. Juli 1480 (cf. Lepschy 1986). Das Interesse an Mandeville nahm jedoch in der Folgezeit ab: Während sein *Libro* zwischen 1491 und 1505

---

27 «Die enorme Bücherproduktion im 16. Jahrhundert machte einem jedem alle Quellen zugänglich. Die Findigkeit der Verleger, die sich gerade in jener Epoche vom handschriftlichen Vorbilde freimachten, schuf die Taschen- und Handbücher, die jedem Lernbegierigen gleichsam zur Gelahrtheit zwangen» (Olschki 1922, 24).

28 *Roma moderna* (1552), *Germania* (1553), *Roma antica* (1553; 1561), *Mappamondo in due emisferi* (1554), *Fiandra* (1555), *Brabante* (1556), *Frisia* (1556), *Olanda* (1556), *Napoli* (1557), *Belgio* (1558), *Francia* (1558), *Regioni settentrionali* (1558), *Spagna* (1559), *Ungheria* (1559), *Grecia e Asia minore* (1561), *Portogallo* (1561), *Friuli* (1563); cf. Tinto (1968, XXIVs.; 44; 46s.; 49s.; 52s.; 55s.; 58; 61s.; 67s.; 73).

29 Die Vielschichtigkeit dieser Karte erweist sich in der Kombination der eigentlichen topographischen Darstellung, d.h. der Konturen von Wasser- und Landflächen, der Situierung von Städten usw., mit fabelhaften oder historischen Skizzen von Meereswesen, Gebräuchen oder kriegerischen Auseinandersetzungen, welche in die Karte integriert sind. Als verbale Elemente treten die Legende unten links und die regionale Gliederung unten rechts hinzu.

30 *Geografia: Tavole moderne di Geografia de la maggior parte del mondo di diversi autori raccolte et messe secondo l'ordine di Tolomeo con idisegni di molta citta et fortezze di diverse provintie stampate in rame con studio et diligenza in Roma* (cf. Tooley 1939, 13, welcher dieses und weitere Inventare, insgesamt 614 Titel, mit bibliographischer Dokumentation und Standortnachweis publiziert).

13mal gedruckt wurde, erreichte es in der Folgezeit bis 1560 nur fünf weitere Auflagen.

2.3. Antikenrezeption

2.3.1. Strabon

Strabon von Amaseia (63 v.Chr.–26 n.Chr.) verfasste die 17 Bücher der *Geographie* (*Γεωγραφικῶν βίβλοι ιζ'*, ed. StrabonisGeographicaMüller) als Historiker und Geograph unter Hinzuziehung lateinischer, vor allem aber griechischer Autoren wie Eratosthenes (Beck 1973, 37; Faller 2000, 41s.). Strabon verzichtet auf mathematisch-astronomische Angaben, in der topographischen Beschreibung werden nur Entfernungsangaben gemacht. Auch physisch-geographische Beobachtungen sind selten.[31] Eine solche landeskundliche Darstellungsweise wird auch als «qualitatim» der «quantitativen» Geographie gegenübergestellt (Lestringant 1993, 321). In diese Tradition wird Sebastian Münsters *Cosmographia – Beschreibung aller Laender* (Basel, [1]1544) gestellt, dessen detaillierte Beschreibungen maßgebend in ganz Europa wurden.[32]

Die Geographie des Strabon erreichte Italien zu Anfang des 15. Jahrhunderts; ein vollständiger griechischer Text in zwei Bänden war bereits im Besitz von Ciriaco d'Ancona. Im Auftrag von Papst Nikolaus V. (1447–1455) erstellten Guarino Veronese und Gregorio Trifernate eine lateinische Übersetzung (*Strabonis Geographiae libri XVII*), welche 1469 in Rom (Sweynheym/Pannartz) und 1472 in Venedig (Vindelinus de Spira) publiziert wurde. Aldus Manutius gab 1516 eine griechische Version in Druck. Eine italienische Version entstand erst 1562/1565 (2 vol., StraboneGeografiaBuonacciuoli). In der Widmung an Kardinal Gonzaga schreibt der Übersetzer Alfonso Buonacciuoli:

---

31 Forbiger (1842–1877, vol. 1, 305) weist auf das breite Interessensspektrum hin: «sein Zweck war, ein mit historischer Kritik gearbeitetes, systematisch geordnetes, sich über die ganze damals bekannte Welt verbreitendes, historisch-geographisches Handbuch der Erdbeschreibung zu liefern, das auch die neuesten, durch die weite Ausdehnung des Römer- und Partherreiches gewonnenen, grossen Bereicherungen der Erdkunde berücksichtigen, und eben so wohl geeignet sein sollte, gründlich zu belehren, als angenehm zu unterhalten [...]. Strabon [durchwebt] sein ganzes Werk mit den anziehendsten Bemerkungen über die Eigenthümlichkeiten und Merkwürdigkeiten der Länder und Städte, über die Religion, Gesetze, Sitten und Gebräuche der Völker, mit historisch-mythologischen Reminiszenzen über ihren Ursprung, ihre Wanderungen, Ansiedelungen u.s.w., ja selbst mit interessanten Anekdoten aus dem Leben einzelner berühmter Männer und dergleichen».

32 «Les descriptions ‹régionales› de Münster peuvent paraître aujourd'hui sèches et stéréotypées: étymologie du nom, limites et divisions, topographie (montagnes, fleuves, flore et faune), mœurs et gouvernement des peuples, villes, souverains, hommes célèbres, ‹merveilles› [...]. Pourtant, les lecteurs de la Renaissance se contentaient fort bien de cet encyclopédisme confus, d'où sont sorties la plupart de nos ‹sciences humaines›»; «Par Münster interposé, c'est Strabon qui régit toujours la géographie européenne à l'orée du XIXe siècle» (Broc 1980, 81; 84). Jedoch zum Konzept der Beschreibung bei Münster → 4.4.4.3.

«Ilquale (oltre la propria facultà di Geografia) non solo tocca l'historie, *et* le favole, che gli tornano a proposito, mettendovi anche l'autorità de i piu antichi, *et* oscuri poeti, *et* scrittori, di che s'habbia memoria alcuna; ma si serve della Filosofia, sì morale, come naturale, della Geometria, dell'Astronomia, *et* di molt'altre scienze [...]. Pareva [...] che vana dovesse riuscire questa mia fatica. poiche (per testimonio dell'istesso Strabone) non è la Geografia da essere maneggiata per huomini volgari. ma per coloro solamente, ch'in tutte quelle scienze, dette poco di sopra, sono piu che mezanamente essercitati. ma questi tali si potranno servire, *et* forse piu volontieri si serviranno di Strabone greco, o al meno della traduttione latina, che della volgare» (StraboneGeografiaBuonacciuoli 1,a 2r°s.).

Es erscheint dem Übersetzer also keineswegs selbstverständlich, eine volkssprachliche Fassung des Textes zu erstellen. Offenbar hielt er den Text, dessen Dichte an Fakten und literarischen Zitaten hohe Ansprüche an die Leser stellt, für schwer zugänglich. Strabons kompakter Text wird nur durch gelegentliche literarische Zitate aufgelockert. Die Darstellung ist äußerst knapp und teilweise skizzenhaft, das Thema wechselt häufig, von Lagebeschreibungen zu historischen oder mythologischen Details:

«Che, cominiciando dalla bocca de'l golfo dell'Arta, il primo luogo. de gli Acarni è Attio, co'l qual nome si chiama parimente il tempio d'Apolline Attio, *et* il promontorio che fa la bocca de'l golfo. Il qual'ha un porto dalla banda di fuori. Da'l tempio è lontano Anattorio XL. stadij, situato ne'l golfo. *et* Leucade CCXL. Quest'era anticamente penisola de'l territorio de gli Acarnani. la qual è dal Poeta chiamata Lito di terra ferma. nominand'egli terra ferma quella. ch'è all'incontro d'Itaca, *et* di Cefallenia. Et quest'è l'Acarnania. Onde quand'egli dice il lito di terra ferma; si deve intendere il lito dell'Acarnania. Et delle ragioni di Leucade è Nerico, la quale Laerte dice d'haver presa» (StraboneGeografiaBuonacciuoli 1,184r°; es folgen vier Verse Zitat von Laertius).

Weitere Auflagen der Übersetzung sind nicht bekannt. Erst über zwei Jahrhunderte später erschien in Rom eine zweite italienische Teilübersetzung (1792, *Della Geografia, I–III*).[33]

2.3.2. Mela

Pomponius Mela (1. Jahrhundert n. Chr.), aus der Provinz Baetica an der Straße von Gibraltar, gehört nicht in die Reihe der wichtigsten antiken Geographen. Dennoch wurde er vielfach exzerpiert, bereits Petrarca und Boccaccio besaßen Kopien.[34] Seine lateinische Geographie *De Chorographia* (ca. 43/44 n. Chr.) ist kompilatorisch angelegt und breitet griechisches Wissen, aber auch Stoffe lateinischer Autoren in enzyklopädischer Weise aus. Die Darstellung folgt einer «Route» an den Küsten des Ozeans und den Randländern des Mittelmeers entlang. Durchsetzt sind die Beschreibungen mit zahlreichen Mythen und Fabeln, im Vordergrund steht eher das

---

33 Zur humanistischen Manuskriptüberlieferung cf. Sbordone 1961; zu Editionen, Kommentaren und Übersetzungen cf. CTC (2, 1971, 225ss.); Broc (1980, 83); Biraschi et al. 1981.

34 Faller (2000, 48); detaillierte Angaben zur mittelalterlichen Rezeption in CTC (5,257ss.). Zur mittelalterlichen Rezeption cf. auch Gormley/Rouse/Rouse 1984.

Lesevergnügen als praktische Verwendungszwecke im Bereich von Kartographie oder Handel.[35]

Mit dem Humanismus nahm das Interesse am geographischen Informationsgehalt von *De Chorographia* zu und weitete sich auch auf den Bereich der Seefahrt aus.[36] Auch gehört Melas Werk zu den frühen italienischen Drucken; auf die Mailänder Editio princeps mit dem Titel *Pomponii Melae Cosmographiae liber* (Mediolani, 1471) folgten insbesondere Editionen von venezianischen Verlegern.[37] In Basel erschien 1539 eine anonym von Sebastian Münster herausgebene Fassung, in einem Band mit einer Solinus-Edition.[38] In dieser Zusammenstellung erschien auch die erste gedruckte italienische Übersetzung, die von Thomaso Porcacchi stammt: *I tre libri [...] del sito, forma, e misura del mondo*, tradotto per meser Thomaso Porcacchi und im selben Band *Delle cose maravigliose del mondo, tradotto dall'Illustriss. S. Gio. Vincenzo Belprato Conte di Anversa*, Vinegia, Giolito, 1557.

2.3.3. Plinius

Die 37 Bücher der *Naturalis historia* von Gaius Plinius d.Ä. (23–79 n. Chr., 47–52 n. Chr.) sind enzyklopädisch angelegt. Geographischen Inhalts sind die Bücher III–VI, nach Erdteilen geordnet: Europa (III und IV), nördliches Afrika, Asien (V), Asien, Afrika (VI).[39]

Plinius hatte selbst einen Großteil des römischen Reichs bereist. Die Darstellung besteht jedoch hauptsächlich in einer Kompilation von schriftlichen und mündlichen Quellen. Ziel der Darstellung ist es eher, möglichst umfassend Informationen zusammenzustellen, als ein eigenständiges geographisches Systems zu entwickeln.[40]

---

35 Forbiger (1842–1877, vol. 1, 375ss.); Beck (1973, 52); Faller (2000, 48).

36 «[...] a printed text of the *De chorographia* was owned and, to judge from the worn pages and copious notes, well used by the explorer of Brazil, Pedro Álvares Cabral (d. 1526)» (Gormley/Rouse/Rouse 1984, 319s.).

37 *Pomponii Melae Cosmographiae* liber, Venetiis, 1477; *Pomponii Melle cosmographi de Situ orbis liber primus-tertius*, Venetiis, 1478; *Pomponii Mellae Cosmographi Geographia, Prisciani quoque ex Dyonisio Thessalonicensi de Situ Orbis interpretatio*, Venetiis, 1482; der Edition war eine Weltkarte als Holzschnitt beigegeben (Shirley 1984, 8); zur spanischen Übersetzung cf. Barradas de Carvalho 1974, darin zu den lateinischen Ausgaben 99ss., bibliographischer Nachweis 210s.

38 *Collectanea rerum memorabilium [Polyhistor] C. Iulii Solini Polyhistor: Rerum Toto Orbe Memorabilium thesaurus locupletissimus. Huic Ob Argumenti Similtudinem Pomponii Melae De Situ Orbis Libros Tres, Fide Diligentiaque summa recognitos, adiunximus: Accesserunt his praeter noua scholia, quae loca autoris utiusque obscuriora copiose passim illustrant, etiam tabulae geographicae permultae, regionum, locorum, marium, sinuumque diuersorum situs pulchré delliniantes. Cum Indice rerum atque uerborum in utroque obseruandroum locupletissimo*, Basileae: Isingrinius et Petrus, 1538; cf. Skelton (1966 b, IX).

39 Cf. Detlefsen (1972, 178–182), mit genauer Belegstelle eine Zusammenstellung der von Plinius selbst ausgewerteten Autoren; Faller (2000, 53).

40 Cf. Guglielminetti (1989, 107); Forbiger (1842–1877, vol. 1, 381s.): «[I]n seiner ganzen Kompilazion [ist ihm] fast Nichts eigenthümlich [...], als die Nachrichten von einigen durch die Römer seiner Zeit gemachten Entdeckungen im nördlichen Europa und im Innern

Die namentliche Nennung der zahlreichen Autoren, die Plinius ausgewertet hatte, gehört zu den zentralen Darstellungsprinzipien: Als Hauptquelle zu Grunde gelegt wird häufig die Darstellung eines einzigen Autors, dessen Informationen durch andere Quellen ergänzt werden. Neben schriftlich überlieferte Quellen treten mündliche Berichte über jüngere Entdeckungen.

Die Darstellungsweise variiert. In weiten Teilen besteht sie aus einer Zusammenstellung geographischer Namen:

> «Il suo paese fra terra è per la maggior parte l'Arcadia, d'ogni parte discosta dal mare; prima chiamata Drimode, *et* poi Pelasgi. Le città sue sono [...] I monti d'Arcadia son questi, [...] I fiumi, [...]» (*Dell'Arcadia. Cap. VI*, Lib. IV: PlinioHistoriaNaturaleDomenichi, 93s.).

Z.T. sind diese Aufzählungen begleitet von historischen oder ethnographischen Anmerkungen («Domitio Nerone mise in libertà tutta l'Achaia», PlinioHistoriaNaturaleDomenichi, 94) und Enfernungsangaben («Da Olimpia a Argo per l'Arcadia sessantatre miglia. Dal medesimo luogo a Filiunta v'è la detta misura», PlinioHistoriaNaturaleDomenichi, 94). Rezeptionsgeschichtlich ist die *Naturalis historia* von größter Wichtigkeit, da sie seit der Antike kopiert, exzerpiert, kommentiert, übersetzt und neu herausgegeben wurde.[41]

Während sie jedoch in der mittelalterlichen Überlieferung kaum bekannter war als die Werke von Plinius' Nachahmern Solinus, Martianus, Beda und Isidor, gewann ihre Verbreitung Anfang des 15. Jahrhunderts an Bedeutung und weckte auch das Interesse der Humanisten an den vorhandenen Manuskripten. Die erste Drucklegung erfolgte wenig später (Venedig, Spira, 1469); im Bereich der Plinius-Editionen blieb Italien, besonders Venedig, führend.[42]

Die wenig nach der Editio princeps gedruckte Übersetzung, «tradocta di lingua latina in fiorentina» (Titel) Cristoforo Landinos (PlinioHistoriaNaturaleLandino, 1476; Nachdr. *Naturale historia* 1481, 1489, 1501, 1516, 1534) stellte die erste volkssprachliche Übersetzung von Plinius' Naturgeschichte überhaupt dar und bildete eine wichtige Grundlage für die geographische und naturwissenschaftliche Bil-

---

von Asien, so wie von den auf ihren Seereisen nach Indien gemachten Erfahrungen Alexandrinischer Kaufleute in Bezug auf das südliche Asien».

41 Cf. Benassai (1994, 312: *Intertestualità tra fonti e testo: alcuni problemi di ricezione del testo di Plinio «Naturalis Historia» nelle mediolatine «curae ex animalibus»*): «Laddove la distanza con il modello antico diventa insostenibile, il compilatore allarga le maglie della parafrasi e accoglie escerti non pliniani, provenienti da testi paralleli, che egli utilizza con chiaro intento interpretativo. Il risultato è un'intertestualità tra fonti e testo, in cui il gioco allusivo dei richiami, reso possibile dalla tecnica compilatoria, supera i dati delle ricette e si fa commento».

42 «Sur ces 55 éditions de 1469 à 1599, on remarque que les 16 premières sont publiées en Italie» (Labarre 1973, 451); cf. Gudger (1924, 273). Eine Zusammenstellung der Plinius-Inkunabeln bei Klebs 1935–1936; Labarre (1973, 451) zu sämtlich in Venedig erschienenen italienischen Übersetzungen.

dung der Renaissance.[43] In direkter Konkurrenz dazu enstand im 15. Jahrhundert eine weitere Übersetzung, und zwar die Version im Volgare napoletano von Giovanni Brancati, die jedoch zu seiner Zeit nie gedruckt wurde.[44] In dieser Übersetzung drückt sich eine klare Opposition gegen den wachsenden Einfluss des Toskanischen aus (Barbato 2001, 22s.).

Niedergeschlagen hat sich die Pliniusüberlieferung besonders in den Reiseberichten aus der Neuen Welt. So stellt Amerigo Vespucci seine Erfahrungen als Komplement der *Historia naturale*, keineswegs als deren Überwindung dar:

> «Dove o vera*me*nte ch*e* tu consideri le moltiplice spe*cie* de li A*nim*ali: dele pia*n*te: dele herbe: deli Metalli *et* pietre: o verame*n*te la diversita deli lochi: *et* q*ua*lita del cielo: no*n* meno cose admira*n*de: *et* q*ua*si i*n*credibile se retrovano: ch*e* ap*re*sso della Naturale historia pliniana» (MontalboddoPaesi *[Dedica]* 1507, [VIv°]).

Der Einfluss von Plinius zeigt sich auch im Reisebericht von Gonzalo Oviedo, eine deutliche Anleihe nimmt bereits der Titel: *Sommario della naturale, et generale historia dell'Indie Occidentali* (RamusioNavigazioni 3,37r°–61r°); *Della naturale, et generale historia dell'Indie a' tempi nostri ritrovate* (RamusioNavigazioni 3,61r°–187r°).

Erst über sechzig Jahre nach der Übersetzung Landinos erschien eine italienische Neuausgabe, bearbeitet von Antonio Brucioli (1543, PlinioHistoriaNaturalisBrucioli). Brucioli bezeichnet seine Edition als *da infiniti errori emendata, et con somma diligenza corretta*, die Inhaltsübersicht (*tavola*) ebenfalls korrigiert und ergänzt (*castigata, et aggiuntovi molti capitoli, che nelle altre impressioni non erano*, Titel).[45] Jedoch behält er die Gliederung des von Landino übernommenen Textbestandes unverändert bei: Er setzt keine Zwischenüberschriften oder Randkommentare, der Namenbestand wird nicht modernisiert.

All dieses findet in der zwei Jahrzehnte später erschienenen Ausgabe von Domenichi statt. Sie basiert auf einer besser abgesicherten lateinischen Grundlage und ist sprachlich deutlich eingängiger als die vielfach latinisierenden und fehlerhaften Vorgängertexte (cf. Olschki 1922, 202s.). Für ihren Erfolg spricht die Zahl der Auflagen, die sie erlebte (1561; ^{2}1562, repr. 1573, 1580, 1589, 1603, 1612, PlinioHistoriaNaturalisDomenichi), erschienen im Verlag des Gabriel Giolito.

Domenichi wollte mehr als eine Übersetzung präsentieren: Seine Überarbeitung stellt eine Modernisierung der *Naturalis Historia* dar – er kannte den «Forschungsstand» seiner Zeit, die antike und neuere geographische Literatur, und dokumentiert dies durch zahlreiche, in Marginalkommentaren gesetzte Verweise, wie er bereits im Titel ankündigt: *le postille in margine, nelle quali, o vengono segnate le cose notabili, o citati altri Auttori, che della stessa materia habbiano scritto, o dichiariti i luoghi difficili, o posti i nomi di Geografia moderni* (→ 5.2.6.). Durch die beigege-

---

[43] Cf. CTC (4,304s.; 316); Detlefsen (1972, XIIss.); Chibnall (1975, 72ss.); Lowry (1991, 129ss.); Borst (1995, 312ss.); Grafton (1997, Introduction, 7).

[44] Cf. Tavoni (1992, 70ss.; 318ss.). Editionen liegen mit der dreibändigen PlinioStoriaNaturaleGentile und der Teiledition von Buch VIII, Barbato 2001, vor.

[45] Fünf Jahre später, 1548, gab dieser eine Neubearbeitung in Druck.

benen modernen Namenformen erfährt Plinius zwar einerseits eine Historisierung, andererseits stehen daneben unterschiedslos «verifizierende» Ergänzungen aus der antiken – historischen oder mythologischen – Überlieferung, z.B.:

> «Della favola de' Mirmidoni, *et* della verità, vedi Strabone *et* Eusthatio» (PlinioHistoriaNaturaleDomenichi, 93, in margine).
>
> «Questa opinione è rifiutata da Herodoto; ilqual dice, che gl'Hiperborei non vi sono: o se vi sono, di necessità vi sono alcuni Hipernottij» (PlinioHistoriaNaturaleDomenichi, 105, in margine).

So bleibt auch in dieser im 16. Jahrhundert meist verbreiteten und ausgereiftesten Fassung das Gleichgewicht von Modernisierung und Persistenz der Textinhalte bestehen.

2.3.4. Ptolemäus

Klaudios Ptolemäus aus Alexandria (ca. 90–168 n. Chr.) wird als letzter großer Astronom, Naturforscher und Geograph der Antike bezeichnet. Forbiger rechnet ihn der Periode der «mathematischen Geographie» zu, welche in der antiken Geographie auf die Perioden der mythischen Geographie, der historischen Geographie und der systematischen Geographie gefolgt sei und bis zum Ende des weströmischen Reiches Gültigkeit besaß (Forbiger 1842–1877, vol. 1, 2). Seine *Γεωγραφικὴ ὑφήγησις* 'Anleitung zum Kartenzeichnen' stellte die Grundlage eines Kartenbildes der Oikumene dar. An den Anfang ist eine Einführung in die theoretische und praktische Kartenkunde gestellt, welche unterschiedliche Möglichkeiten berücksichtigt, die Erdoberfläche auf einer Ebene darzustellen.

Es folgt ein geographisches Tabellenwerk, welches einer umfangreichen topographischen Bestandsaufnahme (rund 8.100 geographische Fixpunkte, Olshausen nach Faller 2000, 114) jeweils die Angabe von Längen- und Breitengrad zuordnet (sein Null-Meridian verlief durch die Kanarischen Inseln, die geographische Breite bemaß er nach der Entfernung vom Äquator; bei der Berechnung wurden Distanzangaben zwischen Orten und astronomische Beobachtungen einbezogen, Faller 2000, 114). Dafür wertete er eine breite Basis darstellender geographischer Werke aus, Eratosthenes, Poseidonios, Marinus von Tyros sowie Berichte von Zeitgenossen, welche in einem Handelszentrum wie Alexandria, wo Ptolemäus lebte, jederzeit zugänglich waren.[46]

Die wissenschaftliche Herangehensweise mit strenger Prüfung der Quellen (insbesondere der Angaben von Marinus) konnte dennoch nur zu begrenzter geographischer Exaktheit führen, da die geographische Länge nicht genau bestimmt werden konnte und auch der Großteil der Angaben der geographischen Breite auf den Schätzungen von Itinerarien beruhte. Auf diese Weise wurde die Geographie von Ptolemäus folgenreich für die Neuzeit, da Kolumbus auf Grundlage ihrer Angaben zu ei-

---

46 Cf. Beck (1973, 44s.); Faller (2000, 114); Kadmon 2000; LexMa (7,311).

ner viel zu geringen Einschätzung des westlichen Seeweges nach Indien gelangte.[47] Anfang des 15. Jahrhunderts gelangte ein griechisches Exemplar der Geographie des Ptolemäus nach Florenz, wo Manuel Chrysolaras Griechisch unterrichtete und seine Schüler mit originalsprachlicher Literatur der griechischen Antike vertraut machte.[48] Jacopo d'Angelo übersetzte sie ins Lateinische, diese Übersetzung wurde 1409 an Papst Alexander V. übergeben. Sie erfuhr eine weite Verbreitung[49] und führte zu einer grundlegenden Neuorientierung des geographischen Interesses.[50]

Die Editio princeps erschien 1475 in Vicenza, es folgte die erste Ausgabe mit gedruckten Karten Bologna 1477. Die erste Edition mit Kupferstich-Karten erschien in Rom 1478 (mit überarbeiteten Wiederauflagen 1490; 1507, 1508), sodann in Florenz 1482 und in Venedig 1511.[51]

Im deutschen Raum erschien die früheste Ausgabe in Ulm 1482; 1486, dann Nürnberg 1486.[52] Mit ihren 20 neu erarbeiteten Karten wurde die Straßburger Ausgabe von 1513 (Waldseemüller/Ringmann) wegweisend für die Ptolemäus-Ausgaben des 16. Jahrhunderts; in Straßburg selbst gab es in einem Zeitraum von 20 Jahren stets erweiterte Ausgaben (Codazzi 1950, 75), welche Edition, Übersetzung und Kommentar mit der umfassenden tabellarischen und kartographischen Darstellung der modernen geographischen Kenntnisse in einem zweiten Teil (*Tabulae Novae*) verbanden.[53] Die griechische Editio princeps gab 1533 Erasmus von Rotterdam in Basel in Druck.[54]

---

47 «È risaputo che l'errore di Marino e di Tolomeo per quanto concerne l'estensione in longitudine della terra emersa fu un felix error, perchè lasciò supporre meno vasto lo spazio ignoto di mare compreso fra l'estremo occidente europeo e l'estremo oriente asiatico e fece supporre al Toscanelli ed al Colombo non impossibile impresa quella di chi avesse voluto tentare di raggiungere il levante per la via dell'occidente» (Codazzi 1950, 10).

48 Cf. Codazzi (1950, 23); zu seiner Unterrichtspraxis cf. Pontani (1996, 138).

49 Rund 50 Kopien im Verlauf eines halben Jahrhunderts, sieben Drucke zwischen 1475 und 1500 (cf. La Roncière/Mollat du Jourdin 1984, 21).

50 «Die Rezeption der griech. G[eographie] im Abendland vor dem 16. Jahrhundert ist gleichbedeutend mit der Rezeption der *Geographia* des Ptolemaios» (Bernhard Fritscher, *Geographie*, in: DNPR 14,123).

51 Editionen: Fischer; *Die Cosmographia*, Codex Urbinas Latinus 277, 3 vols., ed. facs., Zürich, 1982–1983; Ptolomaeus, Claudius, *Cosmographia*, trad. lat. Jacobo Angelo, ed. facs. Amsterdam, 1963 [Bologna, 1477] (Vicentiae, Hermannus Liechtenstein, Idibus Sept. (13. Sept.) [1]1475).

52 Detaillierte bibliographische Angaben zu Text und Kartographie bei Codazzi 1950; kartographiehistorisch Skelton 1966b, V; Shirley (1984, 2s.); Campbell (1987b, 129ss.); Verzeichnis der Ptolemäus-Drucke im deutschen Sprachraum BSB/HAB (16, 1990, 504–518).

53 «The cartographic tradition of the Strassburg Ptolemy, printed in 1513 and again in 1520, was continued in the derivative maps of Lorenz Fries which illustrated four editions of the *Geographia* from 1522 to 1541, the last of them published only a year after the appearance of Münster's first edition. From 1525, the text of these editions was a new Latin translation made by the Nuremberg humanist Wilibald Pirckheimer, and in the last two editions (1535 and 1541) this was corrected by Michael Servetus from the Greek *editio princeps* of Erasmus printed (without maps) at Basel in 1533» (Skelton 1966b, V).

54 Cf. Codazzi (1950, 81); Reynolds/Wilson (1991, 162).

Die Ptolemäus-Editionen und Übersetzungen des 16. Jahrhunderts sind ein wesentliches Charakteristikum der Renaissance-Geographie. An den zahlreichen Ergänzungen dieser Ausgaben wird deutlich, dass die Zäsur, die zwischen dem Weltbild der Antike von der Erdkenntnis der Zeitgenossen trennte, klar erkannt wurde. Dass diese Neuerungen jedoch immer wieder im Rahmen der tradierten Texte eingetragen wurden, demonstriert die ungebrochene Autorität von Ptolemäus.[55] Die neu entdeckten Gebiete wurden mit dem aus seiner *Geographia* übernommenen Maßstäben gemessen: die Längen- und Breitenangaben bestimmt, die Gliederung in den Einheiten von Regionen und Provinzen beschrieben.

Das früheste gedruckte italienische Volgarizzamento stammt noch aus dem 15. Jahrhundert, von Francesco Berlinghieri (Firenze, Nicolo Todesco, 1482). In der Originalfassung erschien das Publikationsjahr nicht; Name des Druckers und Verlagsort wurden nachträglich ergänzt.[56] Dabei entstanden zwei Titelvarianten: *Geographia di Francesco Berlinghieri Fiorentino in terza rima et lingua Toscana distincta con le sue tavole in varij siti et provincie secondo la Geographia et distinctione de le tavole di Ptolomeo* und *In questo volume si contengono septe giornate della Geographia di Francesco Berlinghieri Fiorentino allo illustrissimo Federigo Duca Durbino*.[57]

Francesco Niccolò di Berlinghieri (1440–1500) war Mitglied der 1463 von Marsilio Ficino gegründeten Accademia Platonica in Florenz, wo er auch die griechische Sprache erlernt hatte.[58] Die Geographie Berlinghieris orientiert sich zwar am Grundschema von Ptolemäus und folgt ihm in seiner Einteilung in Bücher über die bekannten Erdteile, besonders entlang der Karten; auch übernimmt sie für die Weltkarte die Projektion der vorangehenden Ptolemäus-Editionen. Insgesamt stellt die Geographie Berlinghieris aber einen eigenen Text dar, der sich schon auf den ersten Blick durch den größeren Textanteil, der zudem gereimt ist, von der Vorlage unterscheidet.

Die Übertragung der Geographie des Ptolemäus wird bei Berlinghieri durch neuere Karten und geographische Texte ergänzt, darunter antike (Plinius, Strabon, Pomponius Mela) ebenso wie mittelalterliche (Flavio Biondo, Cristoforo Buondelmonti). Im Bereich der Toponomastik ist in einigen Bereichen das Bestreben zu erkennen, antike und zeitgenössische Bezeichnungen zu vergleichen und zu identifizieren, wobei ihm vor allem Karten behilflich waren (cf. Almagià 1945, 228; 232); allerdings entstanden dadurch auch zahlreiche Unstimmigkeiten.[59]

---

[55] Cf. Skelton (1970, VII): «Scholars of the 16th century, confronted with the problem of reconceiling the text and maps of the *Geographia*, as transmitted in the Latin manuscripts, with the observations of contemporary explorers, still aspired to update Ptolemy's work by revision and expansion».

[56] Bagrow (1930, 37); Skelton 1964.

[57] Cf. Bonacker/Anliker (1932, 24). Die zu Grunde liegende Handschrift war ebenfalls mit *Le septe Giornate della Geographia* betitelt (Cod. Urb. Lat. 273; Almagià 1944, 103; 1945, 251).

[58] Zu seinem Werdegang cf. Bonacker/Anlicker 1932.

[59] «I toponimi sono i classici, ma quando sa e può il Berlinghieri introduce i nomi moderni, cercando talora anche di stabilire il parallelismo con i nomi antichi. Il versificatore fioren-

Die erste italienische Übersetzung des 16. Jahrhunderts stammt von dem Arzt und Botaniker Pietro Andrea Mattioli aus Siena. Er schreibt:

> «Il perche concludiamo, che senza pericolo alcuno, *et* senza far fatiche di lunghi pellegrinaggi, puo con la scienza di Cosmographia, *et* Geographia insieme sapere chiaramente ciascuno ogni particolarita di tutto l'universo [...] c'e parso lecita cosa, *et* parimente laudabile, che la se ne venga in luce, anchora ne la nostra lingua volgare Italiana, accioche tutte quelle persone, che non capiscono la lingua greca, ne la latina, possino liberamente conoscere del mondo tutto quello, che a ciascuna di loro di necessita si conviene» (TolomeoGeografiaMattioli, † iiiiv°).

Ausgangstext ist die lateinische Übersetzung von Sebastian Münster (TolomeoGeografiaMunstero);[60] diese war in erster Auflage 1540 in Basel erschienen (Codazzi 1950, 82ss.); möglicherweise lag Mattioli aber bereits die dritte Auflage von 1545 vor (cf. Fahy 1993, 98; Anm. 20). Nicht nur der Ptolemäus-Text, auch der Kommentar von Sebastian Münster wurden ins Italienische übersetzt.

Dies begrenzte die Verbreitung dieser Ausgabe, da Münster in Italien als Häretiker galt. Münster war 1529 in Basel zum lutherischen Bekenntnis konvertiert und wurde als Exponent des reformierten Humanismus angesehen: Er war mit den drei alten Sprachen vertraut, Autor eines hebräischen Wörterbuches und Herausgeber einer hebräischen Bibel. Sein geographisches Hauptwerk ist die *Cosmographia* von 1544; die Ptolemäus-Edition wird zu den Vorarbeiten hierfür gerechnet.[61] Im Italien der Gegenreformation durften seine Bücher nicht verbreitet werden. Münsters *Geographia universalis (C. Ptolomaeus)* stand auf den europäischen Indizes;[62] dies mag die Verbreitung auch der italienischen Ausgabe, in der sein Name aufgeführt wurde,

---

tino crede anche di vivificare l'aridissima materia con digressioni mitologiche, storiche, etnografiche, laudative di personaggi del tempo suo [...]. Per i toponimi moderni poi il testo del Berlinghieri si serve di carte del tempo, nautiche e corographiche» (Codazzi 1950, 54; cf. Olschki 1922, 217; Skelton 1964; Campbell 1987b, 124; 133ss.).

60 Die frequente Schreibung *paralelli* für *paralleli* steht wohl damit im Zusammenhang, dass der italienische Übersetzer selbst mit der griechischen Sprache nicht vertraut war.

61 Für einen kurzen Inhaltsabriss cf. Doederlein (1879, bes. 436ss.). Zu Münsters Darstellungsabsicht cf. Beck (1973, 98); Burmeister (1964, 16; 23): «Die Kosmographie ist in einem Zeitraum von 26 Jahren entstanden. Eine Reihe von kleineren geographischen Schriften gehen ihr voraus, die Germaniae descriptio (1530) und deren deutsche Überarbeitung Mappa Europae (1536), ferner die Editionen antiker (Solin, Mela, Ptolemäus) und moderner (Tschudis Rhaetia) Geographen, die 1538–1540 erschienen. Neben den zahlreichen Beiträgen, die auf Grund einer ausgedehnten Korrespondenz bei Münster eintrafen, hat er eine ganze Bibliothek historisch-geographischer Werke für die Kosmographie bearbeitet, außerdem selbst einige Reisen unternommen, um aus eigener Anschauung über geographische Probleme schreiben zu können. Zur Wertschätzung des Buches haben die Illustrationen wesentlich beigetragen» (cf. Skelton 1966b, VIs.).

62 Leuven, 1546; 1550; 1558; Portugal, 1551; Venedig, 1554; Rome, 1559; 1564; Espagne, 1559; 1583; Anvers, 1570, 1571; cf. Bujanda (1984ss., 10,292); cf. Bongi (1890–1897, vol. 1, LXXXVII).

behindert haben.[63] Mattioli befand sich seit 1540 in Kärnten[64] und erarbeitete hier die Übersetzung, die er bei Gioanbattista Pedrezano in Venedig in Druck geben konnte. Die Brisanz des Textes zeigt sich zum Beispiel daran, dass der Name Münsters in einigen Fällen auf dem Titelblatt und im Kommentar geschabt wurde.[65]

Nicht nur die Übersetzung ins Italienische, auch das handliche und erstmals für einen Ptolemäus-Druck verwendete Oktav-Format beweisen, dass der *Geographia* durch Mattiolis Übersetzung ein weiteres Publikum erschlossen wurde.

Diesem Format wurden auch die Karten angepasst. Der Ausgabe wurden 60 Kupferstiche beigegeben; Holzschnitte, wie sie in den vorangehenden Folioformaten zu finden waren, hätten nicht mit der gleichen Präzision in dieser Größe ausgeführt werden können. Neben den 26 Karten im Stile Ptolemäus' sind weiterhin eine Weltkarte mit knappem Kommentar (*Dell'Universale nuovo*, 59r°) und eine Seekarte beigegeben, ebenfalls mit kurzer Beschreibung (*Della Carta marina universale*, 60r°). In dieser Beschreibung wird der Kartenaufbau erklärt und abschließend dem Leser die Kritik an ihrer Nutzbarkeit außerhalb der Seefahrt überlassen:

> «[...] cosi vanno descrivendo tutto il mondo in questo modo, altra scientia non si trova alla prattica de naviganti, a descrivere tutto l'universo per uso del navigare: questa prattica non serve ad altro, salvo per il navigare perche infra terra non val niente che tutta si trova falsa [...] chi ha intelletto giudica la ragione perche e cosi» (*Della Carta marina universale*, 60r°).

Die modernen geographischen Angaben und Namenformen sowie die Kartographie nach neuesten Quellen stammen von Iacopo Gastaldi, welcher die Weltkarte alten Stils durch eine Seekarte und eine moderne Weltkarte (*Universale novo*) ersetzte.[66]

Kommentare zum Text werden graphisch durch geschweifte Klammern oder Kreuze abgehoben; sie dokumentieren damit eine dichte Überarbeitung des Ausgangstextes, besonders in den Kapiteln I–IV des dritten Buches (Italien). Die Kom-

---

[63] Skelton (1966b, XVIII), gibt keinen Hinweis auf Übersetzungen von Münsters Ausgabe: «The modern maps in Münster's edition of Ptolemy thus had a considerably longer life than his text, which was not reprinted after 1552, and they constitute to-day the most interesting part of the work».

[64] Mieli, Aldo, *Gli scienziati italiani* (1923, 184); in: ABI I (635, 15–36). Mattioli (1501–1577) wurde vor allem durch seine Dioskurides-Übersetzung bekannt; er arbeitete als Arzt des Kardinals von Trento, in Kärnten und am Hof Ferdinands I. als Leibarzt. Cf. Casali (1861, 86ss.).

[65] Cf. das Exemplar Auct.gr.V, 4191 der Niedersächsischen Staats- und Universitätsbibliothek Göttingen.

[66] Cf. Codazzi (1950, 90); Fahy (1993, 90s.; 96ss.); cf. Bevilacqua (1980, 366): «Del complesso delle carte 26 sono tolemaiche e 34 sono *tabulae novae* di piccolo formato, spesso derivanti da carte più grandi già in circolazione. In questo il Gastaldi segue la moda del momento; infatti quando l'opera di Tolomeo tornò a circolare in Europa nel XV–XVI secolo, le carte annesse non hanno più correspondenza con la realtà nuova scaturita dai grandi viaggi terrestri e maritimi e così, accanto alle vere e proprie carte tolemaiche, si inseriscono carte nuove che tengono conto delle notizie, dei nomi e delle conoscenze di nuove terre derivanti dalle fonti più disparate».

mentare verweisen auf antike (häufig Plinius, aber auch Strabon, Pomponius Mela und Solinus, cf. u.a. 75r°; 178v°) und jüngere Autoren (Flavio Biondo, cf. 73 v°: «in laquale [Italia] scrive Biondo essere 264. citta, che sono vescovadi»; Marco Antonio Sabellico), auf die aktuelle politische Situation (z.B. türkische Herrschaft, 149r°) und auf abweichende, literarische oder moderne, Namenformen (→ 5.2.6.).

Im Text selbst erfolgt in der *Descritione sommaria della Tavola del mondo* (Lib. VII, Cap. V) auch die Übernahme der antiken Beschreibung der drei Erdteile Europa, Asien und Afrika:

> «Questo nostro mondo e stato diviso in tre parti [...]. Verso occidente termina parimente con la terra incognita che contiene il golfo Ethiopico di Libia, et poscia co*n* l'Oceano occidentale ilquale e vicino alle parti occidentalissime d'Aphrica *et* d'Europa» (199r°s.).

Ein knapper Kommentar – typographisch abgesetzt durch eine geschweifte Klammer – weist jedoch auf die Kenntnis der neu entdeckten Erdteile weit westlich von Afrika hin: «Hoggi in questi nostri tempi non habbiamo verso occidente terra alcuna, che ne sia incognita, imperoche le parti piu occidentali d'Aphrica bagnate dall'Oceano sono Capo bianco, *et* Capo verde» (99v°).

Eine weitere Übersetzung entstand später durch Girolamo Ruscelli (1500–1566) (TolomeoGeografiaRuscelli). Ruscelli gibt an, einen griechischen Ausgangstext zu verwenden:

> «Io adunque ho procurato non solamente di tradurlo dal testo Greco con ogni diligenza, *et* d'esporlo in tutti i luoghi suoi più difficili, ma ancora di venir per tutto aggiungendovi quelle cose, che mi son parute utili et necessarie, parte non dette, *et* ancora (per parlar' ingenuamente) parte non sapute da Tolomeo, non essendo ancora in quei tempi suoi ridotta questa nobilissima professione alla perfettion sua» (TolomeoGeografiaRuscelli, *4r°).

Jedoch lag wohl auch ihm die lateinische Fassung von Münster vor, deren Abbildungen er übernahm:

> «Di questi climi, co i lor Paralleli quei begl'ingegni, Tedeschi, che dieder fuori il Tolomeo Latino fecero in disegno questa scala, ò tavola, che per esser bella *et* utile, non ho da mancare di metterla in questo luogo» (TolomeoGeografiaRuscelli, δ4r°).

Ruscelli war der Fortschritt wohl bewusst, den die praktischen Kenntnisse der Seefahrt insbesondere seit dem 13. Jahrhundert gemacht hatten. Daher expliziert er das Bedürfnis, die ptolemäische Geographie zu aktualisieren:

> «Habbiamo similmente veduto nelle mie annotationi, sopra il quarto Capitolo del primo libro di Tolomeo, quanto il bussolo della Calamita serva à trovar la lunghezza delle lontananze di ciascun luogo, per via di quel mio istrumento, ch'io quivi ho posto, onde in ogni notte serena si può far quello, che da Tolomeo, *et* da tutti glialtri Matematici antichi non si potea fare se non per via de gli Eclissi» (TolomeoGeografiaRuscelli, ζ4v°).

Infolgedessen setzt er Auskünfte von Seeleuten, Wissenschaftlern und Kaufleuten um, so dass Text und Karten die modernen Erkenntnisse wiedergeben sollten:

«Nel che vengo tuttavia facendo studio con l'aiuto di molti non solamente marinari, ma ancor nobili, che per pratica, *et* per arte, *et* scienza ne sono intendentissimi, de' quali in questa città son pur molti, oltre, che da Genovesi, da Greci, da Fiaminghi, *et* da Spagnuoli, *et* Portughesi io vengo tuttavia procurando d'haver'aiuti. Et già da molte Carte marinaresche, havute da alcuni particolari, che hanno lungamente navigato con esse, *et* le son venute aggiustando di volta in volta di mano lor propria, io con consultazione di persone intendenti ho fatte far cinque pezzi di mare in cinque Carte ch'io credo che fin qui ne sien poche altre tali, oltre che avanti che si facciano intagliare, per metter nel libro, potrò venirle tuttavia migliorando» (TolomeoGeografiaRuscelli, ηr°).

Sowohl die antiken als auch die modernen Karten gehen jedoch mit geringen Modifikationen auf diejenigen von Gastaldi 1548 (TolomeoGeografiaMattioli) zurück (Bagrow 1928, 79; Codazzi 1950, 93). Ein weitergehendes Buchprojekt zu einer Geographie, die Ptolemäus nicht komplementieren, sondern gänzlich erneuern, wenn nicht ersetzen wollte, konnte Ruscelli jedoch nicht mehr verwirklichen.[67]

Eine Überarbeitung und Neuausgabe erfuhr Ruscellis Arbeit durch Giovanni Malombra (*La Geografia [...] di Claudio Tolomeo Alessandrino, Già tradotta di Greco in Italiano da Giero. Ruscelli: et hora in questa nuova ed. da Gio. Malombra ricorretta, et purgata d'infiniti errori [...]*, Venetia, Giordano Ziletti, 1574).

Die Ptolemäus-Übersetzung von Cernoti, die letzte des 16. Jahrhunderts, basierte auf der lateinischen Fassung von Giovanni Antonio Magini (1555–1617; cf. ABI I, 589,3–67; ABI II, S 49,208, TolomeoGeografiaMagini). Diese wiederum geht auf den lateinischen Text in der Fassung Pirckheimers (1525) zurück stellt dieser Version jedoch eigene *Commentarii, et annotationi* voran. Cernoti übersetzt auch diesen Kommentar Maginis. In der Übertragung des Ptolemäus-Textes nimmt er deutliche Anleihen bei Ruscelli.

Der erste Band (1598) beinhaltet die eigentliche Ptolemäus-Übersetzung, der zweite Band (1597) umfasst darüber hinaus neben Kartenabbildungen auch detaillierte landeskundliche Beschreibungen, die auch eine Quellendiskussion der antike, mittelalterliche und zeitgenössische Geographen beinhaltet. Im Bereich der Topographie (regionale Gliederung, Namenformen und Identifizierung der bezeichneten räumlichen Gegebenheiten) zeichnet sich die kontinuierliche Tradition des Wissens ab sowie das Bestreben, es auf dem neuesten Stand zu präsentieren. Die Folge ist ein Nebeneinander von gleichwertigen Referenzen auf antike, mittelalterliche und zeitgenössische Autoren. Dies zeigt sich in der Beschreibung Albaniens, welche u.a. Ptolemäus, Enea Silvio [Piccolomini], Gastaldi und Mercator referiert:

«Enea Silvio addima*n*da Larta, l'Epiro, ma questa è una parte solamente d'Epiro. Terminasi questa provincia da Levante col fiume Acheloo, nominato [...] dal Mercatore, e dal Castaldo Aracheo [...] Tolomeo gli [i.e. alle regioni dell'Epiro] aggiugne Cassiopea,

---

67 «Die Unzulänglichkeit des Ptolemaios für die Kenntnis der alten Welt und seine Unbrauchbarkeit für die Zeit der Seefahrten und Entdeckungen bekannte erst zwanzig Jahre später Girolamo Ruscelli, der unermüdlichste Polygraph des Cinquecento, der seine eigene, ungleich sorgfältiger geschriebene Übersetzung der ptolomäischen Erdbeschreibung als eine Vorarbeit für ein modernes, von ihm geplantes geographisches Werk angab, das er nie zustande brachte» (Olschki 1922, 216).

Dolopia, *et* Almena, tutti paesi frà la Caonia, e l'Acarnania. Io vedo, che nella nuova tavola dell'Europa del Mercatore l'Epiro è partito in vecchio, e nuovo. Chiama egli VECCHIO EPIRO quello, di cui gli Antichi fanno mentione, ma nomina NUOVO EPIRO la parte della Macedonia, che s'addimanda hoggi l'Albania» (TolomeoGeografiaCernoti, 2,121r°).

In der beigegebenen Seekarte (*Descrittione di tutto'l mondo secondo la prattica de' marinari*, TolomeoGeografiaCernoti, 211v°) bezieht er sich noch deutlicher auf den Atlas von Mercator, auch wenn unverkennbar ist, dass für die *prattica de' marinari* geeignete Karten kaum mehr in ein Buch passen:

«Questa Tavola mostra la faccia di tutto'l Mondo accommodata alla prattica de' Marinari, per laqual prattica sarebbero da dirsi molte cose, ma perche di ciò ne sono da altri scritti interi volumi, quale è l'opera di Pietro di Medina, lo specchio de' Marinari di Giovanni Aurigario, le regole dell'arte del navigare di Pietro Nonio, e certe altre operette; rimetteremo alle fatiche loro quel studioso, che desidera d'esere ammaestrato in cotal prattica; contentandoci solamente di riferire quì poche cose, tanto più, che questa picciola Tavola può essere poco adoprata da' marinari, poiche ad essi bisogna una mappa di giusta, e conveniente grandezza, quale fù quella, che fabricò Gerardo Mercatore, prestantissimo Geografo del nostro tempo» (TolomeoGeografiaCernoti, 211v°).

In ihrem Bemühen um Vollständigkeit und Aktualität sowie um die hohe Qualität von Herstellung und Kartographie stellt diese letzte italienische Ptolemäus-Edition des 16. Jahrhunderts den Höhepunkt und zugleich den Schlusspunkt der Renaissance-Geographie antiker Tradition dar.

2.4. Die *Isolari*

Das Motiv der Insel, welches sich in der Geschichte der abendländischen Literatur als «sfondo estremamente fertile di suggestioni» (Donattini 1999, 17) wiederfindet, ist namengebend für eine geographische Textgattung geworden: Die *Isolari* bestehen aus einer Folge von Inselbeschreibungen, die jeweils einer Karte zugeordnet werden.

Die Tradition der *Isolari* reicht vom frühen 15. Jahrhundert bis zum Ende des 17. Jahrhunderts. Die ersten *Isolari* beschreiben die ägäischen (und angrenzenden) Inseln, seit dem 16. Jahrhundert werden auch die Beschreibungen der Neuen Welt integriert. In diesen spielen Inseln ebenfalls von Anfang an eine bedeutende Rolle (cf. ScillacioIsoleBaldacci). Olschki (1937, 34ss.) erkennt in frühneuzeitlichen Reiseberichten einen «Romanticismo insulare»,[68] der sich literarische Traditionen, wie etwa

[68] «[...] questo fascino che una tenace tradizione letteraria e sentimentale racchiudeva nell'ambito dei paesaggi insulari esotici o romanzeschi, anch'essa più forte delle secolari esperienze geografiche» (Olschki 1937, 40). Daneben manifestierten sich jedoch die Realitäten der Eroberung: «La tendenza a proiettare in un paesaggio insulare reale o immaginario le meraviglie di tradizione letteraria ed erudita è costante, tanto che, col procedere della conquista coloniale della terra, i viaggiatori localizzavano negli arcipelaghi anche i prodotti più preziosi alla cui ricerca essi si avventuravano» (Olschki 1937, 39).

der Beschreibung der fernasiatischen Inselwelt bei Marco Polo, fortsetzt und die Sichtweise auf neu entdeckte Gebiet dominiert.[69] Der «Prototyp» des *Isolario* blieb zumindest in formaler Hinsicht auch prägend für ein enzyklopädisch angelegtes Werk wie André Thevets *Grand Insulaire et Pilotage,* Paris (1586–1587, Bibliothèque Nationale: ms. fr. 15452–15453), welches den Anspruch hatte, alle Inseln der bekannten Welt zu verzeichnen (cf. Dumotier-Sigwalt 2002). Bereits Sinner (1824) und Legrand (1897) skizzierten in ihren Editionen des frühesten *Isolario* die Linie der Gattungstradition unter Verweis auf Dalli Sonetti, Negri, Porcacchi und Boschino,[70] in einer ähnlichen Zusammenstellung von Lestringant als «venezianisches Isolario» gekennzeichnet.[71] So weist Harvey auf die definitorische Unschärfe der Kategorie *Isolario* hin, in Abhängigkeit von ihrer kartographischen oder eher enzyklopädischen Zielsetzung (Harvey 1987, 482).

Im Folgenden werden die Vertreter zitiert, in deren Tradition Porcacchis *Isolario* unmittelbar einzuordnen ist. Dazu zählen die «principali insulari» (Lancioni 1991, 73s.): Buondelmonti, Sonetti, Bordone, Porcacchi; sowie Boschini, Dapper und Coronelli, auf die im Folgenden näher eingegangen wird. Auch die *Isolari* sind repräsentativ für die Geographie des '500. Der Gegenstand der informativen, aktuellen landeskundlichen Beschreibung ist einem Sachtext angemessen; aber in jedem *Isolario* ist in unterschiedlicher Ausprägung deutlich, dass der Text auch unterhalten will. Dies sprachlich durch die Verwendung der Volkssprache, im Bemühen um Klarheit und Eingängigkeit, auf inhaltlicher Ebene durch die auch anekdotenhafte Darstellung und formal durch die Illustration mit Karten sowie durch den Aufbau als «Inselbuch», welche auf die suggestive Wirksamkeit der Inselbilder setzt.

---

[69] Auf «einen solchen, gänzlich unflexiblen Prozeß der Sinnbildung verweisen die Geschichte des Prädikats und des Begriffs ‹Kannibale› und der – bis in unsere Gegenwart selten angezweifelte – Glaube an die Allgegenwart von Menschenfressern auf dem südamerikanischen Subkontinent zum Zeitpunkt seiner Entdeckung durch die Europäer» (Gumbrecht 1987, 233).

[70] Legrand (1897, XXXIs.): «Parmi ceux qui se sont enrichis des dépouillis de Buondelmonti, les plus connus sont Domenico Mario Negri (*Geographia*, Bâle, 1557, f°), Thomas Porcacchi (*Le isole più famose del mondo*, Venise, 1572, 1576, 1604; Padoue, 1610, f°), et Marc Boschini (*L'Archipelago*, Venise, 1658, 4°). Mais il en est beaucoup d'autres, que l'on ne semble pas avoir soupçonnés, et, en première ligne, Bartolomeo da li Sonetti [...] les observations qu'il en a rapportées concordent trop parfaitement avec celles de Buondelmonti pour qu'on puisse douter de l'emprunt que ce sonneur de sonnets s'est permis de faire à son devancier».

[71] Cf. Lestringant zu Thevets *Le Grand Insulaire et pilotage*: «s'inscrit dans la tradition de *l'isolario* vénétien, illustrée auparavant par Bartolomeo dalli Sonetti, Thomaso Porcacchi da Castiglione, et reprise au siècle suivant par Marco Boschini et le Père Vincenzo Coronelli. Cet atlas insulaire de quelques trois cents cartes d'îles et écueils aurait constitué, en ce déclin de la Renaissance, l'apogée momentané d'un genre» (Lestringant 1993, 342s.); cf. Lestringant 1991; zu Thevet cf. Bagrow (1930, 83–87); Dumotier-Sigwalt 2002.

2.4.1. Buondelmonti

Als Prototyp des *Isolario* gilt das *Liber insularum Archipelagi* des Cristoforo Buondelmonti (1420 und 1422).[72]

In Art und Form der Beschreibung fand es einige Nachfolger, und es rückte die Inselwelt der Ägäis als eigenwertigen historischen und geographischen Raum in das Bewusstsein: «Buondelmonti sembra prendere atto per la prima volta della rinnovata importanza e autonomia geostorica dell'Arcipelago» (Luzzati Laganà 1988, 402).

Buondelmonti kam Anfang des 15. Jahrhunderts nach Griechenland. Der Raum der Ägäisinseln war in politischer Hinsicht ein Nebenschauplatz geworden,[73] aber die türkischen Bestrebungen zur Ausweitung ihres Einflussgebietes waren ständig präsent. Buondelmontis Interessen gelten der aktuellen Situation und den Überresten der Antike gleichermaßen.

Die thematische Beschränkung auf Inseln (mit Ausnahme der Beschreibung von Konstantinopel und des Berges Athos) und das Prinzip der Gliederung nach Inseln verleiht dem *Liber Insularum Archipelagi* seine Geschlossenheit. So gelingt es, den geographischen Raum als eine «Inselwelt» eigenen Gepräges erscheinen zu lassen. Dabei umfasst dieser Raum das ionische Meer, die Zykladen, die südlichen und nördlichen Sporaden, das thrakische Meer und das Maramarameer bis nach Konstantinopel; also einen politisch zersplitterten und kulturell vielfältigen Großraum, dessen zusammenhängende Darstellung zunächst nicht naheliegend ist. Orientierung für die zusammenhängende Darstellung gab möglicherweise das Kapitel *Delle Isole* (Buch 4,12) bei Plinius (PlinioHistoriaNaturaleBrucioli, LXXVss.).[74] Aus Plinius' *Naturalis Historia* übernimmt Buondelmonti antike Bezeichnungen der Inseln und Belege antiker Autoren (cf. Legrand 1897, XXIX; Spitael 1981, 38; 324s.), wenngleich angesichts mancher Unklarheit zweifelhaft ist, ob Buondelmonti ein zuverläs-

---

[72] Harvey (1987, 482s.); er bemerkt jedoch einschränkend: «Is Buondelmonti's the first *isolario* or merely the earliest example known to us of a tradition already well established by the early fifteenth century? The possibility, even the probability, of such a tradition must be acknowledged». Cf. zu Buondelmonti Uzielli/Amat (1882, 63); ABI (1,215,332–341, IndexABI); Exzerpte aus literarhistorischen Katalogen und Lexika BuondelmontiLiberSinner 9s.

[73] «Seit dem 4. Kreuzzug bietet die griechische Inselwelt ein Bild völliger politischer Zerrissenheit und Bedeutungslosigkeit. Zwar zeichnete sich schon im 14. Jahrhundert die Auseinandersetzung zwischen Halbmond und Christentum auch in der Ägäis als Machtprobe zwischen Türken und Johannitern ab – die Auseinandersetzung hat bekanntlich später, zumindest auf dem Meer, in der Schlacht von Lepanto bezeichnenderweise in griechischen Küstengewässern ihren Höhepunkt gefunden, doch spielten sich die grossen entscheidenden Ereignisse der balkanischen Entwicklung im 14. und 15. Jahrhundert auf dem Festland ab» (Wirth 1977, 430s.); cf. die historisch-politischen Daten zu den Herrschaftsverhältnissen auf den griechischen Inseln und in den griechischen Landschaften bei Kahane/Kahane (1940, 3–17).

[74] Bei Strabon und bei Ptolemäus findet sich ihre Schilderung nicht im Zusammenhang, sondern in einzelnen Gruppen, meist in der Reihenfolge der zugehörigen Küstenlandschaften. Die ionischen und die ägäischen Inseln werden bei Ptolemäus in den Büchern 3 (= 2. Buch Europa) und 5 (Asien) aufgeführt, bei Strabon schwerpunktmäßig in den Büchern 8–10; 13–14.

siges Exemplar zur Verfügung stand.[75] Auch die lateinische Ptolemäus-Version kannte Buondelmonti vermutlich aus Florenz.[76]

Buondelmonti, geboren zwischen 1386 und 1390, gestorben nach 1430, entstammte einer angesehenen Florentiner Familie (zur Biographie cf. Spitael 1981, 33ss.). Er erhielt eine humanistische Ausbildung, welche die Lektüre der bekannten lateinischen und auch der griechischen Autoren mit einschloss.[77] Zur Zeit seines Studiums begann die Ptolemäus-Rezeption in Florenz und die Bearbeitung und Aktualisierung der *Geographia* (lateinische Übersetzung von Jacopo Angelo, → 2.3.4.); Buondelmonti erwarb seine ersten kartographischen Kenntnisse in diesem Umfeld (Jacobs 1905, 45; Broc 1980, 189). Als *Umanista antiquario* weisen seine Interessen Ähnlichkeiten mit denen des ungleich bekannteren Cyriacus von Ancona auf (Weiss 1964), welchen seine Suche nach antiken Manuskripten und archäologischen Funden, insbesondere Inschriften, häufig nach Griechenland, den griechischen Inseln und nach Konstantinopel führten.[78]

Buondelmontis Suche nach lateinischen und griechischen Manuskripten, welche den Osmanen zuzufallen drohten, sowie nach Inschriften auf antiken Denkmälern, welche er transkribierte, führte ihn zunächst nach Rhodos, dann für einen längeren Aufenthalt nach Kreta. Um 1415 begann seine Reise durch die Ägäis. Ergebnis seiner Studienfahrten sind die *Cretae Descriptio*, 1417 an Niccolò Niccoli nach Florenz gesendet, und das *Liber Insularum Archipelagi.*[79] Buondelmontis Beschreibungen,

---

75 «Tuttavia è notevole osservare che Plinio stesso non è stato sfruttato dal nostro raccoglitore come avrebbe potuto esserlo. Confrontando infatti i brani del Buondelmonti col testo pliniano, vediamo che nell'Isolario, che pure riporta volentieri lunghi elenchi degli antichi nomi di ogni singola isola, sono molto spesso taciuti nei riguardi di alcune isole singoli nomi e singole notizie che figurano in Plinio e che sono di natura e di indole tale da far supporre un'involontaria omissione da parte del nostro [...]. Qualche volta le divergenze si possono spiegare coll'ammetter semplicemente qualche errore di lettura o di interpretazione o comunque qualche confusione da parte del Buondelmonti stesso nei confronti del testo di Plinio, ma altre volte è troppo evidente che si tratta proprio del fatto che al Buondelmonti mancava il testo stesso di Plinio» (Gerola 1932–1933, 1146s.; 1151).

76 Cf. Sinner (1824, 22); Legrand (1897, XI); zu Buondelmontis Besitz an Büchern cf. Legrand (1897, XXIVss.).

77 Cf. Jacobs (1927, 56s.): «Zu Nicolò Niccolis, des den florentinischen Frühhumanismus beherrschenden Mannes Füßen hat Buondelmonti zu Florenz gesessen, Presbyter damals an Santa Maria sopr' Arno, jener zwischen Ponte alle Grazie und Ponte Vecchio auf dem linken Ufer des Flusses gelegenen, unter dem Patronate seiner Familie stehenden Kirche [...]. Von Nicolò Niccoli hat Christoforo die entscheidenden Anregungen empfangen, den Hinweis auf die Ruinenwelt, den Auftrag zum Handschriftensammeln».

78 Sandys (1915, 175s.); seine Darstellungsweise wurde einerseits als historisch aufschlussreich, zugleich aber häufig stereotyp charakterisiert: «Ehe er aber auf diese Detailschilderungen [der baulichen Reste aus der Antike] eingeht, gibt er gern ein Gesamtbild des betreffenden Ortes, das zwar fast immer sehr knapp ist, aber doch Sinn zeigt für die Eigenart der Lage, für die Stadt als Ganzes innerhalb der sie umgebenden Landschaft. Am häufigsten, aber dann immer als einzigen landschaftlichen Zug erwähnt er die Lage hoch als Bekrönung eines Hügels» (Mühlhäusser 1914, 45).

79 Sinner (1824, 18s.); Jacobs 1903; 1927; Jacopi 1930; Gerola (1932–1933, 1129); Weiss 1964; La Roncière/Mollat du Jourdin (1984, 205); Spitael (1981, 34).

auch als Vorläufer moderner Reiseführer charakterisiert,[80] widmen sich den physisch-geographischen Merkmalen der Inseln, archäologischen Stätten und damit zusammenhängend historischen und mythologischen Begebenheiten, sie umfassen auch die Transkription mehrerer Inschriften.[81]

Auch christliche Legenden finden Erwähnung, verbunden mit der Schilderung der Lebensverhältnisse in unterschiedlichen Bereichen; in den Blick des Klerikers geraten nicht nur die religiösen Praktiken der griechischen Mönche, sondern auch die wirtschaftlichen Verhältnisse der Inselbewohner. Eine detaillierte Beschreibung gilt der Stadt Konstantinopel, besonders ihrer baulichen Anlage. Häufig ist die Rede von den Türken und ihrer Präsenz in der Ägäis: Wenngleich Mehmed I. 1416 bei Gallipoli durch Pietro Loredan besiegt worden war, wurden seit 1420 von osmanischer Seite neue Offensiven vorbereitet. 1422 kam es zu einer ersten Besetzung Konstantinopels durch die Osmanen, nach dem Tod Mehmeds I durchgeführt von seinem Sohn Murad II (1421–1451).[82]

Die Karten im *Isolario* Buondelmontis (je nach Handschrift bis zu 100 Karten und Pläne, c. La Roncière/Mollat du Jourdin 1984, 26) haben zunächst illustrativen Wert: Die Auswahl der Inseln und ihrer piktographisch repräsentierten Häfen, Städte, Berge usw. richten sich am Text aus. Der praktische Nutzen ist durch den Verzicht auf die Kartierung von Windrichtungen und Entfernungen begrenzt, die räumlichen Orientierungen sind dem konkreten Nutzen enthoben und weder vollständig noch navigatorisch zuverlässig. Dennoch werden sie als Innovationen der Kartographiegeschichte angesehen (La Roncière/Mollat du Jourdin 1984, 206). Da die Originale nicht überliefert sind, kann über Buondelmontis eigene Leistung auf diesem Gebiet keine gesicherte Aussage gemacht werden (Spitael 1981, 39). Zur Verfügung standen Buondelmonti mit einiger Wahrscheinlichkeit die Seekarten der Schiffe, auf denen er fuhr: «Die Entstehung dieser Karten ist so zu denken, daß Buondelmonti sich von Schiffern Karten lieh und kopierte: er trug dann das, was er selbst sah, in sie ein. So wenigstens hat er auf den griechischen Inseln getan».[83] Daher stehen die das *Liber* begleitenden Karten einerseits in der Tradition der Portulankarten, in funktionaler Hinsicht sind sie jedoch dem Text untergeodnet und erfüllen nurmehr illustrative Zwecke.[84] Die Reiseroute, wie sie das *Liber* beschreibt, scheint sich nach den

---

80 «[...] but his main aim is to interest and entertain his patron. The resulting descriptions of historical and natural wonders, interspersed with tales of storms at sea and dietary deficiencies and backed up by quotations from poets and historians, will be familiar to any reader of modern travelogues. The *Liber* is an early example of the genre, written with the interests of one particular armchair traveler in mind» (Harvey 1987, 482s.).

81 «Il testo della iscrizione metrica sulla base dell'obelisco di Teodosio a Costantinopoli veniva trascritta dal Buondelmonti nel *Liber Insularum* e nella stessa città apprese come il nome di Teodosio si leggesse sul cavallo della statua equestre di Giustiniano, mentre a Creta lo troviamo scoprire e tradurre congetturalmente parte di una epigrafe greca» (Weiss 1964, 111), mit Verweis auf BuondelmontiLiberSinner (68; 115; 123).

82 Cf. Thiriet (1959, 371). Zur politischen Geographie im 15. Jahrhundert cf. Pitcher (1972, 75–99).

83 Jacobs (1905, 44); cf. Weiss (1964, 108).

84 Harvey (1987, 482); Karrow (1993, 93); Lestringant (1993, 342s.).

sich bietenden Gelegenheiten gerichtet zu haben (Weiss 1964, 108). So stellt es sich auch in den Worten Buondelmontis dar:

> «Ma io hora qua con pirrhati hora con mercanti et hora con grippi et barchecte et altri legni delle Isole et hora innanzi et hora indiretro hora in qua et hora in là secondo che la comodità del navigare che ad me era aparechiato, per che lo fine del mio navigare solo era per posser investigare la conditione et effecto delle isole» (Ms. Vaticano Ross. 704, c 1v, zit. nach Luzzati Laganà 1987, 74s.).

Buondelmontis Inselbuch ist gattungsbegründend für das *Isolario* geworden.[85] Spätere Autoren werteten Buondelmonti für eigene Werke aus und folgten dem formalen Prinzip, Insel für Insel zu beschreiben und jeweils einer Textpassage eine Karte zur Seite zu stellen.

2.4.2. Sonetti

Bartolommeo Sonettis *Isolario* stellt das erste gedruckte Exemplar der Gattung dar; es erschien in erster Auflage 1485 in Venedig (Neuauflage 1532; Edition: Sonetti-Isolario). Das Buch enthält 49 Karten (Holzschnitte), denen jeweils eines oder mehrere Sonette zugeordnet sind. Auf Grund dieser Darbietung wird dieses *Isolario* auch als literarisierte Fassung von Buondelmonti eingeschätzt. Im Gegensatz zu Buondelmonti beginnt Sonettis Darstellung mit *Cerigo*, d.h. er behandelt die ionischen Inseln nicht.

Die Identifizierung des Autors mit Bartolomeo Zamberti oder Bartolomeo Turco gilt als nicht gesichert (SonettiIsolario, V). Der Text informiert jeweils über Richtungs- und Entfernungsangaben (nicht über Längen- und Breitengrade), dazu werden kurz Besonderheiten aus der Geschichte, Mythologie oder zur Landschaft angesprochen; diese sind im Wesentlichen von Buondelmonti übernommen. Auch die Karten weisen Ähnlichkeiten zu denen Buondelmontis auf, stellen aber wohl Originale dar, die auf eigenen seemännischen Erfahrungen beruhen – der navigatorische Bezug wird verstärkt durch die Windrichtungen, die in den Karten eingetragen sind.[86] Damit gewinnt das *Isolario* auch eigenes geographisches Gewicht:

> «[...] earliest printed collection of charts, even if they are very localized; it contains the first printed maps supposedly based on actual observation; and it is the first printed collection of maps to owe no debt to Ptolemy» (Campbell 1987b, 90).

Dass Sonetti über eigene Erfahrungen verfügte, zeigen auch mehrere Namenformen, die er abweichend von Buondelmonti anführt, und welche mit den Varianten der Portulankarten korrespondieren (→ 5.2.7.).

---

85 Cf. Weiss (1964, 108); Lancioni (1991, 75–78); Lestringant (1991, 155).

86 Campbell (1987b, 5; 90s.); Spitael (1981, 312); Shirley (1984, 65); Zorzi (1988, 175); Lancioni (1991, 78–84); Conley (1996, 121); SonettiIsolario, VIs.

2.4.3. Bordone

Benedetto Bordones *Libro di Benedetto Bordone nel qual si ragiona de tutte l'isole del mondo* erschien zuerst 1528 in Venedig; es folgten die Auflagen der Jahre 1534 (*Con la gionta del Monte del Oro novamente ritrovato*) und 1547 unter dem Titel *Isolario di Benedetto Bordone.*[87]

Bordone (geb. 1460) betätigte sich vorwiegend als Zeichner und Illustrator von Handschriften,[88] die Geographie gehörte zunächst nicht zu seinem Arbeitsbereich. Die Karten im zweiten Teil des Buches sind auf Sonetti zurückzuführen. Sie wurden jedoch unter Hinzuziehung jüngerer Ptolemäus-Drucke überarbeitet. Die Weltkarte verbindet zudem die Darstellung nach Ptolemäus mit der Integration neuer Kenntnisse der portugiesischen Seefahrer.[89] Bordones *Isolario* ist weit umfänglicher als diejenigen seiner Vorgänger, deren Texte er gleichwohl hinzuzieht. Bordone schreibt nicht wie Buondelmonti und wohl auch Sonetti aus eigener Anschauung. Die Funktion eines «Reisehandbuchs» tritt zurück, während die Auswertung zeitgenössischer Quellen hinzukommt:

> «Bisognerebbe però notare che forse è proprio l'opera di Benedetto Bordone che reiterando quella forma e quello stile li trasforma in ‹genere›. Inoltre Bordone non è un viaggiatore, come i suoi due predecessori, e quindi i suoi testi e le sue carte non possono essere frutto di osservazione diretta, cosa del resto impossibile trattando delle isole di tutto il mondo, il che pone Bordone in una posizione enunciativa ben diversa da quella di Buondelmonti e Dalli Sonetti» (Lancioni 1991, 85, nota 1).

Die Beschreibung der Mittelmeerinseln (zweites Buch) nimmt quantitativ den größten Raum ein. Wenn auch in geringerem Umfang, so berücksichtigte Bordone doch auch die Inseln der Neuen Welt und der Ostsee und wertete hierfür zeitgenössische Reiseberichte aus. Aus der gleichzeitigen Berücksichtigung antiker und aktueller Quellen entstand ein «Mosaik», dessen Modernität in seiner Vollständigkeit und seinen Ordnungsprinzipien bestand.[90] In der «neutralen» Darstellung von Fakten wurde die gewohnte Weltsicht nicht erschüttert:

> «La questione tutta todoroviana ‹question de l'autre› non si pone nell'*Isolario* [di Bordone], nella misura in cui la percezione del moderno non importa un conflitto di culture, di civiltà, di fede. Viene il sospetto che il buon successo di questo e degli altri libri sulle isole, tutti più volte trascritti o stampati, e non in una lingua sola, sia da attribuirsi al carattere sostanzialmente pigro e non problematico della loro ricezione e presentazione del nuovo. Sfogliarli non era solo un piacere dell'occhio. Era anche un assopirsi della mente, assediata da innumeri notizie geografiche abbastanza neutre (posizioni, distanze, denominazioni,

---

87 Faksimileeditionen: BordoneLibroSkelton, BordoneLibro, BordoneIsolarioEco.

88 Zu Leben und Werk cf. Billanovich 1968; zu Auftraggebern und Projekten Lowry 1983; zu Bordone als Kartograph Bagrow 1928.

89 Skelton (1966a, VII; X); De Cesare (1988, 19s.; 23; 28ss.); Guglielminetti (1990b, 111); KretschmerPortolane 227.

90 Billanovich (1968, 197–201); Guglielminetti (1990b, 110); Lancioni (1991, 89); Donattini (1999, 21).

> ecc.), e nel contempo placata dalla lontananza cui sono collocate quelle altre notizie umane e storiche, che avrebbero potuto commuovere e turbare» (Guglielminetti 1990b, 114).

Durch Bordones *Isolario* etablierte sich die Gattung des *Isolario* als italienische und insbesondere als venezianische Form der geographischen Darstellung mit einigem Publikumserfolg.[91] Gegenüber den 104 Karten (Holzschnitte) nimmt der Textteil viel Raum ein; mit ausführlichen, in Prosa verfassten Inselbeschreibungen gewinnt er im Vergleich mit Sonettis *Isolario* an Gewicht (Conley 1996, 122; zu inhaltlichen Aspekten cf. Bagrow/Skelton 1963, 85).

2.4.4. Porcacchi

Porcacchis *Isolario* trägt dem Wissensfortschritt im Bereich der Geographie seit Bordone Rechnung; zum ersten Mal wird in einem *Isolario* das Interesse an der *geografia* formuliert. In der Anrede an «coloro che dello studio della geografia si dilettano» wird zugleich ein Kontrast zu literarischen Beschreibungen ferner Länder eröffnet (Guglielminetti 1989, 117: «occorre offrire loro informazioni il più accreditate possibili, in prosa ben inteso, essendo venuto del tutto meno il momento di chi al viaggio ha guardato in termini letterari, poetici addirittura»). Die Ausstattung mit Kupferstichen in der Verantwortung Girolamo Porros ist auf der Höhe des zeitgenössischen Wissensstandes in der ptolemäischen Tradition (sie gehen auf Camocio 1567 zurück) und erwecken nicht mehr den Anschein, wie noch die Holzschnitte bei Bordone, Skizzen für den und aus dem Gebrauch der Seefahrt zu sein. Shirley (1984, 150) bezeichnet Le Isole als handlichen Atlas und führt darauf seinen Erfolg zurück.

Auch im Textteil kann Porcacchi auf eine ungleich profundere Quellenbasis zurückgreifen: zum Zeitpunkt der Abfassung lagen die klassischen Autoren in den genannten, philologisch bereinigten, zum Teil mehrfach übersetzten Fassungen vor; und er konnte aus der gesamten Fülle der Reiseberichte aus Ramusios Sammlung schöpfen:

> «Anche i testi sono migliorati, rispetto all'opera del Bordone: più ricchi di notizie circostanziate, grazie al saccheggio frequente della raccolta ramusiana, e di buona qualità letteraria, per la maggiore dimestichezza del Porcacchi con la penna» (Donattini 1999, 21).

In ihrer formalen Struktur kann Le Isole als Weiterentwicklung des *Isolario* bezeichnet werden; im Hinblick auf diese Tradition ist das Kapitel *Descrittione dell'Arcipelago* (Le Isole, 27–34) das Herzstück. Porcacchi nennt im *Prohemio* ein anonymes Buch über die Ägäis als wichtigste Quelle seines Werkes. In der folgenden Auflage (1576) wird es genauer benannt und als Buondelmontis *Liber* identifiziert. Porcacchi besaß vermutlich eine Version des *Liber* und folgt diesem direkt; die Rezeption von Sonetti und Bordone ist nicht festzustellen (→ 5.2.7.). Im Hinblick auf die Gattungstradition geht Porcacchi in der Anzahl der beschriebenen Inseln sowie der ausgeschriebenen Quellen über Bordone hinaus. Der gestiegene

---

91 Skelton (1966a, X); Karrow (1993, 93); SantaCruzIslarioNaudé 44.

Anspruch macht sich bereits im Titel bemerkbar (*L'Isole piu famose del mondo*), dem entsprechen die gehobene Ausstattung und die eingängige und geglättete Sprache. In Le Isole schlägt sich durchaus die Distanz zu den antiken Quellen nieder sowie das Bewusstsein vom Erkenntniszuwachs der Neuzeit («di tanti altri luoghi habbiamo noi havuto cognitione, de' quali gli antichi non hebbero notitia alcuna», Le Isole, 77). Die Antwort darauf ist eine um Vollständigkeit bemühte Sammlung geographischer Informationen aus antiken, mittelalterlichen und neuzeitlichen Quellen, deren Wert Porcacchi zuweilen diskutiert. Diese Quellen – antike Geographien, historiographische Texte, Reiseberichte – werden in das Ordnungsschema des *Isolario* eingepasst und sprachlich wie inhaltlich eingängig aufbereitet.

2.4.5. Boschini

Marco Boschini orientiert sich durch die geographische Beschränkung auf den *Archipelago* wieder an der «Urform» des *Isolario* (1658, BoschiniArchipelago). Inhaltlich er Boschini kaum über seine Vorlagen hinaus: In der Vorrede an den Leser (p. *III) stellt sich Boschini explizit in die Tradition seiner Vorgänger. Der abschließende Hinweis auf die Verwendbarkeit als Seekarte hat nur mehr Zitatcharakter – er ist ein Topos des *Isolario* geworden:

> «Lettore. L'essermi capitato alle mani in diversi tempi, molti disegni di varie Isole dell'Arcipelago, m'hà fatto desideroso di far dissegnare anco il resto, e m'è riuscito; mà con la longhezza del tempo. Hora mi son risolto d'intagliarle tutte di mia mano, e darle in publico, con li loro siti, Venti, Seni, Golfi, Porti, Scogli, Secche è bassifondi [...] tutto cavato da buoni autori, e da molti huomini degni di fede, che del continuo vanno, e vengono, da quelle parti. Della qual' cosa (mi dichiaro) non pretender d'acquistar nome ne d'Istoriografo, Cosmografo, ò d'altro. Vi aggiungo di più, un Arcipelago in un foglio, tanto giusto: che ti potrà servire per carta da navicare. In tanto, se conoscerò che ti gradisca questa mia fatica; piglierò animo di darti altre cose assai curiose. E vivi felice».

Boschinis ganzseitige Karten, die er hier als seine Hauptleistung herausstellt, gehen inhaltlich auf Sonetti zurück, wenngleich sie technisch präziser und durch die Schraffuren, welche das Relief abbilden, sowie die Feinheit der Piktogramme anspruchsvoller sind. Die von Boschini verwendeten Namenvarianten orientieren sich deutlich an Sonetti (→ 5.2.7.).

2.4.6. Dapper

Auch Olfert Dapper bekennt sich in der Vorrede an den Leser [p. *VI] seiner in Amsterdam 1688 publizierten *Beschryving der Eilanden, in de Archipel der Middelantsche Zee* (DapperBeschryving) als Nachfolger in italienischer Tradition:

> «Voorhene hebben verscheide Italianen d'eilanden der Archipel, als in een byzonderen vooropgenomen werk, in het Italiaensch beschreven: als inzonderheit Buelmonte, op 't jaer vertien hondert en veertigh: Benedetto Bordonio, op 't jaer vijftien hondert zeven en veertigh: Thomas Porcacchi, des jaers zestien hondert en tien, en eindelijk Marko Boschino, op 't jaer zestien hondert acht en vijftigh».

Als Autoren der griechischen und lateinischen Vorlagen nennt er: «Strabo, Pomponius Mela, Plinius, Solinus, Ptolemeus *etc.*». Außerdem zieht er eigene Quellen hinzu: «later lantbeschrijvers, verscheide zeeboeken van de Middellantsche zee», sowie die «reisbeschrijvers»: Belon, Della Valle, Loir, Spon, Wheler, Sandys, Stokhove. Dapper beschreibt nur Mittelmeerinseln, weitet aber den beschriebenen Raum deutlich aus:

> «Uit al deze en meer andere lant-histori en reisbeschrijvers, en uyt bericht van ooghtuigen, hebben wy getrokken, en al by een bebraght, wat wy oordeelden dienstigh ter zake te zijn, om een volkomen beslagh van eene beschrijving der eilanden van d'Archipel aen den dagh te brengen: gelijk wy ook doorgaens getraght hebben het oud daer van tegen het nieu te vergelijken, en dat op elkander te laten volgen: waer over het oordeel ter bescheidenheit van den lezer gestelt zy: die hier op eene beschryving van Morea, met desselfs onderhorige eilanden, en d'overige eilanden der Middellantsche zee, in 't kort te verwaghten heeft» (DapperArchipel, *VI).

Seine «Route» (VOUR, 295s.) scheint eher von Zufällen bestimmt gewesen zu sein, als einem geographischen Prinzip zu folgen: Sie beginnt in Zypern und führt über Kythera, die südlichen und nördlichen Sporaden, die Inseln des thrakischen Meeres und die Zykladen schließlich ins Marmarameer. Die französische Übersetzung erschien unter dem Titel *Description exacte des Isles de l'Archipel, et de quelques autres adjacentes* (trad. du flamand, Amsterdam, Gallet, 1703).

2.4.7. Coronelli

Der Kleriker Vincenzo Maria Coronelli (1650–1718)[92] wird in der Titelei seines *Isolario* (CoronelliIsolario, 1696) als als «Professore di Geografia» tituliert. Er war auch Begründer einer geographischen Gesellschaft.[93] Sein großformatiger, auf eigene Kosten (oder der seines Ordens) herausgegebener Atlas stellt ein ehrgeiziges Projekt dar und versteht sich als Ergänzung zur großen niederländischen Serie von Bleau.[94] So geht es aus dem Titelblatt hervor, dessen barocke Länge und inhaltliche Breite bereits das Bestreben anzeigt, mit größerer Exaktheit, Modernität und Vollständigkeit alle vorhergehenden *Isolari* zu übertreffen. Coronelli beruft sich gleichwohl auf die Tradition des *Isolario*, und namentlich auf «Bordoni» (CoronelliIsolario, 242) sowie Porcacchi:

> «Nel distinguerne un si gran numero, additando le loro positioni, distanze, grandezze, ed altre prerogative, potiamo darci il vanto d'essere stati i primi. Come pure primi saremo nel

---

92 Cf. ABI I (321,223–237); ABI II (159,94 und S 23,353–357).

93 *Accademia degli Argonauti*, cf. Bevilacqua (1980, 374).

94 «At the outset of Dutch expansion, various geographic works and maps concerning Asia, such as the travels of Marco Polo and the natural histories of Plinius, were available. These laid the basis for the atlases of Blaeu and others, although this geographic information was not uncritically adopted as true and reliable by VOC personnel. A distinction was made between cartographic information based on personal observation and maps which were in part or entirely created in the ‹study›» (Zandvliet 1998, 132).

levarci dall'uso di quelli, che nel formare gl'Isolari loro han voluto principarli dall'Irlanda, come la parte più Settentrionale dell'Europa. Tomaso Porcacchi nella prima editione del suo Isolario antepone Venetia, e noi, quando tutte le Regole ci prescrivessero altr'ordine, saremmo obbligati à sconvolgerlo, per dare questa precedenza alla nostra adorata Patria; perche oltre l'essere la Regina del Mare, Ricetto di tutte l'Isole, è il lume maggiore dell'Italia, parte più nobile, gloriosa, ed illustre di tutta la Terra» (CoronelliIsolario, 4).

Mit seinen beiden großformatigen Bänden und der Ausdehnung des Themas auch auf (historische) Flussinseln wie Ferrara, Mantua und Ravenna demonstrierte Coronelli jedoch zugleich die Überlegenheit gegenüber den Vorgängern («la materia insulare viene dilatata e dismisurata», Donattini 1999, 23) – und kann in diesem Sinne als Endpunkt der Gattungstradition beschrieben werden:

«Si può dire che con il Coronelli si chiuda la lunga e proficua stagione degli studi geografici e cartografici a Venezia, anche se continua ancora per lungo tempo la consuetudine tra i giovani di compiere viaggi» (Bevilacqua 1980, 374).

2.4.8. Andere *Isolari*

Ähnlichkeiten mit Bordone weisen das wenig bekannte spanische *Islario general de todos las islas del mundo* von Alonso de Santa Cruz (1542; cf. SantaCruzIslario-Naudé, 44s.), Francesco Lupazolos Manuskript *Isolario dell'Arcipelago* (1638, British Library: ms. *Lansdowne 792*, cf. Allen 1977, 59) sowie das *Isulario de Tuto el Mare* de Antonio Millo (c. 1581, British Library: *Add. 10,265*, cf. Allen 1977, 70, n. 9) auf. Interessant sind auch die Einflüsse der Gattung auf Piri Re'īs' handschriftlich überliefertes in Osmanisch-Türkisch verfasstes Segelhandbuch *Kitab-i Bahriye* von 1521, erweitert 1526,[95] wenngleich die Einschätzung von Bagrow und Skelton (1963, 85), die Bordone als Quelle annehmen, in Anbetracht des früheren Entstehungsdatums nicht geteilt werden kann. Vorsichtiger formuliert Soucek:

«The division of the subject matter into chapters, the provision of the chapters with maps and the emphasis on the historical aspects of each place set the *isolario* genre apart from that of the portolan. Some of these characteristics are present in the *Kitab-i Bahriye*, however, and the *isolario*'s influence on the Turkish work is certain both in its conception and in a number of specific details» (Soucek 1996, 33).

In inhaltlicher Sicht ist etwa das Vorkommen des Motivs des *Caloiero*[96] bemerkenswert (→ 5.3., s.v.). Für die Kartographie geht Kahle (1926/1927, vol. 2, VIII) davon aus, dass Sonetti und Piri Re'īs sowie wenig später Bordone die gleichen Vorlagen verwendeten. Aus der Überlieferung nicht mehr eindeutig nachzuvollziehen ist

---

95 Cf. Allen (1977, 65); Edition Kahle 1926/1927; zum Autor und seinen Werken Soucek 1996.

96 «Piri Reis devoted an entire chapter to the Caloiero story in the first version of the *Kitab-i Bahriye*, copying his drawing of the islet with the winch from an Italian *isolario*. However, he ommitted the second part of the story, in which the monks are sold [by the Turks] into slavery; he merely mentioned that the island had become deserted» (Soucek 1996, 122).

auch die Textbasis für Piri Re'īs, der neben eigenen Beobachtungen wohl auch auf abendländische Segelhandbücher zurückgriff (Kahle 1926/1927, vol. 2, Xs.).

2.5. Sammlungen von Reiseberichten; Ramusio

Die früheste in Italien gedruckte Sammlung von Reiseberichten ist das 1504 in Venedig erschiene *Libretto de tutte le navigazione de Re di Spagna*, welches im Wesentlichen auf die von Trevisan übersetzte erste Dekade von Pietro Martire D'Anghiera zurückgeht (→ 4.4.2.1.; Böhme 1904, 14). Wenig später folgte die Edition von Montalboddo, *Mondo Novo e Paesi novamente ritrovati da Alberico Vespuzio fiorentino* (Vicenza, 1507; cf. MontalboddoPaesi; Böhme 1904, 12ss.; Broc 1980, 27). Montalboddos Sammlung enthält die Reiseberichte von Alvise Ca' Da Mosto, Pedro de Cintra/Soeiro da Costa, Vasco da Gama, Pedro Alvarez Cabral, das *Libretto*, die Übersetzung des *Mundus Novus* von Amerigo Vespucci und den Brief Giovanni Creticos über die Erfolge von Pedro Alvarez Cabral. Es wurde mehrfach in Italien gedruckt (Mailand, Lignano, 1508; 1512; 1519; Venedig, Rusconi, 1517; 1521) sowie ins Lateinische, Hochdeutsche, Niederdeutsche und Französische übersetzt (Böhme 1904, 25ss.).

Das sprachlich wie inhaltlich heterogene Material der Reiseberichte, überliefert in disparaten Quellen, wurde durch die Folge von italienischsprachigen Drucklegungen sprachlich zunehmend homogenisiert und in ein System gebracht:

> «[...] in molti casi, le raccolte venete che precedettero la grande silloge ramusiana si proposero una lettura umanistica delle scoperte e proseguirono il compito che Pietro Martire si era per primo assunto, di tradurre i racconti orali e le relazioni parziali dei navigatori e dei comandanti in descrizioni eleganti e perspicue e, insieme, in pagine fitte di osservazioni scientifiche, di calcoli, di ipotesi e di comparazioni. Ma spesso i raccoglitori preferirono proporre al libero confronto del lettore i materiali originali, che si trattasse di relazioni di uomini politici, di generali o di mercanti, di lettere ufficiali o di lettere familiari, alternandoli alle sintesi narrative e ai ‹discorsi› di presentazioni e di commento» (Mildonian 1990, 120).

Mit der Verbreitung der gedruckten Sammlungen von Reiseberichten wuchsen die Aufgaben, die sie bei der Leserschaft wahrnahmen. Dazu gehörten schwerpunktmäßig «Unterhaltung und Erbauung», in zunehmendem Maße aber auch lehrreiche, aktuelle und umfassende Informationen, die ständig erweitert wurden und in der Darstellungsform des Reiseberichtes dem Leser auch Einblick in ihre Grundlagen gaben: «einige Klassiker der Reise- und Entdeckungsliteratur führten ihm die Voraussetzungen seiner Kenntnisse vor Augen» (Reichert 1999, 677). Giovanni Battista Ramusio (1485–1557)[97] unternahm die Sammlung, zum Teil die Übersetzung und schließlich die Edition einer umfassenden Anzahl von Reiseberichten in italienischer Sprache unter dem Titel *Delle Navigationi et Viaggi*. Daraus resultierten drei umfangreiche Bände, regional auf Afrika/südliches Asien (vol. 1, 1550); Zentral-

---

[97] ABI I (829,76; 829,83–88, IndexABI); ABI II (495,161–165, IndexABI); EncZanichelli.

asien/Russland/Polarmeer (vol. 2, posthum 1559); und Amerika (vol. 3, 1556) bezogen. Die *Navigationi et Viaggi* erlebten mehrere Auflagen.[98]

Ramusio hatte als Botschafter der Republik Venedig Gelegenheit, nicht nur im europäischen Raum, sondern auch in Nordafrika eigene Erfahrungen und vor allem Texte zu sammeln. Die disparaten, und z.T. bis dahin unpublizierten Texte (z.B. von Marco Polo und Leone Africano) brachte er in eine sprachlich weitgehend homogene Form; Ramusio beherrschte die wichtigsten modernen (Französisch, Portugiesisch, Spanisch) und antiken (Latein und Griechisch) Sprachen (cf. Lucchetta 1980b, 483) und übersetzte selbst die fremdsprachlichen Originale:

> «Et ben poteva egli ciò fare molto compiutamente, essendo tanto oltra nelle scientie, *et* nella cognitione ch'aveva della lingua Greca, et Latina, quanto fosse alcuno altro, *et* intendente anco della Geografia. la cui notitia s'haveva esso acquistata, parte dal continuo, *et* diligente studio che egli poneva nel leggere i buoni autori che ne hanno trattato, *et* parte dallo havere nella sua giovinezza praticato molt'anni in diversi paesi e provincie, mandatovi per honorati servitij di questa Eccellentiss*ima* Republica: dove gli avenne, che fece medesimamente acquisto della lingua Francese, *et* della Spagnuola, havendole cosi ben familiari come la sua propria nathia: *et* essene servito nel tradurre molte relationi stampate in questo, et ne gli altri volumi» (Tommaso Giunti, *Alli lettori*, RamusioNavigazioni 1,aiiir°).

Die *Navigationi et viaggi* zeichnen sich durch die sorgfältige Übersetzung und Redaktion der edierten Texte aus. Dazu treten von Ramusio selbst verfasste Zwischentexte (*Discorsi*, cf. z.B. RamusioDiscorsoHannone; RamusioDiscorsoLettere; RamusioDiscorsoTerzo; RamusioDiscorsoViaggi),[99] in welchen der Quellenwert mit anderen Überlieferungen verglichen wird,[100] Sachinformationen gegeben werden oder die Biographie des Autoren skizziert wird. Die historische Kritik fällt differenziert aus und geht über eine formelhafte Gegenüberstellung der *antichi e moderni* hinaus. So in der Diskussion zur Reisebeschreibung Hannos:

> «Et Strabone scrittor celebratissimo si affatica con tutto il suo ingegno nel suo libro secondo di confutarla, *et* dimostrar che non habbia potuto essere: ilqual fu nel tempo di Augusto,

---

[98] Vol. 1: 1550, 1554, 1563, 1574, 1583, 1606; vol. 2: 1559, 1574, 1583, 1606; vol. 3: 1556, 1565, 1585, 1606; die zweite Auflage wurde nicht nur durch den Tod Ramusios, sondern auch durch einen Brand im Druckhaus der Giunti verzögert, bei welchem weitere zum Druck vorbereitete Manuskripte vernichtet wurden; cf. Camerini (1962/1963, vol. 2, 378s.). Zu Ramusio cf. Böhme (1904, 72ss.); Broc (1980, 29ss.); Marazzini (1994, 68).

[99] Sie demonstrieren «literarische, historische und geographische Kenntnisse, ebenso wie man aus ihnen auch seine hervorragenden schriftstellerischen Fähigkeiten zu erkennen vermag [...]. Es ist die Fülle und Mannigfaltigkeit des Stoffes, die zunächst in die Augen springt und wodurch dieses Werk seine Vorgänger bei weitem überragt» (Böhme 1904, 85). Cf. Parks 1970.

[100] «In definitiva dunque non è azzardato affermare che si delinea la figura di un vero geografo, sia quando il Ramusio vaglia i materiali delle moderne esplorazioni e ne trae quanto una critica costante permette di accettare, sia quando tratta dell'opera dei classici, da Plinio a Tolomeo, per sottolinearne lo spirito di ricerca e per prospettarene le conclusioni raggiunte, spesso del tutto constrastanti con quanto gli uomini dell'epoca, dallo spirito ardente ed irrequieto, avevano documentato» (Bevilacqua 1980, 372).

et di Tiberio, quando fiorivano le lettere in Italia, *et* in Grecia. Et questa fu la cagione, che Ptolemeo, che fu. 143. anni dopo Christo, non hebbe ardir di affermar ch'ella si potesse navigar intormo, ma pose luoghi deserti *et* pieni di arena, tutti abbruciati dal Sole. Nondimeno a i tempi presenti si conosce apertamente quanta poca cognitione haveano gli antichi come stessero le parti del mondo» (RamusioDiscorsoHannone, 112v°).

Nicht zuletzt lag es in der Absicht Ramusios, mit seiner Edition Informationen für die Herstellung von Karten zur Verfügung zu stellen; in der Tat verwendete Gastaldi für die Anfertigung seiner Karten die von Ramusio edierten und zuvor einer sorgfältigen Kritik unterzogenen Texte, so für die Asienkarten in den Jahren 1559–1563 den Text von Marco Polo[101] (Bevilacqua 1980, 372). Die herstellerische Ausstattung war gehoben und optisch anspruchsvoll (cf. Skelton 1970, XIV); sie wurde ergänzt durch Karten, zunächst Holzschnitte, später Kupferstiche, angefertigt von Gastaldi (Bagrow 1928, 74ss.; Böhme 1904, 87). In Ramusios Arbeit manifestiert sich das «geographische» Interesse seiner Zeit im Spektrum von Kartographie, Reiseberichten und der Diskussion der *antichi e moderni* geographischer Darstellungen: «diede così avvio a una nuova scienza, la storia della geografia» (Lucchetta 1980b, 482).

2.6. Praxisorientierte Texte

2.6.1. Medina

Pedro de Medina (it. Pietro di Medina; 1493–1567) verfasst sein Handbuch *Arte de Navegar* im Jahr 1545. Er behandelt praktische Probleme der Seefahrt – Ortsbestimmung, Fahrtwinde, Richtungsbestimmung – und unterweist im Gebrauch astronomischer Instrumente. Sein Buch zählt zu den ersten, welches die seemännische Verwendung der Windrose und ihrer Segmente, der *rombi*, mit der (neo-)ptolemäischen Kennzeichnung durch Längen- und Breitengrade, die sich seit den ersten Ptolemäus-Editionen etabliert hatte, kombiniert (Broc 1980, 50; 66; 70; 88). Es wurde 1554 ins Italienische übersetzt.[102] Der Übersetzer, Fra Vicenzo Paletino da Corzula, gibt in seiner *Dedica* (MedinaArteNavegarPedrezano, aiiiir°ss.) für «Stephano Thiepolo dignissimo Procurator de San Marco» an, selbst als Seemann Erfahrungen gesammelt zu haben, welche er bisher in seinem Beruf als Kleriker nicht anbringen konnte:

---

[101] «Le carte dell'Asia pubblicate dal Gastaldi tra il 1559 e il 1563 contengono ad esempio quasi tutti i luoghi ricordati dalla relazione del Polo pubblicata dal Ramusio. Così quanto riportato per l'America, come il nome di Perù, le notizie essenziali sulle cordigliere della parte settentrionale e meridionale che rappresentano l'ossatura del Continente, l'istmo di Panama e lo stretto di Magellano, si ritrova, negli elementi essenziali, nella cartografia del Gastaldi» (Bevilacqua 1980, 372).

[102] «At the end of his career, in 1554, [Giovanni Battista Pederzano/Pedrezano of Brescia] published an Italian translation of the first practical treatise on oceanic navigation, Pietro Medina's *Arte del navegar*, based on the experiences of Spanish pilots navigating to and from the New World» (Fahy 1993, 96).

«[...] ritornando dalle Indie occidentali, dove per desiderio di veder cose varie, *et* quasi incredibili ho dimorato per ispacio di dieci anni, io insegnai ad alcuni di quelli naviganti molte regole [...] onde con effeto ho conosciuto le predete scienze esser guide, *et* maestre della buona, *et* co*m*moda navigatione» (MedinaArteNavegarPedrezano, aiiiiv°).

Nach den Worten des Übersetzers handelt es sich um eine Auftragsarbeit des Verlegers Pedrezano:

«[...] occupato ne gli studij di pilosophia, *et* di theologia piu convenevoli alla mia professione [...] mi è pervenuto nelle mani un libro spagnolo, nel quale dottamente, *et* à sufficie*n*za si trattano tutte le materie che apparte*n*gono alla navigatione. Il che [...] mi ha dato occasione di satisfare alle richieste de gli amici, *et* massimamente di M. Gioanbattista Pedrezano molto pratico, *et* diligente libraro in Venetia, ilquale [...] spendendo li proprij danari ha usato dilige*n*za di far portare il detto libro di spagna, *et* io mi sono affaticato di tradurlo nella lingua Italiana [...]» (MedinaArteNavegarPedrezano, aiiiiir°).

2.6.2. Gastaldi

Der aus dem Piemont stammende Kartograph Iacopo Gastaldi lebte von Anfang bis Mitte des 16. Jahrhunderts in Venedig.[103] Seine kartographischen Arbeiten sind vielfältig: Dazu zählen gedruckte Karten[104] sowie die genannten Kartenbeigaben in gedruckten Büchern, d.h. in TolomeoGeografiaMattioli und in Ramusios Edition der *Navigationi et viaggi*; weiterhin gestaltete er die heute verlorenen Wandgemälde im Palazzo Ducale.[105] Bereits dies zeigt seine Stellung im öffentlichen Leben der Republik, die sich in persönlichen und beruflichen Kontakten zu Persönlichkeiten wie P. Bembo und G.B. Ramusio auswirkte (cf. hierzu Grande 1904). Die Methodik seiner Arbeit beschrieb er 1562 bei Pagano in Venedig als *La universale descrittione del mondo, descritta da Giacomo de' Castaldi Piamontese* (GastaldiUniversaleDe-

---

103 Bagrow/Skelton (1963, 489s.): 1500–1565; erwähnt wird Gastaldi auch in Bagrow (1928, 74ss.); hier werden auch die Namenformen Gastaldo, Gastaldus, di Castaldi und Guastaldo genannt. ABI I (460,96–100, IndexABI).

104 Dazu zählen die Weltkarte von 1545 sowie zahlreiche Einzelkarten; cf. Bagrow (1928, 74ss.); Tooley 1939.

105 Schulz (1987, 118): «The nearest we come to plain reportage in italian mural maps of the Renaissance is in still another cycle formerly at Venice. This was a pair of mural maps made in 1549–1553 by Giacomo Gastaldi for the audience chamber of the doge. One showed Africa with the Mediterranean Sea and the opposite coasts of America, that is, Brazil and the West Indies. The other showed Asia with the opposite part of the New World, that is, North America. Gastaldi's contracts make it clear that both maps were to show all the new discoveries known at the time. Thus one motive in their making indubitably was curiosity. But the acts also show that the emphasis was to be placed on the discoveries of Venetians: Marco Polo, Giovanni Caboto, Alvise da Mosto, and others. On the one hand we may look on the cycle as a display of the actual world, as sixteenth-century men had discovered it to be. But on the other hand the maps had a political significance as well, for they were a glorification of Venice, whose sons had been leaders in the Age of Exploration».

scrizione). Dabei wird herausgestellt, dass er von der großräumigen zur kleinteiligeren Darstellung übergeht, d.h. aus der Weltkarte gehen mehrere Einzelkarten hervor:

> «[...] nel detto Mapamondo vi e descritto qualche cosa in generale, per esser fatto a piccolo co*m*passo, Ma nelle parti che si danno fuori vi sara ogni particolare» (GastaldiUniversale-Descrizione, 10v°).

Den Hauptteil der Darstellung bildet die Beschreibung der Erdkarte, wie der Titel verspricht: nacheinander werden die Kontinente, ihre Grenzen und Regionen beschrieben. Die nicht sehr umfängliche Publikation (24 Druckseiten) umfasst zudem Bemerkungen zu den vier Elementen der *universal machina* sowie zur *variation del tempo*. Daher ist der Text nur eingeschränkt «praxisorientiert»: Er ist zwar aus der kartographischen Tätigkeit hervorgegangen, bemüht sich aber um die Einbettung in benachbarte naturkundliche Wissenszusammenhänge.

3. Thomaso Porcacchi und *L'Isole piu famose del mondo*

3.1. Das Umfeld der venezianischen Edition

3.1.1. Venedig als Zentrum des Buchdrucks[1]

Begonnen mit den Klassiker-Ausgaben von Aldus Manutius – *Edizioni aldine* erschienen von 1494–1598 (EncZanichelli) – etablierte sich Venedig als eines der wichtigsten Zentren des Buchdrucks in Italien; ihren Höhepunkt erreichte hier die Buchproduktion in den Jahren 1565 bis 1569 (Di Filippo Bareggi 1988, 305). Die Ausdifferenzierung des Angebotes korrespondierte mit einem neuen Spektrum gebildeter, jedoch nicht spezialisierter Leser, bei welchen sich Züge europäischen «Bildungsbürgertums» ankündigten.[2]

Im unternehmerischen Kalkül bedingten sich Marktvorteil und editorische Innovationen gegenseitig:

> «Auch hatten die Rechner vom Rialto sehr bald verstanden, welche Chancen der neuentwickelte Buchdruck zu bieten imstande war. Nicolaus Janson und Johann von Speyer machten den Anfang, bald produzierte Venedig dreieinhalbmal soviele Bücher wie Mailand, Florenz und Rom zusammen. Über einhundert Verleger belieferten den europäischen Buchmarkt. Aldus Manutius entwickelte hier die neue Kursivschrift und das handliche Oktavformat, das dem nun bezahlbar gewordenen Buch neue Leserkreise erschloß. Hier wirk-

---

1 Allgemeine Literatur: Ascarelli/Menato 1989; Guglielminetti (1990a, 21–37); Ahlzweig 1994; Venedig: Fumagalli (1905, s.v. Venezia); Quondam 1977; Verlagsverzeichnis Pastorello 1924; Überblick zur Frühgeschichte des Buchdrucks mit bibliographischen Informationen und Druckbeispielen Olschki 1914. Zur liberalen Phase des venezianischen Buchdrucks und den Aktivitäten Donis, Francos und Landos cf. Grendler 1969b.

2 «Se si tiene conto di questo fattore, ci si accorge immediatamente del fatto che le modificazioni del ‹rapporto di lettura› (n. 9: Intendiamo qui con ‹rapporto di lettura› il rapporto – certo non definibile in termini matematici – fra l'utente potenziale, il testo e la tipologia materiale del libro, che comprende anche il quoziente – sempre variabile – di leggibilità del testo stesso) sono state, proprio nel periodo che ci riguarda, molto più rapide e numerose nell'ambito del libro riservato alle classi colte, o istruite, che non nell'ambito del libro cosiddetto ‹popolare›. Nei primi decenni del Cinquecento, ad esempio, nasce a Venezia il ‹libretto da mano› di Aldo Manuzio, che si rivolge ad un nuovo pubblico di lettori colti, ma non professionisti, e che, nella sua evidente leggibilità ed apparente semplicità, risponde ad una funzione di lettura disimpegnata e libera, che sarà propria della borghesia colta europea per secoli» (Petrucci 1977, XXIII).

ten aber auch Spezialisten für griechische, hebräische und slavische Texte sowie für die Drucklegung von Musikwerken» (Rösch 2000, 161s.).

Schwierig war die Marktsituation aufgrund der hohen Produktionskosten, zumal sich die modernen Verfahren der Kostensenkung durch hohe Auflagenzahlen erst etablieren mussten und Marktpräsenz stattdessen durch Neudrucke und Wiederauflagen erreicht wurde.[3] Auch war die Buchproduktion anfällig in Zeiten politischer und wirtschaftlicher Krisen (Di Filippo Bareggi 1988, 306).

Eine bedeutende Restriktion brachte das Konzil von Trient mit sich: Die Auswirkungen der Gegenreformation machten sich durch die vermehrte Produktion religiöser und moralisierender Titel auch im Verlagswesen bemerkbar (Di Filippo Bareggi 1988, 306). Der Trienter Index von 1564[4] wurde 1567 Grundlage eines Statuts für die Buchhändler, welches vom Nuntius, dem Patriarchen und dem Inquisitor genehmigt wurde (Reusch 1883, vol. 1, 346). Die Umsetzung der gegenreformatorischen Indizes bedeutete eine gravierende Beschränkung des Buchimports und der Buchproduktion, wenngleich die Frage noch nicht abschließend beantwortet werden kann, inwieweit die Gegenreformation im kulturellen Bereich tatsächlich einen «eisernen Vorhang» an der Landesgrenze errichten konnte.[5]

Venedig konnte jedoch über einen längeren Zeitraum (1549–1559) ein Klima relativer geistiger Freiheit bewahren. Hier war zwar bereits 1549 im Auftrag des päpstlichen Nuntius ein Index verbotener Bücher gedruckt worden, nach dem lateinischen Index von 1545 (Lucca) der erste in italienischer Sprache (cf. Reusch 1883, vol. 1, 190ss.), aber die Buchhändler und Verleger von Venedig konnten durch einhelligen Widerstand erreichen, dass dieser und auch der weit umfangreichere Index von 1554 (ca. 700 Titel) bereits nach wenigen Monaten suspendiert wurden, dabei fanden sie Unterstützung im venezianischen Patriziat. In Venedig fanden keine Bücherverbrennungen statt.[6]

---

[3] Als eigentliches Problem bezeichnet Di Filippo Bareggi (1988, 303) «quello di un mercato che prima stenta a farsi e quindi fatica ad espandersi, come dimostra anche la tendenza costante delle tipografie del tempo ad aumentare il proprio volume d'affari facendo crescere non già il numero delle copie di un testo quanto quello complessivo delle sue edizioni».

[4] In Venedig mit dem Druckerzeichen des Aldus gedruckt: *Index ... improbatus*, Venetiis, 1564 und zehn Nachdrucke (cf. Reusch 1883, vol. 1, 342).

[5] «La coopération entre l'Église et l'État sur la censure, guidée par les index pontificaux, s'intensifia après 1564 et atteignit son sommet avec l'index de 1596» (Bujanda 1984ss., vol. 9, 306), weiterhin: «La capacité de l'index et de l'Inquisition à prévenir la circulation des livres interdits dans les pays catholiques mérite d'être étudiée davantage. L'Italie est un exemple frappant. Combien d'ouvrages venus du nord protestant pénétrèrent-ils en Italie? Les érudits italiens étaient-ils capable de se procurer des ouvrages savants rédigés par des auteurs protestants du nord de l'Europe? La réponse habituelle fournie par les auteurs italiens s'appuie sur la capacité de l'index et de l'Inquisition à élever un ‹rideau de fer› autour de l'Italie, ce qui aurait provoqué l'isolement culturel du pays, la cause majeure, croit-on, du déclin intellectuel de l'Italie après 1560 environ» (Bujanda 1984ss., vol. 9, n. 88, 307), mit Literaturhinweisen.

[6] Reusch (1883, vol. 1, 172); Bongi (1890–1897, vol. 1, XLV; 175); Grendler (1977, 225ss.; 288; xix). Cf. Tortarolo (2001, 282s.), zu den Folgen Guglielminetti (1990a, 28s.).

Speziell Sebastian Münster hatte einige Fürsprecher. So geht es aus der Petition der Buchhändler gegen den Index von 1554 hervor, hier wird auf das Werk Sebastian Münsters ausdrücklich Bezug genommen:

> «Item, molte altre cose di cosmographia, et de Geographia, et molte altre in hebreo, et in caldeo, che sono di grandissima utilità per chi desidera haver la cognitione di queste lingue» (zit. nach Grendler 1977, 300).

Auch gegen den römischen Index von 1559 schlossen sich die betroffenen Verleger im Hause Tommaso Giunti (Giunta) zusammen.[7] Auf Grund der politischen Einflussnahme der Republik Venedig konnte sich auch in den Akademien ein Klima freien Gedankenaustauschs erhalten.[8]

Venedig gewann dadurch an landesweiter Ausstrahlung, wie Di Filippo Bareggi (1988, 152) in ihrer Studie über venezianische Verlagsmitarbeiter verdeutlicht:

> «Le vicende veneziane di quasi tutti i nostri quattordici intellettuali si configurano come una sorta di emigrazione intellettuale, richiamata in laguna dalle particolari condizioni offerte da un centro culturale e soprattutto librario, reso famoso da una accorta e liberale politica di governo [...]. Tutto il '500 italiano è percorso in verità dal crescere del ‹mito› di Venezia: una città giusta e politicamente perfetta, libera, indipendente, ancora capace di avere interlocutori europei».

In diesem Klima zählte das Anliegen, originalsprachlich lateinische oder auch griechische Wissensbestände zu diskutieren, zu verbreiten und zu übersetzen, zu den wichtigsten intellektuellen Interessen, welche in den gelehrten Akademien gepflegt

---

7 «En 1549, Venise, qui était à la fois le grand centre de l'industrie du livre et l'État italien le plus important, fit dresser le premier index italien, le *Catalogo*. Mais les luttes intestines incessantes qui sévissaient dans le patriciat vénitien de même qu'une certaine répugnance à se montrer plus zélée que la papauté en matière de censure conduisirent la République à le retirer» (Bujanda vol. 3, 1987, 41). Zu den Gründen im einzelnen: «Le 15 juin, la bataille était perdue et le *Catalogo* supprimé [...]. L'incapacité de la papauté à publier son propre index semble avoir été l'argument décisif pour le rejet du *Catalogo*» (Bujanda vol. 3, 1987, 49; cf. 55; vol. 8, 1990, 40).

8 «Es ist bezeichnend, daß von allen anderen Städten Italiens Venedig die größte Anzahl von gelehrten und wissenschaftlichen Vereinen besaß, die sich wohl, wie auch anderswo, Akademien nannten, den inoffiziellen und ungezwungen freundschaftlich-geselligen Charakter jedoch bewahrten, den die florentinischen aus höfischen und kulturpolitischen Rücksichten verloren [...]. Die Republik verhielt sich gewöhnlich diesen Vereinigungen gegenüber neutral und kontrollierte durch die sogenannten ‹savii dell'eresia› die Prozeßverhandlungen der Inquisitoren, um eine relative geistige Freiheit ihrer Bürger zu ermöglichen. Trotzdem löste die venezianische Regierung die Akademie der Uniti 1561 auf und erteilte noch im 17. Jahrhundert Verweise an die Vereinigungen, die zu oft eine den Glauben antastende Gesinnung offenbarten» (Olschki 1922, 195). Cf. die Erwähnung der Inquisition in Le Isole, 5: «i quali Co*n*sigli governano sempre con l'intervento del Principe le cose dello stato, *et* con questi sono i Savi grandi, i Censori, *et* altri; de' quali non posso diffusamente trattare». Zur Geschichte italienischer Sprach- und Literaturakademien seit ihrer Wiederbegründung 1427 cf. Pfister 1993.

wurden.[9] Zwischen den Akademien als Ort des kulturellen Austauschs, wo auch die Volkssprache gepflegt wurde (MiglioriniStoria, 284), und dem «mondo della stampa» entstanden zahlreiche personelle Verbindungen (Di Filippo Bareggi 1988, 142; 145). Noch im 17. Jahrhundert hatte diese Konstellation Bestand.[10]

Venedig zählte neben Florenz zu den Hauptstädten der Buchproduktion im Volgare (Marazzini 1993, 31; 40s.). Auch bei gedruckten Karten war Venedig führend, und zwar mit deutlichem Abstand vor Rom. Der Höhepunkt in der Herstellung von Druckplatten für kartographische Abbildungen lag in den Jahren von 1560 bis 1575 (Woodward 1996, 4: Fig. 1).

Die Auflagenzahlen stiegen, und um der wachsenden Nachfrage unter Zeitdruck gerecht zu werden, wurde auch die Verwendung bereits publizierter Materialien üblich:

> «[la] diffusissima pratica dei poligrafi del secondo Cinquecento ai quali era tacitamente consentita l'appropriazione di materiale altrui per poter far fronte ad un'industria editoriale sempre più ghiotta di titoli» (Cherchi 1980, 138).

So ist die Vielzahl von Publikationen des späteren 16. Jahrhunderts, die durch die Wiederverwertung bereits bearbeiteter Stoffe und Motive gekennzeichnet ist (und auch damit in einer alten Tradition steht),[11] durch ökonomische Faktoren zu erklären, und – wie Quondam (1977, 68) ausführt – es griffen bereits die Gesetzmäßigkeiten von Nachfrage und Angebot, das wiederum die Nachfrage stimuliert: Das Publikum zeigte eine Vorliebe für Überarbeitungen, Neufassungen, Kommentare und enzyklopädische Kompendien.[12] Beliebt war bei den enzyklopädisch angelegten Kompendien die Wahl eines übergreifenden Themas, zu dem dann bereits publizierte Materialien verwertet wurden; als solche «intestazioni generali» führt Cardona (1990, 303) «i costumi» und «le isole» an, womit er auf Porcacchi anspielen dürfte.

---

9 «Wir wissen nunmehr, daß ihre Aufgabe zwiefach war: mit der Vulgarisierung antiken und scholastischen Wissens seine Kenntnis durch die öffentliche Belehrung aller Bildungsbedürftigen in der Vulgärsprache zu verbreiten und neue Gedanken durch die freie Aussprache zur allgemeinene Kenntnis und Diskussion vorzubringen. Die reiche Übersetzungs- und populärwissenschaftliche Literatur derselben Epoche vollendet dieses Programm jener privaten und öffentlichen Institutionen» (Olschki 1922, 199).

10 «Nel campo delle scienze naturali, si deve ricordare che nel 1561 uscì la traduzione del Domenichi della *Storia naturale* di Plinio, un libro fondamentale anche per la cultura del Rinascimento, e di cui ancora gli scienziati dell'Accademia del Cimento (ad esempio il Redi) dovettero discutere le affermazioni, contraddicendole sulla base delle loro esperienze» (Marazzini 1993, 81).

11 Cf. den Terminus der «riciclaggi testuali» für das vergleichbare Phänomen im Kontext der spätantiken astrologischen Diskurstraditionen bei Radici Colace 1995.

12 Zum Publikumsinteresse cf. Buck (1976, 88), der zur *Kompilationsliteratur* (= Kapitel II/5) resümiert: «Alle Werke dieser Gattung, deren Lektüre für den heutigen Leser trocken und langweilig ist, fanden – ihre weite Verbreitung beweist es – in der Renaissance ein dankbares Publikum, das in ihnen seinen Hunger nach Fakten, insbesondere nach solchen aus dem Schatzhaus der Antike stillte».

3.1.2. Buchproduktion: das Beispiel Giolito

Gabriele Giolito war ein konsequenter Förderer von Übersetzungen und Werken in der Volkssprache.[13] Zu Spitzenzeiten (1550–1556) waren weniger als 5% der Bücher, die er verlegte, in lateinischer Sprache verfasst.[14] Giolito gehörte zu den großen venezianischen Verlagshäusern, mit einer Produktion von durchschnittlich 24 Titeln pro Jahr (1541–1578; cf. Grendler 1977, 4). Auch italienweit zählte es neben Giunti in Florenz und Venedig sowie Aldus Manutius in Venedig zu den bedeutendsten Häusern, mit Verkaufsstellen in Ferrara, Bologna und Neapel (1565, Grendler 1977, 16). Nach über fünfzig Jahren editorischer Aktivität in familiärer Tradition gaben die Erben Gabriele Giolitos ein Gesamtverzeichnis auch der frühen Bücher des Hauses in Druck (*Indice copioso di tutti i libri stampati dalli Gioliti*, Venezia, 1592, zit. nach Quondam 1977, 63).

Auf Grund der umfassenden Verlagschronik von Bongi (1890–1897) lässt sich die Produktion des Hauses Giolito beispielhaft gut auch statistisch beschreiben[15] – immer unter dem Vorbehalt, dass aus der zeitlichen Distanz bibliographische Angaben notwendigerweise Spielraum für unterschiedliche Zählweisen (Nachdrucke und Neuausgaben) und Zuordnungen zu Kategorien lassen.

Quondam (1977, 63) legt nach dem durch Camerini ergänzten Katalog Bongis für den gesamten Produktionszeitraum 1536–1606 ein Total von 1.019 Texten zugrunde (527 Originale, 492 Nachdrucke, 290 Autoren). Innerhalb dieser Textproduktion versucht er thematische Schwerpunkte zu ermitteln. Einen deutlichen Schwerpunkt unter den «campi disciplinari» stellt er im Bereich der Geschichtsschreibung fest (120 Titel; cf. Quondam 1977, 75). Als geographische Texte sind dagegen nur wenige verzeichnet (8 Titel), in einer abweichenden Erfassung wird in dieser Kategorie nur ein Text geführt.[16]

Ab 1565 wächst auch bei Giolito die Anzahl religiöser Titel im Verlagsprogramm, und unter seinen Mitarbeitern nimmt der Anteil an Geistlichen zu. Giolito selbst war in Schwierigkeiten mit der Inquisition gekommen (Quondam 1977, 91). Bongi fügt im Anhang eine Transkription aus den Prozessakten der Inquisition in Venedig auch aus einer Mitschrift der Vernehmung «Gabrielis Joliti Mercatoris Librorum» an.[17] Diese Quelle gibt über den in Zeiten der Inquisition heiklen Alltag

---

13 «Gabriel Giolito published all manner of vernacular literature – dialogues, plays, treatises, histories, sermons, devotional matter, and poetry – and avoided law, philosophy, science, mathematics, and Latin titles generally» (Grendler 1977, 6); cf. Marazzini (1993, 31). Einen besonderen Schwerpunkt bildeten Editionen der toskanischen Werke; so druckte Giolito 22mal den *Canzoniere* und neunmal das *Decameron* zwischen 1540 und 1560, cf. Elwert (1969, 273).

14 Marazzini (1993, 37); Quondam (1977, 75–76).

15 Wenngleich auch Einzelstudien bzw. *Annali* anderer Häuser gut dokumentiert sind: besonders der Giunti (Camerini 1962/1963), Marcolini (Casali 1861), Tramezzini (Tinto 1968); cf. Quondam (1977, 56; 60, n. 10).

16 Di Filippo Bareggi (1988, 288, n. 8): Agostino Zarate, *Le historie* [...] *dello scoprimento et conquista del Perù*, trad. it. Alfonso di Ulloa, 1563.

17 Archivio di Stato in Venezia. Santo Uffizio – Processi – Busta 20; Bongi (1890–1897, vol. 1, CIIIss.).

der Buchbeschaffung Auskunft und erlaubt zugleich einen Blick in die verlegerische Werkstatt, wo der Verleger seinem Mitarbeiter die nötige Literatur besorgt:

> «Int[errogatus] Se esso ricercò mai di haver dal detto Spinola et hebbe la Historia o Comentarij di Giovàn Slejdano? R[espondit] Sig.r sì che l'ho ricercato, et l'hebbi.
>
> Int[errogatus] A che effetto lo ricercò? R[espondit] Il sig.r Ludovico Dolce componendo la vita di Ferdinando Imperatore, come l'ha composta, mi ricercò che li dovesse far haver alcuni historici, et tra gli altri questo Sleidano per cavar da loro delli particolari pertinenti alla sua Historia, et così io ne le trovai, et ricercando di questo, lo Spinola me lo fece havere, non sapendo io che libro el si fosse, et servito che se ne fu il Dolce, il libro fu restituito ad esso Spinola» (Bongi 1890–1897, vol. 1, CV).

Das breite Spektrum, das quantitative Wachstum und auch die typographische Sorgfalt der Buchproduktion Giolitos entwickelte sich in direkter Wechselwirkung mit dem Markt.[18] Sein Marktgespür und die sorgfältige Ausstattung der Bücher hob bereits Bongi (1890–1897, vol. 1, XXVIs.) hervor.

3.1.3. Das Berufsbild des *collaboratore editoriale*

Mit dem neuen Editionsspektrum und seinem Wachstum entstanden neue Berufsbilder.[19] In den Verlagen war auch ein neuer Typus professioneller Intellektueller gefragt (MiglioriniStoria, 284; 339). In ihrer bereits zitierten Studie beschreibt Di Filippo Bareggi (1988, 311) ihre Aufgabenfelder:

> «[...] i nostri intellettuali riconoscono allora che non di un autore si aveva bisogno, ma di un consulente, di un tecnico insomma capace di servire le esigenze di un pubblico medio dai gusti non specialistici, come precisamente richiesto dalle modificazioni messe in atto dalla stampa».

Dass neben dem Autor auch der Herausgeber, Übersetzer und Kommentator an Bedeutung gewann, lässt sich an dem verbreiteten Titeltypus nachvollziehen, der Kommentatoren und Korrektoren ebenfalls nennt: «Questo è il segno delle modificazioni in atto nel campo della produzione libraria, ma è anche il segno della necessità crescente della mediazione intellettuale nel lavoro editoriale» (Quondam 1977, 95). Wie oben angedeutet, erweiterten die Verlagsmitarbeiter ihren intellektuellen

---

18 So schreibt Quondam (1977, 68), in materialistischer Tradition: «Ma c'è ancora un elemento da rilevare nell'estensione massiccia della produzione promossa da Gabriele: pubblicare 40 e più libri all'anno significa non più soltanto rispondere ad una domanda già esistente (come era per Giovanni, la cui attività è pressoche tutta funzionale ad un pubblico predeterminato, di tipo prevalentemente universitario), bensì produrre direttamente il loro stesso consumo, produrre con il libro il suo pubblico e i suoi bisogni materiali, come ogni altra merce».

19 Dazu gehören humanistisch gebildete Editoren und Korrektoren, aber auch Papiermacher, Drucker, Stempelschneider, Graveure; diese waren nicht mehr in Formen des mittelalterlichen Zunfthandwerks organisierbar, sondern unterlagen bereits «Kapitalverwertungsbedingungen» (cf. Ahlzweig 1994, 92).

Horizont vielfach durch Mitgliedschaften in Akademien, welche ihnen auch den Status des *letterato* und gesellschaftliche Kontakte verschafften.[20] Die Verlagsmitarbeiter der verschiedenen Häuser waren gut miteinander bekannt, arbeiteten auch häufig für mehrere Verlage.[21] Es bestand ein dichtes Geflecht sozialer Beziehungen, das sich auch in regen Briefkontakten äußerte; zugleich war der Kreis relativ abgeschlossen (Di Filippo Bareggi 1988, 168). Aus den sozialen gingen häufig berufliche Kontakte hervor: so vermittelte Lodovico Domenichi, der zu diesem Zeitpunkt bereits seit zehn Jahren bei Giolito tätig war, Thomaso Porcacchi vermutlich die Anstellung in dem venezianischen Verlag. Auf 1557 datiert das erste Werk, das Porcacchi für Giolito in Druck gab.[22] Bongi (1890–1897, vol. 1, XXVIIs.) führt Porcacchi unter den wichtigsten Mitarbeitern Giolitos:

> «[...] che campavano sulla penna, [...] pagati [...] per compilar libri ideati da lui, ora come traduttori, annotatori ed editori dei libri d'altri. Tali furono il Brucioli, il Domenichi, il Dolce, il Sansovino, il Baldelli, Remigio Fiorentino, il Porcacchi, l'Ulloa, il Turchi, il Toscanella ed altri assai; e di questi alcuni albergarono per un tempo sotto il suo tetto, come piú lungamente degli altri fece Lodovico Dolce».

Zu den Aufgaben des *collaboratore editoriale* gehörten Programmplanung, technische Betreuung der Drucke sowie die Herstellung von Werken in eigenem Namen. Die Grenzen dieser Autorschaft sind in modernen Kategorien nicht einfach zu bestimmen und werden bis heute kontrovers behandelt.[23] Unbestreitbar ist, dass die Aneignung von Werken anderer durch Übersetzung, Überarbeitung, Herausgabe, Kommentierung oder Kompilation allgemein verbreitet war. Konkurrenzdenken und das Bewusstsein von Urheberrechten waren aber ebenfalls ausgeprägt, woraus sich – auch auf Grund der materiellen Unsicherheit der Verlagsmitarbeiter – zahlreiche Konflikte ergaben:

> «Talora però la concorrenza superò di larga misura questi limiti [il confine incerto fra opera originale, centone e plagio]. Un incorreggibile plagiario sembra esser stato, ad esempio,

---

20 Benzoni (1978, 198), zit. nach Di Filippo Bareggi (1988, 144s.).

21 Di Filippo Bareggi (1988, 282; 284; 287); cf. Quondam (1977, 101s.): «tipologie di comportamento: il Dolce ha un rapporto regolare, continuativo ed esclusivo con un solo editore, il Ruscelli ha un'attività molto affine a quella del Dolce ma è più un ‹libero professionista› che organico quadro redazionale, l'Aretino rovescia i termini del rapporto intellettuale-editore, per assumere un ruolo di guida indiretta [...] del Marcolini».

22 Cf. Di Filippo Bareggi (1988, 38; 143; 175).

23 Cf. die polemische Haltung von Trovato (1991, 304): «Dopo l'età eroica, nella quale i prototipografi si preoccupavano della completezza e della qualità dei testi che stavano per pubblicare e l'età delle grandi imprese filologiche e dell'omologazione grammaticale (il Dante e il Petrarca aldino, i *Decameroni* del 1516 e del 1527), si arriva cioè, verso la metà del secolo, a pratiche di revisione testual-linguistica diciamo pure parassitarie, solo di rado giustificate dall'assetto linguistico dei testi modello, sufficienti a garantire la sopravvivenza di una categoria professionale che non voleva o non poteva rassegnarsi alla correzione meccanica delle bozze di stampa e aspirava a sovrapporre i propri tic e le proprie idiosincrasie ai tic e alle idiosincrasie degli autori e dei traduttori».

> Francesco Sansovino che, a quanto sappiamo, usava metter mano ai testi che visionava, come editore e come stampatore, per farli poi passar per suoi» (Di Filippo Bareggi 1988, 176; cf. 172).

Der Beruf eines Verlagsmitarbeiters stellte eine für Intellektuelle bisher neuartige Möglichkeit des Broterwerbs dar, ohne sich dem Hof oder der Kirche zu unterstellen (Di Filippo Bareggi 1988, 5s.).

Diese Unabhängigkeit sollte jedoch nicht überschätzt werden, da die Verdienste aus verlegerischer Tätigkeit keineswegs den Lebensunterhalt sichern konnten. Zumeist beruhten Gehaltszahlungen auf mündlichen Abmachungen, weshalb es kaum diesbezügliche Quellen gibt (Di Filippo Bareggi 1988, 147s.; 271).

Finanzielle Sicherheit wurde etwa durch privates Vermögen, Heirat oder weitere künstlerische Tätigkeiten erreicht.[24] Möglich, dass auf Grund der alltäglichen wirtschaftlichen Schwierigkeiten eines *collaboratore editoriale* in Porcacchis Bemerkung zum gesicherten Status englischer Gelehrter etwas wie Neid mitschwingt: «color ch'attendono alle lettere; fanno ordinariamente molto profitto» (*Descrittione dell'Isola d'Inghilterra*, in Le Isole, 64). Von den Verlagsmitarbeitern war unermüdliche Produktivität gefragt, nicht immer folgenlos für die editorische Qualität.[25] Auf Grund der Vielzahl und Vielfalt ihrer Veröffentlichungen werden die Verlagsmitarbeiter auch als *poligrafi* bezeichnet; im Zusammenhang mit ihrer Funktion in der Buchproduktion heben solche Bezeichnungen zum Teil auf die Emsigkeit ihrer Arbeit ab, während an deren intellektuellem Wert Zweifel bestehen.[26] Hervorgehoben wird auf der anderen Seite die kulturelle Mittlerfunktion, die sie in ihrer Verlagsmitarbeit ausübten:

> «Nel mondo delle tipografie del pieno Cinquecento, quindi, la figura del redattore editoriale pare aver assunto un senso compiuto: si delinea come un ruolo tecnico ma cruciale, in grado di offrire, in una parola, la possibilità di una vera e propria mediazione culturale» (Di Filippo Bareggi 1988, 181).

Marazzini bezieht diese Leistungen vorwiegend auf die Übersetzungstätigkeit, welche ein zentrales Arbeitsgebiet der *poligrafi* darstellt:

> «[...] le traduzioni dai classici [...] costituiscono un blocco di enorme peso, quasi la base della cultura tardorinascimentale. L'abbondanza delle traduzioni rispondeva a un desiderio di divulgazione, e veniva incontro alla domanda del pubblico, che non sempre era in grado di comprendere il latino [...]. L'editoria del Cinquecento, e per prima quella di Venezia,

---

[24] Dieser Aspekt wird bei Di Filippo Bareggi (1988, 242–281) ausführlich behandelt im Kapitel *Fra corte e stampa: quanto rende il lavoro intellettuale.*

[25] «Emerge quindi una condizione di vita resa gravosa proprio dalla mole del lavoro connesso alla collaborazione editoriale [...]. Ora, tutto ciò non mancò di avere un preciso riflesso negativo anche dal punto di vista della qualità del lavoro eseguito per i tipografi» (Di Filippo Bareggi 1988, 309).

[26] «[...] intellettuali minori o [...] professionisti della penna (redattori, traduttori, correttori) reclutati dalla nascente industria editoriale» (Palermo 1999, 150). Cf. zu den pejorativen Inhalten der Bezeichnung *poligrafo* Grendler (1969b, 12s.).

non si sottrasse al compito a cui era chiamata dalle esigenze del nuovo pubblico» (Marazzini 1993, 81).

Die Übersetzungstätigkeit in der zweiten Hälfte des 16. Jahrhunderts hatte sich weitgehend von der humanistischen Tradition[27] empanzipiert, was in den Vorworten der Übersetzer Niederschlag findet: «die Vulgärsprache als Idiom der Wissenschaft rechtfertigt sich nicht mehr».[28] Auch erfüllen Übersetzungen nicht nur die Aufgabe der Wissensverbreitung, sondern wollen angenehme Lektüren bereitstellen, wie Borsetto über Lodovico Dolces schreibt, welcher 33 Neuübersetzungen zwischen 1532 und 1568 verfasste.[29]

Sprachhistorisch bedeutend ist die Aktivität der *collaboratori editoriali* in Bezug auf die sprachliche Normierung, die Entwicklung eines «modello linguistico unitario», nicht nur durch Übersetzungstätigkeit, sondern durch die verbreitete Praxis, korrigierend in den Textbestand der Editionen einzugreifen, die sie betreuten. Grafton (1998, 76) formuliert diesbezüglich seine Titelfrage *Correctores corruptores?* und antwortet mit einem Plädoyer für die Verknüpfung text- und sozialhistorischer Fragestellungen:

> «In this case at least, the difference between correcting and editing seems vanishing small. A history of textual criticism and editorial technique that took the corrector into account would look quite different from any we have now. [...] it would insist on connecting the social history of editors to the internal history of the texts they edited. It would admit that early modern editors did not do their work as we now think we should. But it would treat this fact less as proof that they misunderstood their proper task than as evidence about the brute facts of their social world».

Poligrafi wie Lodovico Dolce, Girolamo Ruscelli, Francesco Sansovino und Orazio Toscanella legten die Prinzipien ihrer Arbeit auch in sprachtheoretischen oder -normierenden Traktaten dar; Relevanz erhalten ihre Positionen durch die Fülle von Texten, die sie redaktionell betreuten (Trifone 1993, 434s.).

3.2. Thomaso Porcacchi

3.2.1. Lebensdaten

Die zur Verfügung stehenden Informationen über Porcacchis Lebensweg sind spärlich. Thomaso Porcacchi, in moderner Graphie Tommaso Porcacchi, wurde 1530 in Castiglion Fiorentino geboren. Nach seinen Studien in Florenz und einem Aufent-

---

27 Zur Ausdifferenzierung des Wortfeldes *volgarizzare* und *tradurre* 'übersetzen' im Italienischen, ausgehend vom Humanistenlatein Leonardo Brunis (*traducere* statt lat.a. *transferre*), cf. Migliorini (1956, 36); Wolf 1971; Folena (1994, besonders 65ss.); Guthmüller 1998.

28 Olschki (1922, 206s.). Cf. Weinrich (1973, 516s.), zur Situation in Spanien.

29 «L'‹officio del tradurre› [...] è rivolto innanzitutto all'obiettivo primario del giovare e del dilettare» (Borsetto 1990, 259s.; cf. 222–255).

halt in Bologna kam Porcacchi 1559 nach Venedig,[30] wo er bis zu seinem Tode 1585 blieb und auch begraben wurde (Di Filippo Bareggi 1988, 163). Verheiratet war Porcacchi mit Aurora Bianca d'Este: «da me con tutto il cuor mio amata Madonna Aurora Estense mia Consorte» (Le Isole, 86). Sie betreute nach seinem Tod die Herausgabe seiner Werke.[31]

Vermutlich sicherte das Vermögen aus seiner Heirat auch Porcacchis Lebensunterhalt (Di Filippo Bareggi 1988, 252; 255). Über die Ehe ist wenig bekannt; erhalten geblieben sind jedoch Briefe Porcacchis an Aurora Bianca d'Este, welche jedoch ebenso als rhetorische Mustertexte gelesen werden könnten. Vermutlich starb Porcacchi an der Pest. Darauf geben die Begleittexte seiner Gattin zur posthum erschienenen Familienchronik der Malaspina Hinweise. In der Widmung (Verona, 28.8.1585) schreibt sie:

> «Voglio pregar le ss. VV. Illustrissime per l'honorate fatiche di mio marito, *et* per gli affanni ch'io ho sostenuto in liberarle da' pericoli della peste, *et* dall'insidie de gli huomini maligni, si degnino d'accettar questo precioso thesoro» (PorcacchiHistoriaD'Este, † 2v°ss.); weiterhin: «quelle che appresso à M. Thomaso mio consorte erano riservate, gl'istessi accidenti, *et* la morte, *et* della peste l'hanno mandate in ruina» (PorcacchiHistoriaD'Este, 235).

Bereits in Florenz war Porcacchi mit Lodovico Domenichi bekannt geworden und half ihm bei seiner Privatbibliothek.[32] Für ihn verfasste Porcacchi auch seine ersten Werke: *Vita di Virgilio* (für die Vergil-Werkausgabe Lodovico Domenichis von 1556) und das Volgarizzamento des fünften Buches der *Eneide*.

In das Jahr 1556 fällt auch die Gründung der Accademia dei Porcacchi, über deren Aktivitäten jedoch wenig bekannt ist. Überliefert ist nur, dass Porcacchi ein Einladungsschreiben an Lodovico Domenichi verfasste: «a trasferirsi a Castiglione Aretino per assumere la direzione d'un'Accademia che ivi alcuni ‹Nobili Spiriti› avevano erretta».[33] Der Interessenschwerpunkt lag wohl nach Maßgabe ihres Namensgebers bei historischen Themen. Weiterhin finden sich Hinweise auf Porcacchis Mitgliedschaft in der Accademia degli «Occulti» di Brescia (Caputo 1960, 318). Zahlreiche Freunde und Förderer, die er in Danksagungen erwähnt, führt er als Mitglieder unterschiedlicher Akademien ein.

Jeweils kürzere Aufenthalte verbrachte er in der Lombardei, in Rom und im Veneto (Coglievina 1965, 35). Offenbar hielt er sich vor 1574 auch einige Zeit im Haus seines Förderers Ottaviano Manini in Friaul auf, wo er sich einer historischen Arbeit

---

30 NDI (21,369); EncIt (27,934).

31 Christian Jöcher, *Allgemeines Gelehrten-Lexikon* (vol. 3, 1751, 156), nach ABI 1 (804,383); cf. PorcacchiHistoriaD'Este. Zu Bianca Aurora D'Este cf. Ginevra Canonici Fachini, *Prospetto biografico delle donne italiane rinomate in letteratura*, 1824, 45; in: ABI 1 (82,359): «Fu moglie di Tommaso Porcacchi buono scrittore, e lo emulò. Era vivente nel 1560. Si trovano alcune sue Rime in morte d'Irene da Spilimbergo [morta 1559, pittrice], un saggio delle quali ci offrì la Bergalli».

32 Di Filippo Bareggi (1988, 179); in späteren Jahren standen beide in brieflichem Kontakt.

33 Maylender (1926–1930, vol. 4, 337), jedoch mit der irrtümlichen Datierung auf 1558; cf. Di Filippo Bareggi (1988, 124s. und 148, n. 19).

widmete.[34] Auch die Erweiterungskapitel der zweiten Auflage von Le Isole scheint er der Gastgeberschaft Maninis zu verdanken:

«Ottaviano Manini, gentil'huomo *et* Cavalliere in Udine metropoli della Patria del Friuli [...] havendosi eletto per suo diporto *et* luogo di delitie, la Villa della Colombara, fuor di Cividal di Friuli [...]. Con lui trovatomi a descrivere in questa sua delitiosa villa parte di queste Isole, che son nel precedente libro, *et* ne' susseguenti [...]» (*Prohemio sopra il Libro Secondo*, PorcacchiIsoleGalignani 1576, 61).

Porcacchi betätigte sich zwar auch als Autor, seine wichtigsten Tätigkeitsfelder waren aber die eines Herausgebers und Übersetzers.[35] Seine Arbeiten brachten Porcacchi einige Berühmtheit ein. Die meisten seiner Werke erlebten mehrere Auflagen (→ 10.). Er verfasste auch poetische Texte (Caputo 1960, 318). Als Dichter war Porcacchi aber offenbar weniger erfolgreich.[36] Einige Gedichte von Porcacchi erschienen bei der Accademia degli «Occulti» (Brescia); z.T. sind sie in den *Deliciis Poetarum Italiorum* überliefert.[37] Von der Hand Porcacchis sind nur wenige Manuskripte überliefert, die eine kaum repräsentative Auswahl darstellen; etwa die *Vita di Messer Jacopo Sannazaro* (Biblioteca Marucelliana, Firenze) sowie Miszellen im Archivio di Stato Modena und der Biblioteca Comunale Todi (cf. IterIt 1; 6; Index).

3.2.2. Berufliche Tätigkeit

Porcacchi wird zu den «redattori» im Hause der Giolito gezählt, womit im Gegensatz zu den «liberi» ein festes Anstellungsverhältnis gemeint ist. Er zählte zu den wichtigsten Mitarbeitern im Verlag der Giolito de' Ferrari,[38] zusammen mit Dolce und Ruscelli (Di Filippo Bareggi 1988, 288; 290).[39] Im Zusammenhang mit Porcacchis Tätigkeit wird zumeist auf die Vielfältigkeit seiner Arbeit, seine Gelehrsamkeit und seine Produktivität hingewiesen, dabei orientiert an einem Publikum, dessen spezifisches Interesse er souverän bedient:

---

34 «Per questo havendomi convenuto i giorni a dietro, per compiacere a chi molta auttorità sopra me tiene dare in luce un Ragionamento fatto in Friuli fuor di Cividale alle Colombara dilettevole *et* ameno luogo del s. Ottaviano Manini, gentil'huomo in Udine di molta virtu, *et* gratia», schrieb er 1574 in der Widmung seines Buches PorcacchiAzioniAngelieri, A 2r°.

35 Cf. Aquilecchia (1980, 91) und Cannata (1997, 179).

36 «Il *Porcacchi* coltivò altresì le muse italiane e latine, ma ebbe minor successo ne'versi che nelle ricerche di erudizione» (NDI 21,369).

37 Christian Jöcher, *Allgemeines Gelehrten-Lexikon* (vol. 3, 1751, 156), zit. nach ABI 1 (804,383).

38 Di Filippo Bareggi (1988, 283ss. und 286, n. 5). Im Gesamt der 111 Veröffentlichungen Porcacchis machen die 42 Texte, die bei Giolito erschienen, 37 % aus, das sind 7 % aller Veröffentlichungen Giolitos.

39 Dolce würdigt Porcacchi auch in Le Isole, 7: «Lodovico Dolce, la cui fatica, e industria in tante opere, c'ha scritto in verso, e in prosa, o traducendo, o facendo di suo; puo piu tosto essere ammirata che agguagliata».

«Prolifico e versatile come tutti i poligrafi, Porcacchi rappresenta egregiamente il nuovo tipo di professionista che lavora per case editrici, volgarizza, rimpasta, esperimenta, e produce titoli mirati al consumo» (Cherchi 1998a, 204).

Zum Teil hat der Verweis auf die breitgefächerte Tätigkeit des Herausgebers, Historikers und Übersetzers[40] Porcacchi einen negativen Beiklang, wenn von eklektischer Arbeitsweise, Oberflächlichkeit und fehlender Methodik die Rede ist.[41] Diskutiert wird in diesem Zusammenhang Porcacchis Edition der *Historia di Milano* von Bernardo Corio (CorioHistoriaPorcacchi, 1565).[42] Richardson äußert zu Porcacchis Arbeitsweise (1994, 152s.):

> «Porcacchi, though, set about the work high-handedly [...] he subjected the work to a further linguistic and stylistic revision, freely rewriting sentences or omitting phrases which seemed to him redundant [...; zu Porcacchis ed. des *Libro de natura de Amore* von Mario Equicola, 1561:] A measure of the ruthlessness with which Porcacchi reworked texts in non-standard Italian is provided by a comparison with Dolce's much gentler treatment of Equicolas text [...]».

Jedoch ist das aus heutiger Sicht konstatierte Erfordernis einer sanften Textüberformung gegenüber der Zielsetzung Porcacchis, den Text sprachlich zu glätten und zu «verbessern», nicht uneingeschränkt legitim: Wenig hilfreich sind bewertende Beschreibungen (*ruthlessness*), wenn aus dem zeitgenössischen Kontext heraus die Priorität begründet und erklärbar ist, die dem Gebrauch einer eingängigen Sprache vor editionsphilologischer Zurückhaltung eingeräumt wird.

Besonders ausgeprägt waren Porcacchis historische Interessen; er gehört zu den ersten Kommentatoren der *Storia d'Italia* von Guicciardini (GuicciardiniHistoriaPorcacchi). In der Vorrede zum ersten Band der *Collana Historica* geht er auf seine Motivation ein, sich historischen Arbeiten zu widmen; diese stand im Zusammenhang mit den Interessen seiner Förderer:

> «Ma dico questo solamente, percioche essendosi fino a questo giorno sparsa la fama in molti luoghi, ch'io voleva concatenar gl'historici, *et* l'historie, *et* cio havendo io molte volte promesso al mondo, *et* a molti Signori, a' quali n'ho scritto; m'ha bisognato qualche poco affaticarmi e studiare per far questa Concatenatione *et* Collana: et cosi in questo studio ho havuto occasion di notar molte osservationi pertinenti a' governi de gli stati, a' maneggi delle guerre, alle ragioni c'hanno diversi Principi *et* Potentati sopra diversi Regni, stati, *et*

[40] Cf. EncTreccani (9,439): «Autore di opere poetiche, storiche, erudite, curò [...] numerose edizioni di storici greci e latini, in parte da lui stesso volgarizzati». GDE_4 (16, 370): «Erudito e versatile scrittore, toccò molti e diversi argomenti: poetici, storico-antiquari, archeologici, geografici [...]»; cf. Guglielminetti (1989, 116).

[41] Cf. Coglievina (1965, 35s.): «letterato di modesta levatura e di interessi eclettici [...]. Gli interessi del P. furono vari, se pure non approfonditi».

[42] Bei Christian Jöcher, *Allgemeines Gelehrten-Lexikon* (vol. 3, 1751, 156), zit. nach ABI 1 (804,383), werden an Porcacchis Edition von Bernardino Corios *Istoria di Milano* Eingriffe in den Text und Auslassungen kritisiert; cf. dagegen Filippo Brocchi, *Collezione alfabetica di uomini e donne illustri della Toscana* (1852, 38), zit. nach ABI 1 (804,389): «fu storico diligente; riformò e corresse molte opere».

città, *et* appresso alle discendenze, *et* linee delle case piu illustri, et piu grandi del mondo, cosi de' tempi andati, come de' presenti. Della qual cosa havendomi similmente alcuna volta lasciato intendere; ho trovato gentil'huomini c'hanno preso gusto di queste mie osservationi, *et* facendomi benificio, *et* mostrando per cio di portarmi amore, s'hanno continuatamente dilettato d'havermi per loro amico, *et* amico caro *et* amato: ilche per ventura fatto non havrebbono, se dell'historie non m'havessero conosciuto vago *et* sollecito amatore. Ecco dunque che per questo rispetto, quando alcun'altro non ve n'havesse, molto mi tengo, *et* devo tenermi obligato alla lettion dell'historia, come a singolar mia benefattrice» (Ditte/DareteGuerraPorcacchi, aiiv°s.).

Ein zentrales Thema ist in Porcacchis historischen Arbeiten die Idee von der *concordanza delle storie*; in seiner Adaption wird auf eine Hierarchisierung der *antichi* und der *moderni* verzichtet:

«Porcacchi bilancia con freddezza filologica il vecchio con il nuovo, e il suo *dossier* di fatti paralleli ne costituisce il frutto, e, allo stesso tempo, offre la riprova che i due mondi si equivalgono» (Cherchi 1998a, 207).

Derart orientierte historische Darstellungen beinhalteten vielfach griffig formulierte, als Lehrsätze geeignete Quintessenzen, oder, wie Grendler (1969a, 160) es ausdrückt, «Porcacchi and his collaborators attempted to reduce historical reality to static, easy-to-learn commonplaces». PorcacchiCagioniGiolito, PorcacchiFuneraliGalignani und PorcacchiParalleliGiolito gehören zu solchen historischen Darstellungen, die aus dem Fundus der antiken Überlieferung simplifizierende, und dadurch anschauliche und konversationstaugliche Leitbilder ziehen. Bereits ein Auszug aus dem Abbildungsverzeichnis von PorcacchiFuneraliGalignani macht deutlich, dass Auswahl und Anordnung der Themen kaum systematischen Prinzipien folgen:

«Prima Tavola Sepolcrale de' Romani, Seconda Tavola Sepolcrale de' Romani, Terza Tavola Sepolcrale de' Romani, Tavola Sepolcrale delle Vergini Vestali in Roma, Tavola Prima della Consecratione de gl'Imperatori Romani, Tavola Seconda della Consecratione de gl'Imperatori Romani, Tavola de gli Scudi chiamati Ancili, Tavola Ultima Sepolcrale de' Romani, Fnerale di Abram [sic], [etc.].»

In der von Hill edierten «Selva»[43] wird die anekdotenhafte Schreibtechnik noch gesteigert, gleichwohl bleibt der Schwerpunkt auf historischen Themen bestehen:

«Semmai la particolarità della selva di Porcacchi consisteva nella natura delle fonti, che, a quanto sembra, erano tutte di tipo storico» (Hill 1999, 84).

Bekanntheit erlangte Porcacchi durch die Herausgabe der übersetzten Werke der griechischen Klassiker in der zwölfteiligen *Collana Historica de' Greci* für Gioli-

---

43 «Chiamiamo ‹selve› quelle opere che raccolgono senza alcun chiaro ordine spezzoni di storie, curiosità naturali e antropologiche, questioni di etimologia, liste di personaggi e di eventi storici classificabili sotto un esponente particolare, detti di personaggi illustri, nomi di inventori di cose, e simili soggetti, trattabili in forma breve» (Cherchi 1999b, 9).

to.[44] Die Sammlung lateinischer Autoren, die er ebenfalls geplant hatte, konnte er vor seinem Tod nicht mehr beginnen. Die *Collana* bestand aus zwölf *anelli* und den *gioje*, d.h. wichtigen und weniger wichtigen Klassikern; Erwähnung findet immer wieder die sorgfältige Herstellung der Bände.[45] Auf dieses (Haupt-)Werk verweist Porcacchi auch in Le Isole (→ 3.3.3.6.). Die *Collana* erlebte im '700 einigen Nachruhm, da sie entscheidend zur Verbreitung der antiken Literatur beitrug.[46] So hebt Maffei (1720, 9s.) die *Collana* in der Widmung seiner Bibliographie italienischer Übersetzungen (an Adelaide Felice Canossa Tering di Seefeld) hervor:

> «Ma che gl'Italiani abbian tradotto più dell'altre nazioni, io credo, che apparirà facilmente da queste notizie, poichè di molte opere tante versioni diverse si veggono: e apparirebbe molto più s'agio, e tempo avessi avuto di far ricerca delle manuscritte, come l'ho fatta delle stampate; ma in ciò senza un viaggio per tutte le parti d'Italia mal potrebbe entrarsi. Osservabil cosa è, che in altra lingua non ho inteso mai trovarsi Corpi di traduzioni, qual è presso di noi la Collana Istorica del Giolito, il quale con la direzion del Porcacchi, e d'altri unì, e raccolse in ordinata serie i principali Storici Greci, Erodoto, Tucidide, Senofonte, Polibio, Diodoro, Dionigi, Gioseffo, Plutarco, Appiano, Arriano, Dione, e alcun altro, con le vite di essi, e con giunta d'illustrazioni opportune nel primo tomo, e in altri separati, che chiamò gioje. Due, o tre delle sopranominate versioni non fu però a tempo di stamparle il Giolito, prevenuto dalla morte, che gli vietò altresì l'eseguire altro nobilissimo pensier che avea, di publicare in corpo più regolato, e ordinato, e uniforme tutti gli Storici Latini, e Greci de' buoni secoli, volgarizzati, e ottimamente illustrati, e già n'avea le traduzioni, e le illustrazioni alla mano, come apparisce dal suo progetto Ms., che in Venezia va per le mani».

Der Beginn der *Collana Historica Greca* ist im Zusammenhang mit den Zensurbestrebungen der Gegenreformation zu sehen, die den Verleger Giolito von seinem Programm «belletristischer» Titel abbrachten.[47] Unter dieser Bedingung veröffentlichte auch Porcacchi religiöse Texte:

> «Le raccolte ‹laiche› non arrivano a includere prediche, ma è importante notare [...] che nel 1566 un poligrafo sulla cresta dell'onda come Tommaso Porcacchi (la cui attività si lega sempre a operazioni di fortunata editoria commerciale) preparò una raccolta di prediche in volgare (*Prima parte delle prediche di diversi illustri theologi, et catholici predicatori della parola di Dio*, Venezia, Cavalli, 1566). Una raccolta del genere non era solo un modello a cui ispirarsi, uno ‹strumento› pratico (come i coevi manuali di retorica ecclesiastica), ma

---

44 Zu Giolito war er durch die Vermittlung Domenichis gelangt; dort arbeitete er u.a. mit Ignazio Baldelli zusammen (Di Filippo Bareggi 1988, 188/n. 137).

45 Filippo de Bonis, *Biografia degli artisti* (1840, 78), zit. nach ABI 1 (483,50). Auch Olschki (1922, 216) spricht von den «sorgfältigen Drucken der Offizien Giolitos zu Venedig», in denen die Teile der *Collana Historica Greca* erschienen.

46 Cf. Bongi (1890–1897, vol. 1, XXXIV). Cf. NDI (vol. 21, 1791, 369).

47 «Intanto, verso la metà del secolo, anche a Venezia cominciava a pesare la Controriforma; l'Inquisizione e la censura divenivano sempre più severe. Gabriele Giolito abbandonò allora le pubblicazioni di libri ameni e pensò di formare una racccolta di opere storiche, la ‹Collana Istorica›, iniziativa davvero geniale non tentata fino ad allora da alcuno stampatore e che tanto successo ebbe in seguito» (Ascarelli/Menato 1989, 374). Cf. GDE_4 (16, 370; Fahy 1980c; Tortarolo 2001, 283): «Buchgeschichte ist auch Zensurgeschichte».

rappresentava una vera e propria conferma dei risultati raggiunti nel nuovo genere d'oratoria, ne sanciva l'acquisita letterarietà» (Marazzini 1993, 108).

Porcacchi veröffentlichte zwar auch bei Cavalli, Valvassori, Guerra, Angelieri und Galignani (letzterer war Verleger von Le Isole), aber der genannte Gabriele Giolito de' Ferrari (gest. 1578) war sein wichtigster Auftraggeber. Dessen Anliegen, die italienische Sprache zu pflegen, stand auch für Porcacchi im Vordergrund:

> «Magnifico*sissimo* Gabriel Giolito de' Ferrari, primo Padre *et* fautor di cosi honorato assunto, secondo che da molti vien chiamato il vero cultor di questa nostra lingua [...]» (PorcacchiParalleliGiolito, IV).

3.2.3. Sprachbewusstsein

Thomaso Porcacchis Sprachbewusstsein und seine Position in der zeitgenössischen Questione della lingua lassen sich sowohl an Hand der Vorreden, die in einige seiner Veröffentlichungen einführen, beschreiben, als auch aus seinen lexikographischen Arbeiten herauslesen.

3.2.3.1. Metasprachliche Aussagen

Widmungen und Vorreden sind «trügerische Texte», denn als Werbetexte sollen sie den Leser gewinnen oder sogar täuschen (Vogel 1999, 13). Aus dem zeitlichen Abstand heraus ist oft nicht zufriedenstellend abzugleichen, wo die Grenze zwischen individueller Aussage und konventionellen Mustern verläuft.[48] Dennoch besitzen sie einigen Quellenwert für die die Positionierung eines Autors in der Questione della lingua. In den Vorreden finden sich auch häufig Bemerkungen zum Verhältnis von Latein und Volgare im '500, und zum Status von Übersetzungen ins Volgare. Die Vermittlerrolle der Autoren, Übersetzer und Herausgeber tritt in diesen Vorreden deutlich hervor, wie Trovato für die erste Hälfte des 16. Jahrhunderts konstatiert:

> «Esse investono semmai i piani più bassi della società e della cultura cinquecentesca e i modi di ricezione delle idee-forza dei grandi letterati da parte di un pubblico di uomini ‹senza lettere› [...]» (Trovato 1998, 143).

Auch Porcacchi drückte das Bewusstsein für den «Auftrag», die Volkssprache zu bereichern, in Widmungsreden aus. In der Widmung seiner PorcacchiLettereTrino nennt er die «Sprachpflege» das zentrale Anliegen aller seiner gelehrten Zeitgenossen:

---

[48] Cf. Vogel (1999, 13): «Zweifellos wurden Widmungen nach feststehenden Mustern verfasst. Allerdings zeigt sich im Vergleich von Widmungen unterschiedlichen Alters und unterschiedlicher Textarten, dass selbst diese Muster vieldeutig waren. Sie eigneten sich ebensogut, eine Konvention zu bestätigen, wie sie zu durchbrechen». Die Aussagekraft von Vorreden unterstreichen auch Di Filippo Bareggi (1988, 313), und Giesecke (1991, 378s.): hier als «ideologische Aufladung der kommunikativen Aktivitäten».

> «Et quel che molto piu importa, si vede, che non ha oggi persona dotta l'Italia, che non procuri con lo scrivervi, ciascuno nella profession sua di finir d'arrichirla, *et* d'illustrarla in modo, che tutte le nationi di questa, *et* di ogni altra età sieno per esser tirate, *et* com'astrette ad apprenderla per l'intendimento di quelle scienze, *et* di quelle cose, che in essa saranno scritte, non altrimenti, che della Greca, *et* della Latina si vede fatto» (PorcacchiLettereTrino, A2v°).

Zentrale Aufgabe in diesem Kontext sind Übersetzungen. In Le Isole hebt Porcacchi die Bedeutung von Übersetzungen zur Bereicherung der italienischen Sprache hervor, verbunden mit dem Hinweis auf die notwendige Initiative entsprechender Auftraggeber:

> «In Therme città, detta hoggi Sacca, nacquero Agathocle Re di Siracusa, *et* Thomaso Fazellio dell'ordine di San Domenico, che scrisse le cose di Sicilia in un gran volume: il quale il magnanimo, *et* virtuoso s. Conte Cesare Loccatello, gran fautor della virtu; procura con ogni instantia, che insieme con altre opere non piu, o non ben tradotte; sia recato nella nostra lingua, accioche ella venga arricchita» (Le Isole, 41).

Die angestrebte Bereicherung des Italienischen beinhaltet auch die Erschließung neuer Gattungen über die antiken Vorbilder:

> «[...] vedendosi tuttavia questa lingua nostra divenir ricca di libri di ogni sorte, parea che da certi anni a dietro vi si desiderassero Autori degni di esser imitati *et* seguiti, in quello, che tiene la maggior parte dell'intentione o del fine di chi ritrovo la scrittura, che di poter col mezzo di q*ue*lla mandare i pensieri nostri, *et* co*m*municare i nostri affari, *et* i nostri bisogni a coloro, et in q*ue*lla parte, ove no*n* possiamo esser noi stessi in corpo, o mandarvi la voce nostra. A questo bisogno cominciarono non ha molti anni alcuni begli ingegni a sopplire, ciascuno in quel che potea. Onde in poco spatio di tempo si son veduti in stampa piu volumi di lettere d'Autori particolari [...]» (PorcacchiLettereTrino, A3r°).

Porcacchi weist darauf hin, dass er nicht der erste war, der Briefsteller in die Volkssprache überträgt.[49] Er begründet seine Arbeit mit dem Verweis auf die Unvollständigkeit und Fehlerhaftigkeit bisheriger Briefsammlungen.[50] Zugleich will Porcacchi mit der Briefsammlung die Grundzüge des eigenen «Trattato de modo di scriver lettere» illustrieren:

> «[...] ho voluto metter anco insieme un volume, nel quale si riconosca con gli essempi tutto quello, che nel detto Trattato si divisa con le regole, *et* coi precetti; *et* cosi di tute [sic] le lettere che fin qui si son vedute in confuso, *et* à fascio, come poco avanti ho detto, io ho fatta una scelta di tutte le migliori, *et* fattone un corpo di tutte insieme [...]» (PorcacchiLettereTrino, A3v°).

---

[49] Bereits im 16. Jahrhundert hatte Cristoforo Landino eine Briefsammlung toskanischer Briefe für Ercole d'Este zusammengestellt, cf. Kristeller (1996, 357). Zur Tradition der Humanistenbriefe cf. u.a. Vogel (1999, 23) mit Literaturhinweisen.

[50] Die Klage über die schlechte Qualität der Überlieferung war ein gebräuchlicher Topos in den Vorreden humanistischer Editionen, cf. Vogel (1999, 30ss.).

Neben diesem Anliegen, durch Übersetzungen und die Erschließung neuer Texttraditionen – in heutiger Terminologie – zum Sprachausbau beizutragen, drückt sich in Kommentaren zu anderen Autoren seine Haltung zur Questione della lingua aus. So referiert Porcacchi die zeitgenössische Kritik an Bembo, wodurch dessen Status jedoch nicht angetastet wird:

> «Fu in tutti i suoi componimenti così accurato, e assiduo, che quando erano letti da altri, Egli prima gli aveva diligentemente purgati, e ripurgati. Le parole d'essi sono tutte scelte in modo che alcuni l'hanno giudicate antiche, ed affettate anzi che nò: ma nondimeno sono ben collocate, e fanno molto numerosa la composizione. Fu (come è detto) il primo che imparasse, e poi c'insegnasse a bene, ed ottimamente imitare [...]» (BemboRimePorcacchi, XXVII).[51]

Deutlich wird Porcacchis Haltung auch im Kommentar zur Sprache Guicciardinis. Er erkennt zwar die semantische Präzision von Latinismen und Regionalismen an, äußert sich aber kritisch zum Gebrauch einer zu stark regional markierten florentinischen Sprache:

> «E in ciò il GUICCIARDINO ha havuto tanto grande avertimento a esprimere i suoi concetti con parole proprie, *et* significative, che non ha schifato di servirsi delle Latine, come noi vediamo, che il Bembo, *et* molti altri con gran licentia, libertà, *et* giudicio se n'hanno servito. Per questo rispetto ha usato Consternatione, per totalmente spiegar l'effetto, che fa la paura in noi, quando in un certo modo ci aliena l'animo: la qual voce è latina, *et* conforme a molte altre, che ci ha sparse giudiciosamente, senza che io ne formi catalogo. Ha usato Incriprignito, voce propria di Fiorenza, che vol dire pieno d'odio, mal disposto per offese ricevute, *et* altre tali. Nelle locutioni è tale, che se per facilitarlo alle nationi non Thoscane, tu gli levassi (come dicono per la Lombardia) un poco di Fiorentinità; diletterebbono molto maggiormente: di maniera che in questa parte verrà imputato (se però questo sia vitio) come Livio da Asinio Pollione della Patavinità, cosi egli da costoro del proprio della patria Fiorenza, che è d'usare spesso alcune locutioni, che paiano tronche, qual sarebbe per via d'essempio questa. Inserì ne' brevi tali parole, che si poteva comprendere haveva non piccola dubitatione, *etc.* dove è chiaro, che fra l'infinito COMPRENDERE, e il verbo HAVEVA vorrebbono che si tramettesse una congiuntione CHE. Ma queste son leggierezze grammaticali [...]» (GuicciardiniStoriaPorcacchi, 6r°s.).

---

[51] Zit. nach der Auflage von 1745, die Erstausgabe datiert jedoch von 1564. Daher ist es wahrscheinlich, dass Porcacchi hier von der *Vita* Bembos aus BemboHistVinZiletti **ixv°, abschreibt, zit. nach der Ausgabe 1570, deren Erstauflage 1552 erschien: «Era M. Pietro Bembo d'un bello, *et* acuto ingegno, d'un grave *et* affatto giuditio: era diligentissimo nelle sue compositioni, *et* tanto faticoso, *et* accurato, che non si lasciava uscir cosa dalle mani, che non fosse vista *et* revista, purgata, *et* ripurgata, *et* come si dice dell'Orso leccata *et* rileccata. Poneva assai studio nella scelta delle parole, le quali affettava a giuditio d'alcuni antiche, *et* disusate alquanto piu di quello, che lor pareva che convenisse. Poneva studio in collocarle per far la composition numerosa. Era nato singolarmente all'imitatione di maniera, che quando prendeva ad imitar uno si trasformava in lui, *et* a lui si rendeva tutto simile».

Als Verlagsmitarbeiter trieb Porcacchi die Normierung der von ihm redaktionell betreuten Texte voran (so etwa in der Edition der *Arcadia di m. Iacopo Sannazaro*, Venetia, Giolito, 1566: *Nimphe* > *Ninfe*; cf. Trovato 1991, 301). Nur gelegentlich wird seine toskanische Herkunft erkennbar (Trovato 1991, 322, n. 15, zitiert *ucelli* > *uscelli*, «Risentirà forse della sua pronuncia spirantizzata»; → 3.4.5.).

3.2.3.2. Lexikographische Arbeiten Porcacchis

Seine Hochachtung für Bembo und zugleich das Bewusstsein für einen gewissen Mangel an Modernität und Beweglichkeit in dessen Sprachideal fand später in Porcacchis eigener lexikographischen Arbeit ihren Ausdruck. Er unternahm verschiedene lexikographische Projekte:

> «In particolare, la produzione lessicografica del P. è rappresentata da un glossario delle ‹voci oscure› dell'*Arcadia* di I. Sannazzaro (Venezia, Gabriel Giolito de' Ferrari, 1566), dalle glosse linguistiche ad un esiguo numero di voci dell'*Orlando furioso* dell'Ariosto (Venezia, Guerra, 1570), dalle glosse linguistiche con repertorio dei ‹vocaboli più difficili› degli *Asolani* del Bembo (Venezia, G. G. de' F., 1571) e, finalmente, dall'incompiuto *Vocabolario*, pubblicato postumo nel 1584 (Venezia, Porta)» (Coglievina 1965, 36).

Das *Vocabolario Nuovo* erschien als kurzer Anhang der neunten Edition von Francesco Alunnos *Fabrica del mondo* ([1]1548). Es ist die einzige größere lexikographische Arbeit eines toskanischen Verfassers vor 1612 (Tancke 1984, 95), konzipiert als Lehrbuch. Wie es in der Widmung an Cosimo I heißt, ist es den «tre nostri gran Toscani» verpflichtet (nach Antonini 1997, 176). Als die beiden zentralen Anliegen des *Vocabolario Nuovo* nennt Coglievina die Ergänzung bisher fehlender Worterklärungen und die Empfehlung von Gebrauchsnormen. Sie beschreibt das *Vocabolario Nuovo* als unvollständig und methodisch inkohärent («[gli] interessi del Porcacchi [...] appaiono legati più alla curiosità e all'erudizione del letterato eclettico, e alle spicciole necessità di speditezza nella lettura di un testo, che alla coerenza ad un metodo di ricerca e di esposizione costituito e rispettato in base a precise preferenze ed a chiare idee di sviluppo», Coglievina 1965, 38). Dennoch hält sie es für möglich, aus dieser Arbeit die Grundzüge von Porcacchis Sprachbewusstsein herauszulesen. Als solche stellt sie seine Würdigung der Tradition des literarischen Erbes in der Volkssprache, zugleich Porcacchis Offenheit für aktuelle Entwicklungen und den zeitgenössischen toskanischen Gebrauch heraus. Coglievina (1965, 38) resümiert:

> «Questo rapidissimo esame del *Vocabolario Nuovo* ci permette di individuare, nelle sue linee generali, l'atteggiamento del P. in materia di lingua: gli scrittori antichi (i grandi e i minori del '300) utilizzati per la compilazione dell'opera testimoniano l'attenzione dell'autore per quel patrimonio letterario e linguistico del volgare che era degno – prima d'ogni altro – di esser preso a modello dagli scrittori; gli autori moderni (del '400 e '500) citati nel lessico del Porcacchi sono la prova dell'aderenza del lessicografo alla realtà della vita culturale e dell'evoluzione linguistica del suo tempo; le notazioni sull'uso toscano contemporaneo, infine, ci fanno supporre una certa indipendenza del P., in fatto di idee sulla lingua, rispetto alle teorie del tempo».

Tancke kommt nach seiner Analyse des *Vocabolario Nuovo* zu einer ähnlichen Einschätzung, indem er zwar Porcacchis modernisierende Tendenzen anführt, zugleich aber dessen starke Verpflichtung gegenüber der konservativen Tradition betont:

> «Die Ergänzungen zu [Alunnos] *Fabrica* von Porcacchi weisen trotz der Berücksichtigung von Werken und Dichtern des 13. und 14. Jahrhunderts (Novellino, Malispini, Cino da Pistoia) ein Schwergewicht bei modernen Autoren auf. Berücksichtigt werden auch Nicht-Florentiner: Giovio, Caro, Bentivoglio, Fortunio, Gabrieli». Anmerkung: «Aber auch bei ihnen handelt es sich um Autoren, die sich bemühen, im Stil der Tre Corone zu schreiben [...]» (Tancke 1984, 102s.).

Auch Pfister weist auf die konservative Einstellung Porcacchis hin.[52] Dass Porcacchis eigene Quellenarbeit und Lemmatisierungsprinzipien lexikographisch durchaus Spuren hinterließen, lässt sich an it. *destrorso* 'della parte di destra' exemplifizieren, wie Scolari (1991, 132s.; auch zur fehlerhaften Zuschreibung «Cino da Pistoia») erläutert:

> «Il primo lessicografo a mettere a lemma il vocabolo e a citare Cino è invece qualche anno dopo il Porcacchi nel suo *Vocabolario nuovo* stampato in appendice all'edizione del 1584 della *Fabrica del mondo* dell'Alunno; il lemma, assente nelle varie edizioni della Crusca, ritorna nelle *Voci italiane* del Bregantini con esplicito riferimento al Porcacchi».

3.2.4. Zusammenfassung

Porcacchi ist ein typischer Vertreter der *collaboratori editoriali*, ein Intellektueller, der mit seiner Arbeit Geld verdient. In der Zwischenstellung zwischen Auftraggebern und Förderern auf der einen und dem Publikum auf der anderen Seite ist er um die Pflege und Bereicherung der toskanisch geprägten und editorisch normierten Volkssprache bemüht. Le Isole ist in einer äußerst produktiven Phase der venezianischen Edition entstanden, als die redaktionelle Überarbeitung und Übernahme andernorts publizierter Materialien gängige Praxis war.

3.3. Der Text: *L'Isole piu famose del mondo* (^{1}1572)

3.3.1. Text und Karten

L'Isole piu famose del mondo ist erklärtermaßen die Schreibtischarbeit eines Gelehrten, der selber offenbar weder Reisen außerhalb Italiens unternahm noch ausgewiesene geographische Kenntnisse vorzuweisen hatte. Die einzige frühere geographische Arbeit ist die Mela-Übersetzung von 1557 (→ 2.3.2.). In Entsprechung zu den beruflichen Aufgaben, die er erfüllte, liegt Porcacchis Kompetenz als Autor weniger in der eigenen Erfahrung mit der Materie, als in der Erfahrung im redaktionellen

---

[52] «Seine verwendeten Dialektalismen sind als Negativbeispiele zu der von Bembo und Varchi propagierten Sprachnorm zu verstehen: ‹*bontadoso ... val pieno di bontà, ma non è da usarsi*›» (Pfister 1990, 1852).

Umgang mit Texten, aus denen er Informationen zusammenstellte und sie in einen neuen Text einarbeitete. Dabei handelt es sich, wie es aus dem Folgenden hervorgeht, um geographische Texte (im Sinne der in 2. dargestellten Tradition), jedoch ebenso um chronistische Texte, durchsetzt mit Zitaten von Autoren der griechischen und lateinischen Literatur (Homer, Aristoteles, Caesar, Vergil), aber auch von bereits kanonisierten Autoren der italienischen Volkssprache wie Dante, Petrarca und Ariost. An der Konzeption des Werkes hatte vermutlich der Kupferstecher und Autor der Karten, Girolamo Porro, nicht unwesentlich Anteil.[53] Sein Name erscheint neben dem des Verlegers auf dem Titelblatt der ersten (1572) und der folgenden Auflage (1576), für welche er auch den Widmungsbrief unterzeichnete. Die Angabe der Himmelsrichtungen in Form einer Windrose übernimmt bei Porro nur mehr komplementäre und dekorative Funktion, jede Karte trägt ihre Überschrift in einer aufwändig gestalteten Kartusche. Im Vergleich etwa zu den Holzschnitten bei Bordone ist die Dichte topographischer Details (Flüsse, das angedeutete Relief, Eigennamen, Küstenlinien) hoch, die Eleganz des Kupferstichs reflektiert den zeitgenössichen venezianischen Kartenstil (Skelton 1966, XI). Die erste der beiden Weltkarten geht auf die Weltkarte Camocios von 1567 zurück, die wiederum Gastaldis Vorlage rezipierte.[54] Le Isole enthält zusätzlich zu den Inselkarten zwei Weltkarten, den *Mappamondo* und die *Carta da Navigare*, welche kaum zu vergleichen sind mit der Weltkarte aus Bordones *Isolario*, einem Holzschnitt, der wenig mehr als die Umrisse der Kontinente abbildet. Kartographisch ist deshalb ein Bruch von Le Isole mit den vorangegangenen *Isolari* festzustellen, Girolamo Porros Karten sind viel mehr den inhaltlichen und ästhetischen Ansprüchen der zeitgenössischen venezianischen Kartographie verpflichtet. Zielpunkt der Drucklegung von Karten war am Ende des 16. Jahrhunderts die Publikation der großen Atlanten, zunächst aus dem nordalpinen Raum. Porro sollte auch diese neue Publikationsform aufgreifen und 1596 einen eigenen kleinen Atlas veröffentlichen.[55] Die Anfertigung der Karten für Le Isole fand vermutlich vor der Redaktion des Textes statt. Ein Hinweis darauf findet sich im Text. So heißt es zum Schluss der Beschreibung von Mallorca:

> «Gli altri costumi, *et* l'altra historia di questi habitatori; si legge nella seguente descrittione dell'isola di Minorica: percioche essendo queste due isole poste in disegno, ciascuna separatamente; conviene a ciascuna far la sua particolar descrittione» (Le Isole, 56).

---

53 Zur Biographie cf. Ascarelli/Menato (1989, 424).

54 «The first world map is a finely-executed reduction of Camocio's large world map of 1567, one of the last in the long line of derivatives from Gastaldi's prototype of 1546» (Shirley 1984, 150).

55 Botero hatte bereits früher ebenfalls in Venedig eine kleine Ausgabe des *Theatrum Orbis Terrarum* (Amsterdam, 1570) von Abraham Ortelius (1527–1598) gedruckt, cf. Bagrow/Skelton (1963, 261). Der Mercator-Atlas erschien seit 1585 (erster Teil: *Gallia – Belgia – Germania*; zweiter Teil 1589 *Italia – Slavonia – Grecia*). Gerardus Mercator (1512–1594), starb vor Abschluss der Veröffentlichung seines Kartenwerks; der von ihm ursprünglich vorgesehene Titel lautete *Atlas sive Cosmographicae Meditationes de Fabrica Mundi et Fabricati Figura*.

Kartenwerk und Textkorpus bilden inhaltlich voneinander unabhängige Einheiten. Der Text ist ohne die Karten lesbar und vollständig, und topographische Beschreibungen enthalten keinerlei Bezugnahmen auf die illustrierenden Kupferstiche. Auch ist die Sprache der Karten eine andere: Während im Text die Ortsnamen durchgängig italianisiert werden und antike oder anderssprachige Eigennamen eigens hervorgehoben werden, sind in den Kartenzeichnungen selbst lateinische, italienische und spanische Bezeichnungen nebeneinander zu finden. Der Kartentitel in der Kartusche ist jedoch immer italienisch.

Die nicht unbeträchtliche Zahl von Schreibfehlern könnte ein Hinweis sein, dass diese Uneinheitlichkeit eher auf einer sprachlichen Unsicherheit als auf einem systematischen Verfahren beruht. In Le Isole ist eine Dominanz italienischer Bezeichnungen zu konstatieren. In der Kartographie des 16. Jahrhunderts ist es eher die Regel als die Ausnahme, dass Namenformen in unterschiedlichen Sprachen nebeneinander stehen. Eine Untersuchung der einzelnen Ursachen findet noch nicht in angemessenem Umfang statt (Lebsanft 2002, 35). In seiner exemplarischen Analyse der Bezeichnungen im Atlas von Ortelius (1570) nimmt Lebsanft an, dass latinisierte Namenformen bei größeren Bezugsräumen verwendet werden, daneben sei die Sprache der Quelle zu berücksichtigen (Lebsanft 2002, 35; 42)[56].

Spanische und lateinische Namenformen richten sich offenbar nicht nach den Hierarchieebenen der Bezeichnungen: auch innerhalb einer Karte können sich z.B. als typographisch konforme (Teil-)Meeresbezeichnungen *Mare mediterraneum* und *Sinus Venetus* neben *Arcipelago* und *Mare Egeo* finden (Le Isole, 27; cf. Abb. 1).

In einigen Karten dominieren lateinische Namen, so z.B. in der Karte *Cipro* (21): *Panphilium Mare*, *Aegyptiu* [sic] *mare atque Siriacum*, *Pelagus Sirum*, *Angustia Ciliciae* oder in der Serie *Inghilterra* (59), *Scotia* (66), *Irlanda* (70) sowie in der Karte *Taprobana* (94). Deutlich hispanisiert sind die Bezeichnungen der Karte *Spagnuola* (Le Isole, 81), die den Schriftzug *Isla Espanola* führt, was sich in Namen wie *Villa Nueva* oder *C. blanco* fortsetzt. Spanische Namenformen finden sich auch auf der Karte *Cuba* (88), z.B. *Y. d'Agua* und *Iardin del Rey*. Jedoch findet sich hier auch der Name *Isola Cuba*. In diesen Fällen liegt es nahe, lateinische bzw. spanische Vorlagen als Quellen anzunehmen.

[56] Zu Ortelius cf. Kelle (1999, 752).

DESCRITTIONE 27
DELL'ARCIPELAGO.

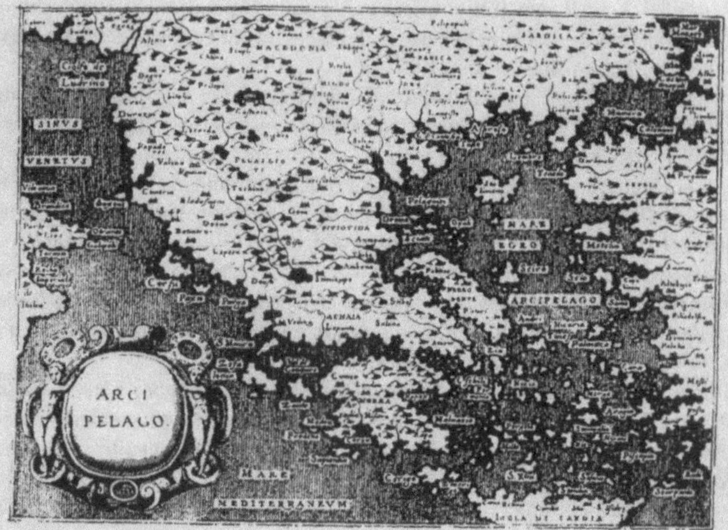

QVEL Mare,che da Tucidide nel primo libro, è chiamato Greco; da' nostri nauiganti hoggi è domandato Arcipelago: & è cosa chiara, che uien cõpreso nel nostro mar Mediterraneo. Questo per uarie cagioni s'ha acquistato uarij nomi: & essendo ripieno d'Isole; abbraccia non solamente le regioni de' Greci, ma in parte anchora de' Barbari. Di questo parlerò io breuemente, & tratterò dell'Isole, che ui sono: intorno a che ha da sapersi principalmente, che Plinio scriue, come i Romani dauano a questo mare due nomi, Macedonico a quel che bagna la Macedonia, & la Thracia; & Greco a quel che laua la Grecia. In questo spatio è l' Ionio da Leucopietra, doue forniscc l'Adriatico, fino allo stretto di Corinto: & fu detto Ionio dalla uacca Io, che lo passò. Di la dallo stretto, o Isthmo è chiamato Egeo, Cretico, o di Candia, Mirtoo, & Icario: & Egeo uien detto da uno scoglio, piu tosto che Isola, ch'è fra Tenedo, & Scio: il quale ha forma di capra, che Ega si chiama: bẽche non mancano molti altri auttori di altre opinioni. Arcipelago è nominato hoggi, quasi capo, o principe de' mari; percioche le tante Isole, c'ha; par ueramente che gli rendano principato sopra gli altri: onde per questo effetto simile, color, c'hanno fatto le nauigationi tanto marauigliose a' tempi nostri; hanno chiamato Arcipelago, quel mare pieno d'Isole habitate & dishabitate, ch'è nel golfo di Bengala, di rimpetto al regno di Malaca, o aurea Chersoneso: & quello, che è nel mare Indiano con uenti mila Isole, poste dal monte Deli a *Arcipelago perche cosi detto.*

D 2 trauerso

Abb. 1. Le Isole, 27: *Arcipelago*

3.3.2. Rezeption

Porcacchi wandte sich an ein geographisch interessiertes Publikum, dem er weitgehend gesicherte Informationen zur Verfügung stellen wollte. Die zahlreichen Verweise auf seine Quellen, die Diskussion divergierender Angaben und seine definitorischen wie etymologischen Versuche im lexikalischen Bereich unterstreichen seine Bildung und damit den intellektuellen Anspruch seiner Leser. Originalsprachliche Zitate z.B. auf Latein bleiben jedoch aus.[57] Von Bedeutung sind in diesem Zusammenhang Porcacchis Autoreneinschübe: Die häufigen Hinweise auf sein Bemühen um Kürze und Verständlichkeit lassen Rückschlüsse auf seine Leser zu, ebenso wie der anekdotische Charakter zahlreicher historischer und landeskundlicher Schilderungen (→ 3.3.3.). Entfernungsangaben und Windrichtungen sowie die nautischen Erläuterungen der *Carta da navigare* werden nur mehr als Zitat eingesetzt: Porcacchis Leser dürften wohl kaum praktische Verwendung für diese Anleitung zum Segeln gehabt haben. Zum Typus von Porcacchis Lesern schreibt Lancioni (1991, 107):

> «[...] una categoria che sembra ben precisa e delimitata ma che in pratica non si discosta molto da quella di quanti amerebbero conoscere il mondo senza muoversi di casa a cui si rivolgeva Bordone. Una categoria formata da curiosi aristocratici più che da esperti geografi e che possiamo veder rappresentata tanto dal conte Trivulzio, a cui è dedicata l'edizione del 1590 [ebenso: 1576], quanto dai ‹dotti e curiosi› gentiluomini Ottaviano Manin e Giovanni Gherardeo con i quali, come appare dai proemi al II e al III libro di questa edizione [ebenso: ed. 1576] Thomaso è usato intrattenersi per discutere di varie questioni geografiche».

Porcacchi selbst stellt sein Inselbuch als Dienst an «Dilettanten» dar, anders gesagt: an interessierten und kundigen Lesern, für welche die Geographie eine gelehrte Art der Unterhaltung darstellt (cf. Le Isole, b3v°).

Es darf wohl vorausgesetzt werden, dass Le Isole dem zeitgenössischen Lesergeschmack entsprach, wenngleich in Venedig die Konkurrenz nicht gering war: Zwischen 1550 und 1599 erteilte die venezianische Regierung im Durchschnitt 71 Drucklizenzen pro Jahr. Auch die Zahl der Auflagen von Le Isole lässt auf einige Beliebtheit schließen (cf. Shirley 1984, 150). Sie erreicht aber nicht die Stärke der Bestseller wie Castiglione oder Ariost.[58]

Für das 16. Jahrhundert können Auflagenstärken nur geschätzt werden, einen Näherungswert stellen 1.000 Exemplare pro Auflage dar, «perhaps a little higher for the romance and slightly lower for the Latin religious work» (Grendler 1977, 10s.).

---

[57] Cf. zur *società letteraria* der Zeit: «più aperta che in passato, sul piano di eguaglianza che la nuova lingua consentiva, a uomini che non avevano ricevuto un'educazione umanistica neppure lontanamente paragonabile a quella di un Ariosto, di un Bembo, di un Castiglione. Erano uomini ai quali la tradizione classica si parava innanzi da ogni parte, estranea e accessibile insieme» (Dionisotti 1967, 175).

[58] Cf. zu den meistverkauften Titeln und ihren Auflagen im '500 Bartoli Langeli (2000, 81s.). Als durchschnittlichen Faktor der Nachdrucke pro Buch nimmt Grendler (1977, 229), im 16. Jahrhundert 2,9 an.

Neuere Untersuchungen zu zeitgenössischen Lesegewohnheiten zeigen, dass zwischen Lektüreinteressen und sozialem Status keine eindeutigen Beziehungen bestanden.[59] In Anbetracht der aufwändigen Ausstattung von Le Isole mit Kupferstichen ist es jedoch kaum wahrscheinlich, dass es im engeren Sinne populärer Lesestoff war, während sich kleinformatige und ohne viel Aufwand hergestellte Bücher bereits Handwerker leisten konnten (Grendler 1977, 14).

Im weiteren Sinne lässt sich Le Isole in seiner kompilatorischen Anlage zu dem Typus von Sammlungen stellen, der bei Trifone (1993, 436s.) als «prodotti tipicamente ‹d'editore› ancor piú che ‹d'autore›» skizziert wird, «fenomeni che vanno a soddisfare esigenze indotte dalla stampa stessa in un pubblico alfabetizzato piú ampio e piú vario che in passato».

Jedoch werden auch die Leistungen Porcacchis auf dem Gebiet der Geographie anerkannt, wenn Olschki (1922, 216) Le Isole das erste moderne geographische Werk nennt und Armao (1947, 56, n. 3) ihn in einem Atemzug mit Gastaldi als «I più antichi cartografi italiani» aufführt, wenngleich dieses Prädikat eher Girolamo Porro zugedacht werden sollte, der die Karten anfertigte.

Le Isole ist bis heute ein wenig bekannter Text. Häufig scheint die erste Auflage nicht bekannt gewesen zu sein, und die Edition von 1576 wird z.T. ohne einen Hinweis darauf zitiert, dass es sich um die zweite, überarbeitete Fassung handelt.[60] Mit einiger Regelmäßigkeit wird Le Isole in kartographiegeschichtlichen Darstellungen erwähnt, wobei der Text keine Berücksichtigung findet.[61]

3.3.3. Der Autor im Text

Auf dem Titelblatt sowie in der Vorrede wird der Autor namentlich genannt und seine persönliche Leistung betont. So heißt es in der Widmung des Verlegers Simone Galignani an Giovanni d'Austria:

> «Percioche essendone auttore M*esser* Thomaso Porcacchi da Castiglione Aretino, scrittor di nome honorato *et* celebre, *et* molto consumato ne gli studi delle belle lettere, *et* discipline; non ha lasciato nella descrittion di tanti luoghi, in tanti *et* tanto lontani mari, alcuna cosa da dire, che da Auttori antichi *et* moderni di piu variate lingue s'habbia potuta raccorre» (Le Isole, b2v°).

Hier wird Porcacchi als «autore» und «scrittore» bezeichnet. Der Schriftsteller und Autor beweist sich in seiner Gelehrtheit und der gründlichen Auswertung überlieferter und jüngerer Quellen sowie durch ihre Einarbeitung in einen überzeugenden Text. Dieser Prozess wird im Text vielfach herausgestellt und so eine Autorpersönlichkeit inszeniert.

---

[59] Zu Einzelstudien cf. Chartier (1999, 402).

[60] Z.B. Ambrosini (1990, 15); Caracciolo Aricò (1990b, 33); Serafin (1996, 40).

[61] Z.B. Bagrow/Skelton 1963; Shirley 1984; *Storie di viaggiatori italiani* (1987, 108s.: hier mit Abbildungen, p. 125–132).

3.3.3.1. Sachkommentare

Porcacchis fachliche Kompetenz nährt sich aus dem vergleichenden Quellenstudium. Diese Kenntnisse dürften durch Gespräche mit sachkundigen Zeitgenossen ergänzt und vertieft worden sein. Wenngleich der Schwerpunkt seiner Veröffentlichungen auf historischen, nicht auf geographischen Texten liegt, war er empfänglich für die Aufgeschlossenheit seiner Zeitgenossen für geographischen Erkenntniszuwachs und die «navigationi tanto maravigliose a' tempi nostri» (Le Isole, 27).

In der Widmungsrede an Alessandro Capilupi (datiert: Venezia, 1 agosto 1574) in der Edition von Francesco Baldellis *Historia, overo libraria historica di Diodoro Siciliano* (Venezia, Giolito, 1575) gibt er dieser Euphorie deutlichen Ausdruck:

> «Percioché il sentirsi dire et il vedersi che sia stato aperto un nuovo mondo, non mai più innanzi da alcun altro conosciuto, né imaginato, è gratia tanto maggiore di quelle, che furono donate all'età andate [...]» (zit. nach Di Filippo Bareggi 1988, 307).

Die Verarbeitung unterschiedlicher Texte ist eines der Charakteristika von Le Isole. In seinen Kommentaren lenkt Porcacchi dabei die Aufmerksamkeit auf seine redaktionelle Leistung: Sie besteht in der Quellenarbeit und ihrer Wiedergabe innerhalb eines Gesamtplanes, der immer wieder herausgestellt wird.

3.3.3.2. Quellendiskussion

Die Verwendung unterschiedlicher Quellen wird vom Autor mehrfach expliziert, Verweise sind konstitutiv für den Text. Häufig sind zudem Bemerkungen über die Schwierigkeiten bei der Identifikation oder mit der Glaubwürdigkeit einer Quelle. Dabei stellt Porcacchi abweichende Meinungen einander gegenüber und enthält sich zumeist der Wertung:

> «io trovo l'Echinnadi esser piu Isole, *et* non uno scoglio: *et* le Strofadi esser' Isole da queste differenti. Nondimeno io seguo un'auttore moderno» (Le Isole, 28);
>
> «se ben v'ha chi di questa opinion si ride» (Le Isole, 38);
>
> «havendo luoghi altissimi *et* deserti: il che stimo io che sia cagion principale della rozezza de gli habitatori» (Le Isole, 47);
>
> «di lunghezza dicono ch'è fra l'Austro e'l Borea intorno a seicento miglia: benche io trovo alcuni, che con molto gran disvario no*n* vogliono, ch'ella sia lunga piu che cento venti miglia verso Tramontana» (Le Isole, 77);
>
> «ma intorno a cio trovo molti altri, che discordano: talche io non posso in tanta diversità di pareri, adherir piu a quello, che a questo» (Le Isole, 92);
>
> «Ne mi è nuovo, che altri tiene, che questa regione sia lontanissima dalle Americhe: *et* che però non se le deve assegnar questo nome» (Le Isole, 102).

3.3.3.3. Wahrheitsgehalt

Porcacchi etikettiert mehrere der Geschichten und Legenden als gefällig oder unglaublich. Auf diese Weise kann er ihren Unterhaltungswert ohne Autoritätsverlust nutzen, d.h. der Anspruch, überprüftes Wissen darzustellen, muss nicht aufgegeben werden.

«Racconta Diodoro [...] una piacevole historia di costoro» (Le Isole, 56);

«cosa quasi incredibile» (Le Isole, 75);

«se però non deve dirsi favolosamente» (Le Isole, 76);

«no*n* si puo raccontar senza riso» (Le Isole, 96).

Zuweilen verzichtet Porcacchi auf die Wiedergabe einzelner Passagen seiner Quellen mit dem Hinweis auf ihre Albernheit. Damit macht er sich zum Anwalt seiner Leser und ihres intellektuellen Anspruchs:

«de gli habitatori delle quali raccontano molte scioccherie» (Le Isole, b3r°);

«de' quali si raccontano molte pazzie, ch'io *et* perche non appartengono a me, *et* perche me ne vergogno; lascio di dirle» (Le Isole, 29).

3.3.3.4. Kürze, Verständlichkeit und Unterhaltung

Der Autor tritt auch als Redakteur auf, der seine Professionalität in der inhaltlichen und formalen Aufbereitung des Stoffes unter Beweis stellt. In diesem Zusammenhang sind Hinweise auf das Bemühen um Kürze und Verständlichkeit zu sehen. Besonders häufig wird das Syntagma *lasciare stare* (*lasciare stare*, *lasciando star*, *lasciando stare*, *lasciato star*) verwendet, wenn Themen übergangen werden. Darüber hinaus finden sich zahlreiche Verbalisierungen für Verkürzungen und Erklärungen:

«taccio le historie, che in grossi volumi vengono raccolte» (Le Isole, 15);

«io sarò piu breve di quel che la grandezza e gloria sua merita» (Le Isole, 20);

«isolette, e scogli [...] ma di poca stima: onde io per non moltiplicare piu in lungo; resto di nominarle» (Le Isole, 52);

«nationi, la historia delle quali ricerca un gran volume. Basta che il Regno hebbe i suoi Re [...]» (Le Isole, 64);

«convenendomi studiare alla brevità, passerò a dir della Scotia» (Le Isole, 65);

«*et* di questo narra molte belle cose Don Pietro Martire nel suo Sommario, ch'a me non fanno a proposito, volendo io fuggir la lunghezza» (Le Isole, 84);

«Tutte le sudette provincie delle quattro parti del mondo son poi divise ne' lor regni, regioni, *et* territorij, con le lor città, terre, monti, laghi, fiumi, mari, golfi, porti, e Isole, ch'appartengono alla Corografia, *et* se bene elle convengono ancho alla Cosmografia; a me nondimeno per hora non conviene discendere tanto a basso» (Le Isole, 112).

«Ma però è da sapere, che Giovanni Lioni Africano non divide l'Africa in piu, che in quattro parti: *et* non mette i confini conformi a quelli; c'ho detto di sopra: ma nel modo ch'io, per piu facile intelligentia dirò, cioè» (Le Isole, 111).

3.3.3.5. Intratextuelle Verweise

Intratextuelle Verweise ergeben sich, wenn ein geographischer Gebiet in mehreren Kapiteln behandelt wird. Durch Hinweise auf bereits Gesagtes sowie auf weiterführende Schilderungen im vorangegangenen oder folgenden Text stellt Porcacchi die redaktionelle Durchformung seiner Darstellung heraus und macht sie dem Leser verständlich. Die Inhalte werden aufeinander abgestimmt und sprachlich durch Verweise verknüpft. Hierfür steht ihm eine Serie von Mitteln der Textdeixis zur Verfügung.[62] Textdeiktika als Verweise auf eine Stelle im selben Text (nicht auf ein außertextuelles Referenzobjekt) gelten heute als kennzeichnend für wissenschaftliche Texte (cf. Schreiber 1996, 94s.) und geben Auskunft über das Bestreben des Autors, seine Systematik zu explizieren und den logischen Aufbau zu betonen. Bei Porcacchi lassen sich die folgenden drei Grupen zusammenfassen.

Wiederholung von bereits Gesagtem:

> «c'ho detto» (Le Isole, 19; 29; 56; 57; 75); «(come ho detto)» (Le Isole, 7; 15; 18; 48; 51; 84; 112); «com'ho detto» (Le Isole, 73);
>
> «di cui ho parlato di sopra» (Le Isole, 7; 64);
>
> «c'ho detta di sopra» (Le Isole, 21);
>
> «(come ho detto di sopra)» (Le Isole, 84; 97; 112);
>
> «In cima a' monti Cibaui, dove ho detto cavarsi l'oro» (Le Isole, 84);
>
> «altrove ho detto» (Le Isole, 93);
>
> «c'ho detto di sopra» (Le Isole, 99; 111);
>
> «come di sopra ho divisato» (Le Isole, 111);
>
> «come altre volte ho detto» (Le Isole, 116).

Mit Verweis auf die Stelle:

> «ho detto nella descrittione dell'isola d'Inghilterra, che» (Le Isole, 66);
>
> «come nella descrittion di quell'Isola ho detto» (Le Isole, 70);
>
> «di cui nell'isola di San Lorenzo ho fatto mentione» (Le Isole, 103).

Hinweise auf Schilderungen im folgenden Text:

> «delle quali parlerò piu a basso» (Le Isole, 53);
>
> «per le cagioni che addurrò piu a basso» (Le Isole, 57);

---

62 «[...] bei der Textdeixis [erfolgt] der Verweis auf ein Stück des laufenden Textes [...]. Die Funktion der Textdeixis ist metatextuell: Sie orientiert den Hörer/Leser in bezug auf den Verlauf des Textes, sie instruiert ihn, Textteile miteinander in Verbindung zu setzen» (Conte 1988, 138).

«quattro cavalli [...] portati già da Costantinopoli, come io scrivo nella descrittione dell'Arcipelago» (Le Isole, 4);

«come dirò piu a basso» (Le Isole, 85).

3.3.3.6. Extratextuelle Verweise

Extratextuelle Verweise nehmen auf andere Werke Porcacchis Bezug. Sie stellen heraus, dass Le Isole einen Knotenpunkt im Gesamtwerk Porcacchis bildet. Zum Teil weist Porcacchi auf Bezüge zu eigenen Werken selbst hin:

«N'uscì Ditte, che con Idomeneo si trovò alla guerra di Troia, *et* la scrisse tutta, insieme co'l ritorno de' Greci a casa *et* io havendola l'anno MDLXIX recata nella nostra lingua; la diedi alla stampa, insieme con l'historia di Darete Frigio, che scrisse la medesima, *et* con l'Ordine della mia Collana Historica: *et* la dedicai al Magnanimo Signor Silvio Torelli da Forlì, gentil'huomo virtuoso, cortese, *et* pieno di modestia: alquale per la sua humanità, *et* virtu son molto obligato» (Le Isole, 19);

«della cui maraviglia ho parlato nel libro della Nobiltà di Còmo, da me descritta *et* data in luce» (Le Isole, 30);

«del quale nella Tradottion mia del Ditte Candiotto, *et* di Darete Frigio ho con gli altri historici della mia Collana historica de' Greci descritto la vita» (Le Isole, 41).

Aber nicht an jeder möglichen Stelle erfolgt ein solcher Verweis. So findet etwa beim Zitat von Pomponius Mela (Le Isole, 24) seine Übersetzung ins Italienische aus dem Jahre 1557 keine Erwähnung, auch zitiert er Plutarch (Le Isole, 51), ohne jedoch auf seine Biographie des Historikers hinzuweisen, erschienen in Ergänzung der Übersetzung Domenichis aus den Jahren 1566–1569 (→ 10.). Umgekehrt nahm Porcacchi bei der Bearbeitung späterer Werke die Gelegenheit wahr, auf Le Isole hinzuweisen, so etwa im Randkommentar zu Guicciardinis *Storia d'Italia*:

«Qual viaggio si sia tenuto in condur le spetierie in Europa da' tempi d'Augusto i*n* qua; l'ha notato Thomaso Porcacchi nel suo lib*ro* dell'Isole piu famose nella descrittion delle Molucche» (GuicciardiniStoriaPorcacchi, 172, Anm. b).

Auch Hill (1999, 85) stellt in PorcacchiOsservazioniDanti ein ganzes «*Dossier* di citazioni autobiografiche» fest, welches ihr zur Verifizierung der Autorschaft des erst durch Danti herausgegebenen Textes dient.

3.3.3.7. Aktuelle und biographische Bezüge

Die historischen Passagen innerhalb der Inselbeschreibungen enden häufig in der Gegenwart. Besondere Aktualität hat der fromme Wunsch nach der Wiedergewinnung der von den Türken eroberten Gebiete, im Zusammenhang mit der Seeschlacht von Lepanto (gewonnen 1571; die Widmung in Le Isole datiert aus diesem Jahr):

«Dio gli [Astorre Baglioni] doni gratia *et* favore di conservarla a questa Repubblica, *et* di recuperarle il perduto» (Le Isole, 22).

Nah am Zeitpunkt der Abfassung von Le Isole ereigneten sich auch die *Inondationi ne' paesi bassi, successe lo anno 1570* (Le Isole, 76).

Auch das venezianische Umfeld gelehrter Diskussionen und Porcacchis Positionierung darin, auf Grund persönlicher Bekanntheit, mündlicher Gespräche und schriftlichen Gedankenaustauschs, wird in Le Isole herausgestellt. Die Betonung freundschaftlicher Beziehungen signalisiert Ebenbürtigkeit, zugleich drückt sich Verpflichtung den Gönnern gegenüber aus:

> «*et* a bastanza n'ho trattato in una mia lettera all'eccellente Messer Ottavio Godi da Cervia dottor di leggi valoroso, *et* honorato, *et* al magnanimo *et* cortesissimo Signor Silvio Torelli da Forli miei singolari amici» (Le Isole, 4);
>
> «non resterò d'aggiungere il virtuoso, *et* cortese amico mio, M. Giovanni Genova da Cadoro, ch'ultimamente mi portò [...] alcuni scritti [...] il che ho voluto ricordare per non mostrarmi discortese verso cosi caro amico» (Le Isole, 62).

Anschaulich und aufschlussreich für die Interessen und gelehrten Spiele im Umfeld einer Akademie[63] ist die Schilderung darüber, wie Lodovico Malaspina die fabulöse Schilderung des Vogels *cocuio* von Johannes Böhm (Giovanni Boemo) mit Zitaten der lateinischen Dichtung anreichert und seine literarischen Neigungen handgreiflich in Szene setzt. Seine mehr oder weniger geistreiche Anspielung wird dabei durch eine künstlerische Arbeit von der Hand der Ehefrau Porcacchis unterstrichen:

> «Di qui mosso il S*ignor* Marchese Lodovico Malaspina, nobilissimo *et* generosissimo Signore, a considerar l'occulta virtu di questo fuoco, ch'è nelle quattro stelle di questo Cocuio; nell'Illustre *et* famosa Academia de' Filarmonici in Verona, piena di Cavallieri virtuosissimi, *et* honoratissimi, essendo egli cognominato l'Ardente; s'ha levato per particolare impresa questo uccello Cocuio con le ali aperte, con le due stelle risplendentissime ne gli occhi, *et* con le altre due non men lucide sotto l'ali: percioche considerato, che le stelle per opinion filosofica *et* poetica son doma*n*date da Messer Tullio fuochi sempiterni, *et* da Virgilio fuochi eterni, *et* che nel cuor suo è stato sempre quell'ardore amoroso, al quale niun nobile *et* virtuoso nega mai d'esser soggetto; lo stimò degno soggetto per ispiegar le amorose fiamme del cuor suo alla sua Donna, *et* se lo levò per impresa con questo grave *et* sententioso motto ‹Ignem natura dedit›. Nepure per mano dell'eccellente pittore M*esser* Felice Brusasorci egli l'ha fatto dipignere, *et* locare in quella publica, *et* illustre Academia: ma havendolo io fatto lavorare in seta *et* oro con molti vaghi *et* ben composti ornamenti alla virtuosa *et* da me con tutto il cuor mio amata Madonna Aurora Estense mia Consorte; lo porta per cimiero: e in questo modo cosi illustre Cavalliero acutamente ghiribizando intorno a' secreti della Natura; va eccellentemente spiegando i suoi concetti» (Le Isole, 85s.).

Da Porcacchi unter den Eigenschaften Malaspinas seine Großzügigkeit hervorhebt (*generosissimo*), liegt es nahe, sein Geschenk als Geste der Dankbarkeit an einen Förderer zu interpretieren.[64]

---

63 Cf. zur *Accademia de' Filarmonici di Verona* Maylender (1926–1930, vol. 2, 386–394).

64 Zu Geschenken im Rahmen einer Patronagebeziehung (im französischen 16. Jahrhundert) cf. Zemon Davies (2002, 59).

3.3.4. Inhalt

Den Hauptteil des Buches bilden die darstellenden Kapitel zu einzelnen Inseln (im weiteren Sinne, denn dazu zählen z.B. auch die Städte Venedig und Temistitan sowie die Halbinsel des Peloponnes). Diesem vorangestellt sind die Widmung, der Index der *Tavola delle cose notabili*, die Aufstellung *Errori da corregersi* (→ 8.)[65] sowie das *Prohemio*. Im *Prohemio* (Le Isole, b3r°–b4v°) umreißt Porcacchi seinen Gegenstand und die Quellenlage für sein Buch: Er bezieht sich zunächst auf die antike Geographie und weist sodann auf die Traditionslinie früherer Inselbücher hin. Auch erwähnt er Zeitgenossen, welchen er mündliche und schriftliche Informationen verdanke. Das *Prohemio* umfasst weiterhin eine kurze Begründung der inhaltlichen Gliederung und die Definition zentraler geographischer Begriffe (→ 4.2.5.; 5.1.). Dem Hauptteil folgen die *Descrittione del Mappamondo* (Le Isole, 109–113) und der *Discorso intorno alla Carta da Navigare* (Le Isole, 114–117), ebenfalls eng an bestehende Vorlagen angelehnt.

Im *Prohemio* weist Porcacchi darauf hin, dass die Darstellung in jedem Kapitel des Hauptteils einem einheitlichen Muster folgt:

> «[...] *et* cosi ho descritto alcune Isole piu famose del mondo con quella maggior brevità, che m'è stato possibile: nelle quali ho havuto la mira à spiegar queste cose di ciascuna Isola, ch'io habbia potuto, cioè: in che mare ella sia posta: quali siano i suoi confini, *et* nomi: quanto giri di circuito: quanto sia lunga, *et* larga: che Isole habbia intorno, *et* che Porti di mare: di quali beni piu abbondi: le cose piu notabili che vi siano, o per maraviglia di natura, o per proprietà della terra: da chi fosse habitata prima: quali siano gli habitatori presenti, le città, *et* gli huomini piu illustri: e in ultimo con poche parole ho ristretto l'historie pertinenti a detta Isola» (Le Isole, b3v°).

Dabei geht Porcacchi am konsequentesten zu Beginn eines jeden Kapitels vor, wenn er sagt, in welchem Meer eine Insel liegt, und an welche Gewässer oder Inseln sie in welchen Himmelsrichtungen grenzt, welche konkurrierenden antiken und modernen Namenformen bekannt sind, und wieviel ihr Umfang misst. Diese Informationen werden bei nahezu jeder Insel genannt. Im Bemühen um eine präzise Bestimmung der Lage einer Insel und ihrer Ausdehnung zitiert Porcacchi auch unterschiedliche Autoren und vergleicht die vorgefundenen Angaben. Vergleichendes Quellenstudium erwähnt er auch, wenn die üblichen Informationen nicht recherchierbar waren. Dadurch wird die Konsequenz, mit der er die geographischen Rahmenbedingungen in der Beschreibung (→ 4.4.) jeder Insel angibt, unterstrichen:

> «per seguitar l'ordine mio co*n*sueto, dico che la Scotia è isola del gran mar Ocean» (Le Isole, 66);

---

[65] Der Aufstellung der *Errori da corregersi* folgt die Formel: «I meno importanti si rimettono a' giudiciosi Lettori» (Le Isole, b2v°); eine vergleichbare Wendung, die an das Wohlwollen der Leser bei Druckfehlern appelliert, dokumentiert Schröter (1998, 80): «mi rendo certo, benigni lettori, che non vi parrà gran cosa, che i miei lavoranti vi habbiano lasciati scorrere questi pochi errori» (1559, Trovato 39); andere Formulierungen, die Schröter anführt, weisen auf die Unvermeidlichkeit von Druckfehlern hin.

«Nondimeno posto che molti *et* molti auttori antichi *et* moderni di quest'isola habbiano trattato; io non trovo però alcuno, che le assegni i confini: onde anchor'io dovrò esser scusato, se in questa manco del mio ordine consueto» (Le Isole, 94).

Im weiteren Verlauf der Darstellung variiert die Folge der behandelten Themen von Kapitel zu Kapitel, da den einzelnen Abschnitten unterschiedliche Quellen zu Grunde liegen, deren breit gestreuter Informationsgehalt sich nicht ohne Weiteres in ein festes Schema bringen lässt.

Ein textinhärentes Ordnungsprinzip bzw. «metatextuelles Steuerungselement» (Giesecke 1991, 102) stellen die Marginalüberschriften dar, sie geben über die inhaltliche Schwerpunktsetzung der einzelnen Abschnitte Auskunft.

Insgesamt handelt es sich (nur in den Inselkapiteln) um 285 Marginalüberschriften. Diese weisen unterschiedliche syntaktische Strukturen auf.

Zumeist handelt es sich um Nominalphrasen, zuweilen durch indirekte Fragesätze ergänzt; seltener enthalten die Marginalüberschriften ein regierendes Verb (z.B. *Cipro è soggetto a gran caldi*, *Conigli distruggevano l'isola di Maiorica*, *Giuseppe d'Arimathea convertì l'Inghilterra alla fede Christiana*).

Unterteilt man diese Überschriften in Anlehnung an Porcacchis oben aufgeführte Stichworte in Untergruppen, so ergibt sich folgendes Bild: Die größte Gruppe (132) stellen Marginalüberschriften dar, deren wichtigste Information in einem geographischen Eigennamen besteht, häufig mit dem qualifizierenden Zusatz *Isola*, *città*, *provincia*, *porto*, *monte*, *fiume* usw.

Die zweitgrößte Gruppe von Überschriften bezieht sich auf die Besonderheiten der naturräumlichen Ausstattung (z.B. *Pece cavata di miniera*, *Elefanti della Taprobana maggiori et migliori de gli altri*; isg. 42).

Weiterhin lassen sich Überschriften unterscheiden, die sich auf Politik und Geschichte (z.B. *Vinetia et suoi principij*, *Turchi fuggono da Malta*; isg. 31) beziehen oder auf kulturelle und ökonomische Besonderheiten (z.B. *Laberinto di Candia*, *Panni d'Inghilterra finissimi*; isg. 16), auf die Erklärung der Herkunft und der Varianten für Inselnamen (z.B. *Islanda et suoi nomi*, *Inghilterra perche cosi detta*; isg. 15), die territoriale Gliederung (in *balie*, *contee*, *contrade*, *parti*, *provincie*, *regni*, *valli*; isg. 12), berühmte Persönlichkeiten (isg. 11), ethnologische Eigenheiten (*natura*, *qualità* bzw. *costumi* der *habitatori*; isg. 11), Merkwürdigkeiten (z.B. *Pietà et miracolo di due giovani Siciliani*; *Fonte mirabile in Tenedo*; isg. 10) sowie auf Form oder Umfang der jeweiligen Insel (z.B. *Britannia quanto gira di circuito*; isg. 5).

Auf Basis der Marginalüberschriften lässt sich somit konstatieren, dass die Erwähnung von Städten, Häfen und Festungen, Bergen, Flüssen, Seen, Quellen usw. in Le Isole den größten Raum einnimmt.

Daneben sind von Bedeutung: Die Schilderung historischer Ereignisse (innen- und außenpolitische Zwistigkeiten werden bis in die jüngste Vergangenheit geschildert), die Bemerkungen zu berühmten Persönlichkeiten, zur Ethnographie und zu wirtschaftlichen wie kulturellen Besonderheiten.

Gegenüber dieser Schilderung der historischen und zeitgenössischen menschlichen Lebensverhältnisse fällt die Darstellung der physisch-geographischen Situation einer Insel und ihres Reichtums an Bodenschätzen, Flora und Fauna leicht ab.

Von eigenem Interesse ist die Herkunft der behandelten Motive aus der Tradition geographischer Darstellungen. Die Gliederung nach Provinzen z.B. ist bereits in der antiken Geographie (Ptolemäus) ein wichtiges Prinzip, welche im 16. Jahrhundert auch bei der geographischen Erfassung der Neuen Welt dominierte. Einen frequenten Topos geographischer Darstellungen stellt die Qualifizierung als «Ort, der keine giftigen Tiere ernährt» dar (cf. *Anasio isola, ove non si posson nodrire animali velenosi*), oder der Vergleich zwischen einem regionalen bzw. insularen Umriss und einem Blatt:

> «Peloponesso [...]. Simile ad una foglia di Platano, perche fa angoli in molti luoghi, è di circuito» (PlinioHistoriaNaturaleBrucioli, LXIX); «La Morea [...] è di figura simile ad una foglia di Platano» (StraboneGeografiaBuonaccioli 1,136r°); «La forma dell'isola [Spagnuola] è come la foglia del castagno» (D'AnghieraSommarioRamusio, 4v°).

Andere Topoi sind die «‹visione› di un primo e unico paesaggio edenico», die «fuga al monte di coloro che sulla riva del mare scorgono l'arrivo degli europei» (dokumentiert bei Pregliasco 1989, 68; 71), und die Nacktheit und Sittenlosigkeit der *indiani* (Le Isole, 77ss.). Dazu zählt auch die «licenza senza legge, che dalla nudità passa alla promiscuità sessuale senza arretrare di fronte all'incesto», der bei Vespucci im *Mundus novus* seinen Ausgang nimmt (cf. Cardona 1990, 316s.; Reichert 1999, 674). Die angesprochene wertende Schilderung findet sich auch bei Porcacchi:

> «[...] lemoglier loro essendo libidinose fa*n*no sgio*n*far*e* li me*m*bri deilor mariti i*n* ta*n*ta groseza che de forme pareno *et* bruti: *et* q*u*esto cu*m* uno suo certo artificio *et* mordicatio*n*e de certi a*n*imali venenosi: *et* p*er* cau*s*a de q*u*esta cosa molti de loro lo p*er*da*n*o: *et* restano eunichi» (VespucciMontalboddo, ςv°).
>
> «Le donne [...] hanno una libidinosa, sporca, *et* dishonestissima usanza, per la molta loro appetentia di coito: *et* questa è, che fanno a gli huomini mordere da un velenoso animale quella parte dell'huomo, che piu loro aggradisce, accioche ingrossata bestialmente; esse bestie possano meglio satiar la bestialità loro. Da che ne segue spesse volte la morte de gli huomini, o la perdita di quella parte, che tanto ingordamente appetiscono» (Le Isole, 103s.).

3.3.5. Die Auflagen von Le Isole

Von Le Isole gab es, begonnen mit der strukturell überarbeiteten Fassung von 1576, eine Serie weiterer Auflagen und Nachdrucke. Die Kartenvorlagen der Ausgabe von 1572 wurden für alle späteren Auflagen unverändert übernommen, doch es gibt Unterschiede in der Druckqualität. Für die Ausgabe von 1586 wurden neue Platten angefertigt, die weniger tief eingeschnitten waren, so dass der Druck blasser wirkt; diese Karten fanden vielfach als Einzelblattdrucke Verwendung:[66]

---

[66] Bis heute werden in Antiquariatskatalogen nicht nur integrale Ausgaben von Le Isole, sondern auch Einzeldrucke angeboten.

«The text is printed separately from the maps which are taken from a new set of plates and bound into the text on individual leaves. The world maps are very similar to those [of 1572] except that the lates have been less deeply incised so that the impression (particularly the stipplin in the sea) is generally fainter. In the case of the oval world map the shading beneath the words Terra Incognita describing the southern continent is composed of horizontal lines compared to short vertical strokes in the earlier plate. Maps from these Porcacchi plates were inserted into occasional books of travel and topography emanating from Venice over the next hundred years» (Shirley 1984, 175).

Zum Vergleich der unterschiedlichen Auflagen von Le Isole wurden die Editionen von 1576, 1590, 1604, 1620 und 1686 eingesehen.[67] Bibliographisch erfasst werden weitere Publikationsjahre (→ 9.1.). Jedoch sind diese nicht ohne Weiteres als eigene Auflagen zu bezeichnen. So ergab der Abgleich der betreffenden Textpassage aus dem *Arcipelago*-Kapitel keine Unterschiede zwischen dem in Halle vorhandenen Exemplar von 1575[68] und dem zitierten von 1576. Divergenzen zwischen der Datierung auf dem Titelblatt und im Kolophon bestehen bei Exemplaren der Auflagen von 1604, wo im Kolophon 1605 vermerkt ist.[69] Auf Grund solcher Schwierigkeiten, einzelne Auflagen umfassend von einander abzugrenzen, und wegen des Wechsel der Verlagshäuser, wird im Folgenden auf die Etikettierung der Auflagen als «zweite», «dritte», «vierte» etc. verzichtet.

3.3.5.1. Vergleich der Auflagen

Aus dem Vergleich der verschiedenen zur Verfügung stehenden Editionen geht hervor, dass die einschneidendste strukturelle Veränderung bei der Edition von 1576 vorgenommen wurde. Für diese Auflage entstand die Gliederung in drei Bücher, innerhalb derer die geographischen Großräume Nordsee (von Nord nach Süd), Mittelmeer (von West nach Ost), Karibik, Indischer Ozean (von West nach Ost) aufeinander folgen. Diese Reihenfolge wurde in späteren Auflagen strukturell nicht geändert, wenngleich neue Kapitel eingefügt wurden. In der ersten Auflage hatte Porcacchi der Stadt Venedig einen besonderen Stellenwert beigemessen, in dem er das sie betreffende Kapitel gegen die Prinzipien einer geographischen Anordnung an den Anfang des Buches stellte:

«Ben mi par di fare avertito ogniun che legge, di due cose: una, che io non ho per convenevol rispetto potuto osservar l'ordine, *et* la disposition delle Isole ch'io doveva, gia che secondo i buoni auttori bisognava cominciar dall'Inghilterra, *et* non da Vinetia» (Le Isole, b4r°).

---

67 Diese Exemplare entstammen den folgenden Bibliotheken: Bayerische Staatsbibliothek München (ed. 1572, Signatur Res/2 Geo.u.77w; ed. 1576, Signatur Res/2 Geo.u.77x; ed. 1590, Signatur Res/2 Geo.u.78; ed. 1686, Signatur Res/4 Geo.84u); Landesbibliothek Coburg (ed. 1604, Signatur A I 2/30:1); Niedersächsische Staats- und Landesbibliothek Göttingen (ed. 1620, Signatur 2 Geogr 702 RARA).

68 Thomaso Porcacchi, *L'Isole piu famose del mondo*, Vinetia, Giorgio Angelieri, 1575. Exemplar: AB1800 45, Universitätsbibliothek Halle.

69 Cf. Sabin, no. 64151, nach BibGenIt; Pampaloni in Lancioni (1991, 255).

In der Auflage von 1576 wurde dagegen die Gliederung in Erstes Buch: Nordsee, Zweites Buch: Mittelmeer, Drittes Buch: Amerika, Afrika und Asien durchgesetzt. Die Beschreibung Venedigs rückte somit nach hinten. Diese Umstrukturierung wird nicht begründet. Es heißt im *Prohemio sopra il libro secondo* (61–64) lapidar:

> «[...] cominciandosi da Vinetia, descriverò dopo essa in general tutto l'Arcipelago, *et* poi particolarmente quelle Isole, che hanno piu nome, fino a Costantinopoli» (PorcacchiIsole-Galignani 1576, 64).

Wie der Vergleich der Inhaltsverzeichnisse zeigt, erhalten die Ägäis-Inseln 1576 mehr Raum; aus den Absätzen der Erstauflage (1572) werden eigene Kapitel. Vermutlich wurden hier neue Quellen oder ein besseres Exemplar der zuvor verwendeten Quelle, Buondelmontis *Libro* (→ 4.3.), erschlossen. Auch wird die Schilderung des Sieges Venedigs bei Lepanto ergänzt (1571), ein Zeichen für das Bestreben um Aktualität. Da Porcacchi erst 1585 verstarb, ist seine Mitarbeit an dieser Auflage vorauszusetzen.

3.3.5.2. Vergleichendes Inhaltsverzeichnis

	1572	1576	1590	1604	1620	1686
Dedica	[III]	a2r°	a2r°	a2r°	a2r°	III
Indice	ar°	a3r°	a2v°	a2v°	a2v°	–
Prohemio	b3r°	cr°	b5r°	b4v°	b5v°	1
Libro Primo						
Islanda	77	1	1	1	1	7
Hebridi/Orcadi	–	4	4	4	4	9
Gotlandia	79	9	9	9	9	13
Irlanda	70	12	12	12	12	15
Inghilterra	59	16	16	16	16	18
Scotia	66	23	23	23	23	26
Hollanda	73	27	27	27	27	32
Selandie	–	32	32	32	32	37
Maiorica	55	36	36	36	36	40
Minorica	57	39	39	39	39	41
Corsica	46	41	41	41	41	43
Elba	53	45	45	45	45	47
Sardigna	50	47	47	47	47	48
Sicilia	37	51	51	51	51	52
Malta	43	58	58	58	58	58
Secondo Libro						
Prohemio	–	61	61	61	61	60
Venetia	1	65	65	65	65	65
Arcipelago	27	74	74	74	74	74
Corfu	9	82	82	82	82	82
Curzolari	–	85	85	85	85	84

	1572	1576	1590	1604	1620	1686
Conflitto navale	–	87	87	87	87	86
Cefalonia	–	95	95	95	95	93
Zante	–	98	98	98	98	95
Morea	12	101	101	101	101	98
Cerigo	–	106	106	106	106	102
Candia	16	108	108	108	108	103
Scarpanto	–	113	113	113	113	107
Rhodi	24	115	115	115	115	108
Santorini	–	119	119	119	119	111
Milo	–	121	121	121	121	112
Nicsia	–	123	123	123	123	114
Scio	–	125	125	125	125	115
Metellino	–	128	128	128	128	117
Costantinopoli	–	131	131	131	131	119
Negroponte	35	142	142	142	142	128
Cipro	20	144	144	144	144	130
Terzo Libro						
Prohemio	–	154	154	154	154	140
Temistitan	105	157	157	157	157	143[70]
S. Croce	101	161	161	161	161	156
Spagnuola	81	165	165	165	165	160
Cuba	88	172	172	172	172	166
Iamaica	–	175	175	175	175	169
S. Lorenzo	91	178	178	178	178	171
S. Giovanni	–	182	182	182	182	174
Tabrobana	94	185	185	185	185	176
Molucche	98	189	189	189	189	179
Mappamondo	109	193	193	193	193	189
Carta da Navigare	114	198	198	197	197	193
Istria	–	–	–	201	201	184
Elandia de Gotti	–	–	–	206	206	182
Scoglio Bas, Iscotta	–	–	–	207	207	[p.29]
Fontane, Inghilterra	–	–	–	210	210	–
Indice						199

3.3.5.3. Interpunktion und Orthographie

Die Standardisierung von Interpunktion und Orthographie durch die Drucklegung volkssprachlicher Bücher fiel im Wesentlichen in die erste Hälfte des

[70] Das Kapitel über Temistitan ist nicht so lang, wie diese Angaben vermuten ließen; vielmehr springt die Paginierung von 144 (Bogen: S 5v°) auf 155 (Bogen: T) und fährt danach regelmäßig fort.

16. Jahrhunderts. Diese Standardisierung ist besonders für das Französische gut dokumentiert.[71] Für das Italienische konstatiert Bloc-Duraffour/Lazard (1996, 268) auf der Grundlage eines umfangreichen Korpus aus den Editionen von Bembos *Gli Asolani*, Castigliones *Cortegiano* und Ariosts *Orlando Furioso* jeweils seit der Editio princeps:

> «[...] il nous fallait dépouiller des ouvrages dont le nombre d'éditions, au cours des XVIe–XVIIe s., ait été très élevé, afin que nous puissions suivre décennie par décennie, voire année par année, l'évolution des signes».

Tendenzen einer Standardisierung lassen sich jedoch keineswegs linear fassen, kennzeichnend sind gerade auch das Nebeneinander unterschiedlicher Verwendungsformen und rückläufige Entwicklungen (Bloc-Durrafour/Lazard 1996, 273). Zudem ist die Geschichte der Orthographie gedruckter Texte nicht nur durch diachrone Variation ausgezeichnet, sondern wird auch geprägt von den Gepflogenheiten der Verlagshäuser.[72] Richardson (1996, 259) weist darauf hin, dass auch die Konkurrenz von Verlagshäusern zu unterschiedlichen Verwendungsformen führte.

Die folgende Synopse der ersten Absätze von Le Isole im Kapitel *Descrittione dell'Arcipelago* zeigt, dass die unterschiedlichen Auflagen sich kaum voneinander unterscheiden. Dennoch bilden sich Tendenzen ab, die sich im Hinblick auf einen Wandel in der Norm interpretieren ließen; diesbezügliche Hypothesen erfordern jedoch Studien auf größerer empirischer Basis. Im gegebenen Kontext wächst jedoch mit dem zeitlichen Abstand die Zahl der typographischen Unterschiede: Bei der Edition 1686 sind die meisten Veränderungen festzustellen.

- Inhaltliche Änderungen: Die fehlerhafte Form *Gibiolo* (§1) von 1572 wird in den folgenden Auflagen korrigiert, die Namensform *Capo dell'arme* für Leucopietra (§4) ergänzt.
- Elision und Trunkierung: Trunkierungen am Wortende sind möglicherweise nicht nur als satzbedingte Zufälligkeiten zu werten (*mar* vs. *mare* §1); Gemeinsamkeiten lassen sich nämlich zwischen den ersten vier (*vien* §1) bzw. drei (*color* §7) Editionen und den letzten beiden bzw. drei feststellen (*viene*, *coloro*). Die Elision *s'ha* (§2) wird in den beiden Auflagen von 1620 und 1686 aufgelöst (*si hà*); umgekehrt wird *dove è* (§8) in der Edition von 1686 zu *dov'è* und *questo effetto* (§7) in den Editionen 1620 und 1686 zu *quest' effetto* bzw. *quest'effetto*.

---

71 Cf. Catach 1968 für die detaillierte Analyse der *Orthotypographie* der großen Verlagshäuser Frankreichs im 16. Jahrhundert; zum Erkenntnisinteresse an druckgraphischen Varianten als Zeugnisse des *usage*: «En fait, l'introduction et l'amélioration de l'orthotypographie permettra au XVIe siècle dans une certaine mesure non pas une révolution orthographique (que seuls les grammairiens auraient pu valablement opérer) mais, rendant caduque une certaine partie de la structure orthographique des manuscrits, une évolution, certes flottante, mais assez frappante, de l'usage, évolution qui se continuera dans les siècles suivants» (Catach 1968, 11).

72 «Ce qui demeure instable et contradictoire, c'est l'usage de l'accent sur les monosyllabes et les morphèmes oxytons, qui diffère d'un atelier à l'autre, d'une œuvre à l'autre chez le même éditeur, et même d'une édition à l'autre de la même œuvre chez le même éditeur» (Bloc-Durrafour/Lazard 1996, 275).

- Orthographie: In den Editionen von 1572, 1576 und 1604 wird die Präposition *a* ohne Akzent geschrieben, in den übrigen Editionen wird er hinzugefügt (z.B. §2); *ò* (§7) erhält nur in den letzten beiden Auflagen einen Akzent. *più* (§4) erhält den Akzent ab der Auflage von 1604. Die Formen *prencipe/Prencipe* und *prencipato* (§6) werden in den Auflagen von 1604, 1620 und 1686 verwendet. Einige Besonderheiten betreffen die Edition von 1686, so wird für die Konjunktion 'und' neben der Ligatur *&* häufig *e* verwendet, *j* am Wortauslaut findet sich nicht mehr, und das *h* in *hoggi* und *anchora* wird entfernt; *J* am Wortanfang (*Jonio* §4) wird eingeführt.
- Interpunktion: In der Interpunktion zeigen sich zuweilen Unterschiede im Gebrauch der Pausenzeichen Komma, Doppelpunkt, Semikolon. Dabei werden die Pausenzeichen Doppelpunkt und Semikolon z. T. durch Komma ersetzt. Dies ist jedoch kein durchgängiges Verfahren.

In folgenden Fällen werden Semikolon bzw. Doppelpunkt durch Komma ersetzt:

§1 *Greco;* (1572, 1576, 1590) > *Greco,* (1604, 1620, 1686);

§2 *d'Isole;* (1572, 1576, 1590, 1604) > *d'Isole,* (1620, 1686);

§6 *c'ha;* (1572, 1576, 1590, 1604) > *c'ha,* (1620, 1686);

§7 *nostri;* (1572, 1576, 1590, 1604) > *nostri,* (1620, 1686);

§8 *Malabari:* (1572, 1576, 1590) > *Malabari;* (1604) > *Malabari,* (1620, 1686).

3.3.5.4. Synopse

1572, 27s.	1576, 74s.	1590, 74s.
§1 Quel Mare, che da Tucidide nel primo libro, è chiamato Greco; da' nostri naviganti hoggi è domandato Arcipelago: *et* è cosa chiara, che vien co*m*preso nel nostro mar Mediterraneo.	§1 Quel Mare, che da Tucidide nel primo libro, è chiamato Greco; da' nostri naviganti hoggi è domandato Arcipelago: *et* è cosa chiara, che vien compreso nel nostro mar Mediterraneo.	§1 Quel Mare, che da Tucidide nel primo libro, è chiamato Greco; da' nostri naviganti hoggi è domandato Arcipelago: *et* è cosa chiara, che vien compreso nel nostro mare Mediterraneo.
§2 Questo per varie cagioni s'ha acquistato varij nomi: *et* essendo ripieno d'Isole; abbraccia non solamente le regioni de' Greci, ma in parte anchora de' Barbari.	§2 Questo per varie cagioni s'ha acquistato varii nomi: *et* essendo ripieno d'Isole; abbraccia non solamente le regioni de' Greci, ma in parte anchora de' Barbari.	§2 Questo per varie cagioni s'ha acquistato varij nomi: *et* essendo ripieno d'Isole; abbraccia non solamente le regioni de' Greci, ma in parte anchora de' Barbari.
§3 Di questo parlerò io brevemente, *et* tratterò dell'Isole, che vi sono: intorno a che ha da sapersi principalmente, che Plinio scrive, come i Romani davano a questo mare due nomi, Macedonico a quel che bagna la Macedonia, *et* la Thracia; *et* Greco a quel che lava la Grecia.	§3 Di questo parlerò io brevemente, *et* tratterò dell'Isole, che vi sono: intorno a che ha da sapersi principalmente, che Plinio scrive, come i Romani davano a questo mare due nomi, Macedonico a quel che bagna la Macedonia, *et* la Thracia; *et* Greco a quel che lava la Grecia.	§3 Di questo parlerò io brevemente, *et* tratterò dell'Isole, che vi sono; intorno à che ha da sapersi principalmente, che Plinio scrive, come i Romani davano à questo mare due nomi, Macedonico à quel che bagna la Macedonia, *et* la Thracia; *et* Greco à quel che lava la Grecia.
§4 In questo spatio è l'Ionio da Leucopietra, dove fornisce l'Adriatico, fino allo stretto di Corinto: *et* fu detto Ionio dalla vacca Io, che lo passò.	§4 In questo spatio è l'Ionio da Leucopietra, ch'è detta Capo dell'arme, dove fornisce l'Adriatico, fino allo stretto di Corinto: *et* fu detto Ionio dalla vacca Io, che lo passò.	§4 In questo spatio è l'Ionio da Leucopietra, ch'è detta Capo dell'arme, dove fornisce l'Adriatico, fino allo stretto di Corinto: *et* fu detto Ionio dalla vacca Io, che lo passò.
§5 Di la dallo stretto, o Isthmo è chiamato Egeo, Cretico, o di Candia, Mirtoo, *et* Icario: *et* Egeo vien detto da uno scoglio, piu tosto che Isola, ch'è fra Tenedo, *et* Scio:	§5 Di la dallo stretto, o Isthmo è chiamato Egeo, Cretico, o di Ca*n*dia, Mirtoo, *et* Icario: *et* Egeo vien detto da uno scoglio, piu tosto che Isola, ch'è [75] fra Tenedo, *et* Scio:	§5 Di là dallo stretto, o Isthmo è chiamato Egeo, Cretico, o di Ca*n*dia, Mirtoo, *et* Icario: *et* Egeo vien detto da uno scoglio, piu tosto che Isola, ch'è [75] fra Tenedo, *et* Scio:

1604, 74s.

§1 Quel Mare, che da Tucidide nel primo libro, è chiamato Greco, da' nostri naviganti hoggi è domandato Arcipelago: *et* è cosa chiara, che vien compreso nel nostro mar Mediterraneo.

§2 Questo per varie cagioni s'ha acquistato varij nomi: *et* essendo ripieno d'Isole; abbraccia non solamente le regioni de' Greci, ma in parte anchora de' Barbari.

§3 Di questo parlerò io brevemente, *et* tratterò dell'Isole, che vi sono: intorno a che ha da sapersi principalmente, che Plinio scrive, come i Romani davano a questo mare due nomi, Macedonico a quel che bagna la Macedonia, *et* la Thracia; *et* Greco a quel che lava la Grecia.

§4 In questo spatio è il Ionio da Leucopietra, ch'è detta Capo dell'arme, dove fornisce l'Adriatico, fino allo stretto di Corinto: e fu detto Ionio dalla vacca Io, che lo passò.

§5 Di là dallo stretto, o Isthmo è chiamato Egeo, Cretico, o di Ca*n*dia, Mirtoo, *et* Icario: *et* Egeo vien detto da vno scoglio, più tosto che Isola, che è [75] fra Tenedo, *et* Scio:

1620, 74s.

§1 Quel mare, che da Tucidide nel primo libro, èchiamato Greco, da' nostri naviganti hoggi è domandato Arcipelago: *et* è cosa chiara, che viene compreso nel nostro mare Mediterraneo.

§2 Questo per varie cagioni si ha acquistato varij nomi: *et* essendo ripieno d'Isole, abbraccia non solamente le regioni de' Greci, ma in parte anchora de' Barbari.

§3 Di questo parlerò io brevemente, *et* tratterò dell'Isole, che vi sono; intorno à che ha da sapersi principalmente, che Plinio scrive, come i Romani davano à questo mare due nomi, Macedonico à quel che bagna la Macedonia, *et* la Thracia; *et* Greco à quel che lava la Grecia.

§4 In questo spatio è il Ionio da Leucopietra, ch'è detta Capo dell'arme, dove fornisce l'Adriatico, fino allo stretto di Corinto: *et* fu detto Ionio dalla vacca Io, che lo passò.

§5 Di là dallo stretto, ò Isthmo è chiamato Egeo, Cretico, ò di Candia, Mirtoo, *et* Icario; *et* Egeo vien detto da vno scoglio, più tosto che Isola, che è [75] fra Tenedo, *et* Scio:

1686, 74s.

§1 Quel mare, che da Tucidide nel primo libro, è chiamato Greco, da' nostri naviganti hoggi è domandato Arcipelago: *et* è cosa chiara, che viene compreso nel nostro mare Mediterraneo.

§2 Questo per varie cagioni si hà acquistato varii nomi: *et* essendo ripieno d'Isole, abbraccia non solamente le regioni de' Greci, ma in parte ancora de' Barbari.

§3 Di questo parlerò io brevemente, e tratterò dell'Isole, che vi sono; intorno à che ha da sapersi principalmente, che Plinio scrive, come i Romani davano à questo mare due nomi, Macedonico à quel, che bagna la Macedonia, e la Thracia; Greco à quello, che lava la Grecia.

§4 In questo spatio è il Jonio da Leucopietra, ch'è detta Capo dell'arme, dove fornisce l'Adriatico, sino allo stretto di Corinto: e fù detto Jonio dalla vacca Io, che lo passò.

§5 Di là dallo stretto, ò Isthmo è chiamato Egeo, Cretico, ò di Candia, Mirtoo, *et* Icario; *et* Egeo vien detto da uno scoglio, più tosto, che Isola, ch'è fra Tenedo, e Scio:

1572, 27s.

il quale ha forma di capra, che Ega si chiama: be*n*che non mancano molti altri auttori di altre opinioni.

§6 Arcipelago è nominato hoggi, quasi capo, o prencipe de' mari; percioche le tante Isole, c'ha; par veramente che gli rendano prencipato sopra gli altri:

§7 onde per questo effetto simile, coloro c'hanno fatto le navigationi tanto maravigliose a' tempi nostri; hanno chiamato Arcipelago, quel mare pieno d'Isole habitate *et* dishabitate, ch'è nel golfo di Bengala, di rimpetto al regno di Malaca, o aurea Chersoneso:

§8 *et* quello, che è nel mare Indiano con venti mila Isole, poste dal monte Deli a traverso della costa di Malabari; *et* Arcipelago di San Lazaro quello, dove è l'Isola Bornei, Giliolo, le Molucche, *et* infinite altre.

1576, 74s.

ilquale ha forma di capra, che Ega si chiama: benche non mancano molti altri auttori di altre opinioni.

§6 Arcipelago è nominato hoggi, quasi capo, ò prencipe de' mari; percioche le tante Isole c'ha, par veramente che gli rendano prencipato sopra gli altri:

§7 onde per quest' effetto simile, coloro c'hanno fatto le navigationi tanto maravigliose a' tempi nostri, hanno chiamato Arcipelago, quel mare pieno d'Isole habitate *et* dishabitate, ch'è nel golfo di Bengala, dirimpetto al Regno di Malaca, ò aurea Chersoneso:

§8 *et* quello, che è nel mare Indiano con venti mila Isole, poste dal monte Deli à traverso della costa di Malabari, *et* Arcipelago di San Lazaro quello, dove è l'Isola Bornei, Giliolo, le Molucche *et* infinite altre.

1590, 74s.

ilquale ha forma di capra, che Ega si chiama: benche non mancano molti altri auttori di altre opinioni.

§6 Arci- [75] pelago è nominato hoggi, quasi capo, ò Prencipe de' mari; percioche le tante Isole, c'ha, par veramente, che gli rendano prencipato sopra gl'altri;

§7 onde per quest'effetto simile coloro, c'hanno fatto le navigationi tanto maravigliose a' tempi nostri, hanno chiamato Arcipelago quel mare pieno d'Isole habitate, e dishabitate, ch'è nel golfo di Bengala dirimpetto al Regno di Malaca, ò aurea Chersoneso:

§8 e quello, ch'è nel mare Indiano con venti mila Isole, poste dal monte Deli à traverso della costa di Malabari, *et* Arcipelago di San Lazaro, quello dov'è l'Isola Bornei, Giliolo, le Molucche, *et* infinite altre.

1604, 74s.	1620, 74s.	1686, 74s.
ilquale ha forma di capra, che Ega si chiama: benche non mancano molti altri auttori di altre opinioni.	ilquale ha forma di capra, che Ega si chiama: benche non mancano molti altri Auttori di altre opinioni.	ilquale ha forma di capra, che Ega si chiama: benche non mancano molti altri Auttori di altre opinioni.
§6 Arcipelago è nominato hoggi, quasi capo, o principe de' mari; percioche le tante Isole, c'ha; par veramente che gli rendano principato sopra gli altri:	§6 Arcipelago è nominato hoggi, quasi capo, o principe de' mari; percioche le tante Isole, c'ha; par veramente che gli rendano principato sopra gli altri:	§6 Arcipelago è nominato hoggi, quasi capo, o principe de' mari; percioche le tante Isole, c'ha; par veramente che gli rendano principato sopra gli altri:
§7 onde per questo effetto simile, color, c'hanno fatto le navigationi tanto maravigliose a' tempi nostri; hanno chiamato Arcipelago, quel mare pieno d'Isole habitate *et* dishabitate, ch'è nel golfo di Bengala, di rimpetto al regno di Malaca, o aurea Chersoneso:	§7 onde per questo effetto simile, color, c'hanno fatto le navigationi tanto maravigliose a' tempi nostri; hanno chiamato Arcipelago, quel mare pieno d'Isole habitate *et* dishabitate, ch'è nel golfo di Bengala, di rimpetto al regno di Malaca, o aurea Chersoneso:	§7 onde per questo effetto simile, color, c'hanno fatto le navigationi tanto maravigliose a' tempi nostri; hanno chiamato Arcipelago, quel mare pieno d'Isole habitate *et* dishabitate, ch'è nel golfo di Bengala, di rimpetto al regno di Malaca, o aurea Chersoneso:
§8 *et* quello, che è nel mare Indiano con venti mila Isole, poste dal monte Deli a [28] traverso della costa di Malabari: *et* Arcipelago di San Lazaro quello, dove è l'Isola Bornei, Gibiolo, le Molucche, *et* infinite altre.	§8 *et* quello, che è nel mare Indiano con venti mila Isole, poste dal monte Deli a traverso della costa di Malabari: *et* Arcipelago di San Lazaro quello, dove è l'Isola Bornei, Giliolo, le Molucche, *et* infinite altre.	§8 *et* quello, che è nel mare Indiano con venti mila Isole, poste dal monte Deli à traverso della costa di Malabari: *et* Arcipelago di San Lazaro quello, dove è l'Isola Bornei, Giliolo, le Molucche, *et* infinite altre.

3.4. Sprachhistorische Analyse

Die Drucklegung von Le Isole fällt in die dritte Periode der von Trovato (1991, 304) untersuchten «castigazioni volgari», «nel quale si assiste a una proliferazione dei sussidi e a revisioni ortografiche puntigliose su testi già saldamente conformi allo standard vigente». Bereits für den Großteil der von Porcacchi verwendeten Quellen dürfte ihm eine sprachlich standardisierte Fassung vorgelegen haben. Prominentes Beispiel hierfür sind die Reiseberichte in der Edition Ramusios, «nella quale il disadorno italiano delle relazioni e dei volgarizzamenti è stato drasticamente ridotto alla norma toscana» (Trovato 1994, 61; mit Beispielen 68ss.).

Die Sprache Porcacchis entspricht dem durch Bembo geprägten toskanischen Standard.[73] In diesem Rahmen lassen sich jedoch einige Merkmale feststellen, die auf eine Orientierung an der «lingua corrente» (cf. Pozzi 1988, 14) hinweisen. Ihre Merkmale erklären sich aus der «divulgativen» Gesamtintention: Die geographischen Inhalte sollen vor allem verständlich und eingängig darstellt werden. Dazu gehören einige Merkmale «gesprochener» Sprache und die auffällige Dichte von textuellen Verknüpfungen, die Wortwiederholungen nicht scheuen. Die häufigen Wiederaufnahmeverfahren können ebenfalls im Kontext der «immediatezza del parlato» gesehen werden.[74]

Der Anschaulichkeit gibt Porcacchi offenbar den Vorzug vor literarischer Eleganz. Auch die Verwendung von Strukturen wie absolutes Gerundium und Partizip sowie AcI zeigt zwar eine Orientierung an traditionellen Bildungen der italienischen Prosa und – mittelbar – den Einfluss des Lateinischen, kann damit aber nicht als Anzeichen einer literarischen Stilebene gewertet werden, da sie zugleich dem am Gesprochenen orientierten Anspruch an Kürze gerecht wird.

An der Untersuchung der Interpunktion und ihrer syntaktischen Funktion wird deutlich, dass die originalgetreue Edition frühneuzeitlicher Drucke auch im Bereich der Interpunktion ein grundlegendes Desiderat der Sprachgeschichtsschreibung darstellt. Daher begründet die folgende Darstellung auch die Transkriptionskriterien der vorliegenden Edition.

3.4.1. «Gesprochene» Sprache

Porcacchi erzeugt in Le Isole, d.h. im graphischen Code, ansatzweise den Eindruck des Sprechens, um die Anschaulichkeit der Darstellung zu erhöhen. Unterstützt wird dieser Eindruck durch die frequente Verwendung von Verba dicendi: siebenmal *dico*, zumeist gefolgt von einem Komplementsatz (*dico che*); weiterhin über 30 Formen von *parlare* 'als Autor sagen/schreiben', neunmal Formen von *raccontare*, bei denen der Autor das Subjekt ist. Dagegen erscheinen verba scribendi deutlich seltener (einmal *scrivo*; zweimal *scriverò*). Generell ist die häufige Verwendung der ersten Person Singular zu beobachten.

Daraus kann keineswegs auf eine spontane, nähesprachliche Ausdrucksweise geschlossen werden, da der Text insgesamt einen hohen Planungsgrad aufweist. Gleichwohl korrespondieren einige lexikalische und morphologische Eigenheiten mit den Merkmalen gesprochener Sprache,[75] darunter werden im Folgenden auch umgangssprachliche Wendungen erfasst. Eine Nähe zur Mündlichkeit stellt auch

---

[73] Dafür sprechen z.B. die normgerechte Verwendung des Konjunktivs und des Konditionals; mit Bembo stimmt auch die 3. Person Plural des Konditionals auf *-bono*, z.B. *sarebbono*, *potrebbono* überein; cf. *amerebbono*, *vorrebbono*, *ritornarebbono* (BemboProse 194; 200).

[74] So charakterisiert Devoto (1971, 92) Wiederholungen bei Cellini: «Certe ripetizioni di soggetti, parallele alle omissioni, rientrano invece nella serie dei rafforzamenti, insiti nella immediatezza del parlato».

[75] Zur Systematik cf. Koch/Oesterreicher 1985; Koch 1988a.

Cherchi bei Garzoni fest; Parallelen zwischen diesem und Porcacchi finden sich im populärwissenschaftlichen Gegenstand und der hohen Produktivität der Autoren.[76]

Bei Porcacchi fallen als Merkmale des «Gesprochenen» einige Diminutive auf (*terriciuole*, *grandicelli*); außerdem das Temporaladverb *hora*, das den Eindruck von Gleichzeitigkeit von Schreiben/«Sprechen» und Lesen erzeugt:

> «a me non importa hora disputare intorno al nome della provincia» (Le Isole, 2);
>
> «che come historico parlo hora [...] io non ho da parlare hora in questo soggetto» (Le Isole, 4);
>
> «*et* non racco*n*terò hora i loro ordini antichi» (Le Isole, 18);
>
> «di ch'io per hora tengo nota» (Le Isole, 52);
>
> «Vengo hora al corpo tutto» (Le Isole, 61);
>
> «della quale hora sono per raccontar l'historia» (Le Isole, 66);
>
> «nondimeno a me questo per hora non importa» (Le Isole, 78);
>
> «della qual sono hora per trattare» (Le Isole, 81);
>
> «passando hora a ragionar dell'Isola di Cuba» (Le Isole, 87);
>
> «a me nondimeno per hora non conviene discendere tanto a basso» (Le Isole, 112).

Die Intensivierung durch Doppelung wird nach Rohlfs (1966–1969, vol. 2, § 408) neben literarischen Beispielen auch der toskanischen Umgangssprache zugerechnet. Bei Porcacchi findet sich sechsmal der Ausdruck *intorno intorno*, in der LIZ nur bis ins 15. Jahrhundert[77] belegt:

> «piantato sopra il portico, *et* serrato intorno intorno dalla parte di fuora» (Le Isole, 3);
>
> «puo a guisa di corona intorno intorno esser circondata» (Le Isole, 25);
>
> «Gira intorno intorno LXXX miglia» (Le Isole, 30);
>
> «molti *et* molti auttori antichi *et* moderni» (Le Isole, 94);
>
> «molte *et* molte altre isole» (100); «circondata intorno intorno da altissimi [...] monti» (Le Isole, 105);
>
> «circondata intorno intorno da portichi» (106);

---

[76] Cf. Cherchi (1980, 77s.): «la materia frequentemente bassa o domestica o scientifica, e lo stesso volume dell'opera che avrebbe esatto troppo tempo al frettoloso Garzoni se ne avesse voluto curare lo stile in ogni suo paragrafo, fanno sì che la *Piazza* si presenti al lettore con un dettato che è spesso vicino al parlato, quasi spontaneo, corrivo e naturale. In questo tessuto stilistico si insinuano facilmente le digressioni e le considerazioni personali e autobiografiche: e anche questo può risultare un metodo per accattivare il lettore».

[77] Zur geographischen Verbreitung von Syntagmen des Typs *riva riva* in Süditalien und möglichen griechischen Einflüssen cf. Migliorini (1968, 187s.), welcher zugleich auf zahlreiche Beispiele für Reduplikationen dieser Form im älteren und modernen Toskanischen hinweist.

«finche girando intorno intorno» (Le Isole, 116).

Die Verwendung von *basta* geschieht, um auf das Bemühen um Kürze hinzuweisen; sie ist mündlichen Registern zuzuordnen:[78]

«di cui mi basta solamente haver accennato il nome» (Le Isole, 10);

«Basta che per la bontà *et* felicità dell'aria sua fu chiamata Macaria » (Le Isole, 21);

«vi venne a morte Aristotele, di cui basta solo haver detto il nome» (Le Isole, 36);

«Basta che il Regno hebbe i suoi Re» (Le Isole, 64);

«Bastami haverne avertito chi legge, accioche paia, ch'io habbia veduto l'una *et* l'altra opinione» (Le Isole, 78);

«racconta gran cose, ch'io per brevità lascio. Basta che il paese, a cui commandava, era lungo piu di DCCC miglia» (Le Isole, 108).

3.4.2. Textuelle Merkmale: Satzverknüpfungen

Makrostrukturelle Eigenschaften von Le Isole wurden bereits beschrieben (→ 3.3.). Im Folgenden werden einige Mittel dargestellt, die auf transphrastischer Ebene Kohäsion erzeugen. Dabei wird von einer allgemeinen Definition der Kohäsion als eindeutig signalisierte Abhängigkeit der einzelnen Sätze voneinander ausgegangen, als «textbildende sprachliche Mittel» (Conte 1988, 133); entsprechend den charakteristischen Textmerkmalen wird auf frequente Formen der Wiederaufnahme fokussiert. Auf synchrone, systematische Aspekte der Mittel zur Satzverknüpfung, kann dabei nicht eingegegangen werden.[79] Im Gesamttext ist die häufigste Satzverknüpfung das anaphorische *questo* (*-a*, *-i*, *-e*): entweder als Artikelwort, wobei das Thema, auf das rekurriert wird, wiederholt wird, oder – seltener – als Demonstrativpronomen, mit oder ohne Präposition. So beginnt im Gesamttext 79-mal ein Satz mit *questo* (*-a*, *-i*, *-e*). Mit anaphorischem *questo* gelingt es Porcacchi, ein Thema über mehrere Sätze hinweg zu führen. Dies zeigt das folgende Beispiel: Thema im Leitsatz ist *Canal grande*. Es wird durch *questo canal grande* und *questo canale* in (1) bzw. durch *Questo canale* in (2) aufgenommen; in (2) wird zugleich mit *il Ponte* ein

---

78 «Un modo d'espressione tipico del parlato è costituito dall'introduzione di *Basta* a un certo punto del discorso, quando il locutore non ha più voglia dilungarsi o sta giungendo alla conclusione. Nel Cinquecento la frase che si raccorda a *Basta* può ammettere il collegamento con *ché*, ma nel Seicento è di norma il collegamento zero» (Durante 1994, 201).

79 «Die Abhängigkeit der Sätze eines Textes voneinander, die durch Mittel des Sprachsystems ausgedrückt wird und es dem Sprachbenützer möglich macht, allein aus der sprachlichen Form zu erkennen, daß es sich um einen zusammenhängenden Text handet, wird ‹Satzkohäsion› genannt. Es wäre erforderlich, die Mittel, durch die diese Kohäsion zustande kommt, als ein Teil der Grammatik zu erforschen. Sie könnten dann mit dem Sammelbegriff ‹Hypersyntax› bezeichnet werden; unserer Auffassung nach gehören sie zur Langue» (Palek 1978, 168). Zum Problem der systematischen Klassifizierung von Textkonnektiva cf. Berretta 1984; Conte (1988, 139); Brinker (2001, 27ss.); Stark (2001, 638s.).

neues Thema eröffnet, auf welches wiederum *questo Ponte* in (3) verweist, verbunden mit der Erwähnung der gleichnamigen *piazza*. Unter Zuhilfenahme des Demonstrativums findet in (4) mit *questa piazza* auch eine Wiederaufnahme dieses Themas statt.

«È divisa la Città in due parti da un'ampio, *et* nobil canal d'acqua, chiamato Canal grande: il qual si puo verame*n*te dire, che sia singolare ornamento della Città, per li molti superbi palazzi, *et* per le tante case, che da ogni parte sono: le quali accrescono ogni bellezza.
(1) Sopra questo gran canale è un sol ponte di legno presso Rialto: *et* da niuno altro luogo si puo passar questo canale fuor che per barca da una riva all'altra: ma tanta è la commodità delle vaghe gondolette, che in quindici luoghi della Città, chiamati traghetti, per questo canal solo in gran numero sono disposte, che la Città ne sente gran benificio.
(2) Questo canale è lungo da MCCC passi, *et* largo XL: *et* per esso, come per reale *et* trionfante strada sogliono esser condotti i Principi, e i potentati supremi, quando vengono a Vinetia, *et* d'ordine del Senato con publica pompa son ricevuti, aprendosi all'hora per mezo il Ponte, che gli è sopra, per dar luogo a' navili grossi, che passino.
(3) Rialto è una piazza a pie di questo Ponte; quasi in mezo della città, formata in un quadro non molto grande: ma d'ogn' intorno serrata di portichi, o logge con gran numero di botteghe cosi di panni di lana, come d'altro:
(4) e in questa piazza convengono la mattina *et* la sera i mercanti, e i nobili della Città, o per li traffichi, o per li magistrati, o per le prattiche della nobiltà, o per altro rispetto» (Le Isole, 2).

3.4.2.1. *Descrittione* [...] *di Vinetia*

Am Beispiel des Venedigkapitels sollen dieses und weitere Verfahren der Textverknüpfung näher untersucht werden. Die herausgestellten Schemata sind auf die übrigen Kapitel in Le Isole übertragbar.

Das Kapitel umfasst 109 Sätze[80] und erstreckt sich über acht Seiten (1–8). Das Thema ist in den eröffnenden Worten formuliert: «Vinetia città magnifica» (Le Isole, 1).

Mit 29 Vorkommen ist die häufigste Form der Verknüpfung die Wiederaufnahme mit *questo* (*-a*, *-e*, *-i*), zumeist verwendet als Artikelwort, aber auch als Pronomen (*a lato a questa*, *oltra questo*):

«È nondimeno questo lito aperto» (Le Isole, 1); «In questa isoletta di Rialto» (Le Isole, 2; «Questi popoli domandarono questa Città» (Le Isole, 2); «Sopra questo gran canale» (Le Isole, 2); «Questo canale» (Le Isole, 2); «Rialto è una piazza a pie di questo Ponte» (Le Isole, 2); «Le chiese di questa città» (Le Isole, 2); «Questa chiesa» (Le Isole, 3); «In mezzo a queste colonne» (Le Isole, 3); «A lato a questa è piantata in isola fra le due piazze un'altissima torre» (Le Isole, 3); «Questa piazza» (Le Isole, 3); «Ha questa mobil Chiesa» (Le Isole, 3); «Ma a dietro a questo Altare» (Le Isole, 3); «In questa Chiesa» (Le Isole, 3); «Fuor di questa Chiesa» (Le Isole, 3); «Entrasi in questa Chiesa» (Le Isole, 3); «La facciata di fuora di questo portico» (Le Isole, 3); «È in questa città un luogo» (Le Isole, 4); «Questo è quell'arsenale» (Le Isole, 4); «Da questo arsenale» (Le Isole, 4); «Quest'Isola» (Le Isole, 4); «È questa Isola» (Le Isole, 4); «Ora quest'ampia et nobil città di Vinetia» (Le Isole, 5);

---

[80] Als Satz wird im Folgenden eine durch Punkt abgeschlossene Texteinheit verstanden.

«Di questi nobili» (Le Isole, 5); «Oltra questo v'ha un Consiglio minore» (Le Isole, 5); «Queste cose furono tutte concesse» (Le Isole, 5); «Non è questa Città soggetta» (Le Isole, 6); «Fu questa Città da principio governata» (Le Isole, 6); «Risiederono per alquanti anni questi Principi» (Le Isole, 6).

Dabei fällt auf, dass häufig (sechsmal) das Referenzobjekt das Kapitelthema ist (*questa città*). Darauf wird in neun Fällen auch ohne Demonstrativum, in einfacher Wortwiederholung (*Città di Vinetia* / *Vinetia*), rekurriert, wenn ein neuer Gedanke beginnt, welcher sich nicht auf einen Gegenstand des vorangegangenen Satzes bezieht:

«Varie poi sono l'opinioni intorno a' principij *et* all'origine della Città di Vinetia» (Le Isole, 1); «Il circuito della Città di Vinetia dicono» (Le Isole, 2); «Le contrade della Città ha*n*no le lor strade» (Le Isole, 2); «È divisa la Città in due parti» (Le Isole, 2); «Abbonda la Città di Vinetia di tutti i doni *et* frutti» (Le Isole, 4); «Sono intorno a Vinetia molte Isole» (Le Isole, 4); «Ma dalla parte di Tramontana partendosi da Vinetia» (Le Isole, 4); «Ma calandosi poi da Tramontana verso Levante di Vinetia» (Le Isole, 5); «Sono usciti di Vinetia tre Papi» (Le Isole, 6); «Sono hoggi in Vinetia molti Prelati» (Le Isole, 8).

Die Wortwiederholung findet sich auch bei anderen Themen als Mittel der Anknüpfung, z.T. über mehrere Sätze hinweg: *Rialto* in (i), *strade* in (ii), *parte* in (iv), *Chiesa* in (v), *Murano* in (vi), *Principe* in (vii). In (iii) wird die Wortwiederholung durch ein Hyponym ergänzt (*chiese*, *parocchiali*, *chiesa*).

(i) «In questa isoletta di Rialto, *et* nell'altre convicine si ritirarono ancho gli altri popoli vicini, *et* cominciarono a fabricare, *et* con felicissimo principio ad habitarvi: il che fu l'anno di nostra salute CCCCLVI, secondo il Biondo, *et* Giovanni Candido: ma il Volterrano, citando Lorenzo Monaco dice CCCCXXII. Il Sabellico, non per paura d'Attila, ma de gli Unni scrive, che i Padovani *et* molti altri si ridussero a Rialto» (Le Isole, 2);
(ii) «Le contrade di Vinetia ha*n*no le loro strade [...]. Sono le strade di terra congiunte l'una all'altra co*n* po*n*ti» (Le Isole, 2);
(iii) «Elle son tutte bene ufficiate: e in questa parte si puo certo dar grandissimo vanto alla città di Vinetia, ch'ella è relligiosissima, *et* ha tutte le sue chiese con tanto studio et cura governate, che forse non se ne trova altra maggiore in altro luogo. Ne solamente le parrocchiali sono cosi fatte ma anchora quelle de' frati: le quali essendo quasi tutte bellissime; sono ancho superbamente ornate, *et* con molta assiduità *et* diligentia tenute monde, *et* vaghe. Ma di tutte l'altre senza controversia il principato ha la chiesa dedicata all'Evangelista San Marco» (Le Isole, 2s.);
(iv) «La facciata di fuora di questo portico è sostentata da CXIIII colo*n*ne, parte di porfido, parte di serpentino, *et* parte di marmo, *et* sopra queste v'ha un'altro ordine, pur di colonne, ch'ascendono al numero di CXLVI, dell'istessa perfettione: le quali sostentano un cornicione, ch'abbraccia un luogo discoperto, piantato sopra il portico, *et* serrato intorno intorno dalla parte di fuora di colonnelle di marmo. Ma in quella parte, che vien sopra la principal porta» (Le Isole, 3);
(v) «Entrasi in questa Chiesa per quattro porte [..., zwei Sätze]. Con la Chiesa è attacato il superbo palazzo» (Le Isole, 3);
(vi) «poi poco piu oltre à la vaga isola di Murano [...]. Sono in Murano» (Le Isole, 4);
(vii) «i quali Co*n*sigli governano sempre con l'intervento del Principe le cose dello stato [...]. Il Principe, o (come dicono) Doge [...]. Precedendo il Principe otto stendardi [..., ein Satz] Dopo la persona del Principe havvi» (Le Isole, 5).

Fünfmal werden lokative Bestimmungen zur Satzverknüpfung verwendet: *Qui*, *Piu oltre* (2x), *Piu in la*, *Evvi appresso*:

«Qui son conservati» (Le Isole, 4); «Piu oltre nelle lagune è un'isoletta» (Le Isole, 4); «Piu oltre è la Chiesa di San Giacopo» (Le Isole, 5); «Piu in la pur verso Tramontana» (Le Isole, 5); «Evvi appresso il Consiglio de' Dieci» (Le Isole, 5).

Daneben finden sich als Proformen Personalpronomina, als Subjekt (*Elle*), Objekt (*la*) und präpositionale Ergänzungen (*Sotto costui*, *di lui*):

«Da Mezogiorno, da Tramontana, *et* da Ponente ha parte del lito, che la serra» (Le Isole, 1); «Elle son tutte bene ufficiate» (Le Isole, 2); «Sotto costui fu trasferito il seggio Ducale» (Le Isole, 6); «Di lui vive M*esser* Paolo suo figliuolo» (Le Isole, 7).

Seltener verwendete Verfahren der Anknüpfung sind kausale Konjunktionen (*per la qual cosa*, Le Isole, 2) und Adjektive wie *detto*, *medesima*, *altri*:

«Sopra l'altar detto» (Le Isole, 3); «Dalla parte medesima di Ponente» (Le Isole, 4); «Gli altri Vescovi» (Le Isole, 7)

sowie Gliederungssignale wie *poi* oder *ancho*:

«I cittadini poi, i quali [...]. Hanno ancho altri uffici» (Le Isole, 5s.); «Fu ancho il Navagero buon poeta» (Le Isole, 7); «Furono ancho gran capitani di mare Creso Molino» (Le Isole, 8).

Es fällt auf, dass in den letzten Abschnitten des Kapitels der Text an Dichte verliert, d.h. die genannten Verfahren der Wiederaufnahme werden sparsamer eingesetzt. Auf Seite 6 beginnt ein historischer Abriss, dem die Nennung der wichtigen Persönlichkeiten Venedigs folgt. Die Themen wechseln von Satz zu Satz und werden weder inhaltlich noch textuell miteinander verknüpft; dadurch erhält der Text den Charakter einer Aufzählung. Zwei Typen von Sätzen sind dabei zu unterscheiden: solche, in denen die Namen und die Funktionen erwähnten Personen akzentuiert werden (a), und solche, in denen ihre Handlungen im Vordergrund stehen (b).
(a) Sätze des ersten Typs haben z.T. ein regierendes Verb:

«Fu Vinitiano Pantaleone Giustiniano primo Patriarca de' Latini» (Le Isole, 6);

«Vi fu Ermolao Barbaro Patriarca d'Acquileia» (Le Isole, 7);

«Vi sono stati altri Prelati» (Le Isole, 7), «Fu ancho il Navagero buon poeta» (Le Isole, 7);

«Furono ancho gran capitano di mare Creso Molino, [...]» (Le Isole, 8) (etc.).

Es überwiegen jedoch Sätze, die aus einer Nominalphrase bestehen, z.T. ergänzt um Komplementsätze:

«Gio*van* Battista Egnatio, molto dotto, che lasciò molte opere, utili a gli studiosi» (Le Isole, 7).

(b) Sätze des zweiten Typus drücken das Thema in Handlungsverben aus, die von Satz zu Satz die gleichen sein können: *Scrisse – scrisse – scrissero*; *ruppe – ruppe*.

> «Scrisse (come dicono il Petrarca, il Biondo, e'l Sabellico) uno elegante volume d'historie Andrea Dandolo Doge di Vinetia. Zaccaria Trivisano scrisse alcune orationi molto belle: ma una particolarmente è molto commendata: la qual da lui fu recitata innanzi a Papa Gregorio, all'hora ch'era scisma nella Chiesa di tre Papi: nella quale co*n* eloquentia *et* con ingegno mostra il modo di riunir la Chiesa. Andrea Moresini *et* Ermolao Donato, oltra che furon Senatori di gran valore; scrissero ancho le historie de' lor tempi in versi heroici» (Le Isole, 7);

> «Lorenzo Tiepolo ruppe i Genovesi nel Porto di Tolemaida [..., ein Satz]. Marco Micheli ruppe i Genovesi al Tenedo» (Le Isole, 7).

Die letzten fünf Sätze beginnen sämtlich mit dem linksversetzten Verb: *È morto*; *Sono hoggi in Vinetia molti Prelati*; *Fiorisconvi*; *Vive*; *Sonvi* (Le Isole, 8); diese Gleichförmigkeit passt auf syntaktischer Ebene die Sprache dem Inhalt, d.h. der Aufzählung, an. Sie kann als Einladung gelesen werden, zum nächsten Kapitel weiterzublättern.

3.4.3. Morphosyntax

Porcacchi bedient sich einiger sprachlicher Konstruktionen, welche dem «latinisierenden, historischen Stil» (Schwendener 1923, 35; 40) zugerechnet wurden, dazu gehören der AcI, absolute Gerundien und Partizipien, die Stellung des Prädikats am Satzende. Migliorini (MiglioriniStoria, 194) bezeichnet sie als wichtigste Ausdrucksmittel des «gusto boccaccesco». In der italienischen Kunstprosa etablierten sich diese Strukturen bereits früh,[81] befördert durch die Übersetzungsleistungen von Brunetto Latini, Bono Giamboni, Giovanni Boccaccio (Pfister 1978, 48).

Durch die Orientierung an der literarischen Prosa des 14. Jahrhunderts und Übersetzungen aus dem Lateinischen gewannen sie im 16. Jahrhundert Bedeutung:

> «Come abbiamo già accennato, la lingua del Cinquecento privilegia alcuni strumenti di subordinazione: l'infinito in tutti i generi di dichiarative, il participio ‹assoluto› (vela maestra del discorso narrativo) e il gerundio con le sue molteplici funzioni (esplicative, temporali, ipotetiche), oggi affidate a costrutti più espliciti» (Lucchesi 1988, 101).

Wie auch aus den Arbeiten von Lucchesi (1988) und Wilhelm (1996) hervorgeht, können im 16. Jahrhundert dem Lateinischen analoge Strukturen in diaphasischer Hinsicht nicht mit «Literatursprache» oder «gehobenem Stil» gleichgesetzt werden. Auch in Le Isole stellen im Gegenteil implizite Nebensatzkonstruktionen mit absolutem Gerundium, Partizip und Infinitiv im Sinne der Sprachökonomie äußerst effektive Verfahren dar, die in das Gesamtbild einer um Anschaulichkeit und Kürze ebenso wie um gelegentliche stilistische Effekte bemühten *lingua corrente* passen.

---

[81] «Nel Due-Trecento la prosa narrativa italiana è segnata dall'uso del gerundio e delle costruzioni assolute [...], che diminuiscono nella trattatistica» (Librandi 1995, 99).

3.4.3.1. Verwendung des Infinitivs

Der AcI[82] ist eine der charakteristischen latinisierenden Strukturen des Italienischen. Verwendet wird er seit dem 13. Jahrhundert, zunächst als stilistisches Mittel der Nachahmung, «dallo sforzo di adeguarsi artisticamente allo stile latino» (Rohlfs 1966–1969, vol. 3, § 706). Die Diachronie des AcI im Italienischen zeichnet Schwendener (1923) nach. Höhepunkt an vielfältigem und nach stilistischen Maßgaben gezielten Gebrauch des AcI ist die Prosa von Boccaccio, welcher auf die Prosa der einflussreichen Autoren des 16. Jahrhunderts ausstrahlte.[83]

Stein konstatiert, dass die häufige Verwendung des AcI nach Verba dicendi eine Besonderheit des Italienischen darstellt. Er untersucht ausschließlich Übersetzungen und bezeichnet dieses Phänomen deshalb als «latinisierend».[84] Werden jedoch andere Texte, die nicht aus dem Bereich der übersetzten Literatur stammen, in den Blick genommen, erweist sich diese Einschätzung als zu eng gefasst. So vermeidet Lucchesi (1988, 86s.) den Begriff «AcI» und ist vorsichtig bei der Klassifizierung des vom heutigen Gebrauch abweichenden Gebrauch des Infinitivs im 16. Jahrhundert als «Latinismus»:

> «Nel Cinquecento [...] non è difficile imbattersi in un infinito anche quando (per assenza di coreferenzialità o per altre ragioni) la completiva verrebbe oggi affidata al *che* [...] seconda che si voglia sottolineare l'eccezionalità di questi costrutti rispetto alla ‹norma› attuale, oppure metterne in rilievo la somiglianza con il latino classico, si potrà parlare di ‹anacoluti› o di ‹latinismi›. La scelta del termine dipende dalla misura in cui si ritiene che un autore sia stato influenzato da modelli letterari latini anziché dalle sue schiette abitudini di parlante [...] qualunque sia il peso del latino non c'è dubbio che a una così ampia diffusione dell'infinito nella lingua scritta corrispondono analoghe tendenze nel parlato. Si vedano questi esempi tratti da testi che, in forma spontanea o mimetica, riproducono il linguaggio corrente nell'epoca [...]».

Diese Einschätzung, dass die Verwendung des Infinitivs in Komplementsätzen mit eigenem Subjekt auch im Gesprochenen und in der geschriebenen *lingua corrente*

---

[82] Im Unterschied zur «forma popolare» des *accusativo con l'infinito* definiert Rohlfs (1966–1969, vol. 3, § 706) den italienischen AcI in genauer Entsprechung des Lateinischen folgendermaßen: «il soggetto dell'infinito non ha funzione d'oggetto rispetto al verbo reggente (*io feci l'amico venire*), ma si ha invece un soggetto accusativo che forma soltanto il soggetto dell'infinito. Come oggetto del verbo reggente può qui esser considerata soltanto l'intera costruzione dell'accusativo soggetto+infinito: *credeva la figliuola e 'l nepote esser morti* (Decam. 5,7)».

[83] «In der Verwendung des gelehrten acc.c.inf. ist Bembo indessen weit sparsamer als sein Vorbild. Während für Bembo die Trecentisten maßgebend sind, ist es für B. Castiglione der Sprachgebrauch der Gebildeten ganz Italiens. In diesem Sprachgebrauch ist, wie wir schon bei Vasari sahen, der Einfluß des Lateinischen ein sehr bedeutender und er ist besonders stark ausgeprägt bei einem humanistisch so fein gebildeten Schriftsteller wie Castiglione» (Schwendener 1923, 40s.).

[84] Stein (1997, 135 und 248): «Das Italienische [...] zeichnet [...] sich durch die Existenz von latinisierenden Konstruktionsmöglichkeiten aus, wie sie in den anderen Sprachen nicht gegeben sind (z.B. AcI nach Verba dicendi)».

zu finden ist, korrespondiert mit den Beobachtungen von Wilhelm zur Sprache der Flugschriften im 16. Jahrhundert,[85] in denen der AcI volkstümlich ist. Häufig sind *costruzioni infinitive* auch bei Machiavelli (cf. Puppo 1965). Zur präzisen Beurteilung des Zusammenhangs von syntaktischen Mitteln und diasystematischer Markiertheit in Le Isole müsste in größerem Umfang Untersuchungsmaterial aus vergleichbaren Texten hinzu gezogen werden.

Jedoch sprechen bereits die zitierten Ergebnisse von Lucchesi und Wilhelm dafür, die Verwendung der dem lateinischen AcI analogen Infinitivkonstruktion bei Porcacchi eher als ein Mittel der Ausdrucksökonomie denn als Signal eines gehobenen, latinisierenden Stils zu werten. Zur Klassifikation sind gleichwohl die tradierten Beschreibungsmodelle zum «AcI» geeignet (nach Schwendener 1923, 46):

Nach verba dicendi et declarandi:

> «Alle CCXXXIIII Cavallerie, c'ho detto essere state assegnate fra Ca*n*dia *et* Sittia, furon dati CCCII nobili» (Le Isole, 19);
>
> «quel mare, c'ho detto chiamarsi Egeo» (Le Isole, 29);
>
> «gli Spiriti, che affermano ancarvi errando» (Le Isole, 39);
>
> «dove ho detto cavarsi l'oro» (Le Isole, 84).

Nach verba sentiendi et cogitandi:

> «Suole per questa via farsi l'huomo guidar da alcun perito del luogo (Le Isole, 18);
>
> «anch'io trovo l'Echinnadi esser piu Isole» (Le Isole, 28);
>
> «quei monaci, che stimano non convenirsi a' servi di Christo, haver dove essi conversano, uccelli, o animali per rispetto del coito» (Le Isole, 29);
>
> «Ma anchor che io trovi questo auttor medesimo di gran nome contradirsi a se stesso nel-l'opere sue» (Le Isole, 78).

Nach Impersonalia:

> «Et accioche non manchi al curioso Lettore piu distinta informatione de' confini di quest'Isola; dopo c'ho raccontato di questi tre promontori; soviemmi esserle assegnati questi altri termini» (Le Isole, 17);
>
> «Spiriti, che affermano andarvi errando» (Le Isole, 30).

---

[85] Cf. Wilhelm (1996, 486–490); Wilhelm (2001, 474): «Dieser latinisierenden Konstruktion [*accusativus cum infinitivo* nach den Verben des Sagens] wird gemeinhin ein ‹gelehrter› Charakter zugeschrieben. In den Briefflugschriften stellt diese Form, die hier fast immer mit dem Verb *essere* im Infinitiv verwendet wird, jedoch ein überaus verbreitetes, aus der Tradition der Kanzleisprache übernommenes, ‹volkstümliches› Muster dar».

3.4.3.2. Gerundium

Wenngleich die funktionale Vielfältigkeit des Gerundiums im Italienischen immer wieder bemerkt wurde, gibt es kaum diachrone Studien in diesem Bereich.[86] Als «klassische Verwendungsform» des Gerundiums im älteren Italienisch gilt die absolute Konstruktion, in der das Subjekt von Gerundium und übergeordnetem Verb nicht identisch sind:[87]

> «Cependant, des écrivains comme Villani, Cavalca, Boccace, Sercambi, Sacchetti, les auteurs de la *Cronica degli antichi Imperadori*, du *Panfilo*, des *Consigli contro la Pistolenza*, etc., sont extrêmement riches même en gérondifs absolus du genre ‹classique›, c'est-à-dire dans la proposition gérondiale absolue dont le sujet n'est pas représenté dans la proposition principale [...]» (Škerlj 1926, 146).

Am Beispiel der Prosa von Boccaccio stellt Herczeg (1949) die *Gerundi temporali, Gerundi causali, Gerundi ipotetici, Gerundi con soggetto indeterminato, Gerundi indipendenti dal punti di vista formale* heraus. Damit erfüllt es dem lateinischen Ablativus absolutus vergleichbare Funktionen: «D'ordinnaire le gérondif en vieil italien remplace parfaitement le *participe* absolu latin» (Škerlj 1926, 141; cf. Pusch 1980, 5). Menoni (1982, 53–67) weist auf die narrativen Möglichkeiten hin, welcher sich besonders Boccaccio im *Decamerone* mit der Verwendung des *gerundio composto* bedient:

> «Il gerundio composto è molto frequente nel *Decameron*, come predicato di proposizioni circostanziali. Data la capacità del modulo ‹gerundio composto più verbo finito› di esprimere una successione di azioni, esso fornisce un mezzo importante a quella ‹Lust zu fabulieren› che si realizza in una narrazione ‹distesa nel tempo›, come è quella *Decameron*» (Menoni 1982, 53).

Auch bezüglich des Gerundiums ist die Einschätzung der Nähe zum Lateinischen nicht einheitlich. Stein bemerkt den häufigen Gebrauch des Gerundiums in der Livius-Übersetzung von Nardi[88] und liest daraus eine «syntaktische Mode» heraus, zugleich eine stilistische Absicht der Latinisierung im Sinne einer «gezielte[n] und häufige[n] Verwendung von als typisch lateinisch empfundenen Konstruktionen».

---

86 Zur historischen Entwicklung der gerundialen Konstruktionen cf. Garner 1887–1889, mit Schwerpunkt auf dem Französischen; Škerlj 1926; Lyer 1934; auf dem Italienischen Corti 1953. Fallstudie zum Gebrauch bei Machiavelli und Manzoni, cf. Chiapelli 1969; stilistische Aspekte bei einzelnen Autoren cf. Lucchesi (1988, 89).

87 Zur Definition im heutigen Italienisch cf. Pusch (1980, 5): «das absolute *gerundio*: Es hat ein eigenes Subjekt und kann sowohl aus einem einfachen als auch aus einem zusammengesetzten *gerundio* gebildet werden». Schwarze (1995, 219): «Das absolute Gerundium beruht auf einer lexikalischen Regel, bei der das Subjekt des Verbs erhalten bleibt. Sie besteht einfach darin, daß das Verb die Form des Gerundiums annimmt [...]. Diese Regel beinhaltet die funktionale Einschränkung, daß das Subjekt des Gerundiums nicht mit dem Subjekt des Gesamtsatzes identisch sein darf».

88 *Le Deche di T. Livio Padovano delle Historie Romane, Tradotte nella lingua Toscana, da Iacopo Nardi cittadino Fiorentino* [...], Venetia, Giunti, ^{2}1547 (^{1}1540).

An der Zahl späterer Auflagen dieser Übersetzung erkennt er eine gewisse «Verwurzelung» dieser syntaktischen Erscheinung im Italienischen (Stein 1997, 119), deren Etikettierung als «latinisierend» er – wenn auch mit Einschränkung – beibehält.[89]

Hingegen sieht Herczeg (1949, 36) in der Vielfalt gerundialer, besonders absoluter, Konstruktionen eine vom Latein unabhängige Entwicklung:

> «La lingua ha trovato in essi un mezzo atto ad esprimere una varietà di rapporti logici senza avere bisogno di servirsi della concreta subordinazione e mantenendo, allo stesso tempo, un collegamento più stretto che nelle frasi coordinate. Gli usi sintattici del gerundio assoluto si sono costituiti, per conseguenza, indipendentemente dal latino, sotto l'influsso di fattori inerenti alle lingue romanze: il ritmo del discorso, la comodità dell'espressione di rapporti logici senza la concreta subordinazione, ed anche la preferenza del medioevo per anacoluthi».

Auch Corti (1953, 352) schränkt die Bedeutung des Lateinischen für die Entwicklung des absoluten Gerundium im Italienischen ein, verweist jedoch auf den prägenden Einfluss der Funktionen des lateinischen Ablativus absolutus («[Lyer] infatti basandosi sul fatto che il soggetto è in nominativo, considera del tutto indipendenti le costruzioni assolute romanze dall'ablativo assoluto latino. In linea generale ha ragione, però è indiscutabile un influsso, sia pure molto generico, dell'abl. o dell'accus. assoluto [...] dove il soggetto è in caso obliquo»). Konstruktionen mit absolutem Gerundium finden sich in Le Isole häufig. Dass absolute Gerundien auch in der gesprochenen Sprache verwendet wurden, zeigt das bereits zitierte (→ 3.1.2.) Protokoll aus der Gerichtsvernehmung von Porcacchis Arbeitgeber Giolito:

> «Int[errogatus] A che effetto lo ricercò? R[espondit] Il sig.^r Ludovico Dolce componendo la vita di Ferdinando Imperatore, come l'ha composta, mi ricercò che li dovesse far haver alcuni historici, et tra gli altri questo Sleidano per cavar da loro delli particolari pertinenti alla sua Historia, et così io ne le trovai, et ricercando di questo, lo Spinola me lo fece havere, non sapendo io che libro el si fosse, et servito che se ne fu il Dolce, il libro fu restituito ad esso Spinola» (Bongi 1890–1897, vol. 1, CV).

Dieser Abschnitt weist mehrere Merkmale gesprochener Sprache auf, z.B. durch den Satzabbruch *Dolce componendo* [...], *come l'ha composta*, polivalentes *che* (*li dovesse far haver*), redundante Pronomina (*questo*, *io*, *el*). Dass zweimal das absolute Gerundium (*ricercando*, *sapendo*) verwendet wird, zeigt seine Verwendbarkeit auch jenseits von Übersetzungen und literarischer Prosa.

In Le Isole werden absolute Gerundien der stets präsenten Forderung nach Kürze gerecht, da diese Konstruktion temporale, kausale etc. Konjunktionen einspart.[90]

---

89 Cf. auch: «Im 16. Jahrhundert führen latinisierende Tendenzen vor allem im Italienischen zu einer Zunahme der Infinitive und noch mehr der Gerundiva. Lateinische Konstruktionen werden übernommen oder unabhängig von der direkten Vorlage imitiert» (Stein 1997, 247s.).

90 Cf. Medici (1985, 20): «il gerundio [...] è una condizione verbale esprimente un'azione cosiddetta atemporale e apersonale, e insieme sostantivo-complemento indicante circostanza, situazione, condizione, strumentalità».

Somit lässt sich ihr Gebrauch bei Porcacchi, der im Folgenden beschrieben wird, ebenfalls in das Gesamtbild der *lingua corrente* einordnen.

Meistens werden beide Subjekte, d.h. von Hauptverb und Gerundium, expliziert, in der Regel ist das Subjekt des Gerundiums diesem nachgestellt:

> «in che dicono, che si videro alcuni miracoli, stando il lor Gran Maestro su le mura, *et* con l'essempio di se stesso invitando, *et* confortando ogniuno a combattere per la fede, *et* per la patria» (Le Isole, 26).

Bezüglich der Reihenfolge ist ein frequenter Typus in Le Isole die Form «gerundialer Nebensatz vor Hauptsatz». Zu beobachten ist, dass mit großer Regelmäßigkeit beide Gliedsätze durch Semikolon voneinander abgeteilt werden, wie einige Beispiele zeigen, die sich durch weitere ergänzen ließen:

> «prima havendo a descriver l'Isole; sarà bene, ch'io dica che cosa sia Isola» (Le Isole, b4r°);
>
> «essendo estinte per lo piu le case de' Baroni ch'eran nell'Isola; è passata quasi tutta in alcune case di nobili» (Le Isole, 10);
>
> «a' cittadini soli di questa città, essendo tutta l'Acaia insieme con Corinto soggiogata da Lucio Mumio; Augusto restituì la libertà» (Le Isole, 13);
>
> «facendo egli oratione a Dio, che glieli restituisse; Helia, vedendo cio altri che v'erano, glieli rimise» (Le Isole, 34).
>
> «mugghiando essa; da quel boato, o mugito, ne fu dato il nome al luogo» (Le Isole, 35);
>
> «Di qui naviga*n*do littoralmente; l'isola fa un piccolo capo in mare dalla parte di Mezogiorno» (Le Isole, 56);
>
> «dice ch'esse*n*do una volta go*n*fiate l'acque di questo lago grossamente; il pesce fu straportato dalla violentia della fortuna *et* dell'acque in mare, ne mai piu si vide» (Le Isole, 83);
>
> «Di questa città, e isola havendo io a parlare; ho pensato che sia molto a proposito descriver prima la provincia dove ella si trova, *et* poi parlar della Città quel tanto, che al mio ordine convenga, *et* ch'è venuto a mia notitia» (Le Isole, 104; cf. b4r°);

Die zeitliche Abfolge der geschilderten Ereignisse scheint bei den meisten Gerundiumstrukturen zu dominieren. Doch auch eine kausale Verknüpfung kann identifiziert werden; darauf wird in einigen Fällen explizit hingewiesen (*percioche*):

> «percioche essendovi rispetto alle tante fornaci de' vetri l'aria piu purgata; i nobili Vinitiani volentieri vi fabricano per habitarvi la state» (Le Isole, 4);
>
> «percioche rendendo molto piu utile i cottoni, che le biade; a questi molto piu attendono» (Le Isole, 22);
>
> «percioche essendo Fineo molestato dall'Arpie; Zeto, *et* Calai le cacciarono dalla tavola di lui» (Le Isole, 28);
>
> «percioche essendo ella stata soggetta a' Tiranni; Claudio Marcello Consolo, vinto Hierone; la ridusse in provincia» (Le Isole, 41);

«percioche lasciandosi i corpi di questi animali qua *et* la sparsi; co'l puzzo loro infettano l'aria» (Le Isole, 51);

«percioche tirando gli habitatori d'esse ottimamente di frombola; da questo tirare, che βάλλειν si dice in greco; Baleari furon dette» (Le Isole, 55);

«percioche essendo queste due isole poste in disegno, ciascuna separatamente; conviene a ciascuna far la sua particolar descrittione» (Le Isole, 56);

«percioche essendo sta ta girata d'ogn'intorno la costa, ch'è verso Tramontana, *et* l'altra che giace verso Ostro; s'ha veduto, ch'ella è isola» (Le Isole, 101);

«percioche hora essendo il paese habitato dalle nationi, che di Ponente andate vi sono; vivesi al costume di Spagna, *et* con la relligion Christiana» (Le Isole, 104).

Die zitierten Beispiele demonstrieren nicht nur die tragende syntaktische Funktion, die das absolute Gerundium bei Porcacchi übernimmt. Deutlich wird auch, dass ein direkter Zusammenhang zwischen der Wahl des Pausenzeichens Semikolon und dem Satzgefüge besteht. Thesenartig lässt sich festhalten: Das Semikolon kündigt an, dass der Satz auf die übergeordnete Ebene «hinaufgereicht» wird.

3.4.3.3. Partizipien

Das Partizip der Vergangenheit vertritt in Le Isole einen temporalen oder kausalen Nebensatz. Im Vergleich zu Gerundialkonstruktionen ist diese Struktur deutlich seltener. Wie beim Gerundium steht nach dem Partizip (absolut oder attributiv) häufig ein Semikolon, auf welches der Hauptsatz folgt:

«Per la qual cosa i popoli vicini impauriti; fuggirono a diversi luoghi sicuri: ma i Padovani, inteso poi, come Attila assediava Aquileia, temendo anch'essi dello stato loro; mandarono la gente inutile, *et* gli arnesi preciosi all'isola di Rialto» (Le Isole, 2);

«aiutati dalla possente *et* misericordiosa mano di Dio benedetto; patiranno, ma non ruineranno (Le Isole, 4);

«essendovi rispetto alle tante fornaci de' vetri l'aria piu purgata; i nobili Vinitiani volentieri vi fabricano per habitarvi la state» (Le Isole, 4);

«a' Giudici nobili; son formate le sententie ad arbitrio d'essi Giudici: i quali consultato, o ballottato fra loro quel che per propria coscientia sentono; a questo modo deliberano *et* fanno giudicio» (Le Isole, 6);

«accresciuta di nuovi habitatori, che qui da molte Città d'Italia trassero per le ruine fatte da Attila *et* da altri Barbari; fu cominciato a crearsi un Principe, o Doge» (Le Isole, 6);

«Venuto poi in Italia Pipino figliuolo di Carlo Magno; mosse guerra a' Vinitiani» (Le Isole, 6);

«ma avvelenato [Giovanni]; Carlotta fu rimaritata a Lodovico» (Le Isole, 23);

«percioche caduto questo Re da cavallo, *et* morto all'improviso senza alcun successore; gli Scozzesi mandarono in Inghilterra al Re Edoardo primo» (Le Isole, 69).

Auch die Entwicklung des absoluten Partizips im Italienischen knüpft zwar an das lateinische Vorbild an, gewann jedoch eigenständige Funktionen:

> «La costruzione assoluta del participio sembrerebbe non indipendente dall'ablativo assoluto latino [...] tuttavia, il participio dei verbi transitivi anticamente poteva anche non concordare col nome [...]. Ciò mostra chiaramente che la costruzione participiale italiana ha altre origini. Mentre l'ablativo assoluto latino rende un'idea verbale passiva, la costruzione italiana ha significato attivo e proviene dall'abbreviamento d'un gerundio passato [...]» (Rohlfs 1966–1969, vol. 3, § 726).

Die angeführten Beispiele aus Porcacchi lassen sich ebenso wie die oben beschriebenen gerundialen Strukturen als Mittel der Ausdrucksökonomie erklären; in den aufgeführten Beispielen wären ohne absolute Partizipien zur Explizierung der kausalen oder temporalen Zusammenhänge mehr Wörter nötig (Konjunktionen *quando*, *perché*, etc.).

3.4.3.4. Verbalperiphrasen

Der Gebrauch und die Erweiterung ihrer Anwendungsmöglichkeiten von Verbalperiphrasen entwickelten sich im 16. Jahrhundert (Durante 1994, 181). Bei Porcacchi finden sich mehrere Beispiele:

> *andare a* + gerundio: «va mostrando» (Le Isole, 18); «va mancando» (Le Isole, 21); «s'andava distendendo verso Tramontana» (Le Isole, 66); «va allargando» (Le Isole, 82); «va eccellentemente spiegando i suoi concetti» (Le Isole, 86); «va continuando» (Le Isole, 110);
>
> *andare a* + infinito: «*et* va a bagnare» (Le Isole, 12s.); «va a sboccar» (Le Isole, 14);
>
> *essere per fare*: «d'esse la seconda è questa, della quale hora sono per raccontar l'historia, cioè la Scotia» (Le Isole, 66);
>
> *venire* + participio passato: «ma la cagion di questo nome diversamente viene assegnata» (Le Isole, 50).

Wie Durante ausführt, setzte sich der im letzten Beispiel zitierte Typus erst im Verlauf des 17. Jahrhunderts durch:

> «La perifrasi con *venire* [+ participio passato] affiora in vari scrittori del Cinquecento, ad esempio il Caro e il de' Sommi, ma si afferma decisamente con Galileo come denotazione del fenomeno in atto» (Durante 1994, 181).

3.4.3.5. Gebrauch von *volere* und *dovere*

Ein kennzeichnendes Merkmal der Sprache des Cinquecento, dessen Tradition bis zu Boccaccio zurückreicht, ist der redundante Gebrauch der Modalverben *volere* und *dovere*, besonders in finalen und optativen Verwendungen:

«Quest'uso, in cui l'orecchio moderno avverte impaccio e ridondanza, è già largamente documentato in Boccaccio. Nella prima metà del '500 se ne trovano esempi fra scrittori di qualsiasi ceto e formazione culturale, da Michelangelo al Varchi (che ne offre singolare abbondaza nelle *Storie*). Nella seconda metà del secolo esso si attenua. Tutto lascia quindi pensare a un uso radicato nella lingua di tutte le classi sociali, che un autore come il Varchi può ancora accogliere senza esitazioni, ma che più tardi sarà lasciato cadere, in parte per motivi di eleganza, in parte per spontanea evoluzione linguistica» (Lucchesi 1988, 86).

Bei Porcacchi finden sich mehrere Beispiele:

dovere: «tanto mi reputo di dovere haver fatica *et* carico» (Le Isole, b3v°); «c'hebbe carico dal Senato di dovere scriver l'historie» (Le Isole, 7); «aspettino di dover [...] veder pienamente» (Le Isole, 20); «Ma havuto commissione da' Re Catholici, che dovesse andare ad habitare in quella parte dell'isola» (Le Isole, 86).

volere: «nel voler soccorrer suo figliuolo, ch'era condotto a gran pericolo» (Le Isole, 49); «ho pensato voler minutamente descriver l'historia» (Le Isole, 85); «per voler descriver cosi la superficie» (Le Isole, 109); «nel voler dividere un cerchio» (Le Isole, 115).

3.4.3.6. Wortstellung

In einigen wenigen Fällen finden sich bei Porcacchi Beispiele für die Verbendstellung: «colombe, che intorno le volavano» (Le Isole, 29); «i quali da gl'Indiani son ma*n*giati» (Le Isole, 89), ein Beispiel findet sich auch für die Rechtsversetzung des Modalverbs («tutti i doni *et* frutti, che desiderar si possano», Le Isole, 4).[91] Lucchesi erkennt darin einen für die Syntax des '500 charakteristischen Zug, welcher gegen dessen Ende außer Gebrauch geriet:

«Molto comune è la posposizione del soggetto al verbo, secondo un ordine che l'italiano moderno ammette solo nei costrutti marcati (o, per essere più esatti, in quelli interrogativi) [...]. Tale collocazione [...] ricorre in tutti gli autori, dal Machiavelli al Vasari e dal Guicciardini al Sassetti. La sua frequenza varia però in misura considerevole da scrittore a scrittore [...]. La sua assenza (specialmente là dove il contesto la giustificherebbe in pieno) è un sottile tratto di modernità. Si noti poi che la collocazione può divergere da quella attuale in senso diametralmente opposto [...]» (Lucchesi 1988, 99).

Als archaisierendes Element könnte die Enklise des Reflexivpronomens am Satzanfang anzusehen sein.[92] Lucchesi (1988, 84) weist jedoch darauf hin, dass die Enklise

---

91 «Più letterari, cioè senza vere radici nella lingua parlata, ci sembrano due tipi di inversione che si incontrano nella prosa del Cinquecento. Il primo riguarda la reciproca posizione dell'ausiliare e del participio nelle forme verbali perifrastiche: *come se da prima conosciuti gli avesse* (Caro); l'altra l'uso del modale e del verbo reggente dopo l'infinito: *i quali titoli tacer non si potevano* (Della Casa). La riprova della loro letterarietà sta nel fatto che esse scarseggiano (per quanto abbiamo potuto vedere) nei testi più aderenti alla lingua viva» (Lucchesi 1988, 100).

92 Cf. BemboProse 134s.; MiglioriniStoria 357: «L'enclisi pronominale all'inizio di proposizione è ancora predominante, specialmente negli scrittori arcaizzanti (per es. nel Bembo),

am Satzanfang auch im letzten Teil des 16. Jahrhunderts «estremamente comune» gewesen sei. In Le Isole finden sich häufig Satzanfänge dieses Typs:

«Aggiugnesi a questo, che» (Le Isole, b2v°);

«Chiamasi Continente quella terra che non è Isola» (Le Isole, b4r°);

«Entrasi in questa Chiesa per quattro porte» (Le Isole, 3);

«Fiorisconvi le buone arti» (Le Isole, 8);

«Eravi la città di Lepreo» (Le Isole, 13);

«Concordansi quasi tutti gli Scrittori in dire [...]» (Le Isole, 17);

«Trovasi un proverbio Greco» (Le Isole, 18);

«Trovansi Dipsi, *et* Crusie, isole di poco nome» (Le Isole, 31);

«Vassi poi a Calipoli» (Le Isole, 32);

«Vedesi l'Isola Stinfalea» (Le Isole, 33).

3.4.4. Stilistische Mittel

In Le Isole finden sich einige stilistische Besonderheiten, die als Bemühen um rhetorischen Schmuck ausgelegt werden können, auf lexikalischer und auf syntaktischer Ebene. Sie setzten literarische Akzente, sind jedoch im Gesamteindruck keineswegs dominant.

Parallelismus:

«ma allargatosi *et* allungatosi» (Le Isole, b4v°); «egli conquistò, popolò, *et* tenne, fabricandovi terre, et facendovi altre convenienti opere» (Le Isole, 89).

Anapher:

«co*m*modi i traffichi, *et* buoni, buoni gli habitatori, buoni i terreni, buone le carni, le pescagioni, *et* le cacciagioni, *et* finalmente buona ogni cosa necessaria all'uso della vita humana» (Le Isole, 79s.);

«tante gran mutationi hanno fatto di viaggi, et di paesi queste sorte di merci: et tanto da lontano siamo andati noi a cercar gl'incitamenti del nostro appetito» (Le Isole, 99s.);

Anapher beim Präfix: «pronostico *et* prodigio» (Le Isole, 4).

Hyperbaton (cf. Lucchesi 1988, 98):

«una fontana d'acque abbondantissima» (Le Isole, 28).

---

ma ormai gli esempi negativi alternano con quelli positivi (*si può*, *ti ringrazio*, ma *dirotti* nella stessa scena della *Pinzochera* del Grazzini, I, sc. 6)».

Doppelte Verneinung:[93]

«impedivano che'l padre Saturno non sentisse il pianto» (Le Isole, 18);

«non ha fiumi, se non che dalle parte di Garbino è un fiume» (Le Isole, 20);

«le navi piu volentieri volteggiano in luoghi piu larghi, che no*n* son questi della costa di Tramontana» (Le Isole, 21);

«la Scotia è più lunga, che non è l'Inghilterra» (Le Isole, 66).

Figura etymologica:

«fece gran fatti» (Le Isole, 64).

Das Vorkommen einiger phraseologischer Wendungen kann ebenfalls als Orientierung an der *lingua corrente* gedeutet werden:

«Da che vengo in conclusione, che» (Le Isole, 28);

«Presso questa è un castello con alcuni molini, *et* vivai tutti di marmo: dove è tanto dilettevole il luogo, ch'è uno stupore» (Le Isole, 31);

«provocati saltano in furia» (Le Isole, 40);

«daranno in riscatto», «havevano in costume», «haver che far con la Sposa» (Le Isole, 56);

«io non mi veggo mai satio» (Le Isole, 60);

«tener piu facilmente i Britanni a freno» (Le Isole, 64);

«Ferrando Re Catholico, in tempo, *et* sotto l'ombra del quale Christoforo Colombo la discoperse» (Le Isole, 89).

3.4.5. Phonetik

Le Isole weist phonetisch nur vereinzelt diatopische Merkmale auf, welche eher dem Setzer als dem Autor Porcacchi zugeschrieben werden können (venezianisch: *nodrito*, Le Isole, 17; *sorgidore*, Le Isole, 21; *piei* für *piedi*, isg. 11mal). Toskanische Färbung haben die Wörter *quegli* (Le Isole, 23), und *prigioni* 'prigionieri' (isg. viermal; Trovato 1990, 61, charakterisiert diese Wörter als «fiorentinismi»), *horiuole* (Le Isole, 116) bzw. *horiuoli* (Le Isole, 39; cf. DELIN s.v. *oriòlo*; MiglioriniStoria, 434; 650) sowie die Palatalisierungen in *picciol-* (isg. 15-mal; cf. DELIN s.v. *piccolo*) und *angiolo* (Le Isole, 61; zur Verbreitung in der Toskana cf. Rohlfs 1966–1969, vol. 1, § 256).

---

[93] «Nel Cinquecento il sistema [della negazione] è ancora in fase di assestamento e si può ancora trovare *arrivò nessuno* e *nessuno non arrivò*»; «Si noti infine l'uso della negazione in dipendenza di verbi e sostantivi che indicano dubbi, paura (e più raramente divieto)» (Lucchesi 1988, 93; 94). Cf. Rohlfs (1966–1969, vol. 3, § 970): «La negazione si trova inoltre dopo *che* in proposizioni comparative, quando il primo membro della comparazione non sia negativo».

Vereinzelt findet sich der antikisierende Vorschlagvokal *i-* (fünfmal *Ispagna* gegenüber 33-mal *Spagna*; *ispiegar* gegenüber *spiegar* (zweimal) und *spiegando*.

Das Raddoppiamento sintattico wird nicht durchgängig umgesetzt: so finden sich *accioche* (28-mal) neben: *a bastanza, a canto, a dietro, a dirittura, a punto, a traverso, sopra tutto*. Auch dieses Merkmal stellt keinen Einzelfall dar. Ihm kann zudem keine phonetische Relevanz zugesprochen werden, sondern es fügt sich in das typographische Erscheinungsbild des 16. Jahrhunderts ein:

> «Il rafforzamento sintattico, ancora assai vivace nelle scritture toscane della fine del '400 e del principio del Cinquecento [...] è eliminato dai tipografi, specie quando il centro principale della tipografia diventa Venezia» (Migliorini 1957c, 219).

Erst seit der Zeit der Accademia della Crusca wurde das Radoppiamento sintattico durchgehend verwendet.[94]

3.4.6. Orthographie

Wie bereits aus dem obigen Vergleich der Editionen von Le Isole hervorging, folgt die Orthographie einem weitgehend festgelegten Standard. Venedig hatte Anfang des 16. Jahrhunderts eine besondere Rolle bei der Entwicklung paragraphematischer Zeichen gespielt.[95] Im Einzelnen gehören das Semikolon, die Akzente Akut, Gravis und Zirkumflex, die erste kursive Type und das Apostroph dazu, wofür die klassischen Sprachen als Vorbild dienten.[96]

Ausgangspunkt hierfür waren die Editionen aus dem Hause Aldus Manutius, betreut von Pietro Bembo:

> «Nel febbraio del 1496 (1495 stile veneto), ancora per i tipi di Aldo uscì la prima opera del B[embo], il *De Aetna*, racconto, in forma di dialogo col padre, di un'ascensione sull'Etna fatta durante il soggiorno messinese, nel luglio 1493. Il *De Aetna* è un libriccino di scarsa mole: 30 carte in quarto piccolo. Un libriccino che contiene, tutti insieme, i principali elementi per i quali il nostro sistema paragrafematico si distingue da quello delle prime stampe di testi latini o volgari: la virgola di forma moderna, il punto e virgola, l'apostrofo, gli accenti. Non mi risulta che nessuno dei primi tre elementi sia mai apparso avanti il *De Aetna* nelle scritture in caratteri latini; più antichi invece, come si vedrà, sono gli accenti» (Castellani 1995, 3s.).

Die Durchsetzung dieser Zeichen sollte in der Folgezeit verknüpft sein mit der Konkurrenz, aber auch der wechselseitigen Rezeption der großen venezianischen Verlagshäuser. So konstatiert Castellani (1995, 40):

---

94 Cf. auch Hartmann (1907, 227s.); Marazzini (1993, 209).

95 Cf. Richardson (1996, 258): «i segni ausiliari furono sperimentati in modo esteso dai curatori di testi altrui e da quegli stampatori che s'interessavano all'ortografia del volgare. Per quanto riguarda l'Italia, si deve questa iniziativa a un gruppo di tre persone che lavoravanao insieme a Venezia intorno al 1500: lo stampatore e umanista Aldo Manuzio, il suo incisore di caratteri Francesco Griffo, e il giovane patrizio veneziano Pietro Bembo».

96 Cf. u. a. Castellani 1996.

«Insomma, se quest'ipotesi corrisponde al vero: Filippo di Giunta ha reagito ad Aldo, pur imitandolo; il Bembo ha reagito all'eterodosso Filippo di Giunta; e così è nato e s'è gradualmente affermato l'accento grave equivalente ad accento tonico della tradizione ortografica italiana».

Das orthographische Inventar war zwar Gegenstand der Diskussion im '500, jedoch etablierte sich in der Praxis der Edition ein weitgehend einheitlicher Standard:

«Se il confronto fra stampe letterarie cinquecentesche comprese all'incirca fra gli anni Trenta e la fine del secolo e diverse come impostazione filologica e come impasto linguistico complessivo si limita al semplice dato grafico, ci si accorge ben presto che le differenze che si riescono a raccogliere sono in fondo assai scarse. [...] di veramente notevole c'è l'eventuale permanenza di qualche tratto etimologico e pseudoetimologico, peraltro ben localizzato: *h* anche all'interno di parola; digrammi grecizzanti *th*, *ph*, *ch*, *ti* + vocale, *x* e *y*. Il settore che offre la casistica piú ricca è quello delle consonanti doppie intervocaliche, ma già sappiamo che è un settore tipicamente a mezzo fra grafia e pronuncia, e che le motivazioni etimologiche si sommano con quelle fonetiche anti-fiorentine alle quali conferiscono un peso particolare» (Maraschio 1993, 183).

Im Verlauf der zahlreichen linguistischen Diskussionen im Zusammenhang der Questione della lingua im '500 nimmt die Auseinandersetzung um die Verwendung der etablierten und die Entwicklung neuer Schriftzeichen, etwa durch Trissino, breiten Raum ein.[97] Die Graphie von Le Isole weist einige der typischen Spezifika der im 16. Jahrhundert gedruckten italienischen Texte auf:

- Die Graphien mit «h etimologica» fanden dank der Arbeit Pietro Bembos für Aldus Manutius ihren Weg in die Edition, welcher sich jedoch nicht nur am Modus der Humanisten orientierte[98]. Bei Porcacchi steht *h-* im Anlaut (*hora*, *hoggi*) und *-h-* häufig im Wortinneren (*ancho*, *Prohemio*). Bei Wörtern, die mit *th-* ebenso wie mit *t-* geschrieben werden können, werden beide Schreibungen parallel verwendet: *corinti* neben *corinthi*, *Tucidide* neben *Thucidide*.[99] Damit hält sich Porcacchi an die von Bembo vorgezeichnete Linie, welche in diesem Bereich – nach den nicht sehr durchsetzungsfähigen Reformvorschlägen des 16. Jahrhunderts – erst durch die Accademia della Crusca verlassen wird.[100]
- Die Graphie *-ti-* für *-zi-* ist stabil im gesamten '500, wie Marazzini (1993, 207) festhält.[101] Migliorini (1957c, 209) weist darauf hin, dass *-ti-* ein «predominio

97 Cf. Hartmann 1907; Migliorini 1957c; Pozzi 1988.

98 «[...] con chiara coscienza dell'autonomia del toscano rispetto al latino, rappresentò decisamente nella grafia l'assimilazione dei gruppi consonantici (*obietto*, *effetti*, *Nettuno*, *dissi*, *sesto*, *scrissi*, *oscuri*, *danno*, ecc.)» (Migliorini 1957c, 199).

99 Nach Marazzini (1993, 205), bleibt ‹th› im '500 v.a. in Eigennamen enthalten, auch, um etwa die Plosive in *Ethiopia* oder *Scithia* von der affrizierten Aussprache von *-ti-* in *giustitia* oder *amicitia* zu unterscheiden.

100 Migliorini (1957c, 205 und 200): «Verso la metà del secolo, la grafia di tipo bembesco predomina (gruppi consonantici assimilati; *h* e *ti* mantenuti; i digrammi greci si hanno nei nomi propri e in pochi grecismi non assimilati)».

101 Und könnte auch in ihrem phonetischen Wert möglicherweise latinisierend sein (Migliorini 1957c, 21).

quasi assoluto» innehatte. In Le Isole kommen keine Graphien mit *-zi-* vor, bereits die Kapitelüberschriften des Typus' *Descrittione dell'Isola di* ... zeigen dieses an.

- ‹u› und ‹v› werden in den Editionen frühneuzeitlicher Drucke zumeist nach heutigem Gebrauch verwendet, da den beiden Graphemen ihnen keine distinktive Funktion in Bezug auf die Lautung zukommt (cf. Marazzini 1993, 205: «per tutto il secolo XVI questi due grafemi vengono usati senza relazione con la fonetica delle parole»). Erst ab dem Ende des 17. Jahrhunderts findet eine bewusste Differenzierung statt (‹u› für [u]; ‹v› für [v]; Lichem 1988, 22). Ein häufiges Verwendungsmuster in den Drucken des '500 ist das von Marazzini[102] beschriebene Prinzip ‹u› für Minuskel, ‹V› am Wortanfang, welches auch in Le Isole gilt, hier erscheint nur in seltenen Fällen (ca. 24-mal) das Graphem ‹v›.
- Die in Le Isole häufige Kombination *-ij* am Auslaut von Wörtern, deren Singular auf *-io* endet, ist ein frequentes Merkmal der Schreibung von Manuskripten und Drucken des 16. Jahrhunderts. Von Salviati wurde sie jedoch negativ beurteilt («raccomanda di scrivere *occhi* e non *occhij*», Migliorini 1957c, 291, n. 3) und geriet im Laufe des 17. Jahrhunderts außer Gebrauch.
- Die im 16. Jahrhundert heterogene Verwendung der Grapheme ‹ſ› und ‹s› (cf. Hartmann 1907, 214) prägt sich in Le Isole zu Gunsten von ‹ſ› aus; das runde Schluss ‹-s› findet sich in Le Isole nur in bestimmten Kombinationen, im Ganzen über 150-mal z.B. vor Apostroph (*s'allarga*, *s'apparecchiano*, *s'aspetti*, *s'habbia* etc.) und in Kombination mit ſ als Doppelkonsonant.[103]
- Die Zusammen- oder Getrenntschreibung zusammengesetzter Wörter ist bei Porcacchi nicht konsequent. Es finden sich alternative Schreibweisen des gleichen Wortes: z.B. *di rimpetto* vs. *dirimpetto*, *mezo giorno* vs. *mezogiorno*. Auch dieses wird als Charakteristikum der Renaissance-Schriften beschrieben: «è ancora oscillante la grafia delle parole composte, nei manoscritti e anche nelle stampe,

---

[102] Marazzini (1993, 205); cf. Hartmann (1907, 213); Migliorini (1957c, 201). Die Verwendung der Grapheme lässt sich ungefähr in eine zeitliche Abfolge bringen, wenngleich die Vielfalt des systematischen oder zufälligen Gebrauchs diesen Rahmen überlagert: «De 1505 à 1621 le caractère *u* rend la valeur phonétique [v] en position initiale [...]; concurrement, de 1515 à 1673, on remarque l'usage du caractère *v* pour rendre la valeur phonétique [v] en position initiale seulement [...]. De 1505 à 1673, on peut dire que dans tous les imprimés dépouillés, en position non initiale, le caractère *u* sert à noter sans distinction les sons [u] et [v] [...]. Entre 1577 et 1619, en position initiale, le caractère *v* marque plus fréquemment le son [v], le caractère *v* marque moins fréquemment le son [u], mais le caractère *u* est encore présent pour noter [v]» (Bloc-Durrafour/Lazard 1996, 277).

[103] «Au cours du XVIe s., nous voyons se multiplier les cas d'emploi du *s* court, qui réduit quelque peu la suprématie absolue, dans toutes les positions, du *s* long (ſ)» (Bloc-Durrafour/Lazard 1996, 269). Die Verwendung des runden oder langen Zeichens für *s* variierte mit der Schrifttype: «Le *s* double a une histoire complexe au cours des XVIe et XVIIes, avec expansion et régression des innovations, et usages concurrents simultanés. Déterminant, dans le cas du *s* double, est le type de caractères employés»; «L'usage du *s* double en ligature, strictement limité aux éditions en caractères italiques, s'intensifie dans les années 1540–60» (Bloc-Durrafour/Lazard 1996, 271; 272).

del tipo *gentil huomo/gentilhuomo*» (Marazzini 1993, 209; cf. Migliorini 1957c, 220).

- Majuskeln stehen in Le Isole regelmäßig am Satzanfang und bei Eigennamen; häufig werden auch «Fachtermini» großgeschrieben (*Cosmografia*, *Geografia*); dies korrespondiert mit Marazzinis (1993, 209) Feststellung: «Uso delle maiuscole: in genere più largo di quello moderno», wenngleich sich insgesamt im '500 die Grundprinzipien der modernen Form durchsetzen konnten, d.h. Majuskeln hauptsächlich am Wortanfang und bei Eigennamen verwendet werden.
- In Le Isole fällt auf, dass mit der Schrifttype auch die Akzentsetzung wechselt: im *Prohemio*, in Kursiva gesetzt, erscheinen die Konjunktion *o* und die Präposition *a* jeweils mit Akzent, während dies im übrigen Text (in Antiqua) nicht der Fall ist. Hier findet sich zwar der Gravis regelmäßig bei den meisten oxytonen Wörtern (*cioè*, *città*, *dirò*, *là*, *però* etc.),[104] aber nicht bei *perche* und *piu*.
- Die Abkürzungen, die im Buchdruck üblich wurden, übernahmen die Verfahren der Manuskripterstellung;[105] in Le Isole werden einige *n* aus satztechnischen Gründen mit Titulus abgekürzt, zudem einige Eigennamen (*Gio.*) und Titel (*M.*, *Sig.*). Die Abkürzung ‹&› für 'und' ist zwar häufig, daneben treten aber das ausgeschriebene *et* sowie, vereinzelt, *e*. Auch damit gibt der Druck von Le Isole den heterogenen Usus des '500 wieder:

> «[...] per tutto il Cinquecento e buona parte del Seicento è comune l'uso della forma abbreviata ‹&› (già medievale), che a poco a poco viene soppiantata nelle stampe da *e*, *et* e *ed*. Non sempre è rispettata la norma, già fissata nel Cinquecento, secondo la quale *et* era da porre solo davanti a parola iniziante per vocale» (Marazzini 1993, 215).

3.4.7. Interpunktion

Die Handhabung der Interpunktion lag weitgehend in den Händen der Verlagsmitarbeiter, die als Redakteure/Autoren auch die Korrekturen übernahmen.[106] Neben diese Praxis der Interpunktion traten theoretische Arbeiten einzelner Autoren:

> «Anche l'interpunzione, scarsissima nei manoscritti e scarsa e caotica nelle stampe al principio del secolo, diviene man mano più ricca e regolare, e in complesso alla fine del secolo è ormai molto simile all'odierna, e ha trovato dei trattatisti che la regolano minutamente» (MiglioriniStoria, 349).

---

[104] «[...] l'indicazione dell'accento grave sulle finali tronche è ormai costante dalla metà del sec. XVI» (Marazzini 1993, 210).

[105] «[...] le abbreviazioni già in uso nella scrittura manoscritta furono adoperate anche nella stampa, e si possono trovare ancora nella seconda metà del Cinquecento: così la ‹n› o la ‹m› espresse da *titulus* o ‹titolo› (lineetta orizzontale sovrapposta alla vocale che precede), il ‹per› ridotto a una ‹p› con un taglio nella gamba» (Marazzini 1993, 215).

[106] «I correttori e gli uomini di cultura dispongono [nella seconda metà del '500] ormai di trattazioni specifiche sull'‹arte del puntar gli scritti› e di numerosissimi modelli concreti ad opera di correttori pasticcioni, ma operosissimi, e attivi nelle stamperie più importanti, quali il Dolce o il Ruscelli» (Trovato 1998, 213).

Zu den Traktaten über die Zeichensetzung zählen das dritte Buch aus L. Dolce, *Delle osservazioni nella volgar lingua* (Venezia, 1550), P. Giambullari (*Della lingua che si parla e si scrive in Firenze*, [1551]), A. Manuzio, *Interpungendi Ratio* (in: *Orthographiae Ratio*, Venezia, 1566), O. Lombardelli, *De punti ed accenti che ai nostri tempi sono in suo tanto appresso i latini quanto appresso i volgari* (Firenze, 1566) und später *L'arte del puntar gli scritti* (Siena, 1585), bis hin zu L. Salviatis *Degli Avvertimenti della lingua sopra il Decamerone* (Firenze, 1586) und Jacopo Vittorij da Spellos *Modo di puntare le scritture volgari e latine* (Perugia, 1598; nach Borrelli 1987).

Die Abweichung des Gebrauchs der Zeichensetzung in den Drucken des 16. Jahrhunderts von modernen Gewohnheiten sind offensichtlich, sowohl in der zeitgenössischen Terminologie wie auch in der Funktion der einzelnen Zeichen.[107] Es fand ein Prozess der Normierung statt, wenngleich dieser keineswegs geradlinig verlief und eine Vielfalt von Zeichen dokumentiert ist. Der Beweis eines uniformen Systems der «punteggiatura conforme a criteri editoriali precisi, generalmente osservati da tutti gli stampatori» (Borrelli 1987, 76), dem sie ein nicht überliefertes «*vademecum* di punteggiatura» (Borrelli 1987, 74) zu Grunde legt, steht jedoch noch aus.

In Le Isole kommen mit großer Regelmäßigkeit thematische Sinneinheiten und typographische Satzeinheit (Beginn mit Majuskel) zur Deckung, der Punkt beendet häufig einen Satz als textsemantische Einheit. Neben dem Punkt besteht das Inventar an Satzzeichen aus Klammer, Fragezeichen, Komma, Semikolon, Doppelpunkt.

Die Klammer erfüllt eine wichtige Funktion in der Textgestaltung, da sie häufig die Einschübe des Autors optisch von der übrigen Darstellung abhebt. Allein im Venedig-Kapitel finden sich neun Beispiele:

> «(secondo il detto Sabellico)» (Le Isole, 2); «(come dicono) » (Le Isole, 3); «(come spero, credo, *et* desidero)» (Le Isole, 4); «(che come historico parlo hora)» (Le Isole, 4); «(come essi dicono)» (Le Isole, 5); «(come dicono)» (Le Isole, 5); «(come vogliono altri)» (Le Isole, 6); «(come dicono il Petrarca, il Biondo, e'l Sabellico)» (Le Isole, 7); «(come ho detto)» (Le Isole, 7).

Äußerst selten ist der Gebrauch des Fragezeichens, in Le Isole wird es nur nach rhetorischen Fragen in der Widmungsrede verwendet:

> «Et quale altro Capitan di guerra con tanta prestezza *et* felicità havrebbe dato fine al pericoloso, *et* grave sollevamento de' ribelli Mori nel Regno di Granata, come ha fatto Vostra Altezza? Se fu gloria immortale a' Catholici, e invitti Re Ferdinando, *et* Reina Isabella l'havergli in spatio d'otto anni vinti, *et* cacciati di quel Regno; come non dovrà non esser l'Altezza Vostra in tutti i secoli gloriosissima per haver in cosi pochi mesi fatto quello, ch'essi in molti anni fecero? Dipoi chi mai piu con tanto favor di DIO benedetto, *et* con tanto utile della Christiana Republica ha conseguito una vittoria navale, pari a questa che nuovamente Vostra Altezza ci ha acquistato contra i Turchi?» (Le Isole, b2r°).

---

[107] «Se diversi sono i nomi, le differenze investono anche l'uso dei segni» (Marazzini 1993, 212); einen Abriss über den Wandel des Inventars an Satzzeichen in Bezug auf Bestand und Bezeichnungen gibt Chiantera 1992.

Es erfolgt keine rigide Zuweisung spezifischer Funktionen zu den einzelnen Satzzeichen, jedoch gibt es deutliche Tendenzen. Mit 6.540 Vorkommen ist das Komma weitaus häufiger als Doppelpunkt (2.058) und Semikolon (864). Dem Semikolon (im angeführten Beispiel *mezopunto*) kommt im 16. Jahrhundert eine herausgehobene Funktion zu:

> «Il *mezopunto* è ‹quella distinzione che, di natura del sospensivo nel dividere, del coma nella pronunzia, ravvivando la voce e svegliando l'intelletto, mena con ispedito corso al periodo›. Indica una pausa fra due o più pensieri, dopo la quale il discorso acquista vigore ‹levandosi, non so come, a guisa d'un che dormendo fusse punto›» (Borrelli 1987, 58, mit Zitaten aus Lombardellis *Arte del puntar gli scritti*, 87ss.).

Zunächst erfüllte das Semikolon, hergeleitet von Bembos Zeichen, die Funktion einer Pause:

> «Il Bembo può aver avuto presente la fungibilità del punto e virgola greco o del *periodus* medievale latino o di tutt' e due e aver riflettuto che tale combinazione della parte superiore del doppio punto e dell'apice basso adottato come virgola corrispondeva esattamente, sul piano grafico, alla *pausatio* di cui egli sentiva il bisogno (più forte di quella rappresentata dalla virgola e più debole di quella rappresentata dal doppio punto)» (Castellani 1995, 9; 11).[108]

Auch in Le Isole markiert das Semikolon eine deutliche Zäsur im Satzfluss. Das Semikolon signalisiert eine längere Pause als das Komma; es wird auch seltener verwendet. Innerhalb von Aufzählungen steht es, um die einzelnen Nennungen abzugrenzen, wodurch diese größeres Gewicht erhalten, als es durch Komma oder Doppelpunkt erreicht werden könnte. Dies geschieht z.B. in der Auflistung der berühmten Persönlichkeiten aus Venedig (Le Isole, 6).

Während Borelli (1987, 76) eine «regolamentazione di connessioni e inflessioni del flusso sintattico» vermittels der Interpunktion nicht feststellen kann, lässt sich bei Porcacchi eine gewisse Regelmäßigkeit im Zusammenhang von Interpunktion und Satzgefüge beobachten: Häufig steht Konstruktionen mit Partizip oder Gerundium vor dem übergeordneten Verb ein Semikolon (→ 3.4.3.2.). Es finden sich auch Beispiele für die gleiche Verwendung des Doppelpunktes. Diese sind jedoch deutlich seltener und als Ausnahmen zu werten; auf den vier Seiten, aus denen alle obigen Beispiele zum Semikolon stammen, findet sich nur ein vergleichbarer Fall mit Doppelpunkt: «privato lui, *et* un successore del Principato per sospetto di tirannide: fu creato Domenico Monegario» (Le Isole, 6). Nicht nur nach Gerundium und Partizip, auch nach Relativsätzen wird das Semikolon verwendet, um den Übergang auf die nächsthöhere Satzebene anzuzeigen:

---

[108] «En 1495, Bembo utilise dans ses impressions en romain toute une série de signes dont certains, le point-virgule par exemple dans son emploi nouveau [d'une demi-pose] lui seraient redevables» (Catach 1968, 73).

«intendendo però sempre di quelli auttori, che siano venuti à cognition nostra; *et* non di quelli, c'havendo scritto anticamente in questo soggetto, o in versi, o in prosa; sono sepolti nelle tenebre, *et* non compariscono alla luce, se non in nome» (Le Isole, b3v°).

Der Doppelpunkt findet sich in der heutigen Funktion in Le Isole nur ausnahmsweise:

«ho havuto la mira a spiegar queste cose di ciascuna Isola, ch'io habbia potuto, cioè:» (Le Isole, 3bv°).

Vor Zitaten, wo im heutigen Gebrauch der Doppelpunkt Verwendung findet, steht ein Punkt:

«per proverbio dicevano. Felice è Corinto: ma io vorrei esser Tegeate» (Le Isole, 15); «nel modo ch'io, per piu facile intelligentia dirò, cioè. L'Africa comincia da' rami del Lago del diserto di Gaogà verso Mezogiorno» (Le Isole, 111); «la Nuova Spagna è partita in dodici, che son queste. Nicaragua, San Domenico, [...]» (Le Isole, 112); «quando si naviga (come dicono) Levante ponente [...] si fa in questo modo. Se una nave vol partir dell'isola di San Thomaso [...]» (Le Isole, 116),

oder ein Komma, zusammen mit einer Einrückung innerhalb der Zeile:

«*et* un'altro che diceva,   Non esser lecito a ciascuno andar a Corinto» (Le Isole, 13).

Auch der Doppelpunkt wird häufig in Aufzählungen verwendet:

«La prima apertura è verso Tramontana, chiamata Treporti: l'altra in faccia di Garbino Lito maggiore: indi Santo Erasmo: poi i due Castelli: da' quali cinque miglia lontano è il porto di Malamocco, gia nominato Meduaco dal fiume della Brenta, così da' Latini chiamata, che quivi cadeva in mare: *et* questo è posto fra Sirocco, *et* Ostro» (Le Isole, 1); «L'altro Landavese: il terzo Bangoriese: *et* l'ultimo Assauese: *et* questi tutti son soggetti all'Arcivescovo Cantuariese» (Le Isole, 60).

Dabei scheint das Kriterium der Länge der einzelnen Teile (Lichem 1988, 26) eine Rolle zu spielen, da bei kürzeren Elementen einer Aufzählung Kommata stehen:

«Di queste Contee dunque ve n'ha dieci, che contengono la prima parte dell'Isola, cioè Cantio, Suthessia, Surra, Suthantone, Bercheria, Vuilceria, Dorcestria, Somerseto, Devonia, *et* Cornubia» (Le Isole, 60).

Häufig ist der Einsatz des Doppelpunktes vor Konjunktionen (741-mal ‹: et›), während nach Semikolon nur 46-mal *et* steht. Ähnlich erscheint *ma* nach Doppelpunkt 337-mal, nach Semikolon nur zwölfmal. Nach Doppelpunkt folgen häufig Anschlüsse mit *il quale* (96)/*la quale* (69), *dove* (81), *percioche* (79), *onde* (58). Die aufgeführten Eigenheiten im Gebrauch der Zeichensetzung in Le Isole zeigen ihre syntaktische und inhaltliche Motivation.

Pausenzeichen sind Semikolon, Doppelpunkt und Komma, ihnen kommt in absteigender Reihenfolge Gewicht zu, entsprechend wird das Komma am häufigsten verwendet. Der Doppelpunkt steht vor beigeordneten und untergeordneten Gliedsätzen, während das Semikolon häufig nach Gerundium, Partizip und Relativsätzen zu finden ist, bevor das übergeordnete Verb folgt. Der häufige Gebrauch der Klammer unterstützt das Darstellungsprinzip, demzufolge der Autor eine durchgängig kommentierende Rolle hat. Daraus erhellt, dass eine im Bereich der Zeichensetzung modernisierende Editionspraxis das Verständnis der Textintention eher erschwert als erleichtert.

3.4.8. Lexik

Die in dieser Arbeit herausgestellte Texteigenschaft von Le Isole, ein kompilierter Text zu sein, bedeutet im lexikalischen Bereich, dass kaum individuelle bzw. innovatorische Elemente festzustellen sind. Die am häufigsten verwendeten Substantive in Le Isole sind geographische Termini, als Appellativa und als Bestandteile von Eigennamen (*isola*, *città*, *terra*, *parte*, *mar(e)*, *ostroscirocco*[109], *ponente*, *tramontana*, *levante*, *porto*, *nome*, *capo*, *fiume*). Mehrere Wortschatzbereiche, die im Zusammenhang mit dem landeskundlichen Thema stehen, sind gut vertreten: Ethnographie (*antropofagi/cannibali*, *canoe*, *carovana*), Flora und Fauna (*attagini*[110], *bombagio*, *cannamele*, *cottone*, *gengevo*, *iucca*, *legno aloe*, *mastice*, *verzini*; *pesci Xifij*, *Pesci Spada*), Bezeichnungen für Territorien (*balia*, *provincia*, *valle*, *vescovado*) und aus speziellen kulturellen Zusammenhängen (*anabattista*, *butiro*, *turba*). Kennzeichnend ist auch in diesen Wortschatzbereichen das Nebeneinander von Bezeichnungen antiker Tradition und von Neologismen, die aus den Reiseberichten über die Neue Welt stammen.[111] Lexikographisch sind diese Belege bei Porcacchi von untergeordneter Wichtigkeit: Die Erstbelege finden sich in den wesentlich früher entstandenen Vorlagentexten, aus deren Übersetzungs- und Überlieferungsgeschichte sie zu dokumentieren sind, wie Pfister (1994) am Beispiel von *canoa*, *iuca*, *amaca*, *patata* darstellt.[112]

---

[109] Cf. *ostro scirocco* erst 1869, TB; LEI 3,2553,30.

[110] Cf. *attagene* m. erst 1598, Florio; LEI 3,2047,14.

[111] Deutlich wird dies etwa am parallelen Gebrauch von *antrofagi* und *canibali*, das eine griechischer Herkunft, belegt bereits bei Herodot (4,18.106: *'Ανδροφάγοι*, cf. Rübekeil 1996, 1330), das andere, *canibali*, entstanden aus *caribal*; zur Wortgeschichte im Französischen cf. Arveiller (1963, 142–146); zu Neologismen aus Reiseberichten cf. Trovato (1994, 63ss.).

[112] In Weiterführung und Übertragung auf das Italienische der Untersuchungen von Arveiller 1963.

4. Quellen: *Riscrittura* und Kompilation von Textsorten

4.1. Le Isole als kompilierter Text

Porcacchis Arbeit besteht ausschließlich aus der Wiedergabe von Quellen; im Unterschied etwa zu den *Isolari* von Buondelmonti, Sonetti oder Alonso de Santa Cruz (→ 2.4.) greift er nicht auf eigene Erfahrungen zurück. Porcacchi stellt seine Arbeit im *Prohemio* selbst als redaktionelle Arbeit heraus und distanziert sich damit zugleich weitgehend von der inhaltlichen Verantwortung:

> «se mai ho mancato (certo molte volte posso haver mancato) io non ne merito piu colpa di quello, che meritino tanti altri Scrittori, che innanzi a me sono stati, *et* di ciò hanno havuto miglior cognitione: da' quali io ho cavato quanto qui ho ritratto» (Le Isole, b3v°).

4.1.1. *Riscrittura*

Geographische Darstellungen basieren seit der Antike nicht nur auf den astronomischen Berechnungen, topographischen Inventaren und landeskundlichen Beschreibungen, die auf eigene Kenntnisse und Erhebungen ihres Autors zurückgehen, sondern sind, wenn der Anspruch einer umfassenden Erdbeschreibung besteht, auf Quellenarbeit und Zuträger mündlicher Informationen – Reisende und Seeleute – angewiesen, deren Informationen geprüft und systematisiert werden müssen. So diskutiert Ptolemäus zu Beginn seiner Geographie zunächst die Quellenvorlagen von Marinus, über die er sich ein eigenes Urteil bildet (Codazzi 1950, 8); er erweitert die ihm vorliegenden schriftlichen Quellen um selbst eingeholte Auskünfte.[1]

Die frühneuzeitlichen Editoren geographischer Texte ergänzen diese um Kommentare sowie um Darstellungen der neuzeitlich bekannten Länder, Städte, Inseln, Flüsse, Berge usw. (cf. Titel TolomeoGeografiaMattioli). Dabei zeichnet sich das Bestreben ab, über den bisherigen Wissensstand hinauszugehen; so lobt Ramusio in der Widmung an Hieronimo Fracastoro, dieser habe die Wissenschaft erneuert, «non imitando, ò da libro à libro mutando, *et* trascrivendo, ò dichiarando (come molti fanno) le cose d'altri» (RamusioNavigazioni 1,aiir°).

---

[1] Bevilacqua (1980, 356): «Sono questi personaggi, di cui non sempre conosciamo il nome, [...] che assumono la veste simbolica del geografo, di colui cioè che in una lunga proiezione di tempo ed in modo del tutto inconscio s'incarica di raccogliere e di portare a conoscenza di tecnici più specifici notizie e osservazioni, permettendo, al termine di un lungo travaglio, la costruzione del complesso ed immenso profilo della superficie terrestre»; cf. Beck (1973, 45).

Im Bereich der Reiseberichte zeichnet sich ein Geflecht intertextueller Bezüge[2] ab, eine «rete dimostrabile di rapporti fra testi» (Formisano 1989, 85), die sich aus der Übernahme von Stoffen und Motiven vorangegangener Reisebeschreibungen, aber auch aus antiken Texten, konstituiert. In diesem Gesamt lassen sich einige wenige «testi ‹principi›» ausfindig machen – im Kontinuum ihrer gedruckten Übersetzungen, Überarbeitungen und Wiederauflagen veränderte sich der Charakter der zunächst authentischen Erfahrungsberichte und wird literarisiert bzw. historisiert, wie Pregliasco (1989, 63) bemerkt: «Il pubblico attende e giustifica tale processo di superamento della concretezza dell'oggi con le astrazioni del passato, la realtà con la memoria». Überformungen und Wiederverarbeitungen bestehender Texte waren in unterschiedlichen Gattungen beliebt.[3]

Negativ formuliert führen diese Wiederverarbeitungen zur Mittelmäßigkeit: «È mediocre letteratura che non vive se non affidandosi all'autofiliazione, al plagio di sé in nome di una idea di verità, e di pretesa scientificità ormai codificatasi nel corso del secolo» (Pregliasco 1989, 84). Wie dargestellt, war in der zweiten Hälfte des 16. Jahrhunderts innerhalb der editorischen «zona franca»[4] die Grenze zwischen Neuausgabe, Überarbeitung und Plagiat verwischt:

> «Un'euforia di imitazione, che si esalta nel prendere atto di quante scorciatoie (autorizzate) sia possibile percorrere, o di quanti alibi precostituirsi, nell'economia di una scrittura che costitutivamente è (e vuole essere) riscrittura, intertestualità, citazione; un'euforia che non si esita a sfruttare le occasioni di una congiuntura straordinaria per tentare l'azzardo estremo: il furto totale, l'appropriazione indebita, la sostituzione di persona (cioè il vero e proprio plagio)» (Quondam 1998, 25).

Mit der Verwendung des Begriffs *riscrittura* trägt Quondam dem Selbstverständnis der Verfasser Rechnung, wie es sich in der zitierten Äußerung Porcacchis ausdrückt:

---

2 Die Begrifflichkeit der Intertextualität greift auch in der Editionsphilologie: «Die zentrale Aufgabe besteht hierbei im wesentlichen darin, Texte so miteinander in Beziehung zu setzen, daß im Vergleich von Vorlage und Endprodukt die intertextuelle Transformation als spezifische Textkonstitution sichtbar wird» (Jahraus 1999, 110). Zur Kritik cf. infra, n. 44.

3 Auch in Frankreich gewann diese Schreibtechnik an Einfluss, cf. Réécritures (1983/1984, Avant-Propos, 7s.): «Le fil conducteur en est fourni par le thème de la réécriture à l'époque de la Renaissance italienne [...] soit qu'il y ait eu réécriture de tout ou partie d'une précédente version par l'auteur lui-même [...], soit que de telles modifications découlent de la mise en place et des normes de fonctionnement d'un dense réseau d'institutions culturelles, qui sécrètent leurs propres critères d'homologation, ou encore de l'intervention de la censure, tant politique qu'ecclésiastique. D'autre part, bon nombre de compositions littéraires nouent des relations privilégiées avec un texte pré-existant, soit qu'elles en reprennent, dans une large mesure, les modes de pensée et les types d'énonciation [...], soit qu'elles en travestissent délibérément la signification par le jeu de la parodie ou de l'imitation burlesque».

4 «In una parola, se c'è nella produzione editoriale cinquecentesca una nota costante, questa è data dalla tendenza a ‹giocare› in zone franche e a prediligere toni ambigui e comunque non definiti e quindi anche difficilmente catalogabili, a meno di poter contare su di una conoscenza precisa e di prima mano del testo» (Di Filippo Bareggi 1988, 53).

«da' quali io ho cavato quanto qui ho ritratto». Die Schreibverfahren der *riscrittura* etablierten sich v.a. in den Arbeiten Cherchis als eigener Untersuchungsgegenstand.[5] Zur Definition der *riscrittura* gehört dabei auch bei Cherchi die Abgrenzung vom *plagio*.[6] Enzyklopädisch angelegten Werken weist er in dieser Konzeption eine Sonderstellung zu:

> «[...] [in] opere di compilazione (dizionari, cronologie, grammatiche, e simili) [...] il plagio è quasi sempre previsto e manca affatto ogni intenzione o sfoggio gratuito di erudizione posticcia. Inoltre, è importante ricordare che dietro questo genere di plagio esiste un operatore che è sistematico nel suo lavoro, un vero professionista del furto, il cui *habitus* è quello di chi non sa scrivere senza il sussidio di opere altrui; è importante ricordarlo perché il plagiario recidivo rivela, meglio di quello occasionale, il variare dei gusti e del canone» (Cherchi 1998a, 19).

Diese Einschätzung führt auch bezüglich Le Isole zu einer Fragestellung, die über die (Ab-)Wertung als «Kompilation» hinausgeht und die Techniken der redaktionellen Quellenüberformung als professionelle Aktivität betrachtet. Die von Cherchi aufgeworfene Frage nach *gusto* und *canone* stellt sich für Le Isole im Kontext geographischer Texte: Welches Textspektrum Porcacchi auswertet und welche Prinzipien bei ihrer Wiedergabe, der *riscrittura*, zu beobachten sind. Guglielminetti (1989, 116) bezeichnet Le Isole als «abile divulgazione di cose già note in un ambiente ben definito e circoscritto»: Porcacchis Fähigkeit (*abile*) bei der Überführung der ausgewerteten geographischen Texte in eine dem zeitgenössischen Geschmack angepasste Form erfordert eine anspruchsvolle Redaktionsarbeit, die er in Bezug auf formale Angemessenheit, Vollständigkeit des ausgewerteten Textspektrums, einheitlicher und eingängiger sprachlicher Gestaltung und Abgleich unterschiedlicher Quellen leistet.

Dies mag Olschki zu seiner positiven Einschätzung[7] veranlasst haben. Einschränkend ist jedoch festzuhalten, dass auch geübte redaktionelle Fähigkeiten nicht immer über mangelnde Sachkenntnis hinweghelfen konnten.

---

5 Cf. Cherchi 1998b, bes. Quondam 1998, in weiterem Sinne auch Cherchi 1980; 1999a und b. Zur «pluridimensionalità» kompilierter Texte cf. Maffei (1997, 22).

6 «Possiamo parlare di riscrittura quando i materiali d'altri vengono inseriti in un contesto diverso dall'originale, quando si usa una fonte per riscriverla, anziché copiarla *tout court*; parliamo invece di plagio quando la fonte viene duplicata almeno in parte, senza ulteriori elaborazioni. Detto in altro modo, il plagio si definisce *a parte obiecti*, cioè misurando il materiale o la ‹refurtiva›, mentre la riscrittura si definisce e si giudica *a parte subiecti*, ossia valutando l'intenzione dell'autore, il livello e il modo di elaborazione nel materiale altrui» (Cherchi 1998a, 14). Eine Fallstudie zur Streitfrage des *plagio* zwischen Lodovico Dolce und Girolamo Ruscello ist Pastina 1998.

7 «Die Unzulänglichkeit des Ptolemäus für die Kenntnis der alten Welt und seine Unbrauchbarkeit für die Zeit der Seefahrten und Entdeckungen bekannte erst zwanzig Jahre später Girolamo Ruscelli, der unermüdlichste Polygraph des Cinquecento, der seine eigene, ungleich sorgfältiger geschriebene Übersetzung der ptolomäischen Erdbeschreibung als eine Vorarbeit für ein modernes, von ihm geplantes geographisches Werk angab, das er nie zustande brachte. Ein solches veröffentlichte erst 1576 [sic] mit seinen ‹Isole più famose del

4.1.2. 'zusammentragen' und 'zitieren'

Lexikalisch lassen sich der *riscrittura* Sprechaktverben zuordnen, die die spezifischen Aspekte der Schreibtechnik bezeichnen.[8] Dazu gehören 'wiedergeben, zitieren' *riportarsi a qc.*, *ritrarre*; 'Informationen zusammentragen' *cavare*, *raccorre*, *ritrarre*:

> *raccorre*: «Percioche essendone auttore *Messer* Thomaso Porcacchi da Castiglione Aretino, scrittor di nome honorato *et* celebre, *et* molto consumato ne gli studi delle belle lettere, *et* discipline; non ha lasciato nella descrittion di tanti luoghi, in tanti *et* tanto lontani mari, alcuna cosa da dire, che da Auttori antichi *et* moderni di piu variate lingue s'habbia potuta raccorre» (Le Isole, *Dedica*, b2v°);
>
> *riportarsi*: «io nondimeno mi riporto a Polidoro Virgilio, *et* alla misura havutane d'Inghilterra da' sopra nominati amici *et* Signori» (Le Isole, 62); «Nel resto non ho altro che dire; si perche quanto della Spagnuola s'è detto, convien quasi ancho a questa, come perche gli Scrittori che della Cuba hanno trattato; si riportano in tutto alla descrittion della Spagnuola» (Le Isole, 89);
>
> *cavare*, *ritrarre*: «tanti altri Scrittori, che innanzi a me sono stati, *et* di ciò hanno havuto miglior cognitione: da' quali io ho cavato quanto qui ho ritratto» (Le Isole, b3v°);
>
> «non poteva havere information particolare dell'Arcipelago, se non quanto grossamente io haveva ritratto dalla viva voce d'alcuni marinari esperti» (Le Isole, b4r°).

4.1.3. Grundzüge der Quellenverarbeitung

Für Le Isole müssen prinzipiell zwei Kategorien von Quellen unterschieden werden: solche, aus denen Porcacchi Informationen hinzuzieht und zu einem neuen Text verarbeitet und solche, welche passagenweise kopiert werden.

Zum ersten Typus gehören besonders historische Darstellungen, die sich auf weiter zurückliegende Zeiten beziehen. In diesen kann ein freierer Umgang mit den Quellen vorausgesetzt werden, so beschreibt es Cherchi (1998a, 205s.) für eine andere historische Arbeit Porcacchis: «si limita a parafrasare le fonti anziché copiarle alla lettera» (206). Porcacchi sammelt in diesem Fall Informationen aus verschiedenen Texten und lässt diese in einen selbst formulierten Text eingehen.

Die Zahl der angegebenen Referenzen weicht dabei von der Zahl der tatsächlich verwendeten Quellen ab, welche zum Teil ebenfalls einen Zitateteppich darstellten: Die Zitate der Quellen werden zusammen mit der inhaltlichen Information übernommen. Sprachlich oder inhaltlich wird der Unterschied von primären, sekundären oder noch länger tradierten Zitaten nicht konsequent herausgearbeitet; nur sporadisch erfolgt der Hinweis, dass ein Zitat nicht aus erster Hand stammt, z.B.: «Ella fu [...] chiamata Feacia, e Scheria, *et* da Callimaco (secondo Plinio) Drepano» (Le Iso-

---

mondo› Tommaso Porcacchi, der vielseitige und rührige Gelehrte, dem sein Jahrhundert die Veröffentlichung aller griechischen Historiker in italienischer Übersetzung in den sorgfältigen Drucken der Offizin Giolitos zu Venedig verdankte» (Olschki 1922, 216).

[8] Cf. zum Terminus Schlieben-Lange (1983, 149) zu den «Verben der Bezeichnung der eigenen Tätigkeit» bei den französischen Historiographen des 15. Jahrhunderts.

le, 10). Meistens werden aus eigener Anschauung oder sekundär zitierte Autoren nicht unterschieden, so in der folgenden Passage:

> «Scrisse (come dicono il Petrarca, il Biondo, e'l Sabellico) uno elegante volume d'historie Andrea Dandolo Doge di Vinetia» (Le Isole, 7).

In diesem Fall wird Petrarca bereits von Flavio Biondo erwähnt. Dort heißt es:

> «nel tempo antico [Veneggia] non ha havuto huomo alcuno letterato, fuora che Andrea Dandulo duca, ilquale dice Francesco Petrarca, che fu dotto» (BiondoRoma/ItaliaFauno, 176r°).

Eine solche Zitierweise, bei der Verweise und tatsächlich benutzte Texte nicht übereinstimmen, beschreibt Cherchi (1998a, 211) auch für Porcacchis *Paralleli* (PorcacchiParalleliGiolito). Diese Veröffentlichung stelle in weiten Teilen ein Plagiat der Übersetzung von Giovanni Tarcagnota dar:

> «La pretesa imitazione diventa in realtà un grande plagio. Ma Plutarco non sarà il solo autore di cui Porcacchi si servì per compilare i suoi *Paralleli*: con un po' di ricerca si potrebbe scoprire che anche questa è una delle tante opere che pretende di avere molte fonti e ne ha invece pochissime».

Zuweilen ist jedoch nachprüfbar, dass Porcacchi präzise zitiert. So vergleicht er in der *Descrittione della Isola, et Città di Vinetia* (Le Isole, 1–8) die Angaben von Flavio Biondo und Giovanni Candido; die Herkunft der zitierten Zahlen ist belegbar. Daher ist es wahrscheinlich, dass in diesem Fall Textarbeit und Verweistechnik in Einklang stehen (auf die Identität der verwendeten Ausgabe lässt die folgende Synopse jedoch keine Rückschlüsse zu):[9]

> «In questa isoletta di Rialto, *et* nell'altre convicine si ritirarono ancho gli altri popoli vicini, *et* cominciarono a fabricare, *et* con felicissimo principio ad habitarvi: il che fu l'anno di nostra salute CCCCLVI, secondo il Biondo, *et* Giovanni Candido» (Le Isole, 2).
>
> «La citta di Vineggia (co*me* havemo ne le nostre historie mostro [sic]) fu ne l'an*no* 456. del salvator nostro, edificata nel piu i*n*timo seno del mare Adriano, i*n* q*ue*ll'anno, che Atila re de gli Hun*ni* disfece Aquileia» (BiondoRoma/ItaliaFauno, 169v°).
>
> «quandoche la rovina di questa gran citta [Aquileia], fu di Vinegia citta dignissima origene e prencipio, i cui fondamenti è cosa manifesta che furono prima fatti l'an*no* 456 da la nativita di Christo à 26 di martio quantunq*ue* [...]. Laonde meritamente fu chiamata Venetia, havendo raccolto in se le reliquie da la rovina de la veneta provincia conservate» (CandidoCommentariiTramezzino, 32r°).

---

9 Die zitierte Passage aus BiondoRoma/ItaliaFauno entstammt der italienischen Erstausgabe von 1542; jedoch ist es auch wahrscheinlich, dass Porcacchi aus der Ausgabe seines Arbeitgebers Giolito zitierte: *Roma ristaurata, et Italia illustrata da Biondo da Forlì, tradotta in buona lingua Volgare per Lucio Fauno. Nuovamente da molti errori corrette, et stampate*, Vinegia, appresso Domenico Gilio all'Insegna del Giolito, 1558.

Beim zweiten Typus von Quellen ist die Vorlage leichter zu identifizieren, da diese, sprachlich wenig überformt, passagenweise in Le Isole übernommen wurde, meistens unter Angabe des Autors. Allerdings wird dieses Verfahren großzügig gehandhabt: Nicht bei jeder Passage wird die Vorlage genannt, und ob passagenweise eine leicht überformende Abschrift erfolgte, oder ob nur einzelne Informationen verwendet wurden, geht ebenfalls nicht aus dieser Art von Quellenangabe hervor.

4.2. Zitierweise

Zum Zeitpunkt der Abfassung von Le Isole (also vor 1572) konnte Porcacchi auf editorisch ausgereifte geographische Texttraditionen zurückgreifen, wie sie in 2. dargestellt wurden: Dazu gehören Übersetzungen der geographischen Klassiker Ptolemäus, Strabon, Plinius und Mela, Ramusios Sammlung *Navigationi et viaggi*, frühere Exemplare der Gattung *Isolario*, geographische Texte wie einige beschreibende Abschnitte aus Ramusio (*Discorsi*), das Segelhandbuch von Medina und Gastaldis Beschreibung der Weltkarte (GastaldiUniversaleDescrizione) von 1562 mitsamt ihrer Beschreibung. Einen weiteren, nicht klar zu umreißenden Bestandteil seiner Quellen stellen mündliche Informationen oder handgeschriebene Texte dar.

Erwähnt werden sollen zudem zwei weitere Gruppen von Texten, aus denen Porcacchi in Le Isole zitiert. Im Rahmen der gewählten geographischen Themenstellung werden diese jedoch nicht weitergehend behandelt. Gemeint sind zum einen historiographische Texte aus Mittelalter und Frührenaissance, z.B. für Venedig BiondoRoma/ItaliaFauno, CandidoCommentariiTramezzino, SabellicoHistorieTrino, SabellicoSitoMeneghetti; für Großbritannien Beda, Gildas und Polydorus Vergilius (Zitat Le Isole, 62; cf. die Sammlung NeubrigensisLibriPotelerium und *Polydori Vergilii Vrbinatis Anglicae Historiae Libri*, Editio princeps Basileae, Bebel, 1534). Zum anderen fallen darunter Bildungszitate aus der italienischen und klassischen Literaturgeschichte: Homer, Vergil, Dante, Ariost. Ein vollständiges Verzeichnis der zitierten Autoren findet sich im Anhang (→ 10.1.1.).

4.2.1. Antike Geographien

Wie dargestellt, lagen zum Zeitpunkt der Abfassung von Le Isole die Geographien der wichtigsten Autoren in italienischer Übersetzung vor. Ihre Funktion für Le Isole kann als die einer Art von Nachschlagewerk beschrieben werden. Während die einzelnen Inselbeschreibungen in ihrer Gesamtheit auf Reiseberichten oder Chroniken basieren, werden aus den antiken Darstellungen Einzelinformationen ergänzt, wobei auch zwei oder drei Autoren zum selben Thema herangezogen werden können. Es kann davon ausgegangen werden, dass Porcacchi zahlreiche Verweise auf Strabon, Plinius und Ptolemäus auch sekundär übernahm. Zitiert werden die antiken Geographen meist am Anfang eines jeden Kapitels, wenn die Daten zur geographischen Lage, zum Umfang, zur Länge und zur Breite einer Insel angegeben werden. Aber auch in anderen Bereichen kommen diese Verweise vor. Ortsnamen:

> «un Promontorio detto Capo Corso, da Tolomeo Promontorium sacrum» (Le Isole, 46).

«La città di Nebbio è domandata da Tolomeo Cersunum» (Le Isole, 48).

«Sono intorno alla Scotia nel mare Hibernico piu di quaranta isole, da Plinio dette Britannie, *et* da altri Mevanie *et* Hebridi» (Le Isole, 67).

Angaben zur geographischen Ausdehnung und Lage:

«la quale è di circuito, secondo Strabone cinquecento miglia, *et* secondo Plinio cinquecento sessanta due: nel che si crede che Plinio misuri il circuito intorno a' golfi, o piegature dell'isola littoralmente, e Strabone per drittura» (Le Isole, 50).

«L'isola di Minorica posta nel medesimo mar Balearico, o di Spagna, o Mediterraneo, piu verso Levante; è lo*n*tana da quella di Maiorica per Greco trenta miglia: benche Strabone scrive, ch'è discosto da Potentia, o Pole*n*tia città di Maiorica posta a Levante, intorno a LXX stadi» (Le Isole, 57).

Naturkundliche Angaben:

«Quindi il mare un'altra volta s'allarga un poco, e scorre nella Propontide: *et* quivi al Bosforo Thracio, o Stretto di Costantinopoli torna à ristrignersi di tal maniera, che Plinio scrisse, che dall'una riva si sentivano cantar gli uccelli, *et* abbaiare i cani, ch'eran dall'altra, quando però i venti non havessero portato le voci altrove» (Le Isole, b4v°).

«Trovansi in quest'isola alcuni animali, chiamati Mufioni, *et* da Plinio nel capitolo XLIX del libro VIII. Muscrioni, che non sono in alcuno altro luogo d'Europa» (Le Isole, 51).

Mythologische Erwähnungen:

«Percioche si come nel mar mediterraneo apparisce Cipro, *et* la Sardigna; cosi in tutta l'ampiezza del mare apparisce tutta la terra à guisa d'Isola: ilche testifica anchora Plinio» (Le Isole, b3v°).

«Stinfalo, città, fonte, ca*m*pagna, *et* palude d'Arcadia: dove dice Strabone, c'Hercole trionfò de gli uccelli Stinfalidi» (Le Isole, 15).

Historische Angaben:

«Ma poi venne questo Regno (secondo Strabone) con l'aiuto de' Romani in mano de' Tolomei» (Le Isole, 22).

«Color che in quest'isola vivevano cento anni; eran vivuti poco; secondo che si ritrahe da Plinio: il qual ne scrive per relatione de' su detti ambasciatori, *et* da un servitor d'Annio Plocamo, che per il fisco riscoteva la gabella del mar Rosso» (Le Isole, 96).

Wenngleich die angeführten Beispiele die ungebrochene Autorität der zitierten Autoren dokumentieren, kommt – ohne dass dies problematisiert würde – zugleich mehrfach die Überzeugung zum Ausdruck, dass ihre Berichte an Aktualität oder schlicht an Interesse verloren hätten:

«Delle habitationi antiche, *et* delle città di quest'isola io no*n* parlerò altramente: ma ne rimetterò il Lettore a Strabone, Plinio, *et* Tolomeo: il quale nel terzo libro la descrive assai bene: ma scriverò secondo i moderni delle città *et* dell'altre cose di essa, dopo c'havrò prima trattato de gli habitatori» (Le Isole, 51).

«Scorretto anchora credo io che sia il luogo di Plinio, che fa l'Elba girar di circuito intorno a cento miglia: dove i nostri moderni non lo mettono di piu che venti, se gia non volessimo dire, che dal tempo di Plinio in qua l'isola fosse stata corrosa dall'acque marine: ilche reputo vanità *et* favola» (Le Isole, 53).

4.2.2. Ramusio

Im Bereich der Reiseberichte aus der Neuen Welt, aber auch über Afrika und Asien, ist als Hauptquelle die Sammlung der *Navigationi et viaggi* von Ramusio anzunehmen. Diesen nennt Porcacchi zwar unter den berühmten Söhnen Venedigs und verweist dabei auch auf seine editorische Arbeit:

«Gio*van* Battista Rhannusio secretario della Republica, *et* gran Cosmografo: per la cui industria habbiamo havuto piena cognition delle navigationi, cosi de gli antichi, come de' moderni: le quali da lui trasportate da diverse lingue, ch'egli ottimamente possedeva, nella nostra; son poi da molti dotti suoi discorsi illustrate» (Le Isole, 7).

Im Text jedoch verweist er nicht auf seine Sammlung als Quelle für die zahlreichen Reiseberichte, die er ihr entnimmt, sondern nur auf einzelne Autoren, deren Texte Ramusio edierte.

Aus den *Navigationi et viaggi* exzerpierte Porcacchi v.a. für folgende Kapitel: *Descrittione dell'Isola Spagnuola prima isola scoperta dal Colombo* (Le Isole, 81–87), *Descrittione dell'Isola Cuba, che dal Colombo fu scoperta insieme con la Spagnuola* (Le Isole, 88–90), *Descrittione dell'Isola di San Lorenzo* (Le Isole, 91–93), *Descrittione dell'Isola di Taprobana* (Le Isole, 94–97), *Descrittione dell'Isole Molucche* (Le Isole, 98–100), *Descrittione dell'Isola et Terra di Santa Croce, overo Mondo Nuovo* (Le Isole, 101–104), *Descrittione della gran città, e isola Temistitan* (Le Isole, 105–108). Dabei wertete er folgende Autoren aus, die er in Le Isole auch namentlich zitiert (Angaben nach RamusioNavigazioni): Giovanni di Barros (*Della Historia del Signor Giovan de Barros*, 1,384v°–394r°; namentlich erwähnt: Le Isole, 91), Lodovico Barthema (*Itinerario*, 1,147r°–173r°; namentlich erwähnt: Le Isole, 95), Nicolò de' Conti (*Viaggio di Nicolo di Conti nelle Indie*, 1,338v°–345r°; namentlich erwähnt: Le Isole, 96), Marco Polo (*Dei Viaggi di Messer Marco Polo*, 2,2r°–60v°; namentlich erwähnt: Le Isole, 92), Pietro Martire D'Anghiera (*Sommario dell'historia dell'Indie occidentali*, 3,1r°–36r°; namentlich erwähnt: Le Isole, 8; 83; 84; 87), Fernando Cortese (*La seconda [terza, e quarta] relatione della nuova Spagna*, 3,187v°–247r°; *Relatione d'alcune cose della Nuova Spagna, et della gran Città di Temistitan Messicò*, 3,254r°–259r°; namentlich erwähnt: Le Isole, 108), Gonzalo Oviedo (*Sommario della naturale, et generale historia dell'Indie Occidentali*, 3,37r°–61r°; *Della naturale, et generale historia dell'Indie a' tempi nostri ritrovate*, 3,61r°–187r°; namentlich erwähnt: Le Isole, 85; 87).

Porcacchi verwendet aus den *Navigationi et viaggi* nicht nur die Reiseberichte. Auch Übersetzungen antiker Texte exzerpiert Porcacchi aus Ramusio, so *La Navigatione di Iambolo Mercatante* (1,173r°–175r°; zitiert in Le Isole, 96). Auch greift er einzelne Formulierungen der *Discorsi* auf, z.B. könnten folgende Stellen zusammenhängen:

> «San Lorenzo che è maggior che non è il reame di Castiglia, *et* Portogallo» (*Discorso sopra li viaggi delle spetierie*, 1,373v°)

mit

> «L'isola di S*an* Lorenzo è [...] tale che gli Spagnuoli ha*nn*o havuto a dire, ch'ell'è maggior del Regno di Castiglia, *et* di Portogallo» (Le Isole, 91).

4.2.2.1. Leone Africano

Die Integration der Vorlagen aus Ramusio in Le Isole kennt zahlreiche unterschiedliche Abstufungen. Im Bereich der Berichte aus der Neuen Welt wird deutlich, dass Porcacchi sich über lange Passagen an der Vorlage orientiert. Jedoch nutzt er zum Abgleich und zur Vervollständigung Ramusios Sammlung auch als Nachschlagewerk und zitiert nur kurze, inhaltlich kontrastierende Passagen daraus. So bildet das Kapitel *Descrittione del Mappamondo* (Le Isole, 109–113) eine Wiedergabe von Gastaldis Weltbeschreibung (GastaldiUniversaleDescrizione), Porcacchi weicht von der Vorlage im Aufbau und inhaltlich kaum ab.

Aber er ergänzt die Darstellung, so bei der Beschreibung Afrikas: Zuerst führt er die sieben Provinzen auf, in die Gastaldi den Kontinent gliedert, dann referiert er zusätzlich die Meinung von Leone Africano, und dessen Einteilung in vier Provinzen. Der Unterschied dieser beiden Ansätze wird nicht thematisiert, der Vergleich mit Leone Africano soll zur Anschaulichkeit beitragen (*piu facile intelligentia*). Wiederum ist das Bemühen um Kürze bei der Überarbeitung beider Texte deutlich. In der Überarbeitung Gastaldis zeigt sich, bei insgesamt deutlicher Quellennähe, eine leichte Hebung des Sprachstils: Die Glieder der Aufzählung werden bei Gastaldi durchgezählt, bei Porcacchi hingegen wird *La seconda* durch *l'altra* und *La settima* durch *l'ultimo* ersetzt, auch verwendet Porcacchi statt *essere* das gewähltere Wort *abbracciare* (*ch'è in molti regni* vs. *ch'abbraccia molti regni*). Auch Leone Africanos Text wird nur leicht überformt. Der deiktische Quellenverweis *a' nostri scrittori*, nur aus der Biographie des Autors zu erklären, entfällt jedoch:

Le Isole, 111	GastaldiUniversaleDescrizione, 8v°s.
«L'Africa è divisa in sette provincie, cioè Barberia *et* Egitto una: l'altra Numidia: la terza Libia: la quarta Terra de' Neri: la quinta Guinea: la sesta ch'abbraccia molti regni; è l'Etiopia: *et* l'ultimo il regno Manicongo, *et* di Cefala co'l capo di Buona Speranza.	La seconda parte nominata Africa si divide in sette Provincie. La prima delle quali è la Barbaria, l'Egitto. La seconda Numidia. La terza Lybia. La quarta terra de Negri. La quinta Guinea. La sesta ch'è in molti Regni detta Etiopia sotto l'Egitto. La settima il Regno de Manicongo e quello de Cefala, con il capo de buona speranza.

Le Isole, 111	AfricanoDescrizioneRamusio, 1r°
Ma però è da sapere, che Giovanni Lioni Africano non divide l'Africa in piu, che in quattro parti: *et* non mette i confini conformi a quelli; c'ho detto di sopra: ma nel modo ch'io, per piu facile intelligentia dirò, cioè.	«*Termini di Africa.* Secondo i medesimi Africani (quelli dico, che hanno buona cognitione di lettere *et* di cosmographia)
L'Africa comincia da' rami del Lago del diserto di Gaogà verso Mezogiorno, *et* fornisce verso Levante al fiume Nilo: ma verso Tramontana si estende fino a' piei d'Egitto, dove il Nilo entra nel mar Mediterraneo, et qui termina, allungandosi verso Ponente fino allo stretto di Gibelterra.	l'Africa incominciando da i rami del lago del diserto di Gaoga, cio è da mezzo giorno: finisce dalla parte di oriente al fiume Nilo: *et* si estende verso tramontana per insino a i pie di Egytto, cio è dove entra il Nilo nel mare mediterraneo. Dalla parte di tramontana termina pure all'entrata del Nilo nel detto mare, estendosi verso ponente fino allo stretto delle colonne di Hercole.
Di qui si va per Ponente sopra'l mare Oceano fino a Num, ultima città di Libia su'l detto mare. Da questa città di Num comincia verso Mezogiorno, *et* si sporge sopra l'Oceano: il quale abbraccia tutta l'Africa fino a' deserti di Gaogà.	Da quella di ponente si estende dal detto stretto sopra il mare oceano fino a Nun ultima città di Libia su'l detto mare. Et dalla parte del mezzo giorno comincia pure nella detta Nun, *et* si sporge sopra l'oceano, ilquale fino a i diserti di Gaoga cinge *et* abbraccia tutta l'Africa.
Le quattro parti in che è divisa, sono Barberia, Numidia, Libia, *et* la Terra de' Neri».	*Divisione di Africa.* Appresso i nostri scrittori, l'Africa è divisa in quattro parti, cio è in Barberia, in Numidia, in Libia, *et* nella terra de negri».

4.2.3. Weitere gedruckte geographische Texte

Ebenfalls namentliche Erwähnung finden zwei weitere Autoren gedruckter geographischer Texte: «Andrea Tevet» (Le Isole, 91; 92; 93; 102; 105), verlegt bereits in Porcacchis Hausverlag Giolito (André Thevet, *Historia dell'India america detta altramente Francia antartica*, trad. Giuseppe Horologgi, Venezia, Giolito, 1561), und «Giovanni Aubano», d.h. Johannes Böhm, dessen mit fabelhaften Elementen durchsetzter Bericht (BoemoCostumiFauno) Porcacchi ebenfalls zitiert (Le Isole, 85).

4.2.3.1. Gastaldi

Porcacchi folgt wie erwähnt Gastaldi im Kapitel *Descrittione del Mappamondo* (Le Isole, 109–113) und weist darauf hin:

> «Questi sono i confini di tutte quattro le parti principali del mondo, ch'io, seguitando il Gastaldo, ho poste» (Le Isole, 111).

Gemeint ist Gastaldis GastaldiUniversaleDescrizione (→ 2.6.2.). Der Vergleich von (übersetzter) Vorlage und Porcacchis Version demonstriert dies. Es wird deutlich, dass Porcacchi der Systematik Gastaldis folgt und auch seine Beispiele übernimmt (*ville, fiumi, torrenti, boschi, sito, d'una fortezza, pianta d'essa, possessioni, case, palazzi*), die Darstellung jedoch deutlich verkürzt.

Auch verändert Porcacchi die Absicht der Darstellung. Während Gastaldi bestehende Ansätze referiert (*gli antiqui, Altri poi hanno descritto, chiamarono, adimandarono*), formuliert Porcacchi seine Definitionen als Lehrsätze: *appartengono alla Geografia, sono della Corografia, appartiene alla Topografia.*

Bei Gastaldi ist deutlich, dass er in diesem Passus seiner *Universale Descrittione* die verschiedenen Verfahren der *descrizione* herausarbeiten will; achtmal verwendet er das Substantiv und zugehörige Verbformen: *descrittione* (5x), *descrissero* (2x), *hanno descritto* (1x).

Dieser methodische Aspekt tritt bei Porcacchi zurück (nur einmal wird *descrittione* verwendet); ihm geht es um den lexikalischen Aspekt, d.h. Definitionen.

Le Isole, 109s.	GastaldiUniversaleDescrizione, A3r°
«non pur vi sono i luoghi della Cosmografia, cioè le quattro generali parti, in che è diviso tutto in mondo:	«Questa descrittione in generale cosi del Cielo, come della Terra, et Mare gli antiqui la chiamarono Cosmographia.
ma anchora le particolari, come son terre, mari, divisioni delle provincie, *et* de' regni, monti, laghi, porti, golfi, isole *et* simili, ch'appartengono alla Geografia.	Altri descrissero piu particolarmente le parti della Terra, *et* Mare, con le divisioni delle Provincie, Regni, Regioni, *et* descrissero le città, Castelli, Monti, Fiumi, Laghi, Mari, Golfi, Porti, Capi, *et* Isole, *et* tal descrittione la chiamarono Geographia.
Corografia. Topografia. Le piu minute parti poi della terra, *et* del mare, come fa la carta da navigare, *et* le particolari descrittioni de' territori delle città, con le lor terre, ville; fiumi, torrenti, boschi, *et* simili; sono della Corografia:	Altri poi hanno descritto piu minutamente le parti di essa Terra, *et* Mare, come è le carte dal navicare, *et* la descrittione particolar de Territori delle Città, con le strade, Castelli, *et* ville, Fiumi, Torrenti, Rivoli, Canali, Boschi, Monti, Valle fra monti, Campagni, passi, *et* confini, Mari, Golfi, porti, Capi, Ponti, starie, sacche, scogli, Seche, *et* altre particolarità. Questa tal descrittione la chiamarono Corographia.
e in ultimo la piu minuta descrittione del sito d'una fortezza, *et* della pianta d'essa, delle possessioni, case, *et* palazzi de' particolari Signori, *et* huomini, appartiene alla Topografia».	E la descrittione anchora piu particolare d'un sito d'una Fortezza, e la pianta di essa Fortezza, *et* possessioni de particolari, e case, palazzi, *et* altre simil cose adimandarono Topographia».

4.2.4. Mündliche Auskünfte, Manuskripte

Porcacchi holte nach eigener Auskunft mündliche Informationen unterschiedlicher Art ein:

> «Molti ve ne ha anchora in questa felicissima città di Vinetia, che a bocca, *et* per scritture m'hanno ragguagliato di molti particolari» (Le Isole, b3v°).

> «dolendomi, che non poteva havere information particolare dell'Arcipelago, se non quanto grossamente io haveva ritratto dalla viva voce d'alcuni marinari esperti» (Le Isole, b3v°s.)

Nimmt man den Autor wörtlich, so hat sich Porcacchi also auch bei Seeleuten umgehört. Häufiger bezeugt sind jedoch gesellschaftliche Kontakte. Wie dargestellt (→ 2.2.2.), bestand im Umfeld der Akademien, durch persönliche Kontakte, verknüpft mit dem Umfeld des Verlagswesens, reges Interesse an geographischen Fragestellungen. Es umfasste das gelehrte, philologische Interesse an antiken Texten, und nährte sich auch aus der Neugier, dieses Wissen mit den Berichten der Seefahrer zu vergleichen, wobei auch die kartographischen Darstellungsmöglichkeiten einbezogen wurden.

Zum einen wurden Porcacchi Manuskripte zur Verfügung gestellt, auf denen einige seiner Beschreibungen basieren, zum anderen erhielt er Informationen aus mündlichen Berichten. Neben dem wichtigsten Beispiel, Buondelmontis *Liber*, ist dies auch der Fall bei der Chronik Zyperns von Hettore Podocatharo (cf. Le Isole, 20) und bei der Beschreibung Englands. Nicht nur Persönlichkeiten des venezianischen Umfeldes, sondern auch Kontakte aus seinem Herkunftsort (*Castiglione Aretino*; heute Castiglion Fiorentino) verhalfen ihm hier zum notwendigen Material. Porcacchi betont zugleich die Wichtigkeit der Information und die Freundschaft, die man ihm entgegenbringe:

> «ne sono stato informato dal molto illustre *et* molto generoso Signor Mario Cardoini, Colonnello di Filippo Re Catholico in Fiandra, *et* Signore d'alto valore, *et* di mirabili qualità, *et* parte anchora secondo che il molto dotto *et* eccellente M*esser* Mario Cotti da Castiglione Arretino, al presente dignissimo Podestà di Cervia me n'ha fatto dar relatione dal valorosissimo Capitano Clemente Cotti suo fratello, in tutto quel tempo, ch'esso è stato in Inghilterra, e in Fiandra presso l'Illustrissimo S*ignor* Chiappino Vitelli Marchese di Cetona, del cui valore mostrato in tutte le guerre de' tempi suoi in servitio del Re Catholico, *et* del gran Duca di Thoscana mio Principe *et* Signore, merita che si tessano lu*n*ghe historie. Ne resterò ancor di dire, che gra*n* lume *et* cognitione ho io ritratto delle cose qui scritte, dall'Illustre S*ignor* Riccardo Scellei, Prior d'Inghilterra Cavallier della sacra Relligion Gierosolimitana in molti ragionamenti che con questo illustre, dotto, *et* valoroso Signore ho piu volte havuti qui in Vinetia: il che tanto piu volentieri ho ricordato, quanto io non mi veggo mai satio di celebrar la molta dottrina, *et* cognition di lingue, *et* di cose, *et* la singolare humanità di lui, che mi ama cordialmente» (Le Isole, 59s.).

> «non resterò d'aggiugnere il virtuoso, *et* cortese amico mio Messer Giovanni Genova da Cadoro, ch' ultimamente mi portò; sapendo il desiderio mio, alcuni scritti vecchi delle cose d'Inghilterra, havuti (come esso dice) da un mercante suo amico, ch'era molto prattico in quell'isola: il che ho voluto ricordare per non mostrarmi discortese verso cosi caro amico» (Le Isole, 62).

Dieses bei Porcacchi nur in Ansätzen vorhandene Prinzip, die Autopsie und die Auswertung schriftlicher Quellen durch sachkundige und eigens angefragte Berichte von Zeitgenossen zu ergänzen, verleiht Le Isole Ähnlichkeit mit der *Cosmographia* Sebastian Münsters, der Spezialbeschreibungen von Gelehrten aus dem ganzen Reich einholte und seiner Darstellung zu Grunde legte (cf. Burmeister 1963, 133). Die eingeholten Berichte beruhen nicht auf einer einheitlichen Grundstruktur, und die zugetragenen Manuskripte setzen in ihrer geographischen Darstellung verschiedene (historische, landeskundliche, mythologische, politische) Schwerpunkte. Diese Heterogenität wirkt sich auf den Gesamteindruck aus, in Münsters *Cosmographia* auf Grund der Materialfülle sicherlich deutlicher ausgeprägt als in Le Isole.

Hier gewinnt die Darstellung durch diesen vielfachen Informationsfluss an Aktualität. In der *Descrittione dell'Isola d'Inghilterra* (Le Isole, 59–65) reicht die Chronologie der blutigen Thronstreitigkeiten bis zur Herrschaft von Elisabeth I (1558–1603):

> «*et* a questo successe la sorella Maria: la qual fece ritornar quel Regno alla fede Catholica: ma morta essa; prese il Regno Elisabetta presente Reina nata di Anna Bolenia. Questa tornata nelle opinioni del Padre, contrarie alla fede Catholica; vive anchora» (Le Isole, 65).

4.2.5. Quellen für die *voci peculiari a' geografi*

4.2.5.1. MedinaArteNavegarPedrezano

Medina ist Porcacchis Vorlage für den *Discorso intorno alla Carta da Navigare* (Le Isole, 114–117); hier zitiert er ihn ausdrücklich:

> «Ma quando si naviga (come dicono) Levante ponente (per usar l'essempio, *et* le parole del Dottor Pietro di Medina, di cui mi servo) si fa in questo modo» (Le Isole, 116).

Hingegen gibt Porcacchi im *Prohemio* (Le Isole, b3r°–b4v°) keinen Hinweis darauf, dass er bei der Worterklärung der *voci peculiari a' geografi* ebenfalls direkte Anleihen bei Medina nimmt. Die Synopse zeigt jedoch, dass Porcacchi zweifelsfrei dem Segelhandbuch von Medina folgt.

Der Quellenvergleich dokumentiert einige wesentliche Merkmale der Überarbeitung Porcacchis. Inhaltlich ist die große Nähe von Vorlage und Überarbeitung zu beobachten, die sich mit Ausnahmen auch auf die Reihenfolge der «Lemmata» auswirkt: Sprachlich sind orthographische Korrekturen bzw. Standardisierungen festzustellen, welche die venezianischen Sprachmerkmale der Vorlage verändern (*alteza* > *altezza, ambidoi* > *amendue, ariva* > *arriva, dreta* > *dritta, dui* > *due, equinotial* > *equinottiale, mita* > *metà*). Abgesehen davon bleibt Porcacchi auch bei der Wortwahl dicht an der Vorlage, auch wenn die gewählten Lexeme im Italienischen ungebräuchlich sind (zu *altezza, larghezza* und *lunghezza* → 5.1.). Porcacchi verändert auch die Satzstruktur, wodurch aus der zuweilen unbeholfenen Übersetzung ein vergleichsweise eingängiger Text wird: Dies geschieht durch Variationen in der Wortstellung (z.B. vermeidet er durch den Satzanfang *Et ancho per Altezza* die Wiederholung in der Vorlage: *La alteza anche*), kataphorische Verknüpfungen (z.B. *Grado è una di quelle trecento sesanta parti, nelle quali è diviso*; *Orizonte è quel cerchio, che da noi*); häufig teilt Porcacchi einen langen Satz aus der Vorlage in zwei kürzere, besser verständliche Sätze.

4.2.5.2. Synopse Porcacchi und Medina

Prohemio di Thomaso Porcacchi (Le Isole, b4v°ss.)	Libro Quarto de l'alteza del Sol *De li .XVII. principij fundamentali de l'alteza del Sol. Cap. I.* (MedinaNavegarPedrezano, LIIIr°ss.)
ALTEZZA è il numero de' Gradi, che o il Sole, o il Polo si leva sopra l'Orizonte. *Et* ancho per Altezza, s'intendono i gradi, ch'è lontana una Città, o Isola, o altro tale dalla linea Equinottiale.	La alteza è il numero de li gradi che il Sole, over il Polo si leva sopra l'orizonte. La alteza anche se intende per li gradi che alcuna citta ò porto isolo, *etc*. È discosta da la linea eqninotiale [sic].
GRADO è una di quelle trecento sessanta parti, nelle quali è diviso il mondo: *et* à ciascun Grado vengono assegnate XVII leghe *et* meza: onde à quattro miglia [b5r°] lega, sarebbono LXX miglia nostre per grado, cio è per lunghezza, o per larghezza della terra, o dell'acqua. Di questa voce ne tratto ancho pienamente in questo libro al fine della Descrittione del Mappamondo.	Grado è una parte de le trecento *et* sessanta in lequale è diviso il mondo, *et* ha diecisette leghe e meza de gra*n*deza, cioe per longheza de la terra, over aqua, over per la lor largheza.
ORIZONTE è quel cerchio, che da noi è imaginato nella superficie della terra, *et* termina la nostra vista in cerchio del cielo. Per questo cerchio è divisa la metà del cielo, che noi vediamo dell'altra metà, che ci s'asconde sotto la terra.	Orizonte è un circolo che noi imaginiamo in la superficie de la terra, qual termina la nostra vista in circolo del cielo, *et* per questo circolo è divisa la mita del cielo qual noi vedemo da l'altra mita, che ne se asco*n*de sotto la terra.
ZODIACO è un cerchio attualmente situato nell'ottavo cielo: *et* sotto esso il Sol si move per tutto l'anno. Questo è quel cerchio, che sega in due parti eguali la linea equinottiale, *et* l'una metà del zodiaco piega dall'Equinottiale alla parte di Tramontana; *et* l'altra metà alla parte di Mezogiorno. Ciascuna di queste due metà ha di lunghezza cento ottanta gradi: in tanto che tutto il Zodiaco ne ha (come s'è detto) gradi trecento sessanta.	Zodiaco è un circolo attualmente situato nel ottavo cielo, sotto il quale si muove il sol per tutto l'anno. Questo circolo divide, over segha la linea equinotial in due parte equale, *et* una mita del zodiaco dechina da la equinotial alla parte di Tramontana, *et* l'altra alla parte del mezogiorno, *et* ogni mita de queste è di cento *et* ottanta gradi per longheza, à tal che tutto il zodiaco ha trecento, *et* sessanta gradi.
LINEA EQUINOTTIALE. Questa è una linea imaginata per mezo del mondo, che passa da Levante in Ponente: *et* egualmente è lontana da amendue i poli, cio è	La linea equinociale è un circolo imaginato per mezo del mondo, de levante, per ponente, equalmente distante da ambidoi poli, in tal maniera che da la

novanta gradi dall'un polo, *et* altrettanti dall'altro. È detta Equinottiale: percioche quando il Sol passa per questa linea; fa che il giorno all'hora è egual con la notte.

equinotial à ciascadun de li poli sono gradi nonanta, *et* chiamasi equinotial per causa che passando il sol per essa fa equal il giorno con la notte. [...]

TROPICI son due circoli, dove il Sole arriva una volta l'anno, cio è uno da Tramontana, *et* uno da Mezodi: *et* ciascun d'essi è detto Tropico da Tropos, che vol dir Conversione: perche, come il Sole è arrivato à uno di questi due, si rivolta, *et* torna alla parte dell'Equinottiale.

[LIIIv°] Tropici sono dui circoli, dove il sol ultimamente ariva, *et* gionge una volta à l'anno, uno alla parte de Tramontana, l'altro di Mezogiorno, Dicesi tropico à tropos nome greco che vol dir conversione, perche giongendo à qual si voglia de li tropici, il Sole si converte, *et* ritorna alla parte de la equinotiale. [...]

LUNGHEZZA, o longitudine è la via da Levante in Ponente, o da Ponente in Levante: *et* questa è la lunghezza del Mondo.

Longitudine è la via de levante, in ponente, over da ponente, in levante, perche questa è la longheza del Mondo.

LARGHEZZA o Latitudine è la via da Tramontana à Mezogiorno, cio è da un Polo all'altro.

Latitudine è la via da Tramontana al mezogiorno, cioè da un polo à l'altro, perche questa è la largheza del Mondo.

PARALLELO è una linea dritta, imaginata per lo cielo, o per la terra, o per lo mare da Levante in Ponente, o per il contrario: e in tutte le sue parti è discosto egualmente dalla linea Equinottiale.

Paralello è una linea dreta imaginata per il cielo ò per la terra ò per il mar de levante in ponente, *et* per il converso, equalmente in tutte le sue parte discosta da la Equinotiale.

MERIDIANO è una linea imaginata dall'un Polo del mondo all'altro à dirittura sopra il capo nostro: *et* quando il Sole arriva à questa linea; all'hora è Mezogiorno tutti à quelli, che habitano sotto.

Il Meridiano è una linea imaginata da un Polo del mondo à l'altro, dretto sopra il capo nostro, *et* quando [LIIIIr°] ariva il sol à questa linea è mezogiorno à tutti quelli, che habitano sotto di esso.

ROMBO. Con questa voce è chiamato quel vento, del quale i naviganti si servono solcando il mare, o sia vento intero, o mezo, o quarta: di maniera che chi naviga; debbe (come dico nella Carta da navigare) eleggersi un rombo, cio è un vento conveniente al suo viaggio, *et* con quello navigare dirittamente fin che le serve: Ma come quel venga meno; all'hora egli deve pigliare il Rombo, o vento piu vicino, *et* con quello seguir la sua navigatione.

[XLVIr°] Il naviga*n*te ava*n*ti ogni altra cosa die osservar la dretura del viagio, che ha da far, *et* cosi elegierse il rombo, over rombi co*n*venie*n*ti al suo viagio, per loqual sappi questa regula certa, che ovunque l'homo si ritrovi ivi se imagina un ponto, over principio, dalqual esceno, *et* procedono tutti li ro*m*bi, *et* venti de la navigation, però il pedota die notar in la sua carta il loco dove sta, *et* il loco dove vol andar, *et* saputo questo die cercar il rombo, qual è piu dreto alla parte dove vol esser, Et havendo il rombo qual dritamente lo meni al loco proposto, meta la prova de la sua nave per quel Rombo, come li dimostra il bussolo. Et per tal vento segua il suo camino, per il tempo che li servira non obstandoli qualche altro impedime*n*to. Ma quando non havera il rombo qual dretamente lo servi, cerchi col compasso il rombo, qual li è piu à proposito, cioe quel che mancho si discostara dal loco, dove vol andar, *et* per tal rombo segua il suo viagio tanti gradi, over leghe, fin chel trovi altro rombo, che dretamente lo serva per far il suo camino, Ma advertisca il navigante per quanto camino li serve ciascadun de li rombi, *et* dove ha da lassar uno, *et* pigliar l'altro.

CIRCOLI sono una via per la quale si movono intorno a' poli del mondo i Poli del Zodiaco: *et* da' detti Poli piglian nome: percioche vien detto Circolo Artico, *et* Circolo Antartico: *et* son discosto i circoli da' Poli del mondo XXIIII gradi, *et* [b5v°] XXXIII minuti. Questo è quanto m'è occorso dire in questo prohemio per piu aperta intelligentia di chi legge, lasciando il trattar, come converrebbe, de' Venti: percioche di questi se ne ha piena cognitione al fin dell'opera, dove discorro intorno alla Carta da navigare.

[LIIIv°] Circoli sono una via per dove li Poli del zodiaco si moveno attorno li Poli del mondo, questi pigliano nome da li ditti Poli, *et* chiamansi circolo Artico, *et* circolo Antartico. Questi circoli sono discosti da li Poli del mondo .xxiii. gradi, *et* .xxxiii. minuti.

4.2.5.3. TolomeoGeografiaMattioli

Diese Quelle ist als verdeckte Quelle einzustufen. Die Erklärung hierfür dürfte darin bestehen, dass Münster seit 1554 auf dem päpstlichen Index stand (→ 2.3.4.). Möglich, dass Porcacchi dem *Appendix* Sebastian Münsters auch die Idee verdankt, sein Inselbuch durch die Definition «geographischer Termini» zu ergänzen. Jedoch gibt es frühere Beispiele dafür; auch Bordone fügt seinem *Proemio* ein Glossar geographischer Begriffe mit Worterklärungen an (BordoneLibro, [AAiiiv°s.]):

> «Dovendo dunque io delle isole del mondo scrivere, *et* havendo a nominare climi *et* paralleli, mi par conveniente dichiari primamente che cosa essi siano, acioche poi legendo, piu agevolmente i luoghi aprender si possiano».

In dieser begrifflichen Zusammenstellung stehen Kosmographie (*cielo*, *linea equinottiale*, *grado*, *solstitio hiemale*, *clima*) und Segelkunde (*bossolo da navigare*, *ven-*

ti) im Vordergrund; für die landeskundliche Darstellung zentrale Begriffe, wie sie die folgende *Appendix Geographica* versammelt (*Isola*, *Continente*, *Seno*, *Penisola*, *Isthmo*, *Fretho*, *Lago*, *Stagno*, *Palude*, *Promontorio*, *Oceano*, *Mar Mediterraneo*), sind in diesem Konzept nicht vorgesehen. Auch hierin wird der konzeptionelle Unterschied der *Isolari* von Bordone und Porcacchi deutlich.

Die Synopse von Münster und Porcacchi legt nahe, dass Porcacchi mit der lateinischen Vorlage arbeitete. Dafür spricht der Gebrauch einiger Lexeme, die dem lateinischen Text folgen (*peculiari* aus *peculiares*, nicht: *proprii*). Möglicherweise zog er jedoch vergleichend die italienische Übersetzung Mattiolis hinzu. Dafür sprechen einige ergänzte italienische Synonyme, die sich auch in Mattiolis Text finden: *Continente* [...] *in vece d'essa ho usato Terraferma* (lat. *Continens*, it. Übers. *terra ferma*); *Seno* [...] *communemente è chiamato Golfo* (lat. *sinus*, it. Übers. *Golfo*).

Diese Ergänzungen und einige inhaltliche Hinzufügungen (so ist in der italienischen Übersetzung und bei Porcacchi die Rede vom *Stretto di Gibelterra*, in der lateinischen Fassung jedoch nicht) könnten auf die Kenntnis der italienischen Übersetzung hindeuten. Allerdings sind diese Ähnlichkeiten nicht so speziell, dass allein daraus auf die Kenntnis von Mattiolis Übersetzung geschlossen werden dürfte. Denn auch die Hinzufügungen bei den Definitionen der «Lemmata» *Penisola*, *Isthmo* und *Oceano* sowie am Schluss der Name *Arcipelago* für *Egeo* lassen sich ohne Vorlage allein aus Porcacchis Kenntnissen und anderweitigen Informationen erklären.

Porcacchis Text orientiert sich deutlich an der lateinischen Vorlage der *Appendix* von Münster, in weiten Teilen stellt er eine Übersetzung dar. Inhaltlich werden aktualisierende Hinzufügungen und Erklärungen vorgenommen; auf der anderen Seite wird der Text in der Länge und in einigen Details gekürzt. Einige etymologische Anmerkungen werden nur teilweise (s.v. *Seno*) oder gar nicht übernommen, so die griechischen Herkunftswörter in den Definitionen zu *Peninsula* und *Fretum*.

4.2.5.4. Synopse Porcacchi und Münster

Prohemio Porcacchi	*Appendix* Münster	*Aggionta* Münster
(Le Isole, b4r°s.) Ma perche molte volte m'è occorso in queste descrittioni usare alcune voci peculiari a' Geografi, le quali non cosi da tutti vengono intese; però avanti ch'io venga al principio dell'opera, ho pensato di dichiararle tutte: *et* prima havendo à descriver l'Isole; sarà bene, ch'io dica che cosa sia Isola, et poi venga all'altre.	*Dictionum quarundam, quæ geographis peculiares sunt, interpretatio* (159–160)	*Interpretatione d'alcuni vocaboli proprij di Geographia. Cap. III.* († vijr°ss.)

Prohemio Porcacchi	*Appendix* Münster	*Aggionta* Münster
ISOLA è quella terra, che d'ogn'intorno è circondata dall'acqua: dico quella che separata, *et* divisa dalla maggior terra; ha il mare che d'ogn'intorno la bagna: *et* tanto si chiamano Isole quelle terre, che son nel mare, quanto quelle che son ne' laghi, pur che habbiano da ogni parte l'acque che le circondino.	Insula enim est terra aquis circundata, quę scilicet à maiore telluris vastitate seiuncta, undiq*ue* mari alluitur.	[† viiv°]: Isola e una terra spiccata, *et* separata dal continente, *et* per ogni intorno circondata dal mare
CONTINENTE. Questa voce poche volte da me è stata usata: percioche in vece d'essa ho usato Terraferma, che tanto significa. Chiamasi Continente quella terra che non è Isola, cioè che in tal maniera è attaccata con altra terra continua, che vi si possa da tre parti andar senza navigar per mare.	Continens vero dicitur, quæ mari non nisi per sinus fracta, tota sibi constat *et* cohęret: vel est terra alteri ita continua, ut inde absq*ue* marina navigatione omnes tres partes terræ transiri possint.	[† viiv°]: *et* terra ferma si chiama quella, che sta tutta in se stessa, et non e rotta, ne separata dal mare, senon per braccia, o per golfo, overo diremo, che quella si chiama terra ferma, onde si possa senza navigatione alcuna liberamente andare per tutte le parti del mondo.
SENO metaforicamente è detta dal seno del corpo nostro, quella parte, che in mare è abbracciata da due liti incavati: *et* da noi communemente è chiamata Golfo.	Sinus metaphorice dicitur à sinu corporis, quæ pars est inter pectus *et* complexum brachiorum. Hinc quia littora curva complectunt*ur* maria, vocantur sinus.	Golfo si chiama ogni luogo del Mare, che entra fra terra inarcato.
PENISOLA vien detta quella, ch'è quasi Isola: ma però non è ne Isola, ne Continente: ma circondata dal mare; da una parte nondimeno è attaccata con terra ferma, come è la Morea, il Cherroneso, o Chersoneso Taurico, Thracio, Cimbrico, *et* [b4v°] Aureo nell'India: *et* Cherroneso in lingua Laconica, *et* Chersoneso	Peninsula est, quę non plane insula est nec plane co*n*tinens, sed mari circundata, aliqua tamen parte terræ connectitur, quemadmodum sunt Cherronesii, ut Taurica, Peloponnesus, Thracia cherronesus: item Cimbrica *et* Aurea in India. Est autem cherronesus lingua Laconica, *et* chersonesus lingua co*m*muni,	Peninsola poi, *et* parimente Chersoneso e una terra, che sia quasi per ogni intorno circondata dal Mare, ma che pure da qualche parte si contenga con terra ferma, come e la Italia, *et* in India la Aurea Chersoneso. [...]

Prohemio Porcacchi	*Appendix* Münster	*Aggionta* Münster
in lingua commune significa l'istesso, che Penisola, ciò è [sic] terra circondata da tre parti dall'acqua, *et* dalla quarta unita co'l Continente. La Penisola è da noi con voce, non so come alterata di suono dalla Latina, ma quasi con le medesime lettere, detta Polesine.	terra feré undiq*ue* mari cincta, no*n* differens à peninsula. *χείρ* est manus *et νῆσος* insula. [...]	
ISTHMO è terra stretta fra due mari; *et* gl'Isthmi si trovan due soli, quel di Corintho, *et* quel di Thracia. Noi lo diciamo Stretto. Contraria à questa è	Isthmos est arcta terra inter duo maria. Inveniuntur vero duo isthmi, qui proprie isthmi dicuntur, Corinthiacus *et* Thracius.	Isthmo e una terra stretta tra due Mari, come si vede nel Peloponeso appresso Corintho, *et* in Thracia, appresso all'Hellesponto.
FRETHO: *et* significa un Mare stretto fra due terre, come è il Freto Herculeo fra la Spagna, *et* la Mauritania, che noi chiamiamo Stretto di Gibelterra.	Fretu*m* opponitur isthmo, nam est mare angustum inter duas terras, ut est fretum Herculeum inter Hispaniam *et* Mauritaniam. Græci *πορθμὸμ* [sic] vocant. Alii putant fretum derivari à fremitu undarum, ut est fretum Siculum, quod euripus quoq*ue* vocatur Tauromitanus.	Stretto per il contrario si chiama, ove il Mare passa strettame*n*te fra due Terre, come in Spagna lo stretto di Gibilterra, et in Thracia, appresso a l'Hellesponto, *et* parimente appresso 'l Bosphoro del Mare Eussino.
LAGO è quello, c'ha acqua perpetua: ma	Lacus est qui perpetuam habet aquam.	Lago si chiama ogni congregatione d'acqua dolce, che mai si secca.
STAGNO è quello, c'ha acqua à tempo, cio è che vi si raccolga per le piogge.	Stagnum vero, quod temporariam habet aquam, hoc est, hyeme collectam ex pluvia.	Impero che quei Laghi, che a tempo si seccano, et a tempo si riempiono d'acqua, si chiamano Stagni.
PALUDE è acqua molto profonda, e stagnante, ma larghissimamente diffusa, e sparsa: *et* alcune volte si secca [...].	Palus est aqua nimis profunda *et* latissime diffusa. [...]	Palude e una co*n*gregatione d'acqua molto profonda, *et* molto larga. [...]
PROMONTORIO è quella parte di monte, che spor-	Promontorium à prominendo pars est montis,	Promontorio si chiama quella parte di ciascuno

Prohemio Porcacchi	*Appendix* Münster	*Aggionta* Münster
ge dentro in mare.	quæ in mare excurrit. [...]	Monte, che entra, *et* si distende dentro in Mare.
OCEANO dicono, ch'è quel mare, che d'ogn'intorno circonda tutta la terra ferma del mondo: *et* però (come ho notato nel principio di questo prohemio) Theopompo, e Strabone hanno detto che tutta la terra è Isola: la qual nuota nel mare Oceano, che anchora è chiamato il mar grande.	Oceanum dicunt esse mare, quod universum circuit terram, *et* in quo, veluti in insula tota natat terra. Hic *et* mare magnum vocatur.	Oceano si chiama il grandissimo Mare, che circonda tutta la terra.
MAR MEDITERRANEO è quel, che da Ponente entra nella terra: *et* da principio è stretto, *et* come per alcune foci, dove si chiama lo Stretto di Gibelterra, viene à entrare con larghezza non punto maggior di dieci miglia: ma allargatosi *et* allungatosi; in tal maniera si stende per li liti d'Africa *et* d'Europa, che dal Genovesato in Africa si annoverano quasi undici gradi di larghezza. Ma nelle foci d'Abido, dove hoggi si dice Lo Stretto, o braccio di San Giorgio; è strettissimo, cio è dove Xerse Re de' Persi, volendo far guerra contra la Grecia; gittò il ponte per traghettar d'Asia in Europa. Quindi il mare un'altra volta s'allarga un poco, e scorre nella Propontide: *et* quivi al Bosforo Thracio, o Stretto di Costantinopoli torna à ristrignersi di tal ma-	Mare mediterraneum ab occasu ingreditur terram, *et* est primum angustu*m*, *et* veluti per fauces apud Gaditanos terram ingreditur, nec amplius decem millibus passuum patens terras aperit atq*ue* intrat, tum longe lateq*ue* diffusum, littora Affricę *et* Europæ usq*ue*adeo distendit, ut à Liguria in Africam undecim fere numerent*ur* latitudinis gradus. In faucibus autem Abydenis non est latitudo quartæ partis unius gradus, ubi scilicet Xerxes rex Persarum fecit pontem ab Asia in Europam per arctissimum illud mare, cum oppugnare conaretur Athenienses. Inde mare rursus modice se laxat in Propontidem, quæ in bosphoro Thracio prope Constantinopolim iterum in tantas co*n*trahitur angustias, ut etiam teste Plinio aliquu*m* cantus, canumq*ue* latratus utrin-	Il Mare Mediterraneo, entra fra terra verso occide*n*te per lo stretto Herculeo, chiamato Gibilterra, dove la maggior larghezza e solamente dieci miglia, *et* cosi dividendo qui l'Aphrica dall'Europa si distende, *et* s'allarga, tanto ampiamen- [viiiir°] te, che da i Lidi di Liguria, sino in Aphrica, si numerano quasi undici gradi. Nelle fauci poscia d'Abido, hoggi chiamato stretto di Galipoli, non ha di larghezza la quarta parte d'un grado, quivi dico, dove Xerse Re di Persia, fece quel Ponte, che passava d'Asia in Europa, quando combatteva contra gli Ateniesi. Di quindi allargandosi questo stretto alquanto, fa la Propontide, la quale nel Bosphoro di Thracia, appresso a Costantinopoli una altra volta poscia tanto si ristringe, che dall'una par-

Prohemio Porcacchi	*Appendix* Münster	*Aggionta* Münster
niera, che Plinio scrisse, che dall'una riva si sentivano cantar gli uccelli, *et* abbaiare i cani, ch'eran dall'altra, quando però i venti non havessero portato le voci altrove. Di qui un'altra volta s'allarga l'ampio mare Eussino verso Tramontana: *et* per il Bosforo Cimerio, o Stretto di Gallipoli, come per foci passa nella Palude Meotide, o mar delle Zabacche: dove il Mediterraneo fornisce: ma però in diversi luoghi piglia diversi nomi: atteso che è chiamato Balearico, o di Maiorica; Ligustico, o di Genova; Thirreno, o mar di sotto; Carpathio, dove è Cipro; Egeo, o Arcipelago: *et* altri nomi.	q*ue* audiantur, nisi cum venti vocis sonum auferunt. Hinc rursum consurgit latissi[mum se]ptentrionem per bosphorum Cimmerium veluti per fauces transmittitur in paludem Męoticam. Incipit igitur mare mediterraneum in Hispanię extremitate iuxta Gaditanos *et* desinit in paludem Mæoticam, acceptans alia in aliis locis cognomina. Iam enim vocatur Balearicum, iam Ligusticum, Tyrrhenum, Carpathium, Aegeum *et*c. [...]	te della terra all'altra, si sentono cantare li galli, et fremito suo insieme con i venti non impedischino le voci. Da questo ultimo stretto, nasce poi un'amplissimo, *et* larghissimo Mare, hoggi chiamato da i Moderni, maggiore, havendolo però prima chiamato gli antichi Eussino, ilquale voltа*n*dosi verso Settentrione, per il Bosphoro Cimmerio, entra poi al fine nella Palude Meotide. Entra adonq*ue* il Mare Mediterraneo fra terra di verso Spagna, per lo stretto di Gibilterra, appresso a Gade, *et* finisce in la Palude Meotide, *et* secondo i luoghi, onde passa, e chiamato di diversi nomi, cioe Ligustico, Thirreno, Carpathio, Egeo *et*c. [...].

4.3. Buondelmontis *Liber* als Quelle

Im *Prohemio* dankt Porcacchi Freunden und Förderern, die ihm bei der Quellenbeschaffung für Le Isole geholfen haben. Exemplarisch hebt er hierbei das Manuskript hervor, das ihm zu den Ägäis-Inseln zur Verfügung gestellt wurde:

> «Non resterò già di ricordare in questo luogo per l'istessa cagion d'obligo, *et* d'honore, un gentil'huomo dotto, *et* honorato, che per difetto di memoria non è stato ricordato altrove [...]. Questi è il Magnifico, *et* Eccellente Messer Leone Ghidella, gentil'huomo Bresciano, *et* Fisico in questa Città di molta consideratione: co'l quale parlando io un giorno (come si fa) di questo mio libro dell'Isole [...] egli subito mi diede un libro scritto à penna, senza il nome dell'auttore, nel quale erano per ordine disegnate tutte l'isole, *et* tutti gli scogli dell'Arcipelago, con qualche poca narratione pertinente alle misure de' luoghi» (Le Isole, b3v°s.).

Auch bei dem entsprechenden Verweis im *Arcipelago*-Kapitel verzichtet er auf die namentliche Nennung des Autors:

«Nondimeno io seguo un'auttore moderno, del cui nome volentieri farei mentione, se lo sapessi, *et* egli havesse voluto metterlo in un suo libro scritto a penna» (Le Isole, 28).

Dagegen wird in späteren Auflagen der Autor des Manuskriptes beim Namen genannt. Diese Ergänzung lässt darauf schließen, dass der Verweis auf eine anonyme Quelle nicht ein Topos ist, um den Textursprung zu verschleiern oder ein Geheimnis zu inszenieren, sondern auf echter Unkenntnis beruhte. So heißt es an der gleichen Stelle in der aktualisierten Fassung der zweiten Auflage:

«Nondimeno Christoforo Buondelmonti Fiorentino, che descrisse l'Arcipelago l'anno MCCCXXII. *et* lo mandò al Cardinal Giordano Orsino, tiene, che questo scoglio fosse l'Echinnadi: nel qual caso mi par veramente, ch'egli s'inganni» (PorcacchiIsoleGalignani 1576, 75s.).

Bezeichnenderweise wurde dieser Erkenntniszuwachs nicht konsequent umgesetzt. Denn im *Prohemio* dieser Auflage heißt es unverändert:

«[l'Eccellente Messer Leone Ghidella] subito mi diede un libro scritto à penna, senza il nome dell'auttore, nel quale erano per ordine disegnate tutte l'isole, *et* tutti gli scogli dell'Arcipelago, con qualche poca narratione pertinente alle misure de' luoghi [...]» (cv°).

Lancioni weist auf diesen Zusammenhang hin, im Sinne einer Rechtfertigung des «Plagiators» Porcacchi:

«L'autore misterioso sembra dunque avere finalmente un nome e l'isolario saccheggiato sembra essere davvero il *Liber insularum Archipelagi*, per la precisione nella versione del 1420, ma Thomaso Porcacchi, con questa citazione, da subdolo plagiatore diviene l'unico autore che si sia degnato di citare Christophoro Buondelmonti e di dare notizia della sua opera» (Lancioni 1991, 92).

Lancioni enthält sich einer Erklärung für diese späte Einfügung. Auch erläutert er nicht, warum er davon ausgeht, dass Porcacchi die Version von 1420 verwendete; Porcacchi selbst nennt die Datierung 1422 (PorcacchiIsoleGalignani 1576, 76).

4.3.1. Überlieferung

Das *Liber insularum archipelagi*, eine umfängliche Beschreibung der ägäischen Inseln in lateinischer Sprache, sandte Buondelmonti 1420 nach Rom an Kardinal Giordano Orsini, 1422 folgte eine zweite, kürzere Version. Das *Liber* enthält durchgehend geographische Angaben (Lage, Entfernung, Größe der Inseln), auch sind zahlreiche farbige Illustrationen beigegeben, welche den Stil der Portulankarten fortsetzen. Die Etymologien, die Buondelmonti in der längeren Version des *Liber* zu den Inselnamen angab, untersucht Gerola (1932–1933, 1154; 1158s.):

«È dunque evidente che l'importanza di tali etimologie è più che altro storica; ma non si deve neppure credere che, analizzandole, non offrano alcun interesse filologico o non presentino in sè elementi vitali per il glottologo, specialmente come contributo al complesso problema della riduzione dei nomi greci in bocca franca»; «Piuttosto è vero che il nostro

> autore [Buondelmonti] non aveva forse molto chiara in mente o per lo meno no si rendeva conto esatto della differenza che intercorre fra greco classico, greco della chiesa, e greco bizantino parlato».

Das Original von Buondelmontis Hand ist nicht erhalten.[10] Die beiden Traditionslinien des umfangreicheren, älteren und der jüngeren Kurzfassung verzweigen sich in zahlreichen Überarbeitungen und Handschriften. Bereits in den Manuskripten von Buondelmontis *Liber* ist festzustellen, dass die Karten häufig nicht von derselben Hand stammen wie der Text, und dass Text und Karten inhaltlich nicht miteinander verknüpft sein müssen (Gerola 1931, 253). Die Schwierigkeiten die Überlieferungsgeschichte nachzuzeichnen beschreibt Gerola (1931, 250):

> «Per di più dell'uno e dell'altro testo non solo ci manca l'autografo o per lo meno il prototipo, ma invano si chercherebbero i primi anelli della catena genealogica; laddove i numerosi codici superstiti, sebbene vicini all'età dell'autore, si palesano disparatissimi fra loro».

Sprachliche Varianten sowie inhaltliche Abweichungen lassen sich deshalb nur eingeschränkt für die Ermittlung der Genealogie auswerten, da Abschriften und Übersetzungen des *Liber* durch eine «rimarchevole iniziativa personale» (Gerola 1931, 265), d.h. durch die Verarbeitung mehrerer Vorlagen und durch individuelle Ergänzungen, gekennzeichnet sind. Eine ausführliche und zugleich die jüngste Darstellung der Tradition der lateinischen Manuskripte gibt Spitael (1981, 84ss.) nach Konsultation der Bibliotheken von Rom, Mailand, Venedig, Florenz, Paris, Norfolk und Baden.[11] Sie verweist auf weitere Exemplare in den Bibliotheken von Parma, Treviso und Neapel. Kristellers *Iter Italicum* verzeichnet weitere Manuskripte des *Liber*. Dadurch erfährt es gleichzeitig eine literarisch-humanistische Klassifizierung, da Kristeller Kartensammlungen nicht aufnimmt (IterIt 1,XIII).[12] Nur wenige integrale Editionen stehen bis heute zur Verfügung: Von der lateinischen Version nach den Manuskripten der Bibliothèque Nationale, Paris (BuondelmontiLiberSinner 1824, 29ss.; cf. Spitael 1981, 88s.) und von der griechischen nach dem Manuskript aus dem Serail/Konstantinopel, in der Kopie von Emmanuel Miller (Legrand 1897, XVss., heute Bibliothèque Salomon Reinach, Université Lyon II., cf. Spitael 1981, 90s.). Beide werden zur späteren, kürzeren Textvariante gerechnet. Garand (1975, 73ss.) datiert die frühesten von Sinner verwendeten Codices, in Korrektur seiner Angaben, auf die zweite Hälfte des 15. Jahrhunderts (fonds latin, n°s 4823: 1. H.

---

10 Spitael 1981, so auch Gerola (1932–1933, 1130; 1131).

11 Zu den vatikanischen Manuskripten cf. Almagià 1944; Campana 1957. Zu den Exemplaren der Bibliothèque Nationale cf. Garand 1975; zu einem Leydener Manuskript De Meyier 1971.

12 Aus anderen italienischen als den von Spitael besuchten Bibliotheken sind bei Kristeller folgende Exemplare verzeichnet: Napoli, Biblioteca Nazionale, XIII G 30 cart. XV Fols., nicht nummeriert: Christoforus (Bondelmontius), liber insularum Cicladarum, an Jordanus (card. Ursinus), mit Zeichnungen (IterIt 1); Padova, Biblioteca Universitaria, 1605. mbr. XV.: Christ. Bondelmontius, liber insularum Archipelagi, fragm. (IterIt 2); Treviso, Biblioteca Capitolare, 323. cart. XV.: (Christ. Bondelmontius), liber insularum, inc. Constitui pater, mit Zeichnungen (IterIt 2).

16. Jahrhundert, Frankreich/Paris; 4824: v. 1464–1475, Norditalien; 4825: v. 1466, Norditalien/Venedig?). Den von Sinner wegen seines angeblich späten Entstehungsdatums nicht ausgewerteten Codex Nouv. acq. lat. 76 setzt sie als den ältesten an und datiert ihn auf das Jahr 1456, entstanden in Chios, wohl von der Hand eines venezianischen Schreibers. Weniger überzeugend ist die Datierung von Gerola auf einen Entstehungszeitraum nach 1453, weshalb Buondelmonti als Autor nicht in Frage käme:

> «non sarebbe del Buondelmonti perche ricorda a Costantinopoli la cisterna di Maometto ed è dunque posteriore alle caduta di quella città in mano dei Turchi» (Gerola 1932–1933, 1132).[13]

Die Zisterne kann jedoch auch seit früherer Zeit diesen Namen getragen haben, da die Osmanen bereits zu Anfang des Jahrhunderts die Stadt in Besitz genommen hatten. Als ältestes erhaltenes Exemplar der früheren, umfangreicheren Version wird dasjenige der Bibliothek Holkham-Hall (Norfolk) angegeben, welches im Kollophon den Erstellungsvermerk Chios, 1429, trägt (Spitael 1981, 84s.) und wohl eine direkte Abschrift des Originals darstellt; weitere bekannte Exemplare stellen die Kodizes Ambrosiano A. 1219 und Classense 308 dar (Gerola 1914, 451), welcher von Letzterem eine Teiledition vorlegte (*Le tredici Sporadi nel Codice Classense di Cristoforo Buondelmonti*, Gerola 1914). In Auszügen wurde das *Liber* bereits seit dem 17. Jahrhundert ediert.[14] Eine moderne Edition stellt ein dringendes Erfordernis dar.[15]

4.3.1.1. Das *Liber* im Volgare

In Italien wurde vor allem verkürzte Textfassung von 1422 verbreitet und mehrfach übersetzt.

---

13 «Cist. *Mahumeti*» (*sec.XVs.m.*, BuondelmontiLiberSinner, 124), «κιστέρνα [...] ἡ τοῦ Μωάμεθ» (*sec.XVIs.m.*, *sec.XVs.m.*, BuondelmontiNēsōnLegrand, 88); cf. «cisterna di machometto», *sec.XVs.m.*, BuondelmontiLibroV, 42v°; «cisterne [...] quella de machometo» (*sec.XVs.m.*, BuondelmontiLibroA, 13r°). Cf. auch Gerola (1931, 265).

14 Nach Sinner (1824, 11s.): Du Cange: *Descriptionis Urbis Constantinopolis*, in: *Notis ad Joan. Cinnamum*, Paris, 1670, 179–187; Paulmier de Grentemesnil: *Corcyra, Ithaca, Cephallenia*, in: *Graeciae antiquae Descriptio*, Lugdunum Bat. 1678; Bandinius: *Praefatio, Epistolam nuncupatoriam ad Jordanum Cardinalem*, in: *Catalogo Codicum latinorum Bibliothecae Leopoldinae Laurentianae*, 1775.

15 «Que l'œuvre de Christophe Buondelmonti n'ait pas à ce jour trouvé de nouvel éditeur est regrettable. Ce texte attachant sous sa forme de récit de voyage a pourtant de quoi tenter un chercheur [...] son auteur, homme de la Renaissance par son souci du renseignement précis, appartient encore au Moyen âge par sa façon de traiter sur le même plan, comme autant de faits réels, les observations qu'il a pu faire sur la géographie, l'histoire des Cyclades, l'importance et le mode de vie de leur population, et les évènements légendaires provenant de la mythologie antique ou du folklore grec» (Garand 1975, 76); cf. Luzzati Laganà (1988, 400).

Volgare-Fassungen des *Liber* sind jedoch kaum bekannt.[16] So führt Cortelazzo (1970, 23) nur Gerola (1932–1933) an, d.h. die lateinische Teiledition, ohne Hinweis auf volgare-Fassungen.

Häufig werden die angegebenen Fortsetzungen der *Isolario*-Tradition als Übersetzungen etikettiert, so auch in der jüngsten Teiledition des *Liber*, welche jedoch bezüglich der lateinischen Manuskripte sehr ausführlich ist: «Parmi les traductions ou copies les plus connues de l'œuvre Buondelmonti notons, en Italie tout d'abord, l'Isolario de [...] Bartolomeo da li Sonetti» (Spitael 1981, 312, worin sie offensichtlich Sinner zu folgen scheint).[17]

Eine italienische Übersetzung aus der 2. H. 15. Jahrhundert, im *volgare marchigiano*, ist in der Biblioteca Vaticana (ms. Ross. 704) in einem lückenhaften Exemplar erhalten. Es geht auf eine verlorene Umarbeitung von 1430 zurück.[18] Im erhaltenen Kodex finden sich aber ebenfalls Hinweise, die auf die Abfassung nach 1453 schließen lassen (Almagià 1944, 106).

Zwei weitere Übersetzungen, im *volgare veneto*, sind in Venedig und Mailand erhalten (Biblioteca Marciana: ital. vi. 19; Biblioteca Ambrosiana: Y.72sup. dell'Ambrosiana; cf. Thiriet 1959, 18; Weiss 1964, 108). Das Exemplar der Biblioteca Ambrosiana (BuondelmontiLibroA) enthält keine Karten und umfasst 14 (nachträglich) nummerierte Folioseiten, beidseitig beschrieben (Beginn auf p. 2r°, ohne Titel, Ende p. 14r°).

---

16 «S'il se rencontre jamais un homme assez courageux pour donner une édition définitive du texte de Buondelmonti, il ne lui suffira pas de collationner les nombreux manuscrits latins du *Liber insularum*, il devra, en outre, étudier les ouvrages de tous ceux qui l'ont soit copié, soit traduit; car il en existe des versions italiennes et même des versions françaises. Parmi ces dernières, nous signalerons le Portulan qui constitue le manuscrit français 2794 de notre Bibliothèque nationale. Ce qui concerne les îles grecques, y est en majeure partie traduit de Buondelmonti» (Legrand 1897, XXXIII).

17 Cf. BuondelmontiLiberSinner (1824, 13): «Sequitur *tertia* classis Scriptorum; Italos dico omnes, qui Nostrum suum in usum excerpserunt et in vulgarem linguam transtulerunt»; dazu zählt er auch «Thomas Porcacchus» «qui in libro cuius plurimae prostant editiones (l'Isole piu famose del mondo, descritte da Thomaso Porcacchi da Castiglione, Aretino, etc.), primum, ni fallor, typis excuso Venetiis 1576, fol., non solum excerpsit sed vertit Nostri Librum Insularum, et quidem hinc inde nomen Bondelmontii grate professus est, velut p. 75, 76 ed. Padova. 1620. fol., alibique, quos locos meis in Notis invenies»; «Minus candide nostrum excerpsit vertitque Marcus Boschinius, Veneto [...]» (BuondelmontiLiberSinner 1824, 14).

18 «[...] versione in volgare italiano del Rossiano 704, non solo ignota per se stessa, ma fondata su una redazione anch'essa sconosciuta del *Liber*, risalente, come sembra certo, al Buondelmonti stesso e all'anno 1430; contenente inoltre più tarde inserzioni, posteriori al 1453 e anzi al 1470, dovute al traduttore o a un precedente interpolatore, e altre aggiunte posteriori alla versione stessa. Le novità del testo primitivo consistono in una lunga prefazione, nei primi due capitoli dedicati a un cenno sul nome del mare Adriatico e alle isole di ‹Susagine› (‹la Saxena›, ‹la Sasena› = Saseno) e ‹Tano› (= Fanò) con le relative carte, e in tratti sparsi qua e là. Purtroppo il codice ha subito perdite di parecchi fogli nei primi due fascicoli» (Campana 1957, 49); cf. Weiss (1964, 108); Garand (1975, 76).

Bisher offenbar nicht bekannt ist das Exemplar der Österreichischen Nationalbibliothek (BuondelmontiLibroV; Quartformat; Codex Vindobonensis Palatinus 2639, datiert auf 2. H. 15. Jahrhundert). Es enthält 79 farbige Illustrationen; dargestellt sind die Umrisse der beschriebenen Inseln, darin befinden sich Signaturen für Türme oder Städte sowie Insel- und Städtenamen; bei den Inselnamen in den Karten handelt es sich zum Teil um andere Formen als die im Text genannten.

Die Seiten sind foliiert und beidseitig beschrieben (Text: 3r°–50r°, eine doppelseitige Karte vorangestellt). Auf p. 10r° findet sich ein Zusatz von einer späteren Hand. Zahlreiche Seiten sind am Rand beschädigt und nur eingeschränkt lesbar. Es handelt sich um ein italienisches Volgarizzamento; die Übersetzung ist nicht datiert und anonym. Sie beginnt mit den Worten:

> «Incomenza la traductione del libro de le insule de lo arcipellago composto da [fratre] Christophoro de bondelmonti de fiorenza el quale mando da la cita de rhodo a Roma a meser Iordano Cardenale de li Ursini nelle an*n*i de dio MCCCCXXII Income*n*za el prologo» (BuondelmontiLibroV, 3r°).

Der Prolog enthält biographische Informationen über die eigenen Studien, auch des Griechischen, sowie einen Aufriss des gesamten Textes:

> «Vedrai adonqua mo*n*ti cu*m* fonti insieme cu*m* pasculi *et* campi descendere le nymphe. *et* in asperi saxi le capre errare in ogni loco. Finalmenti le porti cu*m* li promontorii. *et* aquelli li astanti scogli *et* li castelli cognoscerai. *et* li mari sera*n*no manifesti i*n* essi. Sia la fine adonqua de[lla] *nost*ra ingressione. *et* lo nome de tutte le insule *et* loci de li q[uali] semo p*er* tractare ordinata me*n*te qua porremo accio che ali [?] genti la via si apra senza fatica» (BuondelmontiLibroV, 3r°).

Im Aufbau und den Inhalten gleicht der Text den lateinischen und griechischen Versionen von Buondelmontis *Liber* (BuondelmontiLiberSinner; BuondelmontiNēsōnLegrand), d.h. der Kurzversion von 1422 in einer Fassung aus der zweiten Hälfte des 15. Jahrhunderts. Im Einzelnen sind Abweichungen nachzuweisen, welche die Existenz einer weiterverzweigten Manuskripttradition wahrscheinlich machen.

BuondelmontiLibroV weist in der Graphie latinisierende und venezianisch markierte Züge auf: *fructificano*, *habitata*, *maximo*, *septentrione*, dazwischen finden sich auch Hyperkorrektismen: *hedificii* (4r°), *habundavano* (22v°). Der bestimmte Artikel (*el*, *la*, *li*, *le*) wird häufig agglutiniert.

Im Vokalismus gibt es zahlreiche Auffälligkeiten: z.B. *u*/*o*, *i*/*e*: *adonqua* neben *adunqua* (3v°), *finalmenti*, *segnoregio* (4r°). Einige Doppelkonsonanten fehlen durchgängig, etwa in *cita*, *mezo* (5r°); auch wird zuweilen <z> für <ci> geschrieben: *incomenza* (4r°) oder *d* für *t* (*fradello*, 22v°). Syntaktisch fallen infinite Strukturen auf: «Nella quale come dice Ovidio esser stato el maximo tempio [...] sacrato á Iove» (BuondelmontiLibroV, 4r°).

4.3.2. Das *Liber* als Quelle für Le Isole

Das Kapitel *Arcipelago* von Le Isole folgt dem *Liber* Buondelmontis offenkundig, so dass auf die Identität eines *Liber*-Manuskriptes mit dem von Porcacchi erwähnten anonymen zu schließen ist. Die gegenwärtige Editionslage lässt keine Rückschlüsse auf die Identität der von Porcacchi verwendeten Handschrift zu. Der Vergleich mit BuondelmontiLiberSinner, BuondelmontiLibroA und BuondelmontiLibroV zeigte eine hohe Übereinstimmung der Textinhalte, sie reicht bis zu den Zitaten Buondelmontis, die sich bei Porcacchi wiederfinden (sowohl in allgemeiner Form, BuondelmontiLiberSinner, 55 «Quae, ut aiunt, una cum Corcyra olim tenebatur insula» wird zu «Dicono ch'ella fu altrevolte congiunta con l'Isola di Corfu», Le Isole, 27, als auch mit Angabe des Autors, wie bei den zahlreichen Vergilzitaten). Verschiedentlich lassen Eigenheiten oder Fehler in Le Isole eine weitere volkssprachliche Fassung als Vorlage vermuten. So schreibt Porcacchi in der Beschreibung der Insel Kea von einer Quelle:

> «dalla qual chi beve, avanti che l'habbia paidita; doventa stupido» (Le Isole, 29).

Im lateinischen Text (BuondelmontiLiberSinner, cap. 28) heißt es:

> «Hic etiam fons invenitur, cuius aquae potu faciunt homines hebetes sensu, et, postquam ad digestionem venerint, mens ad pristinam reducitur sanitatem».

BuondelmontiLibroV (22r°) folgt einer Version wie BuondelmontiLiberSinner und scheint sich an lat. DIGESTIO zu orientieren (das Manuskript ist an dieser Stelle beschädigt und kann deshalb nur unter Vorbehalt wiedergegeben werden):

> «Qua ancora se trova una fon[tana de la qual???] acqua bevendo fa li homini pigri de sensu. Et poi che [la digestione???] viene la mente ritorna alla pristina sanita».

Aufschlussreich ist hingegen die entsprechende Passage in BuondelmontiLibroA:

> «Qui ancor se trova una fonte che se alcuno ne beve impazisse *et* da poi padida torna nel primo esser» (Le Isole, 8r°).

Bei Sonetti (SonettiIsolario, *Per linsula zea*), findet sich eine ähnliche Form:

> «ze un fiume e chi in quel beve si vien mati e poi retorna quando le padita» ([40]).

Möglicherweise lag Porcacchi eine andere volkssprachliche Version vor, die bereits die Form aus *paidire* 'digerire'[19] führte. Jedoch kann nicht ausgeschlossen werden, dass er selber *padita* durch die Variante *paidita* ersetzte.

---

[19] Cf. GDLI s.v. *patire*[3]: «Adattamento dell forme più antiche *padire* e *paidire* (v.), tuttora largamente diffuse nei dialetti italiani». Bei Minerbi in der Edition von Boccaccio führt Olivieri (1942, 101s.), unter den «Termini veneziani usati nelle spiegazioni»: «*padito* (digesto)».

Aufschlussreich ist auch die Reiseroute. Die Versionen BuondelmontiLiberSinner, BuondelmontiLibroA und BuondelmontiLibroV stimmen diesbezüglich überein, es ergibt sich eine Reiseroute ohne Brüche oder Sprünge. Sie führt in einem Zug von Korfu südlich durch das ionische Meer nach Kreta, von dort nach Osten bis Rhodos, dann wieder westlich zu den Zykladeninseln, welche in etwa kreisförmig im Uhrzeigersinn durchfahren werden. Danach führt die Route wieder in die südlichen Sporaden (Kos, Leros, Patmos), von dort nach Norden (Chios, Lesbos), sodann an den Dardanellen vorbei ins Marmarameer bis nach Konstantinopel. Der Bericht setzt nach einer ausführlichen Schilderung der Stadt bei Lemnos wieder ein, in einem großen Bogen wird dann das thrakische Meer (Imbros, Samothrake, Thasos) durchfahren, von dort geht es am Berg Athos vorbei zu den nördlichen Sporaden und schließlich über Euböa zum Schlusspunkt der Reise, zur Insel Ägina. Bei Porcacchi hingegen sind mehrere Brüche festzustellen, die vermuten lassen, dass Porcacchi eine verderbte und ungeordnete Vorlage zur Verfügung hatte. Weiterhin machen die Brüche in der Darstellung deutlich, dass er offenbar kein Interesse oder keine Möglichkeit hatte, die Stringenz der Schilderung zu überprüfen. So stellt Porcacchi die Brüche nicht heraus oder erklärt sie, sondern fährt nach dem Sprung über längere räumliche Distanzen lapidar fort, so heißt es nach der Beschreibung von Siphnos (westliche Zykladen): «Segue finalmente Costantinopoli» (Le Isole, 33). Auch inhaltlich finden sich in Porcacchis Version mehrere Fehldeutungen. So schreibt er zur Insel Serphino (Le Isole, 29): «Qui si trova la calamita» (mit Artikel, aber ohne Akzent, so dass er wohl 'Magnet' meint), während es in der Vorlage heißt: «quod sit in hac insula nisi calamitas» (BuondelmontiLiberSinner, cap. 6, 84). In BuondelmontiLibroV (21r°) ist ein Wort nicht gut lesbar, dürfte aber mit einer Anrede an den Adressaten lauten: «Hora adonqua patre [non?] sia in q*ue*sta insula e certo seno*n* calamita». In BuondelmontiLibroA lautet die Stelle anders (7v°: «vivono miseramente *et* a modo de bestie»). Vermutlich lag keines der genannten Exemplare (BuondelmontiLiberSinner, BuondelmontiLibroA, BuondelmontiLibroV) Porcacchi vor. Die oben angeführten Gemeinsamkeiten und Unterschiede[20] legen die Vermutung nahe, dass ihm ein anderes, gleichwohl volkssprachliches Manuskript vorlag, das möglicherweise stark beschädigt oder fehlerhaft kopiert war.

4.3.2.1. Überarbeitungsprinzipien

Porcacchi kürzte den Text des *Liber* bei der Übernahme in Le Isole deutlich. Verkürzt bzw. meist weggelassen werden in Le Isole die zahlreichen Beobachtungen Buondelmontis zur Frömmigkeit einer Inselbevölkerung oder Heiligenlegenden (z.B. vom Schweißtuch der Veronika, BuondelmontiLiberSinner, cap. 6; BuondelmontiLibroA, 3v°; BuondelmontiLibroV, 7v°), aber auch zur im Abfassungzeitraum stets präsenten Bedrohung durch die Türken. Übrig bleiben zumeist sehr knappe, oft stichwortartige Skizzen. Die Information zur Insel Mykonos «Ha il porto co'l molo, et tutta è domestica» (Le Isole, 30) ergibt für sich genommen keinen Sinn; die Rede

---

[20] Z.B. *padita* in BuondelmontiLibroA, aber hier *miseramente* statt *calamita* wie in BuondelmontiLibroV, womit Porcacchis *la calamita* erklärt werden könnte.

ist in der Vorlage von Ziegen. Es kann nur spekuliert werden, ob diese Passage auf Grund von Nachlässigkeit, Unverständnis oder einer verderbten Vorlage so knapp und geradezu absurd geworden ist. Fast parodistisch erscheint eine Formulierung wie «vi [a Sicandro] si vede quasi altro, che Donne *et* Asini in grandissima copia» (Le Isole, 33); wiederum muss offen bleiben, ob Porcacchi eine schlecht lesbare Vorlage hatte, oder ob seine Zusammenstellung zweier Beobachtungen Ergebnis flüchtigen Lesens ist (nicht ausgeschlossen werden kann auch ein drucktechnisches Versehen als Ursache). In BuondelmontiLiberSinner (cap. 20), BuondelmontiLibroV (18v°) und BuondelmontiLibroA (7r°) handelt es sich bei den Erwähnungen der vielen umher irrenden Esel und der verwitweten Frauen um zwei gesonderte Geschichten.

Hinzugefügt werden in wenigen Fällen anekdotische Bemerkungen, so bei einer Schilderung monastischen Lebens, die nicht nur im Detail von Buondelmonti abweicht, sondern auch über die Vorlage hinausgeht (Le Isole, 28s.: «che stimano non convenirsi a' servi di Christo, haver dove essi conversano, uccelli, o animali per rispetto del coito»). Auch verweist Porcacchi (Le Isole, 29) an einer Stelle auf Thukydides, zu dessen Vita er selbst gearbeitet hat (cf. TucidideGuerreStrozzi), sowie auf seine Abhandlung über die *Nobiltà di Como* (Le Isole, 30).

Als Quellenkundiger spricht Porcacchi auch mit Zitaten aus Homer (Le Isole, 34), und Vergil, mit der präzisierenden Angabe: «nell terzo dell'Eneide» (Le Isole, 28); seine Allgemeinbildung demonstriert er mit dem Verweis: «il che sappiamo avvenire ancho in Ispagna nell'isola d'Ebuso, hoggi detta Ieviza» (Le Isole, 32), sowie mit dem Vergleich Konstantinopels mit Rom: «questa città fu, come Roma, signora del mondo» (Le Isole, 33) und der Ergänzung des Sprichwortes «Portar vasi a Samo» (Le Isole, 33).

Redaktionelle Sorgfalt lässt die Überarbeitung erkennen, wo aktuelle Namenformen zugefügt werden: «seno Ambracio, che golfo dell'Arta domandano» (Le Isole, 28); «hoggi è detta Zante» (Le Isole, 28); «et credo c'hoggi con poca alteratione di lettere questa Isola sia chiamata Scarpato» (Le Isole, 29); «questo è detto il braccio di San Giorgio» (Le Isole, 32).

Aktuelle Informationen fügt Porcacchi ein, wenn er von dem Sieg Lodovico d'Aquileias über die Türken spricht (Le Isole, 34) oder vom Sieg Selims über den Fürsten von Naxos (Le Isole, 34). Auffällig hoch ist die Fehlerdichte in Le Isole bei der Beschreibung von Kos, es entsteht die Kontamination zweier Geschichten zu einer (Le Isole, 31: Die Schlange wird mit der Tochter des Hippokrates in veränderter Gestalt identifiziert). Auf einer fehlerhaften Lesart beruht auch der Satz «da Ponente fu pure in un seno un fiume d'acqua salsa, detto Vathiolio» (Le Isole, 31); gemeint ist im *Liber* jedoch kein Fluss, sondern die Stadt in seiner Nähe, die früher Vathi hieß: «flumen salsum, Vathi olim ampliabatur civitas» (BuondelmontiLiberSinner, cap. 46); «cita gia chiamata Vathi» (BuondelmontiLibroV, 32v°; nicht erwähnt in BuondelmontiLibroA).[21]

---

[21] Die fehlerhafte Interpretation *Vathi olim* > *Vathiolio* kann nur auf einem lateinischen Text basieren; wenn Porcacchi, wie oben vermutet, ein volkssprachliches Manuskript vorlag, müsste dieser Fehler bereits dort zu finden sein.

Sprachlich ist eine Vorliebe Porcacchis für anschauliche Formulierungen erkennbar: «Ad occidum [...] portus [...] apparet» (BuondelmontiLiberSinner, 58) – «Si vede qui il porto [...]» (Le Isole, 28). Auch finden sich Übertreibungen, die bewusst vorgenommen worden sein können: «spesse volte le navi cariche [...] vengono a ficcarsi nell'arena» (Le Isole, 28), wo im *Liber* ein einmaliges Ereignis geschildert wird (BuondelmontiLiberSinner, cap. 6; BuondelmontiLibroA, 3v°; BuondelmontiLibroV, 7v°).

4.3.2.2. Synopse: Kos gegenüber von Zypern

An einer exemplarischen Synopse soll die Fehleranfälligkeit der Überlieferungsgeschichte deutlich werden. Aufschlussreich ist die folgende Textstelle aus der Beschreibung der Insel Kos, weil sie auch in der Langfassung (a) vorliegt. Bereits hier treten inhaltliche Unklarheiten auf. In der Beschreibung von Kos wird ein Buch erwähnt, in welchem die Rede von Jasons Fahrt nach Kolchis ist. Von dort ausgehend wird auf den Städtereichtum Kleinasiens hingewiesen. In erhaltenen Versionen der Kurzfassung (b–d) geht der geographische Zusammenhang gänzlich verloren. Bei Porcacchi (e) schließlich wird auch die Geschichte von Jasons Fahrt verschwiegen; Kos selbst liegt in seiner Kurzfassung «gegenüber von Zypern».

(a) «In quo quidem libro viam Iasonis et suorum sociorum particulariter narrabat usque Colcon, que hodie Curcum [Turcum?] nominatur: ibique etiam coram supradicta civitate Curco dicta insula est multis hedificiis constructa; in qua aureum vellum fuisse asserunt rege Oeta dominante [...]. Denique regio ista contigua est Asie minoris. Et iuxta hanc magne civitates sunt» (BuondelmontiSporadiGerola, 478s.).

(b) «Deinde Iason, per hanc, transiens ad Colchon, hodie Turcum, accessit coram civitate posita et constructa multorum aedificiorum, quae usque hodie in Armenia minori coram Cypro videtur. – Est denique haec omnium abundantissima, et primo in foeminarum [sic] ornamento lanificii hic artem inventam affirmant» (*Choa*, BuondelmontiLiberSinner, cap. 45).

(c) «andando ad colcon oggi di chiamato curco [?; la quale è?] posta *et* co*n*structa di multi hedeficij laquale [2–3 Wörter?] nella armenia minore denanti da cipro» (BuondelmontiLibroV, 31v°).

(d) «*et* q*ui* prima fu trovata larte de la lana *et* *p*erche questa insula e molto a presso lasia menor cioe la turchia dove gia soleano esse gra*n*de *et* nobile citade» (*Lango*, BuondelmontiLibroA, 10r°).

(e) «Di lei molte cose degne son raccontate da gli antichi auttori. Quest'isola è contigua all'Asia minore: *et* dirimpetto a Cipro» (Le Isole, 31).

4.4. Kompilation von Textsorten

Die Textsorteneigenschaften von Le Isole treten klarer hervor, wenn sie in Bezug zu den Vorlagen gesetzt werden. Es ist möglich, repräsentative Passagen aus Le Isole zu isolieren und markante Textsorteneigenschaften herauszustellen, indem sie mit den jeweiligen Vorlagentexten verglichen werden.

Mit dieser Vorgehensweise wird die theorieorientierte Beschreibung von Textsorteneigenschaften mit der materialorientierten und editorisch motivierten Quellenanalyse verbunden. Wenngleich, wie im Folgenden dargestellt wird, die linguistische Textsorten-Definition keineswegs einheitlichen Kriterien folgt, besteht doch weitgehend Konsens, die Kategorie «Textsorte» auf Grund spezifischer Eigenschaften auf einer materialorientierten, vom Abstraktionsniveau her unteren Betrachtungsebene anzusetzen.[22]

Bereits ein Blick in das Inhaltsverzeichnis von Le Isole zeigt, dass von «den Textsorten», die den Text konstituieren, die Rede sein muss. Als unterschiedliche Textsorten ließen sich im Hinblick auf die Komponenten des Buches etwa Titelblatt, Widmungsbrief, Errata, Index, Kapitelüberschriften, Marginalüberschriften und Registrum beschreiben. Auch die Kapitelüberschriften, *Prohemio*, *Descrittione dell'Isola di...*, *Discorso intorno alla Carta da navigare* zeigen an, dass es sich um unterschiedliche Kategorien von «Text» handelt. In wiederum engerer Perspektive zeigt sich, dass auch innerhalb der Kapitel, welche einzelnen Inseln gelten und die als Hauptteil des Buches angesehen werden können, der Aufbau einer spezifischen Struktur folgt, welche sich als Verbindung voneinander unterscheidbarer Textsorten deuten lässt. Auch hier zeigt sich also die kompilatorische Grundstruktur von Le Isole: auch auf der Ebene der Textsorteneigenschaften können Imitationen, Zitate oder die Überarbeitung verwerteter Textsortenexemplare festgestellt werden.

4.4.1. Terminologie und Methode

Die Darstellung der Forschungs*problematik* hat in den meisten als Forschungsbericht angelegten Darstellungen zum Thema der Definition von «Textsorte» ihren festen Platz:

> «Ein genauerer Blick auf all das, was in den zurückliegenden 30 Jahren von Linguisten zur Textsortenproblematik zusammengetragen wurde, lässt jedoch – neben durchaus bemerkenswerten empirischen Recherchen zu einzelnen Textsorten und methodischen Überlegungen zu Problemen einer Textklassifikation – auch zahlreiche *Defizite* erkennen, die im Grunde das ganze Spektrum einer Textsortenlinguistik umfassen. Von einer Beschreibungs- oder gar Erklärungsadäquatheit im Hinblick auf das Problem Textsorte kann daher bestenfalls in allerersten Ansätzen gesprochen werden» (Heinemann 2000c, 10).

Zur Komplexität der Fragestellung trägt bei, dass sich Untersuchungen zum Thema der Begrifflichkeit mehrerer verwandter Wissenschaftsdisziplinen bedienen.[23] Zent-

---

[22] Cf. die Definition in LRL 2/1 (Fellerer 2001, 742): «In Textsorten [...] sind mit Ausnahme des deiktischen Rahmens [...] alle allgemeinen Texteigenschaften auf spezifische Weise ausgestaltet» und Heinemann (2000a, 514): «Bei Textsorten handelt es sich also um Textmengen auf niedriger Abstraktionsstufe».

[23] «Der Problemkreis ‹Textsorte› erweist sich als ein Schnittpunkt unterschiedlicher Fragestellungen sprachlicher, sozialer und kognitiver Art. Vagheit und Unschärfe des Begriffs, ja die ‹Fast-Beliebigkeit›, mit der häufig die Anzahl potentieller Textsorten, relevante Kriterien und Merkmale sowie Überlappungen postulierter Textsorten fixiert werden, finden vor diesem Hintergrund eine vorläufige Erklärung» (Heinemann 2000a, 509). Ehlich (1990,

raler Diskussionspunkt ist zudem die Verbindung von empirischer Arbeit und Theoriebildung (bereits in den *Thesen zur Textsorten-Linguistik*, Weinrich 1975).[24] Auch die Verwendung konkurrierender Begriffe wie «Texttyp», «Textklasse» und im Zusammenhang damit die Frage nach der hierarchischen Systematisierung der Begrifflichkeit führte zu kontroversen Positionen. So stellte Isenberg (1978, 566), der Textsorte als «bewußt vage gehaltene Bezeichnung für jede Erscheinungsform von Texten, die durch die Beschreibung bestimmter, nicht für alle Texte zutreffender Eigenschaften charakterisiert werden kann» den Texttyp «als eine theoriebezogene Bezeichnung für eine Erscheinungsform von Texten, die im Rahmen einer Texttypologie beschrieben und definiert ist» gegenüber.

Auf dieser Grundlage entstanden weitere Modelle: Heinemann (2000c, 17) schlägt die hierarchische Abstufung der Begriffe Texttyp, Textsortenklasse, Textsorte, Textsortenvariante für Texte mit gemeinsamen Merkmalen vor. Franke 1987 hierarchisiert *Texttypen – Textsorten – Textexemplare*, wobei die den (hier pragmalinguistisch determinierten Texttypen) untergeordneten Textsorten spezifischen «Bereichen kommunikativer Praxis» zugewiesen werden. Auch im Bereich der italienischen Textlinguistik ist der Sprachgebrauch nicht einheitlich.[25] Der Terminus «Textsorte» wurde zuerst in den sechziger Jahren im Kontext germanistischer Untersuchungen mündlicher Rede angewendet.[26] Als Minimalkonsens gilt noch immer die Definition Peter Hartmanns für Textsorten als «Teilmengen von Texten, die sich durch bestimmte relevante gemeinsame Merkmale beschreiben und von anderen Teilmengen abgrenzen lassen».[27] Weitgehend einheitlich ist die Anwendung des Textsortenbegriffs auf nicht-literarische Texte, wie sie Steger (1983, 39) postulierte.[28] Sprachstrukturell werden Textsorten dem übereinzelsprachlichen Bereich zugeordnet, wenngleich die historische Bedingtheit ihrer Realisierung außer Frage

---

29) sieht die terminologische Schwierigkeit bereits in der Semantik des Begriffs «-sorte»: «der Ausdruck ‹Sorte› [ist] eben dort am Platz, wo es um die willkürliche Klassifikation nach beliebig herangezogenen Kriterien geht».

24 «In der Linguistik besteht nur dann das Bedürfnis nach einer Textsorten-Linguistik, wenn die linguistische Theorie als ein Entwurf auf eine mannigfaltige Empirie verstanden wird» (Weinrich 1975, 161).

25 «L'espressione italiana *tipo di testo*, entrata nell'uso dei linguisti come corrispondente al termine tedesco *Textsorte* da una quindicina d'anni circa, si trova impiegata attualmente con una certa elasticità e varietà di contenuti» (Mortara Garavelli 1988, 157).

26 «Als einen ersten Terminus für die im Zusammenhang von situierter kommunikativer Interaktion ausgrenzbaren Texte haben meine Mitarbeiter und ich seit Mitte der 60er Jahre den Terminus ‹Textsorte› zunächst in die Erforschung gesprochener deutscher Standardsprache eingeführt» (Steger 1983, 46).

27 *Text, Texte, Klassen von Texten*, Bogawus 2 (1964), 15–25, 23; nach Heinemann (2000a, 509).

28 Für Coseriu (1980, 117), welcher Textsorten als eine Möglichkeit der «Erfassung und Einordnung der unendlichen Vielfalt konkreter Texte aufgrund von Merkmalen, die mehreren, u.U. sehr vielen Texten gemeinsam sind» klassifiziert, ist dieses Ordnungsprinzip auch auf literarische Texte anzuwenden: «auch zwischen literarischen Texten gibt es genügend Gemeinsamkeiten, um zu einer sinnvollen und begründbaren Aufstellung von Textsorten zu gelangen».

steht.[29] So ist auch notwendigerweise eine Untersuchung historischer Text(sorten)-traditionen zunächst an einzelsprachliche Beobachtungen gebunden, welche wiederum als Vergleichsbasis dienen können.[30] Aus den 70er und 80er Jahren stammen die im Bereich der Textlinguistik und der Textsortenklassifikation und -beschreibung noch immer grundlegenden Sammelbände und theoretischen Gesamtdarstellungen mit Einführungscharakter, welche modellhafte Synthesen vorstellen.[31] Aus diesen Ansätzen und der großen Zahl von theoretischen und materialorientierten Einzelstudien (cf. die Bibliographie von Adamzik 1995) kristallisierten sich Typen unterschiedlicher Herangehensweisen heraus:

> «a) Textsorten als grammatisch geprägte Einheiten», «b) Textsorten als semantisch-inhaltlich geprägte Einheiten», «c) Textsorten als situativ determinierte Einheiten», «d) Textsorten als durch die kommunikative Funktion determinierte Einheiten» (Heinemann 2000c, 12–14).

In jüngster Zeit wurden die Forschungsergebnisse in den Handbuchartikeln von LRL 1/2 (Fellerer 2001) und HSK 16/1 (Heinemann 2000a; 2000b; Pérennec 2000) zusammengefasst, sowie in den einleitenden Beiträgen zu Sammelbänden (Adamzik 2000a – welcher die Beiträge einer Arbeitstagung umfasst, die im Zuge der Arbeiten des HSK 16/1 abgehalten wurde, hier auch Heinemann 2000c – und Adamzik 2000b). Es zeigt sich, dass die Bestandsaufnahme zwar kritisch ausfällt, gleichwohl aber Perspektiven für zukünftige Forschungsmodelle vorhanden sind, in welchen nicht mehr eine Theorie mit Alleinvertretungsanspruch im Mittelpunkt des Interesses steht. So plädiert Heinemann (2000b, 543) im Resumée seines Forschungsüberblicks über *Aspekte der Textsortendifferenzierung* dafür, nicht nach der scheinbaren

---

29 «Der Text als Erscheinungsform der Sprache, d.h. die Ebene des Textes im Rahmen der Sprache überhaupt, steht der Ebene des *Sprechens* und derjenigen der *Einzelsprache* gegenüber, ist als solche grundsätzlich nicht einzelsprachlich und umfaßt übereinzelsprachliche Regularitäten. Diese Ebene, auf welcher man Textsorten wie Gedicht, Roman, Erzählung, Bericht usw. feststellt, hat mit der Ebene des Textes als Ebene der grammatischen Strukturierung in einer bestimmten Einzelsprache prinzipiell nichts zu tun», mündliche Äußerung von Eugenio Coseriu, dokumentiert in: *6. Diskussion*, Gülich/Raible (1975, 139). In diesem Sinne auch Koch (1997, 50s.): «Wenn Textsorte hier als ‹Diskurstradition› gemeint ist [...], so darf ein derartiger Titel nicht in dem Sinne mißverstanden werden, daß X eine Textsorte ‹des› Französischen sei. Selbst wenn eine bestimmte Diskurstradition auf Frankreich beschränkt sein sollte, so stellt sie doch keine einzelsprachliche Gegebenheit des Französischen dar».

30 «Wenn wir wissen wollen, ‹als was› eine Äußerung zu einer bestimmten Zeit verstanden wurde, kommen wir zwangsläufig zu den Bezeichnungen für sprachliche Handlungen, die die Einzelsprachen zur Verfügung stellen [...]. Diese Klassifikationen durch die Sprachen lassen aber auch Rückschlüsse auf die Texttraditionen selbst zu, insofern sie die Unterscheidungen bezeichenbar, mithin identifizierbar, vergleichbar und letztlich auch überschreitbar machen, die im sozialen und kulturellen Leben einer Epoche bedeutsam sind» (Schlieben-Lange 1983, 142); zur Berücksichtigung der zentralen Textsorten in der deutschen Sprachgeschichtsschreibung cf. Reichmann (1998, 12ss.).

31 Cf. die Beiträge in Gülich/Raible 1975; Werlich 1975; Van Dijk 1980; Beaugrande/Dressler 1981; Dimter 1981; Vater 1984; Brinker 2001.

Geschlossenheit eines «Gesamtsystems» der Textsortenklassifikation zu fragen, sondern Kriterien und Zielsetzung in Einklang zu bringen:

> «Relevant für die Aufstellung von Texttypologien sollte daher weder die Regelhaftigkeit eines Systems noch dessen Exhaustivität sein, sondern die pragmatische Effizienz von Klassifikationen, die Fragen also, ob und in welchem Grade die Typologie/Teiltypologie potentielle reale Aspekte kognitiver und kommunikativer Prozesse und Zusammenhänge abbildet oder nicht. Der Versuch einer exhaustiven, universellen und absoluten Erfassung irgendeines ‹Gesamtsystems› von Textsorten erscheint daher weder sinnvoll noch erreichbar».

Auch Adamzik stellt das Erkenntnisinteresse des Textsortenvergleichs über den abstrakten Wert eines einheitlichen Modells von Merkmalsausprägungen.[32] Auch plädiert Adamzik (2000b, 16) dafür, zwischen Klassifikation und Beschreibung keinen Gegensatz zu konstruieren, «denn die Beschreibung von Texten und Textsorten besteht ja wesentlich in ihrer Zuordnung zu bestimmten Klassen bzw. Kategorien, mit denen relevante Aspekte des Gegenstandes systematisiert werden». Die vorgeschlagenen Modelle verstehen sich zumeist als integrativ im Hinblick auf die etablierten Richtungen.[33] Auch in der kontrastiven Textologie ist die Berücksichtigung externer wie interner Merkmale grundlegend.[34] Heinemann (2000c) umreißt die vorhandenen klassifikatorischen Ansätze und zugleich die Probleme, die sie zumeist auf Grund theoretischer Verkürzungen und uneinheitlicher Systematik mit sich bringen. Als Folge befürwortet er die Entwicklung und Anwendung von Mehrebenen-Modellen, innerhalb derer «Textsorten grundsätzlich als Ensembles von Merkmalen auf unterschiedlichen Ebenen gekennzeichnet werden» (Heinemann 2000c, 16; 2000b, *5. Mehrebenen-Modelle*). Diesen Ansatz vertreten bereits Heinemann/Viehwegger (1991, 147: «[...] wir [gehen] von der Annahme aus, daß das Textmusterwissen durch multidimensionale Zuordnungen von prototypischen Repräsentationen auf unterschiedlichen Ebenen (Schichten) zustandekommt»).

---

[32] «Vielmehr brauchen wir zumindest einen Kern (weitgehend) einheitlicher Kategorien und Merkmalsausprägungen schon deshalb, weil wir nur so verschiedene (Teil-)korpora miteinander vergleichen können. Den theoretischen oder praktischen Nutzen einer verbindlichen Restriktion auf irgendwelche Mengen von Aspekten kann ich allerdings nicht erkennen» (Adamzik 2000b, 18).

[33] Eine Matrix, welche gleichzeitig textinterne und textexterne Merkmale zur Textsortendifferenzierung aufführt, entwickelt Sandig 1975; nach Heinemann (2000b, 527), eine «Vorwegnahme» heutiger Mehrebenen-Modelle.

[34] Arntz (1990, 395); für seine Studie über deutsche und spanische Stellenanzeigen fragt er bezüglich der externen Texteigenschaften nach Kommunikationsteilnehmern, Medium/Kanal, Kommunikationsanlass und Textfunktion. An sprachinternen Merkmalen nimmt er in den Blick: Layout, nonverbale Elemente und typographische Gestaltung; Makrostruktur (worunter er die Gliederung versteht); Textkohärenz; Syntax (Satzarten, Satztypen, Wortgruppen, Satzverknüpfung und syntaktische Kompression); Lexik (Wortklassen, Struktur, Herkunft); grammatische Kategorien (Tempus, Genus, Modus, Person); Stilmittel.

In der Umsetzung werden die unterschiedlichen Ebenen nicht gleichmäßig gewichtet, sondern nach den dominanten Eigenschaften einer Textsorte.[35] Jedoch sind häufig frequentierte Textsorten durch «Merkmalbündelungen in analoger Weise» gekennzeichnet (Heinemann/Viehwegger 1991, 171; 174). Untersuchungen von Textsorten zielen zumeist darauf ab, die Regelmäßigkeiten gesprochener Alltagskommunikation und ihrer aktuellen Trends zu erfassen; so ließe sich die Position von Heinemann (2000c, 26) zusammenfassen, welcher gleichwohl auch die «systematische Erfassung von je charakteristischen Textsorten vergangener Epochen» für relevant hält. Für Brinker (2001, 129) sind Textsorten als «innerhalb der Sprachgemeinschaft im Laufe der historisch-gesellschaftlichen Entwicklung aufgrund kommunikativer Bedürfnisse entstanden».

Auch hier ist die historische Dimension der Textsortenforschung angesprochen. Diese genauer darzustellen bildet ein Desiderat auch in der Sprachgeschichtsschreibung. Bereits Stempel (1975, 178) wies auf die Problematik historischer Textsorten hin, bei denen die modellhafte Gültigkeit der Untersuchungskategorien nur eingeschränkt gegeben sei («Was eine historische Textsorte bestimmt, kann, wenn auch in unterschiedlichem Umfang, letztlich nur additiv angegeben werden, nicht aber umfassend-systematisch»). So stellen sich historisch orientierte Studien zumeist als Fallstudien dar bzw. stellen ein Klassifizierungskriterium in den Mittelpunkt.[36] Jedoch entstanden in jüngster Zeit auch mehrere Überblicksdarstellungen in Form von Handbuchartikeln.[37] Die Frage der sprachtheoretischen Situierung historischer Textsorten diskutiert Koch (1997). Er ordnet Textsortenuntersuchungen dem diskurstraditionellen Aspekt der Sprachgeschichtsschreibung zu, welchen er in Anlehnung an Schlieben-Lange (1983) vom historisch-einzelsprachlichen Aspekt abgrenzt.[38] Coseriu (1980) hingegen sieht nur die synchronen Betrachtungsweise der

---

[35] Heinemanns Begriff von Textsorten als «Klassen von Textganzheiten, die von Linguisten auf der Basis konkreter Vertextungshandlungen der Individuen ermittelt wurden und bezogen sind auf stereotyp auftretende externe und interne Parameter konkreter Textexemplare» korreliert mit seiner Konzeption von Textmustern «als textsortenorientierte psychische Potentiale» (Heinemann 1990, 12).

[36] Cf. Blumenthal 1995 zu argumentativen und explikativen Strukturen bei Fernand Braudel; die Beiträge von Babenko, Bergmann, Gruele, Möllmann, Olberg, Oleynik, Tsurkan in Simmler 1997; Wagner in: Fix/Habscheid/Klein 2000. Die empirische Anwendbarkeit des Kriteriums «kommunikative Intention» historischer Textmustermischungen untersucht Lerchner 1990.

[37] Schulze-Buschhaus 1996, mit einer literarhistorisch orientierten Gliederung in *Die metrischen Formen der Romania*, *Die klassischen Genera*, *Typen des Romans*; Kästner/Schütz/Schwitalla 2000, in der Grobgliederung von *Textsorten des Frühneuhochdeutschen* zunächst an den «Sinnwelten» Alltagswelt, Institutionen, Religion, Wissenschaft und Dichtung orientiert, weitere Aspekte sind die Fragen nach den Autoren- und Rezipientengruppen sowie nach dem historischen Umfeld, in welchem spezifische Textsorten-Innovationen entstehen konnten.

[38] «Der Unterschied zwischen dem einzelsprachlichen und dem diskurstraditionellen Bereich liegt klar auf der Hand: unter einzelsprachlichem Aspekt beschäftigen wir uns mit historischen Sprachen und ihren Varietäten wie z.B. Deutsch, Englisch, Französisch, Russisch, Moselfränkisch, Cockney, Argot usw.; unter diskurstraditionellem Aspekt beschäftigen wir

Textsorte vor. Diachrone Aspekte hält er jedoch in der Geschichte literarischer Gattungen für relevant, deren Analyse er mit der historisch-vergleichenden Sprachforschung vergleicht und den «Sprachtypen» einer «Sprachfamilie» die «Textsorten» einer «Textfamilie/literarischen Gattung» gegenüberstellt (Coseriu 1980, 118). Diachronen Fragestellungen auf breiter Textbasis gelten die Studien von Fleskes (1996) und Wilhelm (1996). Fleskes unternimmt die beschreibende Analyse der Textsorten Konzessionsgesuche, Geschäftsberichte und Beschwerdebücher. Die resümierende Darstellung ist darum bemüht, kausale Erklärungszusammenhänge für die Entwicklungen der untersuchten «prototypischen Charakteristika» herauszuarbeiten. Diese verknüpfende Art der Darstellung trägt aber auch zur Abschwächung der Konturen der untersuchten Textsorten bei, weshalb Fleskes einer historischen Textsortenklassifikation kritisch gegenübersteht.[39] Wilhelm untersucht die Gattungstraditionen italienischer Flugschriften auf ihre sprachhistorischen Bezüge und konstatiert die Gebundenheit ausgewählter innersprachlicher Phänomene an eine Gattungstradition.[40] So stellt er für die Flugschriftengattungen *avvisi* und *historie* auf Grund ihrer verbalmorphologischen Merkmale fest: «Diese Texte bedienen sich tatsächlich einer in starkem Maße durch gemeinitalienische, aber oftmals gerade nicht literatursprachliche Muster ausgezeichneten Sprachform» (Wilhelm 1996, 426; cf. die Rezension von Palermo 1999).

Das im Folgenden erstellte Modell soll Kriterien des Textsorten*vergleichs* zur Verfügung stellen. Als Ordnungsrahmen im Sinne der «gemeinsamen Einordnungsinstanzen»[41] bietet sich der von Heinemann neben anderen skizzierte Haupttyp «Textinhalt als Basiskriterium» an («Hierher zu stellen sind auch Klassifikationen auf der Basis von Gemeinsamkeiten des Textthemas und unterschiedlichen

---

uns mit Textsorten, Gattungen, Stilen, rhetorischen Genera, Gesprächsformen, Sprechakten usw. wie z.B. Beipackzettel, Sonett, Manierismus, Prunkrede, Talkshow, Lehnseid usw»; «Relationen und Prozesse, die ihre Dynamik ausmachen [sind von] universaler Natur» (Koch 1997, 45; 71).

39 «Der Anspruch muß also in der Weise zurückgenommen werden, daß nicht eine alle denkbaren Texte umfassende Klassifizierung das Ziel ist, sondern (anhand einiger ausgewählter Textsorten) die Gewinnung einiger prototypischer Charakteristika, die in der Lage sind, ein Muster zu etablieren, von dem die vorliegenden Textexemplare in vielfältiger Weise abweichen können» (Fleskes 1996, 27).

40 Wilhelm (1996, 492). Bei Wilhelm ist «Textsorte» ein «definitorisch gesetzter» Begriff, als Gattung bezeichnet er einen empirisch verankerten Texttyp: «Als ‹Textsorte› wird jede von einem Textwissenschaftler aufgrund bestimmter Merkmale konstituierte Klasse von Texten bezeichnet. [...] Als ein definitorisches Konstrukt ‹existiert› die Textsorte allein für den Textwissenschaftler. ‹Gattungen› dagegen sind von den Kommunikationsteilnehmern selbst wahrnehmbare und benennbare Größen. Als kommunikative Normen bestimmen sie die Textproduktion und -rezeption. [...] Gattungen sind allein einer empirischen Beschreibung zugänglich» (Wilhelm 1996, 11).

41 «Entscheidend für die Zusammenstellung von Textreihungen und -klassifikationen ist [...] der jeweilige Bezugsbereich des In-Beziehung-Setzens, die allen miteinander verknüpften Einheiten gemeinsame Einordnungsinstanz [...] in der Regel [fungiert] die für eine konkrete Textreihung/Klassifikation jeweils höchste hierarchische Ebene (auch als ‹Texttyp› bezeichnet [...]) als Bezugs- und Einordnungsinstanz» (Heinemann 2000b, 539).

Typen seiner Entfaltung, der Informationsverteilung in Texten», Heinemann 2000b, 540). Im gegebenen Kontext der Quellenanalyse von Le Isole lassen sich die ausgewählten Textsorten als «geographische Texte» einer gemeinsamen Klasse zuordnen. Bei der Auswahl der untersuchten Merkmale wurde ihre Operationalisierbarkeit in der vergleichenden Quellenanalyse von Le Isole in den Vordergrund gestellt; daraus begründen sich auch Verkürzungen gegenüber dem Gesamtspektrum wissenschaftlich analysierbarer Textsorteneigenschaften. Heinemann (2000a, 513) unterscheidet fünf Ebenen (äußere Textgestalt/Layout, charakteristische Struktur- und Formulierungsbesonderheiten, inhaltlich-thematische Aspekte, situative Bedingungen, kommunikative Funktionen), deren Spezifika die «charakteristische Ganzheit, den holistischen Merkmalskomplex einer Textsorte» bilden. Dabei sieht er Modifikationsmöglichkeiten bezüglich der Zusammenfassung dieser Basisebenen vor. Die folgende Untersuchung konzentriert sich auf vier Schwerpunkte.

In Korrespondenz zum Material gedruckter Texte werden zunächst typographische Charakteristika unter dem Stichwort «äußere Textgestalt» untersucht. Die folgende Analyse sprachlicher Merkmale wurde nicht auf «ausschließlich innersprachliche Indizes und Relationen» (Heinemann 2000c, 12) ausgerichtet, sondern findet, auch in Anlehnung an Weinrich (1975), als Bestandteil der inhaltlich-thematischen Untersuchung statt;[42] daher werden die sprachlichen Strukturen als Spezifika der Themenentfaltung verstanden. Abschließend werden situative Bedingungen und kommunikative Funktionen umrissen.

Die Frage der Klassifikation von übergeordneten Textsortenklassen oder untergeordneten Textsortenvarianten (Hierarchie bei Heinemann 2000c, 17) wird im gegebenen Kontext zurückgesetzt, da als Untersuchungsmaterial drei für Le Isole relevante Textausschnitte aus Quellen, nicht die Gesamtheit z.B. aller frühneuzeitlichen Reiseberichte verwendet wurde. Die Deklaration der zitierten Texte als «Textsorte» ist also metonymisch zu verstehen: Es handelt sich streng genommen um Textsortenvarianten, an welchen sich gleichwohl charakteristische Merkmale herausarbeiten lassen, welche auch für die hierarchisch höher stehenden Textsorten bzw. Textsortenklassen kennzeichnend sind. Im Sinne der obigen Darstellung zu Kompilation und *riscrittura* ließen sich die Quellen in unterschiedlichen Fassungen, die auch die textuellen Merkmale betreffen, als «Textsortenketten» und im Zusammenhang ihrer «Intertextualität» beschreiben; ein solches total erfassendes Vorgehen stellt ein Desiderat dar.[43]

---

[42] Ebenso tritt im Fokus auf repräsentative Textausschnitte die Frage nach der Makrostruktur der integralen Vorlagentexte bzw. die Identifizierung ihrer «Textoiden» oder «Propositionen» in den Hintergrund. Cf. zu diesen Kategorien Van Dijk (1980, Kap. 2.3. *Makrostrukturen von Texten*, 41–67).

[43] Zum Postulat, Intertextualität und Textsortenketten im Bereich der Textsortenlinguistik zu untersuchen, cf. Adamzik 2000. Linke/Nussbaumer (1997, 110) kritisieren Studien, welche unterschiedliche, besonders intertextuelle, Beziehungen zu Texten behandeln, «die die Literaturwissenschaft traditionellerweise schon immer beschäftigt haben (wie etwa im Rahmen der Quellenkritik, der Editionstechnik, der Motivforschung, der Komparatistik) [...]. Diese Form der Rezeption tendiert also dazu, ‹Intertextualität› als zeitgeistige Etikettierung

4.4.2. Fallbeispiele

4.4.2.1. Erzählung (A)

Pietro Martire d'Anghiera gebürtig aus Mailand, seit Ende der 1480er Jahre jedoch Literat, Soldat und Diplomat am spanischen Königshof, später Kleriker,[44] verfasste in lateinischer Sprache die Chronik der Entdeckung und Eroberung der Neuen Welt, von 1493 bis zu seinem Tod im Jahre 1525: die acht Dekaden, deren erste drei Dekaden 1516 in Alcalà (P. Martyr Anglerias, *De orbe novo decades*) gedruckt wurden. Zu diesem Zeitpunkt waren jedoch bereits mehrere Versionen seiner Schrift bekannt und auch in Italien im Umlauf. Sie wurde ohne Nennung des Autors von dem Venezianer Angelo Trevisan ins Italienische übersetzt: *Copia de littere mandate per Anzolo Trevisan Canziler del Magnifico et Clarissimo M. Domenego Pisani ali Serenissimi Re et Regina de Spagna orator dignissimo* (cf. Mildonian 1990, 119). D'Anghieras Beschreibung wurde sodann in die 1504 (Venedig, bei Albertino Vercellese di Lissona) gedruckte Sammlung *Libretto de tutta la navigatione de' Re di Spagna de le isole et terreni novamente trovati* aufgenommen, 1507 auch in die bekannnteren Fassung der *Paesi novamente retrovati et Novo Mondo* (MontalboddoPaesi), die auch ins Lateinische, Französische und Deutsche übersetzt wurde. Eine vollständige italienische Ausgabe in der Übersetzung Andrea Navageros gab Ramusio 1534 unter dem Titel *Summario de la generale historia de l'Indie Occidentali* in Venedig heraus. Auf dieser Fassung beruhte auch die im Folgenden zitierte Version, die Ramusio in den dritten Band der *Navigazioni e Viaggi* aufnahm.

Porcacchi	A
Isola Spagnuola di che forma è, et come da principio fosse chiamata (Le Isole, 82)	*Sommario dell'historia dell'Indie occidentali* (D'AnghieraSommarioRamusio, 32v°s.)
È di forma quest'isola, come la foglia del castagno, et fu da principio chiamata Quizqueia, che vol dire il tutto: percioche vedendola i primi habitatori Indiani, cacciati dell'isola Matitina poco lontana, per fattioni fra loro, ch'ella era cosi grande, et non sapendo ove terminasse; pensarono ch'ella fosse tutto il mondo; et che il Sole non riscaldasse altra terra che questa, et l'isole vicine.	Chi fussero li primi, che l'habitassero si narra in questo modo, che trovandosi nell'isola detta Matitina, non molto lontana, due fattioni, vennero alle mani fra loro, *et* fu forza alla parte più debole fuggirsene con le mogli, *et* figliuoli, *et* cosi con canoe, che habbiam detto esser lor barche, se n'andorono alla ventura per mare [...]. Giunti sopra l'isola, *et* vedendola grandissima, né sapendo dove la terminasse, pensavano, che quella fusse tutto il mondo, né che il Sole scaldasse altra terra oltra quella, *et* l'isole vicine, *et* però la chiamarono Quiz-

bzw. als Wiederbelebungselexier für traditionelle philologisch-literaturwissenschaftliche Methodik zu verwenden».

44 Angaben Person und Werk aus ABI 1 (53,101–111; 625,289–293); ABI 2 (18,288; 3,208, IndexABI); Caracciolo Aricò 1987; Lucchetta 1990b; Lunardo 1992; LIZSchede 158.

Ma poi entrati fra terra, et veduti alcuni monti altissimi con aspre balze; la chiamarono Haiti, che vol dir aspro: e in ultimo veduti altri monti simili ad alcuni, detti Cipangi nella lor prima isola Matitina dal nome d'essi monti la terza volta la nominaron Cipanga.
Finalmente poi fu detta Spagnuola da' nostri; et molti la dicono di San Domenico per cagion della principal città di detta isola, che cosi è chiamata.

queia, perché Quizquei vuol dir in lor lingua il tutto.
et intrativi, poi fra terra, come viddero alcuni altissimi monti, con rupe aspere la chiamorono anche Haiti, perché Haiti vuol dir aspro, gli posero ancor il terzo nome Cipanga, per cagion di certi monti, simili ad alcuni monti, che nell'isola Matitina chiamano Cipangi;
ma li nostri la chiamorono Spagnuola.

4.4.2.2. Erläuterung (M)

Medinas Segelhandbuch wurde bereits in 2. besprochen. Der zitierte Textausschnitt stammt aus dem dritten Buch: *Libro Terzo De li venti, De la disposition, et ordine de la carta da navigare* (Cap. VII.).

Porcacchi
Le Isole, 114

La carta da navigare è una tavola piana, nella quale son disegnati i viaggi, che si fanno per mare: et con il quale il buon peota vede et conosce il luogo, dove si trova, et dove ha d'andare: comprende l'altezza de' gradi del polo: et giudica, se si ha da navigare da questa, o da quella parte, ascendendo, o discendendo: et ancho vede con qual vento habbia a caminare per andare al luogo destinato.

Appresso comprende la distantia, et le miglia, o leghe, c'ha da solcare, disponendo con questi discorsi il viaggio suo.

Medina
MedinaNavegarPedrezano, XXXIIIv°

Tra li instrumenti alla navigation necessarii, uno è la carta del navegare, perche senza di essa non si potrebe far bona navigation, essendo che in quella, et per quella il pedota vede, et cognosce il loco dove si trova, et dove debba andare, Et con quella cognosce la' alteza de li gradi del Polo, et mediante quella, iudica se die navigar alla drita, ò à una banda, ò à l'altra, descendendo, ò ascendendo, et anche vede in quella che vento lo serve per andar al loco destinato.
Cosi anche vede la distantia che ha da far, quante leghe, et miglia sono, et con questi discorsi dispone il suo viaggio ordinatamente, meglio che po. [...] le carte del navigar sono fatte in piano, et non in rotondo [...]

4.4.2.3. Beschreibung (P)

Der Textausschnitt entstammt dem ersten Teil von Mattiolis italienischer Übersetzung der Ausgabe von Sebastian Münster (TolomeoGeografiaMattioli, 101r°). Abgebildet wurde eine integrale Buchseite; die Textsorte «geographische Tabelle/Beschreibung» stellen jedoch nur die Zeilen nach der Überschrift *Le Isole, che sono vicine all'Achaia* dar, d.h. von *Ceneo promontorio* bis zum Ende der Seite (Abb. 2).

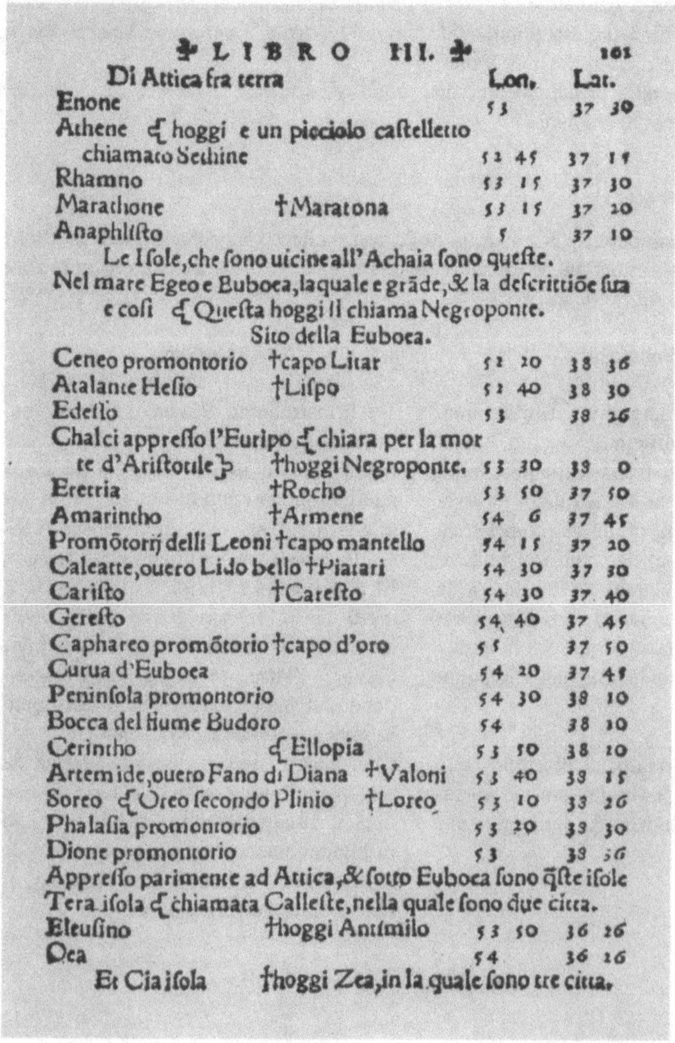

LIBRO III. 101

Di Attica fra terra — Lon. — Lat.

Enone 53 — 37 30
Athene { hoggi e un picciolo caſtelletto
chiamato Sethine 52 45 — 37 15
Rhamno 53 15 — 37 30
Marathone †Maratona 53 15 — 37 20
Anaphliſto 5 — 37 10

Le Iſole, che ſono uicine all'Achaia ſono queſte.

Nel mare Egeo e Euboea, laquale e grãde, & la deſcrittiõe ſua
e coſi { Queſta hoggi ſi chiama Negroponte.

Sito della Euboea.

Ceneo promontorio †capo Litar 52 20 — 38 36
Atalante Heſio †Liſpo 52 40 — 38 30
Edeſſo 53 — 38 26
Chalci appreſſo l'Euripo { chiara per la mor
te d'Ariſtotile } †hoggi Negroponte. 53 30 — 38 0
Eretria †Rocho 53 50 — 37 50
Amarintho †Armene 54 6 — 37 45
Promõtorij delli Leoni †capo mantello 54 15 — 37 20
Caleatte, ouero Lido bello †Piatari 54 30 — 37 30
Cariſto †Careſto 54 30 — 37 40
Gereſto 54 40 — 37 45
Caphareo promõtorio †capo d'oro 55 — 37 50
Curua d'Euboea 54 20 — 37 45
Peninſola promontorio 54 30 — 38 10
Bocca del fiume Budoro 54 — 38 10
Cerintho { Ellopia 53 50 — 38 10
Artemide, ouero Fano di Diana †Valoni 53 40 — 38 15
Soreo { Oreo ſecondo Plinio †Loreo 53 10 — 38 26
Phalaſia promontorio 53 20 — 38 30
Dione promontorio 53 — 38 56

Appreſſo parimente ad Attica, & ſotto Euboea ſono q̃ſte iſole
Tera iſola { chiamata Calleſte, nella quale ſono due citta.

Eleuſino †hoggi Antimilo 53 50 — 36 26
Oea 54 — 36 26
Et Cia iſola †hoggi Zea, in la quale ſono tre citta.

Abb. 2. Beschreibung (P): TolomeoGeografiaMattioli, 101r°

4.4.3. Äußere Textgestalt

Alle drei Textpassagen entstammen gedruckten Büchern. Zwei Aspekte tragen zu ihrer Unterscheidbarkeit bei: das Verhältnis von Text und Illustration und das Textlayout selbst, d.h. typographische Aspekte. In diesem Zusammenhang lassen sich zunächst Gemeinsamkeiten zwischen D'Anghiera (A) und Le Isole feststellen: in beiden Darstellungen spielen Karten keine konkrete Rolle. Zwar befinden sich in beiden Büchern, aus denen die Texte stammen (Ramusios *Navigationi et viaggi* und Le Isole) Karten. Der Text ist aber in beiden Fällen unabhängig zu verstehen und eigenständig konzipiert. In typographischer Hinsicht sind beide Texte fortlaufend, als Textblöcke gesetzt. Anders verhält es sich bei MedinaNavegarPedrezano: der ausgewählte Textausschnitt (M) ist zwar eigenständig verstehbar, mit Blick auf das gesamte Buch, aus dem er stammt, ist aber die enge Verknüpfung und gegenseitige Bezugnahme von Text und erläuternden bildlichen Informationen festzustellen. Der Textfluss folgt – zwischen den eingeschobenen Illustrationen – dem Prinzip des Blocksatzes. TolomeoGeografiaMattioli ist in der Gesamtanlage konzipiert als Grundlage kartographischer Darstellungen. Wenngleich, wie oben dargestellt wurde, die Textüberlieferung unabhängig von der Realisierung der kartographischen Möglichkeiten erfolgte, so ist doch die direkte Übertragbarkeit der Textinformation in die Kategorien räumlichen Vorstellungsvermögens ein Faktor, der für eine «virtuelle Bildhaftigkeit» der Darstellung spricht. Deutlich abgesetzt ist die tabellarisch angelegte Beschreibung (P) zudem von den anderen Textbeispielen in typographischer Hinsicht: Auf eine Skizze der räumlichen Situierung in knappen Sätzen folgen in Spalten die Ortsnamen, den Graden und Minuten der geographischen Länge und Breite zugeordnet; diese regelmäßige Anlage wird unterbrochen durch Kommentare zu aktuellen Namenformen, wiederum typographisch hervorgehoben durch Klammern oder Kreuze. Begleitet wird die Tabelle durch Überschriften und Zwischenüberschriften (*Appresso parimente ad Attica, et sotto Euboea sono queste isole*).

4.4.4. Inhaltlich-thematische Aspekte

Zunächst kann festgehalten werden, dass es sich sämtlich um nicht-fiktionale Texte geographischen Inhalts handelt. Als relevante Merkmale für eine differenziertere inhaltlich-thematische Textsortenbestimmung sind die zeitliche Fixierung und die lokale Orientierung des Textthemas zwischen Emittent und Rezipient sowie die Textbasis gefragt.[45] Schließlich werden die Form der thematischen Entfaltung bestimmt und ihre sprachlichen Merkmale herausgestellt.[46]

4.4.4.1. Textthema

Bezüglich der zeitlichen Fixierung des Textthemas lässt sich für P festhalten, dass die Gegenüberstellung der überkommenen und der aktuellen Verhältnisse zentral ist

---

45 Nach Werlich 1975; Mortara Garavelli 1988.

46 Nach Brinker (2001, 141).

(→ 2.3.4.), d.h. im Bereich der Toponomastik ein konkreter Bezug auf die Gegenwart gegeben ist. Im Übrigen kann aber der Textgegenstand als temporal neutral eingestuft werden; die Beschreibung der topographischen Verhältnisse beinhaltet keine Anspielungen z.B. auf politische Verhältnisse, welche die Gebundenheit an eine konkrete historische Situation zum Ausdruck bringen würde. Damit weist dieser Text Gemeinsamkeiten mit M auf, insofern auch hier die navigatorische Anleitung zwar den Möglichkeiten und Mitteln der Gegenwart folgt und damit im Rückblick zeitgebunden erscheint, aus der Perspektive des Produzenten jedoch als zeitlich neutral eingeschätzt werden muss.

A hingegen schildert Handlungen der Vergangenheit; der gewählte Textausschnitt stellt sogar eine Stufe der Vorzeitigkeit gegenüber der Haupterzählung, nämlich der Entdeckung und Inbesitznahme der Insel Hispaniola, dar.

Die räumliche Orientierung des Textthemas hingegen ist bei P und A ähnlich, da es sich bei beiden um die Beschreibung eines Gegenstandes handelt, der außerhalb sowohl von Rezipient als auch von Emittent liegt. M stellt der sprachlichen Form nach zwar die Handlungsbeschreibung eines Dritten dar; in der Beschreibung impliziert ist jedoch die Handlungsbeschreibung als Anleitung für den Adressaten selbst.

4.4.4.2. Textbasis

«Thematische Textbasis» ist nach Werlich (1975, 28) eine als Texteröffnung wählbare Struktureinheit, bestehend aus Lexemen mit Referenz auf ein Sprechern und Hörern gemeinsames Wirklichkeitsmodell. Thematische Textbasis kann etwa die Überschrift eines Textes sein oder ein einleitender Absatz, welcher mehr oder weniger konventionalisierten Mustern folgt. Die thematischen Textbasen geben über die Art der Themenentfaltung Auskunft, sie führen jeweils die obligatorischen Initiatoren für die thematische Entfaltung eines Textes in *Sequenzen* ein, die den komplettierten Text als einen von 5 grundlegenden *Texttypen* (Werlich 1975, 30) ausweisen.

Als thematische Textbasis für den zitierten Textpassus kann bei M die Kapitelüberschrift *De la disposition, et ordine de la carta da navigare* angesehen werden; bei A wird im ersten Satz der Textpassage *Chi fussero li primi che l'habitassero si narra in questo modo* die thematische Textbasis gesetzt. P verwendet ein System von Überschriften, welche im gewählten Ausschnitt in zwei Erscheinungsformen vorkommen (*Le Isole, che sono vicine all'Achaia*) und die Zwischenüberschrift (*Appresso parimente ad Attica* [...]); angekündigt wird die tabellarische Aufzählung der Ägäis-Inseln.

4.4.4.3. Themenentfaltung

Im Hinblick auf die Themenentfaltung lassen sich nach Werlich (1975, bes. *3. Texttypen*, 27ss.) deskriptive, narrative, expositorische, argumentative und instruktive Texte unterscheiden.

A ist in der Themenentfaltung narrativ. Die narrative Themenentfaltung «wird für textliche Äußerungen über Erscheinungen und Veränderungen *in der Zeit* gewählt», der dominierende Satztyp ist handlungsaufzeichnend (Werlich 1975, 31).[47] Der gewählte Textausschnitt umfasst folgende Handlungsverben: *fuggire*, *andare*, *giungere*, *chiamare* (4x), *intrare*, *vedere*, *ponere nome*.

Die zeitliche Strukturierung ist komplex, die Handlungsverben stehen in den Relationen von Vorzeitigkeit (*giunti*, *intrativi*) und Gleichzeitigkeit.[48] Die Sprecherperspektive ist objektiv; zugleich deutet das artikulierte Pronomen *li nostri* die Handlungseinbindung des Autors an. Strukturell wird der Text durch das kataphorische *in questo modo*, sowie durch die Gliederungssignale *poi*, *anche*, *ancor* gegliedert. Durch die vielfachen Wiederaufnahmeverfahren für *Isola* (*vedendola*, *dove la terminasse*, *quella* (2x), *la chiamarono* (3x); *gli posero nome*) wird Kohäsion erzeugt.

Bemerkenswert ist, dass die Begrifflichkeit im Gebrauch des Autors mit der hier vorgestellten Textsortenanalyse übereinstimmt. So unterscheidet D'Anghiera in einer Passage kurz vor der zitierten Erzählung (A):

> «*et* però havendo io cominciato dall'isola Spagnuola, *et* scorsa tutta la costa di terra ferma dell'Indie occidentali, tornerò alla medesima Isola, laquale è stata causa di questa mia narratione, *et* anchorché io l'habbia in qualche parte descritta secondo ch'è accaduto, puraccioche se n'habbia miglior notitia, fattane la figura, la descriveremo particolarmente con quella diligentia che a noi sarà possibile» (D'AnghieraSommarioRamusio, 32v°).

Aus diesem Abschnitt lässt sich das Konzept der Erzählung der Reise der Seefahrer ableiten, ausgedrückt im Substantiv *narratione* und im Verbalsyntagma *descrivere secondo ch'è accaduto*. Dieses Konzept grenzt D'Anghiera deutlich von der landeskundlichen und ethnographischen Beschreibung der Insel ab, ausgedrückt im Verbalsyntagma *descrivere particolarmente*.

Was darunter zu verstehen ist, geht aus der Kapitelüberschrift hervor: *Minuta descrittione dell'isola Spagnuola, e de' primi habitatori suoi, e in quante provincie sia divisa, de' fiumi, laghi, spelonche, et di certi uomini salvatichi nell'ultima parte di quella habitanti*. D'Anghieras *descrizione* beginnt mit den Angaben zur geographischen Lage und geht sodann zu den Bewohnern über:

---

47 Mortara Garavelli (1988, 161) registriert auch beschreibende Textsorten, welche chronologischen oder szenischen Aspekten gelten: «Base testuale della narrazione è un enunciato che registri un'azione o un processo (in quest'ultimo il soggetto è inanimato) [...] la dimensione prevalente è quella dell'ordine cronologico degli eventi: il *prima* e il *dopo* sono relativi alla successione nel tempo, mentre nella descrizione essi sono relativi alla posizione nello spazio. Se la forma elementare del descrivere è la riproduzione della realtà, l'analogo nel narrare è la comunicazione di avvenimenti».

48 Bereits im Altitalienischen lässt sich ein spezifisches syntaktisches Schema der Narration feststellen, in welchen das Trapassato Remoto zumeist dem Thema zugewiesen wird und den Aspekt der Abgeschlossenheit ausdrückt: «in frase principale o coordinata sia l'uso del trapassato remoto sia quello della perifrasi (più para-passiva che esclusivamente non-passiva) con *venire* [...] attestano non tanto la presenza di un modo dell'azione ‹evento-resultativo› quanto quella di una categoria aspettuale di ‹iper-perfettività›, con la quale, distinta in forme specificamente trasparenti, si indicava la rapidità di un evento o la sua casualità» (Ambrosini 2000, 569).

«L'Isola Spagnuola adunche è posta fra la linea dell'Equinottiale, *et* il tropico del Cancro, e distendersi per longhezza da levante à ponente, circa 500. miglia, e da mezo dì à Tramontana in alcune parti è larga miglia 300, la parte di mezo dì, dove è la città principal detta San Domenico, è gradi 18, sopra l'Equinottiale, la parte verso Tramontana gradi 20, *et* mezo. Chi fussero li primi, che l'habitassero [...]» (D'AnghieraSommarioRamusio, 32v°).

Hier werden Informationen von unterschiedlichem Status zusammengefasst; auch die Angabe der geographischen Breite gehört dazu. In diesem Bereich geographischer «Beschreibung» ist die Nachwirkung der ptolemäischen Geographie deutlich. Eine auf «Phänomenregistrierung»[49] konzentrierte Grundform der *descrizione* ist eine Tabelle, wie sie P repräsentiert; im gewählten Ausschnitt ist die Information reduziert auf Toponyme, Marker alternativer Namenformen (piktographisch: Klammer, verbal: *hoggi*), Zahlen.

Historisch gesehen ging die *descrizione* aus Beschreibungen hervor, die an kartographische Darstellungen gebunden waren. Die Grenzen zwischen 'Text, der die Karte vorbereitet' (1), 'Text, der die Karte erläutert' (2) und schlicht 'kartographische Darstellung' (3) sind dabei fließend. Die erste Bedeutung trifft auf die Tabellen von Ptolemäus zu; in TolomeoGeografiaMattioli wird zuweilen die Kapitelüberschrift *descrizione* verwendet (*Descrittione del Peloponneso*, Le Isole, 101v°, oder der Untertitel im abgebildeten Textausschnitt: *et la descrittione sua e cosi*): gemeint ist hier ein 'Text zur Erarbeitung einer kartographischen Darstellung', wobei synonym auch *sito* verwendet wird (*Sito della Achaia*, Le Isole, 99r°).

Ein Beispiel für die zweite Bedeutung ist die Skandinavienkarte von Olao Magno (Venezia, 1539); die Sprache der Karte ist Latein. Sie trägt den Titel *Carta marina et descriptio*. Textuelle Erläuterungen finden sich (ungleich ausführlicher als die Legenden in modernen Karten) unten links und unten rechts in die Karte integriert. Für die dritte Bedeutung gibt es zahlreiche Beispiele, wie die in Tooley (1939) aufgeführten Karten zeigen, die im Titel *Descrizione* führen (mit Abweichungen der Graphie).

Bei Gastaldi ist mit *descrittione* zunächst die kartographische Darstellung selber gemeint, aber auch die Methode der Darstellung, d.h. die Wahl des Maßstabs.[50]

Die Emanzipation der *descrizione* gegenüber der Karte, die sie schließlich an Länge und Informationsdichte übertraf, ist in verschiedenen Stadien der Erarbeitung

---

49 Nach Werlich (1975, 30s.) sind deskriptive Texte «Äußerungen über Erscheinungen und Veränderungen *im Raum*», der dominierende Satztyp ist phänomenregistrierend. Z.T. werden chronologische und szenische Darstellungen zum beschreibenden Texttyp gerechnet: «la retorica ne [dei testi descrittivi] ha codificato i tipi in relazione ai contenuti: descrizioni, di un luogo o di un qualche suo elemento (*topografia* [...]); di circostanze relative ad eventi (*cronografia*), di avvenimenti e di fenomeni ‹messi in scena› con particolare vivezza (*tableau* o quadro) ecc.» (Mortara Garavelli 1988, 160).

50 Dies drückt sich im Titel von GastaldiUniversaleDescrizione aus: *La universale descrittione del mondo, descritta da Giacomo de' Castaldi Piamontese*. Beschrieben (*descritta*), d.h. theoretisch begründet, wird hier die Weltkarte, *Universale descrittione*, im selben Text auch *mappamondo* genannt, A6v°, letztere Bezeichnung greift Porcacchi auf.

von Münsters *Cosmographia* festzustellen.[51] Im Ergebnis haben die Karten nur mehr illustrativen Wert, so ist es auch in Le Isole der Fall.

Porcacchi überschreibt jedes Kapitel im Hauptkorpus mit *Descrittione dell'Isola di* [Inselname], und der Aufbau der Kapitel (s.o.) ähnelt dem zitierten Schema von D'Anghiera: Lagebeschreibung der Insel unter Angabe der geographischen Länge und Breite sowie der Entfernung vom Äquator, Bemerkungen zu früheren und aktuellen Namenformen, regionale Gliederung, z.T. anekdotische Beobachtungen zur Ethnographie und Geschichte. Innerhalb einer solchen *descrizione* können auch narrative Texte integriert sein, die eine komplementäre Funktion als Hintergrundbericht zur gegenwärtigen Situation erfüllen. Dafür ist A ein Beispiel.

M kann der thematischen Textbasis der Erläuterung bzw. Exposition zugeordnet werden, nach Werlich (1975, 31s.) «textliche Äußerungen über die Zerlegung (*Dekomposition*) oder Zusammensetzung (*Komposition*) von begrifflichen Vorstellungen der Sprecher» bzw. der Explikation.[52] Das Kapitel, in dem Porcacchi diesen Text verarbeitet, ist überschrieben mit *Discorso intorno alla Carta da Navigare* (Le Isole, 114–117). Dies hebt sich von der sonst üblichen Kapitelüberschrift, die mit *Descrittione* beginnt, ab. Der *discorso* wird also von der *descrizione* unterschieden. Auch im *Prohemio*, wo Porcacchi ebenfalls auf Medina basierende «Erläuterungen» vornimmt, wird dies expliziert. Signifiant ist hier das Verb *dichiarare*: «ho pensato di dichiararle tutte» (Le Isole, b4r°).

M wird strukturiert durch Syntagmen der Form Präposition + anaphorisches Demonstrativum, sämtlich mit Referenz auf *carta del navegare*: *senza di essa*, *in quella*, *per quella*, *con quella*, *mediante quella*, *in quella*. Diese Art der Wiederaufnahme zeigt die analytische Betrachtung des Gegenstandes und seiner vielfältigen Funktionen an. Diese bestehen in den Handlungsmöglichkeiten des *pedota*, ausgedrückt in den Verbalphrasen von *vede*, *cognosce*, *iudica*, *vede*, sämtlich im Präsens, Indikativ, Aktiv, welche durch die Konjunktion *et* beiordnend verknüpft sind. Diese personalisierte Form der Darstellung der Kartenfunktionen über einen handelnden *pedota* weist einen geringen Abstraktionsgrad auf. Die Sprachvarietät lässt sich als regional markiert beschreiben (*alteza*, *die*, *drita*); die Orthographie ist nicht einheitlich (*navegare* neben *navigar*) und weist Latinismen auf (*loco*). Die stilistische Einfachheit wird besonders deutlich im synoptischen Vergleich mit der stilistisch verfeinernden Überarbeitung Porcacchis: dieser übernimmt zwar die skizzierten

[51] «Beatus Rhenanus forderte nun nicht eine Kosmographie, sondern eine landeskundliche Erforschung des Rheintals von Basel bis Mainz, dargestellt in einer descriptio. Unter descriptio, in diesem speziellen Sinn deutsch: Beschreibung, versteht Münster primär eine Landkarte, der meist ein kurzer erklärender Text beigegeben ist. In diesem Sinn war auch anfänglich die ‹Kosmographie› als eine Zusammenfassung solcher descriptiones gedacht. Sie sollte also in erster Linie ein Atlas sein. Als die erklärenden Texte jedoch unter der besonderen historischen Betrachtungsweise der Geographie zu sehr anschwollen, wurden die eigentlichen Karten nur noch als Illustrationen der Kosmographie angesehen» (Burmeister 1963, 112).

[52] Brinker (2001, 143) zählt hierzu auch die informativen Textsorten «Lehrbuch» und «wissenschaftlicher Text».

Grundstrukturen, ersetzt aber die Wortwiederholung *cognosce – cognosce* durch *conosce – comprende* bzw. *vede – vede – vede* durch *vede – vede – comprende*.

4.4.5. Situative Bedingungen

Bei allen drei Texten handelt es sich um Auszüge aus gedruckten Büchern. Dies bedeutet, dass in keinem Fall von einer Kopräsenz der «Kommunikationspartner» resp. Leser/Autor ausgegangen werden kann; die Grundstruktur ist monologisch. Aus der medialen Realisierungsform «gedruckter Text» ergeben sich zugleich einschränkende und ausweitende Folgerungen für den vermuteten Adressatenkreis: Eingeschränkt ist der Kreis potenzieller Leser auf das lesekundige und zahlungsfähige Publikum. Durch die Drucklegung überschreitet das Buch wiederum den Rahmen der Eins-zu-eins-Kommunikation oder auch den begrenzten Verbreitungsradius handschriftlich vervielfältigter Texte und wird zum potenziellen Bestandteil des öffentlichen Diskurses; eine persönliche Bekanntheit von Autor und Adressatenkreis kann nicht vorausgesetzt werden. Für den Reisebericht formuliert Babenko: «Darstellung und inhaltliche Tendenz der Reisebeschreibungen ist im 16. Jahrhundert primär an einem spezifischen Publikum in der Heimat ausgerichtet, welches informiert, belehrt und unterhalten werden soll» (Babenko 1997, 207).

4.4.6. Kommunikative Funktion

Große definiert die Textfunktion als «die in einem Text encodierte, sich im Text als Kommunikationsinstrument ausprägende Intention, und zwar – und dies ist sehr wichtig – so, wie der Empfänger sie verstehen soll».[53] Die kommunikative Funktion, nach der sich der Textmodus richtet, gilt als dominierendes Kriterium in der Textsortenklassifikation (Brinker 2001, 34). Über die Umsetzung der Kategorie «Funktion» in der Textsortenanalyse besteht jedoch keine Einigkeit.[54] Brinker (2001, 107) fasst die fünf Illokutionstypen Searles (repräsentative, direktive, kommissive, expressive, deklarative) im Sinne eines deutlicheren Bezugs auf das «interaktive Moment» zu den folgenden vier textuellen Grundfunktionen zusammen: Informationsfunktion, Appellfunktion, Obligationsfunktion, Kontaktfunktion. In den Bereich von Texten mit Informationsfunktion fallen Nachrichten, Berichte, Beschreibungen, Gutachten usw. (cf. Brinker 1996, 1523).

Auch im Bereich der kommunikativen Funktion zeigen sich – legt man Brinkers Kategorien zugrunde – im Vergleich der drei ausgewählten Textsortenexemplare mehr Gemeinsamkeiten als Unterschiede: sämtlich ist ihre dominierende Funktion die Information. Dies ergibt sich aus den Texteigenschaften der historischen Darstellung (A), der praxisrelevanten Anleitung (M, P). Offen bleibt die Frage, inwieweit die Informationsfunktion «Anleitung zum Kartenzeichnen» bzw. «Anleitung zum Gebrauch der Seekarte» für die Leser im Mittelpunkt stand; anzunehmen ist ein

---

53 Nach Brinker (1996, 1522).

54 Ein Forschungsüberblick bei Heinemann (2000b, 533ss.).

weitgehend von diesen konkreten Gebrauchsmöglichkeiten abstrahierendes, allgemeineres geographisches Interesse.

Das Layout von P setzt ein Signal in Bezug auf den vorgesehenen Verwendungszweck des Textes. Im Vorwort wird auf das Druckbild eigens hingewiesen:

> «Nientedimeno habbiamo proposto la lunghezza alla larghezza, accioche se accascara di fare emendationi alcune per qualche historia piu certa, si possino scrivere nel resto delle faccie de gli spatij» (TolomeoGeografiaMattioli, 40r°).

Aus dem Druckbild lässt sich also eine implizite Teilfunktion ableiten, nämlich die Aufforderung zur Verbesserung der zur Verfügung gestellten Daten.[55]

4.4.7. Überarbeitungsprinzipien

Porcacchi entnimmt seinen Quellen nicht nur Informationen und Handlungen: auch die Textsortencharakteristika bleiben in Grundzügen erhalten, jedenfalls bezüglich A und M. Für die tabellarische Darstellung P gilt dies mit mehr Einschränkungen. Die implizite Textfunktion «Anleitung zur Kartographie», die formale und die sprachliche Textgestalt bleiben nicht erhalten; jedoch gehen einzelne Informationen in die deskriptiven Passagen zu Beginn eines jeden Kapitels ein.

In der Überarbeitung von A bleibt zunächst der Rahmen stabil: Auch in Le Isole stellt die Textpassage eine Hintergrunderzählung im Kontext einer Beschreibung dar (Kapitelüberschrift *Descrittione*). Porcacchi rafft die Darstellung, er unternimmt Umstellungen und fügt Ergänzungen ein (*et molti la dicono San Domenico*). Er übernimmt die Textualitätsmerkmale wie Gliederungssignale (*poi*), auch in modifizierter Form (*anche – ancor il terzo nome* vs. Ø *– in ultimo*, ... *la terza volta* in der Vorlage). Auch die Wiederaufnahmeverfahren übernimmt Porcacchi in modifizierter Form, unter Reduzierung der Wortwiederholung (*vedendola, ch'ella*, 2x, *questa, la chiamaron, la nominaron*).

Bezüglich der Erzählhaltung des Autors lässt sich feststellen, dass zwar einerseits die lexikalischen Kommentare D'Anghieras (*che abbiam detto*; *perché quizquei vuol dir in lor lingua il tutto*) weggelassen bzw. verkürzt werden. Andererseits übernimmt Porcacchi das deiktische *nostri* (*detta Spagnuola da' nostri*), obwohl sich die Referenz im Kontext seiner Beschreibung nicht erklärt. Es sei dahingestellt, ob dies als Nachlässigkeit in der Textüberformung zu werten ist oder als stilistisches Mittel bewusst eingesetzt wird.

M übernimmt Porcacchi zwar in weiten Teilen, jedoch übernimmt die konkrete Anwendungsbezogenheit des Segelhandbuches nur mehr Zitatfunktion. Die erklä-

---

[55] Zur Diachronie der Reiseberichte sei angemerkt, dass den frühesten Briefen von Columbus eine Appellfunktion zu Grunde gelegen haben mag, dazu Todorov (1996, 352): «Ob Columbus nun an Santangel, den hohen Beamten und Ausrüster seiner Expedition, oder an andere Persönlichkeiten schrieb, eigentlich wandte er sich immer in erster Linie an das spanische Königspaar, Ferdinand und Isabella, die er von den Reichtümern der neuentdeckten Länder und von der Notwendigkeit, neue Expeditionen zu entsenden, überzeugen wollte. Seine Briefe hatten also eine instrumentelle Funktion, einen Zweckcharakter».

rende Grundstruktur bleibt dennoch in Porcacchis Version erhalten. Dies zeigt er bereits in der Kapitelüberschrift *Discorso* an. Umstellungen und Verkürzungen nimmt er nur in geringem Umfang vor.

M überarbeitet Porcacchi in stärkerem Umfang stilistisch: So ersetzt er das umständliche *vede la distantia che ha da far* durch das elegantere *c'ha da solcare*, die Wortwiederholung *cognosce – cognosce* durch *conosce – comprende* bzw. *vede – vede – vede* durch *vede – vede – comprende*. Auch erscheinen die regional markierten Wendungen Ms (*alteza*, *die*, *drita*), der Latinismus *loco* und orthographischen Unregelmäßigkeiten (*navegare*, neben *navigar*) in standardisierter Form.

4.4.8. Auswertung

Le Isole lässt sich als «Kompilation von Textsorten» lesen: Mit den Inhalten der Vorlagen werden die Textsorteneigenschaften in Porcacchis Text übertragen. Aus Ptolemäus übernimmt Porcacchi Grundzüge der geographischen «Beschreibung»; die tabellarisch angelegte Information zur Kartenerstellung wird mit den raumbezogenen Informationen aus anderen Geographien verbunden. Die Darstellung mündet in eine neue Art der Beschreibung: Porcacchi verwendet *descrittione* als Kapitelüberschrift für jede Inselbeschreibung und damit für einen selbständigen Text, der über den rein kartographischen Bezug oder nur raumbezogene Angaben hinausgewachsen ist. Diese Verwendung bereitet sich in den Reiseberichten vor: Wie im zitierten Beispiel von D'Anghiera bezieht sich auch hier die Beschreibung hier auch auf landeskundliche und ethnographische Inhalte; D'Anghiera grenzt jedoch *narrazione* und *descrizione* noch voneinander ab. Bei Porcacchi kann hingegen der mit *Descrittione* betitelte Text auch um narrative Passagen ergänzt werden. Die Merkmale der «Erzählung» werden in Le Isole häufig erhalten, wenn ein narrativer Text die Vorlage ist. Jedoch wird dieser Eindruck durch Kürzungen und die Anpassung an Porcacchis Sprachstil abgeschwächt.

Die expositorische Charakteristik von Medinas *Arte de navegar* bleibt ebenfalls erhalten, und zwar nicht nur im zitierten Kapitel, sondern auch im *Prohemio*. Porcacchi gibt hier nicht nur Informationen wieder, sondern auch die Textfunktion einer «Anleitung» und bezeichnet sie als *discorso*.

Le Isole ist bezüglich der Textsortencharakteristika mehr als die Summe der aus Quellen übernommenen Teile. Abgesehen von den aus Vorlagen übernommenen Versatzstücken ließen sich für das gesamte Buch weitere Textsorten herausstellen, z.B. die zahlreichen Autorenkommentare (→ 3.3.3.), die durch die Verwendung von Verba dicendi, wertenden Adjektiven und eigenen Erklärungen charakterisiert sind, d.h. sich unterschiedlicher Mittel der Themenentfaltung bedienen. Einheitlich sind diese Einschübe jedoch in der Akzentverschiebung, die sie bei den situativen Bedingungen bewirken: Porcacchi inszeniert seine Autorenrolle und verleiht ihr persönliche Züge. Dadurch ist er zugleich in der Lage, dem Leser ein Gegenüber zu verschaffen und ihn in die Rolle eines Zuhörers zu versetzen.

5. Glossare

5.1. Geographische Termini

5.1.1. Methode

Die Auswahl der Termini für die folgende Dokumentation geographischer Termini erfolgte unter zwei Gesichtspunkten: erstens gehören sie zu den «Lemmata», die Porcacchi mit Bedeutungsangabe als «voci peculiari a' geografi» im *Prohemio* erörtert. Zweitens wurden solche Wörter ausgewählt, deren historische Dokumentation durch die Vorlagen ergänzt werden kann, die Porcacchi für das *Prohemio* auswertet. Dies sind die Ptolemäus-Übersetzung von 1548 (TolomeoGeografiaMattioli), Medinas Segelhandbuch von 1554 (MedinaArteNavegarPedrezano),[1] weiterhin werden die Strabon-Übersetzung von 1562/1565 (StraboneGeografiaBuonacciuoli) und Ausschnitte aus Ramusio herangezogen. Insgesamt versprechen die noch ausstehende vollständige Auswertung der genannten Quellen und die historische Darstellung des terminologischen Instrumentariums der frühneuzeitlichen Geographie weitere wichtige Aufschlüsse.

Übersetzungen können ein «centro determinato» darstellen, von welchem aus man nach Migliorini (1956, 36) zuweilen die Verbreitung eines (im Zitat: lateinischen) Lehnwortes verfolgen kann. Wenngleich sich auch eine daraus resultierende Erstdatierung als «relativ»[2] herausstellen kann, bleibt das editionsphilologische Interesse an einer Verschränkung wort- und textgeschichtlicher Fragestellungen bestehen.

---

1 Bereits von Metzeltin 1970 als Quelle für die *Die Terminologie des Seekompasses in Italien und auf der Italienischen Halbinsel bis 1600* ausgewertet, z.B. für die Diskussion zu it. *rombo* 'Windrose', ein Luso-Hispanismus; denn die ersten Belege kommen ausschliesslich in Übersetzungen aus dem Spanischen oder Portugiesischen vor (aus pg. *rumo* 'Windstrich' oder 'Windrichtung' > sp. kt. *rumbo*, kt. *rumb*, it. *rombo* 'Windstrich'). Metzeltin (1970, 217; 220) führt als frühesten Beleg *1554*, Medina-Palentino 29r°–v° an: «Dabei wurde das *u* von *rumbo*, *rumo* in Anlehnung an *rombo* 'Raute' in *o* verwandelt, was durch die Rautenfigur begünstigt wurde, die zwei entgegengesetzte Kompassspitzen bilden»; cf. Zaccaria (1927, 350s.), mit Belegstellen für it. *rombo* in Übersetzungen. Cf. Le Isole, b5r°.

2 Cf. Migliorini (1944–1945, 7): «nell'immensa maggioranza dei casi il primo esempio è da intendere semplicemente come ‹relativo›, cioè come il più antico esempio che sia stato rintracciato, il quale potrà essere tolto di seggio da altri esempi anteriori, additati in seguito a nuove ricerche».

An den gewählten Beispielen wird in Anbetracht der Herkunftssprachen die Heterogenität des geographischen Wortschatzes deutlich: Gebersprachen sind das Griechische der antiken Tradition (*cherroneso*), als Kontaktsprache des mittelalterlichen Italienisch (*arcipelago*), sowie das Lateinische, wie die «voce dotta» *continente*, übersetzt aus einem neulateinischen Text, und das Kastilianische (*altezza*, *larghezza*, *lunghezza*; nicht nur bei Medina, auch bei LibriastronAlfonsoX (OVI), aus dem die Erstbelege zitiert werden, handelt es sich um eine Übersetzung aus dem Kastilianischen).

5.1.2. Alcune «Voci peculiari a' geografi»

altézza

f. 'latitudine geografica'. Il sinonimo è *latitudine*,[3] derivato di *àlto* agg., dal lat. *altu(m)*, part. pass. di *alĕre* 'allevare' (ThLL 1,1772ss.). Il DELIN ed il GDLI citano, come prima attestazione di *gradi d'altezza*, Bartoli (*av. 1685 = 1653*, BartoliOpereTorino 9/3). Il DEI (1,145: «per il class. *altitudo*») non si riferisce al significato geografico. Nel LEI (2,419) si trova solo il sintagma it. *(gradi d') altura*, f. 'altezza del polo, latitudine' (*a.1582*, Sassetti–*1716*, Prose fior., TB; ZaccariaIberismi 111), e viene considerato un'ispanismo: «It. *gradi d'altura* è espressione geografica di provenienza iberoromanza attestata la prima volta dal Sassetti».
La storia testuale di Le Isole contiene la prima attestazione della voce in italiano e spiega l'origine iberoromanza, in quanto la parola *alteza de li gradi* si trova nella traduzione italiana dell'originariamente spagnolo *Arte de navegar* di Pietro di Medina (*1554*, MedinaNavegarPedrezano, XXXIIIv°), fonte del Porcacchi nel *Prohemio* (→ 4.2.5.1.): *altezza de' gradi* (*1572*, Le Isole, b4v°).

arcipèlago

m. 'gruppo di isole vicine'. Il significato dell'appellativo *arcipelago* è oggi ben conosciuto (EncTreccani 1,639), anche se la documentazione storica non è ancora completa. Originariamente *arcipelago* indicava una parte del mar Mediterraneo, chiamata in antichità *Aigaion pelagos* e *Mare Egeum*.[4]
Tuttoggi *arcipelago* si riferisce a una parte del Mediterraneo, tra le coste orientali della Grecia e quelle occidentali dell'Anatolia; a sud delimitato dall'isola di Creta e dalle isole del Dodecaneso, a nord comunica con il mar di Marmara attraverso lo stretto dei Dardanelli (EncTreccani 4,97; EncZanichelli; LdA). Il nome deriva dall'etimologia popolare, è stata formata su base del lat. *Egeopelagus* con l'influsso del suffisso gr. *ἀρχι-* Cortelazzo (1970, 22s.), che sembra essere entrata anche nel

[3] «[...] dall'equatore è il complemento dell'altezza dal polo. È uguale alla latitudine geografica» (Bustico 1932, 18).

[4] Gr.a. *Αἰγαῖον πέλαγος* (Pape), lat.a. *Ægæum* (ForcOnom), lat.med. *Egiopelagus* (prima metà *sec. XIV*, DandoloChronicaPastorello, 282), *Mare Egeum* (*a.1406*, SilvestriMontesdeoca, s.v. *Creta*).

uso greco dialettale come notano Georgacas (1949/1950, 84: «the foreign form was introduced into Greek usage») e Kahahne/Kahane citando una ricerca di Amantos.[5] È per la prima volta documentato nel sec. XIII: lat.med. *Arcipelago* (*1268*, UrkVen 3,96). Così lo cita anche Buondelmonti (nach Gerola 1135; 1159; 1167): «Dicitur enim Archipelagus mare ab archos, quod est dominus latine et pelagus mare idest dominus maris»; «Dicitur enim Archipelagus mare ab archi, quod est principium et pelagus mare». La denominazione gr.a. era in uso dall'antichità fino all'epoca bizantina, con le varianti *Egeopelagus*, *Agiopelago*, *Azopelago*.[6] Partendo da una parte dell'Egeo, il significato si estendeva: cf. lat.med. «*Egeopelagus* 'das Meer um die Zykladen' (14. Jh.), umgestaltet *Arc(h)ipelagus* (venez., 13. Jh.), dazu ital. *Arcipèlago* (14. Jh.)» (Kahane/Kahane 1968–1976, 409).[7]
Mentre i Kahane affermano che il significato 'gruppo di isole' data dal '500,[8] nel DELIN si trova come prima datazione: «1815, Stampa milan.; fin dal Villani, av. 1348, la vc. è però attest. come n. proprio per indicare il Mar Egeo». Anche nel GDLI per *arcipelago* 'gruppo di isole vicine fra di loro, caratterizzate da una morfologia comune', si trova solo uno spoglio dal TB (2,647: «I Geografi danno questo nome ad una unione d'isole, o a quel tratto di mare nel quale trovansi unite»). Il DI non lo cita affatto. Il DEI (1,276, s.v. *arcipelago*: «XIV sec.; aggregato di isole e il mare che le circonda; gr. biz. **archipélagos* mare principale (docum. nel gr. mod.)»)[9] sembra interpretare le sue non precisate fonti del '300 secondo l'uso moderno, anche se è molto probabile che anch'essi si riferiscano all'Egeo.

---

5 «Seit dem 14. Jhdt. wird das Ägäische Meer mit italienischem Namen 'Αρτσιπέλαγος genannt. K. Amantos hat ['Ελληνικα 10 [1938], 130 ff.] dieser Bezeichnung eine Studie gewidmet: nach ihm wurde die bei den Byzantinern übliche Bezeichnung 'Αιγαῖον Πέλαγος im Munde der Franken zu Egeopelagus und dieses zu Arcipelago umgestaltet; der Italianismus 'Αρτσιπέλαγο(ς) findet sich zwar bei griech. Schriftstellern, ist aber nicht volkstümlich geworden. Doch scheint uns eine gewisse Volkstümlichkeit der Bezeichnung durch einige Relikte in den Dialekten erwiesen zu sein [...]. Zante (veraltet) ἀρτσιπέλα(γ)ο n. 'Archipel'; Kreta ἀρτζιπέλαγο 'Inselmeer' [...]. Artaki ἀρτζιπέλαγο 'Inselmeer' [...]» (Kahane/Kahane 1940, 21s.).

6 Philippson (1950–1959, vol. 4, 16), citando C. Bursian, *Geographie von Griechenland*, II, Leipzig, 1868–1872; cf. it. *Pelago Egeo* (*1482*, BerlinghieriGeographia, III,22).

7 Altre attestazioni italiane: *Archipellago* (*sec. XV s.m.*, BuondelmontiLibroV, 3r°), *Arcipelago* (*a.1348*, VillaniCronaca, OVI; *a.1388*, PucciCentiloquio, OVI; *1431ca.*, AndrBarberino, RomanziRealiMattaini 182; *1548*, TolomeoGeografiaMattioli, 25r°; *1561*, TolomeoGeografiaRuscelli, 170; *1562*, PlinioHistoriaNaturaleDomenichi, 90; *1562*, StraboneGeografiaBuonacciuoli 1,198v°; *1598*, TolomeoGeografiaCernoti 2,123v°; *1688*, MagniRelazione, 7; *1799*, ScrofaniViaggioRicorda, 93; *1860*, Cherubini; 1910, GeorgesCalonghiApp; *1929*, Bertarelli, 25: «arcipelago italiano»; *1929–1936*, EncIt 4,99), *Arzipielago* (*1499*, SanudoDiarii 3,51), *Archipelago* (*1511*, GrassettoViaggio, 17).

8 «[...] mit dem 16. Jh. wird der Ortsname zum allgem. Nomen 'Inselmeer'; ein Wort der Frankokratie» (Kahane/Kahane 1968–1976, 409).

9 La prima attestazione greca per l'appellativo articolato si trova nel greco post-bizantino: *'Αρχιπέλαγος, ὁ* 'Arcipelago' (*1709*, SomaveraTesoro, 56).

Il nome *Arcipelago di Romania* (*a.1348*, VillaniCronica, OVI; *sec. XIV p.m.*, PegolottiPratica, OVI)[10] è un primo accenno dell'uso appellativo di *arcipelago*, in quanto «il nome appellativo per lo più ha bisogno di essere attualizzato per mezzo di esponenti determinanti [...] e invece il nome proprio di solito fa a meno» (Migliorini 1927, 3s.); anche se con l'*Arcipelago di Romania* si tratta di una parte dell'*Arcipelago* 'mare Egeo'.
I primi esempi per l'uso di *arcipelago* come appellativo senza riferimento all'Egeo si trovano nel '500: «*et* quando navigano per alcuno arcipelago, perche qui è gran pelago à modo d'un canale, andando à vela alcuna volta li viene il vento davanti» (*1563*, VarthemaItinerarioRamusio, 167r°); «Arcipelago d'isole. Al traverso di questo paese di Malabar, da cento ve*n*ti miglia in mare vi è un arcipelago d'isole, che gl'Indiani dicono essere da dicessette mila» (*1563*, BarbosaLibroRamusio, 313r°); «*et* ivi si trovano molte isole allequali mette*m*mo nome l'arcipelago di san Lazaro» (*1563*, PortogheseNarrazioneRamusio, 370r°).
Porcacchi, che usa il Ramusio come fonte per vari capitoli (→ 4.2.2.), è ben conoscio del significato che ha preso l'originario nome proprio:
«Arcipelago è nominato hoggi, quasi capo, o principe de' mari; percioche le tante Isole, c'ha; par veramente che gli rendano principato sopra gli altri: onde per questo effetto simile, color, c'hanno fatto le navigationi tanto maravigliose a' tempi nostri; hanno chiamato Arcipelago, quel mare pieno d'Isole habitate *et* dishabitate, ch'è nel golfo di Bengala, di rimpetto al regno di Malaca, o aurea Chersoneso: *et* quello, che è nel mare Indiano con venti mila Isole, poste dal monte Deli a traverso della costa di Malabari: *et* Arcipelago di San Lazaro quello, dove è l'Isola Bornei, Gibiolo, le Molucche, *et* infinite altre» (*1572*, Le Isole, 27s.).
Lo riflette anche Coronelli nel suo *Isolario*: «la moltiplicità delle [isole] hà fatto ricevere ad alcuni Mari il nome d'*Arcipelago*, che significa Capo di molti Pelaghi formati dall'Isole stesse. Tali sono il nostro del *Mediterraneo*, de *Amboise*, del *Chiloe*, di *Celebes*, del *Moro*, del *Messico*, delle *Maldive*, delle *Moluche*, della *Nuova IorK*, de los *Papous*, di s. *Lazaro*, e d'altri, ne' quali veramente infinito è il numero dell'Isole» (*1696*, CoronelliIsolario, 4).

cherroneso

f. 'penisola'. Parola greca (gr. *Χερσόνησος, ἡ*, tardo Att. *χερρό-* 'penisola; come nome proprie di varie penisole' Liddell/Scott it.; cf. ThLL 3,1008: *chersonēsus*, *-i*, f. «plerumque pro nom. propria»); le due grafie *-rr-* (attico) vs. *-rs-* (rispettivamente ionio e pan-ellenestico) sono attestati già nell'epoca romana (Browning 1983, 24). La voce entrava anche nel latino medievale (MlWb s.v. *chersonesus* (*-erro-*) 'peninsula, Halbinsel': *731*, Beda hist.eccl.).
In italiano sono conosciuti vari usi della voce con specificazioni toponomastiche, per indicare regioni e città: *Chersoneso Aureo* (penisola di Malacca in età classica); *Chersoneso Cimbrico* (nome antico della penisola cimbrica); *Chersoneso di Creta* (antico porto di Litto nel Golfo di Mirabello); *Chersoneso Taurico* (antico nome

---

10 Con riferimento al territorio di Charles d'Anjou, 1266–85.

dell'odierna Crimea); *Chersoneso Tracico* (nome antico della penisola di Gallipoli) (EncTreccani 2,976).

Il grecismo *chersoneso* in italiano rientra in quel campo importante della geografia che è lo stile classico, così citato nel DEI (2,889: «m., ant., geogr.; penisola; v. dotta»). Il DELIN riporta *chersoneso* s.v. *peninsola* con la datazione al *1574* (G. Ruscelli): «Chersoneso da i Latini si dice Peninsula, e così o nell'uno o nell'altro modo, cioè o Chersoneso o Peninsola convien dirsi ancor nella nostra lingua, non essendovi altra voce, con che possa dirsi».

Invece già nella traduzione italiana di Tolomeo, redatta da Mattioli, si trova *chersoneso* come appellativo: «Peninsola poi, *et* parimente Chersoneso e una terra, che sia quasi per ogni intorno circondata dal Mare, ma che pure da qualche parte si contenga con terra ferma, come e la Italia, *et* in India la Aurea Chersoneso» (*1548*, TolomeoGeografiaMattioli, † viir°ss.).

Il Porcacchi sembra riprendere questo concetto quando scrive:

«PENISOLA vien detta quella, ch'è quasi Isola: ma però non è ne Isola, ne Continente: ma circondata dal mare; da una parte nondimeno è attaccata con terra ferma, come è la Morea, il Cherroneso, o Chersoneso Taurico, Thracio, Cimbrico, *et* Aureo nell'India: *et* Cherroneso in lingua Laconica, *et* Chersoneso in lingua commune significa l'istesso, che Penisola, cioè terra circondata da tre parti dall'acqua» (*1572*, Le Isole, b4r°s.).

Altre attestazioni si trovano nella traduzione italiana di Strabone, anch'essa fonte del Porcacchi: «Cherroneso – Penisola, quasi Isola» (*1562*, StraboneGeografiaBuonacciuoli 1, Tavola de' Nomi Antichi e Moderni). In questo senso la voce è usata da Ramusio: «Da Tabe quattrocento stadi, costeggiando la Chersoneso (cioè quella parte di terra ferma che è quasi isola)» (*1563*, ArrianoMarRossoRamusio, 284r°); e più tardi Cernoti: *penisola ò Chersoneso* (*1598*, TolomeoGeografiaCernoti 1,26v°).

La documentazione di *chersoneso* in un composto toponimo rivela una tradizione più antica:

lat.med. *Provintia Cheronissi* (*1199*, UrkVen, 1,268s.).

Tauricha Chersoneso (*1482*, BerlinghieriGeografiaSkelton, III,18); *Chersoneso* (*1548*, TolomeoGeografiaMattioli, 207v°); *Cherroneso* (*1561*, TolomeoGeografia-Ruscelli, 162; *1562*, PlinioHistoriaNaturaleDomenichi, 101), *Taurica Chersoneso* (*1558*, MunsteroCosmografia, 1007; *1572*, Le Isole, 8; *1598*, TolomeoGeografia-Cernoti 1,24v°); *aurea Chersoneso* (*1572*, Le Isole, 27; 112).

continènte

m. 'grande estensione di terraferma', 'opposto a *isola*'. Vc. dotta, lat. (*terram*) *continente(m)*; lat.med. agg., terra *continens* i.q. *ἤπειρος* 'Festland' (*731*, Beda hist.ecc., MlWb); nel ThLL per *continens* «pro substantivo i.q. *ἤπειρος*» il significato '*opp.* insula' (*a.636*, Isid.orig.).

Continente tuttoggi non indica solo *i cinque continenti* (Bustico 1932, 98), ma anche «in senso più ristretto, regione più o meno estesa, caratterizzata da un insieme determinato di fenomeni fisici o storici. – In generale: terraferma (contrapposto a *isola*)» secondo il GDLI (3,655), con la prima attestazione del tardo '500: «Elena fu all'incontra presa per forza a gli Asiatici, e da quel rapto derivò la divisione degli

animi, assai maggiore che quella de' continenti» (*1590–1591*, Torquato Tasso, *Dialoghi*), che corrisponde alle indicazioni nel DELIN ('grande estensione di terraferma', con il rinvio a T. Tasso), e nel DEI (2,1076: «geogr.; complesso di terre emerse; v. dotta»).
Le fonti di Le Isole contribuiscono ad una documentazione più completa, cominciando dall'appendice della traduzione italiana della *Geografia* di Tolomeo:
«parimente sta la terra tutta nel mezzo dell'amplissima larghezza dell'Oceano, quantunque per la grandezza sua sia chiamata continente, cio è terra ferma» (*1548*, TolomeoGeografiaMattioli, † viiv°).
La voce *continente* si trova anche nel testo latino, da cui parte la traduzione:
«Continens vero dicitur, quæ mari non nisi per sinus fracta, tota sibi constat *et* cohęret: vel est terra alteri ita continua, ut inde abs*que* marina navigatione omnes tres partes terræ transiri possint» (*1540*, TolomeoGeografiaMunstero, *Appendix Geographica [...] autore Sebastiano Monsterone* (lies: *Munstero*), 159).
Porcacchi riprende il pensiero di Munstero: «CONTINENTE. Questa voce poche volte da me è stata usata: percioche in vece d'essa ho usato Terraferma, che tanto significa. Chiamasi Continente quella terra che non è Isola, cioè che in tal maniera è attaccata con altra terra continua, che vi si possa da tre parti andar senza navigar per mare» (Le Isole, b4r°).
Con questa spiegazione congiunge i due significati sopra indicati. Quando Porcacchi scrive «fuora di questo nostro mondo era solamente la Terra ferma, o il Continente» (Le Isole, b3r°), s'avvicina al testo di Ramusio: «Il mare profondo di fuori, era il vero mare: *et* la terra di fuori, il vero Co*n*tinente» (*1606*, RamusioDiscorsoTerzoRamusio, *2r°), come nel caso di *continente d'Italia* (Le Isole, 47; 53), anch'esso parallelo al Ramusio, in quanto *continente* è sinonimo di *paese*:
«la terra di Bresil, qual è continente congiunto con le Indie Occidentali del regno di Castiglia» (*1563*, RamusioDiscorsoLettere, 119r°).
Porcacchi sembra essere conscio del suo uso particolare della forma:
«Questa voce poche volte da me è stata usata: percioche in vece d'essa ho usato Terraferma, che tanto significa» (*1572*, Le Isole, b4r°).

larghézza

f. 'latitudine geografica o astronomica'. La voce, derivata da *largo* agg. 'che ha una determinata larghezza' dal lat. *largu(m)* 'generoso' (cf. ThLL 7,2973), è documentata in italiano dal '300 (*larghezza* 'latitudine astronomica', *1341ca.*, LibriastronAlfonsoX, OVI). Nel GDLI si trova la prima attestazione per il tardo '500: «Tutta l'Europa ha non picciolo obligo a' Portoghesi, i quali, sì come insegnarono la regola di trovar la larghezza, se così avessero trovato la ragione di investigare agevolmente la lunghezza ancora» (*1589*, MaffeiVolgSerdonati 1,18); nel DELIN non si trova. Ancora posteriore la datazione per il significato geografico nel DEI (3,2169: «XIV sec.; geogr., a.1776, G. Molina»).
Anche se come detto la storia della parola in italiano è più lunga, Porcacchi nel brano *Latitudine* cita il Medina: «Latitudine è la via da Tramontana al mezogiorno, cioè da un polo à l'altro, perche questa è la largheza del Mondo» (*1554*, MedinaNavegarPedrezano, LIIIv°). Per la definizione, Porcacchi si serve anche del sinonimo *lati-*

tudine: «LARGHEZZA o Latitudine è la via da Tramontana à Mezogiorno, cioè da un Polo all'altro» (*1572*, Le Isole, b5r°).

lunghézza

f. 'longitudine geografica ed astronomica'. La voce con il significato prima astronomico, poi geografico, derivato di *lungo*, lat. *longu(m)* (ThLL 7/2,1633ss.), è documentata in italiano già dal '300 (*lunghezza* 'longitudine astronomica', *1341*, LibriastronAlfonsoX, OVI); la documentazione del sinonimo meno frequente longitudine è però finora non completa. La datazione del GDLI risale solo al tardo '500: «Niuno per ancora ha potuto notare i gradi della lunghezza, né conoscere perfettamente la ragione de' viaggi» (*1589*, MaffeiVolgSerdonati 1,18). Nè nel DELIN e nè nel DEI non si trova *lunghezza* nel significato astronomico o geografico.
Porcacchi cita la voce nel *Prohemio* («LUNGHEZZA, o longitudine è la via da Levante in Ponente, o da Ponente in Levante: *et* questa è la lunghezza del Mondo», *1572*, Le Isole, b5r°). Evidente è la similarità a Medina: «Grado è una parte de le trecento *et* sessanta in lequale è diviso il mondo, *et* ha diecisette leghe e meza de gra*n*deza, cioe per longheza de la terra, over aqua, over per la lor largheza» (*1554*, MedinaNavegarPedrezano, LIIv°ss.). Oltre che nel Porcacchi, per l'uso della voce ci sono altri esempi del '500, cf. nel Ramusio: «perche sarian certi de i gradi delle larghezze, *et* lunghezze almanco delle marine di tutte queste parti» (*1563*, RamusioNavigazioni, 1,aiiv°).

polesine

m. 'penisola'. La voce come l'usa il Porcacchi, con il significato di 'penisola', non è documentata nei dizionari storici e sembra risultare da un errore di interpretazione. Solamente nel significato attuale 'tratto di terra d'aspetto insulare in un fiume' (EncTreccani 9,328; GDLI 13,732: *polésine*, m.: voce veneta, dal lat. mediev. *pol(l)ìcinum* 'terra paludosa', dal gr. biz. *πολύκενος* [*τόπος*] '[luogo] con molti vuoti o cavità'), riferito in particolare al basso Po, e usato oggi soprattutto come toponimo, è documentata nel GDLI (13,732), nel DEI (4,2991: «geogr.; ischia, isolotto nel letto di un fiume, in particolare del basso Po; terra emergente dalle acque correnti, coltivata») e nel TB (14,452: «Si dà particolarmente questo nome ai terreni del basso Po») .
Porcacchi la spiega in senso diverso: «La Penisola è da noi con voce, non so come alterata di suono dalla Latina, ma quasi con le medesime lettere, detta Polesine» (*1572*, Le Isole, b4r°).
Tale spiegazione riporta anche Buonacciuoli nella traduzione di Strabone: «Penisola, quasi isola, ò Polesine» (*1562*, StraboneGeografiaBuonacciuoli 1, Tavola de' Nomi Antichi e Moderni). Finora le due attestazioni rappresentano varianti isolate, le quali probabilmente risultano da una mancata conoscenza del paesaggio padano e delle sue particolarità: le isole fluviali del Po non sono, come vorrebbero Buonacciuoli e Porcacchi, paragonabili alle grandi penisole marittime.

Abb. 3. Die Inseln des *Arcipelago*

5.2. Die Inseln des *Arcipelago*

5.2.1. Konzeption

Die *Isolari* weisen drei Besonderheiten auf: die Etablierung des geographischen Raumes einer Inselwelt in einer eigenen Gattung (→ 2.4.),[11] das humanistische und antikenkundliche Interesse der Autoren und zugleich deren Aufmerksamkeit für die zeitgenössischen Verhältnisse. Auch im Namenbestand der *Isolari* finden sich diese Merkmale wieder:[12] Bei Buondelmonti und danach werden die antiken Namen tradiert, zum Teil auch die literarischen Epitheta der Inseln (wodurch zugleich eine Kanonisierung dieser Varianten stattfindet),[13] weiterhin den wirklichen Namen lautlich ähnelnde Phantasienamen, für die Etymologien hergeleitet werden, und schließlich die zeitgenössischen Formen aus dem Gebrauch der Seeleute und der Volkssprache.

5.2.2. Aufbau der Artikel

Die Namen der einzelnen Inseln werden nach der modernen Form lemmatisiert. Bis auf wenige Ausnahmen, die nicht verzeichnet sind, richten sich diese Formen nach den Artikeln und Kartenbeigaben der EncZanichelli. Darin spiegelt sich der heutige Usus: Es herrscht heute zwar die Tendenz vor, die neugriechischen Formen zu adaptieren, dieser Ansatz wird aber noch nicht konsequent umgesetzt (cf. in EncZanichelli *Kíthira* neben *Cerigotto*, statt der zueinander passenden Paare *Kíthira – Antikíthira* bzw. *Cerigo – Cerigotto*).

---

[11] «Il n'est donc pas surprenant que Buondelmonti ait été attiré par l'Archipel, qui avant lui ne trouvait sa place dans les portulans que par sa relation avec les côtes et n'avait suscité en soi aucun intérêt particulier. Buondelmonti, le premier donc, attira l'attention sur ces îles. Il eut le mérite de comprendre leur importance et, en même temps, de prendre acte du changement, qui porta le petit monde del l'Archipel à devenir avant-poste de la chrétienté dans le levant, au-delà de la durée de l'Empire byzantin» (Luzzati Laganà 1987, 74).

[12] Darin finden sich Parallelen zum Stellenwert von Ortsnamen in Reiseberichten, wie ihn Chatzipanagioti herausstellt: «Indem [Ortsnamen in Reiseberichten] mit anderen Ortschaften durch historische Verhältnisse verbunden sind, und aufgrund ihrer Auswahl als Station in der Reiseroute, werden die Ortsnamen in den Reiseberichten in einen größeren Zusammenhang gestellt. Eben in diesen zwei Elementen, nämlich in ihrer Verbindung mit anderen Ortschaften in einer Gesamtheit und in ihrer Auswahl als Stationen, liegt ihre Besonderheit»; «Ortsnamen in den Reiseberichten [sind auch] für deren Erforschung als Textgattung wichtig [...], weil die Ortsnamen unter anderem der rote Faden sind, mit dessen Hilfe sich die Reisebeschreibung realisiert» (VOUR 1993, 162; 164).

[13] Cf. Gerola (1932–1933, 1146), der zugleich die Arbitrarität der Auswahl kritisiert: «Di fronte alla grande molteplicità dei nomi che l'antichità ci ha tramandato per designare singole isole, il Buondelmonti non si rende conto che quasi sempre si tratta di denominazioni in forma aggettivale usate esclusivamente ed arbitrariamente nel linguaggio di singoli poeti, ma ritiene invece che tali nomi rappresentino veramente la denominazione normale dell'isola e che la loro molteplicità dipenda solo dalla discordanza fra le antiche fonti» (Gerola 1932–1933, 1152).

Es folgt eine kurze Beschreibung zur Lage der Insel sowie die aktuellen neugriechischen, z.T. türkischen und deutschen Formen mit der Angabe der zugehörigen enzyklopädischen Belege. Daran schließt sich der Kommentar der italienischen Namenvarianten auf der Grundlage der Belegdokumentation an.

Die Belegdokumentation ist zweigeteilt: Zuerst werden die antiken, mittelalterlichen und frühneuzeitlichen Belege im Lateinischen und Griechischen aufgeführt. Dann werden in chronologischer Reihenfolge die italienischen Varianten mit Datierung und Angabe der Fundstelle dokumentiert. In vielen Fällen wird der neue Typus einer Namensform in einem eigenen Absatz dokumentiert. Dabei ist die Unterscheidung zwischen Varianten eines Typs und einer neuen Form interpretativ. Sie orientiert sich neben den offensichtlich getrennten Traditionen unterschiedlicher Lexeme an den im Kommentar herausgestellten Entwicklungslinien.

5.2.3. Quellen

5.2.3.1. Moderne Namenformen

Form und Graphie der italienischen Namen entstammen in den meisten Fällen EncZanichelli, die deutschen überwiegend DudenAussprache. Das griechische Ortsnamenlexikon EGLE (2001) stellt für die gültigen neugriechischen Formen die Referenz dar, ergänzt durch das *Verzeichnis von Ortsnamen und Unterkunftsangaben* (VOUR, 1993). Wie oben beschrieben, stellen auch Atlanten eine wichtige Quelle dar, besonders für die kleineren Inseln, die keinen Eingang in Enzyklopädien fanden (OKAH, 1964; AITCI, 1968; NATCart/NatInd, 1995).

5.2.3.2. Inventare

Namenlisten, die «antike» und «moderne» Formen zusammenstellen, bilden einen festen Bestandteil der Geographien besonders des 16. Jahrhunderts. Gründliche Arbeit leistete hier Gastaldi (→ 2.6.2.). Dabei ergänzte Gastaldi auch den Bestand an «antiken» Namen um neue Formen, latinisierte Varianten der modernen Namenformen.[14] Seine Übersicht wurde 1975 als Faksimile veröffentlicht (Avramea 1975, im Glossar GastaldiNomiGrecia).

Eine ähnliche Konkordanzliste fügte auch Ortelius den ersten Auflagen des *Teatrum Orbis Terrarum* (1570) bei (175). Das bisher umfassendste moderne Inventar der Toponyme des hier untersuchten Gebietes ist das Glossar zu den *Ortsnamen Griechenlands in ‹fränkischer› Zeit* von Markl (1966). Markl lemmatisiert nach den neugriechischen Namenformen in deutscher Schreibweise; dazu führt er jeweils die ihm bekannten Varianten auf. Er schöpft seine Belege aus etwa 200 Primär- und Sekundärquellen; auf diese verweist er zwar in den Artikeln, jedoch ohne nähere In-

[14] «Gastaldi, travaillant en Italie, le premier pays qui a fait revivre le plus grand ouvrage géographique de l'antiquité, Ptolémee, a le souci comme les humanistes prédécesseurs et contemporains à lui de concilier Ptolémée avec les connaissances que lui fournissent les cartes modernes, notamment les Portulans» (Avramea 1975, 174).

formation zur Belegstelle und -datierung.[15] Im vorliegenden Glossar wird Markl mehrfach bei Zuordnungen einzelner Varianten zum Lemma zitiert (cf. Verweise und Kommentare in den einzelnen Artikeln).

Eine hilfreiche Zusammenstellung bietet Armao (1947) zu den *Nomi antichi e moderni delle Isole del mar Egeo*; hier werden die unterschiedlichen Namenformen tabellarisch unter den Überschriften *Nomi italiani*: *Moderni* (A), *Medievali* (B); *Nomi Latini* (C); *Nomi Greci*: *Antichi* (D), *Moderni ufficiali* (E), *Moderni correnti* (F); *Nomi turchi* (G); *Nomi carte marittime* (H) aufgeführt. Zwar werden die Namenformen nicht den 14 ausgewerteten Primär- und Sekundärquellen zugeordnet; in den Fußnoten macht der Autor jedoch Bedeutungsangaben, gelegentlich werden konkurrierende Namenformen diskutiert.

Im Anhang von BuondelmontiLiberSinner ist eine tabellarische Übersicht über die Zuordnung der von Buondelmonti verwendeten Namenformen zu antiken und modernen Bezeichnungen beigegeben, welche ebenfalls – obwohl sie einige Fehler aufweist – hinzugezogen wurde.

5.2.3.3. Italienische Belegdokumentation

Die Erstbelege, soweit ermittelbar, werden zumeist aus dem durch Capacci und Kretschmer (CapacciTopon[16]; KretschmerPortolane) aufbereiteten toponomastischen Bestand der mittelalterlichen Portulankarten erschlossen. Im Kontext des Glossars stellen die Belege aus Portulankarten häufig «varianti isolate» dar, die aufgenommen wurden, um die Vielfalt der im Gebrauch der Seeleute befindlichen Namen zu exemplifizieren.

Abgesehen von diesen Einzelformen, die häufig aus nicht-italienisch dominierten Bereichen der Lingua Franca stammen, sind zahlreiche Formen aus den Portulankarten als den *Isolari* verwandte Belege anzusehen: Buondelmonti übernahm zahlreiche Namenformen aus dem Gebrauch der Seeleute, auch seine Karten orientieren sich an den Darstellungsweisen der Portulankarten.

Weitere Belege aus dem 13. und 14. Jahrhundert entstammen der Textdatenbank OVI, zumeist aus darin enthaltenen Volgarizzamenti oder aus Chroniken.

Ab dem 15. Jahrhundert stehen die *Isolari* im Zentrum der Dokumentation. Ausgewertet werden zwei Volgarizzamenti (BuondelmontiLibroA und Buondelmonti-

---

15 Cf. die Rezension von Schmitt (1966, 214): «O. Markl legt nun erstmalig eine Sammlung der ‹fränkischen› Ortsnamen vor, in die er auch die zahlreichen Umbenennungen durch die fränkisch-venezianischen ‹Besatzungstruppen› aufnahm. Dieser erfreuliche Beitrag zur byzantinischen Toponomastik, die noch sehr im argen liegt, verzichtet von vorneherein – was ich als Sprachwissenschaftler bedauere – auf etymologische Bemerkungen».

16 «Bisogna supporre che quando le prime carte nautiche furono elaborate, i vari cartografi avessero a disposizione due serie di informazioni ormai complete e ben collaudate. Da un lato posizioni e distanze di tutti quei punti che una volta assemblati avrebbero dato origine al perimetro del Mediterraneo e dei mari ad esso adiacenti; dall'altro una complessa serie di nomi di luogo a quei litorali riferiti, non desunti dalla tradizione classica, ma piuttosto dalla consuetudine dei naviganti propensi a far riferimento ai vari modi di dire locali in una sorta di ‹lingua franca› che facilitasse i reciproci rapporti» (CapacciTopon, VIII).

LibroV), zudem die lateinische (BuondelmontiLiberSinner) und die griechische (BuondelmontiNēsōnLegrand) Edition.[17] Weiterhin werden die *Isolari* herangezogen: SonettiIsolario (1485); BordoneLibro (1528); Le Isole, hier versigelt als PorcacchiIsole (1572); BoschiniArcipelago (1658); CoronelliIsolario (1696).

Einen weiteren Schwerpunkt auf die Texttradition der frühneuzeitlichen Geographie setzt die Dokumentation unter Einbeziehung der Belege aus Plinius-, Strabo- und Ptolemäus-Übersetzungen: PlinioHistoriaNaturaleLandino (1476); TolomeoGeografiaBologna (lat., 1476); PlinioHistoriaNaturaleBrucioli (1543); TolomeoGeografiaMattioli (1548); TolomeoGeografiaRuscelli (1561); PlinioHistoriaNaturaleDomenichi (1562); StraboneGeografiaBuonacciuoli (1562/1565); TolomeoGeografiaCernoti (1597/1598). BerlinghieriGeographia (1482) nimmt eine Zwischenstellung ein: Aus der Belegdokumentation geht die direkte Abhängigkeit von Buondelmonti hervor; zugleich stellt es eine freie Übertragung, der Geographie von Ptolemäus dar.

Ergänzend werden chronistische und literarische Texte sowie Reiseberichte herangezogen: LamentoNegroponte (1452–1482); Capodilista (MomiglianoLepschy, 1475ca.) und Brasca (MomiglianoLepschy, 1481); GrassettoViaggio (1511); AngiolelloBazzolo (a.1524); BemboHistVinZiletti (1545); SpanduginoTurchi (1551); weiterhin SanudoDiarii (1499ss.); MagniRelazione (1688); PaschArcipelago (1773); ScrofaniViaggioRicorda (1799). Literarische Belege zur Abrundung der Dokumentation sind der LIZ (4.0) entnommen.

Zu den in LIZ und OVI nicht dokumentierten Formen werden aus dem Fichier des DI weitere Belege ergänzt; die Quellenangaben dieser Formen finden sich nicht in der Bibliographie, sondern im *Supplemento bibliografico* (DISuppl) des DI.

Belege für die standardisierten italienischen Namenformen, welche die italienische Belegdokumentation abschließen, sind dem *Vocabolario patronimico* von Cherubini (1860), der *Guida* von Bertarelli (1929) und der *Enciclopedia Italiana* (EncIt, 1929–1936) entnommen. Abgeglichen und vervollständigt wird die Dokumentation mit den Artikeln aus DI.

5.2.3.4. Lateinische Belege

Im Allgemeinen können die lateinischen Namenformen – soweit es antike Vorläufer gab – in ForcOnom nachgewiesen werden. Auch das VWG von Bischoff/Möller (1829) wird hinzugezogen.

Für den Kommentarteil werden auch mittellateinische Quellen zitiert, z.B. Silvestris *De insulis et earum proprietatibus* (SilvestriMontesdeoca) und die *Chronica* Andrea Dandolos (DandoloChronicaPastorello, auffällig ist hier die Seltenheit unflektierter Namenformen). Auch die Editionen altvenezianischer Urkunden von Tafel/Thomas (UrkVen; 1856–1857) stellen eine wertvolle Quelle dar: Hier werden zahlreiche Namen in latinisierter Form aufgeführt, die Rückschlüsse auf ansonsten nicht dokumentierte volkssprachliche Varianten zulassen. Dass in den Fußnoten der

[17] Von besonderem Interesse sind die Etymologien Buondelmontis. Gerola 1932–1933 hat den «etimologie buondelmontiane» (1154), d.h. den zuerst bei Buondelmonti belegten Herleitungen, eine eigene Untersuchung gewidmet.

in UrkVen versammelten Quellen häufig abweichende Graphien aufgeführt sind, kann als Indiz für eine originalgetreue Transkription gewertet werden; standardisierte Formen, die als solche gekennzeichnet sind,[18] werden nicht exzerpiert. Häufig handelt es sich um Manuskripteditionen, auf deren Datierung die Herausgeber nicht eingehen. In diesen Fällen wird die Quelle als zeitgenössisch zum beschriebenen Geschehen behandelt («ca.»). Bei Zitaten aus der Chronik von Andrea Dandolo wird der Edition von Ester Pastorello gegenüber der Version in UrkVen der Vorzug gegeben.

Flektierte Formen werden in den Casus rectus gesetzt, außer wenn Zweifel über dessen Form bestehen (z.B. *Chium* aus *Chios* oder aus *Chius*; beide Varianten sind andernorts belegt).

5.2.3.5. Griechische Belege

Für die antiken Namenformen werden die Belege aus Pape angeführt. Weiterhin werden Quellen aus dem nachbyzantinischen Griechisch ausgewertet. Dafür wird die Markierung gr.post-bizant. entsprechend der zeitlichen Periodisierung von Browning (1983) verwendet, dieser setzt für den Zeitraum nach 1100–1453 «Greek in the Turkish period» an. In diesem Bereich werden die Editionen BuondelmontiNēsōnLegrand und PortulansGrecsDelatte ausgewertet. Die in PortulansGrecsDelatte edierten griechischen Portulane sind zwar in griechischer Schrift abgefasst, tragen sprachlich aber vielfach «fränkische» Züge:

> «Les portulans que nous éditons n'appartiennent pas à la même tradition [de la navigation des Grecs à l'époque byzantine]. [...] La langue dans laquelle ils sont écrits trahit, en effet, dans le vocabulaire et dans certaines tournures, l'influence de la langue ‹franque›, et notamment de la langue vénitienne: d'où il appert que les marins grecs avaient dû se mettre à l'école des marins de l'Occident et particulièrement de ceux de Venise» (PortulansGrecsDelatte 1947, préface, XIX).

Cortelazzo beschreibt die starke Präsenz romanischer Lehnwörter in den griechischen Portulanen, zugleich die Selbstverständlichkeit ihrer Verwendung. Auch in der Toponomastik zeigen die griechischen Portulane die Vertrautheit mit «westlichen» Formen, welche (nur gelegentlich kommentiert) parallel zu den griechischen zitiert werden:

> «Altrettanto rara è l'espressa equivalenza dei toponimi. Ad una spiegazione esplicita, come questa: ἕνα νησὶ καὶ λέγουν το Μαραθᾶ καὶ φραγκικὰ Φενογερόλα 225, I (dove φραγκικά, letteralmente 'in franco', ha il senso vago di 'occidentale' penetrato anche in relazioni italiane: *Medija, in franco Africa*) è preferito ora il promiscuo uso alternato delle due forme (Πορτζέλοι ἔτ Σκρόφα 278, 14 e poco dopo: εἰς τὴν Σκρόφαν οὐδὲ εἰς τὰ Γουρουνόπουλα 278, 16, che è un calco evidente), ora il semplice accostamento delle due

[18] So bemerken die Herausgeber zum *Libellus paritionis Latinitati et Græcitati redditus*, UrkVen 1,489: «in hoc Indice geographico tentabimus, barbara Græcolatina purificantes pro modo virium».

denominazioni: 'Η Σαντορίνη κοῦν Σμέργο ἤγουν μὲ τὴν 'Αμουργόν 279,9» (Cortelazzo 1959, 216).

5.2.3.6. Türkische Belege

Eine eingehende Diskussion der osmanischen Namenformen kann in diesem Rahmen nicht stattfinden, wenngleich die Semantik der türkischen Namen (nach Armao 1947) von Interesse ist: *Sakız Adası* 'Mastix-Insel (Chios)', *Bozca Ada* 'Graue Insel (Tenedos)'; *Koca Papası* etwa 'Der alte Mönch (Levita)'[19], dies zu vergleichen mit it. → *Caloiero*. In einigen Fällen werden Beispiele für die Verwendung von Inselnamen bei Piri Re'īs zu den «Belegen aus anderen Sprachen» gesetzt. Wenngleich die Wechselbeziehungen zwischen moslemischer und abendländischer Seefahrt im Hinblick auf Kartenproduktion und Nutzung im fraglichen Zeitraum, vom Mittelalter bis zum Beginn der frühen Neuzeit, nicht sehr bedeutend waren,[20] zeigt sich doch an einigen in der Transkription von Kahle zitierten Belegen die Ausstrahlung einer italienischen Namensform, z.B. *Mytilene* (nach den Handschriften von Bologna 1570 und 1553, cf. Kahle 1926/1927, vol. 1, 1926, Einleitung). Die philologische Aussagekraft der Quelle ist jedoch eingeschränkt, da von der Edition Kahles erst der zweite Band in zwei Teilen (Faksimile und Übersetzung) vorliegt, während der linguistische Kommentar und die Transkription noch ausstehen (cf. PortulansGrecsDelatteCompl 3s. n. 2).

5.2.4. Historische Bedingungen für Namenwandel

Auf Grund der Vielfalt der Inselnamen und der mehr als zweieinhalb Jahrtausende umfassenden, häufig unterbrochenen oder widersprüchlichen Überlieferungstradition ist die Zuordnung eines antiken oder modernen Namens und seiner Varianten zu einer geographischen Gegebenheit in einigen Fällen schwierig und erfordert die Kombination von linguistischen, historischen, literarischen und kartographischen Studien:

> «Sur les cartes, nous trouvons donc pêle-mêle les noms populaires et les noms officiels. L'identification d'un nom antique n'est pas aisée: elle dépend de l'exactitude des données fournies par les auteurs anciens et de l'exactitude des études et des cartes topographiques

---

[19] Türk. *ada* 'Insel', *sakız* 'Baumharz, Mastix', *bozca* 'ins Bräunlich, Schwärzlich-Graue spielend; ungerodeter, mit Unterholz bestandener Boden', *koca* 'groß, riesig; berühmt; alt; Papa, Papst [Kleriker]' (Steuerwald).

[20] Cf. Soucek (1996, 30): «how great was the share of Muslims in the production and use of portolan charts? An inventory of known portolans made by the time Piri Reis joined the profession speaks for itself: 180 made by Christians as against three Arab and no Turkish specimens. One tributing factor may have been the predominance of Christians in long-distance commercial shipping and passenger traffic. The oldest example is the so called Maghrib Chart in the Biblioteca Ambrosiana, Milan. Anonymous and undated, it covers the western Mediterranean and is believed to have been drawn in the first half of the 14th century».

modernes. A côté de l'histoire, de la mythologie, de la littérature, de la géographie, de l'archéologie, la topographie est donc une des disciplines pouvant apporter au linguiste-toponymiste la clé pour l'interprétation d'un toponyme» (Bosteels 1977, 158).

Zu berücksichtigen ist auch die geologische Situation in der Ägäis.[21] Vulkanismus und Erdbeben veränderten die Landkarte: neue Inseln tauchten auf, bestehende änderten ihre Form, andere gingen unter. Auch diese Phänomene schlagen sich in Namenschwund und -wandel nieder. Besonders in den Darstellungen von Philippson (1901; 1947; 1950–1959) wird dieser Tatsache Rechnung getragen.

In der Antike war die Ägäis ein wichtiger Bestandteil der griechischen Wirtschaft und Kultur und wird deshalb noch in jüngerer Zeit als «innergriechisches Meer» (Philippson 1947, 5) bezeichnet. Seit Homer sind ihre Inseln aus schriftlichen Quellen bekannt und zum größten Teil namentlich identifizierbar.[22] Bereits in den antiken Quellen der Inselnamen gibt es in literarischen, historischen und geographischen Texten vielfach ein Nebeneinander konkurrierender Formen, sowohl im Griechischen wie auch später im Lateinischen. Zu den Namenvarianten gehören auch Epitheta, die Besonderheiten der Geomorphologie, der naturräumlichen Ausstattung oder der Fauna aufgreifen (→ *Idrussa*, *Ofiussa*, *Strongile*).

Seit 1204 weiteten Venedig und Genua ihren Herrschaftsbereich in der Ägäis aus;[23] mehrere neue Namenformen verankerten sich während der folgenden drei Jahrhunderte der «fränkischen» Herrschaft – bis zur sukzessiven Machtübernahme durch die Türken. Mehrere Ortsnamen demonstrieren den Einfluss des Italienischen. Die Vielzahl der im Mittelalter üblichen italienischen Toponyme ist jedoch heute verloren (Georgacas 1949/1950b, 152).

Im Verlauf des 15. Jahrhunderts rücken Buondelmontis Reiseziele auf Grund der zunehmenden Dominanz der Türken für die italienischen Reisenden in weitere Ferne (Pontani 1996, 148). In der Dokumentation schlägt sich dies darin nieder, dass nur die Namen der größeren Inseln von literarischem Rang vertreten sind. Erst seit dem 18. Jahrhundert begann ein erneuter «entusiasmo filoellenico».

---

21 «Bewegungen, die von der jüngeren Tertiärzeit bis in die Quartärzeit, bis in die Zeit des prähistorischen Menschen hinein fortdauerten und auch heute noch nicht ganz erstorben sind; das zeigen außer dem in Griechenland nur auf einen aktiven Schlot, die Inselgruppe Santorin beschränkten Vulkanismus, die häufigen und zerstörenden Erdbeben, die von einzelnen Bruchspalten ausgehen und durch Verschiebungen der Gebirgsklötze an diesen Brüchen erzeugt werden» (Philippson 1947, 6).

22 Cf. die Übersicht in Forbiger (1842–1877, vol. 1, 16s.), welcher alle Erwähnungen von Inseln bei Homer zusammen stellt, und Forbiger (1842–1877, vol. 3, 692–718) mit einer Gesamtübersicht der Belegstellen antiker Autoren zu den griechischen Inseln.

23 Cf. den Abriss bei Philippson (1950–1959, vol. 4, 408s.); Wirth 1977. Zur gegenseitigen Einflussnahme des Griechischen und des Italienischen cf. die Schriften Kahanes 1938; Cortelazzo (1970, *Introduzione*, XXXVI): «La lingua greca entrava, così, nella Serenissima per due potenti canali: l'antica, attraverso le aldine, la moderna sulla bocca di marinai, mercenari, servi, mercanti, ed altri tipi, che saranno nel secolo successivo rappresentati nella poesia e nella commedia con il loro veneziano approssimativo».

Dieser sah sich dem Geiste einer neuen Antikenkunde und der Aufklärung verpflichtet.[24]

Die offizielle Namengebung des 1830 gegründeten modernen Nationalstaates setzte sich zum Ziel, an die antiken Traditionen anzuknüpfen, was zu einem Nebeneinander der offiziellen und der populären Namenformen führte, bzw. deren historisch gewachsene Heterogenität zementierte.[25] Besonders bei den Zykladen sind in der amtlichen Schreibung die antiken Formen erkennbar, mit Ausnahme von Kythnos (→ *Citno*) und Thera (→ *Santorino*; cf. Philippson 1950–1959, vol. 4, 63).

Auch die offizielle italienische Nomenklatur 1912–1943 der Dodekanes-Inseln orientierte sich stärker an den antiken Formen als an den mittelalterlichen Namen (getreu dem Prinzip *Italia heres Romae*; cf. Kramer 1987–1993, 323s.).[26] Seit der 1929–1936er Auflage der *Enciclopedia Italiana* wird im Italienischen die neugriechische Form häufig transkribiert; diese Formen werden nicht zu den italienischen Varianten der Belegdokumentation gestellt.

5.2.5. Kennzeichen des Namenwandels

Die *Isolari* stellen eine ergiebige Quelle für die historischen italienischen Namen der Ägäis-Inseln und der ionischen Inseln dar. Für kleinere Inseln liefern sie, gemeinsam mit den «verwandten» Belegen aus der Portulan-Kartographie, wichtige Zeugnisse in einer ansonsten spärlichen Beleglage (→ *Agiostrati*, *Chinaro*, *Dragonada*, *Elia*, *Farmaco*, *Egina*, *Lero*, *Levita*, *Mandria*). Der Namenwechsel der griechischen (und der türkischen) Inseln lässt sich auf verschiedene Art und Weise systematisch betrachten, zunächst im Hinblick auf den Grad der Übereinstimmung von antiken, mittelalterlichen und modernen Namen, im Italienischen und im Griechischen. So unterscheidet Kramer (1987–1993, 323) bei den Namen der Dodekanes-Inseln drei Gruppen: sieben «perfekte» Übereinstimmungen von griechischer und italienischer Variante (*Calchi*, *Calino*, *Caso*, *Lero*, *Nisiro*, *Patmo*, *Simi*); die Fortsetzung der mittelalterlichen Tradition *Scarpanto* und *Stampalia*; *Rodi* und *Coo* weisen latinisierende Züge auf. Unter den mittelalterlichen Namen, welche nicht Fortentwicklungen der antiken Formen darstellen, zeigen mehrere deutlich die Zugehörigkeit zum

---

24 Cf. Ricorda, in ScrofaniViaggioRicorda, 12: «da un lato, la singolare concentrazione di antico sul suo territorio riscuoteva l'ammirazione destinata a accrescersi con la diffusione dell'estetica winkelmanniana, dall'altro la sua situazione storico-politica, caratterizzata da un profondo stato di decadenza a causa della dominazione turca, teneva desta l'attenzione dell'Europa ‹illuminata›, in particolare dopo il primo tentativo di insurrezione e di liberazione nazionale che, siviluppatosi in occasione della guerra russo-turca dei primi anni '70, seppur fallimentare, aveva suscitato un'ondata di entusiasmo filoellenico in Francia e in Italia».

25 Cf. Fels (1951, 135): «die im Volksmund gebrauchten Namen sind meist ganz anders als die amtlichen, die dem Volke unbekannt bleiben. Es ist der Ehrgeiz der griechischen Regierung, bei allen geographischen Namen möglichst an die antiken Bezeichnungen anzuknüpfen. Diese amtlichen Namen bleiben aber zumeist künstliche Gebilde, die praktisch nicht oder kaum angewendet werden».

26 Armao 1947 ist in dieser Hinsicht auch als Kritik am geltenden Usus zu lesen, er bedauert die Aufgabe der mittelalterlichen italienischen Namentradition.

christlichen Kulturkreis (*Caloiero*, *Panaia*, *Piscopi*, *Santa Maura*, *Santorino*, *Sanstrati*). Daneben (oder zuweilen in Kombination damit; cf. die Variante *San Mandrachi* für *Samotracia*) sind paraetymologische Bildungen zu beobachten (*Negroponte* → *Eubea*, *Policandro*, *Stampalia*). An mehreren der untersuchten Inselnamen werden lautliche Phänomene des griechischen Sprachwandels deutlich. Aus hellenistischer Zeit datiert der Jotazismus, welcher beim Vergleich von antiken und modernen Bezeichnungen (*Milo* aus *Μῆλος*) auffällt: die Entwicklung *y* > *i* seit spätrömischer Zeit (cf. auch *Citno*, *Policandro*), sowie die volkssprachliche Aufgabe der Unterscheidung von *υ*, *οι* bzw. *ι*, *η*, *ει* (cf. *Creta*, *Milo*). Auch die volkssprachliche Morphosyntax der Form *στήν* < *εἰς τήν* (Präposition und Artikel) vor Inselnamen stammt aus hellenistischer Zeit (nach Browning 1983, 56–59). Die Erweiterung der griechischen Toponyme durch Präposition und Artikel war ein gängiges Verfahren (cf. Gerola 1932–1933, 1165; cf. *Scarpanto*, *Stampalia*).

Aus der byzantinische Periode datiert der «Tsitazismus» (Thomopoulos 1952, 27), d.h. der Wandel von *k*- zu einem affrizierten Dental, der in einigen Dialekten palatalisiert wurde (Leonhard 1899, 2; Beispiele unter *Cerigotto*, *Kea*, *Kithira*). Italienischen Ursprungs dürfte die Epenthese in *Pissara* sein. Vereinzelt treten Konsonantenverdopplungen in den italienischen Namenformen auf (*Millo*, *Niccaria*, *Pollicandro*, *Samandracchi*).

Viele italienische Namenformen fanden den Weg ins gesprochene Griechisch.[27] Umgekehrt ist in italienischen Texten des '500 die Aufnahme neuzeitlicher griechischer Namenformen zu beobachten («L'Atos, c'hora s'addimanda il monte Santo, e da gli Habitatori Agios Oros», *1598*, TolomeoGeografiaCernoti 2,120r°). Auch das auslautende *-i* in *Itachi* (*1696*, CoronelliIsolario, 164) zeigt die Orientierung am zeitgenössischen Griechisch.

5.2.6. Kommentare zu Namenformen

Die Erfassung der antiken und modernen Namenformen gehört zum Hauptanliegen der *Isolari*. Sonetti stellt gleich zu Beginn seines Inselbuches heraus: «Potrasi anchor veder come appellade/fun da gli a*n*tiqui: e chomo hora se chiama» (*1485*, SonettiIsolario, [1]). Die Parallelität von Namenformen ist fester Bestandteil geographischer Darstellungen seit der Antike. Hervorhebung von und/oder Kommentare zu Varianten erfolgen dann, wenn die Namen Gegenstand der Darstellung sind. Im weiteren Text werden dann antike und/oder moderne Namenformen häufig unsystema-

---

[27] «Die Frage nach der Entstehung der ital. ON in Griechenland lässt nun grundsätzlich eine zweifache Antwort zu: einmal, dass die Namen unmittelbar von den Italienern stammen; zweitens, dass sie als griech. Wörter, als Elemente des griechischen Wortschatzes (die nun einmal aus dem Italienischen entlehnt worden waren) von Griechen zur Bezeichnung von Oertlichkeiten verwandt wurden. Wir neigen (von relativ wenigen Fällen abgesehen) durchaus dieser zweiten Möglichkeit zu: zwischen dem ital. Wort und dem griech. ON steht das Mittelglied des griech. Lehnwortes italienischer Herkunft» (Kahane/Kahane 1940, 17); cf. Kahane/Kahane (1968–1976, 558ss.). Zum Einfluss des Italienischen auf einzelne Regionen oder Sprachbereiche cf. Kahane/Kahane/Koshansky 1953–1954; Kahane/Kahane 1987; Bruni 1999.

tisch verwendet. In den italienischen Geographien und *Isolari* lassen sich drei Verfahrensweisen unterscheiden: Visualisierung (1), Hervorhebung des diachronen Aspektes bei unterschiedlichen Namen (2), Hervorhebung des «diastratischen» Aspektes, d.h. der Volkssprachlichkeit eines Namens (3); häufig innerhalb eines Textes auch in Kombination.

(1) Gastaldi wertet für die volkssprachliche Ptolemäus-Edition von 1548 auch Portulankarten aus (cf. Avramea 1975, 175) und übernimmt daraus zahlreiche aktuelle Namenformen. Zu ihrer Hervorhebung nutzt er Zeichen: das Kreuz und die geschweifte Klammer (cf. Abb. 4).

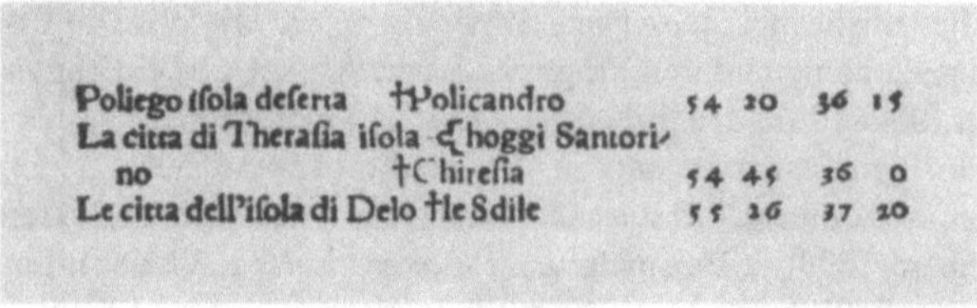

Poliego iſola deſerta	†Policandro	54	20	36	15
La citta di Theraſia iſola	{hoggi Santori-				
no	†Chireſia	54	45	36	0
Le citta dell'iſola di Delo	†le Sdile	55	26	37	20

Abb. 4. TolomeoGeografiaMattioli (1548, 101v°): Hervorhebungen durch Verbalisierungen (*hoggi*) und Zeichen (geschweifte Klammern oder Kreuze)

Diese Form der Darstellung war durchaus üblich; ebenso wie viele der Namenformen findet sie sich auch in TolomeoGeografiaRuscelli (1561). Ein Asterisk an der Namenform zeigt in den Karten in CoronelliIsolario (1696) an, dass sie antik ist. Eine weitere Form der Visualisierung verwendet PlinioHistoriaNaturaleDomenichi (1562), welcher im Text die italienische Form der antiken Namen verwendet und in den Marginalüberschriften die modernen Varianten zu lesen gibt (TolomeoGeografiaBrucioli, 1543, verwendet dagegen keine modernen Namenformen). In TolomeoGeografiaCernoti (1597/1598) kommt eine typographische Hervorhebung der neuen Namenformen zur Anwendung: wie der übrige Text sind die antiken Namen kursiv gesetzt, aber die modernen Namen recte (cf. 1,28v°: «*Euboea, laquale è grande,* Hoggi Negroponte»). Dies gilt auch für literarische Varianten, Quellenangaben und Erklärungen («*Pitia.* Hom. Pito, dove era l'oracolo di Apolline», 1,28v°). Im zweiten Band, der mehr laufenden Text enthält, werden dagegen antike Namenformen recte gesetzt und dadurch hervorgehoben: «*l'isola di* Lenno *famosa* [...] *fusse detta* Ofiusa *dalla moltitudine de' serpenti, che vi si generarono, quali poscia estinti, ricevè nome di* Diospoli, *da due sue città, ma hoggi si chiama Stalimene volgarmente*» (2, 124r°).

(2) Eine übliche Verbalisierung der Namensvariante ist *hoggi* (cf. Abb. 4), auch von Domenichi in den Marginalüberschriften der Plinius-Übersetzung verwendet: «Peninsula Leucadia, hoggi Santa Maura»; «Creta, hoggi Candia», «Paro, hoggi Pario» (*1562*, PlinioHistoriaNaturaleDomenichi, 89; 98) sowie in TolomeoGeografiaCernoti (1598). BoschiniArcipelago (1658) bringt den zeitlichen Abstand durch *hora* und das Trappassato remoto zum Ausdruck («Hora si chiama Cergo, verso sirocco e l'Isoletta Cecerigo in poca distanza: che fù chiamata Egyla», 7). Cf. gr.post.-biz. «νῦν πρὸς τὴν πάλαι μὲν Δηλήφανον, νῦν δ' Ἐπισκοπίαν

λεγομένην» (*sec. XVs.m.*, BuondelmontiNēsōnLegrand, 31) oder «Εὔβοια νύν δὲ Εὔριπος λεγομένη» (*sec. XVs.m.*, BuondelmontiNēsōnLegrand, 98).

Sehr gebräuchlich ist es auch, einen Namen den *moderni* bzw. den *antichi* zuzuschreiben: «da moderni cuzolari son dette» (*1528*, BordoneLibro, G iiir°); «Negroponte che li antiqui chiamorno [sic] Euboea» (*1548*, TolomeoGeografiaMattioli, 25r°).

(3) Die Zuweisung einer Variante in den Bereich der Volkssprache kann für sich stehen «ecco Sphagia ma sapientia dalle genti idiote» (*1482*, BerlinghieriGeografia-Skelton, III-30); «in vulgar Creta dicta Candia» (*1511*, GrassettoViaggio, 19) oder wie bei Bordone zugleich die diachrone Dimension ansprechen: «Scopulus da gli antichi, da volgari sancta maura è detto. Als «diastratisch» lässt sich auch die Zuweisung einer Namensform zum Gebrauch der Seeleute etikettieren: «antichame*n*te fù nominata ithaca, ma da marinari, al presente compare» (BordoneLibro 1528, G iiv°; G iiir°).

5.2.7. Ergebnisse

Für die Textgeschichte der *Isolari* gibt die Dokumentation in zwei Richtungen Aufschluss. Zunächst werden mehrere Fehler Buondelmontis deutlich. Zum einen sind diese aus dem Bestreben zu erklären, Etymologien zu konstruieren (*Hiera*, *Lisso/Dipsi*, *Piscopi/Diluphano*), zum anderen aus der Kenntnis antiker Varianten, welche der Autor jedoch den zeitgenössischen Inselnamen nicht stimmig zuordnen kann (*Agathonisi/Agatusa*, *Calchi/Caristo*, *Strofadi*, *Thirasia/Thirasia*).

Einige volkssprachliche Formen, welche in den Inventaren von Capacci und Kretschmer dokumentiert werden, finden sich in den *Isolari* nicht wieder: etwa *San Mandrachi* oder *Mergo* (hier mit Ausnahme von Bordone).

Die Fehlertradition innerhalb der Tradition der Texte wird in der *Geographia* von Berlinghieri deutlich, wo der Autor Buondelmonti folgt (→ *Calchi/Caristo*, *Lisso/Dipsi*, *Piscopi/Diluphano*); auf Grund der Anzahl übereinstimmender Belege lässt sich die Einschätzung Almagiàs korrigieren, für den das *Liber Insularum Archipelagi* als Quelle eine eher unwichtige Rolle spielt (Almagià 1945, 230).

Weiteren Aufschluss gibt die Tradition dieser fehlerhaften Formen und Erklärungen in den einzelnen *Isolari* bezüglich der Arbeitsweisen ihrer Autoren; deutlich wird zum Beispiel die sorgfältige Absicherung Bordones, welcher offenkundig die übernommenen Informationen überprüft hat (→ *Curzolari*, *Lisso*, *Santorino*, *Strofadi*), sowie eine wesentlich unkritischere Übernahme durch Porcacchi, welcher seinem Exemplar von Buondelmontis *Isolario* auch wider besseres Wissen folgt (→ *Strofadi*).

In mehreren Fällen führen Sonetti, Bordone und Boschini gemeinsame Formen an. So findet sich in BuondelmontiLiberSinner, in BuondelmontiLibroA, BuondelmontiLibroV und Le Isole die Variante *Mandrachi*, während Sonetti (*Samotrachie*), Bordone (*Samotratia*) und Boschini (*Samatracchi*) davon abweichen. Die gleiche Gruppierung ergibt sich bei der Lage von *Panaia*: In den Versionen BuondelmontiLiberSinner, BuondelmontiLibroA und BuondelmontiLibroV sowie Le Isole wird sie zwischen *Antiparo* und *Nasso* beschrieben, nach Sonetti, Bordone und Boschini ist sie Teil der südlichen Sporaden; auch im Fall von *Agathonissi* ist Sonetti, Bordone und Boschini die aphäretische Variante auf *Ga-* gemeinsam. Übereinstimmende Varianten sind auch *Carchi*, *Cecerigo/Zezerigo*, *Dromi*, *Fermaco* (außer Boschini), *Lango*, *Lemnos* (außer Boschini), *Levita*, *Metelin*, *Namphio*, *Nicaria* (*Niccaria* bei Boschini), *Nixia*, *Piscopia*, *Sciati*, *Sio*, *Zea*, *Zinara*. Auch übernehmen Sonetti, Bordone und Boschini nicht die falschen Formen *Caristo* für *Calchi*, *Dulichio* für *Itaca* und *Dipsi/-o* für *Lipso* (Sonetti übernimmt zwar *Dipso*, stellt dieser Form aber die korrekte Variante *Lipso* zur Seite).

Die zitierten Formen, die Sonetti, Bordone und Boschini gemeinsam sind, dokumentieren auch, dass Porcacchi als Vorlage ein Exemplar des *Liber* verwendete, da er – gemeinsam mit diesem – diese Varianten nicht kennt. Die Dokumentation gibt aber keinen Aufschluss darüber, ob Porcacchi ein volkssprachliches oder ein lateinisches Exemplar auswertete, welches auch die volkssprachlichen Formen registriert (cf. u.a. *Sanstrati*, *Val di Compare*).

Aus Buondelmontis Fehlern (und der seiner Übersetzer und Kopisten) resultieren zwar einige offene Fragen bzw. konkurrierende Deutungen. Die zahlreichen fehlerhaften oder nicht eindeutig identifizierbaren Formen, nach Gerola (1931, 255) Anlass der «disperazione degli studiosi del geografo fiorentino», hielten jedoch auch ihn selber nicht davon ab, den Gehalt und Wert des *Liber* darzustellen.

5.3. Le isole dell'*Arcipelago*: Documentazione e commento

Agathonìsi

Isolotti dell'Egeo, delle Spòradi meridionali, di fronte alla costa dell'Asia minore (Milet); ngr. *Αγαθονήσι* (AITCI; EGLE). Propria agli *Isolari* è la forma *Agatusa*, nell'antichità usata per *Telo* o *Delo*.[28]

gr.a. *Τραγία* (Pape), lat.a. *Tragia* (ForcOnom: «una ex Sporadibus, maris Ægæi, ad oram Ioniæ et ad meridiem ins. Sami, contra Miletum»).

lat.med. *Agatussa* (*sec. XVs.m.*, BuondelmontiLiberSinner, 107), gr.post-bizant. *'Αγάθουσα* (*sec. XVs.m.*, BuondelmontiNēsōnLegrand, 70).

Gatonisi *1321*, Atlante Vesconte (CapacciTopon); *1375*, Carta Catalana (CapacciTopon); *1485*, SonettiIsolario, [78]; *1528*, BordoneLibro, LVv°; *1658*, BoschiniArcipelago, 71; *1860*, Cherubini, **Agatonisi** *1485*, SonettiIsolario, [78]; *1658*, BoschiniArcipelago, 71, **Gatonixi** *1508*, Carta Benincasa (CapacciTopon).

Agatusa *sec. XVs.m.*, BuondelmontiLibroV, 3v°; *1572*, PorcacchiIsole, 31, **Agathusa** *1482*, BerlinghieriGeographia, V,7; *1696*, CoronelliIsolario, 249, **Agatosa** *sec. XVs.m.*, BuondelmontiLibroA, 10v°.

---

[28] Così da Plinio, cf. VWG. gr.a. *'Αγαθοῦσσα* (Pape: «früherer Name von Telus»), lat.a. *Agathūsa* (ForcOnom: «nomen insulæ Delos»). lat.med. *Agatusa* (*a.1406*, SilvestriMontesdeoca).

Agiostràti

Isolotto dell'Egeo centro-settentrionale; ngr. *Άγιος Ευστράτιος, Αγιοστράτης, Αηστράτης,* (AITCI; EGLE; EncIt 1,892; VOUR). In Armao (1947, 256) si trova anche la variante it. *Ajo Strati* che «riprende l'esatta pronunzia greca di *"Αγιος*». Il nome antico si perse e venne ad indicare l'isola di → *Alonesso*.
gr.a. *Ἀλόνησος, Ἀλόννησος* (Pape), lat.a. *Halonnesus* (ForcOnom), lat.med. *Aloneson* (*a.1406*, SilvestriMontesdeoca), nlat. *Alonesus* (*1560*, GastaldiNomiGrecia).
lat.med. *Sanstrati* (*sec. XVs.m.*, BuondelmontiLiberSinner, 129), gr.post-bizant. *Σανστράτη* (*sec. XVs.m.*, BuondelmontiNēsōnLegrand, 95).
Sanstrati *sec. XIIIfin./sec. XIVin.*, Atlante Luxoro (CapacciTopon); *1482*, BerlinghieriGeographia, III,22; *sec. XVs.m.*, BuondelmontiLibroV, 3v°; *sec. XVs.m.*, BuondelmontiLibroA, 2v°; *1508*, Carta Benincasa (CapacciTopon); *1572*, PorcacchiIsole, 34, **Sanctostrati** *1321*, Atlante Vesconte (CapacciTopon), **Santo Strati** *1528*, BordoneLibro, LIXv°; *1658*, BoschiniArcipelago, 84.
Sanctostefano *1508*, Carta Benincasa (CapacciTopon).

Alonèsso

Isola dell'Egeo nord-occidentale, delle Spòradi settentrionali, it. anche *Chiliodrómia*; ngr. *Αλόννησος* (AITCI; EGLE; EncIt 32,412; EncZanichelli; DudenAussprache; VOUR). L'isola venne anche identificata con l'antica *Halonnesos* (→ *Agiostrati*), però quest'ipotesi è stata confutata (cf. Philippson 1901, 135; Philippson 1950–1959, vol. 4, 47; per *Icos* cf. Avramea 1947). Con il nome *Dromi* si indicava anche il gruppo di isole, comprendente *Calchi/Macri*[29] e *Sarachino* (cf.: «Per linsule de glia dromi/Dromo in greco sie corso in latino/cusi luna de queste vien chiamata/machri son laltra» *1485*, SonettiIsolario, [100]). A proposito dell'etimologia Porcacchi propone: «Dromo, che vol dir Corso: percioche le navi che vanno di Levante in Ponente; qui pigliano segno del corso della lor navigatione la notte» (PorcacchiIsole, 34). Cf. Kahane/Kahane (1968–1976, 421): gr. *δρόμος* 'Kurs eines Schiffes' (seit Herodot II 5; noch ngriech.) > lat.med. **dromus*, dazu avenez. *dromo* (13. Jh.).
gr.a. *"Ικος* (Pape), lat.a. *Icos*, *Icus* (ForcelliniOnomasticon).

---

29 «L'isola Macri, o Calchi pur di questo mare [vicino all'isola di → *Dromo*]; non è per altro nominata, che per la rotta di Pelopida capitano d'Antioco, ilquale in questo luogo diede ne gli agguati dell'armata Romana» (PorcacchiIsole, 34). «*Macri* seu *Calchis*» (*sec. XVs.m.*, BuondelmontiLiberSinner, 130), «'Η Μάκρη νῆσος καὶ Χάλκη λεγόμενη» (*sec. XVs.m.*, BuondelmontiNēsōnLegrand, 96), «[M]acri overo Calchi» (*sec. XVs.m.*, BuondelmontiLibroV, 46r°); «Macri insula: over chalcis» (*sec. XVs.m.*, BuondelmontiLibroA, 13v°), *Machri* (*1485*, SonettiIsolario, [100]), *Machriso* («gli dromi, che in latino dice corso, *et* luna machriso *et* l'altra (dove larmata dil re Antiochio da romani fu rotta) è detta sarachino» (*1528*, BordoneLibroDeCesare, LXv°); cf. lat.med. «Macris seu Calcis in Egeo mari sita est insula» (*a.1406*, SilvestriMontesdeoca).

lat.med. *Dromos* (*sec. XVs.m.*, BuondelmontiLiberSinner, 129), gr.post-bizant. *Δρόμος* (*sec. XVs.m.*, BuondelmontiNēsōnLegrand, 95; *sec. XVI*, PortulansGrecs-Delatte, 274: «Δρόμον ἤγουν 'Ιλιοδρόμι»).

Alonesos *1476*, PlinioHistoriaNaturaleLandino, 4,12; *1543*, PlinioHistoriaNaturale-Brucioli, LXXVIII, **Alonneso** *1482*, BerlinghieriGeographia, III,27; *1598*, Tolomeo-GeografiaCernoti 2,124v°, **Aloneso** *1562*, StraboneGeografiaBuonacciuoli 1,177v°, **Halonneso** *1562*, PlinioHistoriaNaturaleDomenichi, 102, **Halonēsos** *1929–1936*, EncIt 32,412s..

Drom *sec. XIIs.m./sec. XIIIin.*, Carta Pisana (CapacciTopon), **Dromo** *sec. XIIIfin./ sec. XIVin.*, Atlante Luxoro (CapacciTopon); *sec. XIVin.*, Carta Cortona (Capacci-Topon); *1321*, Atlante Vesconte (CapacciTopon); *1426*, Atlante Giroldis (Capacci-Topon); *1482*, BerlinghieriGeographia, III,22; *sec. XVs.m.*, BuondelmontiLibroA, 2v°; *1508*, Carta Benincasa (CapacciTopon); *1548*, TolomeoGeografiaMattioli, GrætiaNovaTabula; *1560*, GastaldiNomiGrecia; *1561*, TolomeoGeografiaRuscelli, Tabula XVII; *1572*, PorcacchiIsole, 34; *1598*, TolomeoGeografiaCernoti 2,124v°, **Dromos** *1476*, PlinioHistoriaNaturaleLandino 4,12; *sec. XVs.m.*, Buondelmonti-LibroV, 3v°; 46r°; *1543*, PlinioHistoriaNaturaleBrucioli, LXXX.

Dromi *1485*, SonettiIsolario, [100]; *1528*, BordoneLibro, LXv°; *1658*, Boschini-Arcipelago, 92; *1696*, CoronelliIsolario, 281.

Amòrgo

Isola dell'Egeo, la più orientale delle Cìcladi; ngr. *Αμοργός* (DI 1,80; DudenAus-sprache; EGLE; EncTreccani 1,416, EncZanichelli, NATInd 1995, VOUR). La variante aferetica è un'innovazione medievale («Amurgo [...] ma i tempi nostri mergon la dimandano», BordoneLibro, XLIIIIr°), conosciuta anche nei Portolani greci. Porcacchi menziona solamente la più piccola *Amurgospoli*, tra Tera e Amorgo (Philippson 1901, 107): «Amurgospoli un'altra isola, gia detta Brupore» (PorcacchiIsole, 32), in cui sembra seguire il Buondelmonti: *Amurgospoli* (*sec. XVs.m.*, Buondel-montiLibroV, 30r°).

gr.a. *'Αμουργός, 'Αμοργός* (Pape), lat.a. *Amorgus* (ForcOnom), nlat. *Amorgus* (*1560*, GastaldiNomiGrecia), gr.post-bizant. *'Αμουργὸς* (*sec. XVs.m.*, Buondel-montiNēsōnLegrand, 60), *"Αμουργος* (*sec. XVI*, PortulansGrecsDelatte, 91).

Argo *sec. XIIs.m.*/sec. *XIIIin.*, Carta Pisana (CapacciTopon).

Amorgo *1476*, PlinioHistoriaNaturaleBrucioli 4,12; *1485*, SonettiIsolario, [62]; *1543*, PlinioHistoriaNaturaleBrucioli, LXXVIII; *1562*, StraboneGeografiaBuonac-ciuoli 1,199v°; *1623*, Marino, Adone (LIZ); *1658*, BoschiniArcipelago, 54; *1773*, PaschArcipelago, 34; *1860*, Cherubini; *1903*, D'Annunzio, Alcyone (LIZ); *1910*, GeorgesCalonghiApp, **Amurgo** *1482*, BerlinghieriGeographia, III,27; *sec. XVs.m.*, BuondelmontiLibroA, 9v°; *1528*, BordoneLibro, XLIIIIr°; *1558*, Mun-steroCosmografia, 1005; *1598*, TolomeoGeografiaCernoti 2,125v°; *1696*, Coronelli-Isolario, 164; *1700*, Veneroni (DI 1,80); *1892*, Garollo (DI 1,80), **Amorgos** *1562*, PlinioHistoriaNaturaleDomenichi, 101; *1829*, Tramater (DI 1,80); *1929–1936*, EncIt 3,32s.

Mergo *sec. XIIs.m.*/sec. *XIIIin.*, Carta Pisana (CapacciTopon); *sec. XIIIfin./sec. XIV in.*, Atlante Luxoro (CapacciTopon); *1426*, Atlante Giroldis (CapacciTopon); *1548*,

TolomeoGeografiaMattioli, GrætiaNovaTabula; *1561*, TolomeoGeografiaRuscelli, Tabula XVII; *1598*, TolomeoGeografiaCernoti 2,125v°, **Margo** *sec. XIIs.m.*/sec. *XIIIin.*, Carta Pisana (CapacciTopon), *1375*, Carta Catalana (CapacciTopon); *1508*, Carta Benincasa (CapacciTopon), **Murgo** *1482*, BerlinghieriGeographia, V,7, **Morgo** *1508*, Carta Benincasa (CapacciTopon); *1560*, GastaldiNomiGrecia; *1562*, StraboneGeografiaBuonacciuoli 1,TavolaNomiModerni, **Mergon** *1528*, BordoneLibro, XLIIIIr°.

Àndro

Isola più settentrionale del gruppo delle Cìcladi, a sud-est di Eubea; ngr. *'Ανδρος*, ted. *Ándros* (DI 1,88; EGLE; EncTreccani 1,459; EncZanichelli; LdA; NATInd 1995; OKAH; VOUR; VWG). La variante in *-a* si trova anche nel lat.med. *Andra* («Marinus Dandulo [adeptus est] Andram», *sec. XIVp.m.*, DandoloChronicaPastorello, 282).

Gr.a. *"Ανδρος* (Pape), lat.a. *Andros*, *Andrus* (ForcOnom), lat.med. *Andro* (*1199ca.*, UrkVen 1,265), *Andros* (*a.1406*, SilvestriMontesdeoca), *Andre* (*1278ca.*, UrkVen 3,162), *Andra* («Marinus Dandulo [adeptus est] Andram», *sec. XIVp.m.*, DandoloChronicaPastorello, 282), *Andri* [*insula*] (*1477*, TolomeoCosmografiaBologna, [47]), *Andros* (*sec. XVs.m.*, BuondelmontiLiberSinner, 86), nlat. *Andros* (*1560*, GastaldiNomiGrecia), gr.post-bizant. *"Ανδρος* (*sec. XVs.m.*, BuondelmontiNēsōnLegrand, 44; *sec. XVI*, PortulansGrecsDelatte, 108).

Andro *sec. XIIs.m.*/sec. *XIIIin.*, Carta Pisana (CapacciTopon), *sec. XIVin.*, Carta Cortona (CapacciTopon); *1340ca.*, Boccaccio, Teseida (LIZ); *1476*, PlinioHistoriaNaturaleLandino 4,12; *1482*, BerlinghieriGeographia, III,27; *sec. XVs.m.*, BuondelmontiLibroA, 8r°; *1543*, PlinioHistoriaNaturaleBrucioli, LXXVII; *1548*, TolomeoGeografiaMattioli, 101v°; *1558*, MunsteroCosmografia, 1006; *1562*, PlinioHistoriaNaturaleDomenichi, 100; *1562*, StraboneGeografiaBuonacciuoli 1,198v°; *1572*, PorcacchiIsole, 29; *1598*, TolomeoGeografiaCernoti 1,28v°; *1658*, BoschiniArcipelago, 40; *1782*, Verri, Saffo (LIZ); *1860*, Cherubini; *1912*, D'Annunzio, Merope (LIZ); *1929–1936*, EncIt 13,525, **Andros** *1709*, SomaveraTesoro, 35; *1773*, PaschArcipelago, 14; *1929–1936*, EncIt 10,206.

Andre *sec. XIIIfin.*/*sec. XIVin.*, Atlante Luxoro (CapacciTopon); *1426*, Atlante Giroldis (CapacciTopon); *1485*, SonettiIsolario, [42]; *1504*, SanudoDiarii 5,1007; *1558*, MunsteroCosmografia, 1005, **Andri** *1375*, Carta Catalana (CapacciTopon); *1452–1481*, LamentoNegroponte, 117;[30] *sec. XVs.m.*, BuondelmontiLibroA, 8r°; *1548*, TolomeoGeografiaMattioli, GrætiaNovaTabula; *1560*, GastaldiNomiGrecia; *1561*, TolomeoGeografiaRuscelli, 177; *1562*, StraboneGeografiaBuonacciuoli 1,TavolaNomiModerni, **Andry** *1508*, Carta Benincasa (CapacciTopon), **Andria** *sec. XV*, PortolanoParmaMagliabecchi (KretschmerPortolane 659, DI 1,88); *sec. XVs.m.*, BuondelmontiLibroV, 22v°.

---

[30] Nell'originale si trova *Andi*.

Antìparo

Isolotto dell'Egeo centrale, delle Cìcladi centrali, a ovest di *Paro*; ngr. *Αντίπαρος* (AITCI; EGLE; EncTreccani 1,544; NATInd 1995; VOUR; VWG). La denominazione antica è si persa. La denominazione medievale, seguendo la formazione antica con il prefisso *anti-*,[31] è motivata dalla vicinanza dell'isola a → *Paro*, con cui condivide le varianti fonetiche.

gr.a. *Ὠλίαρος* (Pape), lat.a. *Ōlearus*, *Oliarus* (ForcOnom).

lat.med. *Antipari* (*sec. XIIIfin.*, InsulaeHopf 176), *Antiparos* (*sec. XVs.m.*, BuondelmontiLiberSinner, 95), gr.post-bizant. *Ἀντίπαρος* (*sec. XVs.m.*, BuondelmontiNēsōnLegrand, 54; *sec. XVI*, PortulansGrecsDelatte, 280).

Antipario *sec. XIIIfin./sec. XIVin.*, Atlante Luxoro (CapacciTopon); *1426*, Atlante Giroldis (CapacciTopon); *1485*, SonettiIsolario, [52]; *sec. XVs.m.*, BuondelmontiLibroA, 9r°; *1528*, BordoneLibro, XLIIIIv°; *1560*, GastaldiNomiGrecia, **Antiparo** *1482*, BerlinghieriGeographia, III,27; *sec. XVs.m.*, BuondelmontiLibroV, 27r°; *1572*, PorcacchiIsole, 34; *1929–1936*, EncIt 3,521, **Antiparos** *1773*, PaschArcipelago, 97; *1860*, Cherubini.

Antiparis *1375*, Carta Catalana (CapacciTopon); *1452–1481*, LamentoNegroponte, 117; *sec. XVs.m.*, BuondelmontiLibroV, 3r°; *1658*, BoschiniArcipelago, 47; *1696*, CoronelliIsolario, 164.

Athos, monte

Rilievo all'estremità meridionale della penisola del Monte Santo, famoso per il colore bianco delle sue pareti, di funzione orientativa che aveva quindi per i navigatori; forse per questo da Buondelmonti è citato tra le isole; ngr. *'Αθως*, *'Αγιο 'Ορος*, ted. *Áthos* (AITCI; EGLE; DudenAussprache; EncTreccani 1,814; EncZanichelli; LdA). La doppia tradizione di un nome antico ed uno moderno viene confermata negli *Isolari*; dopo il '500, *Monte Santo* è raro.

gr.a. *Ἄθως* (Pape), lat.a. *Athos* (ForcOnom), lat.med. *Athos* (*a.1406*, SilvestriMontesdeoca; *sec. XVs.m.*, BuondelmontiLiberSinner, 127), nlat. *Aethos mons* (*1560*, GastaldiNomiGrecia), gr.post-bizant. *Ἄθως* (*sec. XVs.m.*, BuondelmontiNēsōnLegrand, 92).

lat.med. *Mons Sanctus* (*sec. XVs.m.*, BuondelmontiLiberSinner, 127), gr.post-bizant. *Ἅγιον Ὄρος* (*sec. XVs.m.*, BuondelmontiNēsōnLegrand, 92; *sec. XVI*, PortulansGrecsDelatte, 227).

(**Monte**) **Athos** *sec. XIIIfin.*, TesoroVolg (OVI); *a.1375*, Boccaccio, Rime (LIZ); *sec. XVs.m.*, BuondelmontiLibroV, 44v°; *1528*, Castiglione, Cortegiano (LIZ); *1845*, Leopardi, Stratone (LIZ); *1929–1936*, EncIt 5,200, **(Monte) Atos** *a.1333*, Simintendi (OVI); *1485*, SonettiIsolario, [94]; *sec. XVs.m.*, BuondelmontiLibroV, 45v°; *sec. XVs.m.*, BuondelmontiLibroA, 13v°, (**Monte**) **Atho** *1476*, PlinioHistoriaNaturale-

[31] «Κατὰ τὰ ἀρχαῖα 'Αντίκραγος, 'Αντίφελλος, 'Αντίταυρος κ.τ.τ. ἐσχηματίσθησαν ἔπειτα καὶ πολλὰ ἄλλα, καὶ τὰ νεώτερα *'Αντίπαρος* παρὰ τὴν Πάρον, *'Αντίκύθηρα* παρὰ τὰ Κύθηρα, *'Αντίτηλος* παρὰ τὴν Τῆλον, *'Αντίψαρα* παρὰ τὰ Ψαρά [...]» (Amantos 1949, 4).

Landino 4,12; *1482*, BerlinghieriGeographia, III,21; *1499*, Colonna, Hypnerotomachia (LIZ); *1543*, PlinioHistoriaNaturaleBrucioli, LXXVIII; *1548*, TolomeoGeografiaMattioli, 95r°; *1562*, PlinioHistoriaNaturaleDomenichi, 95; *1572*, PorcacchiIsole, 34; *1589*, Garzoni, Piazza (LIZ), (**Monte**) **Ato** *1558*, MunsteroCosmografia, 1002; *1561*, TolomeoGeografiaRuscelli, 166; *1566*, Caro, Eneide (LIZ); *1589*, Garzoni, Piazza (LIZ); *1623*, Marino, Adone (LIZ); *1725*, Vico, Principi (LIZ); *1823*, Leopardi, Zibaldone (LIZ).
Montesanto *sec. XIIs.m./sec. XIIIin.*, Carta Pisana (CapacciTopon); *sec. XIIIfin./sec. XIVin.*, Atlante Luxoro (CapacciTopon); *a.1348* Villani, Nuova Cronica (LIZ); *1426*, Atlante Giroldis (CapacciTopon), **Montesancto** *1321*, Atlante Vesconte (CapacciTopon); *sec. XVs.m.*, BuondelmontiLibroV, 3v°, **Monte Sancto** *1447ca.*, LibroMercatantieBorlandi, 98; *1482*, BerlinghieriGeographia, III,21; *1485*, SonettiIsolario, [94]; *sec. XVs.m.*, BuondelmontiLibroA, 13v°, **Monte Santo** *1502*, SanudoDiarii 4,311, *a.1524*, AngiolelloBazzolo, 16; *1548*, TolomeoGeografiaMattioli, 95r°; *1560*, GastaldiNomiGrecia; *1561*, TolomeoGeografiaRuscelli, 166; *1562*, PlinioHistoriaNaturaleDomenichi, 47; *1562*, StraboneGeografiaBuonacciuoli 1,TavolaNomiModerni; *1572*, PorcacchiIsole, 34; *1598*, TolomeoGeografiaCernoti 2,120r°; *1658*, BoschiniArcipelago, 86; *1696*, CoronelliIsolario, 164; *1992*, Rudoni, **M. Santo** *1508*, Carta Benincasa (CapacciTopon); *1561*, Carta Maggiolo (CapacciTopon).

Bosca Ada

Isola turca nel mare Egeo nord-orientale, di fronte alla costa dell'Asia minore, presso l'imbocco dello stretto dei Dardanelli; it. anche *Tenedo*, ted. *Ténedos*, turc. *Bozca Ada* (DudenAussprache; EncTreccani 11,1072; EncZanichelli; LdA; NATInd 1995). La variante del nome secondo l'uso turco è documentata in italiano dal '700 (*Bosciada*, *1708*, Gemelli Careri, VOUR).
gr.a. *Τένεδος* (Pape), lat.a. *Tĕnĕdus* (ForcOnom), lat.med. *Thenedho* (*sec. XIIIfin.*, InsulaeHopf 175); lat.med., nlat. *Tenedos* (*a.1406*, SilvestriMontesdeoca; *1477*, TolomeoCosmografiaBologna, [67]; *sec. XVs.m.*, BuondelmontiLiberSinner, 116; *1560*, GastaldiNomiGrecia), gr.post-bizant. *Τένεδος* (*sec. XVs.m.*, BuondelmontiNēsōnLegrand, 78; *sec. XVI*, PortulansGrecsDelatte, 228).
Tenedo *sec. XIIs.m./sec. XIIIin.*, Carta Pisana (CapacciTopon); *sec. XIIIfin./sec. XIV in.*, Atlante Luxoro (CapacciTopon); *XIVpm.*, Guidoda PisaFattiEnea (OVI); *a.1348*, Villani, Cronica (LIZ); *1426*, Atlante Giroldis (CapacciTopon); *1482*, BerlinghieriGeographia, III,24; *1485*, SonettiIsolario, [90]; *sec. XVs.m.*, BuondelmontiLibroV, 3v°; *sec. XVs.m.*, BuondelmontiLibroA, 12r°; *1500*, SanudoDiarii 3,1020; *1508*, Carta Benincasa (CapacciTopon); *1528*, BordoneLibro, LVIIIv°; *1548*, TolomeoGeografiaMattioli, GrætiaNovaTabula; *1552*, BemboHistVinZiletti, 67r°; *1558*, MunsteroCosmografia, 1005; *1560*, GastaldiNomiGrecia; *1562*, PlinioHistoriaNaturaleDomenichi, 97; *1562*, StraboneGeografiaBuonacciuoli 1,200r°; *1572*, PorcacchiIsole, 32; *1623*, Marino, Adone (LIZ); *1658*, BoschiniArcipelago, 82; *1696*, CoronelliIsolario, 164; *1709*, SomaveraTesoro, 477; *1782*, Verri, Saffo (LIZ); *1860*, Cherubini; *1929–1936*, EncIt 33,487s., **Tenedos** *1292ca.*, BonoGiamboni,Orosio (OVI); *a.1333*, Simintendi (OVI); *1340ca.*, Boccaccio, Teseida (LIZ); *1708*, Gemel-

li Careri, VOUR, **Teneo** *sec. XIVin.*, Carta Cortona (CapacciTopon); *1321*, Atlante Vesconte (CapacciTopon); *1375*, Carta Catalana (CapacciTopon), **Tenedon** *1345–1367ca.*, FaziodegliUbertiDittamondo (OVI), **Tenodo** *sec. XVs.m.*, Buondelmonti-LibroV, 39r.

Càlchi

Isola del gruppo delle Spòradi meridionali, a ovest di Rodi ngr. *Χάλκη*, ted. *Chálkis* (EGLE; EncTreccani 2,517s.; EncZanichelli; NATInd 1995; VOUR). «Il nome bizantino era Χάρκη (con rotacismo regolare) o, con metatesi, Κάρχη [...]. L'italiano medioevale *Carchi* era un riflesso della forma greca popolare, mentre il moderno *Calchi* risale alla forma ufficiale Χάλκη» (Kramer 1987–1993, 319). Buondelmonti identificava *Calchi* erroneamente con *Caristo*, confondendolo o con *Χάλκις/ Κάρυστος* dell'Eubea, o con la denominazione antica *Calista*: «Caristos insula [...]. Nunc vero Calchis dicta est» (*sec. XVs.m.*, BuondelmontiSporadiGerola, 467; cf. *sec. XVs.m.*, BuondelmontiLiberSinner, 75) resp. «Κάρυστος, νῦν δὲ Χάλκη λεγομένη» (*sec. XVs.m.*, BuondelmontiNēsōnLegrand, 30). Questo uso si trova anche in Berlinghieri e Porcacchi, ma non in Sonetti e Bordone. Così l'errore caratterizza la tradizione testuale, che comprende non solo gli *Isolari*, ma anche BerlinghieriGeographia.[32] (In Sanudo *Caristo* può essere metonimico per Eubea; *1500*, SanudoDiarii 3,1024s.)[33]

gr.a. *Χάλκη* (Pape), lat.a. *Chalcia, Chalcē* (ForcOnom), lat.med. *Calchis* (*sec. XVs.m.*, BuondelmontiSporadiGerola, 467), gr.post-bizant. *Χάλκη* (*sec. XVs.m.*, BuondelmontiNēsōnLegrand, 30; *sec. XVI*, PortulansGrecsDelatte, 240).

Carqui *sec. XIIIfin./sec. XIVin.*, Atlante Luxoro (CapacciTopon); *sec. XIVin.*, Carta Cortona (CapacciTopon); *1375*, Carta Catalana (CapacciTopon); *1426*, Atlante Giroldis (CapacciTopon), **Carchi** *1321*, Atlante Vesconte (CapacciTopon); *1485*, SonettiIsolario, [18]; *1508*, Carta Benincasa (CapacciTopon); *1528*, BordoneLibro, LII v°; *1562*, StraboneGeografiaBuonacciuoli 1,TavolaNomiModerni; *1658*, Boschini-Arcipelago, 3; *1696*, CoronelliIsolario, 164, **Charchi** *1485*, SonettiIsolario, [4]; *1560*, GastaldiNomiGrecia.

Calchi *sec. XVs.m.*, BuondelmontiLibroV, 15v°; 46r°; *1572*, PorcacchiIsole, 29; *1929–1936*, EncIt 32,413, **Chalchi** *1482*, BerlinghieriGeographia, V,7; *1929*, Bertarelli, 22, **Chalcis** *sec. XVs.m.*, BuondelmontiLibroA, 6r°.

---

[32] «Chalchi poi sintende chome/caristo» (*1482,* BerlinghieriGeographia, V,7), «Caristo gia chiamata Calchi» (*sec. XVs.m.*, BuondelmontiLibroV, 15v°), «Carchi [...] che prima se hebe calista» (*1485*, SonettiIsolario, [18]), «Carchi [...] Calista, fu appellata» (*1528*, Bordone-LibroDeCesare, LIIv°), «Caristo hoggi Calchi» (*1572*, PorcacchiIsole, 29).

[33] «[...] zonse a Zia a di 12 setembrio [...] E come a dì 13, tuta l'armada andò a Caristo, poi ad Andre».

Calìno

Isola dell'Egeo, delle Spòradi; ngr. *Κάλυμνος*, *Κάλυμνα*, *Καλύδνα*, ted. *Kalymnos* (DudenAussprache; EGLE; EncTreccani 2,541; EncZanichelli; NATInd 1995; OKAH; VOUR). La forma *Calino* fu sostituita con decreto governatoriale del 1926 alla voce precendentemente in uso di *Calamo* (Armao 1947, 256, n. 10). «I nomi italiani medioevali, *Càlamo* e *Calmo*, erano dovuti all'etimologia popolare, mentre quello moderno, *Càlino*, rappresenta un adattamento fonetico di Κάλυμνος (fem., in analogia a tanti altri nomi d'isola in *-ος*) [...]. I nomi italiani medioevali, *Càlamo* e *Calmo*, erano dovuti all'etimologia popolare, mentre quello moderno, *Càlino*, rappresenta un adattamento fonetico di Κάλυμνος: le forme greche in *-ος* sono sempre rese con *-o* prendendo le mosse dall'accusativo greco (τὴν Κάλυμνο), e la seguenza -μν- che normalmente si assimila in italiano a *-nn-* è ridotta a *-n-* semplice per poter conservare l'accento sdrucciolo della parola» (Kramer 1987–1993, 319s.). La conoscenza dello scambio del nome moderno è ben chiara negli *Isolari*: «Sopra monti sta molto alta Claro, gia isola, c'hoggi è detta Calamo» (*1572*, PorcacchiIsole, 31); «linsula di claros gia oggi di chiamata [...] calami» (*sec. XVs.m.*, BuondelmontiLibroV, 32v°); «calamo [...] che claro gli fu dita antiquamente» (*1485*, SonettiIsolario, [70]); «Calamo, fu etiamdio claro nominata» (*1528*, BordoneLibro, XLVIIr°).

gr.a. *Κάλυμνα* (Pape), lat.a. *Calymnia* (ForcOnom), lat.med. *Calamos* (*sec. XVs.m.*, BuondelmontiLiberSinner, 104), gr.post-bizant. *Κάλαμος* (*sec. XVs.m.*, BuondelmontiNēsōnLegrand, 66), *Κάλυμνος* (*sec. XVI*, PortulansGrecsDelatte, 277).

lat.med. *Claros* (*a.1406*, SilvestriMontesdeoca; *sec. XVs.m.*, BuondelmontiSporadiGerola, 480), nlat. *Clarus* (*1560*, GastaldiNomiGrecia), *Κλᾶρος* (*sec. XVs.m.*, BuondelmontiNēsōnLegrand, 66).

Calinio *sec. XIIs.m./sec. XIIIin.*, Carta Pisana (CapacciTopon), **Calamo** *sec. XIIIfin./sec. XIVin.*, Atlante Luxoro, (KretschmerPortolane, 660); *1321*, Atlante Vesconte (CapacciTopon); *sec. XIIIfin./sec. XIVin.*, Atlante Luxoro (CapacciTopon); *1375*, Carta Catalana (CapacciTopon); *1485*, SonettiIsolario, [70]; *sec. XVs.m.*, BuondelmontiLibroV, 33r°; *sec. XVs.m.*, BuondelmontiLibroA, 2v°; *1508*, Carta Benincasa (CapacciTopon); *1528*, BordoneLibro, XLVIIr°; *1558*, MunsteroCosmografia, 1005; *1560*, GastaldiNomiGrecia; *1572*, PorcacchiIsole, 31; *1658*, BoschiniArcipelago, 62; *1696*, CoronelliIsolario, 164; *1806*, GeografiaUnivIndice; *1860*, Cherubini, **Calimo** *sec. XIVin.*, Carta Cortona (CapacciTopon); *1321*, Atlante Vesconte (CapacciTopon); *sec. XVp.m.*, AtlantiGiroldis (KretschmerPortolane, 660); *1426*, Atlante Giroldis (CapacciTopon), **Calino** *1929*, Bertarelli, 22; *1929–1936*, EncIt 32,413.

Clario *a.1313*, OvidioArteAm(B) (OVI), **Claros** *a.1333*, Simintendi (OVI); *sec. XVs.m.*, BuondelmontiLibroV, 32v°; *1696*, CoronelliIsolario, 164, **Claro** *1485*, SonettiIsolario, [70]; *sec. XVs.m.*, BuondelmontiLibroA, 10r°; *1528*, BordoneLibro, XLVIIr°; *1572*, PorcacchiIsole, 31; *1658*, BoschiniArcipelago, 62, **Clara** *1562*, PlinioHistoriaNaturaleDomenichi, 47.

Calonimo *sec. XVs.m.*, BuondelmontiLibroV, 3v°; *sec. XVs.m.*, BuondelmontiLibroA, 12v°.

Caloiero, Scoglio del

Denominazione per scogli isolati, abitati da monaci; il toponimo è molto frequente nei Portolani,[34] ed il luogo di riferimento non è sempre chiaro. Oggi si chiama così un'isola (ò gruppetto di isole) a nord-est di *Andros*; ngr. *Καλόγερος* (AITCI; EGLE; VOUR). Negli *Isolari* sono citati due isolotti: uno nella zona di *Andro*, l'altro vicino a *Nisiro*.[35] Porcacchi, seguendo Buondelmonti, si riferisce nella sua spiegazione all'etimologia: «lo scoglio Caloiero, d'altissime balze, che con senso contrario è chiamato Buon vecchio: atteso che a' naviganti è pessimo» (PorcacchiIsole, 30; cf. Gerola 1932–1933, 1156). Buondelmonti e Porcacchi che gli succede non sembrano conoscere il significato contemporaneo del nome: La voce gr. *καλόγηρος* m. è il titolo dato ai monaci (specie in riferimento alla loro età < *καλός*, agg. 'in senso morale bello, nobile' e *γῆρας* n. 'vecchiaia', Liddell/Scott it.).[36] «Più d'un'Isoletta col nome di *Calojero* si trova nell'Arcipelago, parte comprese frà le Sporadi, parte trà le Sporadi, parte trà le Neutrali» (*1696*, CoronelliIsolario, 280).
lat.med. *Caloierus* (*sec. XVs.m.*, BuondelmontiLiberSinner, 88), gr.post-bizant. *Καλόγερος* (*sec. XVs.m.*, BuondelmontiNēsōnLegrand, 46; *sec. XVI*, PortulansGrecsDelatte, 215).
Cologria *sec. XIIIfin./sec. XIVin.*, Atlante Luxoro (KretschmerPortolane, 659), **Calloiar** *1320ca.*, Carta Vesconte (KretschmerPortolane, 659), **Caloiaro** *1375*, Carta Catalana (CapacciTopon); *sec. XVs.m.*, BuondelmontiLibroA, 8r°, **Calloiro** *sec. XVp.m.*, AtlantiGiroldis (KretschmerPortolane, 659), **Caloiero** *1482*, BerlinghieriGeographia, III,27; *sec. XVs.m.*, BuondelmontiLibroV, 3v°, BuondelmontiLibroV, 23v° («[infra sio?] et Andria e uno eminente scoglio chiamato Caloiero»); *1658*, BoschiniArcipelago, 19; *1696*, CoronelliIsolario, 164, **Chalogero** *1490*, DaMostoGasparriniLeporace, 231, **Caloiro** *1508*, Carta Benincasa (CapacciTopon),

Cefalònia

La maggiore isola del gruppo delle Ionie, di fronte al golfo di Patrasso; ngr. *Κεφαλληνία*, *Κεφαλλονιά*, *Κεφαλονιά*, ted. *Kephallénia* (DI 1,425ss.; DudenAussprache; EGLE; EncTreccani 2,876; EncZanichelli; LdA; NATInd 1995; OKAH; VOUR). Tradizione continua della denominazione antica, pluralità di varianti

---

[34] Cortelazzo (1970, 52): «calogero 'monaco (greco)', di frequentissimo uso nei documenti veneziani [...]. I toponimi greci d'egual nome erano ben noti ai naviganti italiani».

[35] Per una discussione dettagliata del sito degli isolotti cf. Allen 1977.

[36] Cortelazzo (1970, 53); cf. GDU, EncTreccani 2,549 s.v. *calogero* 'appellativo dei monaci di rito bizantino'. La denominazione è ben documentata in italiano: *calogero* (*1345*, NiccolòdaPoggibonsi (OVI); *1481*, Brasca, MomiglianoLepschy, 33; ante *1524*, AngiolelloBazzolo, 16; *1550–1553*, StraparolaNotti (LIZ)), *caloiaro* (*sec. XVs.m.*, BuondelmontiLibroA, 3v°), *chaloiero* (*1504*, SanudoDiarii 5,1034), *calogiaro*; *chalogiaro* (*1511*, GrassettoViaggio, 10; 86), *callogiero* (*1545*, BassanoBabinger, 35), *caloiero* (*1598*, TolomeoGeografiaCernoti 2,129r°; *1688*, MagniRelazione, 23), *calojero* (*1773*, PaschArcipelago, 32); cf. anche lat.med.(gen.pl.) *caloërorum* (*sec. XVs.m.*, BuondelmontiSporadiGerola, 463).

grafiche e fonetiche nei Portolani ed *Isolari*. Soprattutto in volgarizzamenti si trovano le forme seguendo la latina in *-enia*.

gr.a. *Κεφαλληνία* (Pape);[37] *Κεφαλλανία* (ForcOnom), lat.a. *Cephallānia*, *Cephallenia* (ForcOnom), lat.med. *Kephalini* (*1199ca.*, UrkVen 1,264), *Kephalonia* («Kephalonie insulam aripuerat», *sec. XIVp.m.*, DandoloChronicaPastorello, 284), *Cefalonia* (*a.1406*, SilvestriMontesdeoca), lat.med. *Cephalonia* (*sec. XVs.m.*, BuondelmontiLiberSinner, 58), nlat. *Cephalenia* (*1477*, TolomeoCosmografiaBologna, [45]; *1560*, GastaldiNomiGrecia), gr.post-bizant. *Κεφαληνία* (*sec. XVs.m.*, BuondelmontiNēsōnLegrand, 9), *Κεφαλωνία* (*sec. XVI*, PortulansGrecsDelatte, 42).
Cefalenia *1292ca.*, OrosioVolg, GiamboniStorieTassi (DI 1,425); *1562*, StraboneGeografiaBuonacciuoli 1,136r°; *1598*, TolomeoGeografiaCernoti 1,28r°, **Cephalania** *1476*, PlinioHistoriaNaturaleLandino 4,12; *1543*, PlinioHistoriaNaturaleBrucioli, LXXV, **Cephalenia** *1548*, TolomeoGeografiaMattioli, 24r°; *1696*, CoronelliIsolario, 164.
Zinfalonia *sec. XIIIfin./sec. XIVin.*, Atlante Luxoro (CapacciTopon), **Sifalonia** *sec. XIVin.*, Carta Cortona (CapacciTopon); *1561*, Carta Maggiolo (CapacciTopon), **Ciffalonia** *1321*, Atlante Vesconte (CapacciTopon), **Cephalunia** *1321/1337*, AccursodiCremona (OVI), **Cefalonia** *dal 1348ca.*, VillaniGPorta (DI 1,426); *1481*, Brasca (MomiglianoLepschy, 36); *1499*, SanudoDiarii 3,27; *sec. XVs.m.*, BuondelmontiLibroA, 3r°; *1551*, SpanduginoTurchi, 63; *1560*, GastaldiNomiGrecia; *1561*, TolomeoGeografiaRuscelli, 172; *1572*, PorcacchiIsole, 28; *1598*, TolomeoGeografiaCernoti 2,117r°; *1619*, Sarpi, Concilio (LIZ); *1696*, CoronelliIsolario, 164; *1712*, ZucchelliCongo (DI 1,426); *1799*, ScrofaniViaggioRicorda, 48; *1860*, Cherubini; *1929–1936*, EncIt 19,452, **Cifalonia** *1360ca.*, BoccaccioOpereBranca (DI 1,426); *1508*, Carta Benincasa (CapacciTopon), **Zefalonia** *1426*, Atlante Giroldis (CapacciTopon); *1499*, SanudoDiarii 3,27; *1548*, TolomeoGeografiaMattioli, GrætiaNovaTabula; *1561*, TolomeoGeografiaRuscelli, Tabula XVII; *1691*, Chaumont, BibliotecaZani (DI 1,426), **Zafalonia** *1470ca.*, RagioniAntiqueBonfiglioDosio (DI 1,426); *1511*, GrassettoViaggio, 85; *1528*, BordoneLibro, XXXVv°; *1606*, RosaccioVenetia (DI 1,426), **Cephalonia** *1475ca.*, Capodilista, MomiglianoLepschy (DI 1,426); *1482*, BerlinghieriGeographia, III,23; *1548*, TolomeoGeografiaMattioli, 99r°; *1552*, BemboHistVinZiletti, 62v°, **Chephalonea** *sec. XVs.m.*, BuondelmontiLibroV, 3r°; 7v°, **Chephalonia** *sec. XVs.m.*, BuondelmontiLibroV, 6v°, **Ciphalonea** *sec. XVs.m.*, BuondelmontiLibroV, 6v°.

Cerigòtto

Isola greca tra Citera e Creta; ngr. *Αντικύθηρα* (AITCI; DI 1,436; EGLE; EncTreccani 2,926; VOUR). La tradizione del nome conosce diversi cambiamenti; il nome ufficiale moderno non si orientò né al nome antico né alle varianti medioevali o cinquecentesche. Kahane/Kahane datano le prime attestazioni per il tipo *Cerigotto* al

---

[37] «Dulichion und Same hießen nach *Κεφαλλῆνες*, urspr. die Unterthanen des Odysseus, die außer der Insel Kephallenia Ithaka, Zakynthos u. einen Theil von Akarnien bewohnten [...] während später nur die Insel Cefalonia diesen Namen führte».

'600[38] – anche se la forma *Zerigotto* è documentata già anteriormente. Le varianti *Sichilo*, *Siquilo*, *Sicillo* derivano dal nome antico, nell'uso popolare agglutinato con la preposizione (*σ'Αίγιλιό*, cf. Leonhard 1899, 45). La spiegazione del Porcacchi: «Sicillo è Isola, che gira dieci miglia: *et* credo che sia quella, che da Thucidide vien chiamata Crocilio» (PorcacchiIsole, 29) sembra poco fondata, forse la confonde con l'antica *Crocylea*, gr.a. *Κροκύλεια* (Strab. 8,6,17; 10,2,10), situata però tra Itaca e Leucade. Invece la forma *Sicillo* rappresenta una variante medievale del nome antico *Aegialia*.[39]

gr.a. *'Αιγιλία* (Pape), lat.a. *Ægialē*, *Ægialia* (ForcOnom: «insula ex Echinadibus»). lat.med.(acc.) *Sichilum* (*sec. XVs.m.*, BuondelmontiLiberSinner, 65), gr.post-bizant.(acc.) *Σκύλλαν* (*sec. XVs.m.*, BuondelmontiNēsōnLegrand, 18).

Sichilo *1482*, BerlinghieriGeographia, III,29 («Angyla hor sichilo»); *sec. XVs.m.*, BuondelmontiLibroA, 4v°, **Siquilo** *sec. XVs.m.*, BuondelmontiLibroV, 10v°, **Sicillo** *1572*, PorcacchiIsole, 29.

Zezerigo *sec. XIIIfin./sec. XIVin.*, Atlante Luxoro (CapacciTopon), *1482*, BerlinghieriGeographia, III,30, **Secerigo** *1321*, Atlante Vesconte (CapacciTopon), **Cecirigo** *1459ca.*, SanseverinoMaruffi (DI 1,436); *1511*, GrassettoViaggio, 18, **Cicerigo** *1459ca.*, SanseverinoMaruffi (DI 1,436); *1490*, DaMostoGasparriniLeporace (DI 1,436), *1548*, TolomeoGeografiaMattioli, 25r°; *1560*, GastaldiNomiGrecia; *1582*, D'AnaniaFabrica (DI 1,436), **Zezericho** *1485*, SonettiIsolario, [3]; «da greci sichilo chiamata/E cecerigo da giente latina» *1485*, SonettiIsolario, [6], **Cecerigo** *1528*, BordoneLibro, XXXIXv°; *1658*, BoschiniArcipelago, 2.

Zerigotto *1596*, Carta Crescenzio (CapacciTopon), **Cerigoto** *1860*, Cherubini; **Cerigotto** *1929–1936*, EncIt 9,809.

Chìnaro

Isola dell'Egeo sud-orientale, delle Spòradi meridionali; ngr. *Κίναρος* (AITCI; EGLE; NATInd 1995; VOUR). Siccome per la piccola isola si trovano di rado testimoni italiani, gli *Isolari* rappresentano una fonte importante per la tradizione del nome.

gr.a. *Κίναρος* (Pape), lat.a. *Cinara* (ForcOnom), lat.med. *Chinera* (*sec. XVs.m.*, BuondelmontiLiberSinner, 100), gr.post-bizant. *Κινέρα* (*sec. XVs.m.*, BuondelmontiNēsōnLegrand, 61), *Κινάρα* (*sec. XVI*, PortulansGrecsDelatte, 301).

Chirana *1426*, Atlante Giroldis (CapacciTopon); *1508*, Carta Benincasa (CapacciTopon), **Chyrana** *1482*, BerlinghieriGeographia, V,7.

Cynara *1476*, PlinioHistoriaNaturaleLandino 4,12, **Zinara** *1485*, SonettiIsolario, [4]; *1528*, BordoneLibro, XLVv°; *1658*, BoschiniArcipelago, 56; *1696*, CoronelliIsolario, 255, **Chinera** *sec. XVs.m.*, BuondelmontiLibroV, 30r°; *sec. XVs.m.*, BuondelmontiLibroA, 9v°; *1572*, PorcacchiIsole, 32, **Cinara** *1543*, PlinioHistoriaNatura-

---

[38] Kahane/Kahane (1940, 21), citando Leonhard (1899, 46): «Der heutige volkssprachliche Name der Insel ist Τσεριγόττο; Τσιριγότο < ital. Cerigotto. Die Form Cerigotto erscheint erst seit dem 17. Jahrhundert».

[39] «[...] i.A. [im Altertum] *Aigila* [...] davon mittelalterlich Segilio» (Philippson 1950–1959, vol. 3, 518); cf. anche Avramea 1947, Markl 1966; VWG s.v. *Aegilia*.

leBrucioli, LXXVIII; *1562*, PlinioHistoriaNaturaleDomenichi, 101, **Chinaro** *1929–1936*, EncIt 10,206.

Chìo

Isola dell'Egeo centro-orientale, di fronte alla costa dell'Asia minore; ngr. *Χίος*, ted. *Chíos* (DI 1,470ss.; DudenAussprache; EGLE; EncTreccani 2,1004; EncZanichelli; LdA; NATInd 1995; OKAH; VOUR). Secondo Armao (1947, 256) il nome moderno di *Chios* è un latinismo, mentre quando lui scrive la forma tradizionale *Scio* gli pare ancora più usata in italiano.
gr.a. *Χίος* (Pape), lat.a. *Chios*, *Chius* (ForcOnom), lat.med. *Chios* (*1199ca.*, UrkVen 1,265; *sec. XVs.m.*, BuondelmontiLiberSinner, 111), lat.med.(acc.) *Chium* (*sec. XIVp.m.*, DandoloChronicaPastorello, 252), lat.med. *Chyos* (*a.1406*, Silvestri-Montesdeoca), *Chii* [*insula*] (*1477*, TolomeoCosmografiaBologna, [67]), nlat. *Chius* (*1560*, GastaldiNomiGrecia), gr.post-bizant. *Χίος* (*sec. XVs.m.*, BuondelmontiNēsōnLegrand, 74; *sec. XVI*, PortulansGrecsDelatte, 97).
Chio *1321*, Atlante Vesconte (CapacciTopon); *a.1342*, CavalcaAttiApostoli (OVI); *1476*, PlinioHistoriaNaturaleLandino 4,11; *1485*, SonettiIsolario, [86]; *sec. XVs.m.*, BuondelmontiLibroV, 36v°; *1508*, Carta Benincasa (CapacciTopon); *1528*, BordoneLibro, LIIIIv°; *1548*, TolomeoGeografiaMattioli, 101v°; *1558*, MunsteroCosmografia, 1004; *1562*, PlinioHistoriaNaturaleDomenichi, 97; *1572*, PorcacchiIsole, 31; *1598*, TolomeoGeografiaCernoti 1,28v°; *1623*, Marino, Adone (LIZ); *1764–1766*, Il Caffè (LIZ); *1860*, Cherubini; *1929*, Bertarelli, 31, **Chios** *1351/1355*, Boccaccio-Trattatello (OVI; LIZ); *1598*, TolomeoGeografiaCernoti 2,125v° («Ios [...] è forse la Chios d'Homero»); *1829*, Leopardi, Zibaldone (LIZ).
Sio *sec. XIIIfin./sec. XIVin.*, Atlante Luxoro (CapacciTopon; DI 1,470); *1426*, Atlante Giroldis (CapacciTopon); *1485*, SonettiIsolario, [4]; *sec. XVs.m.*, Buondelmonti-LibroV, 32v°; *1499*, SanudoDiarii 3,27 (*Syo*); *sec. XVs.m.*, BuondelmontiLibroA, 11r°; *1528*, BordoneLibro, LVIIIr°; *1560*, GastaldiNomiGrecia; *1562*, StraboneGeografiaBuonacciuoli 1,TavolaNomiModerni; *1658*, BoschiniArcipelago, 78, **Scio** *1320ca.*, Carte Vesconte (KretschmerPortolane 660; DI 1,471); *1321*, Atlante Vesconte (CapacciTopon); *1348*, VillaniCronicaMoutier (OVI); *1452–1481*, Lamento-Negroponte, 117; *1482*, BerlinghieriGeographia, III,24; *1545*, BassanoBabinger, 86 (*Sciotti*); *1561*, TolomeoGeografiaRuscelli, Tabula XVII; *1562*, PlinioHistoriaNaturaleDomenichi, 97; *1572*, PorcacchiIsole, 31; *1688*, MagniRelazione, 6; *1696*, CoronelliIsolario, 164; *1773*, PaschArcipelago, 14; *1799*, ScrofaniViaggioRicorda, 47; *1860*, Cherubini; *1929–1936*, EncIt 32,412.

Còo

Isola dell'Egeo sud-orientale, nel Dodecaneso; ngr. *Κως*, ted. *Kós* (DudenAussprache; EGLE; EncTreccani 3,372; EncZanichelli; GDU; LdA; NATInd 1995; OKAH; VOUR). Il nome *Coo* fu sostituito con decreto governativo del 1926 alla voce precendentemente usata di *Cos* (Armao 1947, 256, n. 14). Il nome *Lango* si spiega per la forma dell'isola oblunga (Kramer 1987–1993, 321); la vocale *-a-* indica probabilmente l'origine tedesca del nome.[40] Questa denominazione era in uso fino all'800 (cf. VWG 366: «*Cos* [...] heisst in unseren Tagen [...] *Isola Longa*»). Porcacchi non cita il nome moderno, a cui invece Buondelmonti, Sonetti e Bordone fanno cenno: «insula chiamata oggi di lango et antiquamenti [coo?]» (*sec. XVs.m.*, Buondelmonti-LibroV, 30v°); «lango che qui presente/Insula degna nobile e piacente/che choo over chea e altramente dita» (*1485*, SonettiIsolario, [68]); «Coo, da moderni lango» (*1528*, BordoneLibro, LIIIIv°).

gr.a. *Κόως*, *Κῶς* (Pape), lat.a. *Coos*, *Cous* (ForcOnom), lat.med. *Kos* (*1199ca.*, Urk-Ven 1,265), lat.med. *Choa* (*sec. XVs.m.*, BuondelmontiSporadiGerola, 469), nlat. *Choos* (*1560*, GastaldiNomiGrecia), gr.post-bizant. *Κῶ* (*sec. XVs.m.*, Buondelmonti-NēsōnLegrand, 62), *Κῶς* (*sec. XVI*, PortulansGrecsDelatte, 248).

lat.med. *Lango* (*sec. XIIIfin.*, InsulaeHopf 175, *sec. XVs.m.*, Buondelmonti-SporadiGerola, 475).

Coo *a.1334*, OttimoInf. (OVI); *a.1374*, Petrarca, Trionfi (LIZ); *1476*, PlinioHistoriaNaturaleLandino 5,32; *1482*, BerlinghieriGeographia, V,7; *1485*, SonettiIsolario, [68]; *1499*, Colonna, Hypnerotomachia (LIZ); *1528*, BordoneLibro, LIIIIv°; *1543*, PlinioHistoriaNaturaleBrucioli, CVI; *1562*, StraboneGeografiaBuonacciuoli 1,153r°; *1572*, PorcacchiIsole, 31; *1623*, Marino, Adone (LIZ); *1658*, BoschiniArcipelago, 60; *1696*, CoronelliIsolario, 164; *1725*, Vico, Principi (LIZ); *1860*, Cherubini; *1929*, Bertarelli, 22; *1929–1936*, EncIt 32,413, **Choa** *sec. XVs.m.*, BuondelmontiLibroA, 9v°, **Co** *1562*, StraboneGeografiaBuonacciuoli 1,199v°.

Lango *sec. XIIIfin./sec. XIVin.*, Atlante Luxoro (CapacciTopon); *1321*, Atlante Vesconte (CapacciTopon); *1375*, Carta Catalana (CapacciTopon); *1426*, Atlante Giroldis (CapacciTopon); *1485*, SonettiIsolario, [68]; *1490*, DaMostoGasparriniLeporace, 231; *sec. XVs.m.*, BuondelmontiLibroV, 32r°; *sec. XVs.m.*, BuondelmontiLibroA, 9v°; *1508*, Carta Benincasa (CapacciTopon); *1528*, BordoneLibro, LIIIIv°; *1560*, GastaldiNomiGrecia; *1658*, BoschiniArcipelago, 60; *1696*, CoronelliIsolario, 164; *1860*, Cherubini, **Lancho** *sec. XV*, PortolanoMagliabecchi (KretschmerPortolane, 661), **Langho** *sec. XVs.m.*, BuondelmontiLibroV, 3r°; *sec. XV*, PortolanoParmaMagliabecchi (KretschmerPortolane, 661), **Longo** *1482*, BerlinghieriGeographia, V,7; *1558*, MunsteroCosmografia, 1064; *1562*, StraboneGeografiaBuonacciuoli 1,TavolaNomiModerni.

Corfù

Isola del gruppo delle Ionie, a nord-ovest della Grecia; ngr. *Κέρκυρα*, ted. *Kórfu* (DI 1,566; 572s.; DudenAussprache; EGLE; EncTreccani 3,403s.; EncZanichelli; GDU; LdA; OKAH; NATInd 1995; VOUR; VWG). La nuova denominazione si impose intorno al sec. IX e risale al gr.a. *κορυφαί* 'le cime', denominazione di

[40] «Della forma popolare Stangó è una riduzione il nome *Langó* [...] usato dai Franchi e dovuto forse all'influenza tedesca di qualcuno dei luogotenenti dei Cavalieri di Rodi che amministravano l'isola, come il celebre Essone Schlegelholt: frutto di un accostamento fra il ted. *lang* e la forma allungata dell'isola» (Gerola 1932–1933, 1165).

un'altura dell'isola – l'it. *Corfù* deriva dalla forma dell'accusativo (*Κορφούς*) (DI 1,566; 572s.). La denominazione antica *Cercira* si continua anche negli *Isolari*, mentre più spesso viene usato il nome *Corfù*, frequente già nei Portolani[41] e usato anche nel greco popolare. Dal momento in cui l'isola viene a far parte dello stato greco moderno, si impone il nome antico *Kerkyra* (cf. Philippson 1950–1959, vol. 2/2, 424).

gr.a. *Κέρκυρα*, *Κόρκυρα* (Pape), lat.a. *Corcyra* (ForcOnom), lat.med. *Corcira sive Corciro* (*a.1406*, SilvestriMontesdeoca), *Corcyra* (*sec. XVs.m.*, BuondelmontiLiber-Sinner, 54; *1560*, GastaldiNomiGrecia), gr.post-bizant. *Κέρκυρα* (*sec. XVs.m.*, BuondelmontiNēsōnLegrand, 5).

lat.med. *Korphum* (*1187ca.*, UrkVen 1,184), *Coryphy* (*1199ca.*, UrkVen 1,264), *Corphu* (*sec. XIVp.m.*, DandoloChronicaPastorello, 283), *Corfu* (*sec. XVs.m.*, Buon-delmontiLiberSinner, 54), gr.post-bizant. *Κορφοί* (*sec. XVI*, PortulansGrecsDelatte, 28).

Curfo *sec. XIIs.m./sec. XIIIin.*, Carta Pisana (CapacciTopon); *sec. XIVin.*, Carta Cortona (CapacciTopon); *1321*, Atlante Vesconte (CapacciTopon), **Corfu** *sec. XIII-fin./sec. XIVin.*, Atlante Luxoro (CapacciTopon; DI 1,573); *1350–1361*, Cronacadi-Venezia (OVI; DI 1,573); *1481*, Brasca (MomiglianoLepschy, 33); *1482*, Berlin-ghieriGeographia, III,28; *sec. XVs.m.*, BuondelmontiLibroV, 3r°; *sec. XVs.m.*, Buon-delmontiLibroA, 2v°; *1499*, SanudoDiarii 3,11; *1508*, Carta Benincasa (Capacci-Topon); *1511*, GrassettoViaggio, 12; *1548*, TolomeoGeografiaMattioli, Graetia-NovaTabula; *1552*, BemboHistVinZiletti, 7v°; *1560*, GastaldiNomiGrecia; *1561*, TolomeoGeografiaRuscelli, 172; *1562*, PlinioHistoriaNaturaleDomenichi, 97; *1562*, StraboneGeografiaBuonacciuoli 1,177v°; *1572*, PorcacchiIsole, 28; *1598*, Tolomeo-GeografiaCernoti 1,28r°; *1619*, Sarpi, Concilio (LIZ); *1696*, CoronelliIsolario, 164; *1725*, Vico, Principi (LIZ); *1799*, ScrofaniViaggioRicorda, 45; *1860*, Cherubini; *1902*, D'Annunzio, Pescara (LIZ); *1929–1936*, EncIt 19,452, **Curffo** *1321*, Atlante Vesconte (CapacciTopon), **Corffu** *1426*, Atlante Giroldis (CapacciTopon), **Corphu** *1459ca.* SanseverinoMaruffi (DI 1,573); *1475ca.*, Capodilista (MomiglianoLepschy, 173; DI 1,573); *1500*, SanudoDiarii 3,79; *1528*, BordoneLibro, XXXIXr°; *1548*, To-lomeoGeografiaMattioli, 99r°.

Corcira *1292ca.*, OrosioVolg, GiamboniStorieTassi (DI 1,566); *1495*, Arrienti, No-velle (LIZ); *sec. XVs.m.*, BuondelmontiLibroA, 2v°; *1528*, BordoneLibro, XXXIXr°; *1548*, TolomeoGeografiaMattioli, 24r°; *1562*, PlinioHistoriaNaturaleDo-menichi, 97; *1572*, PorcacchiIsole, 10; *1598*, TolomeoGeografiaCernoti 2,126v°; *1672*, MarmoraCorfù 3; *1815*, Leopardi, Saggi (LIZ), **Corcyra** *1482*, Berlinghieri-Geographia, III,23; *1805*, GeografiaUniv (DI 1,566).

---

41 Anche Tafel/Thomas constatano la parallelità di entrambe le forme nel medioevo: «*Co-rypho* (Κορυφώ), ut Coryra medio ævo dicebatur, unde nostrum Corfú, neo-græce Κορφοὺς s. σ'τοὺς Κορφούς. Nihilominus antiquior forma Κέρκυρα, ἡ, haud raro oc-currit» (UrkVen 1,264, n. 8).

Crèta

Isola maggiore della Grecia, che delimita con la sua estensione ovest-est il mar Egeo a sud; ngr. *Κρήτη*, ted. *Kréta* (DI 1,360s.; 601ss.; DudenAussprache; EGLE; EncTreccani 2,617, 3,511; EncZanichelli; GDU; LdA; NATInd 1995; OKAH; VOUR; VWG). Durante il dominio veneziano (*sec. XIII–XVII*) la denominazione della città principale *Candia* fu estesa a indicare l'intera isola. Negli *Isolari*, la variante più frequente è *Candia*, ma è in uso anche *Creta*.

gr.a. *Κρήτη* (Pape), lat.a. *Crēta* (ForcOnom), lat.med., nlat. *Creta* (*1187*, UrkVen 1,187; *sec. XIVp.m.*, DandoloChronicaPastorello, 283; *1477*, TolomeoCosmografiaBologna, [33]; *sec. XVs.m.*, BuondelmontiLiberSinner, 66; *1560*, GastaldiNomiGrecia).

lat.med. *Kriti* (*1199ca.*, UrkVen 1,265), gr.post-bizant. *Κρήτη* (*sec. XVs.m.*, BuondelmontiNēsōnLegrand, 19; *sec. XVI*, PortulansGrecsDelatte, 63).

lat.med. *Candia* (*a.1406*, SilvestriMontesdeoca: «Hodie metropolis eius est Candia a qua tota insula nomen sumit», s.v. *Creta*).

Crete *1250ca.*, StorieTroiaRomaMonaci$_L$ (DI 1,601); *1485*, SonettiIsolario, [9], **Creta** *1252/1258*, StorieTroiaRomaMonaci$_L$ (DI 1,601); *1292ca.*, OrosioVolg, GiamboniStorieTassi (DI 1,601); *sec. XIIIfin./sec. XIVin.*, Atlante Luxoro (CapacciTopon); *1476*, PlinioHistoriaNaturaleLandino 4,5; *1499*, Colonna, Hypnerotomachia (LIZ); *sec. XVs.m.*, BuondelmontiLibroA, 2v°; *1511*, GrassettoViaggio, 19; *1548*, TolomeoGeografiaMattioli, 24r°; *1562*, PlinioHistoriaNaturaleDomenichi, 91; *1572*, PorcacchiIsole, 17; *1598*, TolomeoGeografiaCernoti 1,29v°; *1773*, PaschArcipelago, 14; *1860*, Cherubini; *1929–1936*, EncIt 13,525, **Creti** *1292ca.*, OrosioVolg, GiamboniStorieTassi (DI 1,601); *1860*, Cherubini.

Candia *sec. XIIIfin./sec. XIVin.*, Atlante Luxoro (CapacciTopon; DI 1,360); *sec. XIVin.*, Carta Cortona (CapacciTopon); *1321*, Atlante Vesconte (CapacciTopon); *1375*, Carta Catalana (CapacciTopon); *1426*, Atlante Giroldis (CapacciTopon); *1452–1481*, LamentoNegroponte, 112; *1481*, Brasca (MomiglianoLepschy, 60); *1485*, SonettiIsolario, [3]; *1499*, SanudoDiarii 3,23; *sec. XVs.m.*, BuondelmontiLibroV, 11r°; *sec. XVs.m.*, BuondelmontiLibroA, 4v°; *1508*, Carta Benincasa (CapacciTopon); *1511*, GrassettoViaggio, 15; *1528*, BordoneLibro, XLVIIIv°; *1545*, BassanoBabinger, 58; *1548*, TolomeoGeografiaMattioli, 24r°; *1551*, SpanduginoTurchi, 77; *1552*, BemboHistVinZiletti, 9r°; *1558*, MunsteroCosmografia, 1004; *1560*, GastaldiNomiGrecia; *1572*, PorcacchiIsole, 29; *1598*, TolomeoGeografiaCernoti 1,30r°; *1658*, BoschiniArcipelago, 2; *1688*, MagniRelazione, 6; *1696*, CoronelliIsolario, 164; *1773*, PaschArcipelago, 14; *1860*, Cherubini; *1929*, Bertarelli, 22.

Dèlo

Isola in mezzo dalle Cìcladi. Secondo la mitologia greca, vi nacquero Apollo ed Artemide; ngr. *Δήλος*, ted. *Délos* (AITCI; DI 1,653s.; DudenAussprache; EGLE; EncTreccani 3,727s.; 8, 551; EncZanichelli; GDU; LdA; NATInd 1995; VOUR). La denominazione *Sdile* non si riferisce solo a *Delo*, ma anche all'gruppetto formato insieme con l'isola di *Reneia*/ngr. *Μεγάλη Δήλος* (VWG 411: «heisst jetzt *Delos*,

Dili, mit Rhenea aber *Sdilli* bei den Schiffern»). La denominazione mitologica dell'isola era *Ortigia* (> gr.a. *ὄρτυξ*, m. 'quaglia').

gr.a. *Δῆλος* (Pape), lat.a. *Delos*, *Dēlus* (ForcOnom), lat.med. *Delos* (*a.1406*, SilvestriMontesdeoca); *Deli* [*insula*] (*1477*, TolomeoCosmografiaBologna, [47]; *sec. XVs.m.*, BuondelmontiLiberSinner, 90), gr.post-bizant. *Δῆλος* (*sec. XVs.m.*, BuondelmontiNēsōnLegrand, 49).

lat.med. *Sdiles* (*sec. XVs.m.*, BuondelmontiLiberSinner, 90).

gr.a. *'Ορτυγία* (Pape), *'Ορτυγίη* (ForcOnom), lat.a. *Ortygia* (ForcOnom), lat.med. *Ortigia* (*a.1406*, SilvestriMontesdeoca: «Ortigia insula est que Delos et Asteries nuncupatur»), *Ortygia* (*sec. XVs.m.*, BuondelmontiLiberSinner, 91), gr.post-bizant. *'Ορτυγία* (*sec. XVs.m.*, BuondelmontiNēsōnLegrand, 50).

Delo *1292ca.*, OrosioVolg, GiamboniStorieTassi (OVI; DI 1,653); *1319ca.*, Dante Petrocchi (LIZ; DI 1,653); *1466*, PulciOrvieto (DI 1,653); *1482*, BerlinghieriGeographia, III,27; *sec. XVs.m.*, BuondelmontiLibroV, 3r°; *1528*, BordoneLibro, XLIIIIv°; *1548*, TolomeoGeografiaMattioli, 101v°; *1558*, MunsteroCosmografia, 1005; *1562*, PlinioHistoriaNaturaleDomenichi, 47; *1562*, StraboneGeografiaBuonacciuoli 1,199r°; *1572*, PorcacchiIsole, 30; *1598*, TolomeoGeografiaCernoti 1,28v°; *1860*, Cherubini; *1929–1936*, EncIt 12,562, **Delos** *1300ca.*, BartAnglicoVolgBelcalzer (DI 1,653); *1313ca.*, OvidioVolgLippiBigazzi (DI 1,653); *1485*, SonettiIsolario, [44]; *sec. XVs.m.*, BuondelmontiLibroV, 25r°; *1528*, BordoneLibro, XXXIXv°; «picciolo et grande», *1696*, CoronelliIsolario, 164; *1773*, PaschArcipelago, 15, **Dilo** *1482*, BerlinghieriGeographia, V,7.

Ortigia *sec. XIIIfin.*, TesoroVolg (OVI); *sec. XVs.m.*, BuondelmontiLibroV, 25r°; *sec. XVs.m.*, BuondelmontiLibroA, 8v°; *1562*, StraboneGeografiaBuonacciuoli 1,199r°; *1572*, PorcacchiIsole, 30; *1623*, Marino, Adone (LIZ); *1773*, PaschArcipelago, 70; *1860*, Cherubini; *1903*, D'Annunzio, Alcyone (LIZ), **Ortygia** *1482*, BerlinghieriGeographia, III,27; *1528*, BordoneLibro, XLr°, **Orthigia** *1485*, SonettiIsolario, [48].

Sdille *1482*, BerlinghieriGeographia, III,27, **Sdiles** *1485*, SonettiIsolario, [48]; *sec. XVs.m.*, BuondelmontiLibroV, 25r°; *1500*, SanudoDiarii 3,1026; *1528*, BordoneLibro, XXXIXv°; *1598*, TolomeoGeografiaCernoti 2,125v°, **Sdile** *1485*, SonettiIsolario, [48]; *sec. XVs.m.*, BuondelmontiLibroA, 8v°; *1548*, TolomeoGeografiaMattioli, 101v°; *1558*, MunsteroCosmografia, 1005; *1562*, PlinioHistoriaNaturaleDomenichi, 100; *1658*, BoschiniArcipelago, 46; *1773*, PaschArcipelago, 71, **Picciola Sdili** *1860*, Cherubini.

Donùsa

Isola dell'Egeo, delle Cìcladi centro-orientali a est di *Nasso*; ngr. *Δονούσα* (AITCI; EGLE; EncTreccani 3,758; NATInd 1995; VOUR). La variante fr. *Stenosa* (*1699–1702*, Tournefort, VOUR) sembra non essere entrata in italiano.

gr.a. *Δονουσία*, *Δονοῦσα* (Pape: 'Dionysoseiland'), lat.a. *Donūsa* (ForcOnom). lat.med. *Tenosa* (*sec. XVs.m.*, BuondelmontiLiberSinner, 110), gr.post-bizant. *Τενόζα* (*sec. XVs.m.*, BuondelmontiNēsōnLegrand, 73), *Τενοῦσαις* (*sec. XVI*, PortulansGrecsDelatte, 280).

Tenoxa *sec. XIIIfin./sec. XIVin.*, Atlante Luxoro (CapacciTopon); *1426*, Atlante Giroldis (CapacciTopon), **Tenosa** *1321*, Atlante Vesconte (CapacciTopon); *1375*, Carta Catalana (CapacciTopon); *1482*, BerlinghieriGeographia, III,27; *sec. XVs.m.*, BuondelmontiLibroV, 36r°; *sec. XVs.m.*, BuondelmontiLibroA, 11r°; *1572*, PorcacchiIsole, 31.
Donusa *1566*, Caro, Eneide (LIZ), **Donussa** *1860*, Cherubini.

Dragonáda

Isolotti a ovest di *Kíthira*; ngr. *Δραγονέρα, Δρακονέρα* (AITCI; EGLE; EncZanichelli): «gli scogli che la [Cerigo] circondano; son detti le Dragonere» (*1572*, PorcacchiIsole, 29).[42] La denominazione si basa al gr. *δράκων* 'drago, serpente'.
gr.post-bizant. *Δρακονάραις* (*sec. XVI*, PortulansGrecsDelatte, 216).
Dragonera *sec. XIIIfin./sec. XIVin.*, Atlante Luxoro (CapacciTopon); *1375*, Carta Catalana (CapacciTopon); *1508*, Carta Benincasa (CapacciTopon); *1561*, Carta Maggiolo (CapacciTopon), **Dragonere** *1426*, Atlante Giroldis (CapacciTopon); *1485*, SonettiIsolario, [8], *1511*, GrassettoViaggio, 15; *1528*, BordoneLibro, XXXIXv°, *1572*, PorcacchiIsole, 29; *1658*, BoschiniArcipelago, 7, **Dragonara** *1482*, BerlinghieriGeographia, III,29; *sec. XVs.m.*, BuondelmontiLibroA, 4v°.

Echìnadi

Gruppetto di sette piccole isole greche presso la costa occidentale dell'Acarnia, all'ingresso del golfo di Patrasso; ngr. *Εχινάδες νήσοι* (AITCI; EGLE; EncIt 12; EncTreccani 4,60, VWG). Nel Buondelmonti si trova lo scambio con le → *Strofadi*, probabilmente secondo Apollodoro (Gerola 1932–1933, 1153). Porcacchi segue Buondelmonti,[43] esprimendo però i suoi dubbi: «È nel mare Ionio uno scoglio [...] *et* da' pesci Echinni fu chiamato Echinnade, c'ha il fiume Acheloo, et poi fu detto Strofade: anchor che io trovo l'Echinnadi esser piu Isole, *et* non uno scoglio: *et* le Strofadi esser Isole da queste differenti» (PorcacchiIsole, 28). Bordone invece li identifica giustamente con i *Curzolari*;[44] tale denominazione è diventata famosa in italiano solo per il *Conflitto navale, successo a' Curzolari nel mare Ionio a VII d'Ottobre MDLXXI* (cf. *1576*, PorcacchiIsoleGalignani, 87; oggi conosciuto come *Battaglia di Lepanto*, quindi per la città greca situata di fronte, in terraferma, oggi *Naupaktos*).
gr.a. *'Εχινάδες* (Pape), lat.a. *Echīnades* (ForcOnom), lat.med. *Echinades* (*1477*, TolomeoCosmografiaBologna, [45]), *Echinnadae* (*sec. XVs.m.*, BuondelmontiLiberSinner, 61), nlat. *Echinade* (*1560*, GastaldiNomiGrecia).

---

[42] Georgacas (1949/1950, 153) cita un gruppo di isole di simile denominazione: *Δραγονέρες* pl. 'the northern group of the Echinades islands'.

[43] Cf. Buondelmonti: «*Echinnadae*, ab Echinnis, piscibus in Acheloo flumine propinquo, posta *Strophades* a *Strophe* graece, *reversio* latine interpretatur» (*sec. XVs.m.*, BuondelmontiLiberSinner, 61).

[44] «Le echinade, che da moderni cuzolari sono dette» (*1528*, BordoneLibroDeCesare, XXXVr°).

lat.med. *Cozularia* (*1278ca.*, UrkVen 3,178).

Echinnade *1482*, BerlinghieriGeographia, III,28; *sec. XVs.m.*, BuondelmontiLibroV, 8r°, **Echinede** *1511*, GrassettoViaggio, 86, **Echinade** *1528*, BordoneLibro, XXXVr°; *1562*, PlinioHistoriaNaturaleDomenichi, 46, **Echinadi** *1548*, TolomeoGeografiaMattioli, 99r°; *1561*, TolomeoGeografiaRuscelli, 172; *1562*, StraboneGeografiaBuonacciuoli 1,136r°; *1598*, TolomeoGeografiaCernoti 2,126v°; *1623*, Marino, Adone (LIZ); *1810–1825*, Monti, Iliade (LIZ); *1907*, Carducci, Rime (LIZ); *1929–1936*, EncIt 12,184.

Cuzulari *1500*, SanudoDiarii 3,82, **Cuzolari** *1500*, SanudoDiarii 3,513; *1511*, GrassettoViaggio, 39; *1528*, BordoneLibro, XXXVr°; *1560*, GastaldiNomiGrecia, **Curzolari** *1562*, StraboneGeografiaBuonacciuoli 1,TavolaNomiModerni; *1576*, PorcacchiIsoleGalignani, 85; *1598*, TolomeoGeografiaCernoti 2,126v°; *1602*, Marino, Rime Marittime (LIZ); *1929–1936*, EncIt 12,184.

Egìna

Isola dell'Egeo centro-occidentale, di fronte alla costa occidentale dell'Attica, nel golfo saronico; ngr. *Αίγινα*, ted. *Ägina* (DI 1,689; DudenAussprache; EGLE; EncTreccani 4,99; EncZanichelli; LdA; NATInd 1995; OKAH; VOUR). La variante con l'agglutinazione dell'articolo (*Legina*) appare per la prima volta negli *Isolari*.

gr.a. *Αἴγινα* (Pape), lat.a. *Ægīna* (ForcOnom), lat.med. *Egina* (*1204ca.*, UrkVen 1,469), lat.med., nlat. *Aegina* (*1477*, TolomeoCosmografiaBologna, [49]; *sec. XVs.m.*, BuondelmontiLiberSinner, 133; *1560*, GastaldiNomiGrecia), gr.post-bizant. (gen.) *Αιγίνης* (*sec. XVs.m.*, BuondelmontiNēsōnLegrand, 100), *Αἴγενα* (*sec. XVI*, PortulansGrecsDelatte, 222).

Enia *sec. XIIIfin./sec. XIVin.*, Atlante Luxoro (CapacciTopon; DI 1,689), **Eina** *1321*, Atlante Vesconte (CapacciTopon); *1426*, Atlante Giroldis (CapacciTopon).

Egina *1313ca.*, OvidioVolgLippiBigazzi (DI 1,689); *a.1321*, Dante, Commedia (LIZ); *sec. XIVin.*, Carta Cortona (CapacciTopon); *1375*, Carta Catalana (CapacciTopon); *1482*, BerlinghieriGeographia, III,29; *sec. XVs.m.*, BuondelmontiLibroV, 3v°; *sec. XVs.m.*, BuondelmontiLibroA, 14r°; *1528*, BordoneLibro, XXXVIIIv°; *1561*, TolomeoGeografiaRuscelli, 181; *1562*, PlinioHistoriaNaturaleDomenichi, 98; *1572*, PorcacchiIsole, 15; *1598*, TolomeoGeografiaCernoti 1,29v°; *1657*, Dottori, Aristodemo (LIZ); *1810–1825*, Monti, Iliade (LIZ); *1860*, Cherubini; *1903*, D'Annunzio, Maia (LIZ); *1929–1936*, EncIt 13,525, **Engia** *1452–1481*, LamentoNegroponte, 117; *1560*, GastaldiNomiGrecia, **Egena** *1688*, MagniRelazione, 8.

Legina *1485*, SonettiIsolario, [4]; *1548*, TolomeoGeografiaMattioli, 103r°; *1552*, BemboHistVinZiletti, 67r°; *1562*, StraboneGeografiaBuonacciuoli 1,TavolaNomiModerni; *1572*, PorcacchiIsole, 12; *1658*, BoschiniArcipelago, 97, **Legena** *1500*, SanudoDiarii 3,230, **Legiena** *1548*, TolomeoGeografiaMattioli, 104r°; *1561*, TolomeoGeografiaRuscelli, 181; *1589*, Garzoni, Piazza (LIZ).

Elia, scoglio di

Scoglietto delle Spòradi settentrionali, che – secondo il Bordone – si troverebbe ad ovest di *Alonesso* (*1528*, BordoneLibro, LVIIIv°, cartina: «el caloiero o ver s. ilia»);

chiamato in neogreco *῎Αις ῾Ηλίας* (Gerola 1914, 457). Conosciuta negli *Isolari* per un monaco (*caloiero*), che ci sarebbe vissuto: «è lo scoglio d'Helia molto alto, in cima del quale è una Chiesa, dove habitava un Caloiero, che serviva à Dio: *et* dicono, che dormendo costui una volta al sole; un'Aquila gli cavò gli occhi. Onde facendo egli oratione a Dio, che glieli restituisse; Helia, vedendo cio altri che v'erano, glieli rimise: *et* per questo si chiama lo scoglio d'Helia» (PorcacchiIsole, 34).
lat.med. *Sanctus Helias* (*sec. XVs.m.*, BuondelmontiLiberSinner, 130), gr.postbizant. *῞Αγιος ᾿Ηλίας* (*sec. XVs.m.*, BuondelmontiNēsōnLegrand, 97; cf. *sec. XVI*, PortulansGrecsDelatte, 61).
Scoglio Helya *1482*, BerlinghieriGeographia, III,22, *1572*, PorcacchiIsole, 23 (*S~ Helia*), **Sancto Elia** *sec. XVs.m.*, BuondelmontiLibroV, 46v°, **Santo Elia** *sec. XVs.m.*, BuondelmontiLibroV, 47r°, **S. Elia** *sec. XVs.m.*, BuondelmontiLibroA, 13v°; *1658*, BoschiniArcipelago, 92, **S. Ilia** *1528*, BordoneLibro, LVIIIv°.

Eubèa

Isola di estensione nord-occidentale – sud-orientale di fronte alla costa orientale della Grecia centrale; ngr. *Εύβοια*, ted. *Euböa* (AITCI; DI 1,763s.; DudenAussprache; EGLE; EncTreccani 4,422s.; 8,72; EncZanichelli; LdA; NATInd 1995; VOUR). Già nel sec. X *Égripos*, originariamente denominazione solo dello stretto, poi della città di *Chalkís*, sostituì l'antico nome di *Eubea*.[45] La forma it. *Negroponte* rappresenta la variante paretimologica italiana di tale denominazione: «[Der] Name [῎Ευριπος, volkssprachlich ῎Εγριπος] gab, im Zusammenhang mit der Lage, im Laufe des 12. Jhdts. Anlass zu der volksetymologischen Umgestaltung Νεγροπόντε und Νεγρεπόντε».[46] La *n-* iniziale potrebbe essere rimasta dalla forma greca articolata all'accusativo.[47] La nuova forma sembra essere stata estranea all'uso letterario ancora nel '400: «Pachmos insula in Egeo mari sita, ut puto una ex Cicladibus, que hodie dicitur Palmosa vel, ut quidam dicunt, insula est que hodie dicitur Nigroponte, quod non affirmo» (*a.1406*, SilvestriMontesdeoca); dal '500 diventava la forma più diffusa e lo rimase per lungo tempo (*1688*, MagniRelazione, 99: Negroponte «anticamente denominato Eubœa»). Nel '800 anche in italiano rientrava nell'uso la forma antica (*1860*, Cherubini: «Negropontino, per Eubéo»), che fu introdotta dopo l'integrazione dell'isola nello stato greco moderno (*Évvia*, cf. Philippson 1950–1959, vol. 1/2, 561).
gr.a. *Εὔβοια* (Pape), lat.a. *Eubœa* (ForcOnom).

---

45 Philippson (1950–1959, vol. 1/2, 561).

46 Kahane/Kahane (1940, 25). Cf. Georgacas (1949/1950a, 84) con le varianti gr. *῎Εγριπος* < *Εὔριπος*, e la forma greca italianizzata *Νεγρεπόντε*.

47 Lognon (1960, 99 e 106) per la formazione paretimologica *Negroponte*: «Egripos, on l'a vu, a donné Nigre dans le récit de Villehardouin. Mais le nom qui s'est imposé par la suite est Négrepont, contairement à la position de l'accent qui est placé sur la première syllabe. Une pareille entorse doit s'expliquer par la fonction même de la ville: Négrepont est le pont fortifié sur l'Euripe, à l'endroit où ses deux rives sont le plus rapprochées. Il semble donc qu'on ait ajouté le mot *pont* à la forme normale Negre, ou que le nom définitif dérive d'une combinaison des mots, telle que Negripo-ponte».

lat.med. *Euboia* (*1477*, TolomeoCosmografiaBologna, [33]; *sec. XVs.m.*, BuondelmontiLiberSinner, 132), nlat. *Euboeæ insulæ* (*1560*, GastaldiNomiGrecia), gr.postbizant. *Εὔβοια* (*sec. XVs.m.*, BuondelmontiNēsōnLegrand, 96).
lat.med. *Egrippos* (*sec. XVs.m.*, BuondelmontiLiberSinner, 132), gr.post-bizant. *Εὔριπος* (*sec. XVs.m.*, BuondelmontiNēsōnLegrand, 98: «Εὔβοια νύν δὲ Εὔριπος λεγομένη»).
lat.med. [*culfum, insula*] *Nigropontis* (gen. *1278ca.*, UrkVen 3,162; *sec. XIVp.m.*, DandoloChronicaPastorello, 284), gr.post-bizant. *Νεγροποῦντε* (*sec. XVI*, PortulansGrecsDelatte, 281)
Eubea *1284ca.*, LatiniVolgGaiter (DI 1,763); *1562*, PlinioHistoriaNaturaleDomenichi, 47; *1572*, PorcacchiIsole, 35; *1623*, Marino, Adone (LIZ); *1725*, Vico, Principi (LIZ); *1799*, ScrofaniViaggioRicorda, 148; *1813*, Leopardi, Astronomia (LIZ); *1903*, D'Annunzio, Maia (LIZ), **Euboea** *1476*, PlinioHistoriaNaturaleLandino 4,11; *1482*, BerlinghieriGeographia, III,27; *1485*, SonettiIsolario, [42]; *sec. XVs.m.*, BuondelmontiLibroA, 14r°; *1528*, BordoneLibro, LXIv°; *1548*, TolomeoGeografiaMattioli, 24r°; *1558*, MunsteroCosmografia, 1005; *1598*, TolomeoGeografiaCernoti 1,28v°; *1688*, MagniRelazione, 99; *1696*, CoronelliIsolario, 164; *1860*, Cherubini; *1929–1936*, EncIt 14,541s., **Euboia** *1482*, BerlinghieriGeographia, III,1.
Negroponte *sec. XIIIfin./sec. XIVin.*, Atlante Luxoro (CapacciTopon); *XIVin.*, Milione (OVI); *a.1348*, Villani, Nuova Cronica (LIZ); *1452–1481*, LamentoNegroponte, 111; *1482*, BerlinghieriGeographia, III,27; *1485*, SonettiIsolario, [4]; *sec. XVs.m.*, BuondelmontiLibroA, 14r°; *1500*, SanudoDiarii 3,499; *a.1524*, AngiolelloBazzolo, 1; *1528*, BordoneLibro, LXIv°; *1548*, TolomeoGeografiaMattioli, 25r°; *1552*, BemboHistVinZiletti, 61r°; *1560*, GastaldiNomiGrecia; *1562*, PlinioHistoriaNaturaleDomenichi, 47; *1572*, PorcacchiIsole, 34; *1598*, TolomeoGeografiaCernoti 1,28r°; *1658*, BoschiniArcipelago, 42; *1688*, MagniRelazione, 21; *1696*, CoronelliIsolario, 164; *1773*, PaschArcipelago, 14; *1799*, ScrofaniViaggioRicorda, 149; *1912*, D'Annunzio, Merope (LIZ); *1929–1936*, EncIt 14,541s. (s.v. *Eubea*), **Nigranto** *sec. XIVin.*, Carta Cortona (CapacciTopon), **Nigroponte** *1321*, Atlante Vesconte (CapacciTopon); *sec. XVs.m.*, BuondelmontiLibroV, 3v°, 47v°; *1498*, Tebaldi, Rime (LIZ).

Fàrmaco

Isola dell'Egeo sud-orientale, di fronte alla costa dell'Asia minore; ngr. *Φαρμακονήσι* (AITCI; EGLE; NatInd 1995). A causa della scarsa tradizione del nome in italiano gli *Isolari* sono una fonte importante.
gr.a. *Φαρμακοῦσσα* (Pape), lat.a. *Pharmacūsa*, *Pharmacussa* (ForcOnom), lat.med. *Parmacusa* (*a.1406*, SilvestriMontesdeoca), *Pharmacus* (*sec. XVs.m.*, BuondelmontiLiberSinner, 107), gr.post-bizant. *Φορμάχη* (*sec. XVs.m.*, BuondelmontiNēsōnLegrand, 70).
Formach *1321*, Atlante Vesconte (CapacciTopon).
Farmacusa *a.1326*, ValerioMassimo,LibroIIvolg.B (OVI); *1562*, PlinioHistoriaNaturaleDomenichi, 101, **Pharmacusa** *1476*, PlinioHistoriaNaturaleLandino 4,12; *1543*, PlinioHistoriaNaturaleBrucioli, LXXVIII, **Pharmaco** *1482*, BerlinghieriGeographia, V,7, **Fermaco** *1485*, SonettiIsolario, [78]; *1528*, BordoneLibro, LIIIIv°, **Formacus** *sec. XVs.m.*, BuondelmontiLibroV, 3v°, **Formaco** *sec. XVs.m.*, Buondel-

montiLibroV, 34v°, **Farmacosa** *sec. XVs.m.*, BuondelmontiLibroA, 10v°, **Farmaco** *1572*, PorcacchiIsole, 31; *1696*, CoronelliIsolario, 164.

Fùrni

Isola e gruppo di isole dell'Egeo, delle Spòradi meridionali; ngr. *Φούρνοι* (AITCI; EGLE; EncTreccani 4,987; NATInd; VOUR). Il nome moderno si rifà alla vocalizzazione antica (*-u-* vs. med. *-o-*).
lat.med. *Furni* (*sec. XVs.m.*, BuondelmontiLiberSinner, 109), gr.post-bizant. *Φοῦρνοι* (*sec. XVs.m.*, BuondelmontiNēsōnLegrand, 72; *sec. XVI*, PortulansGrecsDelatte, 193).
Fornoli *1321*, Atlante Vesconte (CapacciTopon); *sec. XIIIfin./sec. XIVin.*, Atlante Luxoro (CapacciTopon), *1320ca.*, Carta Vesconte (KretschmerPortolane, 660), **Forneli** *1528*, BordoneLibro, LVv°, **Fornelli** *1528*, BordoneLibro, LVv°.
Forni *sec. XVp.m.*, Carta Anonima (KretschmerPortolane, 660); *1426*, Atlante Giroldis (CapacciTopon); *1482*, BerlinghieriGeographia, V,7; *sec. XVs.m.*, BuondelmontiLibroA, 11r°; *1508*, Carta Benincasa (CapacciTopon); *1572*, PorcacchiIsole, 31; *1658*, BoschiniArcipelago, 68; *1696*, CoronelliIsolario, 164; *1806*, GeografiaUnivIndice, **Furni** *sec. XVs.m.*, BuondelmontiLibroV, 35v°; *1929–1936*, EncIt 32,413.

Hiera

Sonetti e Porcacchi identificano la → *Sira* (*Suda*) con un'isola chiamata *Hiera/Hyeros*, traducendo il nome con 'vecchio': «Questa insula si gli fu ditta hyera che in greco vol dir vechia e poi fu dita suda» (*1485*, SonettiIsolario, [50]); «l'isola Sudda, che circonda quaranta miglia, *et* gia fu chiamata Ieros, cioè vecchio: ma ricevè (come scrivono) il nome di Sudda da una figliuola d'un Re di Calabria, che qui nacque» (*1572*, PorcacchiIsole, 30). Nel Buondelmonti (BuondelmontiLiberSinner, 93) invece si trova: «*Suda* [...] quae olim *Iaro* vel *Gero*, latine *senex*, vel *sanus* interpretatur». In BuondelmontiLibroV il brano non è leggibile, in BuondelmontiLibroA (8v°) si legge: «Hera [...] antichame*n*te Iaro over gero che i*n* latino vol dir vechio».
Bordone non fa cenno del nome di *Hiera* per *Sira*; invece nella cartina di *Namphio* (*1528*, BordoneLibro, XLVIIIv°) si vede un'isoletta di nome *Giera* che corrisponde al sito della *Iera* di Boschini (*1658*, BoschiniArcipelago, 3); dovrebbe essere l'odierna *Gyáros*, ngr. *Γυάρος / Γιούρα* (AITCI; VOUR; gr.a. *Γάρος*, *Γυαρεύς*, Pape), situata a nord di *Sira*, che si chiamava già in antichità *Gyara/Gyarus* (VWG); quindi non dipende né da *ἱερός* agg. 'sacro, santo' né da *γηραιός* agg. 'vecchio' (Liddell/Scott it.), anche se dall'incrocio delle due sembra provenire la spiegazione di Sonetti e Porcacchi.
Il nome *Hiera* sembra essere usato più volte per isole di origine vulcanica;[48] l'identificazione non è sempre possibile. Kiepert (1878, §292) parla di un'isola che sorse in

[48] Cf. per l'Italia il Porcacchi: «*et* queste da' Latini son dette Liparee, Vulcanie, *et* Eolie, *et* da' Greci Efestiadi: *et* sono Lipara, Vulcania o Hiera, Vulcanello, Liscabianca, Basiluzo,

antichità vicino a → *Lenno*, «welche den für vulcanische Eruptionen gewöhnlichen Namen der ‹heiligen›, Hierá, erhielt».
Georgacas (1970, 349) invece si riferisce ad un isola vicino a → *Santorini*:[49] «*Παλιὰ* (also *Μεγάλη*) *Καμένη* [...] which was formed of lava [...] was called *'Ιερά* in ancient times. The island is mentioned as *Καμένη* for the year 1457 in a latin inscription now kept in the church of the Jesuits in the town Skaros (Santorini)».
gr.a. *'Ιερὰ* (Pape: una delle Lipare, un'isola nel mare Cretico ed un'altra d'Egitto, un'isola sparita), lat.a. *Hiera* (ForcOnom: «insula, una ex Æoliis seu Liparensibus [...]. Item insula prope Theram et inter hanc ac Therasiam, terræmotu emersa»).
Varie fonti raccontano della «nascita di un'isola» vicino a Santorini,[50] chiamata *Hiera*. Un raro testimone medievale di un'eruzione vulcanica rappresenta il patriarco Nikephoros (sec. IX), che scrive l'historiographia degli anni 602–769 (Dieterich 1912, XXXVII). A proposito dell'isola *Hiera* racconta:
«Was zu jener Zeit (d.h. im Jahre 726 n.C.) bei den Inseln *Thera* und *Therasia* vor sich ging, die bei dem Kretischen Meere liegen, darf nicht übergegangen werden. Zu Beginn der Sommerszeit begab es sich, daß der Meeresgrund einen stark qualmenden Dampf ausstieß, aus dem unter starker Luftverdichtung Feuer emporschlug; darauf wurden Bimssteine in großer Menge ausgeworfen, so daß die Steine die Form einer Insel bildeten und sich das Land mit der Insel *Hiera* vereinigte, die ebenfalls auf gleiche Weise aus dem Meeresgrunde aufgetaucht sein soll wie die genannten Inseln Thera und Therasia. Die endlose Menge der emporgeschleuderten Steine soll jenes ganze Meer angefüllt haben, und sie sollen sogar bis nach Abydos und der Küste Kleinasiens [geschleudert worden] sein. Auch soll die Strömung in der Nähe leicht geglüht haben, so daß man sie nicht berühren konnte» (Nikephoros Patriarches, p. 57, 5–20, ed. Dieterich 1912, 101, 5–16).
La descrizione riportata da Silvestri (*a.1406*, SilvestriMontesdeoca, s.v.) segue Plinio, che cita il nome *Automate* (VWG s.v. *Hiera*): «Iera alia a superiori, alio nomine Automata dicta, in mari Egeo in tertio Europe sinu inter Cicladas repente apparuit cum primo se occultasset forte propter maximas elationes maris, quia mirabiles elationes maris de qua infra et Therasia. Eusebius etiam scribit hanc insulam repente apparuisse circa annum mundi DCCCLXXXII milia».
Nel volgarizzamento di Plinio (*1562*, PlinioHistoriaNaturaleDomenichi, 47; cf. *1476*, PlinioHistoriaNaturaleLandino 4,12; *1543*, PlinioHistoriaNaturaleBrucioli, LXXVIII) si legge: «Thera, *et* Therasia; *et* fra queste medesime dopo cento trenta anni, Hiera, ch'altrimenti si chiama Automate. Et lontano da quella il quarto d'un miglio dopo cento dieci anni all'età nostra; essendo consoli marco Giunio Sillano, *et* Lucio Balbo a dì sei di Luglio, nacque Thia»; «Thera, *et* Therasia; *et* fra queste medesime dopo cento trenta anni, Hiera, ch'altrimenti si chiama Automate».

Thermisia, Strongile, Didima, Fenicusa, *et* Ericusa» (*1572*, PorcacchiIsole, 38), cf. *Iera* (*1345–1367ca.*, FaziodegliUbertiDittamondo; OVI).

49 Il gruppo di Santorino è l'ultimo vulcano attivo in Grecia, cf. Philippson (1947, 5).

50 Il Dandolo situa al primo sec. d.C. l'eruzione vulcanica, di cui racconta: «Hoc tempore [46–49 p.C.], inter Tricham [Tera] et Tirasiam, Egeopelagi insulas, de profundo insula emicuit, xxx stadiorum spacio extenta» (DandoloChronicaPastorello, 10).

Anche Pasch von Krienen (*1773*, PaschArcipelago, 47) la cita: «si ha dalle Istorie, che dodici anni dopo Gesù Cristo fu veduto con meraviglia, scaturire dal mare un piccolo scoglio ad essa vicino, che fu poi nominato *Jerà*, e che nell'anno 726 uscì pure dal Mare fiamma voratrice e spaventevole con eruzione di pietre, ed intanto quello scoglio s'ingrandì [...] Alcuni asseriscono esser'ella [i.e. Santorini] con *Therasia* un'Isola sola, state poi dai terremoti divise».

Idrussa

Letteralmente 'isola delle acque'. Così lo spiega anche TolomeoGeografiaCernoti (*1598*, 2,125r°), anche se non gli sembra chiaro se sia *Ofiusa* o *Idrusa* la più acquosa: «Teno, che Aristotele dice Idrusa, *et* altri l'addimandano Ofiusa, per l'inopia dell'acque». *Idrussa* era cognome di più isole egee, tali → *Andro*, → *Cea* e → *Tino* (EncZanichelli s.v. *Tino*, VWG); oggi si chiama *Υδρούσα* un isolotto nel golfo Saronico, conosciuto anche con il nome di *Πρασονήσι* (EGLE). La documentazione dimostra l'interesse degli *Isolari* a tale antica denominazione letteraria.
gr.a. *Ὑδρόεσσα, Ὑδροῦσσα* (Pape: per *Cea* e *Andro* e un isolotto vicino Attica), lat.a. *Hydrussa* (ForcOnom: per *Andro*, *Ceo*, *Teno*), lat.med. *Idrussa* (*sec. XVs.m.*, BuondelmontiLiberSinner, 86: *Andro*), *Hydrussa* (*sec. XVs.m.*, BuondelmontiLiberSinner, 88: *Tino*).
Hydrusa *1482*, BerlinghieriGeographia, III,27 (per *Tino*); *1658*, BoschiniArcipelago, 36 («I Greci poi la [i.e. *Cea*] chiamavano Hydrusa»); *1658*, BoschiniArcipelago, 38 («Anticamente [*Tine*] fù chiamata Hydrusa»), **Idrussa** *1482*, BerlinghieriGeographia, III,27 (*Andro*); *1773*, PaschArcipelago, 76 («nell'antichità [...] Idrussa [...] ed Andria, indi Andros, com'è anche ora nominata»); *1929–1936*, EncIt 33,865 (s.v. *Tino*), **Idrosa** *1485*, SonettiIsolario, [44] («Tine si chiamo/da aristotile greco prima idrosa»), **Ydrossa** *1485*, SonettiIsolario, [42] (*Andro*), **Hydrussa** *sec. XVs.m.*, BuondelmontiLibroV, 23v° («[A]ristotele per la abundantia de lacqua chiama questa hydrussa [...] oggi di e chiamata tino»), **Idrusa** *sec. XVs.m.*, BuondelmontiLibroA, 8r° (*Andro*, *Tino*); *1554–1573*, Bandello, Novelle (LIZ) (*Cea*); *1572*, PorcacchiIsole, 30 (*Tino*), *1598*, TolomeoGeografiaCernoti 2,125r° («Teno, che Aristotile dice Idrusa»), **Hidrussa** *1562*, PlinioHistoriaNaturaleDomenichi, 99 («Cea [...] laquale alcuni de' nostri chiamarono Cea, e i Greci Hidrussa»); *1773*, PaschArcipelago, 79 («Ceo, Cia, e Zea, [...] fu dagli antichi nominata quest'Isola; dipoi Hidrussa e finalmente Zia, ed anche Zea»), **Ydrussa** *1773*, PaschArcipelago, 71 («Tine [...] anticamente Tenos, Ydrussa, Inopia, Erusa, ed Ofiussa, finalmente Tino, o Tine come volgarmente la chiamano oggidì»).

Imroz

Isola dell'Egeo, delle Spòradi settentrionali; it. anche *Imbro(s)*, turc. *Gökçeada, İmroz*, ted. *Ímbros* (AITCI; DudenAussprache; EGLE; EncTreccani 5,793; EncZanichelli; NATInd 1995; LdA).
gr.a. *Ἴμβρος* (Pape), lat.a. *Imbros* (ForcOnom), lat.med., nlat. *Imbros* (*a.1406*, SilvestriMontesdeoca; *1560*, GastaldiNomiGrecia).

lat.med. *Embarus* (*sec. XVs.m.*, BuondelmontiLiberSinner, 126), gr.post-bizant. *"Εμβαρος* (*sec. XVs.m.*, BuondelmontiNēsōnLegrand, 91), *"Ιμπρος* (*sec. XVI*, PortulansGrecsDelatte, 275).

Embro *sec. XIIs.m./sec. XIIIin.*, Carta Pisana (CapacciTopon), *sec. XIVin.*, Carta Cortona (CapacciTopon), **Enbro** *1321*, Atlante Vesconte (CapacciTopon); *1375*, Carta Catalana (CapacciTopon); *1426*, Atlante Giroldis (CapacciTopon), **Embaro** *1572*, PorcacchiIsole, 34.

Lembro *sec. XIIIfin./sec. XIVin.*, Atlante Luxoro (CapacciTopon); *sec. XVs.m.*, BuondelmontiLibroA, 13v°; *1508*, Carta Benincasa (CapacciTopon); *1528*, BordoneLibro, LIXr°; *1548*, TolomeoGeografiaMattioli, GrætiaNovaTabula; *1560*, GastaldiNomiGrecia; *1562*, StraboneGeografiaBuonacciuoli 1,TavolaNomiModerni; *1658*, BoschiniArcipelago, 82; *1860*, Cherubini.

Imbro *1476*, PlinioHistoriaNaturaleLandino 4,12; *1485*, SonettiIsolario, [90]; *1543*, PlinioHistoriaNaturaleBrucioli, LXXVIII; *1548*, TolomeoGeografiaMattioli, 94r°; *1558*, MunsteroCosmografia, 1005; *1561*, TolomeoGeografiaRuscelli, 164; *1562*, PlinioHistoriaNaturaleDomenichi, 101; *1562*, StraboneGeografiaBuonacciuoli 1,186v°; *1598*, TolomeoGeografiaCernoti 1,26v°; *1696*, CoronelliIsolario, 164; *1810–1825*, Monti, Iliade (LIZ); *1860*, Cherubini; *1929–1936*, EncIt 32,412, **Imbros** *1528*, BordoneLibro, LIXr°, **Himbros** *1708*, Gemelli Careri, VOUR.

Nimbro *sec. XVs.m.*, BuondelmontiLibroV, 3v°, **Nembro** *1500*, SanudoDiarii 3,1020.

Io

Isola dell'Egeo, delle Cìcladi meridionali; ngr. *'Ιος*, ted. *Íos* (DudenAussprache; EGLE; EncTreccani 6,59; 6,76; LdA; NATInd 1995; OKAH). Anche in questo caso la *n-* iniziale, come appare nella forma *Nio*, si spiega dalla contrazione con l'articolo (*τὴν "Ιον*; cf. K. Gunaris, apud Amantos 1929, 67).

gr.a. *"Ιος* (Pape), *"Ιος* (ForcOnom), lat.a. *Hios* (ForcOnom), lat.med. *Ios* (*a.1406*, SilvestriMontesdeoca), *Io* (*1477*, TolomeoCosmografiaBologna, [47]).

lat.med. *Nio* (*sec. XVs.m.*, BuondelmontiLiberSinner, 99), nlat. *Nios insulæ* (*1560*, GastaldiNomiGrecia), gr.post-bizant. *Νηώ* (*sec. XVs.m.*, BuondelmontiNēsōnLegrand, 59), *Νίος* (*sec. XVI*, PortulansGrecsDelatte, 92).

Hio *1476*, PlinioHistoriaNaturaleBrucioli 4,12, **Io** *1482*, BerlinghieriGeographia, III,27; *1562*, PlinioHistoriaNaturaleDomenichi, 101, **Ios** *1598*, TolomeoGeografiaCernoti 2,125v°; *1696*, CoronelliIsolario, 164.

Nio *sec. XIIs.m./sec. XIIIin.*, Carta Pisana (CapacciTopon); *sec. XIIIfin./sec. XIVin.*, Atlante Luxoro (CapacciTopon); *sec. XIVin.*, Carta Cortona (CapacciTopon); *1426*, Atlante Giroldis (CapacciTopon); *1482*, BerlinghieriGeographia, III,27; *1485*, SonettiIsolario, [60]; *sec. XVs.m.*, BuondelmontiLibroA, 9r°; *1508*, Carta Benincasa (CapacciTopon); *1528*, BordoneLibro, XLIIIv°; *1558*, MunsteroCosmografia, 1005; *1560*, GastaldiNomiGrecia; *1561*, TolomeoGeografiaRuscelli, Tabula XVII; *1572*, PorcacchiIsole, 32; *1598*, TolomeoGeografiaCernoti 2,125v°; *1658*, BoschiniArcipelago, 3; *1696*, CoronelliIsolario, 164; *1773*, PaschArcipelago, X; *1860*, Cherubini; *1912*, D'Annunzio, Merope (LIZ).

Ìtaca

Isola del gruppo delle Ionie, all'ovest della Grecia; ngr. *Ιθάκη*, ted. *Íthaka* (Duden-Aussprache; EGLE; EncTreccani 6,193; EncZanichelli; GDU s.v. *itacese*; LdA; NATInd 1995; OKAH; VWG). Come i suoi predecessori,[51] Porcacchi identifica *Itaca* e l'antico *Dulichio*: «Trovasi Dulichio, che gia era chiamata Ithaca, *et* hoggi Isola del Compare» (*1572*, PorcacchiIsole, 28).[52]

La denominazione medievale *Val di Compare* si riferisce alla valle e la baia di *Vathy* (Philippson 1950–1959, vol. 2/2, 491) ed sorse nel sec. XII;[53] il sintagma *Isola del C.* sembra essere un'interpretazione posteriore. L'identificazione con la gr.a. *Δουλίχιον*, una delle *Echinadi*,[54] sembra essere propria agli *Isolari*. Per Silvestri sono due isole diverse: «Hec insula [*Dulichia*] ab ortu videt Scrofadas, ab occasu Samum et Ytachiam insulas» (*a.1406*, SilvestriMontesdeoca, s.v.).

gr.a. *'Ιθάκη* (Pape), lat.a. *Ithaca* (ForcOnom), lat.med. *Ithaki* (*1199ca.*, UrkVen 1,264), *Ithacha seu Itachia* (*a.1406*, SilvestriMontesdeoca), lat.med., nlat. *Ithaca* (*1477*, TolomeoCosmografiaBologna, [45]; *sec. XVs.m.*, BuondelmontiLiberSinner, 57; *1560*, GastaldiNomiGrecia), gr.post-bizant. *'Ιθάκη* (*sec. XVs.m.*, Buondelmonti-NēsōnLegrand, 8).

gr.a. *Δουλίχιον* (Pape), lat.med. *Dulichiam* (*sec. XVs.m.*, BuondelmontiLiberSinner, 57), gr.post-bizant. *Δουλιχία* (*sec. XVs.m.*, BuondelmontiNēsōnLegrand, 8).

lat.med. *Val di Compare* (*sec. XVs.m.*, BuondelmontiLiberSinner, 57).

Dulichio *1320/1330*, CeffiEpistoleEroiche (OVI); *a.1340*, Ciampolodi MeoUgurgieri (OVI); *1476*, PlinioHistoriaNaturaleLandino 4,12; *1543*, PlinioHistoriaNaturale-Brucioli, LXXV; *1562*, StraboneGeografiaBuonacciuoli 1,136r°; *1572*, Le Isole, 28; *1623*, Marino, Adone (LIZ); *1765*, Silio Italico Volg; *1799*, ScrofaniViaggioRicorda, 67;[55] *1810–1825*, Monti, Iliade (LIZ); *1860*, Cherubini; *1929–1936*, EncIt 19,692, **Dulichia** *1482*, BerlinghieriGeographia, III,28, **Diluchia** *sec. XVs.m.*, BuondelmontiLibroV, 6r°.

Itaca *1305ca.*, BartSConcordioAmmaestramenti 19, DIMat; *1316*, LanciaEneide (OVI); *a.1340*, CiampolodiMeoUgurgieri (OVI); *1551*, SpanduginoTurchi, 22; *1562*, StraboneGeografiaBuonacciuoli 1,136r°; *1598*, TolomeoGeografiaCernoti 2,126v°; *1623*, Marino, Adone (LIZ); *1782*, Verri, Saffo (LIZ); *1799*, ScrofaniViag-

---

51 «[...] hora passemo ad diluchia la quale gia fu chiamata diluchia et al presente e nominata [isola] de compare» (*sec. XVs.m.*, BuondelmontiLibroV, 6r°); «antichamente fù nominata ithaca, ma da marinari, al presente compare» (*1528*, BordoneLibroDeCesare, XXXVr°).

52 L'identificazione dell'antica *Dulichio* con *Ithaca* è stata molto discussa e sembra poco probabile; cf. Forbiger (1842–1877, vol. 3, 693); Philippson (1950–1959, vol. 2/2, 503); VWG. Sicuro è il riferimento a una delle *Echinadi*.

53 «Ithake [...] now appears under its mediæval name of Val di Compare – first used, so far as I know by the Genoese historian, Caffaro, in the first half of the twelfth century» (Miller 1921, 61).

54 Strab. 8,3,2; Pape: «Insel und Stadt im ion. Meere, nach Hom. eine der Echinaden u. größer als Ithaka [...] nach den Neugriechen die untergegangene Insel Kakaba».

55 Già Scrofani sapeva quanto incerta era l'identificazione dell'isola mitica: «Se quello è l'antica Cillene, qui dirimpetto doveva essere il famoso Dulichio, che ha tormentato sì lungamente i geografi: eglino han preso un verso di Virgilio per un assioma di geometria».

gioRicorda, 54; *1860*, Cherubini; *1929–1936*, EncIt 19,452, **Ithaca** *1316/1337*, AngelodiCapua (OVI); *1476*, PlinioHistoriaNaturaleLandino 4,12; *1482*, BerlinghieriGeographia, III,28; *1504*, SanudoDiarii 5,1009 (*Ythaca*); *1543*, PlinioHistoriaNaturaleBrucioli, LXXV; *1548*, TolomeoGeografiaMattioli, 99r°; *1560*, GastaldiNomiGrecia, **Itachia** *sec. XVs.m.*, BuondelmontiLibroV, 6v°, **Itacha** *sec. XVs.m.*, BuondelmontiLibroA, 3r°, **Itachi** *1696*, CoronelliIsolario, 164.
Valdicompare *1482*, BerlinghieriGeographia, III,28, **Val de Compare** *sec. XVs.m.*, BuondelmontiLibroA, 3r°; *1548*, TolomeoGeografiaMattioli, 99r°; *1551*, SpandugInoTurchi, 61; *1561*, TolomeoGeografiaRuscelli, Tabula XVII, **Val di Compare** *1500*, SanudoDiarii 3,498; *1598*, TolomeoGeografiaCernoti 2,126v°, **Valcompare** *1560*, GastaldiNomiGrecia.
Isola de Compare *sec. XVs.m.*, BuondelmontiLibroV, 6r°, **Isola del Compare** *1528*, BordoneLibro, XXXVr°; *1572*, PorcacchiIsole, 28, **Isola de Compari** *1562*, PlinioHistoriaNaturaleDomenichi, 98.

Kéa

Isola del gruppo delle Cìcladi, a nord-est di Termia. Centro principale è Kéa; l'isola viene chiamata in it. anche *Céo*, *Zéa*; ngr. *Κέα*, ted. *Kéos* (DudenAussprache; EGLE; EncTreccani 2,912; EncZanichelli; LdA; NATInd 1995; OKAH; VOUR). Le varianti italiane rappresentano la palatalizzazione della consonante iniziale, a parte le forme veneziane in *Z-*. Nel tardo bizantino il nome era pronunciato con la dentale affricata sonora, l'accento era spostato sull'*a* finale.[56] Per Kahane/Kahane la variante del greco popolare mostra l'influsso dell'italiano.[57]
gr.a. *Κέως* (Pape); *Κήη*, *Κία* (ForcOnom), lat.a. *Cēa*/*Cia* (ForcOnom), lat.med. *Keo* (*1199ca.*, UrkVen 1,265), *Cea* (*1278ca.*, UrkVen 3,173; *a.1406*, SilvestriMontesdeoca; *1477*, TolomeoCosmografiaBologna, [67]; *sec. XVs.m.*, BuondelmontiLiberSinner, 85), gr.post-bizant. *Κέω* (*sec. XVs.m.*, BuondelmontiNēsōnLegrand, 42). nlat. *Zia seu Zeos insula* (*1560*, GastaldiNomiGrecia).
Cia *sec. XIIIfin./sec. XIVin.*, Atlante Luxoro (CapacciTopon); *1321*, Atlante Vesconte (CapacciTopon); *1375*, Carta Catalana (CapacciTopon); *1426*, Atlante Giroldis (CapacciTopon); *1485*, SonettiIsolario, [48]; *1558*, MunsteroCosmografia, 1006; *1598*, TolomeoGeografiaCernoti 1,28v°, **Cea** *a.1326*, ValerioMassimo,LibroIIvolgB (OVI); *sec. XVs.m.*, BuondelmontiLibroV, 22r°; *sec. XVs.m.*, BuondelmontiLibroA, 7v°; *1558*, MunsteroCosmografia, 1006; *1562*, PlinioHistoriaNaturaleDomenichi,

---

56 «Der vorgriechische Name Keos wurde nämlich in der alexandrinischen Zeit in Kea verwandelt, und später, wegen des byzantinischen Tsitazismus, wurde diese Form *Tséa* ausgesprochen; in der spätbyzantinischen Zeit wurde die Form Tséa in *Tsja* synizesiert; schließlich hat eine Deglutination des -*ν* des Artikels des Akkusativs des Namen Tsja in *Dsja* (τὴν Τσιὰ > τὴ νΤσιὰ > τὴ Τζιὰ > ἡ Τζιὰ) verwandelt» (Thomopoulos 1952, 27). Per la «synizesis of *ι* and *ε* with a following vowel, accompanied by a shift of accent» nel tardo bizantino cf. Browning (1982, 76s.).

57 «Κέα wird seit dem 13. Jhdt. von den fränkischen Eroberern Τσεία, Τζία, Τζιά genannt. Auf alten venez. Karten heisst die Insel Cea oder Zea. Ihr heutiger volkstümlicher Name ist Τζιά: also die ital. Umgestaltung in griech. Munde» (Kahane/Kahane 1940, 22).

99; *1572*, PorcacchiIsole, 29, **Ceo** *1476*, PlinioHistoriaNaturaleLandino 4,12; *1543*, PlinioHistoriaNaturaleBrucioli, LXXVI; *1558*, MunsteroCosmografia, 1006; *1562*, StraboneGeografiaBuonacciuoli 1,199r°; *1903*, D'Annunzio, Maia (LIZ), **Zea** *1485*, SonettiIsolario, [40] (lo stesso anche *Zya*: SonettiIsolario [4]); *1528*, BordoneLibro, XLIv°; *1558*, MunsteroCosmografia, 1005; *1598*, TolomeoGeografiaCernoti 1,28v°; *1658*, BoschiniArcipelago, 36; *1688*, MagniRelazione, 120; *1696*, CoronelliIsolario, 164; *1773*, PaschArcipelago, 79; *1799*, ScrofaniViaggioRicorda, 94, **Zia** *1500*, SanudoDiarii 3,948; *1548*, TolomeoGeografiaMattioli, GrætiaNovaTabula; *1560*, GastaldiNomiGrecia; *1561*, TolomeoGeografiaRuscelli, Tabula XVII; *1598*, TolomeoGeografiaCernoti 2,125v°; *1688*, MagniRelazione, 120; *1773*, PaschArcipelago, 79, **Kea** *1929–1936*, EncIt 10,206.

Kíthira

Isola a sud della penisola del Peloponneso di fronte al golfo di Laconia; it. anche *Citèra*, ngr. *Κύθηρα*, ted. *Kythéra* (DI 1,436; 537s.; DudenAussprache; EGLE; EncTreccani 2,926; 3,75; EncZanichelli; GDU s.v. *citerea*; LdA; NATInd 1995; OKAH; VOUR). «Der volkstümliche Name der Insel ist Τσερίγο, Τσιρίγο < ital. Cerigo [...]. Der Einwohner der Insel heisst Τσιριγώτης, und dieses Ethnikum ist, wohl auf dem Umwege über einen FN, zum ON geworden» (Kahane/Kahane 1940, 21). La denominazione medievale veneziana si basa sul tipo *Citerigo* (cf. *Cedrigum*). Questa forma, secondo Leonhard (1899, 2; 46), deriva dall'antica forma secondo la pronuncia greco-popolare;[58] la forma in *-go* è dovuto all'influsso italiano (cf. anche Kahane/Kahane 1940, 21; Philippson 1950–1959, vol. 3/2, 509). Anche in questo caso lo stato greco si orientò per la denominazione moderna alla forma antica.
gr.a. *Κύθηρα* (Pape), *Cythēra* (ForcOnom), lat.med. *Citarea* (*a.1406*, SilvestriMontesdeoca; *sec. XVs.m.*, BuondelmontiLiberSinner, 64 (*Cythaream*)), lat.med., nlat. *Cythera* (*1477*, TolomeoCosmografiaBologna, [49]; *1560*, GastaldiNomiGrecia: «Cytheræ insulæ»), gr.post-bizant. *Κύθηρα* (*sec. XVs.m.*, BuondelmontiNēsōnLegrand, 16).
lat.med. *Cedrigum* (*1278ca.*, UrkVen 3,181), *Cerigo* (*sec. XIIIfin.*, InsulaeHopf 176).
Citera *1292ca.*, OrosioVolg, GiamboniStorieTassi (OVI; DI 1,537); *1562*, StraboneGeografiaBuonacciuoli 1,148r°; *1598*, TolomeoGeografiaCernoti 1,29v°; *1623*, Marino, Adone (LIZ); *1764–1766*, Il Caffè (LIZ); *1799*, ScrofaniViaggioRicorda, 50; *1810–1825*, Monti, Iliade (LIZ); *1890*, D'Annunzio, Isotteo (LIZ), **Citharea** *sec. XIVp.m.*, GuidoColonneVolgDeBlasiP 97, DI 1,537; *1475*, FrancoFrosini 74, DI 1,537; *1485*, SonettiIsolario, [6]; *1623*, Marino, Adone (LIZ); *1764–1766*, Il Caffè (LIZ); *1860*, Cherubini; *1890*, D'Annunzio, Isottèo (LIZ), **Cythera** *1476*, PlinioHi-

[58] «Die entscheidende Umwandlung des Namens hängt mit der Ausbildung der jetzigen Dialekte des Griechischen eng zusammen. Das *K*, welches in verschiedenen Gegenden des Archipels in einen Zischlaut verwandelt wird, wird auf Kythera vor allen Vokalen, außer a, o, u, durchweg als ‹tsch› ausgesprochen, so dass *Κύθηρα* = Tschísira lautet» (Leonhard 1899, 2).

storiaNaturaleLandino 4,12; *1482*, BerlinghieriGeographia, III,29; *sec. XVs.m.*, BuondelmontiLibroV, 9v°; *1528*, BordoneLibro, XXXIXr°; *1696*, CoronelliIsolario, 164, **Chithera** *1485*, SonettiIsolario, [108], **Chithuria** *sec. XVs.m.*, BuondelmontiLibroV, 9v°, **Cithera** *1543*, PlinioHistoriaNaturaleBrucioli, LXXVI; *1562*, PlinioHistoriaNaturaleDomenichi, 98; *1572*, PorcacchiIsole, 15; *1620*, MarinoPieri (DI 1,537).

Crerio *sec. XIIs.m./sec. XIIIin.*, Carta Pisana (CapacciTopon).

Zerigo *sec. XIIIfin./sec. XIVin.*, Atlante Luxoro (CapacciTopon); *1426*, Atlante Giroldis (CapacciTopon); *1485*, SonettiIsolario [3], **Cerigo** *1321*, Atlante Vesconte (CapacciTopon); *1481*, Brasca (MomiglianoLepschy, 40); *1499*, SanudoDiarii 3,64; *1511*, GrassettoViaggio, 18; *1528*, BordoneLibro, XXXIXr°; *1548*, TolomeoGeografiaMattioli, 25r°; *1552*, BemboHistVinZiletti, r7r°; *1561*, TolomeoGeografiaRuscelli, Tabula XVII; *1562*, StraboneGeografiaBuonacciuoli 1,TavolaNomiModerni; *1560*, GastaldiNomiGrecia; *1572*, PorcacchiIsole, 21; 29; *1598*, TolomeoGeografiaCernoti 1,29v°; *1773*, PaschArcipelago, 15; *1860*, Cherubini; *1929–1936*, EncIt 9,806, **Cirigo** *sec. XVs.m.*, BuondelmontiLibroA, 3v°; *1551*, SpandugninoTurchi, 81.

Ciderigo *1508*, Carta Benincasa (CapacciTopon).

Kyrá Panagiá

Due scogli dell'Egeo nord-occidentale, delle Spòradi settentrionali, ngr. *Κυρά Παναγιά* (AITCI; CapacciTopon 198; EGLE). La medievale *Limene* (e varianti, derivando dall'appellativo gr.a. *λιμήν* 'porto, insenatura, baia') dovrebbe essere l'odierna *Kyra Panagia.*

Lat.med. *Limonopelao* (*1278ca.*, UrkVen 3,166).

lat.med. *Limen* (*sec. XVs.m.*, BuondelmontiLiberSinner, 129), gr.post-bizant. *Λιμὶν* (*sec. XVs.m.*, BuondelmontiNēsōnLegrand, 95).

Limene *sec. XIIIfin./sec. XIVin.*, Atlante Luxoro (CapacciTopon); *sec. XVs.m.*, BuondelmontiLibroA, 13v°; *1598*, TolomeoGeografiaCernoti 2,124v°, **Limen** *1321*, Atlante Vesconte (CapacciTopon); *1482*, BerlinghieriGeographia, III,22; *sec. XVs.m.*, BuondelmontiLibroV, 3v°, **Limine** *sec. XIVin.*, Carta Cortona (CapacciTopon); *1658*, BoschiniArcipelago, 89, **Limon** *sec. XVs.m.*, BuondelmontiLibroV, 46r°, **Lime** *1572*, PorcacchiIsole, 34, **Limina** *1658*, BoschiniArcipelago, 3.

Limine pelegise *1485*, SonettiIsolario, [98], **Limene peligese** *1528*, BordoneLibro, LXr°.

Lèmno

Isola dell'Egeo nord-orientale; ngr. *Λήμνος*, ted. *Lémnos* (DudenAussprache; EGLE; EncTreccani 6,647; EncZanichelli; GDU; LdA; NATInd 1995; OKAH). La variante medievale viene spiegata con la contrazione del sintagma *εἰς τὴν Λῆμνον* «cujus curruptelæ alia exempla trita esse constat» (Tafel/Thomas in UrkVen 3,168, n. 5).

gr.a. *Λῆμνος* (Pape), lat.a. *Lemnus*, *Lemnos* (ForcOnom), lat.med. (*insula*) *Lemni* (*1136ca.*, UrkVen 1,98), lat.med., nlat. *Lemnos* (*sec. XVs.m.*, BuondelmontiLiber-

Sinner, 125; *1560*, GastaldiNomiGrecia), gr.post-bizant. *Λῆμνος* (*sec. XVs.m.*, BuondelmontiNēsōnLegrand, 90; *sec. XVI*, PortulansGrecsDelatte, 275).
lat.med. *Stalimene* (*1278ca.*, UrkVen 3,168), lat.med.(acc.) *Staliminum* (*sec. XIVp.m.*, DandoloChronicaPastorello, 252; UrkVen 1,152), *Stalimenem* (*sec. XIVp.m.*, DandoloChronicaPastorello, 282), lat.med. *Stalimini* (*sec. XVs.m.*, BuondelmontiLiberSinner, 125).
turc. *Ilimli* (*sec. XVIs.m.*, Re'īsBahrījeKahle, 8).
Lemno *sec. XIIIfin.*, TesoroVolg (OVI); *1345–1367ca.*, FaziodegliUbertiDittamondo (OVI; LIZ); *1476*, PlinioHistoriaNaturaleLandino 4,12; *1482*, BerlinghieriGeographia, III,22; *sec. XVs.m.*, BuondelmontiLibroV, 44v°; *sec. XVs.m.*, BuondelmontiLibroA, 13v°; *1558*, MunsteroCosmografia, 1007; *1561*, TolomeoGeografiaRuscelli, Tabula XVII; *1562*, PlinioHistoriaNaturaleDomenichi, 101; *1912*, D'Annunzio, Merope (LIZ); *1929–1936*, EncIt 32,412, **Lemnos** *1343–1344*, BoccaccioFiammetta (OVI); *1476*, PlinioHistoriaNaturaleLandino 4,12; *1485*, SonettiIsolario, [48]; *sec. XVs.m.*, BuondelmontiLibroV, 43v°; *1528*, BordoneLibro, LIXr°; *1543*, PlinioHistoriaNaturaleBrucioli, LXXVIII; *1696*, CoronelliIsolario, 164; *1860*, Cherubini, **Lenno** *a.1321*, Dante, Commedia (LIZ); *1543*, PlinioHistoriaNaturaleBrucioli, XXXVII; *1548*, TolomeoGeografiaMattioli, 24r°; *1562*, PlinioHistoriaNaturaleDomenichi, 47; *1562*, StraboneGeografiaBuonacciuoli 1,183v°; *1572*, PorcacchiIsole, 34; *1598*, TolomeoGeografiaCernoti 2,120r°; *1623*, Marino, Adone (LIZ); *1810–1825*, Monti, Iliade (LIZ).
Stalimeno *sec. XIIIfin./sec. XIVin.*, Atlante Luxoro (CapacciTopon); *1561*, TolomeoGeografiaRuscelli, Tabula XVII, **Stalimen** *1321*, Atlante Vesconte (CapacciTopon), **Stallimine** *sec. XIVin.*, Carta Cortona (CapacciTopon), **Stallimene** *1426*, Atlante Giroldis (CapacciTopon); *1508*, Carta Benincasa (CapacciTopon), **Stalimini** *1452–1481*, LamentoNegroponte, 112; *sec. XVs.m.*, BuondelmontiLibroV, 43v°, **Stallimini** *1482*, BerlinghieriGeographia, III,22, **Stalimine** *a.1524*, AngiolelloBazzolo, 16; *1589*, Garzoni, Piazza (LIZ), **Stalimene** *1485*, SonettiIsolario, [90]; *sec. XVs.m.*, BuondelmontiLibroA, 13v°; *1499*, SanudoDiarii 3,27; *1528*, BordoneLibro, LIXr°; *1548*, TolomeoGeografiaMattioli, GrætiaNovaTabula; *1551*, SpandueginoTurchi, 40; *1561*, TolomeoGeografiaRuscelli, 170; *1562*, PlinioHistoriaNaturaleDomenichi, 101; *1562*, StraboneGeografiaBuonacciuoli 1,TavolaNomiModerni; *1572*, PorcacchiIsole, 34; *1598*, TolomeoGeografiaCernoti 2,124r°; *1658*, BoschiniArcipelago, 84; *1696*, CoronelliIsolario, 164; *1860*, Cherubini, **Stalimni** *sec. XVs.m.*, BuondelmontiLibroV, 3v°, **Stalimino** *1558*, MunsteroCosmografia, 1007.

Lèro

Isola dell'Egeo orientale, delle Spòradi meridionali, ngr. *Λέρος*, ted. *Léros* (DudenAussprache; EGLE; EncTreccani 6,677; EncZanichelli; NATInd 1995; OKAH). Secondo Kramer (1987–1993, 321) i nomi italiani medievali sono *Leria* e *Lerio*, riflessi del gr.pop. *Λέρνος* e *Λέριος*. Queste varianti non si trovano negli *Isolari* né nei portulani (CapacciTopon). La caduta della *L-* iniziale potrebbe significare che è stata interpretata come articolo agglutinato (ne risultano le forme *Err(h)o*, *Her(r)o*, *Iero*).

gr.a. *Λέρος* (Pape), lat.a. *Lĕros*, *Lerus* (ForcOnom), nlat. *Leria* (*1560*, GastaldiNomiGrecia), gr.post-bizant. *Ἔρω* (*sec. XVs.m.*, BuondelmontiNēsōnLegrand, 67), *Λέρος* (*sec. XVI*, PortulansGrecsDelatte, 277).
lat. med. *Herro* (*sec. XVs.m.*, BuondelmontiSporadiGerola, 481).
Lero *sec. XIIs.m./sec. XIIIin.*, Carta Pisana (CapacciTopon); *sec. XIIIfin./sec. XIVin.*, Atlante Luxoro (CapacciTopon); *sec. XIVin.*, Carta Cortona (CapacciTopon); *1375*, Carta Catalana (CapacciTopon); *1485*, SonettiIsolario, [4]; *1562*, PlinioHistoriaNaturaleDomenichi, 101; *1562*, StraboneGeografiaBuonacciuoli 1,199v°; *1658*, BoschiniArcipelago, 64; *1688*, MagniRelazione, 124; *1696*, CoronelliIsolario, 164; *1860*, Cherubini; *1929*, Bertarelli, 22; *1929–1936*, EncIt 32,413, **Erro** *1482*, BerlinghieriGeographia, V,7; *sec. XVs.m.*, BuondelmontiLibroV, 33r°, **Errho** *sec. XVs.m.*, BuondelmontiLibroV, 3r°, **Herro** *sec. XVs.m.*, BuondelmontiLibroV, 33r°, **Iero** *1528*, BordoneLibro, XLVIIr°, **Hero** *1572*, PorcacchiIsole, 31.
Loro *1321*, Atlante Vesconte (CapacciTopon); *1426*, Atlante Giroldis (CapacciTopon).

Lèsbo

Isola dell'Egeo centro-orientale, a poca distanza della Misia. Famosa fin dall'antichità per la sua fertilità. Personaggi famosi tali Saffo, Aristotele, Epicuro sono di *Lesbo*; ngr. *Λέσβος*, ted. *Lésbos* (DudenAussprache; EGLE; EncTreccani 6,678; EncZanichelli; LdA; NATInd 1995; OKAH; VOUR); it. *Mitilène*, ngr. *Μυτιλήνη*; ted. *Mytilene* (AITCI; EncTreccani 7,714; EncZanichelli; LdA, NATInd). Il nome deriva dalla città principale, Mitilene, che nel Medioevo venne per metonimia ad indicare tutta l'isola.
gr.a. *Λέσβος* (Pape), lat.a. *Lesbos*, *Lesbus* (ForcOnom), lat.med., nlat. *Lesbos* (*sec. XVs.m.*, BuondelmontiLiberSinner, 114; *1560*, GastaldiNomiGrecia), gr.post-bizant. *Λέσβος* (*sec. XVs.m.*, BuondelmontiNēsōnLegrand, 76).
gr.a. *Μυτιλήνη* (Pape), lat.a. *Mytīlēnæ* (ForcOnom), gr.post-bizant., *Μιτυλήνη* (*sec. XVs.m.*, BuondelmontiNēsōnLegrand, 76; *sec. XVIs.m.*, PortulansGrecsDelatte, 115).
lat.med.(acc.) *Mitilinim* (*1199ca.*, UrkVen 1,265), *Methelinum* (*sec. XIVp.m.*, DandoloChronicaPastorello, 252; cf. UrkVen 1,152), lat.med. *Mitilene* (*sec. XIVp.m.*, DandoloChronicaPastorello, 125: «insula Lesbii, que Mitilene vulgariter appelatur»), *Mitilena* (*a.1406*, SilvestriMontesdeoca, s.v. *Lesbos*: «Lesbos [...] etiam insula dicta est Mitilena»), *Metellino* (*a.1406*, SilvestriMontesdeoca, s.v. *Mitilene*: «hodie Metellino vocatur»), *Mitylene* (*sec. XVs.m.*, BuondelmontiLiberSinner, 114).
turc. *Midillü* (*sec. XVIs.m.*, Re'īsBahrījeKahle, 21).
Lesbo *sec. XIIIex*, FattiCesare (OVI); *1373–1374*, BoccaccioEsposizioni (LIZ); *1476*, PlinioHistoriaNaturaleLandino 4,12; *1482*, BerlinghieriGeographia, V,7; *sec. XVs.m.*, BuondelmontiLibroA, 11v°; *1528*, BordoneLibro, LVIIv°; *1558*, MunsteroCosmografia, 1062; *1562*, PlinioHistoriaNaturaleDomenichi, 47; *1562*, StraboneGeografiaBuonacciuoli 1,200r°; *1572*, PorcacchiIsole, 32; *1598*, TolomeoGeografiaCernoti 2,124v°; 80; *1623*, Marino, Adone (LIZ); *1708*, Gemelli Careri, VOUR; *1860*, Cherubini; *1929–1936*, EncIt 23,63, **Lesbos** *a.1333*, Simintendi (OVI); *1485*, SonettiIsolario, [88]; *1829*, Leopardi, Zibaldone (LIZ).

Metelis *sec. XIIs.m./sec. XIIIin.*, Carta Pisana (CapacciTopon).
Metelino *sec. XIIIfin./sec. XIVin.*, Atlante Luxoro (CapacciTopon); *sec. XIVin.*, Carta Cortona (CapacciTopon); *sec. XVs.m.*, BuondelmontiLibroA, 11v°; *1504*, SanudoDiarii 5,974; *1528*, BordoneLibro, LVIIv°; *1551*, SpanduginoTurchi, 81; *1552*, BemboHistVinZiletti, 67r°; *1929–1936*, EncIt 23, 23ss., **Metelli** *1321*, Atlante Vesconte (CapacciTopon), **Mitilino** *1375*, Carta Catalana (CapacciTopon), **Metellino** *1452–1481*, LamentoNegroponte, 117; *1482*, BerlinghieriGeographia, V,7; *sec. XVs.m.*, BuondelmontiLibroV, 38r°; *1572*, PorcacchiIsole, 32; *1589*, Garzoni, Piazza (LIZ), **Mitilena** *a.1342*, CavalcaAttiApostoli (OVI); *sec. XVs.m.*, BuondelmontiLibroV, 38r°; *1562*, StraboneGeografiaBuonacciuoli 1,TavolaNomiModerni, **Mytilene** *1482*, BerlinghieriGeographia, V,7; *1558*, MunsteroCosmografia, 1063, **Metelin** *1485*, SonettiIsolario, [4]; *1499*, SanudoDiarii 3,17; *1528*, BordoneLibro, LVIIv°; *1560*, GastaldiNomiGrecia; *1561*, TolomeoGeografiaRuscelli, Tabula XVII; *1658*, BoschiniArcipelago, 80; *1708*, Gemelli Careri, VOUR; *1860*, Cherubini, **Mitilene** *1528*, BordoneLibro, LVIIv°; *1572*, PorcacchiIsole, 32; *1696*, CoronelliIsolario, 164.

Lèucade

Isola del gruppo delle Ionie, di fronte alla costa dell'Acarnia; ngr. *Λευκάδα, Λευκάς*, ted. *Léukas* (DudenAussprache; EGLE; EncTreccani 6,695; EncZanichelli; GDU s.v. *tafio*; LdA; NATInd 1995; OKAH). Secondo la tradizione antica (Polibio, Livio, Strabone), *Leucas* è stata una penisola (*Λευκαδίων χερρόνησος*) finché i corinti la separarono dalla terraferma. L'isola venne chiamata in antichità anche *Leucadia* per distinguerla dalla città di *Leukás* (cf. Philippson 1950–1959, vol. 2/2, 474; 463)
Porcacchi riprende l'uso del Buondelmonti,[59] che non distingue tra il *Capo Leucata* e l'isola: «Evvi Leucon, o Leucate monte nobilissimo, che vien chiamato Isola» (*1572*, PorcacchiIsole, 28). Quest'opinione sembra derivare dalla lettura degli scrittori antichi.[60] Buondelmonti[61] e Porcacchi lo riferiscono all'isola intera, mentre negli Portolani (CapacciTopon) e nell'Eneide[62] di Caro si parla del capo/promontorio.
Anche in Sanudo si trova *Leucate* per l'isola (*1502*, SanudoDiarii 4,325: «Santa Maura, dita Leucate»). Nel primo documento a nostra disposzione, *Judicum Venetorum decisiones piraticae* (*1278*, UrkVen 3,199) si trova il sintagma *scolium de Leca-*

---

59 «[...] antiquum olim *Leucon* montem subimus. Etiam diu inter ipsumque adiacentes colles mare deveniens propter fluxumque refluxum quater in die, LXXX [...] insula est effecta [...] Ostendimus Leucatam» (*sec. XVs.m.*, BuondelmontiLiberSinner, 55; 57).

60 Siccome il canale tra *Leucada* e la terra ferma non è molto profondo, già dagli scrittori antichi si trovano incertezze, se si tratta di un'isola o no; cf. Forbiger (1842–1877, vol. 3, 693).

61 BuondelmontiLibroA, 2v° *Ducato*; cf. *Cao Duchato* (*1500*, SanudoDiarii 3,486).

62 «Leucàte all'azia pugna»; Libro III,274: «Leucatae nimbosa cacumina montis» (AeneisRibbeck).

the, nel qual caso *Lecathe* può essere o l'isola o lo scoglio.[63] Il promontorio di *Leucate* entrò nella tradizione letteraria per Saffo, che ci si sarebbe precepitata in mare. Il nome medievale *Santa Maura* deriva da una chiesetta, che prima dava il suo nome al castro e poi il nome si estese a tutta l'isola,[64] dai Veneziani fù chiamata *Santa Maura* fino al trattato di Campoformio 1797.

gr.a. *Λευκάς* (Pape), lat.a. *Leucas* (ForcOnom), lat.med. *Leukas* (*1199ca.*, UrkVen 1,264), *Leucas* (*1477*, TolomeoCosmografiaBologna, [45]), *Leucon* (*sec. XVs.m.*, BuondelmontiLiberSinner, 55).

gr.a. *Λευκαδία* (Pape), *Λεοκαδία* (ForcOnom); lat.a. *Leucadia* (ForcOnom), lat.med., nlat. *Leucadia* (*a.1406*, SilvestriMontesdeoca; *1560*, GastaldiNomiGrecia), lat.med. *Leucata* (*sec. XVs.m.*, BuondelmontiLiberSinner, 57), *Λευκάδα* (*sec. XVs.m.*, BuondelmontiNēsōnLegrand, 8; *sec. XVI*, PortulansGrecsDelatte, 206).

'Αγία Μαύρα (*sec. XVI*, PortulansGrecsDelatte, 206); *Σάντα Μαύρα* (*sec. XVI*, PortulansGrecsDelatte, 46).

Lebarca *sec. XIIs.m./sec. XIIIin.*, Carta Pisana (CapacciTopon).

Leucada *1252/1258*, StorieTroiaRomaL (OVI); *1511*, GrassettoViaggio, 37, **Leucade** *sec. XIIIex*, FattiCesare (OVI); *1476*, PlinioHistoriaNaturaleLandino 4,4; *1537–1540*, Guicciardini, Storia (LIZ); *1551*, SpanduginoTurchi, 61;[65] *1562*, StraboneGeografiaBuonacciuoli 1,184v°; *1799*, ScrofaniViaggioRicorda, 53; *1823*, Leopardi, Zibaldone (LIZ); *1903*, D'Annunzio, Maia (LIZ); *1929–1936*, EncIt 21,1s.,[66] **Leucate** *1321*, Atlante Vesconte (CapacciTopon) (*Capo L~*); *1566*, Caro, Eneide (LIZ) (*promontorio*); *1572*, PorcacchiIsole, 28; *1782*, Verri, Saffo (LIZ) (*isola* e *promontorio*),[67] **Leuchata** *sec. XVs.m.*, BuondelmontiLibroV, 3r°, **Leucadia** *1562*, PlinioHistoriaNaturaleDomenichi, 89; *1860*, Cherubini,

Leuca *1482*, BerlinghieriGeographia, III,23; *1589*, Garzoni, Piazza (LIZ); *1907*, Carducci, Rime (LIZ), **Monte Leuco** *sec. XVs.m.*, BuondelmontiLibroV, 5r°, *sec. XVs.m.*, BuondelmontiLibroA, 2v°, **Leucon** *1572*, PorcacchiIsole, 28.

Sancta Maura *1452–1481*, LamentoNegroponte, 117; *1481*, Brasca, (Momigliano-Lepschy, 36); *1511*, GrassettoViaggio, 37; *1528*, BordoneLibro, XXXIVv°; **S. Maura** *1561*, TolomeoGeografiaRuscelli, Tabula XVII; *1571*, AtlanteMartines (CapacciTopon); *1696*, CoronelliIsolario, 164, **Santa Maura** *1500*, SanudoDiarii

---

63 Markl (1966, 42), registra questa variante come denominazione dell'isola.

64 «Leukas, Santa Maura 'Name der Insel und (früher) ihrer Hauptstadt'. Der Name der Insel stammt von der fränkischen Burg Santa Maura und ist bereits im 14. Jhdt. bezeugt [...] Die Burg, die im 13. Jhdt. errichtet wurde, erhielt ihren Namen von einer kleinen dort befindlichen Kirche. Heute herrscht die griech. Form des Namens, 'Αγία Μαύρα» (Kahane/Kahane 1940, 327).

65 Anche in questo caso l'autore/traduttore non sembra essere del tutto sicuro del nome dell'isola: le due denominazioni si trovano una accanto all'altra senza segno di interpunzione: «signoreggiava Santa Maura Leucade».

66 La tradizione sembra essere stata ancora una doppia: si trova s.v. *Leucade*, loc.cit., l'informazione «per la descrizione geografica, vedi Santa Maura»; s.v. *Santa Maura* invece si legge: «per la storia dell'isola v. Leucade» (30,771).

67 Lib.3, cap.8: «i Corinzi occuparono di poi quel lido, e tagliando l'istmo della penisola, la ridussero in isola, celebrata per il promontorio, detto col di lei nome parimenti Leucate».

3,78; *1537–1540*, Guicciardini, Storia (LIZ); *1548*, TolomeoGeografiaMattioli, 98v°; *1551*, SpanduginoTurchi, 84; *1552*, BemboHistVinZiletti, 65r°; *1560*, GastaldiNomiGrecia; *1562*, PlinioHistoriaNaturaleDomenichi, 89; *1562*, StraboneGeografiaBuonacciuoli 1,TavolaNomiModerni; *1565*, GiovioVolgDomenichiIndice; *1806*, GeografiaUnivIndice; *1824*, Leopardi, Colombo Gutierrez (LIZ); Cherubini *1860*; *1900*, D'Annunzio, Fuoco (LIZ); *1910*, GeorgesCalonghiApp; *1929–1936*, EncIt 30, 771.

Levìta

Isola dell'Egeo sud-orientale, delle Spòradi, a ovest di → *Calino*; ngr. *Λέβιθα* (AITCI; EGLE; VOUR).
gr.a. *Λέβινθος*, lat.a. *Lebinthus* (ForcOnom), lat.med. *Levithica* (*1278ca.*, UrkVen 3,215), *Livita* (*1278ca.*, UrkVen 3,229).
lat.med. *Levata* (*sec. XVs.m.*, BuondelmontiLiberSinner, 100), gr.post-bizant. *Λεβάτα* (*sec. XVs.m.*, BuondelmontiNēsōnLegrand, 61).
Levata *sec. XVs.m.*, BuondelmontiLibroV, 30r°, **Levita** *1485*, SonettiIsolario, [4]; *1528*, BordoneLibro, XLVv°; *1558*, MunsteroCosmografia, 1005; *1658*, BoschiniArcipelago, 56, **Leuta** *1572*, PorcacchiIsole, 32.

Lìsso

Isolotto dell'Egeo orientale, delle Spòradi meridionali, ngr. *Λειψοί*, ted. *Lipsos* (AITCI; EGLE; EncTreccani 6,826; NATInd 1995; VOUR). Per l'identificazione dell'isola cf. KretschmerPortolane (660).
La grafia del Porcacchi si inserisce nella tradizione degli *Isolari* (a parte il Bordone) e le dà una delle sue caratteristiche. Gli inventari non conoscono altri esempi: Markl (1966) cita solamente il Buondelmonti per *Dipsi*; in CapacciTopon questa grafia non si trova. Forse si ha a dare ragione al Gerola che vede Buondelmonti il fautore della forma: «l'isola non si chiamò mai *Dipsis*, se non nel testo del Buondelmonti e negli autori che da lui ciecamente dipendono» (Gerola 1914, 484, n. 3). Oltre agli *Isolari*, anche BerlinghieriGeographia segue Buondelmonti con questa grafia. *Dipsi* si spiega probabilmente con la similarità delle lettere greche ‹Λ› e ‹Δ›, con l'influsso di un'etimologia «dotta» nel senso che dimostra la conoscenza delle lettere greche, anche se con l'interpretazione sbagliata a base di gr. *δίψα* f. 'sete' (Liddell/Scott it.).[68]
Lisso rappresenta la grafia italianizzata della moderna forma neogreca.
lat.a. *Lepsia* (ForcOnom).
lat.med. *Dipsi* (*sec. XVs.m.*, BuondelmontiSporadiGerola, 484; *sec. XVs.m.*, BuondelmontiLiberSinner, 106), gr.post-bizant. *Δίψα* (*sec. XVs.m.*, BuondelmontiNēsōnLegrand, 68).

---

[68] Anche nella versione greca, si trova *Δίψα* (*sec. XVs.m.*, BuondelmontiNēsōnLegrand, 68): «νῦν καὶ πρὸς τὴν Δίψαν μικρὰν οὖσαν ἔλθομεν. Δίψα δὲ ἑλληνικῶς σίτις λατινικῶς ἑρμηνεύεται». Sinner commenta: «Dipso corruptio est Francorum» (BuondelmontiLiberSinner, 206).

Lepsia *1476*, PlinioHistoriaNaturaleLandino 5,32; *1543*, PlinioHistoriaNaturaleBrucioli, CVI, **Lipso** *1485*, SonettiIsolario, [76], *1528*, BordoneLibro, LVv°; *1658*, BoschiniArcipelago, 68, **Lisso** *1929*, Bertarelli, 22; *1929–1936*, EncIt 32,413,
Dipsi *1482*, BerlinghieriGeographia, III,27; *sec. XVs.m.*, BuondelmontiLibroV, 33v°; *1572*, PorcacchiIsole, 31, **Dipso** *1485*, SonettiIsolario, [76]; *sec. XVs.m.*, BuondelmontiLibroA, 10v°; *1696*, CoronelliIsolario, 164.

Mandria

Isola dell'Egeo orientale, delle Spòradi meridionali, menzionata da Porcacchi: «Indi Mandria presso Dipsi, *et* due Isolette Agatusa, *et* Farmaco: dalle quali non molto discosto è Samo» (*1572*, PorcacchiIsole, 31). L'ipotesi di CapacciTopon (404), che identifica *Mandria* con *Arki* (gr.a. *'Αχρίτη*, Pape), è probabile, ma non del tutto sicura, considerate le incertezze topografiche degli *Isolari* e la moltitudine di scogli ed isolotti nell'area (KretschmerPortolane, 660: «ant. Lepsia oder Arki-Insel»). Markl (1966, 44) l'identifica erroneamente con l'isola di *Agathonisi*.
lat.med. *Mandria* (*sec. XVs.m.*, BuondelmontiLiberSinner, 52), gr.post-bizant. *Μανδρία* (*sec. XVs.m.*, BuondelmontiNēsōnLegrand, 69).
Mandria *sec. XIIIfin./sec. XIVin.*, Atlante Luxoro (KretschmerPortolane, 660); *1482*, BerlinghieriGeographia, V,7; *1485*, SonettiIsolario, [76]; *sec. XVs.m.*, BuondelmontiLibroV, 34v°; *sec. XVs.m.*, BuondelmontiLibroA, 10v°; *1528*, BordoneLibro, LIIIIv°; *1560*, GastaldiNomiGrecia; *1561*, Carta Maggiolo (CapacciTopon); *1562*, StraboneGeografiaBuonacciuoli 1,TavolaNomiModerni; *1572*, PorcacchiIsole, 31; *1696*, CoronelliIsolario, 164, **Mandrie** *sec. XIIIfin./sec. XIVin.*, Atlante Luxoro (CapacciTopon), **Mandrea** *1320ca.*, Carta Vesconte (KretschmerPortolane, 660), **Mandree** *1321*, Atlante Vesconte (CapacciTopon); *sec. XV*, Atlanti Carte Benincasa (KretschmerPortolane, 660).

Màrmara

Isola turca all'inizio del mar di Maramara; turc. *Mármara Adası* (DudenAussprache; EncTreccani 7,223; EncZanichelli; NATInd 1995; VOUR).
gr.a. *Προκόννησος* (ForcOnom, Pape), lat.a. *Prŏconnēsus* (ForcOnom).
lat.med. *Marmora* (*sec. XVs.m.*, BuondelmontiLiberSinner, 119), gr.post-bizant. *Μαρμαρᾶ* (*sec. XVs.m.*, BuondelmontiNēsōnLegrand, 83).
Marmora *1321*, Atlante Vesconte (CapacciTopon); *sec. XVs.m.*, BuondelmontiLibroV, 3v°; 40v°; *sec. XVs.m.*, BuondelmontiLibroA, 12v°; *1508*, Carta Benincasa (CapacciTopon); *1548*, TolomeoGeografiaMattioli, 94r°; *1561*, TolomeoGeografiaRuscelli, 164; *1572*, PorcacchiIsole, 32; *1598*, TolomeoGeografiaCernoti 2,117r°; *1696*, CoronelliIsolario, 164; *1708*, Gemelli Careri, VOUR; *1860*, Cherubini, **Marmara** *1929–1936*, EncIt 22,364.
Preconneso *1548*, TolomeoGeografiaMattioli, 94r°, **Proconeso** *1572*, PorcacchiIsole, 32; *1598*, TolomeoGeografiaCernoti 2,119r°.

Mìcono

Isola dell'Egeo, delle Cìcladi centrali; ngr. *Μύκονος*, ted. *Mykonos* (DudenAussprache; EGLE; EncTreccani 7,587; EncZanichelli; LdA; NATInd 1995; OKAH). La variante odierna in *-o* si adatta alla forma neogreca che riflette la variante antica.[69] Anche in questo caso ci sono esempi pur isolati per il raddoppiamento della consonante *-c-*.

gr.a. *Μύκονος, Μύκωνος* (ForcOnom), lat.a. *Myconus* (ForcOnom).

lat.med.(acc.pl.) *Micholas* (*sec. XIVp.m.*, DandoloChronicaPastorello, 282), *Miconoe seu Miconis* (*a.1406*, SilvestriMontesdeoca), lat.med., nlat. *Miconi insula* (*1477*, TolomeoCosmografiaBologna, [47], *1560*, GastaldiNomiGrecia), *Michonos* (*sec. XVs.m.*, BuondelmontiLiberSinner, 89), gr.post-bizant. *Μήκωνος* (*sec. XVs.m.*, BuondelmontiNēsōnLegrand, 48), *Μύκονος* (*sec. XVI*, PortulansGrecsDelatte, 107).

Micole *sec. XIIIfin./sec. XIVin.*, Atlante Luxoro (CapacciTopon); *1528*, BordoneLibro, XLVIr°; *1598*, TolomeoGeografiaCernoti 2,125v°, **Miculle** *1321*, Atlante Vesconte (CapacciTopon), **Micule** *1375*, Carta Catalana (CapacciTopon), **Micolle** *1426*, Atlante Giroldis (CapacciTopon).

Micono *a.1340*, CiampolodiMeoUgurgieri (OVI); *1562*, PlinioHistoriaNaturaleDomenichi, 97; *1562*, StraboneGeografiaBuonacciuoli 1,198v°; *1598*, TolomeoGeografiaCernoti 2,125v°; *1903*, D'Annunzio, Maia (LIZ); *1929–1936*, EncIt 23,209, **Miconi** *1452–1481*, LamentoNegroponte, 117; *1860*, Cherubini, **Mycone** *1476*, PlinioHistoriaNaturaleLandino 4,11, **Michone** *1485*, SonettiIsolario, [4], **Micone** *1485*, SonettiIsolario, [44]; *1503*, SanudoDiarii 5,465; *1548*, TolomeoGeografiaMattioli, 101v°; *1560*, GastaldiNomiGrecia; *1561*, TolomeoGeografiaRuscelli, 177; *1572*, PorcacchiIsole, 30: *1598*, TolomeoGeografiaCernoti 1,28v°; *1658*, BoschiniArcipelago, 44; *1696*, CoronelliIsolario, 164, **Amicona** *sec. XVs.m.*, BuondelmontiLibroV, 24v°, **Michono** *sec. XVs.m.*, BuondelmontiLibroV, 24v°, **Micon** *sec. XVs.m.*, BuondelmontiLibroA, 8r°, **Micconi; Miccone** *1773*, PaschArcipelago, 68.

Mìlo

Isola dell'Egeo, delle Cìcladi sud-occidentali; ngr. *Μήλος*, ted. *Mélos* (DudenAussprache; EGLE; EncTreccani 7,645; 7,414s.; EncZanichelli; GDU; LdA; NATInd 1995; OKAH). La forma *Milo* con la doppia innovazione: la caduta della *-s* finale e la palatizzazione della vocale *e* > *i*, era ben nota dagli autori quattro- e cinquecenteschi.

gr.a. *Μῆλος* (Pape), lat.a. *Mēlos*, *Melus* (ForcOnom), lat.med. [*insula*] *Melli* (*sec. XIVp.m.*, DandoloChronicaPastorello, 282), *Melos* (*a.1406*, SilvestriMontesdeoca; *1477*, TolomeoCosmografiaBologna, [49]; *1560*, GastaldiNomiGrecia), gr.post-bizant. *Μῆλος* (*sec. XVs.m.*, BuondelmontiNēsōnLegrand, 37; *sec. XVI*, PortulansGrecsDelatte, 94).

---

[69] Anche se c'è chi vorrebbe continuare la tradizione della nomenclatura italiana, cf. Armao (1947, 257): «La forma Micono è una traslitterazione dal greco di chi ignorava l'esistenza dell'antica parola italiana» (i.e. Micone).

lat.med. *Milo* (*1199ca.*, UrkVen 1,265), lat.med.(acc.) *Millum* (*1278ca.*, UrkVen 3,248), lat.med. *Milos* (*sec. XVs.m.*, BuondelmontiLiberSinner, 81).
Melo *sec. XIIIfin.*, TesoroVolg (OVI); *1476*, PlinioHistoriaNaturaleLandino 4,12; *1482*, BerlinghieriGeographia, III,30; *1543*, PlinioHistoriaNaturaleBrucioli, XXXVII; *1548*, TolomeoGeografiaMattioli, 103r°; *1552*, BemboHistVinZiletti, 17r°; *1562*, StraboneGeografiaBuonacciuoli 1,198v°; *1598*, TolomeoGeografiaCernoti 1,30r°, **Melos** *1345–1367ca.*, FaziodegliUbertiDittamondo (OVI; LIZ); *1528*, BordoneLibro, XLIIr°; *1562*, PlinioHistoriaNaturaleDomenichi, 101; *1598*, TolomeoGeografiaCernoti 2,126r°; *1696*, CoronelliIsolario, 164.
Milu *sec. XIIs.m./sec. XIIIin.*, Carta Pisana (CapacciTopon), **Millo** *1321*, Atlante Vesconte (CapacciTopon); *1452–1481*, LamentoNegroponte, 117; *1485*, SonettiIsolario, [31]; *sec. XVs.m.*, BuondelmontiLibroA, 7r°; *1511*, GrassettoViaggio, 15; *1548*, TolomeoGeografiaMattioli, 103r°; *1561*, TolomeoGeografiaRuscelli, Tabula XVII; *1562*, StraboneGeografiaBuonacciuoli 1,TavolaNomiModerni; *1598*, TolomeoGeografiaCernoti 1,30r°, **Milo** *1482*, BerlinghieriGeographia, III,30; *1485*, SonettiIsolario, [4]; *sec. XVs.m.*, BuondelmontiLibroV, 20r°; *1503*, SanudoDiarii 5,465; *1508*, Carta Benincasa (CapacciTopon); *1528*, BordoneLibro, XLIIr°; *1552*, BemboHistVinZiletti, 77r°; *1558*, MunsteroCosmografia, 1005; *1560*, GastaldiNomiGrecia; *1572*, PorcacchiIsole, 33; *1598*, TolomeoGeografiaCernoti 2,126r°; *1658*, BoschiniArcipelago, 3; *1688*, MagniRelazione, 8; *1696*, CoronelliIsolario, 164; *1773*, PaschArcipelago, 14; *1860*, Cherubini; *1864*, Aleardi, Canti (LIZ); *1929–1936*, EncIt 23,323, **Milos** *sec. XVs.m.*, BuondelmontiLibroV, 19v°, **Milone** *1562*, PlinioHistoriaNaturaleDomenichi, 47.

Nànfio

Isola dell'Egeo, delle Cìcladi orientali, ngr. *Ανάφη* (AITCI; EGLE; EncZanichelli; VOUR). La forma con *N-* iniziale (*Nanfio*) deriva dalla contrazione della forma articolata con la preposizione (Gerola 1932–1933, 1165; cf. Markl 1966, 21). La grafia di Porcacchi (*-s-*, *Anasio*) è da considerare un errore.
gr.a. *'Ανάφη*, lat.a. *Anaphē* (ForcOnom), lat.med. *Anafios* (*sec. XVs.m.*, BuondelmontiLiberSinner, 99), nlat. *Anaphæ insula* (*1560*, GastaldiNomiGrecia), gr.postbizant. *'Ανάφη* (*sec. XVI*, PortulansGrecsDelatte, 78).
lat.med. *Lenanfo* (*1278ca.*, UrkVen 3,179).
gr.post-bizant. *'Αναφιὸς* (f., *sec. XVs.m.*, BuondelmontiNēsōnLegrand, 59).
Anape *a.1333*, Simintendi (OVI), **Anaphe** *1476* PlinioHistoriaNaturaleLandino, 2,89; *1543*, PlinioHistoriaNaturaleBrucioli, XXXVII, **Anaphio** *1482*, BerlinghieriGeographia, III,27; *sec. XVs.m.*, BuondelmontiLibroV, 29v°, **Anafio** *sec. XVs.m.*, BuondelmontiLibroA, 9v°, **Anafe** *1558*, MunsteroCosmografia, 1005; *1562*, StraboneGeografiaBuonacciuoli 1,198r°; *1598*, TolomeoGeografiaCernoti 2,126r°.
Anasio *1572*, PorcacchiIsole, 32.
Namphio *1485*, SonettiIsolario, [26]; *1511*, GrassettoViaggio, 20; *1528*, BordoneLibro, XLVIIIr°; *1658*, BoschiniArcipelago, 22, **Namphyo** *1485*, SonettiIsolario, [4], **Nanfio** *1511*, GrassettoViaggio, 20; *1560*, GastaldiNomiGrecia; *1860*, Cherubini; *1912*, D'Annunzio, Merope (LIZ); *1929–1936*, EncIt 24,196, **Namfio** *1558*, MunsteroCosmografia, 1005; *1598*, TolomeoGeografiaCernoti 2,126r°.

Nàsso

Isola dell'Egeo, in mezzo dalle Cìcladi, di cui è la maggiore; ngr. *Νάξος*; ted. *Náxos* (DudenAussprache; EGLE; EncTreccani 8,13; EncZanichelli; GDU; LdA; NATInd; OKAH). Aveva epiteta quali → *Strongile* e *Sicilia piccola*: «l'Isola Nasso piu nobil di tutte le Cicladi, di giro di ottanta miglia. Fu detta Strongile, *et* Sicilia piccola per l'abbondantia grande delle biade, *et* de gli altri frutti» (PorcacchiIsole, 34); tali epiteti si trovano anche in successive descrizioni dell'Arcipelago.[70]

gr.a. *Νάξος* (Pape), lat.a. *Naxus* (ForcOnom), lat.med. *Naxos* (*a.1406*, Silvestri-Montesdeoca; *sec. XVs.m.*, BuondelmontiLiberSinner, 96), nlat. *Naxi insula* (*1477*, TolomeoCosmografiaBologna, [47]; *1560*, GastaldiNomiGrecia), gr.post-bizant. *Νάξος* (*sec. XVs.m.*, BuondelmontiNēsōnLegrand, 56).

lat.med. *Nisia* (*1204ca.*, UrkVen 1,469), *Niosea* (*sec. XIIIfin.*, InsulaeHopf 176), [*insula*] *Nixie* (*sec. XIVp.m.*, DandoloChronicaPastorello, 282), *Nicxia* (*1278ca.*, UrkVen 3,178), *Nichisia* (*1278ca.*, UrkVen 3,252).

Nasso *sec. XIIIfin.*, TesoroVolg (OVI); *1543*, PlinioHistoriaNaturaleBrucioli, LXXVII; *1548*, TolomeoGeografiaMattioli, 101v°; *1562*, StraboneGeografiaBuonacciuoli 1,198v°; *1572*, PorcacchiIsole, 34; *1598*, TolomeoGeografiaCernoti 1,28v°; *1860*, Cherubini; *1910*, GeorgesCalonghiApp; *1929–1936*, EncIt 32,412, **Naxo** *a.1313*, OvidioArteAmB (OVI); *1345–1367ca.*, FaziodegliUbertiDittamondo (OVI; LIZ) (*Naxon* acc.); *1476*, PlinioHistoriaNaturaleLandino 4,12; *1482*, BerlinghieriGeographia, III,27; *sec. XVs.m.*, BuondelmontiLibroA, 2v°; *1562*, PlinioHistoriaNaturaleDomenichi, 100, **Naxos** *a.1313*, OvidioArteAmA (OVI); *sec. XVs.m.*, BuondelmontiLibroV, 27r°; *1860*, Cherubini; *1929–1936*, EncIt 10,206, **Nacso** *1485*, SonettiIsolario, [54], **Naxia** *1501*, SanudoDiarii 4,40; *1773*, PaschArcipelago, 52, **Naxus** *1528*, BordoneLibro, XLIIIIv°, **Naxia** *1860*, Cherubini.

Nisca *sec. XIIs.m./sec. XIIIin.*, Carta Pisana (CapacciTopon), **Nixia** *1482*, BerlinghieriGeographia, III,27; *1500*, SanudoDiarii 3,1020, *1511*, GrassettoViaggio, 29; *1528*, BordoneLibro, XLIIIIv°; *1548*, TolomeoGeografiaMattioli, GrætiaNovaTabula; *1561*, TolomeoGeografiaRuscelli, Tabula XVII; *1658*, BoschiniArcipelago, 48; *1696*, CoronelliIsolario, 164, **Nicsia** *1485*, SonettiIsolario, [54]; *sec. XVs.m.*, BuondelmontiLibroA, 9v°; *1548*, TolomeoGeografiaMattioli, 101v°; *1560*, GastaldiNomiGrecia; *1561*, TolomeoGeografiaRuscelli, 177; *1598*, TolomeoGeografiaCernoti 1,28v°, **Nicxia** *1485*, SonettiIsolario, [48], **Nichsia** *1500*, SanudoDiarii 3,85, **Nisia** *1562*, PlinioHistoriaNaturaleDomenichi, 100.

Nichixia *1321*, Atlante Vesconte (CapacciTopon), *Nexia sec. XVs.m.*, BuondelmontiLibroV, 3r°, **Nichisia** *1490*, DaMostoGasparriniLeporace, 260, **Nicossia** *1528*, BordoneLibro, XLVv°.

---

[70] *Sicilia minore*: *1562*, PlinioHistoriaNaturaleDomenichi, 100; *1658*, BoschiniArcipelago, 48; *1773*, PaschArcipelago, 53.

Nicària

Isola dell'Egeo, delle Spòradi meridionali, a sud-ovest di → *Samo*; ngr. *Ικαρία*, *Νικαριά*, arc. *'Ικαρος*, *Μάκρις*, *Δολίχη*, ted. *Ikária* (DudenAussprache; EGLE; EncTreccani 5,720; 8,151; EncZanichelli; NATInd 1995; OKAH). Nel '500 la variante popolare *Nicaria* era già diffusa, ma Porcacchi usa la forma più tradizionale. Il raddoppiamento della *-c-* sembra essere seicentesco.

gr.a. *'Ικαρία* (Pape), lat.a. *Īcaria* (ForcOnom), lat.med. *Icarea* (*sec. XVs.m.*, BuondelmontiLiberSinner, 106), nlat. *Icaria* (*1477*, TolomeoCosmografiaBologna, [67]; *1560*, GastaldiNomiGrecia), gr.post-bizant. *'Ικαρία* (*sec. XVI*, PortulansGrecsDelatte, 274), *Νικαρία* (*sec. XVI*, PortulansGrecsDelatte, 276).

Icaria *1345–1367ca.*, FaziodegliUbertiDittamondo (OVI; LIZ); *sec. XVs.m.*, BuondelmontiLibroV, 34r°; *sec. XVs.m.*, BuondelmontiLibroA, 10v°; *1572*, PorcacchiIsole, 31; *1658*, BoschiniArcipelago, 20; *1696*, CoronelliIsolario, 164; *1903*, D'Annunzio, Alcyone (LIZ), **Icharia** *1485*, SonettiIsolario, [80], **Icario** *1562*, PlinioHistoriaNaturaleDomenichi, 100.

Nicarea *sec. XIIs.m./sec. XIIIin.*, Carta Pisana (CapacciTopon), **Nicaria** *sec. XIIIfin./sec. XIVin.*, Atlante Luxoro (CapacciTopon); *1426*, Atlante Giroldis (CapacciTopon); *1485*, SonettiIsolario, [48]; *1528*, BordoneLibro, XLVIr°; *1558*, MunsteroCosmografia, 1005; *1560*, GastaldiNomiGrecia; *1562*, StraboneGeografiaBuonacciuoli 1,TavolaNomiModerni; *1589*, Garzoni, Piazza (LIZ); *1696*, CoronelliIsolario, 164; *1860*, Cherubini; *1929*, Bertarelli, 22; *1929–1936*, EncIt 32,412, **Nicalea** *sec. XIVin.*, Carta Cortona (CapacciTopon), **Nicharia** *1561*, TolomeoGeografiaRuscelli, Tavola, **Niccaria** *1658*, BoschiniArcipelago, 75; *1773*, PaschArcipelago, 14, **Naccaria** *1708*, Gemelli Careri, VOUR, **Nicari** *1806*, GeografiaUnivIndice, g.200.

Nìsiro

Isola dell'Egeo sud-orientale, delle Spòradi, ngr. *Νίσυρος*, ted. *Nisyros* (EGLE; EncTreccani 8,182; NATInd 1995; VOUR). Anche in questo caso il nome antico venne a sostituire la forma medievale italiana in *-i* (cf. Kramer 1987–1993, 321). La seconda denominazione antica *Caria* deriva dal nome degli abitanti: «antea a Caribus, dein a Doribus habitata» (ForcOnom).

gr.a. *Νίσυρος* (Pape), lat.a. *Nizyros*, *Nizyrus* (ForcOnom), lat.med. *Caria* (*a.1406*, SilvestriMontesdeoca; *sec. XVs.m.*, BuondelmontiLibroSinner, 76), gr.post-bizant.(acc.) *Καρίαν* (*sec. XVs.m.*, BuondelmontiNēsōnLegrand, 31).

lat.med. *Nixoro* (*sec. XVs.m.*, BuondelmontiSporadiGerola, 471), *Nisaros* (*sec. XVs.m.*, BuondelmontiLibroSinner, 76), nlat. *Nissiris* (*1560*, GastaldiNomiGrecia), gr.post-bizant. *Νήσαρος* (*sec. XVs.m.*, BuondelmontiNēsōnLegrand, 31), *Νίσουρος* (*sec. XVI*, PortulansGrecsDelatte, 88).

Caria *1292ca.*, BonoGiamboni,Orosio (OVI), *1482*, BerlinghieriGeographia, V,7; *sec. XVs.m.*, BuondelmontiLibroV, 16v°; *1572*, PorcacchiIsole, 32.

Nisari *sec. XIIs.m./sec. XIIIin.*, Carta Pisana (CapacciTopon) (*Nisary*); *1426*, Atlante Giroldis (CapacciTopon); *1482*, BerlinghieriGeographia, V,7; *1485*, SonettiIsolario, [4]; *1560*, GastaldiNomiGrecia; *1658*, BoschiniArcipelago, 19, **Nixari** *sec.*

XIIIfin./sec. XIVin., Atlante Luxoro (CapacciTopon); *1426*, Atlante Giroldis (CapacciTopon), **Nizari** *1321*, Atlante Vesconte (CapacciTopon), **Niseri** *1375*, Carta Catalana (CapacciTopon), **Nisyro** *1482*, BerlinghieriGeographia, III,30, **Nisaro** *sec. XVs.m.*, BuondelmontiLibroA, 6v°; *1528*, BordoneLibro, LIIIv°, **Nixaro** *sec. XVs.m.*, BuondelmontiLibroV, 16v°, **Nisiro** *1558*, MunsteroCosmografia, 1006; *1562*, StraboneGeografiaBuonacciuoli 1,200r°; *1696*, CoronelliIsolario, 164; *1860*, Cherubini; *1929*, Bertarelli, 22; *1929–1936*, EncIt 13,528, **Nissaro** *1572*, PorcacchiIsole, 32; *1658*, BoschiniArcipelago, 3; *1696*, CoronelliIsolario, 164.

Ofiussa

Cognome di più isole egee, tali *Tino* e *Rodi*. Oggi si chiama *Οφιδούσα* un isolotto a ovest di *Stampalia* (AITCI; EGLE; EncZanichelli, s.v. *Tino*). Il nome è un epiteto con riferimento alla fauna, in quanto derivato dal gr.a. *ὄφις* m. 'serpente' (Liddell/Scott it.). L'epiteto antico rimase vivo negli *Isolari* e nei volgarizzamenti delle *Geografia* di Tolomeo.
gr.a. *'Οφίουσα*, *'Οφιοῦσσα* (Liddell/Scott; Pape: per *Rodi*, *Teno*, *Termia* ed anche per *Formentera*), lat.a. *Ophiūsa*, *Ophiussa* (ForcOnom: per *Rodi*, *Teno*, *Formentera* et al.), lat.med. *Fiussa* (*sec. XVs.m.*, BuondelmontiLiberSinner, 89).
Ophiusa *1482*, BerlinghieriGeographia, III,27 (*Tino*); *1548*, TolomeoGeografiaMattioli, 101v° (*Tino*); *1558*, MunsteroCosmografia, 1062 (*Rodi*), **Ophiesa** *1485*, SonettiIsolario, [44] (*Tino*), **Ofiusa** *1572*, PorcacchiIsole, 24 (*Rodi*); *1598*, TolomeoGeografiaCernoti 2,125r° (*Tino*), **Ofiussa** *1929–1936*, EncIt 33,865 (*Tino*).

Panaia

Denominazione per più isole o gruppi di isole dell'Egeo. Il significato è religioso (*Παναγία*, f. 'one of the many epithets of Deipara [Maria vergine]', Sophocles 1888); si spiegano così le forme del tipo *Santa P~*. Come nel caso degli scogli *Caloieri*, con cui vengono anche identificate (p.e. Bordone), si dovrebbe parlare di più possibilità di soluzione. Nel Buondelmonti (Liber Sinner; LibroA) l'isola si trova tra *Antiparo* e *Nasso*. In altri isolari (Sonetti, Bordone, Boschini), si parla di *Panaiea* e *Panegia* come seconda denominazione per uno scoglio *Caloiero*, tra le Spòradi meridionali. Markl (1966, 37s.) identifica *Panagia* con *Kandeliusa* (ngr. *Κανδελιούσα*, AITCI), ma senza rinvio alle sue fonti. A questa localizzazione corrisponde la descrizione di Bordone (cf. *Panegia*). Per CapacciTopon *Panaia* e *Panagia* è l'odierna *Inousses* (nella zona di *Coo*). Questa opinione è conforme all'Isolario di Sonetti, che la descrive posta tra *Chinera* e *Coo*.
lat.med. [*insula*] *Sancte Panagie* (*sec. XIVp.m.*, DandoloChronicaPastorello, 252; cf. UrkVen 1,152: [*insula*] *Sanctæ Panagiæ* – dovrebbero essere gli odierni *Caloieri*).
Panaya (*sec. XVs.m.*, BuondelmontiLiberSinner, 95: vicino a *Paro*), gr.post-bizant. *Παναγία* (*sec. XVs.m.*, BuondelmontiNēsōnLegrand, 55: vicino a *Antiparo*; *sec. XVI*, PortulansGrecsDelatte, 206: tra *Passo* e *Leucade*).
Panaia *1482*, BerlinghieriGeographia, III,27; *sec. XVs.m.*, BuondelmontiLibroV, 3r°; *sec. XVs.m.*, BuondelmontiLibroA, 9r°; *sec. XVs.m.*, AtlanteAgnese (CapacciTopon); *1572*, PorcacchiIsole, 34, **Panaiea** *1485*, SonettiIsolario, [66] («tratar si mi

conviene/dun altissimo scoglio a mezo il mare/che panaiea si se fa Nominare/altri il suo nome el caloiero tiene»; tra *Chinara* e *Coo*); *1658*, BoschiniArcipelago, 58 («Da Nissaro per Ponente in distanza di vinti miglia in circa, si vede un altissimo scoglio detto il Caloiero, ovver la Panaia»), **Panaja** *1503*, SanudoDiarii 4,705; *1696*, CoronelliIsolario, 280, **Panagia** *1511*, GrassettoViaggio, 19; *1561*, Carta Maggiolo (CapacciTopon), **Panegia** *1528*, BordoneLibro, LIIIIr° («Per ponente a nisaro dintorno miglia venti vi è posto uno altissimo scoglio, detto caloiero, o ver panegia»), **Panagea** 1696, CoronelliIsolario, 280.

Pàro

Isola dell'Egeo, delle Cìcladi centrali, a ovest di → *Nasso*, conosciuta per il suo marmo, ngr. *Πάρος*, ted. *Páros* (DudenAussprache; EGLE; EncTreccani 8,844; EncZanichelli; GDU; LdA; NATInd 1995; OKAH). La denominazione in *-i(s)*, *Pari(s)*, si perse dopo il '500.
gr.a. *Πάρος* (Pape), lat.a. *Paros*, *Parus* (ForcOnom), lat.med. *Pari* (*sec. XIIIfin.*, InsulaeHopf 176), [*insula*] *Parii* (*sec. XIVp.m.*, DandoloChronicaPastorello, 282; *1477*, TolomeoCosmografiaBologna, [47]); *Paros* (*a.1406*, SilvestriMontesdeoca; *sec. XVs.m.*, BuondelmontiSporadiGerola, 481), nlat. *Pari* (*1560*, GastaldiNomiGrecia), gr.post-bizant. *Πάρος* (*sec. XVs.m.*, BuondelmontiNēsōnLegrand, 53; *sec. XVI*, PortulansGrecsDelatte, 107).
Paros *a.1313*, OvidioArteAmB (OVI); *1345–1367ca.*, FaziodegliUbertiDittamondo (OVI; LIZ); *1476*, PlinioHistoriaNaturaleLandino 4,12; *sec. XVs.m.*, BuondelmontiLibroV, 26v°; *1543*, PlinioHistoriaNaturaleBrucioli, LXXVII; *1773*, PaschArcipelago, 62; *1782*, Verri, Saffo (LIZ); *1860*, Cherubini, **Paro** *XIV–XV*, Bibbia04 (OVI); *1482*, BerlinghieriGeographia, III,27; *1499*, Colonna, Hypnerotomachia (LIZ); *1548*, TolomeoGeografiaMattioli, 101v°; *1552*, BemboHistVinZiletti, 10v°; *1558*, MunsteroCosmografia, 1006; *1562*, PlinioHistoriaNaturaleDomenichi, 100; *1562*, StraboneGeografiaBuonacciuoli 1,198v°; *1572*, PorcacchiIsole, 30; *1598*, TolomeoGeografiaCernoti 1,28v°; *1709*, SomaveraTesoro, 338; *1929–1936*, EncIt 26,397.
Paris *sec. XIIs.m./sec. XIIIin.*, Carta Pisana (CapacciTopon); *sec. XIVin.*, Carta Cortona (CapacciTopon); *1321*, Atlante Vesconte (CapacciTopon); *1375*, Carta Catalana (CapacciTopon); *sec. XVs.m.*, BuondelmontiLibroV, 3r°; *1511*, GrassettoViaggio, 29; *1658*, BoschiniArcipelago, 46; *1696*, CoronelliIsolario, 164, **Pario** *sec. XIIIfin./sec. XIVin.*, Atlante Luxoro (CapacciTopon); *1426*, Atlante Giroldis (CapacciTopon); *1485*, SonettiIsolario, [53]; *sec. XVs.m.*, BuondelmontiLibroA, 2v°; *1500*, SanudoDiarii 3,1020, *1528*, BordoneLibro, XLIIIIv°; *1548*, TolomeoGeografiaMattioli, 101v°; *1558*, MunsteroCosmografia, 1005; *1560*, GastaldiNomiGrecia; *1561*, TolomeoGeografiaRuscelli, 177; *1562*, PlinioHistoriaNaturaleDomenichi, 100; *1562*, StraboneGeografiaBuonacciuoli 1,TavolaNomiModerni; *1598*, TolomeoGeografiaCernoti 1,28v°; *1696*, CoronelliIsolario, 164, **Pares** *1485*, SonettiIsolario, [53].

Pàsso

Isola del gruppo delle Ionie, di fronte alla costa dell'Epiro a sud di Corfù; ngr. *Παξοί*, *Παξός*, ted. *Páxos* (DudenAussprache; EGLE; EncTreccani 8,893; EncZanichelli; NATInd 1995; OKAH). Le varianti con la vocale *i/e* epentetica e l'esito in *-u* non sono documentati dopo il '500.

gr.a. *Παξοί* (Pape), lat.med. *Pachisos* (*sec. XVs.m.*, BuondelmontiLiberSinner, 55), gr.post-bizant. *Παξοί* (*sec. XVI*, PortulansGrecsDelatte, 206), *Παξυσός* (*sec. XVs.m.*, BuondelmontiNēsōnLegrand, 6), turc. *Baqšu* (*sec. XVIs.m.*, Re'īsBahrīje-Kahle, 111).

nlat. *Ericusa* (*1477*, TolomeoCosmografiaBologna, [45], *1560*, GastaldiNomi-Grecia; so auch in *1598*, TolomeoGeografiaCernoti 1,28r°).

Pagniso *sec. XIIs.m./sec. XIIIin.*, Carta Pisana (CapacciTopon), *sec. XIIIfin./sec. XIVin.*, Atlante Luxoro (CapacciTopon; KretschmerPortolane, 655), **Pachixo** *1321*, Atlante Vesconte (CapacciTopon), **Paciso** *1375*, Carta Catalana (CapacciTopon); *1426*, Atlante Giroldis (CapacciTopon), **Pachiso** *sec. XVp.m.*, Carta Anonima (KretschmerPortolane, 655); *sec. XVs.m.*, BuondelmontiLibroV, 3r°; *1572*, PorcacchiIsole, 28, **Pachesu** *1490*, DaMostoGasparriniLeporace, 213s., **Pachasu** *1502*, SanudoDiarii 4,255.

Paxu *1475ca.*, Capodilista (MomiglianoLepschy, 24); *1500*, SanudoDiarii 3,487; *1548*, TolomeoGeografiaMattioli, GrætiaNovaTabula; *1561*, TolomeoGeografiaRuscelli, Tabula XVII; **Passu** *1475ca.*, Capodilista (MomiglianoLepschy, 25), **Pachsu** *sec. XVs.m.*, BuondelmontiLibroA, 2v°; *1560*, GastaldiNomiGrecia, **Pacsù** *1528*, BordoneLibro, XXXIXr°; *1562*, PlinioHistoriaNaturaleDomenichi, 98; *1562*, StraboneGeografiaBuonacciuoli 1,TavolaNomiModerni; *1572*, PorcacchiIsole, 28.

Paxo *1476*, PlinioHistoriaNaturaleLandino 4,12; *sec. XV*, PortolanoMagliabecchi (KretschmerPortolane, 655); *1548*, TolomeoGeografiaMattioli, 99r°; *1562*, PlinioHistoriaNaturaleDomenichi, 98; *1589*, Garzoni, Piazza (LIZ); *1696*, CoronelliIsolario, 164; *1860*, Cherubini; *1929–1936*, EncIt 19,452, **Pacso** *1508*, Carta Benincasa (CapacciTopon), **Paxos** *1806*, GeografiaUnivIndice.

Pàtmo

Isola dell'Egeo centro-orientale, delle Spòradi. Qui S. Giovanni avrebbe scritto il Libro dell'*Apocalisse*; ngr. *Πάτμος*, ted. *Pátmos* (DudenAussprache; EGLE; EncTreccani 8,910; EncZanichelli; LdA; NATInd 1995; OKAH). «La tradizione cristiana impediva ogni cambiamento del nome [...] così i nomi medioevali come *Pátino* o *Palmosa* ebbero scarsa fortuna» (Kramer 1987–1993, 321; cf. Gerola 1914, 482, n. 6: «la denominazione popolare di *Πάτινος*, tuttora in uso nel volgo»).

gr.a. *Πάτμος* (Pape), lat.a. *Patmus* (ForcOnom), lat.med. *Pachmos* (*a.1406*, SilvestriMontesdeoca: «Pathmos [...] que hodie dicitur Palmosa»), *Pathmos* (*sec. XVs.m.*, BuondelmontiLiberSinner, 105;), nlat. *Patmos* (*1560*, GastaldiNomiGrecia), gr.post-bizant. *Πάτμος* (*sec. XVs.m.*, BuondelmontiNēsōnLegrand, 67; *sec. XVI*, Portulans-GrecsDelatte, 277).

lat.med. *Sanctus Ioannes de Palmasa* (*sec. XIIIfin.*, InsulaeHopf 176), [*insula*] *Pathomos* (*sec. XIVp.m.*, DandoloChronicaPastorello, 15), *Patinos* (*sec. XVs.m.*, Buon-

delmontiSporadiGerola, 467), gr.post-bizant. *Παλαμοῦζα* (*sec. XVI*, PortulansGrecs-Delatte, 276).
Pathmo *1252/1258*, StorieTroiaRomaL (OVI); *sec. XVs.m.*, BuondelmontiLibroV, 33r°; *1548*, TolomeoGeografiaMattioli, GrætiaNovaTabula; *1572*, PorcacchiIsole, 31, **Patmos** *1292ca.*, BonoGiamboni,Orosio (OVI); *sec. XVs.m.*, Buondelmonti-LibroA, 10r°; *1562*, PlinioHistoriaNaturaleDomenichi, 101; *1658*, BoschiniArcipelago, 66; *1773*, PaschArcipelago, 116; *1860*, Cherubini, **Patmo** *1301*, CronicaImperadori (OVI); *1482*, BerlinghieriGeographia, III,27; *sec. XVs.m.*, BuondelmontiLibroV, 33v°; *1528*, BordoneLibro, XLVIv°; *1558*, MunsteroCosmografia, 1005; *1562*, StraboneGeografiaBuonacciuoli 1,188r°; *1589*, Garzoni, Piazza (LIZ); *1623*, Marino, Adone (LIZ); *1779–1797*, Monti, Bassviliana (LIZ); *1864*, Aleardi, Canti (LIZ); *1929*, Bertarelli, 22; *1929–1936*, EncIt 13,526.
Palinosa *sec. XIIs.m./sec. XIIIin.*, Carta Pisana (CapacciTopon).
Palmoxa *sec. XIIIfin./sec. XIVin.*, Atlante Luxoro (CapacciTopon), **Palmosa** *sec. XIVin.*, Carta Cortona (CapacciTopon); *1321*, Atlante Vesconte (CapacciTopon); *1375*, Carta Catalana (CapacciTopon); *1528*, BordoneLibro, XLVIv°; *1558*, MunsteroCosmografia, 1005; *1561*, TolomeoGeografiaRuscelli, Tabula XVII; *1567*, Erizzo, Sei Giornate (LIZ), **Palamosa** *1560*, GastaldiNomiGrecia; *1562*, StraboneGeografiaBuoncciuoli 1,TavolaNomiModerni, **Patmosa** *1658*, BoschiniArcipelago, 66 («Hoggi questa è detta Patmosa»; ma nella cartina accanto si legge *Palmosa*); *1696*, CoronelliIsolario, 164.
Pactamos *1485*, SonettiIsolario, [4], **Patamos** *1485*, SonettiIsolario, [48], **Pagamosa** *1508*, Carta Benincasa (CapacciTopon).

Pìscopi

Isola del gruppo delle Spòradi meridionali, a nord-ovest di Calchi; ngr. *Τῆλος*, ted. *Télos* (EGLE; EncTreccani 9,228; NATInd 1995; VOUR). Il nome medievale *Piscopi* derivò dal gr.pop. (*Πισκόπια* o *Πισκοπή*) dalla sede vescovile (*ἐπισκοπεῖον*), mentre la forma greca moderna *Τῆλος* con la ripresa della variante antica è artificiale (Kramer 1987–1993, 321s.; cf. Gerola 1932–1933, 1155). Negli *Isolari* ed in Berlinghieri (a parte il Bordone) si trovano le varianti di *Dilufano*, seguendo Buondelmonti e la sua speculazione etimologica,[71] mentre l'antico *Telos* non viene continuata. Perciò sembra più affidabile l'ipotesi del Gerola (1932–1933, 1160), secondo la quale Buondelmonti «creava» la voce imitando la pronuncia contemporanea: «Mi sembra probabile che la forma *Dilu-* rappresenti precisamente la pronuncia popolare di Τῆλος: si ripete cioè il fenomeno sopra notato del passaggio della tenue alla media dopo nasale (εἰς τὴν Τῆλον, fon. *is tin dílon*) nella forma quale il Buondelmonti potè udire dai monaci del luogo a cui egli si sarebbe rivolto per conoscere l'antico nome dell'isola». Meno probabile sembra l'ipotesi dello stesso Gerola (1914, 468):

---

[71] «Dilufanos enim graece, latine *omnibus apparentibus* interpretatur» (*sec. XVs.m.*, BuondelmontiLiberSinner, 75), «Diluphano [in] greco significa apparitione i*n* latino» (*sec. XVs.m.*, BuondelmontiLibroV, 16r°); «νῦν πρὸς τὴν πάλαι μὲν Δηλήφανον, νῦν δ''Επισκοπίαν λεγομένην» (*sec. XVs.m.*, BuondelmontiNēsōnLegrand, 31).

Gerola (1914, 468): «*δηλοφανής* o *τηλεφανής* è un accodamento del Buondelmonti, preoccupato delle proprie etimologie»; cf. «*Dilufanos* enim graece, latine *omnibus apparentibus* interpretatur» (*sec. XVs.m.*, BuondelmontiLiberSinner, 75; cf. gr.a. *δῆλος* agg. 'visibile, chiaro'; *φανῶ* avv. 'chiaramente').
Piscopi rappresenta la variante italianizzata della moderna forma neogreca.
gr.a. *Τῆλος* (Pape), lat.a. *Telus*, *Tilos* (ForcOnom), nlat. *Thelos* (*1560*, GastaldiNomiGrecia), gr.post-bizant. *Τήλος* (*sec. XVI*, PortulansGrecsDelatte, 88).
lat.med. *Piscopia* (*sec. XVs.m.*, BuondelmontiLiberSinner, 75), gr.post-bizant. *'Επισκοπία* (*sec. XVs.m.*, BuondelmontiNēsōnLegrand, 31), *'Επισκόπια* (*sec. XVI*, PortulansGrecsDelatte, 277).
Piscopia *sec. XIIs.m./sec. XIIIin.*, Carta Pisana (CapacciTopon); *sec. XIIIfin./sec. XIVin.*, Atlante Luxoro (CapacciTopon); *sec. XIVin.*, Carta Cortona (CapacciTopon); *1321*, Atlante Vesconte (CapacciTopon); *1375*, Carta Catalana (CapacciTopon); *1426*, Atlante Giroldis (CapacciTopon); *1485*, SonettiIsolario, [4]; *sec. XVs.m.*, BuondelmontiLibroA, 6v°; *1500*, SanudoDiarii 3,687; *1508*, Carta Benincasa (CapacciTopon); *sec. XVs.m.*, BuondelmontiLibroV, 16r°; *1528*, BordoneLibro, LIIIr°; *1560*, GastaldiNomiGrecia; *1561*, TolomeoGeografiaRuscelli, Tabula XVII; *1658*, BoschiniArcipelago, 3; *1696*, CoronelliIsolario, 164; *1806*, GeografiaUnivIndice, **Pisscopia** *1320ca.*, Carte Atlanti Vesconte (KretschmerPortolane, 661), **Pischopia** *1445ca.*, Portolano Benincasa (KretschmerPortolane, 661); *1490*, DaMostoGasparriniLeporace, **Episcopia** *1482*, BerlinghieriGeographia, V,7; *sec. XVs.m.*, BuondelmontiLibroA, 6r°; *1572*, PorcacchiIsole, 29, **Piscopi** *1929*, Bertarelli, 22; *1929–1936*, EncIt 32,413.
Diluphano *1482*, BerlinghieriGeographia, V,7; *sec. XVs.m.*, BuondelmontiLibroV, 16r°, **Dilufano** *1485*, SonettiIsolario, [20]; *sec. XVs.m.*, BuondelmontiLibroA, 6r°; *1572*, PorcacchiIsole, 29.
Telos *1345–1367ca.*, FaziodegliUbertiDittamondo (OVI; LIZ); *1658*, BoschiniArcipelago, 16, **Telo** *1476*, PlinioHistoriaNaturaleLandino 4,12; *1562*, PlinioHistoriaNaturaleDomenichi, 101; *1562*, StraboneGeografiaBuonacciuoli 1,200r°.

Policandro

Isola dell'Egeo, delle Cìcladi meridionali; ngr. *Φολέγανδρος*, ted. *Pholegandros* (AITCI; EGLE; NATInd 1995; VOUR). Gli *Isolari* tradiscono la variante con *-i-*, in uso tuttoggi, mentre *Pholecandro*, *Folegandro* e *Folegandros* mantengono la fonetica antica. Philippson (1950–1959, vol. 4, 136) cita l'uso popolare della forma *Polýkandro*.
gr.a. *Φολέγανδρος* (Pape), lat.a. *Pholegandrus* (ForcOnom).
lat.med. *Policandros* (*sec. XVs.m.*, BuondelmontiLiberSinner, 80), gr.post-bizant. *Πολύκανδρος* (*sec. XVs.m.*, BuondelmontiNēsōnLegrand, 36; *sec. XVI*, PortulansGrecsDelatte, 94).
Phelocandro *1482*, BerlinghieriGeographia, III,27, **Folegandro** *1562*, PlinioHistoriaNaturaleDomenichi, 100, **Folegandros** *1598*, TolomeoGeografiaCernoti 2,125v°.
Policandro *sec. XIIIfin./sec. XIVin.*, Atlante Luxoro (CapacciTopon); *1375*, Carta Catalana (CapacciTopon); *1426*, Atlante Giroldis (CapacciTopon); *1482*, BerlinghieriGeographia, III,27; *1485*, SonettiIsolario, [4]; *sec. XVs.m.*, Buondelmonti-

LibroV, 18v°; *sec. XVs.m.*, BuondelmontiLibroA, 7r°; *1528*, BordoneLibro, XLIIIv°; *1548*, TolomeoGeografiaMattioli, 101v°; *1560*, GastaldiNomiGrecia; *1561*, TolomeoGeografiaRuscelli, 177; *1572*, PorcacchiIsole, 33; *1598*, TolomeoGeografiaCernoti 2,125v°; *1658*, BoschiniArcipelago, 26; *1696*, CoronelliIsolario, 164; *1773*, PaschArcipelago, X; *1929–1936*, EncIt 27,630s., **Policantro** *1485*, SonettiIsolario, [30], **Palicandro** *1508*, Carta Benincasa (CapacciTopon), **Pollicandros** *1773*, PaschArcipelago, 27.

Polìno

Isola dell'Egeo, delle Cìcladi centro-occidentali; ngr. *Πολύαιγος* (AITCI; EGLE; NATInd 1995). Il nome fa riferimento alla moltitudine di capre selvatiche dell'isola: < gr.a. *πολύς* 'molto' + *αἴξ*, *-γός* 'capra' (ForcOnom, Pape).
gr.a. *Πολύαιγος* (Pape), lat.a. *Polyægus* (ForcOnom), lat.med. *Poliegos* (*1477*, TolomeoCosmografiaBologna, [47]), nlat. *Polyegus* (*1560*, GastaldiNomiGrecia). lat.med. *Polimio* (*sec. XVs.m.*, BuondelmontiLiberSinner, 80), gr.post-bizant. *Πολύμεια* (*sec. XVs.m.*, BuondelmontiNēsōnLegrand, 36), *Πόλινος* (*sec. XVI*, PortulansGrecsDelatte, 95).
Polimio *1482*, BerlinghieriGeographia, III,27; *sec. XVs.m.*, BuondelmontiLibroV, 19r°; *sec. XVs.m.*, BuondelmontiLibroA, 2v°; *1528*, BordoneLibro, XLVr°, **Polonia** *1485*, SonettiIsolario, [31]; *sec. XVIs.m.*, AtlanteAgnese (CapacciTopon), **Polino** *1485*, SonettiIsolario, [32]; *1511*, GrassettoViaggio, 15; *1548*, TolomeoGeografiaMattioli, 101v°; *1561*, TolomeoGeografiaRuscelli, 177; *1562*, StraboneGeografiaBuonacciuoli 1,TavolaNomiModerni; *1598*, TolomeoGeografiaCernoti 2,126r°, **Polimnio** *1528*, BordoneLibro, XLIIIv°, **Poline** *1560*, GastaldiNomiGrecia, **Polinno** *1572*, PorcacchiIsole, 33; *1658*, BoschiniArcipelago, 28, **Polina** *1696*, CoronelliIsolario, 164; *1773*, PaschArcipelago, 15.
Polyego *1482*, BerlinghieriGeographia, III,27, **Poliego** *1548*, TolomeoGeografiaMattioli, 101v°; *1562*, PlinioHistoriaNaturaleDomenichi, 101; *1598*, TolomeoGeografiaCernoti 1,28v°.

Psarà

Isola dell'Egeo centro-orientale, a nord-ovest di → *Chio*; ngr. *Ψαρά*, ted. *Psara* (AITCI; EGLE; EncTreccani 9,755; KretschmerPortolane, 660; NATInd 1995; VOUR). Gli *Isolari* non tradiscono la variante medievale con l'*-i-* epentetica.
gr.a. *Ψύρα*, *Ψυρία* (Pape), lat.a. *Psyra* (ForcOnom), lat.med. *Psara* (*sec. XVs.m.*, BuondelmontiLiberSinner, 111), nlat. *Psyra* (*1560*, GastaldiNomiGrecia), gr.post-bizant. *Ψαρὰ* (*sec. XVs.m.*, BuondelmontiNēsōnLegrand, 73; *sec. XVI*, PortulansGrecsDelatte, 276).
Pisera *sec. XIIIfin./sec. XIVin.*, Atlante Luxoro (KretschmerPortolane, 660); *sec. XVp.m.*, Atlante Giroldis (KretschmerPortolane, 660), **Piscara** *sec. XIVin.*, Carta Cortona (CapacciTopon), **Pissara** *1321*, Atlante Vesconte (CapacciTopon), **Pisara** *1482*, BerlinghieriGeographia, III,7; *1490*, DaMostoGasparriniLeporace, 230.
Psara *1485*, SonettiIsolario, [84]; *sec. XVs.m.*, BuondelmontiLibroV, 36r°; *sec. XVs.m.*, BuondelmontiLibroA, 11r°; *1528*, BordoneLibro, LVIIv°; *1560*, Gastaldi-

NomiGrecia; *1572*, PorcacchiIsole, 31; *1658*, BoschiniArcipelago, 76; *1696*, CoronelliIsolario, 164; *1929–1936*, EncIt 38,441.

Ròdi

Isola maggiore del gruppo delle Spòradi meridionali vicino alla costa turca, ngr. *Ρόδος*, ted. *Rhódos* (DudenAussprache; EGLE; EncTreccani 10,387s.; EncZanichelli; GDU; LdA; NATInd 1995; OKAH). Contrariamente al latino ed al greco antico e moderno, il nome italiano presenta la forma *Rodi*, dal nome della popolazione (lat. *Rhodii*) (cf. Kramer 1987–1993, 322).
gr.a. *Ῥόδος* (Pape), lat.a. *Rhŏdus* (ForcOnom), lat.med. *Rodos* (*1199ca.*, UrkVen 1,265), *Rodus* (*a.1406*, SilvestriMontesdeoca), lat.med.(acc.) *Rhodum* (*sec. XVs.m.*, BuondelmontiLiberSinner, 73), gr.post-bizant. *Ῥόδος* (*sec. XVs.m.*, BuondelmontiNēsōnLegrand, 25; *sec. XVI*, PortulansGrecsDelatte, 131).
lat.med. *Rode* (*1278ca.*, UrkVen 3,161), *Rhodi* [*insula*] (*1477*, TolomeoCosmografiaBologna, [67]).
Rodo *sec. XIIs.m./sec. XIIIin.*, Carta Pisana (CapacciTopon); *sec. XIIIfin./sec. XIVin.*, Atlante Luxoro (CapacciTopon); *sec. XIVin.*, Carta Cortona (CapacciTopon); *1321*, Atlante Vesconte (CapacciTopon); *1508*, Carta Benincasa (CapacciTopon); *1562*, StraboneGeografiaBuonacciuoli 1,200r°; *1623*, Marino, Adone (LIZ), **Rodus** *1375*, Carta Catalana (CapacciTopon), **Rhodo** *1482*, BerlinghieriGeographia, V,7; *sec. XVs.m.*, BuondelmontiLibroV, 3r°; *1528*, BordoneLibro, LIv°; *1543*, PlinioHistoriaNaturaleBrucioli, LXXVI; *1552*, BemboHistVinZiletti, 14r°; *1620*, Marino, Galeria (LIZ).
Rodi *1292ca.*, BonoGiamboni,Orosio (OVI); *a.1348*, Villani, Nuova Cronica (LIZ); *1373–1374*, Boccaccio, Esposizioni (LIZ); *1475ca.*, Capodilista (MomiglianoLepschy, 30); *1485*, SonettiIsolario, [16]; *sec. XVs.m.*, BuondelmontiLibroA, 4v°; *1500*, SanudoDiarii 3,549; *1511*, GrassettoViaggio, 20; *1545*, BassanoBabinger, 58; *1558*, MunsteroCosmografia, 1062; *1658*, BoschiniArcipelago, 3; *1696*, CoronelliIsolario, 164; *1773*, PaschArcipelago, 15; *1860*, Cherubini; *1929*, Bertarelli, 22; *1929–1936*, EncIt 32,412, **Rhodi** *1433*, Palmieri, Vita Civile (LIZ); *1452–1481*, LamentoNegroponte, 117; *1476*, PlinioHistoriaNaturaleLandino 4,12; *1481*, Brasca (MomiglianoLepschy, 34); *sec. XVs.m.*, BuondelmontiLibroV, 14r°; *1543*, PlinioHistoriaNaturaleBrucioli, LXXVIII; *1551*, SpanduginoTurchi, 92; *1562*, PlinioHistoriaNaturaleDomenichi, 47; *1572*, PorcacchiIsole, 29, *1688*, MagniRelazione, 104.

Sàmo

Isola dell'Egeo sud-orientale, di fronte alla costa dell'Asia minore; ngr. *Σάμος*, ted. *Sámos* (DudenAussprache; EGLI; EncTreccani 10,675; EncZanichelli; GDU; LdA; NATInd 1995; OKAH). Tradizione continua (con poche eccezioni), dovuta anche al significato politico e culturale dell'isola. L'innovazione con la *-i* finale non sembra essersi diffusa.
gr.a. *Σάμος* (Pape), lat.a. *Samos* (ForcOnom), lat.med. *Samos* (*1199ca.*, UrkVen 1,265; *sec. XVs.m.*, BuondelmontiLiberSinner, 108), *Samo* (*a.1406*, SilvestriMontes-

deoca, s.v. *Cyclades*), gr.post-bizant. *Σάμος* (*sec. XVs.m.*, BuondelmontiNēsōnLegrand, 70; *sec. XVI*, PortulansGrecsDelatte, 277).
lat.med., nlat. *Sami insula* (*1477*, TolomeoCosmografiaBologna, [67]; *1560*, GastaldiNomiGrecia).
Samo *XIIfin.*, Proverbiaquedicuntur (OVI); *sec. XIIIfin./sec. XIVin.*, Atlante Luxoro (CapacciTopon); *sec. XIVin.*, Carta Cortona (CapacciTopon); *a.1313*, OvidioArteAmB (OVI); *1321*, Atlante Vesconte (CapacciTopon); *1345–1367ca.*, FaziodegliUbertiDittamondo (OVI); *1426*, Atlante Giroldis (CapacciTopon); *1476*, PlinioHistoriaNaturaleLandino 4,11; *1482*, BerlinghieriGeographia, III,20; *1485*, SonettiIsolario, [80]; *sec. XVs.m.*, BuondelmontiLibroV, 34v°; *sec. XVs.m.*, BuondelmontiLibroA, 2v°; *1528*, BordoneLibro, LVI r; *1543*, PlinioHistoriaNaturaleBrucioli, LXXV; *1558*, MunsteroCosmografia, 1005; *1560*, GastaldiNomiGrecia; *1562*, PlinioHistoriaNaturaleDomenichi, 97; *1562*, StraboneGeografiaBuonacciuoli 1,185r°; *1572*, PorcacchiIsole, 31; *1658*, BoschiniArcipelago, 72; *1860*, Cherubini; *1929–1936*, EncIt 32,412, **Samos** *a.1313*, OvidioArteAmA (OVI); *1373–1374*, Boccaccio, Esposizioni (LIZ); *1696*, CoronelliIsolario, 164; *1773*, PaschArcipelago, 14; *1828*, Leopardi, Zibaldone (LIZ).
Sami *sec. XIIs.m./sec. XIIIin.*, Carta Pisana (CapacciTopon), **Same** *a.1340*, CiampolodiMeoUgurgieri (OVI).

Samotràcia

Isola dell'Egeo settentrionale; ngr. *Σαμοθράκη*, *Μαθράκι*, *Μαλθάκι*, ted. Samothráke (DudenAussprache; EGLE; GDLI 17; GDU; OKAH). La voce è composta dal gr.a. *Σάμος* 'Samos' e *Θρᾴκη* 'Tracia' (ForcOnom). La variante *San Mandrachi* rappresenta una trasformazione paretimologica sulla base di *mandracio* s.m. 'darsena, la parte più interna del porto', documentato dal sec. XV, che a sua volta deriva dal gr.a. *τὸ μανδράκιον* 'porto interno (di Cartagine)', derivato da *ἡ μάνδρα* 'ovile' (cf. Cortelazzo 1970, 131).
gr.a. *Σαμοθρᾴκη* (Pape), lat.a. *Samothrācē* (ForcOnom), turc. *Semedirek* (*sec. XVIs.m.*, Re'īsBahrījeKahle, 7, cf. *Semendirek*, Kretschmer 1909, 659), lat.med. *Samothrachia sive Samotrace* (*a.1406*, Silvestri ed. Pecoraro, 197); nlat. *Samothraca insula* (*1560*, GastaldiNomiGrecia), gr.post-bizant. *Σαμοθράκη* (*sec. XVI*, PortulansGrecsDelatte, 282).
lat.med. *Samandrakio* (*1204ca.*, UrkVen 1,478), *Sancto Mandrachi* (*1278ca.*, UrkVen 3,205), *Sanctus Mandrachius* (*sec. XIIIfin.*, InsulaeHopf 176), *Mandrachi* (*sec. XVs.m.*, BuondelmontiLiberSinner, 126), gr.post-bizant. *Μάνδραχη* (*sec. XVs.m.*, BuondelmontiNēsōnLegrand, 91).
Samotracia *a.1340*, CiampolodiMeoUgurgieri (OVI) («all'isola di Samo di Tracia, la quale ora è appellata Samotracia»); *1551*, SpanduginoTurchi, 40; *1558*, MunsteroCosmografia, 1005; *1562*, StraboneGeografiaBuonacciuoli 1,186v°; *1598*, TolomeoGeografiaCernoti 2,124r°; *1806*, GeografiaUnivIndice; *1860*, Cherubini; *1910*, GeorgesCalonghiApp; *1929–1936*, EncIt 32,412, **Samotrace** *1476*, PlinioHistoriaNaturaleLandino 4,12; *1561*, TolomeoGeografiaRuscelli, 164; *1598*, TolomeoGeografiaCernoti 1,26v°; *1903*, D'Annunzio, Alcyone (LIZ), **Samothracia** *1482*, BerlinghieriGeographia, III,20; *1552*, BemboHistVinZiletti, 67v°, **Samothrachie**

1485, SonettiIsolario, [90], **Samotratia** *1528*, BordoneLibro, LIXr° («samotratia, fu detta, da volgari San*n*mandrachi»), **Samothrace** *1543*, PlinioHistoriaNaturaleBrucioli, LXXVIII; *1548*, TolomeoGeografiaMattioli, 94r°; *1562*, PlinioHistoriaNaturaleDomenichi, 101; *1696*, CoronelliIsolario, 164, **Samatracchi** *1658*, BoschiniArcipelago, 82.

Madraqui *1375*, Carta Catalana (CapacciTopon), **Mandrachi** *sec. XVs.m.*, BuondelmontiLibroV, 3v°; *sec. XVs.m.*, BuondelmontiLibroA, 13v°; *1572*, PorcacchiIsole, 34, **Amandrachi** *1508*, Carta Benincasa (CapacciTopon).

Samandraia *sec. XIIs.m./sec. XIIIin.*, Carta Pisana (CapacciTopon), **S. Mandrachi** *sec. XIVin.*, Carta Cortona (CapacciTopon), **Sanmandrachi** *1321*, Atlante Vesconte (CapacciTopon); *1500*, SanudoDiarii 3,992 (*San Mandrachi*); *1528*, BordoneLibro, LIXr°, **Samadraqui** *1426*, Atlante Giroldis (CapacciTopon), **San Mandracho** *1500*, SanudoDiarii 3,1020, **Samandrachi** *1560*, GastaldiNomiGrecia; *1696*, CoronelliIsolario, 164; *1860*, Cherubini.

Santorìno

L'isola più meridionale delle Cìcladi; ngr. *Θήρα*, *Καλλίστη*, *Σαντορίνη*, ted. *Théra*, *Santorín* (DudenAussprache; EGLE; EncTreccani 10,728; EncZanichelli; LdA; GDU; NATInd; OKAH).

Il nome fu cambiato più volte: la denominazione antica (*Θήρα*) scompare nel sec. XII; il nome di *Santorini* che la sostituì è dovuto ai veneziani. Con la fondazione dello stato greco moderno nell'800, il nome antico (*Θήρα*) fu imposto di nuovo.[72] Dopo un'esplosione vulcanica l'isola fù divisa in più parti (meta millennio II. a.C.); insieme agli isolotti limitrofi (→ *Thirasia*, *Kameni*) rappresenta il residuo di un vasto cratere vulcanico, che continuava a cambiare aspetto, attraverso l'attività vulcanica (il nome *Santorino* si può riferire all'isola o al gruppo di isole; *Thera* invece è solo l'isola principale; cf. Philippson 1950–1959, vol. 4, 164). La denominazione popolare *Σαντορίνη* è attestata già dal 1153 e deriva dal nome della Santa Irene, patrona dell'isola, a cui era dedicata una chiesetta.[73] Georgacas spiega la molteplicità delle forme, a volte con la *h-* iniziale, cf. lat.med. [*insula*] *Sancte Herini* (*sec. XIVp.m.*, DandoloChronicaPastorello, 282), a volte con la *-l-* (*Sanctoelino*, *San-*

---

[72] Ma il nome rimaneva in concorrenza con la denominazione tradizionale e si trova solo nell'uso ufficiale, cf. Georgacas (1970, 352).

[73] Kahane/Kahane (1940, 326); cf. Georgacas (1970, 354) con la datazione al 1154. Il fenomeno linguistico è citato anche da Magni: «Isola addimandata Santa Irene, ma per corruttela di lingua detta Santorini» (*1688*, MagniRelazione, 4). Gerola esprime anche dubbi sulla spiegazione: «Non manca però chi relega tale spiegazione fra le leggende e spieghi affatto normalmente l'origine del nome Santorini come una trasformazione spontanea del nome classio di Thera: εἰς τὴν Θήραν = pron. *stinthìran*. Un indizio in questo senso potrebbe dedursi alla grafia usuale nei documenti medievali *Santa Herini*, dove l'aspirazione non è giustificata dalla forma greca Εἰρήνη (collo spirito lene), ma troverebbe invece la sua ragione nel θ di *Thera*» (Gerola 1932–1933, 1170).

tel(l)ini) sostituendo la *-r-*, con l'incrocio paretimologico di *Irene* ed *Melene*.[74] Per Buondelmonti *Santorino* è l'isola → *Thirasia*. Bordone riconosce in *Santorini* il nome per il gruppetto di isole: «santorini [...]. Tolomeo et Strabone therasia la dicono, della quale, una poca parte, di sopra lacque ve n'è rimasta [...] *et* è in due parti divisa» (*1528*, BordoneLibro, XLVIIIr°). La cartina accanto mostra anche una chiesa chiamata *S. Erini* (→ Abb. 5.).
gr.a. *Θήρα* (Pape), lat.a. *Thēra* (ForcOnom).
lat.med. [*insula*] *Sancte Reni* (*1278ca.*, UrkVen 3,185), [*insula*] *Sancte Herini* (*sec. XIVp.m.*, DandoloChronicaPastorello, 282), gr.post-bizant. *Σαντορήνη* (*sec. XVs.m.*, BuondelmontiNēsōnLegrand, 34), *Σαντορίνη* (*sec. XVI*, PortulansGrecsDelatte, 85; altri spogli del gr.post-bizant.: Georgacas 1970, 356s.).
lat.med. *Santellini* (*sec. XVs.m.*, BuondelmontiLiberSinner, 78: *Thirasia*).
Sanctorini *sec. XIIIfin./sec. XIVin.*, Atlante Luxoro (CapacciTopon); *1508*, Carta Benincasa (CapacciTopon), **Santorini** *1426*, Atlante Giroldis (CapacciTopon); *sec. XVs.m.*, BuondelmontiLibroA, 6v° (*Thirasia*); *1528*, BordoneLibro, XLVIIIr°; *1598*, TolomeoGeografiaCernoti 2,125v°; *1688*, MagniRelazione, 4; *1696*, CoronelliIsolario, 164; *1773*, PaschArcipelago, 14; *1860*, Cherubini; *1929*, Bertarelli, 27, **Sanctorino** *1452–1481*, LamentoNegroponte, 117, **Santorino** *1548*, TolomeoGeografiaMattioli, 101v°; *1558*, MunsteroCosmografia, 1006; *1561*, TolomeoGeografiaRuscelli, 177; *1598*, TolomeoGeografiaCernoti 1,28v°,
Sanctoelino *1321*, Atlante Vesconte (CapacciTopon), **Santelini** *sec. XVs.m.*, BuondelmontiLibroV, 17v° (*Thirasia*); *1572*, PorcacchiIsole, 33, **Santellini** *1482*, BerlinghieriGeographia, III,27; *1929–1936*, EncIt 10,206.
Santa Erini *1485*, SonettiIsolario, [28], **S. Erini** *1528*, BordoneLibro, XLVIIr°, **Santo Erini** *1560*, GastaldiNomiGrecia, **San Erini** *1558*, MunsteroCosmografia, 1005; **S. Erini** *1658*, BoschiniArcipelago, 24, **Santa Irene** *1688*, MagniRelazione, 4, **Sant'Erini** *1773*, PaschArcipelago, 46.
Thera *1476*, PlinioHistoriaNaturaleLandino, 2,89; *1543*, PlinioHistoriaNaturaleBrucioli, XXXVII; *1548*, TolomeoGeografiaMattioli, 101r°; *1696*, CoronelliIsolario, 164, **Tera** *1562*, StraboneGeografiaBuonacciuoli 1,198r°; «da certi nominata Eleusine», *1598*, TolomeoGeografiaCernoti 2,125v°; *1773*, PaschArcipelago, 46.

---

[74] «The forms *Herina*, *S. Herina* beside *S. Erina*, *Insula sancti Herini* and *sancto Herini* display an initial *h-*; this is probably due in writing to the folketymological linking of the name *Irene* with the name *Helene*. This seems to be correct since also the forms *Santiline* and *Santellini* imply the folketymology with *Helene* on account of the *-l(l)-* in this case. It should be borne in mind, however, that all these forms in both classes, i.e. with *h-* and with *-l-*, have absolutely nothing to do with the form used by the natives» (Georgacas 1970, 355).

QVESTA iſola, che moderni ſantorini nominano, hebbe oltre di queſtó, di molti nomi fu priima, agaſſà, dopo philetera, da uno ſuo ſignore, chè cuſi era detto, & dal buono terreno, caliſta, Tolomeo & Strabone thetaſia la dicono, della quale, una poca parte, di ſopra lacque ue nè rimaſta, & in forma de una noua luna appare, & è in due parti diuiſa, & l'una piu che laltra grande, con alguni ſcogli diintorno, tutta arſitia, & il mare che fra queſte due iſole è poſto, ha il ſuo fondo inueſtigabile, & la maggior parte di queſte due iſole, è quella che alloſtro ſiede, con circoito di miglia quaranta, & a ponente di ſopra il mare è una magnifica citta', la quale, al preſente in tutto è habbandonata. Queſta iſola diſta da milo, miglia cinquanta, & alleuante gli ſiede, da candia cento, & a tramontana poſtaui, & d'incontro, alla citta' di candia, da delos, quaſi per oſtro, miglia cento.

Abb. 5. BordoneLibro (1528, XLVIIIr°): *Santorini*

Sapiènza

Isola a sud-ovest della penisola del Peloponneso, ngr. *Σαπιέντζα*, arc. *Οινούσα* (AITCI; EGLE; EncTreccani 10,736s.; NATInd 1995; VOUR). I Kahane/Kahane (1940, 196s.) citano più varianti popolari: «Σαπιέντσα, Σαπιέντζα, Σαπιέτζα [...]. Die Entstehung des ON ist unklar». Contro i Kahane si esprime Georgacas (1949/1950, 155): «I suggest that the pl.-n. derives from an It. personal name *Sapienza*, perhaps that of the owner of the island; cf. the Italian name *Sapienza*». Anche *Sapienzia* da Niccolò da Poggibonsi (OVI; probabilmente con la grafia modernizzata) è presa da una fonte cartografica («e arivamo a una isola che si chiama, nella carta, Sapienzia»).

gr.a. *Σφαγία* (Pape), lat.a. *Sphagiæ* (ForcOnom: «tres insulae ante Pylum, ad Messeniæ oram»), lat.med., nlat. *Sphagia* (*1477*, TolomeoCosmografiaBologna, [49]; *1560*, GastaldiNomiGrecia).

lat.med. *Sapientia* (*sec. XVs.m.*, BuondelmontiLiberSinner, 63), gr.post-bizant. *Σαπιέντεια* (*sec. XVs.m.*, BuondelmontiNēsōnLegrand, 15), *Σαπιέντζια* (*sec. XVI*, PortulansGrecsDelatte, 55).

Sapiensia *sec. XIIs.m./sec. XIIIin.*, Carta Pisana (CapacciTopon), **Sapiencia** *sec. XIIIfin./sec. XIVin.*, Atlante Luxoro (KretschmerPortolane, 656); *sec. XVp.m.*, Carta Anonima (KretschmerPortolane, 656), **Sapiencia** *sec. XIIIfin./sec. XIVin.*, Atlante Luxoro (CapacciTopon); *1321*, Atlante Vesconte (CapacciTopon); *1375*, Carta Catalana (CapacciTopon); *1426*, Atlante Giroldis (CapacciTopon), **Sapientia** *sec. XIV in.*, Carta Cortona (CapacciTopon); *sec. XV*, PortolanoParmaMagliabecchi (KretschmerPortolane, 656); *1475ca.*, Capodilista (MomiglianoLepschy, 23); *1482*, BerlinghieriGeographia, III,29; *1490*, DaMostoGasparriniLeporace; *sec. XVs.m.*, BuondelmontiLibroV, 9r°; *1500*, SanudoDiarii 3,173; *1511*, GrassettoViaggio, 29; *1528*, BordoneLibro, XXXVIIr°; *1561*, TolomeoGeografiaRuscelli, Tabula XVII; *1572*, PorcacchiIsole, 29; *1598*, TolomeoGeografiaCernoti 1,29v°, **Sapienzia** *1345*, NiccolòdaPoggibonsi (OVI); *sec. XVs.m.*, BuondelmontiLibroA, 3v°.

Sapienza *sec. XV*, Portolano Magliabecchi (KretschmerPortolane, 656); *1459ca.*, SanseverinoMaruffi, 236; *1552*, BemboHistVinZiletti, 65v°; *1560*, GastaldiNomiGrecia; *1565*, GiovioVolgDomenichiIndice; *1696*, CoronelliIsolario, 164; *1929–1936*, EncIt 30,810.

Sphagia *1528*, BordoneLibro, XXXVIIr°, **Sfagi** *1562*, PlinioHistoriaNaturaleDomenichi, 98), **Sfagia** *1598*, TolomeoGeografiaCernoti 2,126r°.

Sfragia *1561*, TolomeoGeografiaRuscelli, 181 («*Sfragia*, Plin. Sphagia»); *1572*, PorcacchiIsole, 29; *1598*, TolomeoGeografiaCernoti 1,29v°; *sec. XVII*, Poesie Barocco (LIZ).

Scàrpanto

Isola del gruppo delle Spòradi meridionali, a sud-ovest di Rodi; ngr. *Κάρπαθος* (DudenAussprache; EGLE; EncTreccani 10,839; EncZanichelli; LdA; NATInd 1995; OKAH). La forma con la *S-* iniziale deriva dalla forma articolata con preposizione (Gerola 1932–1933, 1165). Kramer (1987–1993, 322) spiega la nasale in *Scarpanto* come «rafforzamento della consonante seguente per avvicinarsi al suo suono aspirato [i.e. la *θ*, occlusiva aspirata, di *Κάρπαθος*]».

gr.a. *Κάρπαθος* (Pape), lat.a. *Carpathus* (ForcOnom), lat.med. *Carphatus sive Carpatus* (*a.1406*, SilvestriMontesdeoca), [*insula*] *Carpanti* (*sec. XVs.m.*, BuondelmontiLiberSinner, 70), *Charpati* (*sec. XVs.m.*, BuondelmontiSporadiGerola, 454); nlat. *Carpathi insula* (*1560*, GastaldiNomiGrecia), gr.post-bizant. *Κάρπαθος* (*sec. XVs.m.*, BuondelmontiNēsōnLegrand, 23; *sec. XVI*, PortulansGrecsDelatte, 81).

lat.med. *Scarpanto* (*sec. XIIIfin.*, InsulaeHopf 176).

Carpatos *1292ca.*, BonoGiamboni,Orosio (OVI), **Carpato** *sec. XIIIfin.*, TesoroVolg (OVI) (*Carpaton*); *1562*, StraboneGeografiaBuonacciuoli 1,200r°; *1589*, Garzoni, Piazza (LIZ); *1623*, Marino, Adone (LIZ), **Carpatho** *1476*, PlinioHistoriaNaturaleLandino 4,12; *1543*, PlinioHistoriaNaturaleBrucioli, LXXVI, **Carpantho** *sec. XVs.m.*, BuondelmontiLibroV, 13r°, **Carpanto** *sec. XVs.m.*, BuondelmontiLibroV, 14r°; *1528*, BordoneLibro, Lv°; *1572*, PorcacchiIsole, 29.

Scarpanto *sec. XIIIfin./sec. XIVin.*, Atlante Luxoro (CapacciTopon); *sec. XIVin.*, Carta Cortona (CapacciTopon); *1321*, Atlante Vesconte (CapacciTopon); *1336–1338*, BoccaccioFilocolo (OVI); *1375*, Carta Catalana (CapacciTopon); *1426*, Atlante Giroldis (CapacciTopon); *1475ca.*, Capodilista (MomiglianoLepschy, 29); *1485*, SonettiIsolario, [14]; *sec. XVs.m.*, BuondelmontiLibroA, 5v°; *1501*, SanudoDiarii 4,52; *1528*, BordoneLibro, Lv°; *1560*, GastaldiNomiGrecia; *1561*, TolomeoGeografiaRuscelli, Tabula XVII; *1562*, StraboneGeografiaBuonacciuoli 1,TavolaNomiModerni; *1589*, Garzoni, Piazza (LIZ); *1658*, BoschiniArcipelago, 1; *1696*, CoronelliIsolario, 164; *1860*, Cherubini; *1929*, Bertarelli, 22; *1929–1936*, EncIt 13,526, **Scarpano** *1481*, Brasca (MomiglianoLepschy, 43), **Scarpantho** *1485*, SonettiIsolario, [3]; *sec. XVs.m.*, BuondelmontiLibroV, 3r°, **Scharpanto** *1508*, Carta Benincasa (CapacciTopon), **Scarpato** *1572*, PorcacchiIsole, 29.

Scìro

Isola dell'Egeo centrale, tra → *Eubea* e l'isola di → *Lesbo*, ngr. *Σκύρος*, ted. *Skýros* (DudenAussprache; EGLE; EncTreccani 10,925; EncZanichelli; NATInd 1995; OKAH). In Italiano è dominante tuttoggi la variante palatalizzata.
gr.a. *Σκίρος*, *Σκύρος* (Pape), *Scyros*, *Scyrus* (ForcOnom), lat.med.(acc.) *Schirum* (*sec. XIVp.m.*, DandoloChronicaPastorello, 282; cf. UrkVen 1,153), *Schiros* (*a.1406*, SilvestriMontesdeoca, s.v. *Cyros minor*), *Scyros* (*1477*, TolomeoCosmografiaBologna, [45]), *Schyros* (*sec. XVs.m.*, BuondelmontiLiberSinner, 131), nlat. *Scyrus* (*1560*, GastaldiNomiGrecia; *1696*, CoronelliIsolario, 164), gr.post-bizant. *Σκύρος* (*sec. XVs.m.*, BuondelmontiNēsōnLegrand, 97).
Schir *1321*, Atlante Vesconte (CapacciTopon), **Schiro** *a.1321*, DanteCommedia (OVI); *1373–1374*, Boccaccio, Esposizioni (LIZ); *1452–1481*, LamentoNegroponte, 119; *sec. XVs.m.*, BuondelmontiLibroA, 14r°; *1508*, Carta Benincasa (CapacciTopon); *1658*, BoschiniArcipelago, 90, **Schirro** *sec. XVs.m.*, BuondelmontiLibroV, 3v°, **Schyros** *1500*, SanudoDiarii 3,492.
Sciro *1252/1258*, StorieTroiaRomaL (OVI); *1485*, SonettiIsolario, [98]; *1504*, SanudoDiarii 5,1003; *1508*, Carta Benincasa (CapacciTopon); *1543*, PlinioHistoriaNaturaleBrucioli, LXXVII; *1548*, TolomeoGeografiaMattioli, GrætiaNovaTabula; *1558*, MunsteroCosmografia, 1006; *1560*, GastaldiNomiGrecia; *1561*, TolomeoGeografiaRuscelli, 177; *1562*, PlinioHistoriaNaturaleDomenichi, 100; *1572*, PorcacchiIsole, 34; *1598*, TolomeoGeografiaCernoti 1,27v°; *1623*, Marino, Adone (LIZ); *1736*, Metastasio Achille (LIZ); *1810–1825*, Monti, Iliade (LIZ); *1860*, Cherubini; *1929–1936*, EncIt 32,412, **Scyro** *1476*, PlinioHistoriaNaturaleLandino 4,12; *1482*, BerlinghieriGeographia, III,22, **Scyros** *1528*, BordoneLibro, LXIr°.

Scòpelo

Isola nell'Egeo nord-occidentale, delle Spòradi settentrionali, di fronte alla costa tessalica, vicino all'isola di → *Schiato*; ngr. *Σκόπελος*, arc. *Πεπάρηθος* (EGLE; EncZanichelli; OKAH). È l'antico Peparethos (cf. Kretschmer 1909, 659), anche se gli autori antichi vi ci vedevano a volte due isole separate.[75] L'esito in *-i* presenta un solo testo latino, il Buondelmonti (*Scopeli*).

gr.a. *Πεπάρηθος* (Pape), lat.a. *Peparēthus* (ForcOnom), lat.med. *Peparetos* (*a.1421*, Silvestri ed. Pecoraro, 75), *Peparethos* (*1477*, TolomeoCosmografiaBologna, [45]).

gr.a. *Σκόπελος* (Pape), lat.med. *Scopulo* (*1278ca.*, UrkVen 3,175), lat.med.(acc.) *Scopulum* [accipiunt] (*sec. XIVp.m.*, DandoloChronicaPastorello, 282), *Scopelos* (*1477*, TolomeoCosmografiaBologna, [45]), nlat. *Scopulus* (*1560*, GastaldiNomiGrecia), gr.post-bizant. *Σκόπελος* (*sec. XVs.m.*, BuondelmontiNēsōnLegrand, 96). lat.med. *Scopuli* (*sec. XVs.m.*, BuondelmontiLiberSinner, 130).

Stopoly *sec. XIIs.m./sec. XIIIin.*, Carta Pisana (CapacciTopon).

Scopolo *1321*, Atlante Vesconte (CapacciTopon); *1426*, Atlante Giroldis (CapacciTopon); *1485*, SonettiIsolario, [100]; *1696*, CoronelliIsolario, 164, **Scopulo** *sec. XIVin.*, Carta Cortona (CapacciTopon); *sec. XIIIfin./sec. XIVin.*, Atlante Luxoro (CapacciTopon); *sec. XVs.m.*, BuondelmontiLibroV, 46v°; *1528*, BordoneLibro, LXv°; *1560*, GastaldiNomiGrecia, **Scopeleo** *1476*, PlinioHistoriaNaturaleLandino 5,32, **Scopelo** *1482*, BerlinghieriGeographia, III,22; *1508*, Carta Benincasa (CapacciTopon); *1543*, PlinioHistoriaNaturaleBrucioli, CVII; *1548*, TolomeoGeografiaMattioli, 98r°; *1598*, TolomeoGeografiaCernoti 1,27v°; *1860*, Cherubini; *1929–1936*, EncIt 32,412.

Pepareto *sec. XIV*, LivioDecaIII (OVI); *1561*, TolomeoGeografiaRuscelli, 170; *1562*, StraboneGeografiaBuonacciuoli 1,177v°; *1598*, TolomeoGeografiaCernoti 1,27v°, **Peparetho** *1548*, TolomeoGeografiaMattioli, 98r°; *1562*, PlinioHistoriaNaturaleDomenichi, 101.

Scopuli *1452–1481*, LamentoNegroponte, 119, **Scopoli** *sec. XVs.m.*, BuondelmontiLibroA, 13v°; *1658*, BoschiniArcipelago, 94; *1688*, MagniRelazione, 71, **Scogli** *1572*, PorcacchiIsole, 34.

Opula *1548*, TolomeoGeografiaMattioli, GrætiaNovaTabula; *1562*, StraboneGeografiaBuonacciuoli 1,TavolaNomiModerni; *1598*, TolomeoGeografiaCernoti 2,124v°, **Opuli** *1561*, TolomeoGeografiaRuscelli, Tabula XVII.

Serìfo

Isola dell'Egeo, delle Cìcladi centro-occidentali. In italiano antico fu anche chiamato *Serfanto*, ngr. *Σέριφος*, ted. *Seriphos* (DudenAussprache; EGLE; EncTreccani 11, 9; 11,14; EncZanichelli s.v. Cicladi; LdA; NATInd 1995; OKAH). Grande varietà di varianti fonetiche e grafiche. Ebbero successo sia le varianti nella tradizione della forma antica, sia le varianti con la sincope della *-i-* (*Serf-*).

---

[75] Cf. Philippson (1901, 128, n. 3): «Skópelos wird, neben Pepárethos, von Ptolemaius und den Byzantinern als besondere Insel aufgeführt. Wahrscheinlich führte die Insel damals beide Namen, die dann von den Gelehrten irrtümlich auf zwei verschiedene Inseln bezogen wurden».

gr.a. *Σέριφος* (Pape), lat.a. *Serīphus* (ForcOnom), lat.med. *Seriphos* (*a.1406*, SilvestriMontesdeoca, s.v. *Cyclades*); nlat. *Seryphi* (*1560*, GastaldiNomiGrecia), gr.postbizant. *Σέριφος* (*sec. XVI*, PortulansGrecsDelatte, 100).
lat.med. *Leserfene* (*1278ca.*, UrkVen 3,239), lat.med.(acc.) *Serfinum* (*sec. XVs.m.*, BuondelmontiLiberSinner, 83), gr.post-bizant. *Σερφήνη* (*sec. XVs.m.*, BuondelmontiNēsōnLegrand, 40).
Serifo *a.1313*, OvidioArteAmB (OVI); *1562*, PlinioHistoriaNaturaleDomenichi, 100; *1562*, StraboneGeografiaBuonacciuoli 1,198v°; *1598*, TolomeoGeografiaCernoti 2,125v°; *1623*, Marino, Adone (LIZ); *1696*, CoronelliIsolario, 164; *1773*, PaschArcipelago, 82; *1903*, D'Annunzio, Maia (LIZ), **Seripho** *1476*, PlinioHistorianaturaleLandino, 4,12; *1528*, BordoneLibro, XLIIv°; *1543*, PlinioHistoriaNaturaleBrucioli, LXXVII; *1548*, TolomeoGeografiaMattioli, 101v°, **Serypho** *1482*, BerlinghieriGeographia, III,27.
Selfine *sec. XIIs.m./sec. XIIIin.*, Carta Pisana (CapacciTopon), **Serfone** *sec. XIIIfin./sec. XIVin.*, Atlante Luxoro (CapacciTopon); *1528*, BordoneLibro, XLIIv° «serfone che gl'antichi dissero seripho»; *1598*, TolomeoGeografiaCernoti 2,125v°, **Serfine** *sec. XIVin.*, Carta Cortona (CapacciTopon), **Serfene** *1426*, Atlante Giroldis (CapacciTopon), **Serphino** *1482*, BerlinghieriGeographia, III,27; *1485*, SonettiIsolario, [32]; *sec. XVs.m.*, BuondelmontiLibroV, 21r°, **Serfino** *1485*, SonettiIsolario, [4]; *sec. XVs.m.*, BuondelmontiLibroV, 21r°; *sec. XVs.m.*, BuondelmontiLibroA, 7v°; *1560*, GastaldiNomiGrecia; *1562*, PlinioHistoriaNaturaleDomenichi, 100; *1562*, StraboneGeografiaBuonacciuoli 1,TavolaNomiModerni; *1572*, PorcacchiIsole, 29; *1658*, BoschiniArcipelago, 32, **Serphine** *sec. XVs.m.*, BuondelmontiLibroV, 3r°, **Serfano** *sec. XV*, Portolano Parma Magliabecchi (KretschmerPortolane, 657), **Serfanto** *1860*, Cherubini.
Serfi *1485*, SonettiIsolario, [48], **Serfo** *1773*, PaschArcipelago, 82.

Sìcandro

Isola dell'Egeo, delle Cìcladi meridionali; ngr. *Σίκινος*, ted. *Sikinos* (AITCI; EGLE; EncTreccani 11,147; 11,113; NATInd 1995). Gli *Isolari* riportano la variante medievale *Sicandro*, che in italiano ancora è in uso, mentre nel greco ufficiale si è tornati alla forma classica.
gr.a. *Σίκινος* (Pape), lat.med. *Cycinos* (*a.1406*, SilvestriMontesdeoca, s.v. *Cyclades*); nlat. *Sicini insula* (*1560*, GastaldiNomiGrecia), gr.post-bizant. *Σίκινος* (*sec. XVI*, PortulansGrecsDelatte, 94).
lat.med. *Sicandros* (*sec. XVs.m.*, BuondelmontiLiberSinner, 79), gr.post-bizant. *Σύκανδρος* (*sec. XVs.m.*, BuondelmontiNēsōnLegrand, 35).
Sicino *sec. XIIIfin./sec. XIVin.*, Atlante Luxoro (CapacciTopon); *1426*, Atlante Giroldis (CapacciTopon); *1476*, PlinioHistoriaNaturaleLandino 4,12; *1482*, BerlinghieriGeographia, III,27; *1528*, BordoneLibro, XLIIIv°; *1543*, PlinioHistoriaNaturaleBrucioli, LXXVIII; *1548*, TolomeoGeografiaMattioli, 101v°; *1562*, PlinioHistoriaNaturaleDomenichi, 101; *1598*, TolomeoGeografiaCernoti 2,125v°; *1696*, CoronelliIsolario, 164, **Sichino** *1548*, TolomeoGeografiaMattioli, 101v°; *1560*, GastaldiNomiGrecia; *1561*, TolomeoGeografiaRuscelli, 177; *1562*, PlinioHi-

storiaNaturaleDomenichi, 100; *1773*, PaschArcipelago, 32, **Siccino** *1658*, Boschini-Arcipelago, 26, **Sikinos** *1860*, Cherubini.
Sicandro *1321*, Atlante Vesconte (CapacciTopon); *sec. XVs.m.*, Buondelmonti-LibroA, 7r°; *1482*, BerlinghieriGeographia, III,27; *1485*, SonettiIsolario, [4]; *sec. XVs.m.*, BuondelmontiLibroV, 18v°; *1508*, Carta Benincasa (CapacciTopon); *1528*, BordoneLibro, XLVv°; *1548*, TolomeoGeografiaMattioli, 103r°; *1560*, GastaldiNomiGrecia; *1562*, StraboneGeografiaBuonacciuoli 1,TavolaNomiModerni; *1572*, PorcacchiIsole, 33; *1598*, TolomeoGeografiaCernoti 1,30r°; *1658*, BoschiniArcipelago, 26; *1696*, CoronelliIsolario, 164; *1929–1936*, EncIt 31,651.

Sifno

Isola dell'Egeo, delle Cìcladi occidentali, ngr. *Σίφνος* (DudenAussprache; EGLE; EncTreccani 11,133; EncZanichelli; GDU; LdA; VOUR). Negli *Isolari* la variante più frequente è la forma con l'*-a-* epentetica (del tipo *Sifano*).
gr.a. *Σίφνος* (Pape), lat.a. *Siphnus*, *Siphnos* (ForcOnom), lat.med. *Sipanos* (*a.1406*, SilvestriMontesdeoca, s.v. *Cyclades*); nlat. *Siphni insula* (*1477*, TolomeoCosmografiaBologna, [47]; *1560*, GastaldiNomiGrecia).
lat.med. *Sifanto* (*sec. XIIIfin.*, InsulaeHopf 176), *Siphanos* (*sec. XVs.m.*, BuondelmontiLiberSinner, 82), gr.post-bizant. *Σύφανος* (*sec. XVs.m.*, BuondelmontiNēsōnLegrand, 39), *Σίφουνος* (*sec. XVI*, PortulansGrecsDelatte, 99).
Sisano *sec. XIIs.m./sec. XIIIin.*, Carta Pisana (CapacciTopon).
Sifano *sec. XIIIfin./sec. XIVin.*, Atlante Luxoro (CapacciTopon); *sec. XIVin.*, Carta Cortona (CapacciTopon); *1375*, Carta Catalana (CapacciTopon); *1426*, Atlante Giroldis (CapacciTopon); *1485*, SonettiIsolario, [4]; *sec. XVs.m.*, Buondelmonti-LibroA, 7v°; *1511*, GrassettoViaggio, 15; *1558*, MunsteroCosmografia, 1005; *1560*, GastaldiNomiGrecia; *1561*, TolomeoGeografiaRuscelli, 177; *1562*, PlinioHistoria-NaturaleDomenichi, 100; *1562*, StraboneGeografiaBuonacciuoli 1,TavolaNomiModerni; *1598*, TolomeoGeografiaCernoti 2,125v°; *1658*, BoschiniArcipelago, 28; *1696*, CoronelliIsolario, 164; *1773*, PaschArcipelago, 87, **Siphano** *1482*, BerlinghieriGeographia, III,27; *1485*, SonettiIsolario, [32]; *sec. XVs.m.*, BuondelmontiLibroV, 20r°; *1548*, TolomeoGeografiaMattioli, 101v°, **Siphanto** *1500*, SanudoDiarii 3,667, **Sifanto** *1511*, GrassettoViaggio, 29; *1773*, PaschArcipelago, 87; *1860*, Cherubini, **Siffano** *1572*, PorcacchiIsole, 33.
Siphno *1476*, PlinioHistoriaNaturaleLandino, 4,12; *1482*, BerlinghieriGeographia, III,27; *1543*, PlinioHistoriaNaturaleBrucioli, LXXVII; *1548*, TolomeoGeografia-Mattioli, 101v°, **Sifno** *1561*, TolomeoGeografiaRuscelli, 177; *1562*, StraboneGeografiaBuonacciuoli 1,198v°; *1598*, TolomeoGeografiaCernoti 1,29r°; *1623*, Marino, Adone (LIZ); *1903*, D'Annunzio, Maia (LIZ); *1929–1936*, EncIt 32,412.
Cifalo *1508*, Carta Benincasa (CapacciTopon).

Sìmi

Isola del gruppo delle Spòradi meridionali, a nord-ovest di Rodi, poco lontana della costa turca; ngr. *Σύμη*, ted. *Symi* (AITCI; EGLE; EncTreccani 11,171; NATInd 1995; VOUR). Kramer (1987–1993, 323) cita le varianti *Scimmie* e *Le Simie*: «si

raccontavano storie fantastiche sulla presenza di scimmie sull'isola». La variante *Simi*, in uso fin'oggi, rappresenta la grafia ufficiale italiana, che si orienta alla forma greca.
gr.a. *Σύμη* (ForcOnom; Pape), lat.a. *Syme* (ForcOnom), lat.med. *Simie* (*sec. XVs.m.*, BuondelmontiSporadiGerola, 466), *Simeæ* [*insula*] (*1477*, TolomeoCosmografiaBologna, [67]), gr.post-bizant. *Σίμεια* (*sec. XVs.m.*, BuondelmontiNēsōnLegrand, 29).
Simie *sec. XIIIfin./sec. XIVin.*, Atlante Luxoro (CapacciTopon); *1321*, Atlante Vesconte (CapacciTopon); *1375*, Carta Catalana (CapacciTopon); *1426*, Atlante Giroldis (CapacciTopon); *1485*, SonettiIsolario, [18]; *sec. XVs.m.*, BuondelmontiLibroV, 15v°; *sec. XVs.m.*, BuondelmontiLibroA, 2v°; *1508*, Carta Benincasa (CapacciTopon); *1528*, BordoneLibro, LII v; *1572*, PorcacchiIsole, 29, *1658*, BoschiniArcipelago, 12; *1696*, CoronelliIsolario, 164; *1773*, PaschArcipelago, 15, **Simi** *1929*, Bertarelli, 22; *1929–1936*, EncIt 32,413.

Sìra

Isola dell'Egeo centrale, delle Cìcladi centrali; ngr. *Σύρος*, ted. *Sýros* (AITCI; EGLE; EncTreccani 11,217; EncZanichelli; NATInd 1995; OKAH). La forma sembra essere stata poco conosciuta nel '400 e '500. Accanto all'uso ufficiale esiste nell'uso popolare la forma in *-a*, *Sýra* (Philippson 1950–1959, vol. 4, 81).
gr.a. *Σύρος* (Pape), lat.a. *Syrus* (ForcOnom).
lat.med. *Lasuda* (*1278ca.*, UrkVen 3,264), *Suda* (*sec. XVs.m.*, BuondelmontiLiberSinner, 93), nlat. *Sucla seu Hyeræ insula* (*1560*, GastaldiNomiGrecia), gr.post-bizant. *Σοῦδα* (*sec. XVs.m.*, BuondelmontiNēsōnLegrand, 52).
Suda *1320ca.*, Carta Vesconte (KretschmerPortolane, 663); *sec. XV*, Portolano Parma Magliabecchi (KretschmerPortolane, 663); *1482*, BerlinghieriGeographia, III,27; *1485*, SonettiIsolario, [50]; *sec. XVs.m.*, BuondelmontiLibroV, 26v°; *sec. XVs.m.*, BuondelmontiLibroA, 8v°; *1508*, Carta Benincasa (CapacciTopon); *1511*, GrassettoViaggio, 19; *1560*, GastaldiNomiGrecia, **Lasua** *sec. XVp.m.*, Atlanti Giroldis (KretschmerPortolane, 663), **Sudda** *1572*, PorcacchiIsole, 30.
Sira *1709*, SomaveraTesoro, 438; *1929–1936*, EncIt 31,868, **Syros** *1813*, Leopardi, Astronomia (LIZ); *1929–1936*, EncIt 10,206.

Skiátos

Isola nell'Egeo nord-occidentale, delle Spòradi settentrionali, di fronte alla costa tessalica, vicino all'isola di → *Scopelo*; ngr. *Σκιάθος*, *Σκίαθος* (AITCI; DudenAussprache; VOUR). «La diversità di grafia presso gli antichi cartografi [...] si ritrova nell'incertezza dei moderni geografi, che scrivono Sciato, Schiato e Skiato» (Armao 1947, 258). In Sanudo si trova la forma *Schiati Scopuli* (*1500*, SanudoDiarii 3,492), che spiega la moltitudine di varianti in *-i*, indicando che si tratta di un gruppetto di scogli. L'esito in *-i* non si trova né in latino né in greco a parte che nel Buondelmonti latino.
gr.a. *Σκίαθος* (Pape), lat.a. *Sciathos*, *Sciathus* (ForcOnom), lat.med.(acc.) *Schiatum* (*sec. XIVp.m.*, DandoloChronicaPastorello, 282), *Schiatos* (*a.1406*, Silvestri ed. Pecoraro, 206; *1477*, TolomeoCosmografiaBologna, [45]); nlat. *Schiatus* (*1560*, Ga-

staldiNomiGrecia), gr.post-bizant. *Σκύαθος* (*sec. XVs.m.*, BuondelmontiNēsōnLegrand, 96), *Σκιάθος* (*sec. XVI*, PortulansGrecsDelatte, 274).
lat.med. *Schiati* (*sec. XVs.m.*, BuondelmontiLiberSinner, 130).
Schiatto *1452–1481*, LamentoNegroponte, 119, **Scyato** *1476*, PlinioHistoriaNaturaleLandino 4,12, **Sciato** *1543*, PlinioHistoriaNaturaleBrucioli, LXXVIII; *1548*, TolomeoGeografiaMattioli, 98r°; *1562*, PlinioHistoriaNaturaleDomenichi, 101; *1562*, StraboneGeografiaBuonacciuoli 1,177v°; *1598*, TolomeoGeografiaCernoti 1,26v°, **Skíathos** *1929–1936*, EncIt 32,413.
Schiati *sec. XVs.m.*, BuondelmontiLibroV, 3v°; *sec. XVs.m.*, BuondelmontiLibroA, 13v°; *1500*, SanudoDiarii 3,492; *1560*, GastaldiNomiGrecia; *1562*, StraboneGeografiaBuonacciuoli 1,TavolaNomiModerni; *1572*, PorcacchiIsole, 34; *1598*, TolomeoGeografiaCernoti 2,124v°, **Sciatti** *1482*, BerlinghieriGeographia, III,27 («sciatho decta hoggi sciatti»), **Sciati** *1485*, SonettiIsolario, [102]; *1528*, BordoneLibro, LXv°; *1548*, TolomeoGeografiaMattioli, GrætiaNovaTabula; *1561*, TolomeoGeografiaRuscelli, Tabula XVII; *1658*, BoschiniArcipelago, 94; *1860*, Cherubini.

Stampàlia

Isola dell'Egeo sud-orientale, delle Spòradi; ngr. *Αστυπάλαια*, ted. *Astypalaia* (EGLE; EncTreccani 11,576; EncZanichelli; NATInd 1995; OKAH). I nomi medievali adattono l'abbreviazione greca *στὴν Παλιά*; cf. Kramer (1987–1993, 323) che spiega la *a* (*Stam-*, *Stan-*) con «l'assimilazione progressiva o [...] l'influsso di un'etimologia popolare che cerca un collegameto con *stampa*»).[76] Per Buondelmonti la diacronia non sembra essere chiara: «πρὸς τὴν πάλαι μὲν Στυμφαλαίαν, νῦν δὲ 'Αστυπαλαίαν καλουμένην» (*sec. XVs.m.*, BuondelmontiNēsōnLegrand, 33).
gr.a. *'Αστυπάλαια* (Pape), lat.a. *Astypalæa* (ForcOnom), lat.med. *Astiphalea* (*a.1406*, SilvestriMontesdeoca), *Astimphalea* (*sec. XVs.m.*, BuondelmontiSporadiGerola, 471), nlat. *Astipalæas insula* (*1560*, GastaldiNomiGrecia), gr.post-bizant. *'Αστυπαλαία* (*sec. XVs.m.*, BuondelmontiNēsōnLegrand, 33), *'Αστυπαλία*, *sec. XVI*, PortulansGrecsDelatte, 89).
lat.med. *Stampalea* (*sec. XIVp.m.*, DandoloChronicaPastorello, 302; *sec. XVs.m.*, BuondelmontiLibroSinner, 77), gr.post-bizant. *Στυμφαλαία* (*sec. XVs.m.*, BuondelmontiNēsōnLegrand, 33).
Stanpalea *sec. XIIs.m./sec. XIIIin.*, Carta Pisana (CapacciTopon), **Stampalia** *1485*, SonettiIsolario, [4]; *sec. XVs.m.*, BuondelmontiLibroA, 6v°; *1528*, BordoneLibro, XLVIIv°; *1511*, GrassettoViaggio, 20; *1548*, TolomeoGeografiaMattioli, GrætiaNovaTabula; *1560*, GastaldiNomiGrecia; *1562*, StraboneGeografiaBuonacciuoli 1,TavolaNomiModerni; *1598*, TolomeoGeografiaCernoti 2,125v°; *1658*, BoschiniArcipelago, 3; *1696*, CoronelliIsolario, 164; *1773*, PaschArcipelago, 14; *1860*, Cherubini; *1912*, D'Annunzio, Merope (LIZ); *1929*, Bertarelli, 22; *1929–1936*, EncIt 10, 206, **Stampalea** *sec. XVs.m.*, BuondelmontiLibroV, 17r°; *1572*, PorcacchiIsole, 34.
Stimpalia *sec. XIIIfin./sec. XIVin.*, Atlante Luxoro (CapacciTopon), **Stimpalea** *1321*, Atlante Vesconte (CapacciTopon); *sec. XVs.m.*, BuondelmontiLibroV, 17r°,

---

[76] Philippson (1950–1959, vol. 4, 157) cita anche la variante greco-popolare *Astropaliá*.

Stipalea *a.1333*, Simintendi (OVI), **Stopalea** *sec. XIVin.*, Carta Cortona (CapacciTopon), **Stinpalea** *1375*, Carta Catalana (CapacciTopon), **Stinpalia** *1426*, Atlante Giroldis (CapacciTopon), **Stiphalia** *sec. XVs.m.*, BuondelmontiLibroV, 17r°, **Stinfalea** *1572*, PorcacchiIsole, 34.
Astifalea *a.1313*, OvidioArteAmB (OVI), **Astiphalea** *1476*, PlinioHistoriaNaturaleLandino 4,12; *1543*, PlinioHistoriaNaturaleBrucioli, LXXVIII, **Astypalea** *1482*, BerlinghieriGeographia, V,4, **Astipalea** *1485*, SonettiIsolario, [24]; *1562*, PlinioHistoriaNaturaleDomenichi, 101; *1562*, StraboneGeografiaBuonacciuoli 1,200r°; *1598*, TolomeoGeografiaCernoti 2,125v°; *1623*, Marino, Adone (LIZ); *1696*, CoronelliIsolario, 164, **Astipalia** *1528*, BordoneLibro, XLVIIv°.

Stròfadi

Gruppo di isole nel mar Ionio, situato isolato a sud di Zante; ngr. *Στροφάδες*, *Στροφάδια*, ted. *Strophäden* (EncTreccani 11,746; EncZanichelli; LdA; NATInd 1995; VOUR). La motivazione del nome è mitologico.[77] Porcacchi confonde le *Strofadi* con gli → *Echinadi*, seguendo il Buondelmonti.[78]
gr.a. *Στροφάδες* (Pape), lat.a. *Strophades* (ForcOnom), lat.med., nlat. *Strophades* (*1477*, TolomeoCosmografiaBologna, [49]; *sec. XVs.m.*, BuondelmontiLiberSinner, 61; *1560*, GastaldiNomiGrecia), gr.post-bizant. *Στροφάδες* (*sec. XVs.m.*, BuondelmontiNēsōnLegrand, 13), *Στρουφάδια* (*sec. XVI*, PortulansGrecsDelatte, 52).
Stansarie *sec. XIIs.m./sec. XIIIin.*, Carta Pisana (CapacciTopon).
Strofade *1316*, LanciaEneidevolg (OVI); *sec. XVs.m.*, BuondelmontiLibroA, 3v°; *1561*, TolomeoGeografiaRuscelli, 181; *1589*, Garzoni, Piazza (LIZ); *sec. XVII*, Poesie Barocca (LIZ), **Strophade** *1476*, PlinioHistoriaNaturaleBrucioli 4,12; *1482*, BerlinghieriGeographia, III,30; *sec. XVs.m.*, BuondelmontiLibroV, 3r°; *1528*, BordoneLibro, XXXVIv°; *1543*, PlinioHistoriaNaturaleBrucioli, LXXV, **Strophades** *sec. XVs.m.*, BuondelmontiLibroV, 8r°; *1511*, GrassettoViaggio, 86, **Strofades** *1511*, GrassettoViaggio, 18, **Strofadi** *1562*, StraboneGeografiaBuonacciuoli 1,146v°; *1572*, PorcacchiIsole, 29; *1598*, TolomeoGeografiaCernoti 2,126r°; *1910*, GeorgesCalonghiApp; *1929–1936*, EncIt 19,452.
Strivali *sec. XIIIfin./sec. XIVin.*, Atlante Luxoro (CapacciTopon); *1426*, Atlante Giroldis (CapacciTopon); *1504*, SanudoDiarii 5,793; *1511*, GrassettoViaggio, 86; *1528*, BordoneLibro, XXXVIv°; *1560*, GastaldiNomiGrecia; *1561*, TolomeoGeografiaRuscelli, 181; *1572*, PorcacchiIsole, 29; *1598*, TolomeoGeografiaCernoti 2,126r°; *1860*, Cherubini; *1910*, GeorgesCalonghiApp, **Strivalli** *1426*, Atlante Giroldis (CapacciTopon); *sec. XVs.m.*, BuondelmontiLibroA, 3v°; *1511*, GrassettoViaggio, 18.

---

[77] «[...] die ‹Umkehr-Inseln› [wurden] der Sage nach so genannt, weil die Söhne des Boreas bei der Verfolgung der *harpyien* hier auf Befehl des Zeus umkehrten und so diese Inseln den scheußlichen Vogel-Ungetümen als Wohnplatz überließen» (Philippson 1950–1959, vol. 2/2, 541).

[78] La fonte di Buondelmonti per l'identificazione erronea era probabilmente Apollodoro; cf. Gerola (1933–1932, 1153).

Strongile

Nome di più isole egee vulcaniche (e non solo: cf. l'it. *Stromboli*),[79] tali → *Nasso*. Oggi *Strongýle*, ngr. *Στρογγυλή* viene chiamato un isolotto a nord di *Nisiro* e un altro a est di *Sifno* (AITCI; EGLE; VOUR). Il nome deriva dal gr. *στρογγύλος* 'rotondo' e si riferisce quindi all'aspetto tipico di un cratere vulcanico.[80]
gr.a. *Στρογγύλη*, *Στρογγυλαῖος* (Pape), lat.a. *Strongyle* (ForcOnom), lat.met. *Strongyle* (*sec. XVs.m.*, BuondelmontiLiberSinner, 96: *Naxos*), gr.post-bizant. *Στρογγύλη* (*sec. XVs.m.*, BuondelmontiNēsōnLegrand, 56: *Nasso*), *Στρογγυλή* (*sec. XVI*, PortulansGrecsDelatte, 254).
lat.med. *Strovilos* (*1199ca.*, UrkVen 1,265: vicino a *Coo*).
Strongyle *1476*, PlinioHistoriaNaturaleLandino 4,12 (*Nasso*), **Strongile** *sec. XVs.m.*, BuondelmontiLibroA, 9r° (*Nasso*); *1543*, PlinioHistoriaNaturaleBrucioli, LXXVII (*Nasso*); *1558*, MunsteroCosmografia, 1006 (*Nasso*); *1562*, PlinioHistoriaNaturaleDomenichi, 100 («Naxo, da Delo diciotto, con la città, che alcuni chiamarono Strongile, poi Dia, finalmente Dionisiada dalla fertilità delle vigne, altri Sicilia minore, over Callipoli»); *1572*, PorcacchiIsole, 34 (*Nasso*); *1658*, BoschiniArcipelago, 48 (*Nasso*), **Strongioli** *1528*, BordoneLibro, XLVr°, **Strongilo** *1658*, BoschiniArcipelago, 79 (a est di *Chio*); *1773*, PaschArcipelago, 102 («Alla parte occidentale di Antiparos vi sono due piccole isolette, o scogliere, affatto disabitate, l'una si chiama Despotico, l'altra Strongilo»); *1929–1936*, EncIt 20,952 (vicino a *Lero*), **Strongili** *1773*, PaschArcipelago, 53 (*Nasso*), *1929–1936*, EncIt 24,843 (vicino a *Nisiro*).

Tàso

Isola e città del mare Egeo, di fronte alla costa tracica; ngr. *Θάσος*, ted. *Thásos* (DudenAussprache; EGLE; EncTreccani 11,974; EncZanichelli; LdA; NATInd 1995; OKAH). La tradizione della denominazione è continua fin dall'antichità. I primi testimoni italiani si trovano nei Portolani.
gr.a. *Θάσος* (Pape), lat.a. *Thăsus*, *Thasos* (ForcOnom), lat.med. *Taxo* (*1278ca.*, UrkVen 3,165; *sec. XVs.m.*, BuondelmontiLiberSinner, 127), gr.post-bizant. *Θάσος* (*sec. XVs.m.*, BuondelmontiNēsōnLegrand, 92).
Tassu *sec. XIIs.m./sec. XIIIin.*, Carta Pisana (CapacciTopon), **Tasu** *sec. XIVin.*, Carta Cortona (CapacciTopon), **Taxo** *sec. XIIIfin./sec. XIVin.*, Atlante Luxoro (CapacciTopon); *1321*, Atlante Vesconte (CapacciTopon); *1375*, Carta Catalana (CapacciTopon); *1482*, BerlinghieriGeographia, III,20; *sec. XVs.m.*, BuondelmontiLibroV; 44r°; *1502*, SanudoDiarii 4,307, **Tasso** *1426*, Atlante Giroldis (CapacciTopon); *sec. XVs.m.*, BuondelmontiLibroA, 13v°; *1500*, SanudoDiarii 3,993, *1508*, Carta Benincasa (CapacciTopon); *1528*, BordoneLibro, LIXv°; *1543*, PlinioHistoriaNaturale-

---

[79] L'isola italiana, delle Eolie, *Stromboli* < gr. *Στρογγύλη* (Strabo); lat. *Strongylē* (Plinio), con accostamento secondario a *strombus*, gr.a. *στρόμβος* 'oggetto arrotondato; conchiglia conica'; cf. DizTopon, *Strongile* (*1345–1367ca.*, FaziodegliUbertiDittamondo (OVI)).

[80] «Die Insel ist ein rundlicher Kegelberg [...] Strongylí [...] ist ein eigener wohlerhaltener Vulkan» (Philippson 1950–1959, vol. 4, 303), per l'isola delle Spòradi meridionali, vicino a *Nisiro*.

Brucioli, LXXIX; *1572*, PorcacchiIsole, 34; *1598*, TolomeoGeografiaCernoti 2,124r°; *1658*, BoschiniArcipelago, 86; *1696*, CoronelliIsolario, 164, **Thaso** *1476*, PlinioHistoriaNaturaleLandino 4,12; *1482*, BerlinghieriGeographia, III,27, **Taso** *1548*, TolomeoGeografiaMattioli, GrætiaNovaTabula; *1561*, TolomeoGeografiaRuscelli, Tabula XVII; *1860*, Cherubini; 1910, GeorgesCalonghiApp; *1929–1936*, EncIt 32,412, **Tassi** *1708*, Gemelli Careri, VOUR.

Tèrmia

Isola del gruppo delle Cìcladi, a nord di Serifo. Centro principale è *Thermia*; it. anche *Citno*, ngr. *Κύθνος*, ted. *Kythnos* (EGLE; EncTreccani 3,76; 12,70; EncZanichelli s.v. Cicladi; NATInd 1995; OKAH).
gr.a. *Κύθνος* (Pape), lat.a. *Cythnus* (ForcOnom), lat.med. *Cythnos* (*1477*, TolomeoCosmografiaBologna, [47]).
lat.med. *Thermia* (*sec. XVs.m.*, BuondelmontiLiberSinner, 84), gr.post-bizant. *Θέρμεια* (*sec. XVs.m.*, BuondelmontiNēsōnLegrand, 42), *Θερμία* (*sec. XVI*, PortulansGrecsDelatte, 101).
lat.med. *Fermenia* (*1278ca.*, UrkVen 3,173: «in portu de Fermeniis»).
Citno *1562*, PlinioHistoriaNaturaleDomenichi, 100; *1598*, TolomeoGeografiaCernoti 1,28v°; *1623*, Marino, Adone (LIZ); *1903*, D'Annunzio, Maia (LIZ); *1929–1936*, EncIt 10,460.
Thermia *1482*, BerlinghieriGeographia, III,27; *1572*, PorcacchiIsole, 29; *1696*, CoronelliIsolario, 164; *1773*, PaschArcipelago, 80; *1929–1936*, EncIt 33,765, **Termia** *1485*, SonettiIsolario, [38]; *sec. XVs.m.*, BuondelmontiLibroV, 21v°; *sec. XVs.m.*, BuondelmontiLibroA, 7v°; *1860*, Cherubini; *1773*, PaschArcipelago, 80, **Thermo** *sec. XVs.m.*, BuondelmontiLibroV, 21v°.
Fermenea *sec. XIIs.m./sec. XIIIin.*, Carta Pisana (CapacciTopon), **Ferminia** *sec. XIIIfin./sec. XIVin.*, Atlante Luxoro (CapacciTopon), **Fermenia** *1485*, SonettiIsolario, [4]; *1508*, Carta Benincasa (CapacciTopon); *1548*, TolomeoGeografiaMattioli, GrætiaNovaTabula; *1561*, TolomeoGeografiaRuscelli, Tabula XVII; *1658*, BoschiniArcipelago, 34, **Fermene** *1528*, BordoneLibro, XLIIr°; *1558*, MunsteroCosmografia, 1005.
Termine *sec. XVs.m.*, BuondelmontiLibroV, 3r°.

Thirasía

Isolotto dell'Egeo, delle Cìcladi meridionali. Costituisce con Le Isole di → *Santorino* e *Kameni* l'avanzo di un antico e ampio cratere vulcanico; ngr. *Θηρασία*, turc. *Deïrmenlik* 'mill-house' (EGLE; EncTreccani 12,73; EncZanichelli; Georgacas 1970, 349; NATInd 1995; VOUR). Il nome antico – diminutivo di *Θήρα* – fu conservato nella tradizione popolare e usato anche nella cartografia italiana (cf. Georgacas 1970, 348). *Thirasia* è negli *Isolari* identificata con l'isola di → *Santorino*.
gr.a. *Θηρασία* (Pape), lat.a. *Thērăsĭa* (ForcOnom), lat.med. *Terasia* (*a.1406*, SilvestriMontesdeoca), lat. med., nlat. *Therasia* (*1477*, TolomeoCosmografiaBologna, [47]; *sec. XVs.m.*, BuondelmontiLiberSinner, 78; *1560*, GastaldiNomiGrecia «The-

rasiæ insula»), gr.post-bizant. *Τερασία* (*sec. XVs.m.*, BuondelmontiNēsōnLegrand, 34).

Terasia *1476*, PlinioHistoriaNaturaleLandino 4,12; *sec. XVs.m.*, Buondelmonti-LibroA, 6v°; *1543*, PlinioHistoriaNaturaleBrucioli, LXXVIII; *1562*, StraboneGeografiaBuonacciuoli 1,TavolaNomiAntichi; *1598*, TolomeoGeografiaCernoti 1,28v°; *1658*, BoschiniArcipelago, 3, **Therasia** *1476*, PlinioHistoriaNaturaleLandino, 2,89; *1482*, BerlinghieriGeographia, III,27; *1548*, TolomeoGeografiaMattioli, 101v°; *1558*, MunsteroCosmografia, 1006; *1572*, PorcacchiIsole, 33; *1696*, CoronelliIsolario, 164; *1773*, PaschArcipelago, 46, **Thiresia** *1485*, SonettiIsolario, [28], **Tiresia** *1528*, BordoneLibro, XLVIIIr°; *1560*, GastaldiNomiGrecia; *1562*, StraboneGeografiaBuonacciuoli 1,TavolaNomiModerni.

Cherasia *sec. XVs.m.*, BuondelmontiLibroV, 17v°.

Tino

Isola delle Cìcladi settentrionali, ngr. *Τήνος*, ted. *Ténos* (DudenAussprache; EGLE; EncTreccani 12,110; EncZanichelli; NATInd 1995; OKAH). La variante con *-e-* è propria alla tradizione dotta della traduzione delle *Geografie* antiche e alla tradizione letteraria.

gr.a. *Τῆνος* (Pape), lat.a. *Tēnus*, *Tenos* (ForcOnom), lat.med. *Tenas* (*a.1406*, SilvestriMontesdeoca, s.v. *Cyclades*).

lat.med. *Tine* (*sec. XIIIfin.*, InsulaeHopf 176), lat.med.(acc.pl.) *Tinas* [accipiunt] (*sec. XIVp.m.*, DandoloChronicaPastorello, 282), lat.med. *Tini* [*insula*] (*1477*, TolomeoCosmografiaBologna, [47]), *Tino* (*sec. XVs.m.*, BuondelmontiLibroSiner, 89), gr.post-bizant. *Τῆνος* (*sec. XVs.m.*, BuondelmontiNēsōnLegrand, 47; *sec. XVI*, PortulansGrecsDelatte, 107).

Tines *sec. XIIIfin./sec. XIVin.*, Atlante Luxoro (CapacciTopon); *1548*, TolomeoGeografiaMattioli, GrætiaNovaTabula, **Tine** *1426*, Atlante Giroldis (CapacciTopon); *1485*, SonettiIsolario, [4]; *1500*, SanudoDiarii 3,1020; *1548*, TolomeoGeografiaMattioli, 101v°; *1562*, PlinioHistoriaNaturaleDomenichi, 100; *1562*, StraboneGeografiaBuonacciuoli 1,TavolaNomiModerni; *1598*, TolomeoGeografiaCernoti 1,28v°; *1658*, BoschiniArcipelago, 28; *1696*, CoronelliIsolario, 164; *1773*, PaschArcipelago, 71; *1860*, Cherubini, **Tino** *1452–1481*, LamentoNegroponte, 117; *1482*, BerlinghieriGeographia, III,27; *sec. XVs.m.*, BuondelmontiLibroV, 23v°; *sec. XVs.m.*, BuondelmontiLibroA, 8r°; *1528*, BordoneLibro, XLv°; *1572*, PorcacchiIsole, 30; *1598*, TolomeoGeografiaCernoti 1,28v°; *1658*, BoschiniArcipelago, 36; *1929–1936*, EncIt 13,525, **Tini** *1508*, Carta Benincasa (CapacciTopon), **Tina** *1598*, TolomeoGeografiaCernoti 2,125r°.

Teno *1476*, PlinioHistoriaNaturaleLandino 4,11; *1482*, BerlinghieriGeographia, III,17; *1548*, TolomeoGeografiaMattioli, 101v°; *1562*, StraboneGeografiaBuonacciuoli 1,198v°; *1598*, TolomeoGeografiaCernoti 1,28v°; *1623*, Marino, Adone (LIZ); *1903*, D'Annunzio, Maia (LIZ).

Zànte

Isola del gruppo delle Ionie meriodionali; detta anche Zacinto dal figlio del mitico Dardano; it. anche *Zacinto*, ngr. *Zάκυνθος*, ted. *Zakýnthos* (DudenAussprache; EG-LE; EncTreccani 12,1057; EncZanichelli; GDU s.v. *zacintio*; NATInd 1995; OK-AH). Come nel caso di → *Arcipelago* e → *Negroponte* la forma italianizzata, che rappresenta un'abbreviazione della forma antica, entrava nell'uso greco. Venne sostituito nell'uso ufficiale dalla forma antica (cf. Georgacas 1949/1950a, 84; Philippson 1950–1959, vol. 2/2, 528). La documentazione storica (che contiene anche varianti in *L-*, come *Lacinto*) potrebbe guidare all'ipotesi che l'aferesi è motivata dall'interpretazione della prima sillaba come articolo.

gr.a. *Zάκυνθος* (Pape), lat.a. *Zăcynthus*, *Zacynthos* (ForcOnom), lat.med. *Zakintos* (*1199ca.*, UrkVen 1,264), lat.med., nlat. *Zacynthus* (*1477*, TolomeoCosmografiaBologna, [45]; *1560*, GastaldiNomiGrecia), gr.post-bizant. *Zάκυνθος* (*sec. XVs.m.*, BuondelmontiNēsōnLegrand, 12; *sec. XVI*, PortulansGrecsDelatte, 51).

lat.med. *Iacyntho* (*sec. XVs.m.*, BuondelmontiLiberSinner, 59).

lat.med. *Zanto* (*1278ca.*, UrkVen 3,242), *Zante* (*sec. XIIIfin.*, InsulaeHopf 176), *Tζάντε* (*sec. XVI*, PortulansGrecsDelatte, 53).

Lacinto *sec. XIIs.m./sec. XIIIin.*, Carta Pisana (CapacciTopon), **Lacento** *sec. XIVin.*, Carta Cortona (CapacciTopon).

Ziante *sec. XIIIfin./sec. XIVin.*, Atlante Luxoro (CapacciTopon), **Çante** *1426*, Atlante Giroldis (CapacciTopon), **Zante** 1459ca., SanseverinoMaruffi, 48ss.; 259; *1481*, Brasca (MomiglianoLepschy, 36); *1490*, DaMostoGasparriniLeporace, 215; *1499*, SanudoDiarii 3,23; *sec. XVs.m.*, BuondelmontiLibroA, 3v°; *1511*, GrassettoViaggio, 14; *1548*, TolomeoGeografiaMattioli, GrætiaNovaTabula; *1551*, SpanduginoTurchi, 22; *1552*, BemboHistVinZiletti, 60v°; *1561*, TolomeoGeografiaRuscelli, Tabula XVII; *1562*, PlinioHistoriaNaturaleDomenichi, 98; *1562*, StraboneGeografiaBuonacciuoli 1,TavolaNomiModerni; *1572*, PorcacchiIsole, 28; *1598*, TolomeoGeografiaCernoti 2,117r°; *1619*, Sarpi, Concilio (LIZ); *1688*, MagniRelazione, 69; *1696*, CoronelliIsolario, 164; *1799*, ScrofaniViaggioRicorda, 48; *1806*, GeografiaUnivIndice; *1860*, Cherubini; *1910*, GeorgesCalonghiApp; *1929–1936*, EncIt 19,452, **Alzante** *1560*, GastaldiNomiGrecia.

Iacinto *1301*, CronicaImperadori (OVI); *sec. XVs.m.*, BuondelmontiLibroV, 3r°, **Zacinto** *sec. XIV*, LivioDecaIII (OVI); *1476*, PlinioHistoriaNaturaleLandino 4,12; *sec. XVs.m.*, BuondelmontiLibroA, 2v°; *1562*, StraboneGeografiaBuonacciuoli 1,136r°; *1572*, PorcacchiIsole, 28; *1598*, TolomeoGeografiaCernoti 1,28r°; *1623*, Marino, Adone (LIZ); *sec. XVII*, PoesieBarocco (LIZ); *1860*, Cherubini; *1903*, D'Annunzio, Maia (LIZ), **Zacyntho** *1482*, BerlinghieriGeographia, g vir°; *1525*, Equicola, Libro Amore (LIZ), **Jacinto** *1508*, Carta Benincasa (CapacciTopon), **Zacintho** *1528*, BordoneLibro, XXXVIr°; *1543*, PlinioHistoriaNaturaleBrucioli, LXXV; *1548*, TolomeoGeografiaMattioli, 99r°.

Jazanto *1321*, Atlante Vesconte (CapacciTopon), **Iazanto** *1375*, Carta Catalana (CapacciTopon).

6. Schluss

In der vorliegenden Studie wurde Thomaso Porcacchis Inselbuch als Schlüsseltext für die Geographie des Cinquecento angesehen und herausgestellt. Aus unterschiedlichen Perspektiven wurden daraus Aufschlüsse für die zentralen Texttraditionen und lexikalischen Entwicklungen dieses Wissensgebietes gewonnen.

Die Begriffsgeschichte von it. *geografia* zeigt den Zusammenhang von Bedeutungsentwicklung und Texttraditionen sehr deutlich. Wichtigster Text der Renaissance-Geographie ist die Geographie des Ptolemäus, und entlang der Überarbeitungen, Übersetzungen, von ihm geprägten Reiseberichte und Beschreibungen wurde die Bedeutungsentwicklung des Terminus *geografia* dokumentiert: seit Berlinghieris gereimter *Geographia* (1482) diente er zur Kennzeichnung der ptolemäischen Beschreibung und Methode; in Ramusios *Navigationi et viaggi*, gewidmet den *Studiosi della geografia*, etablierte er sich als Bezeichnung eines eigenen Wissensgebietes, das sich auf Karten und Texte stützt und in einigen Verwendungskontexten von *cosmografia* als praxisorientierter Kenntnis abgrenzen lässt.

Auf diesem Begriff der «Geographie» baut Porcacchi seine Darstellung auf, wenngleich in knapper, stärker historischer und z.T. anekdotenhafter Form, adressiert an «coloro, che dello studio della geografia si dilettano».

Das Panorama der Geographie des '500, wie es in Le Isole repräsentiert wird, setzt sich aus den Haupttraditionen der antiken Geographie, der in Sammlungen publizierten Reiseberichte, der *Isolari*, aber auch praxisorientierter Texte zusammen. Neben diesen Exzerpten aus gedruckten Büchern spiegelt der Text die Vielfältigkeit der Diskurstraditionen wider, die dem Themenkreis der Geographie zuzurechnen sind, wie gelehrte, akademische Auseinandersetzungen, mündlich und in Korrespondenzen geführt; «staatskundliche» Beschreibungen; Berichte von Seeleuten und anderen Reisenden, die als Informanten auftreten; auch die geographischen Repräsentationen im öffentlichen (die Wandgemälde im Palazzo Ducale) und im privaten Bereich sind im zeitlichen Kontext zu berücksichtigen.

Unter den schriftlichen, in Buchform publizierten Texttraditionen wurden die Übersetzungen und Neuausgaben der Klassiker in den Blick genommen, weiterhin die Tradition der *Isolari*, mit Ramusios *Navigationi et viaggi* ausgereifte Sammlungen von Reiseberichten und praxisorientierte Texte. Strabons Geographie stellt die Grundform einer «qualitativen», d.h. auch ethnographische, historische, mythologische und literarische Inhalte berücksichtigenden Geographie dar; editorisch erfreute sich dieser Text jedoch im 16. Jahrhundert weniger Beliebtheit.

An der Plinius-Rezeption ist bereits zu sehen, dass die Klassikerausgaben verwendet wurden, um den geographischen Wissensfortschritt abzutragen: während die erste Übersetzung des 16. Jahrhunderts (PlinioHistoriaNaturaleBrucioli) den lateinischen Text zwar in einer verglichen mit Landinos Version von 1476 deutlich geglätteten Version bringt, beschränkt er sich im Bereich der Toponyme auf italianisierte Formen der antiken Namen. Hingegen aktualisiert Domenichi seine Übersetzung durch zahlreiche Randbemerkungen, in denen er die zeitgenössischen Namenformen sowie «textkritische» Lektürehinweise unterbringt.

Prominentes Beispiel für dieses Vorgehen, die überlieferten Texte auch als Nachschlagewerk der zeitgenössischen Erdkunde vorzulegen, bietet die Serie der Ptolemäus-Editionen: An der Ausgabe von 1548 (TolomeoGeografiaMattioli) arbeitete der bedeutende venezianische Kartograph Gastaldi mit, der zahlreiche moderne Karten im Anhang hinzufügte und auf den auch die im Text kontrastierend zu den antiken Namenformen aufgeführten aktualisierten Namenformen zurückgehen. Das Prinzip, moderne neben alten Namen anzugeben und dies typographisch abzusetzen, kommt auch in der letzten betrachteten Übersetzung von Cernoti zur Anwendung.

Auch die z.T. aufeinander aufbauenden *Isolari* bilden den geographischen Kenntniszuwachs ab, dies spiegelt sich auch hier in den Namenformen, aber ebenso im Umfang, der kartographischen Ausstattung und der inhaltlichen Breite. In Ramusios Sammlung von Reiseberichten ist das Verhältnis doppelt: seine Überarbeitung und Kommentierung der Texte drückt den Wissensfortschritt aus, zugleich ist seine Edition als Grundlage einer zukünftigen, verbesserten Geographie angelegt.

Porcacchis Kompendium von 1572 ist eine *riscrittura* dieser Vorlagen, die vorrangigen Darstellungsabsichten sind Informativität (der Aufzählung geographischer Gegebenheiten wird der größte Raum gegeben), Kürze und Anschaulichkeit. Die Orientierung am Leser, die Pflege der Volkssprache, die Frage der Quellen, seine eigene berufliche Tätigkeit und die seiner Kollegen sowie seine sozialen Kontakte werden an vielen Stellen im Text expliziert; diese werden verstehbar aus dem Kontext der Entstehungszeit. Zu den historischen Bedingungsfaktoren gehören der entstehende Buchmarkt und das Profil des *collaboratore editoriale*, der weniger Autor als Redakteur war und auf leicht zu verarbeitende vorhandene Textgrundlagen ebenso angewiesen war wie auf Auftraggeber und Förderer.

Das zeittypische Verfahren der *riscrittura*, d.h. der nur redaktionell, nicht substanziell überformenden Wiedergabe und Zusammenstellung bereits publizierter Vorlagen, kommt bei Porcacchi mit dem Grundprinzip geographischer Darstellungen, d.h. den vorhandenen Wissensstand zu rezipieren und zu verarbeiten, zur Deckung. Die Quellenüberformung wurde in ihren Grundzügen dargestellt: Übernahme von Einzelinformationen in einen eigenen Text; Überformung längerer Passagen; primäre und sekundäre Autorenverweise. Als «verdeckte Quelle» wurde Sebastian Münster eingestuft, dessen Schriften im Italien der Gegenreformation verboten waren; auf den Worterklärungen im Anhang seiner lateinischen Ptolemäus-Edition basieren längere Passagen der Definitionen in Porcacchis *Prohemio*.

Weiterhin wurden an Hand von Synopsen die sprachlichen Verfahren der Überarbeitung herausgestellt: dialektale Formen und Fehler in der Orthographie werden verbessert, durch den Einsatz von Synonymen werden Wortwiederholungen vermieden, klar tritt in jedem Fall Porcacchis Bemühen um Kürze hervor. Aus der Fülle heterogener Vorlagen entsteht ein sprachlich homogener Text.

Porcacchis Sprache stimmt insgesamt mit der zum Zeitpunkt der Abfassung weitgehend verbindlichen Norm der toskanischen Literatursprache überein, zeigt in einigen Merkmalen jedoch die Orientierung an der *lingua corrente*. Kennzeichnend sind die frequenten Verfahren anaphorischer Wiederaufnahmen, die auch Wortwiederholungen nicht scheuen und somit der Eindeutigkeit den Vorzug vor literarischer Färbung geben; stilistische Mittel (rhetorische Figuren) werden nur vereinzelt eingesetzt. Morphosyntaktischen Konstruktionen mit absoluten Gerundien, Infinitiven und Partizipien wurden in der diesbezüglichen Analyse als Mittel der Sprachökonomie gewertet, welche als solche ebenfalls Bezüge zur *lingua corrente* aufweisen. Der Eindruck des «Gesprochenen» wird durch die häufige Verwendung von Verba dicendi, der ersten Person singular und des Temporaladverbs *hora* erzeugt, daneben treten vereinzelte Diminutiv-Formen und in Ausnahmen diatopisch markierte Formen. Mehrfach wurde im Verlauf der Analyse deutlich, dass zur endgültigen Abschätzung der diaphasischen Markiertheit der einzelnen Phänomene, auch im Bereich der Wortstellung, Erkenntnisse aus weiteren vergleichenden Studien notwendig wären, die dazu beitragen könnten, das Spektrum der im 16. Jahrhundert gedruckten Texte diasystematisch differenziert zu beschreiben.

Am editionsphilologischen Interesse ist die Untersuchung zum Zeicheninventar orientiert. Unter den Pausenzeichen Semikolon, Doppelpunkt und Komma wurde eine klare Hierarchie festgestellt, zudem wurden syntaktische Bezüge herausgearbeitet: das Semikolon kündet an, dass in einer hypotaktischen Konstruktion der Satz auf die nächsthöhere Ebene «heraufgereicht» wird. Dies ist ein Argument, die Satzzeichen Alter Drucke nicht als verständniserschwerend, sondern im Gegenteil als sinnstützend zu begreifen – und daher in der Transkription zu erhalten. Relevanz im Kontext hat unter den Satzzeichen auch die Klammer, da sie vor allem dazu dient, die in der vorliegenden Studie als konstitutiv begriffenen Autorenkommentare vom laufenden Text abzusetzen.

Der Vergleich der späteren Auflagen von Le Isole (1576; 1590; 1604; 1620; 1686) gab Aufschlüsse für das Maß der Überarbeitung: es wurden vereinzelt Informationen eingefügt, bei jedoch insgesamt festzustellender Textidentität. Bezüglich einiger Merkmale zeigte der Vergleich der Auflagen Tendenzen einer diachronen Entwicklung im Bereich von Orthographie und Interpunktion.

Die Le Isole konstituierenden Textsorten wurden über ein Mehrebenen-Modell in Bezug auf äußere Textgestalt, inhaltlich-thematische Aspekte, situative Bedingungen und kommunikative Funktion untersucht. Dabei stellte sich heraus, dass ihre Kennzeichen z.T. mit den Bedeutungsinhalten der zeitgenössischen Bezeichnungen korrespondieren, besonders im Falle von «Beschreibung» – *descrizione* (abgeleitet aus der tabellarischen Ptolemäus-Edition) und «Erzählung» – *narrazione*, im Fall der Textsorte «Erläuterung» verwendet Porcacchi in der Kapitelüberschrift *discorso*. Wiederum im synoptischen Vergleich wurde herausgestellt, dass Porcacchi diese Grundformen geographischer Darstellung aus den Vorlagen übernimmt und somit Le Isole auch eine «Kompilation von Textsorten» darstellt.

Historisch interessant ist dabei vor allem die *descrizione*: während in früheren Texten die Bedeutungen 'Text, der die Karte vorbereitet', 'Text, der die Karte erläutert' und schlicht 'kartographische Darstellung' vorzufinden waren, ist bereits in Reiseberichten mit *descrizione* unabhängig von Karten die rein textuelle geographische Beschreibung gemeint, mit topographischen Angaben, Details zu Flora und Fauna und zu den Sitten der Bewohner. Dies wurde an einem Auszug aus D'Anghiera dargestellt. Während dieser zwischen *descrizione* und *narrazione* unterscheidet, ist bei Porcacchi jedes Inselkapitel mit *descrittione dell'Isola di*... überschrieben. Diese «Beschreibungen» sind zwar formal jeweils einer Karte zugeordnet, nehmen auf diese aber keinen Bezug und umfassen eigentlich deskriptive («phänomenregistrierende») ebenso wie in weiten Teilen erzählende und chronistische Abschnitte, dazu treten gelegentliche Erläuterungen und Autorenkommentare.

Im lexikalischen Bereich wurde der Quellenwert der angeführten geographischen Texte für die historische Lexikographie herausgearbeitet. Im Bereich eines textbasierten Wissensgebietes wie der frühneuzeitlichen Geographie, das zeigte die Untersuchung, stellt die Kenntnis der einzelnen Texttraditionen einen wichtigen Teilbereich der sachgeschichtlichen Fundierung dar. Die Rückverfolgung der Quellen eines repräsentativen Textes kann zum Beleg der *nascita dei vocaboli* (Migliorini 1944–1945) führen. Im Kontext der Textgeschichte der Geographie finden sich solche Momente im Zusammenhang einer Übersetzung (der *Arte del navegar* von Medina: *altezza*, *lunghezza*; der *Appendix geographica*: *cherroneso*, *continente*), bei der metonymischen Übertragung eines Eigennamens auf eine neu entdeckte Gegebenheit mit ähnlichen Merkmalen (appellativischer Gebrauch von *arcipelago*) oder als individuelle (fehlerhafte) Verwendungsweise (*polesine*). Wie das Beispiel *larghezza* zeigt, führt diese «qualitative» Methode eine an der Texttradition orientierten Wortgeschichte nicht immer zum empirisch ermittelbaren «Erstbeleg», wenngleich in diesem Fall eine Neuentlehnung nicht unwahrscheinlich ist.

Geographische Eigennamen stellen einen lexikalischen Kernbereich der Geographie dar; exemplarisch dokumentiert der zweite Teil des Glossars die historische Entwicklung der Namen von Inseln des in den *Isolari* so genannten *Arcipelago*. Dabei galt das Interesse dem Zusammenhang von Namenvarianten und ihrer Überlieferung in den zuvor beschriebenen Texten.

An den Namen der heute griechischen und türkischen Inseln zeigt sich die Vielfalt der parallelen Traditionen antiker, mittelalterlicher und moderner (teilweise wiederum an der Antike orientierter) Varianten, deren phonetische und morphologische Entwicklung sich insbesondere im «fränkischen» Mittelalter intensivierte, im Kontext eines intensiven Sprachkontakts zwischen Sprechern romanischer und griechischer Varietäten; z.T. handelt es sich auch um Neubildungen oder volksetymologische Ableitungen. Die in dieser Zeit entstehenden Namenvarianten sind am breitesten in den Portulankarten dokumentiert; diese im Gebrauch befindlichen Formen werden in den *Isolari* neben klassischen Namenformen, fehlerhaften Formen und ebenfalls antiken literarischen Varianten, z.T. metonymische Bildungen, überliefert, auch finden sie Eingang in Editionen der geographischen Klassiker der Renaissance-Zeit.

An der Aktualität und Präzision ihrer toponymischen Kenntnisse werden die einzelnen geographischen Texte unterscheidbar. So konnte auf Grund der überlieferten Namen konstatiert werden, dass Porcacchi im *Arcipelago*-Kapitel nicht seine direkten Vorgänger aus der Tradition der *Isolari* hinzuzog, sondern seine Darstellung direkt auf einem Exemplar von Buondelmontis *Liber* aufbaut, wohingegen Sonetti und

Bordone offensichtlich die aus Buondelmonti übernommenen Formen prüften, korrigierten und ergänzten.

In vielerlei Hinsicht ergeben sich aus der vorliegenden Studie weiterführende Fragestellungen. So bieten die Ptolemäus-, Plinius- und Strabon-Editionen reiches Material auch für übersetzungstheoretische Fragestellungen. Ein Desiderat stellt die Edition der Volgare-Fassungen von Buondelmontis *Liber* dar, eines frühen und beispielhaften Textes für die Geschichte der Reiseliteratur und der Antikenkunde; in geringerem Umfang sind auch Aufschlüsse über die historische Geographie und Ethnologie zu erwarten. Eine philologische Analyse der beiden Traditionslinien und ihrer volkssprachlichen Übersetzung ist nötig und eine nicht unbeträchtliche Herausforderung auf Grund der verzweigten Überlieferung und der bisher nicht vollständig bekannten Zahl der überlieferten Abschriften und Übersetzungen. Wie im Glossar gezeigt wird, ließen sich aus einer eindeutigen Typologie und Chronologie der Manuskripttradition und ihrer Übersetzungen auch präzisere Rückschlüsse für die Ortsnamen des behandelten Raumes ziehen.

In Anbetracht der heutigen Möglichkeiten digitalisierter Editionen könnten in einem umfassend angelegten Korpus repräsentative Texte aus dem Gesamtspektrum der frühneuzeitlichen Buchproduktion zusammengefasst werden und computerlinguistisch für sprachhistorische Fragestellungen «lesbar» gemacht werden, um die Basis für vertiefende Studien zur Diachronie zur Verfügung zu stellen, zur diasystematischen Einordnung einzelner morphosyntaktischer Strukturen wie Konstruktionen mit absolutem Gerundium, aber auch zur Orthographie und Interpunktion, zur Textsortenbeschreibung oder zur Darstellung lexikalischer Eigenheiten.

Das Konzept der *riscrittura* könnte über die diachrone Betrachtung der zentralen Verbformen für 'wiedergeben', 'zitieren', 'recherchieren' etc. weitergehend erschlossen werden.

Schließlich versprechen die geographischen Texte des 16. Jahrhunderts weitere Aufschlüsse über komplexe editorische Verfahren. Perspektivisch denkbar wäre der Ausbau der vorliegenden Edition von Le Isole zu einer Datenbank oder «Mikrobibliothek» geographischer Texte. Auf diese Weise könnten weitere Kapitel von Le Isole mit den ebenfalls zu transkribierenden Vorlagentexten verknüpft werden und so die doppelte Aufgabe der Konservierung der einzelnen Texte und der Interpretation und Visualisierung ihrer Entstehungszusammenhänge erfüllt werden.[1] Die Organisation der Edition als Hypertext könnte auch Reproduktionen der Originaldrucke bzw.

---

1 «L'edizione critica computerizzata di un testo, di un'opera, di un corpus, costituisce in realtà una ‹microbiblioteca virtuale›; ciò significa che non solo deve rispondere (come vedremo) alla duplice esigenza di ‹conservazione› e di ‹selezione›, ma soprattutto deve rendere conto esplicitamente e analiticamente (assai più di quanto non avvenisse in un assetto gutenberghiano) della responsabilità scientifica dell'editore a proposito della scelta dei criteri formali e intellettuali della codifica, della cernita dei dati da trasmettere o da tralasciare, della loro organizzazione sotto forma di percorsi di lettura e interpretativi (di ‹*links*› ipertestuali). L'edizione [...] ripropone [così] le due funzioni caratteristiche dell'antico scriptorium: la conservazione e la ri-scrittura. Si tratterà ora di uno *scriptorium* multidimensionale e dalle pareti trasparenti, sede di un nuovo senso di un nuovo uso, di una nuova pratica testuale» (Cazalé Bérard/Mordenti 1997, 25).

Handschriften umfassen, ergänzt um biographische und bibliographische Angaben zu Autor und Druckgeschichte des jeweiligen Textes. Auf der Grundlage einer so beschaffenen Materialbasis wäre die Text- und Wortgeschichte der Geographie im '500 über den Rahmen dieser Arbeit hinaus fortzuschreiben.

7. Edition

7.1. Titel

L'Isole piu famose del mondo descritte da Thomaso Porcacchi da Castiglione Arretino e intagliate da Girolamo Porro Padovano / Al Serenissi*mo* Principe et Sig*no*re il Signor Don Giovanni d'Austria General della Santissi*ma* Lega / Con Privilegio / In Venetia / Appresso Simon Galignani et Girolamo Porro MDLXXII

7.2. Dedica

Al Serenissimo Principe et Signore il Signore Don Giovanni D'Austria General della Santissima Lega contra gl'Infedeli

Ecco che pure è venuto il tempo, Serenissimo Principe, tanto aspettato, *et* tanto desiderato da tutto il popolo fedele, nel quale cominciano ad adempirsi, *et* verificarsi i pronostichi, e i vaticinij di molti dotti e scientiati scrittori: i quali piu volte nel tempo a dietro hanno predetto, c'haveva a uscir del gloriosissimo sangue d'Austria un Capitano di guerra, per virtù della cui spada la Bestia d'Oriente (cosi la chiamano essi) sarebbe caduta a terra, *et* la Santissima fede di GIESU CHRISTO havrebbe dilatato la grandezza sua di nuovo per tutto il mondo, atterrando, *et* conculcando con la verità del suo Evangelio le falsità di tutte le nationi infedeli. Imperoche son tali in qualità, *et* tanti in quantità immensa i principij, sopra i quali Vostra Altezza ha sparso il seme di questa universal credenza, che non si può, ne si deve fare altro giudicio, se non che a lei pervenga la gloria di cosi glorioso acquisto. Et quale altro Capitan di guerra con tanta prestezza *et* felicità havrebbe dato fine al pericoloso, *et* grave sollevamento de' ribelli Mori nel Regno di Granata, come ha fatto Vostra Altezza? Se fu gloria immortale a' Catholici, e invitti Re Ferdinando, *et* Reina Isabella l'havergli in spatio d'otto anni vinti, *et* cacciati di quel Regno; come non dovrà non esser l'Altezza Vostra in tutti i secoli gloriosissima per haver in cosi pochi mesi fatto quello, ch'essi in molti anni fecero? Dipoi chi mai piu con tanto favor di DIO benedetto, *et* con tanto utile della Christiana Republica ha conseguito una vittoria navale, pari a questa che nuovamente Vostra Altezza ci ha acquistato contra i Turchi? Era lo stato delle cose in molto pericolo, quando la Maestà di DIO, havendo uniti il Santissimo Pontefice *et* Signor nostro PIO V. il Catholico, e immortal RE FILIPPO a Vostra Altezza **[b2v°]** Fratello; *et* questi Illustrissimi, *et* prudentissimi Signori Vinitiani, a Santa Lega *et* unione, per beneficio de' Christiani; mandò l'Altezza Vostra a si gran bisogno, accioche con la consueta sua prestezza *et* felicità venisse, si congiugnesse; *et* con l'aiuto di DIO vincesse: la qual impresa d'eterna gloria, tanto gioconda *et* tanto utile a tutta la Religione Christiana ci promette ancora piu felice corso, *et* piu glorioso acquisto. In che crede Vostra Altezza cosi pronta, *et* cosi inanimita, che il suo solo ardore *et* calore tronca ogni dimora, *et* rende facile ogni difficoltà. Aggiugnesi a questo, che essendo ella ornata di tutte le virtù, che in un Principe tale posson desiderarsi; è poi cosi religiosa, cosi pia, *et* cosi veramente Christiana, che a DIO sempre riferisce, a DIO domanda, *et* da DIO riconosce tutte le gratie; la qual dote non solamente ci da speranza, ma anchora ci rende sicuri d'ogni vittoria: talche di già s'apparecchiano i Christiani tutti per seguitar Vostra Altezza, sotto il glorioso vessillo di CHRISTO all'acquisto di Terra Santa: la quale impresa richiesta dal Santissimo Pontefice, debita al Catholico suo Re, *et* conveniente a questi sapientissimi Signori; non ricerca altra spada, che quella di Vostra Altezza: al cui felicissimo auspicio, *et* a' cui Santissimi desiderij favoriti dalla Maestà di DIO, tanta gloria par che solamente s'aspetti. Fra tanto gioisce la Christianità tutta di questa immortal vittoria: *et* si come a DIO Ottimo *et* grandissimo, dator d'ogni gratia, ne rende gloria; cosi a Vostra Altezza ne tiene obligo principale: ma fra tutti gli altri desiderando io particolarmente di discoprirle con ogni debita humiltà, quanto ne senta di contentezza; ho voluto in tanto fausto humilmente farle dono di quest'opera delle Isole piu famose del mondo, ripiena d'una general cognition di cose, *et* di luoghi. Percioche essendone auttore M*esser* Thomaso Porcacchi da Castiglione Aretino, scrittor di nome honorato *et* celebre, *et* molto consumato ne gli studi delle belle lettere, *et* discipline; non ha lasciato nella descrittion di tanti luoghi, in tanti *et* tanto lontani mari, alcuna cosa da dire, che da Auttori antichi *et* moderni di piu variate lingue s'habbia potuta raccorre. Questa parmi che tanto sia degna d'esser dedicata a Vostra Altezza, quanto, essendo ella nata del maggiore Imperator che mai fosse, *et* fratello al maggior Re che sia; ha da levare anchora dalle mani de gl'Infedeli quelle Isole, nelle quali altre volte fu piantata la Santissima Croce di CHRISTO, per totalmente estirpar l'Imperio Turchesco, contra il quale i gloriosissimi suoi Padre, *et* Fratello, tanto hanno combattuto. Supplico Vostra Altezza a non sdegnar l'humile offerta, ch'io le faccio in segno di devotione, *et* d'allegrezza: *et* N*ostro* S*ignor* DIO tanto la renda per l'avvenir felice *et* gloriosa, quanto fin qui ella ha superato ogni altro di felicità *et* di gloria. Di Vinetia. a' 15. di Gennaio, 1571. Di Vostra Altezza Humilissimo Servo Simone Galignani da Carrera.

7.3. Prohemio

Prohemio di Thomaso Porcacchi da Castiglione Arretino, sopra il suo libro dell'Isole piu famose del mondo

Theopompo Historico Greco assai celebrato, secondo che lasciò scritto Eliano nella varia historia, scrisse, che Mida di Frigia, *et* Sileno figliuol d'una Ninfa, vennero alcuna volta fra loro in uno scambievol contrasto: intanto che Sileno, il quale, secondo gli antichi, era men che un Dio, *et* di natura da piu che un'huomo, dopo molte parole passate fra l'uno *et* l'altro; entrò a raccontare a Mida questa favola, c'ha principio di historia, cioè che l'Europa, l'Asia, *et* l'Africa erano Isole, da ogni parte abbracciate dall'Oceano: *et* che fuora di questo nostro mondo era solamente la Terra ferma, o il Continente, di grandezza infinita: nel quale vivevano animali grandissimi, *et* huomini di statura il doppio più alta della nostra, *et* di vita similmente due volte più lunga. Anzi v'erano assaissime, *et* grandissime città, dissimili di leggi, *et* di costumi di vivere da' nostri: ma particolarmente due ve n'erano piu illustri di tutte l'altre: ma fra loro totalmente diverse: una detta Machimone, *et* l'altra Eusebia; de gli habitatori delle quali raccontano molte scioccherie. A questa opinione (pigliandone io solo il primo capo d'historia, cioè che questo nostro mondo sia a guisa d'un'Isola, circondato d'ogn'intorno dall'Oceano, *et* lasciandone il rimanente) trovo che Strabone acconsente nel primo libro, dicendo che tutta la terra è un'Isola, se si guarda al mare, che la circonda, *et* le sta **[b3v°]** sopra. Percioche si come nel mar mediterraneo apparisce Cipro, *et* la Sardigna; cosi in tutta l'ampiezza del mare apparisce tutta la terra a guisa d'Isola: ilche testifica anchora Plinio. Per la qual cosa dovendo io descrivere in questo mio libro alquante Isole piu famose del mondo; tanto mi reputo di dovere haver fatica *et* carico, quanto se tutto il mondo havessi proposto di descrivere: il quale ardimento, si come è grande; cosi di gran lunga supera le forze mie. Nondimeno accioche altri piu nelle scientie consumato di me prenda, quando che sia, animo di sopplire a quel, che io per imperfettione havrò mancato; non ho voluto lasciar di mettermi a cosi animosa impresa per giovare *et* dilettare (se tanto delle fatiche mie posso promettere) a coloro che dello studio della Geografia si dilettano: *et* cosi ho descritto alcune Isole piu famose del mondo con quella maggior brevità, che m'è stato possibile: nelle quali ho havuto la mira a spiegar queste cose di ciascuna Isola, ch'io habbia potuto, cioè: in che mare ella sia posta: quali siano i suoi confini, *et* nomi: quanto giri di circuito: quanto sia lunga, *et* larga: che Isole habbia intorno, *et* che Porti di mare: di quali beni piu abbondi: le cose piu notabili che vi siano, o per maraviglia di natura, o per proprietà della terra: da chi fosse habitata prima: quali siano gli habitatori presenti, le città, *et* gli huomini piu illustri: e in ultimo con poche parole ho ristretto l'historie pertinenti a detta Isola. Questo in tutta quest'opera è stato sempre lo scopo, e'l fine mio: nel quale se mai ho mancato (certo molte volte posso haver mancato) io non ne merito piu colpa di quello, che meritino tanti altri Scrittori, che innanzi a me sono stati, *et* di ciò hanno havuto miglior cognitione: da' quali io ho cavato quanto qui ho ritratto. Percioche se coloro, c'hanno veduto le Molucche, la Taprobana, *et* l'altre Isole lontane, descrivendole; hanno lasciato a dietro molti di quei particolari, che a voler far compita descrittion si richiedevano; in che modo potrò sopplire a' difetti loro io, che non l'ho vedute, *et* non vi sono stato? Havrò bene ardimento di dir questo, che di coloro che innanzi a me hanno descritto Isole; non è per ventura alcuno restato a dietro, ch'io accuratamente non habbia veduto; intendendo però sempre di quelli auttori, che siano venuti a cognition nostra; *et* non di quelli, c'havendo scritto anticamente in questo soggetto, o in versi, o in prosa; sono sepolti nelle tenebre, *et* non compariscono alla luce, se non in nome. Ne mi sono stati di poco aiuto gli amici, e i Signori, che in diverse parti mi trovo havere: i quali m'hanno mandato informationi a penna, tratte da piu lingue, secondo che a' luoghi debiti, per mostrarmi in alcuna parte grato de' lor favori; ho voluto far mentione: *et* queste m'hanno in tal maniera giovato, che senza esse molte volte, quasi cieco, sarei andato a tentone. Molti ve ne ha anchora in questa felicissima città di Vinetia, che a bocca, *et* per scritture m'hanno ragguagliato di molti particolari, ch'io non sapeva: i nomi de' quali ho posti a' lor luoghi convenienti, accioche essi sappiano, ch'io non pur ne tengo memoria, ma anchora ne resto loro con molto obligo. Non resterò già di ricordare in questo luogo per l'istessa cagion d'obligo, *et* d'honore, un gentil'huomo dotto, *et* honorato, che per difetto di memoria non è stato ricordato altrove: al quale si come io son tenuto della vita, che da lui, mediante il favor di Dio benedetto, *et* co'l mezzo del- **[b4r°]** la sua dottrina *et* diligentia; m'è stata conservata fuor d'una pericolosa infermità; cosi sono obligato rendere ogni qualità d'honore per l'aiuto, che m'ha portato nella descrittione dell'Arcipelago. Questi è il Magnifico, *et* Eccellente M*esser* Leone Ghidella, gentil'huomo Bresciano, *et* Fisico in questa Città di molta consideratione: co'l quale parlando io un giorno (come si fa) di questo mio libro dell'Isole, *et* dolendomi, che non poteva havere information particolare dell'Arcipelago, se non quanto grossamente io haveva ritratto dalla viva voce d'alcuni marinari esperti; egli subito mi diede un libro scritto a penna, senza il nome dell'auttore, nel quale erano per ordine disegnate tutte l'isole, *et* tutti gli scogli dell'Arcipelago, con qualche poca narratione pertinente alle misure de' luoghi: talche, essendo io come cieco, mi parve per cortesia di questo gentil'huomo in un subito in quel soggetto acquistar luce. Appresso a tutti gli auttori sudetti, *et* a tutti gli scritti, *et* l'informationi a penna, *et* in voce; io non ho lasciato di trascorrer diligentemente gli altri auttori, cosi antichi, come moderni, che in piu lingue habbiano della Geografia trattato: *et* per quanto di gratia me n'ha concesso la Maestà del benignissimo Signore Dio; ho sinceramente, *et* con animo di giovare al prossimo, scritto quel tanto c'ho saputo, senza alcuna presuntione: ma solo con pensiero, che di tutto habbia sempre a esser data lode a sua Divina Maestà, che m'ha illuminato, *et* aiutato con la gratia sua santissima. Ben mi par di fare avertito ogniun che legge, di due cose: una, che io non ho per convenevol rispetto potuto osservar l'ordine, *et* la disposition delle Isole ch'io doveva, gia che secondo i buoni auttori bisognava cominciar dall'Inghilterra, *et* non da Vinetia; *et* l'altra che se bene in quest'opera si veggon descritte alcune Penisole, la Carta da Navigare, il Mappamondo, o altre tali, che isole non sono; io non ho però voluto restar di denominare il libro con questo titolo di Isole piu famose del mondo. Ma perche molte volte m'è occorso in queste descrittioni usare alcune voci peculiari a' Geografi, le quali non cosi da tutti vengono intese; però avanti ch'io venga al principio dell'opera, ho pensato di dichiararle tutte: *et* prima havendo a descriver l'Isole; sarà bene, ch'io dica che cosa sia Isola, et poi venga all'altre.

ISOLA è quella terra, che d'ogn'intorno è circondata dall'acqua: dico quella che separata, *et* divisa dalla maggior terra; ha il mare che d'ogn'intorno la bagna: *et* tanto si chiamano Isole quelle terre, che son nel mare, quanto quelle che son ne' laghi, pur che habbiano da ogni parte l'acque che le circondino.

CONTINENTE. Questa voce poche volte da me è stata usata: percioche in vece d'essa ho usato Terraferma, che tanto significa. Chiamasi Continente quella terra che non è Isola, cioè che in tal maniera è attaccata con altra terra continua, che vi si possa da tre parti andar senza navigar per mare.

SENO metaforicamente è detta dal seno del corpo nostro, quella parte, che in mare è abbracciata da due liti incavati: *et* da noi communemente è chiamata Golfo.

PENISOLA vien detta quella, ch'è quasi Isola: ma però non è ne Isola, ne Continente: ma circondata dal mare; da una parte nondimeno è attaccata con terra ferma, come è la Morea, il Cherroneso, o Chersoneso Taurico, Thracio, Cimbrico, *et* **[b4v°]** Aureo nell'India: *et* Cherroneso in lingua Laconica, *et* Chersoneso in lingua commune significa l'istesso, che Penisola, cioè terra circondata da tre parti dall'acqua, *et* dalla quarta unita co'l Continente. La Penisola è da noi con voce, non so come alterata di suono dalla Latina, ma quasi con le medesime lettere, detta Polesine.

ISTHMO è terra stretta fra due mari; *et* de gl'Isthmi si trovan due soli, quel di Corintho, *et* quel di Thracia. Noi lo diciamo Stretto. Contraria a questa è

FRETO: *et* significa un Mare stretto fra due terre, come è il Freto Herculeo fra la Spagna, *et* la Mauritania, che noi chiamiamo Stretto di Gibelterra.

LAGO è quello, c'ha acqua perpetua: ma

STAGNO è quello, c'ha acqua a tempo, cioè che vi si raccolga per le piogge.

PALUDE è acqua molto profonda, e stagnante, ma larghissimamente diffusa, e sparsa: *et* alcune volte si secca, overo scema assai.

PROMONTORIO è quella parte di monte, che sporge dentro in mare.

OCEANO dicono, ch'è quel mare, che d'ogn'intorno circonda tutta la terra ferma del mondo: *et* però (come ho notato nel principio di questo prohemio) Theopompo, e Strabone hanno detto che tutta la terra è Isola: la qual nuota nel mare Oceano, che anchora è chiamato il mar grande.

MAR MEDITERRANEO è quel, che da Ponente entra nella terra: *et* da principio è stretto, *et* come per alcune foci, dove si chiama lo Stretto di Gibelterra, viene a entrare con larghezza non punto maggior di dieci miglia: ma allargatosi *et* allungatosi; in tal maniera si stende per li liti d'Africa *et* d'Europa, che dal Genovesato in Africa si annoverano quasi undici gradi di larghezza. Ma nelle foci d'Abido, dove hoggi si dice Lo Stretto, o braccio di San Giorgio; è strettissimo, cioè dove Xerse Re de' Persi, volendo far guerra contra la Grecia; gittò il ponte per traghettar d'Asia in Europa. Quindi il mare un'altra volta s'allarga un poco, e scorre nella Propontide: *et* quivi al Bosforo Thracio, o Stretto di Costantinopoli torna a ristrignersi di tal maniera, che Plinio scrisse, che dall'una riva si sentivano cantar gli uccelli, *et* abbaiare i cani, ch'eran dall'altra, quando però i venti non havessero portato le voci altrove. Di qui un'altra volta s'allarga l'ampio mare Eussino verso Tramontana: *et* per il Bosforo Cimerio, o Stretto di Gallipoli, come per foci passa nella Palude Meotide, o mar delle Zabacche: dove il Mediterraneo fornisce: ma però in diversi luoghi piglia diversi nomi: atteso che è chiamato Balearico, o di Maiorica; Ligustico, o di Genova; Thirreno, o mar di sotto; Carpathio, dove è Cipro; Egeo, o Arcipelago: *et* altri nomi.

ALTEZZA è il numero de' Gradi, che o il Sole, o il Polo si leva sopra l'Orizonte. *Et* ancho per Altezza, s'intendono i gradi, ch'è lontana una Città, o Isola, o altro tale dalla linea Equinottiale.

GRADO è una di quelle trecento sessanta parti, nelle quali è diviso il mondo: *et* a ciascun Grado vengono assegnate XVII leghe *et* meza: onde a quattro miglia per **[b5r°]** lega, sarebbono LXX miglia nostre per grado, cioè per lunghezza, o per larghezza della terra, o dell'acqua. Di questa voce ne tratto ancho pienamente in questo libro al fine della Descrittione del Mappamondo.

ORIZONTE è quel cerchio, che da noi è imaginato nella superficie della terra, *et* termina la nostra vista in cerchio del cielo. Per questo cerchio è divisa la metà del cielo, che noi vediamo dell'altra metà, che ci s'asconde sotto la terra.

ZODIACO è un cerchio attualmente situato nell'ottavo cielo: *et* sotto esso il Sol si move per tutto l'anno. Questo è quel cerchio, che sega in due parti eguali la linea equinottiale, *et* l'una metà del Zodiaco piega dall'Equinottiale alla parte di Tramontana; *et* l'altra metà alla parte di Mezogiorno. Ciascuna di queste due metà ha di lunghezza cento ottanta gradi: in tanto che tutto il Zodiaco ne ha (come s'è detto) gradi trecento sessanta.

LINEA EQUINOTTIALE. Questa è una linea imaginata per mezo del mondo, che passa da Levante in Ponente: *et* egualmente è lontana da amendue i Poli, cioè novanta gradi dall'un polo, *et* altrettanti dall'altro. È detta Equinottiale: percioche quando il Sol passa per questa linea; fa che il giorno all'hora è egual con la notte.

TROPICI son due circoli, dove il Sole arriva una volta l'anno, cioè uno da Tramontana, *et* uno da Mezodi: *et* ciascun d'essi è detto Tropico da Tropos, che vol dir Conversione: perche, come il Sole è arrivato a uno di questi due, si rivolta, *et* torna alla parte dell'Equinottiale.

LUNGHEZZA, o longitudine è la via da Levante in Ponente, o da Ponente in Levante: *et* questa è la lunghezza del Mondo.

LARGHEZZA o Latitudine è la via da Tramontana a Mezogiorno, cioè da un Polo all'altro.

PARALLELO è una linea dritta, imaginata per lo cielo, o per la terra, o per lo mare da Levante in Ponente, o per il contrario: e in tutte le sue parti è discosto egualmente dalla linea Equinottiale.

MERIDIANO è una linea imaginata dall'un Polo del mondo all'altro a dirittura sopra il capo nostro: *et* quando il Sole arriva a questa linea; all'hora è Mezogiorno tutti a quelli, che habitano sotto.

ROMBO. Con questa voce è chiamato quel vento, del quale i naviganti si servono solcando il mare, o sia vento intero, o mezo, o quarta: di maniera che chi naviga; debbe (come dico nella Carta da navigare) eleggersi un Rombo, cioè un vento conveniente al suo viaggio, *et* con quello navigare dirittamente fin che le serve: Ma come quel venga meno; all'hora egli deve pigliare il Rombo, o vento piu vicino, *et* con quello seguir la sua navigatione.

CIRCOLI sono una via per la quale si movono intorno a' poli del mondo i Poli del Zodiaco: *et* da' detti Poli piglian nome: percioche vien detto Circolo Artico, *et* Circolo Antartico: *et* son discosto i circoli da' Poli del mondo XXIII gradi, *et* **[b5v°]** XXXIII minuti. Questo è quanto m'è occorso dire in questo prohemio per piu aperta intelligentia di chi legge, lasciando il trattar, come converrebbe, de' Venti: percioche di questi se ne ha piena cognitione al fin dell'opera, dove discorro intorno alla Carta da navigare.

7.4. Venezia

Descrittione della Isola, et Città di Vinetia di Thomaso Porcacchi da Castiglione Aretino

Vinetia città magnifica è posta in isola nel piu intimo golfo del mare Adriatico in mezo a stagni, *et* a lagune: *et* dalla parte di Levante ha il detto mare, che si distende littoralmente fino a Capo d'Otranto per DCC miglia, *et* verso Levante D.

Lito di Vinetia

Da Mezogiorno, da Tramontana, *et* da Ponente ha parte del lito, che la serra: percioche questa maravigliosa Città piantata in mezo all'acque salse, per gran providentia di Dio ha fra'l mare, *et* le lagune, ove è posta, una lingua di terra, chiamata Lito, che la difende dalle impetuose onde del mare: *et* essendo formato a guisa d'un'arco; si distende per spatio di XXXV miglia; in modo che la Città, o è serrata da terra ferma, o da questo Lito difesa. È nondimeno questo lito aperto in cinque luoghi, per dare entrata a' navili grossi *et* piccoli, che di fuora vengono, da potersi ridurre in porto, *et* ancho accioche gli stagni, ove la Città è piantata, si mantengano pieni d'acqua. La prima apertura è verso Tramontana, chiamata Treporti: l'altra in faccia di Garbino Lito maggiore: indi Santo Erasmo: poi i due Castelli: da' quali cinque miglia lontano è il porto di Malamocco, gia nominato Meduaco dal fiume della Brenta, così da' Latini chiamata, che quivi cadeva in mare: *et* questo è posto fra Sirocco, *et* Ostro, *et* dicono ch'era porto de' Padovani, all'hora [2] che la Città di Padova era abbracciata, come hora è Vinetia, dall'acque salse.

Vinetia et *suoi principij*

Varie poi sono l'opinioni de gli Scrittori intorno a' principij *et* all'origine della Città di Vinetia: percioche alcuni dicono, che havendo Aetio capitan de' Romani vinto Attila e'l suo essercito presso Tolosa; passò in Ungheria, *et* quindi con buono essercito in Schiavonia, ruinando ogni cosa, per passare sdegnato a soggiogar Roma. Per la qual cosa i popoli vicini impauriti; fuggirono a diversi luoghi sicuri: ma i Padovani, inteso poi, come Attila assediava Aquileia, temendo anch'essi dello stato loro; mandarono la gente inutile, *et* gli arnesi preciosi all'isola di Rialto: *et* poi vi si trasferirono essi parimente, quando Attila dopo la destruttion d'Aquileia, passando innanzi; ruinò ancho Padova, Monfelice, Este, Vicenza, *et* Verona. In questa isoletta di Rialto, *et* nell'altre convicine si ritirarono ancho gli altri popoli vicini, *et* cominciarono a fabricare, *et* con felicissimo principio ad habitarvi: il che fu l'anno di nostra salute CCCCLVI, secondo il Biondo, *et* Giovanni Candido: ma il Volterrano, citando Lorenzo Monaco dice CCCCXXII. Il Sabellico, non per paura d'Attila, ma de gli Unni scrive, che i Padovani *et* molti altri si ridussero a Rialto, *et* vi diedero principio a edificare, il giorno medesimo che fu principiato il mondo, cioè l'ottavo delle calende d'Aprile, che viene a essere a XXV di Marzo: nel qual dì il figliuol di Dio prese carne humana nel ventre di Maria, *et* fu (secondo il detto Sabellico) l'anno di nostra salute CCCCXXI, in tempo di Papa Sozimo, *et* d'Honorio *et* Arcadio Imperatori di Costantinopoli. Questi popoli domandarono questa Città, ch'essi edificarono, Vinetia, dal nome della regione; la qual Vinetia è domandata, o da Veneto figliuolo d'Eridano, o da' Galli Veneti, c'habitavano intorno al mare Oceano, o da gli Heneti popoli di Paflagonia, che qui ve*n*nero con Antenore lor capitano dopo la ruina di Troia, che a me non importa hora disputare intorno al nome della provincia.

Vinetia quanto gira di circuito

Il circuito della Città di Venetia dicono, ch'è d'otto miglia, *et* la Città è divisa in sei parti, che son chiamate Sestieri: *et* questi ha*n*no setta*n*tadue parrocchie, o contrade: nelle quali sono XVII co*n*venti di fratri, *et* XXIIII monasteri di monache. Le contrade della Città ha*n*no le loro strade, cosi per acqua, come per terra: di maniera che per tutta la Città si camina per terra, e in barca. Sono le strade di terra congiunte l'una all'altra con ponti, o di pietra, o di legno, che passano sopra i canali: *et* tengono che tutti questi ponti, che sono, o a uso delle case particolari, o delle strade publiche, arrivino al numero di CCCC. È divisa la Città in due parti da un'ampio, *et* nobil canal d'acqua, chiamato Canal grande: il qual si puo veramente dire, che sia singolare ornamento della Città, per li molti superbi palazzi, *et* per le tante case, che da ogni parte sono: le quali accrescono ogni bellezza.

Rialto di Vinetia

Sopra questo gran canale è un sol ponte di legno presso Rialto: *et* da niuno altro luogo si puo passar questo canale fuor che per barca da una riva all'altra: ma tanta è la commodità delle vaghe gondolette, che in quindici luoghi della Città, chiamati traghetti, per questo canal solo in gran numero sono disposte, che la Città ne sente gran benificio. Questo canale è lungo da MCCC passi, *et* largo XL: *et* per esso, come per reale *et* trionfante strada sogliono esser condotti i Principi, e i potentati supremi, quando vengono a Vinetia, *et* d'ordine del Senato con publica pompa son ricevuti, aprendosi all'hora per mezo il Ponte, che gli è sopra, per dar luogo a' navili grossi, che passino. Rialto è una piazza a pie di questo Ponte; quasi in mezo della città, formata in un quadro non molto grande: ma d'ogn'intorno serrata di portichi, o logge con gran numero di botteghe cosi di panni di lana, come d'altro: e in questa piazza convengono la mattina *et* la sera i mercanti, e i nobili della Città, o per li traffichi, o per li magistrati, o per le prattiche della nobiltà, o per altro rispetto. Le chiese di questa Città, *et* massimamente le parrocchiali tutte hanno la lor piazza: *et* fra l'altre quella ch'è dedicata a San Paolo; ha una piazza grande, nella quale ogni mercoledi della settimana, quando non sia festa; si raguna un mercato molto grosso, *et* commodo. Elle son tutte bene ufficiate: e in questa parte si puo certo dar grandissimo vanto alla città di Vinetia, ch'ella è relligiosissima, *et* ha tutte le sue chiese con tanto **[3]** studio *et* cura governate, che forse non se ne trova altra maggiore in altro luogo. Ne solamente le parrocchiali sono cosi fatte ma anchora quelle de' frati: le quali essendo quasi tutte bellissime; sono ancho superbamente ornate, *et* con molta assiduità *et* diligentia tenute monde, *et* vaghe.

Chiesa di San *Marco*

Ma di tutte l'altre senza controversia il principato ha la chiesa dedicata all'Evangelista San Marco, protettor della Città, *et* avocato. Questa chiesa ha dinanzi tre piazze unite in una: *et* qui ogni sabato della settimana si fa cosi grosso mercato, che pare una gran fiera. In capo a quella ch'è in mezo son piantate due colonne altissime, *et* molto grosse: ma amendue d'eguale altezza *et* grossezza; e in cima d'una è l'effigie di San Marco, *et* nell'altra la statua di San Theodoro. In mezo a queste colonne son giustitiati i malfattori, condennati: *et* dall'un lato di questa piazza è una facciata del Palazzo: nel quale fa residentia perpetua il Principe della Republica: *et* da l'altro è la fabrica deputata alla Zecca, *et* alla libreria publica: opera di M*esser* Iacopo Sansovino Fiorentino Scultore *et* Architetto celebre, *et* famoso. A lato a questa è piantata in isola fra le due piazze un'altissima torre, larga per ciascuna faccia XL piedi, *et* alta CCXXX: la qual serve per campanile della chiesa di San Marco: *et* ha la sua cima indorata, *et* sopra essa è posta la figura d'uno Angelo, mobile, che sempre denota da qual parte il vento spiri, voltandosi essa facilmente. Questa piazza dove son le due colonne vien misurata in lunghezza CCCC piedi, *et* CXXX in larghezza: ma dall'altro capo ha la nobilissima chiesa di San Marco, tutta lavorata di marmi finissimi, *et* d'altre pietre di grande spesa, *et* maestria, havendo porfidi, serpentini, *et* pietre tali intarsiate, *et* con molto artificio messe insieme nel pavimento, *et* nelle mura, con opera di musaico, *et* con figure diverse, fatte (come dicono) per ordine dell'Abbate Giovacchino di Santa Fiore, per predir le ruine, *et* gli accidenti, che dovevano avvenire all'Italia. Ha questa nobil Chiesa XXXVI colonne di marmo finissimo di grossezza di due piedi per diametro, *et* lunghe proportionatamente: e il suo Altar maggiore è coperto da una volta di serpentino, sostentata da quattro colonne di marmo, lavorate di figure di tutto tondo, di grandezza d'un palmo, o poco piu, che sono historie del Testamento vecchio *et* nuovo, con molto artificio e spesa accommodate. Ma dietro a questo Altare son poste quattro colonne d'alabastro di tutta finezza, che a guisa d'un cristallo sono trasparenti: *et* ornano il luogo, dove si tien riposto il Sacrosanto corpo di N*ostro* S*ignor* Giesu Christo.

Pala di San *Marco*
Sopra l'altar detto è posta una bella *et* ricca tavola d'oro *et* d'argento lavorata, che chiaman Pala: la quale ha molti ornamenti di pretiose gioie, *et* di perle di gran valore. In questa Chiesa vien conservato il tanto famoso, *et* celebrato Thesoro di San Marco: la grandezza del quale è atta a fare stupire ogni huomo, cosi per la quantita delle corone *et* de' petti d'oro, come per lo numero *et* qualità delle gioie preciosissime *et* di valore inestimabile, *et* delle perle, *et* di molte altre cose, formate, o in vasi, o in altro, che sono di molta stima. Fuor di questa Chiesa è fra due facce una loggia o portico, tutto lavorato sopra *et* a' fianchi di musaico con molte figure *et* historie: *et* sotto ha il pavimento di marmi di variati *et* vaghissimi colori. Entrasi in questa Chiesa per quattro porte, c'hanno sedici colonne di marmo fino, ma fra queste ne sono otto di pietra negrissima, sparse di bianchissime macchie di calcidonio, che molto dilettano all'occhio. La facciata di fuora di questo portico è sostentata da CXIIII colo*n*ne, parte di porfido, parte di serpentino, *et* parte di marmo, *et* sopra queste v'ha un'altro ordine, pur di colonne, ch'ascendono al numero di CXLVI, dell'istessa perfettione: le quali sostentano un cornicione, ch'abbraccia un luogo discoperto, piantato sopra il portico, *et* serrato intorno intorno dalla parte di fuora di colonnelle di marmo. Ma in quella parte, che vien sopra la principal porta del detto portico son posti quattro cavalli di metallo della grandezza d'un caval turco indorati al fuoco, *et* d'opera antica, molto bella, portati già da Costantinopoli, come io scrivo nella descrittione dell'Arcipelago. Con la Chiesa è attaccato il superbo palazzo, dove perpetuamente risiede il Serenissimo Principe, *et* si raunano i Signori, e i **[4]** Magistrati per il governo de gli stati: *et* qui è una sala grandissima, chiamata del gran Consiglio, perche ivi si congrega il maggior consiglio della nobiltà: dove son pitture di mano d'eccellentissimi huomini, *et* qui è un'armario secreto, pieno di spoglie, acquistate per diverse vittorie, *et* pieno d'armi. È in questa Citta un luogo, circondato d'ogni intorno di mura in circuito di due miglia, con torri disposte ordinatamente per le guardie della notte: *et* questo si chiama Arsenale: dentro del quale sono diverse botteghe, *et* maestranze, che lavorano continuamente ogni sorte d'istrumento pertinente all'arte del navigare. Qui son conservati tutti i navili, cosi grossi, come piccio-

li, che questa santa Republica in gran numero conserva per valersene in mare: *et* qui similmente son riposte tutte l'armi da offesa *et* da difesa, che bisognano per le guerre, o maritime, o da terra.

Arsenale di Vinetia
Questo è quell'Arsenale, dove a XIII di Settembre dell'anno MDLXIX si corse cosi grave pericolo d'incendio, che fu per ruinarne quasi tutta questa Città, *et* l'Isole convicine: pronostico *et* prodigio della presente guerra, mossa dall'infedele Scitha Selim Othomano: ma senza dubbio presagio della futura vittoria di questi Illustrissimi Signori: i quali (come spero, credo, *et* desidero) aiutati dalla possente *et* misericordiosa mano di Dio benedetto; patiranno, ma non ruineranno, secondo che in quel prodigio l'Arsenal ha patito alquanto, ma non è ruinato. Ho molti fondamenti d'historie (che come historico parlo hora) da potere addurre, *et* provare a punto per li prodigi occorsi, che la superbia Turchesca, vinta *et* doma caderà a terra: ma io non ho da parlare hora in questo soggetto: *et* a bastanza n'ho trattato in una mia lettera all'eccellente M*esser* Ottavio Godi da Cervia dottor di leggi valoroso, *et* honorato, *et* al magnanimo *et* cortesissimo S*ignor* Silvio Torelli da Forli miei singolari amici. Da questo Arsenale si co*m*prende qua*n*to grandi *et* maravigliose siano le forze, le ricchezze *et* le grandezze de' Signori Vinitiani; poiche non si trova ch'alcun'altro Potentato, per grande che sia, habbia un'Arsenal meglio fornito, ne per ventura forze da condurlo tale. Abbonda la Città di Vinetia di tutti i doni *et* frutti, che desiderar si possano: percioche da tutte le parti del mondo vi concorrono in tal maniera le vettovaglie d'ogni sorte, *et* le mercantie di tutte le qualità, che n'è ampia dispensatrice a tutte l'altre che non n'hanno: onde per cio la città è sempre denaiosa *et* gli habitatori sottili e industriosi.

Isole intorno a Vinetia
Sono intorno a Vinetia molte Isole, con molte habitationi, chiese, *et* monasteri: *et* di queste una è dalla parte verso Mezodì, chiamata la Giudecca, separata da Vinetia da un Canal largo intorno a mezo miglio. Quest'Isola è lunga un miglio, *et* ha bei palazzi, monasteri *et* giardini. Piu oltre nelle lagune è un'isoletta, chiamata Sant'Angelo della Concordia, *et* andando verso Ponente è posta l'isola di San Giorgio in Alga de' Canonici regolari di San Giorgio: dove è un bel monasterio, fondato *et* dotato dal beato Lorenzo Giustiniano, capo di quell'ordine *et* primo patriarca di Vinetia. Dalla parte medesima di Ponente è Santa Chiara nobil monasterio di monache, ma con un ponte è congiunto con la città di Vinetia: *et* poi San Secondo de' frati Predicatori, *et* piu verso Terra ferma San Giuliano.

Murano
Ma dalla parte di Tramontana partendosi da Vinetia s'incontra prima l'isola di San Christoforo, *et* poi quella di San Michele, dove è una bellissima *et* superba Chiesa co'l monasterio, o Abbatia de gli honorati *et* Reverendi Monaci di Camaldoli: *et* poi poco piu oltre è la vaga isola di Murano, ta*n*to famosa per l'eccellenza de' vasi di vetro, che quivi si fabricano, *et* per tutto il mondo si spargono: *et* è tanto innanzi passata la maestria de gli artefici di questa materia, che formandone organi con canne di vetro, dalle quali si sente uscir suonandosi dolce armonia, formandone castelli,

galee, *et* altre machine ingegnose, *et* quasi impossibli a condursi a si elegante fine, ava*n*zano ogni altro d'industria *et* d'eccellenza. Sono in Murano molte belle Chiese, monasteri, palazzi *et* giardini: percioche essendovi rispetto alle tante fornaci de' vetri l'aria piu purgata; i nobili Vinitiani volentieri vi fabricano per habitarvi la state. È questa isola una picciola Vinetia: percioche da un canal grande è divisa in due parti, *et* ha canali, che servo- **[5]** no per strade, come ha Vinetia: *et* gira di circuito tre miglia. Piu oltre è la chiesa di San Giacopo, detta in Paludo, *et* piu innanzi San Nicolò: indi Magiorbo lontan quattro miglia da Murano, isola habitata solo da pescatori *et* da hortolani. Piu in la pur verso Tramontana, è l'Isola *et* città di Torcello, di cui è Vescovo Monsignor Giovanni Delfino, prelato non pur dotto, ma pieno di magnanimità *et* di cortesia: *et* qui è una nobile Abbatia, dove habitano i monaci di San Bernardo: ne molto lontan da quest'isola è Burano assai buona terra. Ma calandosi poi da Tramontana verso Levante di Vinetia; si trova San Francesco dal Deserto, et poi il Lazaretto nuovo piu vicino a Vinetia: indi piu appresso la Certosa, monasterio de' Certosini, *et* Santa Helena de' Monaci di Monte Oliveto, *et* dirimpetto alla piazza di San Marco l'Isola di San Giorgio maggiore, grande *et* honorato monasterio de' Monaci di San Benedetto: i quali vi fabricano tuttavia un'honorata Chiesa opera dell'eccellente Architetto M*esser* Andrea Palladio: indi San Servolo, monasterio di monache, San Lazaro, *et* piu verso Mezo giorno il Lazaretto vecchio, Santa Maria delle Gratie, San Clemente, e'l bel monasterio di Santo Spirito con una vaga Chiesa, ove son molte pitture di mano del gran Titiano Vecellio da Cadoro: *et* poi Poveglia, indi Malamocco, gia seggio del Principe di Vinetia.

Habitatori di Vinetia

Ora quest'ampia *et* nobil città di Vinetia ha tre sorti d'habitatori, cioè Nobili; Cittadini, *et* Artigiani: i Nobili son quelli che governano, no*n* solamente la città ma tutto il dominio d'essa, cosi in mare, come in terra. Di questi nobili è formato un grande *et* general Consiglio: al quale non interviene alcun nobile, che non habbia XXV anni, se gia per gratia non sia stato ammesso: e in questo gran Consiglio che communemente si congrega ogni giorno di festa, per via di suffragi, o (come essi dicono) per ballottationi son creati i magistrati, cosi della città, come dello stato, cosi da mare, come da terra: ne alcuno ufficio, o Podesteria, o Capitaniato, o altro reggimento vien concesso, che per via di voti, *et* di ballotte non si conseguisca in questo gran Consiglio. Oltra questo v'ha un Consiglio minore *et* ristretto, chiamato de' Pregati: nel quale interviene minor numero di nobili: ma questi son quasi tutti d'età matura, *et* prudenti: *et* da M*esser* Francesco Guicciardini nelle sue historie vien tenuto, che questo Consiglio de' Pregati sia il vero reggimento de' nobili: dove il gran Consiglio tiene egli che sia misto di nobili *et* di popolari, forse havendo risguardo al valor degli huomini, poiche a questo intervengono ancho i cervelli men buoni, dove nel Pregati par che siano tutti buoni. Evvi appresso il Consiglio de' Dieci, e'l Collegio: i quali Co*n*sigli governano sempre con l'intervento del Principe le cose dello stato, *et* con questi sono i Savi grandi, i Censori, *et* altri; de' quali non posso diffusamente trattare: ma chi ne vol piena informatione; legga quanto ne scrissero il dottissimo Cardinal Gasparo Contarini, *et* M*esser* Donato Giannotti Fiorentino.

Principe di Vinetia

Il Principe, o (come dicono) Doge facendo la sua continua residentia in palazzo; rare volte s'appresenta al popolo: ma all'hora non esce, se non con pompa solenne, accompagnato da tutti gli Ambasciatori de' Principi, *et* da un lungo ordine di Senatori con vesti lunghe, *et* ampie, o pavonazze, o cremesine di variati drappi, o fodere, secondo le stagioni. Precedono il Principe otto stendardi, sei trombe d'argento, lunghe tre braccia l'una, una sedia, un guanciale, *et* un doppiero: ma caminando egli sotto l'ombrella; ha immediatamente dopo se il Protospatario, che gli camina appresso con la spada in mano. Queste cose furono tutte concesse al Principe di questa Republica da Papa Alessandro terzo, all'hora ch'egli da' Vinitiani fu difeso dalla violentia di Federigo Barbarossa: *et* tutti hanno significato, come si puo veder nel settimo libro della prima Deca dell'historie del Sabellico.

Procuratori di San Marco

Dopo la persona del Principe havvi un'altra dignità grande *et* honorata nella Republica, che vien concessa in vita: *et* questa è de' Procuratori di San Marco: i quali furono instituiti dal Principe Ziani, accioche sovvenissero gli orfani e i poveri: *et* questa dignità non vien ordinariamente concessa se non a quelli, che per consiglio, età, *et* auttorità Senatoria sono del primo ordine nella Republica. I cittadini poi, i quali son l'altra sorte d'huomini di questa Città; hanno nella Republi- **[6]** ca gli uffici della Secretaria, *et* di gran Cancelliere, *et* vengono molto adoperati dal publico. Hanno ancho altri uffici minori in tutti i magistrati della Città: da' quali cavano molte entrate. Non è questa Città soggetta ad alcuna legge Imperiale: ma governandosi co' propri ordini, e statuti, quando son disputate le cause da huomini periti innanzi a' Giudici nobili; son formate le sententie ad arbitrio d'essi Giudici: i quali consultato, o ballottato fra loro quel che per propria coscientia sentono; a questo modo deliberano *et* fanno giudicio.

Principi di Vinetia

Fu questa Città da principio governata da' Consoli, *et* poi da' Tribuni: ma dopo questo accresciuta di nuovi habitatori, che qui da molte Città d'Italia trassero per le ruine fatte da Attila *et* da altri Barbari; fu cominciato a crearsi un Principe, o Doge, e'l primo fu Paoluccio Eracliano, l'anno di nostra salute, DCXCVII, o (come vogliono altri) DCCIII, *et* dall'edification di Vinetia CCLXXX. Risederono per alquanti anni questi Principi nella città d'Eraclea, edificata di consentimento di Severino Papa: *et* d'Eraclio Imperatore in questi stagni: ma passati quaranta anni, parve loro di levar via il Principe, e in suo luogo creare un'altro nuovo magistrato, *et* chiamarlo Maestro de' Soldati, c'havesse da mutarsi ogni anno: *et* cosi per il primo crearono Domenico Lioni: ma non durò lungamente questo magistrato: onde tornarono a creare il Principe, che fu Diodato figliuolo d'Orso, ch'essendo gia Principe; era stato amazzato. Sotto costui fu trasferito il seggio Ducale da Eraclea in Malamocco: ma privato lui, *et* un successore del Principato per sospetto di tirannide: fu creato Domenico Monegario: il qual governasse insieme con due Tribuni eletti parimente dal popolo per un'anno con pari auttorità.

Venuto poi in Italia Pipino figliuolo di Carlo Magno; mosse guerra a' Vinitiani: onde essi ruinata Eraclea; si ridussero in Rialto, *et* crearono Doge Angelo Particiaco, o

Participatio: come dicono alcuni, da Eraclea: dove crescendo il numero de gli habitatori; fu forza allagar l'isola di Rialto, et cosi congiunsero insieme con ponti sessanta Isolette convicine, accioche potessero essere habitate: e in questo modo la Città di Vinetia, cominciò ad ampliarsi, *et* la forma del governo a migliorare, finche è ridotta allo stato presente: nel qual reggendo questi Signori con matura prudentia, con giustitia, *et* sopra tutto havendo sempre inna*n*zi a gli occhi il timor di Dio; la Republica *et* Città di Vinetia è lo splendore, non pur d'Italia; ma possiamo ancho liberamente dire della Christianità, come quella che mai non ha servito ad alcuno, *et* con le proprie forze ha in mare, e in terra acquistato un grande imperio, accioche i popoli soggetti; habbiano a lodare Dio d'essere stati levati dalle mani de' Tiranni, *et* ridotti sotto un governo giusto, *et* clemente.

Huomini illustri di Vinetia

L'imprese de' Vinitiani sono state tante *et* tali, che ne son pieni grandi *et* ampi volumi: però lasciandole da parte; nominerò solo gli huomini illustri che di questa Città siano usciti, ma di questi non farò mentione ancho, se non d'una parte: percioche son tanti in numero, che me ne bisognerebbe fare un gran volume: *et* similmente lascerò di nominare i Principi famosi, poiche è impresa troppo lunga per questa mia opera. Sono usciti di Vinetia tre Papi, Gregorio duodecimo della famiglia de' Corari, Eugenio quarto di casa Condelmieri, *et* Paolo secondo di Casa Barbi: *et* moltissimi Cardinali Pietro Moresini; Marco Lando litterato, *et* saggio; Antonio Corari, nipote di Papa Gregorio; Gio*van* Batista Zeno; Domenico Grimani, che fu ancho Patriarca d'Aquileia, dotto, giuditioso, *et* di cortesi costumi; Marco Cornaro, anch'esso patriarca; Marin Grimani nipote di Domenico, *et* Patriarca d'Acquileia; Gasparo Contarini, non pure scientiato, ma fautor grandissimo de gli scientiati; Pietro Bembo, giudiciosissimo Scrittore, *et* padre delle belle lettere: il quale *et* nella latina, *et* nella nostra favella ci ha insegnato in che modo si possano imitare scrivendo i migliori auttori; Francesco *et* Luigi Pisani; Bernardo Navagero, i quali non ha molto che son passati a miglior vita, *et* quest'ultimo fu legato al Concilio di Trento; Luigi Cornaro hora Cardinal Camarlingo; Marcantonio Amulio; Zaccaria Delfino; *et* Gio*van* Francesco Commendone. Fu Vinitiano Pantaleone Giustiniano primo Patriarca de' Latini, di Costantinopoli, *et* Lorenzo della stessa famiglia primo Pa-
[7] triarca di Vinetia, di cui ho parlato di sopra. Vi fu Ermolao Barbaro Patriarca d'Aquilea, huomo dottissimo nella lingua Greca, *et* Latina: per le cui orme ha felicemente caminato Daniel Barbaro, eletto Patriarca d'Aquileia, huomo singolarissimo in ogni scientia, *et* professione. Vi sono stati altri Prelati grandi *et* famosi, de' quali troppo lungo catalogo mi converrebbe fare, se volessi nominarli tutti. Dirò solo un'altro Cardinale, che fu Patriarca in Vinetia, *et* questo fu Maffeo dell'antica famiglia de' Gherardi: il quale fu dell'ordine *et* relligione de' Camaldoli, e in ordine venne a essere il sesto Patriarca. Gli altri Vescovi, *et* Prelati di maggiore, o di minor luogo sono stati assaissimi, *et* da me artatame*n*te son lasciati a dietro, quantunque per la dottrina, *et* bontà loro siano degni d'essere honorati; si veramente ch'io non lascerò a dietro Luigi Lippomani Vescovo di Verona, dottissimo, *et* c'ha dato in luce molte opere sue. Scrisse (come dicono il Petrarca, il Biondo, e'l Sabellico) uno elegante volume d'historie Andrea Dandolo Doge di Vinetia. Zaccaria Trivisano scrisse alcune orationi molto belle: ma una particolarmente è molto commendata: la

qual da lui fu recitata innanzi a Papa Gregorio, all'hora ch'era scisma nella Chiesa di tre Papi: nella quale co*n* eloquentia *et* con ingegno mostra il modo di riunir la Chiesa. Andrea Moresini *et* Ermolao Donato, oltra che furon Senatori di gran valore; scrissero ancho le historie de' lor tempi in versi heroici. Andrea Navagero, c'hebbe carico dal Senato di dovere scriver l'historie, seguenti a quelle di Marco Antonio Sabellico: ma sopragiunto dalla morte; restò poi tal carico a Monsignor Pietro Bembo, che fu (come ho detto) Cardinale, *et* elegantissimo scrittor di prose *et* di verso nelle lingue migliori. Fu ancho il Navagero buon poeta, *et* sono a stampa alcune sue compositioni molto belle. Gio*van* Battista Egnatio, molto dotto, che lasciò molte opere, utili a gli studiosi. Trifon Gabrielli, che ne' suoi tempi fu l'Oracolo di tutti i litterati. Pietro Giustiniano Senator gravissimo, ch'anchor vive, *et* ha scritto in bellissimo stil latino l'historie della patria: talche si mostra dignissimo figliuolo di Bernardo Giustiniano. Gio*van* Battista Rhannusio secretario della Republica, *et* gran Cosmografo: per la cui industria habbiamo havuto piena cognition delle navigationi, cosi de gli antichi, come de' moderni: le quali da lui trasportate da diverse lingue, ch'egli ottimamente possedeva, nella nostra; son poi da molti dotti suoi discorsi illustrate. Di lui vive M*esser* Paolo suo figliuolo, c'ha scritto l'historie delle imprese fatte da' Vinitiani oltra mare in bellissimo *et* giudicioso stil latino. Lodovico Dolce, la cui fatica, e industria in ta*n*te opere, c'ha scritto in verso, e in prosa, o traducendo, o facendo di suo; puo piu tosto essere ammirata che agguagliata. Vive Natal de' Conti peritissimo della lingua Greca *et* di molta eruditione, come dimostrano le molte opere sue, e in particolare la Mithologia. Scrive egli hora in elegantissimo stil latino l'historie universali de' suoi tempi, seguendo quelle del Giovio: *et* finalmente trovasi per l'historie essere usciti di questa patria tanti chiari *et* dotti Senatori, versati nelle migliori discipline, che se havessero piu atteso a scrivere, che a governar la Republica; goderemmo hora noi i frutti del lor ingegno, si come la patria godè, mentre che vissero, il frutto del lor valore, *et* delle lor tante fatiche. Ma da quel capo comincerò io a celebrare i tanti capitani di guerra, che in mare, e in terra serve*n*do alla patria; ha*n*no acquistato chiarissime vittorie: Giova*n*ni *et* Rinieri Bolani acquistarono Corfu; Marin Gradenico, *et* Domenico Moresini Pola, *et* ridussero Parenzo tributaria; Giovanni Basilio, *et* Thomaso Faliero nettarono il mare da' Pisani che l'infestavano; Rinieri Dandolo *et* Ruggieri Premarino espugnarono Modone *et* Corone: Giovanni Trivisano ruppe i Genovesi a Trapani di Sicilia. Pietro, Thomaso, *et* Giovanni Gritti, Nicolò Balastero, Marco Bon, *et* Andrea Thealdo fecero gran prove in Candia contra i ribelli, *et* superarono in mare l'armata del Re de gli Essagoni, *et* di Giovanni Vatazzo presso Costantinopoli. Rinieri Zeno ricuperò Zara. Lorenzo Tiepolo rupe i Genovesi nel porto di Tolemaida, *et* vicino a Tiro insieme con Andrea Zeno. Marco Gradenico fu General di Balduino Imperator di Costantinopoli. Marco Micheli ruppe i Genovesi al Tenedo, *et* ac- **[8]** quistò Negroponte: e i medesimi furon vinti da Marco Gradenico sudetto, *et* da Iacopo Dandolo presso Trapani: ma di Marco si leggono grandi altre imprese. Giovanni Soranzo prese Cafa nella Taurica Chersonesso: *et* Benedetto Giustiano prese molte navi de' Greci. Piero Zeno il primo mandato contra i Turchi; riportò a casa molte vittorie: *et* dopo lui Marino Faliero, Andrea Cornaro, Pietro Canale, Marco Canale, Marco Giustiniano, Andrea Moresini, Simon Da*n*dolo, Nicolò Gradenico, *et* Pancratio Giustiniano. Nicolo Pisani, *et* Giovanni Delfino tolsero a' Genovesi L navi: *et* dopo questi furono chiarissimi Capitani Paolo Loredano, Marco Micheli, Giovanni Sannuto, *et* Bernardo Giustiniano. Vittor Pisani capitan famosissimo, *et* pieno di modestia, essendo stato dopo molte sue prove incarcerato; con singolar sua gloria fu liberato, accioche andasse co*n*tra i Genovesi a Chioggia: de' quali riportò chiarissima vittoria a Vinetia. Domenico Micheli soggiogò Candia. Furono ancho gran capitani di mare Creso Molino, Mihel Delfino, Iacopo Moro, Marco Giustiniano, Carlo Zeno, Michel Giustiniano, Pietro Emo, Fantino Giorgi, Marco Grimani, Giovanni Barbi, *et* Vittor Barbaro che fu capitano di soldati contra Filippo Visconte nella guerra di Brescia: Francesco Bembo fu general dell'armata su per il Po contra'l medesimo Filippo Maria, *et* dopo lui Andrea Mocenigo, e Stefano Contarini. Pietro Loredano fu contra i Genovesi, *et* Luigi Loredano contra i Turchi hebbe molte vittorie, havendo seco le galee di Papa Eugenio, *et* del Duca di Gorgogna. Vittor Capello, Orsatto Giustiniano, Iacopo Loredano, Nicolò Canale, Pietro Mocenigo, *et* Vittor Soranzo furon tutti capitani di gran valore *et* prudentia. Girolamo Canale fu molto valoroso, *et* fece prigione il Moro d'Alessandria famoso *et* astuto Corsale: Vincentio Cappello fu similmente grande *et* valoroso Capitan di guerra, *et* general dell'armata. Christoforo Canale, oltra che in mare fece molte prove; fu ancho tanto prattico in quei governi, che pare c'hoggi tutti gli altri siano per imitar la disciplina di lui, trovandosi per le mani de' nobili un libro, ch'io ho veduto, composto da esso Canale: il quale insegna con giudicio *et* con ordine tutta la disciplina navale. Vivono hoggi molti eccellenti Capitani, *et* Senatori prestantissimi, che conservano in pace e in guerra l'antica riputatione della lor patria. Thomaso Contarini Procurator di S*an* Marco, valoroso *et* esperto, ch'è stato General dell'armata; Melchior Micheli similmente Procuratore, *et* Generale animoso *et* prudente; Girolamo Zane Procuratore, *et* primo general di questa santissima impresa, contra l'empio Turco Selim: *et* a lui è successo Sebastian Veniero animoso *et* prudente Generale: dalla cui virtu, mediante il favor divino si aspettano molte segnalate prove a benificio della Republica, havendo egli l'anno MDLXX preso a dieci di Giugno la quasi inespugnabil fortezza di Sopotò, lontana da Corfu trenta miglia verso Levante. Lorenzo Amulio Procurator di San Marco, ch'essendo l'anno MDXLVIII proveditor dell'armata; fece prigione Sabarnessa corsale molto temuto per le nostre riviere. È morto quest'anno Gio*van* Mattheo Bembo: del cui valore, *et* della cui virtu son piene l'historie. Sono hoggi in Vinetia molti Prelati, *et* gentil'huomini litterati, *et* di buon nome: i quali taccio per non conoscermi atto a sapere spiegar le lor lodi. Fiorisconvi le buone arti, come sempre hanno fatto: e in particolare l'architettura e Scoltura in Iacopo Sansovino Fiorentino, ch'è passato hora a miglior vita: *et* la Pittura in Titiano Vecellio da Cadoro: il quale ha avanzato la natura stessa. Vive un'altro Cavallier Titiano Vecellio il giovane pur da Cadoro, figliuolo del valoroso *et* magnanimo Veccellio Vecelli: il qual Titiano ornato di belle lettere, *et* di soavi costumi, riesce in questa sua verde età molto eloquente *et* savio: *et* è ben degno c'habbia perpetua, e strettissima intrinsichezza co'l dottissimo, *et* essercitatissimo nelle tre lingue migliori Gio*van* Battista Arigoni da Udene, non men cortese, che scientiato *et* giudicioso: accioche uniti insieme partoriscano frutti degni della loro eruditione. Sonvi altri Architetti, Scultori, *et* Pittori eccellenti: ma io si come de' dotti, cosi di questi non ho pensiero di trattare, lasciando che le opere loro eccellenti, *et* non la mia debil penna rechino loro le dovute lodi.

7.5. *Arcipelago*

Descrittione dell'Arcipelago

Quel mare, che da Tucidide nel primo libro, è chiamato Greco; da' nostri naviganti hoggi è domandato Arcipelago: *et* è cosa chiara, che vien co*m*preso nel nostro mar Mediterraneo. Questo per varie cagioni s'ha acquistato varij nomi: *et* essendo ripieno d'Isole; abbraccia non solamente le regioni de' Greci, ma in parte anchora de' Barbari. Di questo parlerò io brevemente, *et* tratterò dell'Isole, che vi sono: intorno a che ha da sapersi principalmente, che Plinio scrive, come i Romani davano a questo mare due nomi, Macedonico a quel che bagna la Macedonia, *et* la Thracia; *et* Greco a quel che lava la Grecia. In questo spatio è l'Ionio da Leucopietra, dove fornisce l'Adriatico, fino allo stretto di Corinto: *et* fu detto Ionio dalla vacca Io, che lo passò. Di la dallo stretto, o Isthmo è chiamato Egeo, Cretico, o di Candia, Mirtoo, *et* Icario: *et* Egeo vien detto da uno scoglio, piu tosto che Isola, ch'è fra Tenedo, *et* Scio: il quale ha forma di capra, che Ega si chiama: be*n*che non mancano molti altri auttori di altre opinioni.

Arcipelago perche cosi detto
Arcipelago è nominato hoggi, quasi capo, o principe de' mari; percioche le tante Isole, c'ha; par veramente che gli rendano principato sopra gli altri: onde per questo effetto simile, color, c'hanno fatto le navigationi tanto maravigliose a' tempi nostri; hanno chiamato Arcipelago, quel mare pieno d'Isole habitate *et* dishabitate, ch'è nel golfo di Bengala, di rimpetto al regno di Malaca, o aurea Chersoneso: *et* quello, che è nel mare Indiano con venti mila Isole, poste dal monte Deli a **[28]** traverso della costa di Malabari: *et* Arcipelago di San Lazaro quello, dove è l'Isola Bornei, Gilolo, le Molucche, *et* infinite altre.

Pachiso isola, hoggi Pacsù
Ora cominciando dalle Isole del mare Ionio; prima si ha Corfu, della qual n'ho parlato al suo luogo separatamente: *et* sopra Corfu è Pachiso verso Levante, o Pacsù, isola che gira di circuito dieci miglia, *et* non ha altro che una villa con pochi habitatori. Nel mezo verso Levante è piana, *et* è copiosa di vigne, *et* d'alberi, con un porto sicuro. Dicono ch'ella fu altrevolte congiunta con l'Isola di Corfu: ma che il mare *et* le fortune la separarono.

Leucade isola, hoggi Santa Maura
Evvi Leucon, o Leucate monte nobilissimo, che vien chiamato Isola, *et* gira LXXX miglia di circuito. Ha nel mezo una ca*m*pagna ombrosa, *et* valli bagnate da acque. Da Levante ha un porto, *et* da Tramontana un'altro, ch'è piu sicuro. Nel lito è una fontana d'acque abbondantissima: ma da man manca alle radici del monte son le ruine dell'antichissima città, dove era un Tempio d'Apollo molto antico. Qui mette Virgilio, che sce*n*dendo Enea nel suo venir da Troia; lasciò le armi. Questa fu poi da Ottaviano Augusto ristorata, *et* chiamata Nicopoli, dopo che qui (come trovo in alcuni) hebbe vinto Marco Antonio, *et* Cleopatra. A vista di questo è in mare una torre, non lungi dalla quale è un ponte, *et* una larga pianura.

Seno Ambracio hoggi Golfo dell'Arta
Ha da Tramontana il seno Ambracio, che golfo dell'Arta domandano.

Ithaca, et Dulichio hoggi Isola del Compare
Trovasi Dulichio, che gia era chiamata Ithaca, *et* hoggi Isola del Compare, patria d'Ulisse, montuosa, *et* piena di balze con un poco di pianura in mezo. È lunga venti miglia, *et* larga due, *et* assai popolata: ma a' naviganti molto pericolosa. Virgilio induce Enea a fuggir questi scogli, *et* a maledir questa terra, come patria d'Ulisse.

Cefalonia
Segue la Cefalonia, detta cosi da Cefali, che vol dir Capo: la quale è montuosa, *et* tonda in modo che a' naviganti, che ci vengono dalla parte di Mezodì; ella pare un Capo. Gira di circuito cento miglia: *et* se le alza nel mezo Monte lione, senza fiume, ne acque: talche gli animali salvatichi, che qui vanno errando; non trovano da bere: ma con la bocca aperta raccolgono la rugiada, che cade dal cielo. Di questo luogo ne fu Signore Ulisse: *et* al tempo della guerra Macedonica, fu l'ultima che cedesse all'imperio de' Romani. Si vede qui il porto Guiscardo: dove gia era la città Pitilia: *et* è famosa per Chilone Lacedemonio, che qui fiorì. Dirimpetto a questa è Same, *et* da Mezodì il porto di San Sidro: *et* di Same fa mention Vergilio nel terzo dell'Eneide.

Zacinto hoggi Zante
Segue Zacinto, da alcuni Iacinto detta dal fiore di questo nome: perche è Isola florida *et* dilettevole, *et* hoggi è detta il Zante: la quale è posta di rimpetto al golfo di Coranto, o seno di Corinto. Di qui dicono, che passarono in Ispagna coloro, ch'edificarono Sagonto nobil terra, *et* amicissima de' Romani, che da Annibale fu destrutta. Quest'Isola da Tramontana è piana, *et* copiosa di paschi: ma da Levante ha il porto Natte: *et* presso questo spesse volte le navi cariche, spinte dalla forza del vento; vengono a ficcarsi nell'arena, senza esser punto offese. Da Levante nella riviera è una vena di metalli: *et* da Tramontana ha la città, che spesse volte da' terremoti è stata ruinata. Gira quest'Isola di circuito LX miglia, *et* ha buonissima aria, *et* sito molto dilettevole.

Echinnadi
È nel mare Ionio uno scoglio, che intorno gira un miglio, *et* già da tutti era maledetto: *et* da' pesci Echinni fu chiamato Echinnade, c'ha il fiume Acheloo, *et* poi fu detto Strofade: anchor che io trovo l'Echinnadi esser piu Isole, *et* non uno scoglio: *et* le Strofadi esser Isole da queste differenti. Nondimeno io seguo un'auttor moderno, del cui nome volentieri farei mentione, se lo sapessi, *et* egli havesse voluto metterlo in un suo libro scritto a penna. Qui habitò già Fineo, che fu Re d'Arcadia: *et* vien celebrato questo luogo per le Arpie, che qui si ridussero. Da che vengo in conclusione, che l'Echinnadi, *et* le Strofadi non sono le medesime: *et* che se pur qui sono le Strofadi; non è vero, che qui habitasse Fineo Re: percioche essendo Fineo molestato dall'Arpie; Zeto, *et* Calai le cacciarono dalla tavola di lui, *et* esse si ridussero nelle Strofadi: le quali Isole furono cosi dette in questa voce Greca, che vol dir Conversione, perche qui si convertirono l'Arpie, cacciate dalla tavola **[29]** di Fineo.

Strofadi hoggi Strivali

Vengono hoggi le Strofadi nominate Strivali: in una delle quali è hoggi un monasterio di San Basilio, di Caloieri, o monaci Greci: a' quali da un'altra di quell'Isole vien somministrato il vivere, *et* massimamente de gli uccellami, pollami, *et* di carni: percioche tanta è la severità, e in questa parte relligione di quei monaci, che stimano non convenirsi a' servi di Christo, haver dove essi conversano, uccelli, o animali per rispetto del coito.

Sapientia gia fu detta Sfragia

Sapientia è un'altra Isola in faccia della città di Modone: ma sterile: *et* è cosi detta, accioche le navi, che di qui hanno a passare; si guardino con sapientia: overo perche le donne qui predicevano le cose a venire. A vista di questa Isola s'alzano due città Modone, *et* Corone, poste nella Morea.

Citherea hoggi Cerigo

Citherea, o Citari hoggi Cerigo, è isola circondata da molti scogli: i nomi de' quali sarebbe soverchio raccontargli. Questa è la prima Isola di quel mare, c'ho detto chiamarsi Egeo: *et* guarda a Ponente: ma tutta è montuosa, *et* poco habitata. Evvi la terra dell'istesso nome, che l'Isola: dove honoratissimamente era celebrata la Dea Venere: la qual per cio fu chiamata Citherea. Quivi nel tempio si vedeva scolpita una bellissima fanciulla nuda, che nuotava: *et* nella man ritta haveva una conchiglia, o coppa marina, ornata di rose, *et* di colombe, che intorno le volavano. Dinanzi le stavano le tre Gratie nude, prese per mano: due delle quali le voltavano la faccia, *et* l'altra la schiena. Di questa Isola Paride menò via Elena, un giorno che al tempio di Venere ella era venuta. Gira di circuito LX miglia, *et* gli scogli che la circondano; son detti le Dragonere.

Sicillo Isola

Sicillo è Isola, che gira dieci miglia: *et* credo che sia quella, che da Thucidide vien chiamata Crocilio: dove gia era una terra, c'hoggi è diserta, *et* non v'habitano altri, che asini salvatichi: de' quali si raccontano molte pazzie, ch'io *et* perche non appartengono a me, *et* perche me ne vergogno; lascio di dirle. Candia posta in mezo del mar mediterraneo, da me al suo luogo è stata copiosamente descritta.

Carpato, o Scarpato isola

Carpato isola cosi detta da carpos, voce Greca, che vol dir frutto; perche è fruttifera; gira LX miglia di circuito. Qui fu nudrita, *et* allevata Pallade, *et* nacque Iapeto, padre di Epitmeteo, *et* di Prometeo: de' quali si scrivono molte favole. Vi furon sette terre; delle quali tre eran fra monti: *et* credo c'hoggi con poca alteratione di lettere questa Isola sia chiamata Scarpato.

Simie isola

Ne vien poi l'Isola di Rhodi: ma di questa ho similmente parlato al suo luogo: però passerò a dir di Simie isola, che gira XXX miglia di circuito: *et* da Mezodì ha alcuni piccoli scogli: ma presso il mare un castello fortissimo, *et* ne' monti un'altro, ch'è disfatto. Qui nasce ottimo vino, *et* sono gran branchi di capre.

Caristo hoggi Calchi
Non molto lontan da questa è Caristo gia, ma hora Calchi: dove regnarono i Giganti, *et* hoggi è gran copia di fichi. Gira intorno lo spatio di XII miglia: *et* ha il porto verso Levante: dalla qual parte è l'Episcopia, che gia era detta Dilufano, luogo diserto, che gira di circuito XXX miglia. Ha da Levante lo scoglio Aschina, *et* da Ponente il Zuccalora.

Serfino isola
Segue Serfino Isola tutta montuosa c'ha da Mezogiorno il porto, *et* ad alto la terra. Qui si trova la calamita: *et* v'era adorato Apollo.

Thermia Isola
Hoggi v'è moltitudine di capre: e il suo circuito è di cinquanta miglia, quanto a punto è quel dell'Isola Thermia, cosi detta con nome Greco, che Tepido presso noi significa: *et* questo rispetto all'acqua sulfurea, che tepida sorge dove è la città Thermia in alto, con una pianura detta di Santo Herino, intorno alla quale è l'acqua. Questa è popolata, *et* copiosa di vino, biade, *et* sete.

Cea Isola
Cea cosi detta da Ceo gigante, figliuolo della Terra; è isola montuosa, di circuito di L miglia, con un porto verso Ponente, *et* un castello. Qui havevano anticamente in usanza i vecchi di avvelenarsi per non esser tediati dalla vecchiezza: *et* dicono esservi una fontana, della qual chi beve, avanti che l'habbia paidita; doventa stupido: ma come l'ha digerita; ritorna alla sua prima sanità. Presso questa da Ponente è il golfo di Tenaro, il Pegaseo, e'l Mirteo: *et* lo stanno intorno molti scogli; de' quali è soverchio raccontar i nomi.

Andro Isola
L'Isola d'Andro hebbe molti nomi: ma questo particolarmente le fu posto dal nome di **[30]** Andro, figliuolo del Re Anneo. È bella Isola, *et* copiosa d'acque, *et* di tutto quel che fa bisogno alla natura humana. Gira intorno intorno LXXX miglia; *et* tutta è in monti: dove ancho è posta la città senza porto. Qui son molte scolture: *et* v'era adorato Mercurio. Hoggi è assai bene habitata a rispetto dell'altre: ne molto lo*n*tan da essa è lo scoglio Caloiero, d'altissime balze, che con senso contrario è chiamato Buon vecchio: atteso che a' naviganti è pessimo. Qui nascono ottimi falconi.

Idrusa hoggi Tino Isola
Tino, altre volte fu detta Idrusa, *et* è contigua ad Andro. Circonda quaranta miglia: *et* fra essa *et* Andro s'alzano due scogli. Nel mezo ha una pianura fertile, dove è posta la città. Da Levante ha una torre, *et* una da Ponente, che sono fortissime. Da Tramontana ha una bella valle: *et* da Mezodì haveva gia il castel Paleo, c'hora del tutto è distrutto.

Micone una delle Cicladi
Micone isola cosi detta da un suo Re, overo perche questa voce Greca significa lunghezza, per esser l'isola lunga; fu gia splendida *et* nobile, come ne fanno fede gli e-

difici. Questa è una delle Cicladi, vicina a Delo, *et* circonda trenta miglia. Ha il porto co'l molo, *et* tutta è domestica. Da Mezodì ha Santo Stefano: da Levante Santa Anna, e'l porto Pandermo. Virgilio fa d'essa mentione.

Delo Isola

Delo, di cui gli auttori spesso fanno memoria; è Isola famosissima, posta nel mezo delle Cicladi: *et* gia fu fama, ch'ella si movesse. Fingono i Poeti, che qui Apollo amazzasse il serpe*n*te Pithone, che instigato da Giunone; perseguitava Latona madre di lui: *et* che qui facesse alla Madre l'ufficio della Allevatrice, quando essa partorì Diana. Qui era un tempio, dedicato a esso Apollo: il quale similmente vi era nato. Fu detta Delo, che vol dir manifesto: perche questa fu la prima a scoprirsi dopo il Diluvio.

Fonte in Delo, che cala, et *cresce*

Fu ancho detta Ortigia dalla moltitudine delle quaglie: *et* hebbe altri nomi. Havvi il monte Cinthio: dove nacque Diana: a piei del quale è una fontana, che cresce *et* cala nel te*m*po che cresce *et* cala il Nilo, come è al lago Lario di Como la fonte Pliniana, che cresce *et* cala ogni hora: della cui maraviglia ho parlato nel libro della Nobiltà di Còmo, da me descritta *et* data in luce. È l'Isola di Delo partita in due Isole: ma una maggior dell'altra. Quella dov'era il tempio famoso, e'l monte Cinthio, *et* la fonte maravigliosa circonda quattro miglia: *et* l'altra dieci, *et* questa è detta Ortigia, molto coltivata, *et* habitata. Scrivono che anchora hoggi si vede in Delo un'idolo di tanta grandezza, che mille huomini non potrebbono drizzarlo: *et* per l'Isola qua *et* la sono sparse colonne, *et* colossi assai, lavorati molto eccellentemente. Ma d'essa ne fa Virgilio mentione, mostrando che Enea v'era arrivato, *et* fece riverentia all'antico, *et* sacro Tempio di quello Dio; del qual dicono vedersi anchor hoggi la gran machina delle mura con le finestre.

Ieros hoggi Sudda Isola

Verso Ponente è l'isola Sudda, che circonda quaranta miglia, *et* gia fu chiamata Ieros, cioè vecchio: ma ricevè (come scrivono) il nome di Sudda da una figliuola d'un Re di Calabria, che qui nacque. Stanno gli habitatori di quest'isola in continuo spavento per paura de' corsali, *et* ancho per tema de gli Spiriti, che affermano andarvi errando, *et* massimamente al Colle Capraia: dove è uno scoglio. Ella ha un'ottimo porto.

Paro Isola, et *suo marmo*

L'isola di Paro è anchor'essa una delle Cicladi, *et* gia dall'ampiezza sua era chiamata la Piazza: ma poi esse*n*dovi edificata una città dal Re Minos, *et* un castello da Parea figliuol di Pluto; dicono che da costui ella prese il nome. Altri dice che costui fu nipote di Giasone, *et* altri nomi attribuisce a quest'Isola. Vi nasce il marmo candidissimo, come neve: *et* da' Greci era chiamato Lichnio, perche l'incavavano, lavorandolo, *et* ne facevano lucerne: e i primi che l'usassero; furono Dipeto, e Scilo marmorarij. È di circuito di cinquanta miglia, *et* da Ponente si allunga in Levante: ma nel mezo ha un'ampia campagna, dove sono molti edificij con belle colonne, *et* con un tempio anchora intero. Havvi il monte Campeso molto alto, *et* alle sue radici è una terra, edificata con pietre smisurate. Da Tramontana ha un piccolo castello,

co'l porto, *et* co'l molo: nel quale se tu metti (cosi dicono) alcuna cosa bianca; doventerà nera. Qui si vive lungo tempo, *et* felicemente senza incommodo di vecchiezza. Venne altre volte l'isola di Paro in poter di Milciade; capitano de gli Athe-
[31] niesi: ma ribellandosegli subito, senza mantenergli le promesse; s'acquistò presso i Greci nome d'infamia: onde co*n*tra chi rompeva la fede data dicevano ‹ἀπαριάζειν›, che vuol dir, ‹far come Paro›.

Coo isola et sue lodi

Coo isola per la malignità dell'aria il piu del tempo è diserta: *et* perche è soggetta alla provincia d'Athene, con la quale confina; però è stata reputata il suburbano d'Athene. Da Levante in Ponente in lunghezza di quaranta miglia, tutta è piana: ma da Mezogiorno ha monti alti, dove erano tre castella, Pietra, Chenia, *et* Pilli. Quel ch'era detto Peripato, castel fortissimo; era posto nella superficie del monte Dicheo; *et* haveva moltissime cisterne. Alle radici era la fonte Sfandio: da cui prese nome il fiume Sfandano. In mezo della campagna s'alzano due soli monticelli, da' quali già derivava la nobilissima fonte Licasti, hoggi detta Apodomario. Presso questa è un castello con alcuni molini, *et* vivai tutti di marmo: dove è tanto dilettevole il luogo, ch'è uno stupore. Da Levante nel lito è la città Arangea metropoli, c'ha in mezo un lago: il qual però la state si secca. Ha molti nobili edificij di marmo antichi: *et* fuor di essa sono le magnifiche fabriche d'Hipocrate, fisico eccellentissimo, che qui nacque. Hanno una fonte appresso, *et* una palude, che la state s'asciuga, chiamata Lambi. Non è molti anni, che qui apparve un grandissimo Serpente, che devorava gli armenti: *et* dicevano quei superstitiosi, ch'era la figliuola d'Hipocrate: la quale essendo grandissima maga; anchora sia viva in quella forma. Di lei molte cose degne son raccontate da gli antichi auttori. Quest'isola è contigua all'Asia minore: *et* dirimpetto a Cipro: *et* dicono, che oltra l'essere abbondantissima di tutte l'altre; ha havuto ancho questo di piu, che in essa furon trovate l'arti delle donne, *et* massimamente quella della lana.

Claro hoggi Calamo

Sopra monti sta molto alta Claro, gia isola, c'hoggi è detta Calamo, *et* gira d'ogni intorno quaranta miglia. Ha da Levante una terra antica: in faccia della quale si slunga una picciola Isoletta, che mostra per gli edificij d'essere stata illustre. Ha in un seno la terra, detta Calamo, *et* da Ponente pure in un seno un fiume d'acqua salsa, detto Vathiolio: dove era un'ampia città, come si vede per gli edificij. Da Mezodi ha due porti: ne' quali è una grandissima spelonca: della quale esce una copiosissima fontana.

Hero isola

Presso quella piu alta è Hero isola montuosa, *et* piena di marmi: che da Levante ha il castello, *et* da Mezodì il porto Lepida, ove era gia la città, posta alle radici del monte. Gira di circuito diciotto miglia, *et* è fertilissima: *et* qui si coglie il legno Aloè.

Pathmo isola

Pathmo isola è dove San Giovanni discepolo di Christo fu confinato; e scrisse la sua Rivelatione, o Apocalisse. Qui non lungi dall'oratorio di quel Santo; è un Monasterio, dove habitano Caloieri. Ella ha alcuni colli piacevoli, *et* cave di metalli.

Dipsi. Crusie. Icaria

Trovansi Dipsi, *et* Crusie, isole di poco nome: *et* poi l'isola Icaria, cosi detta da Icaro Candiotto, che lasciata la patria; fece qui la sua stanza.

Mandrie. Agatusa. Farmaco. Samo

Indi Mandria presso Dipsi, *et* due Isolette Agatusa, *et* Farmaco: dalle quali non molto discosto è Samo, poco ancho lontana da terra ferma: *et* quest'isola era a tempo de' Gentili, molto nominata per li sacrifici, *et* per gli eccellenti Filosofi. È mo*n*tuosa, *et* gira di circuito ottanta miglia. Da Levante *et* da Ponente ha porti: *et* da Mezodì in piano una magnifica Città, dove sono ruine di grandi edificij, *et* colonne. Eravi il tempio di Giove grandissimo: *et* in quest'isola nacquero Pitagora, *et* Policrate, *et* la Sibilla Samia. Qui Paolo Emilio vinse il Re Perseo: *et* si facevano vasi celebrati, e in numero quasi infinito: ilche diede luogo al proverbio, ‹Portar vasi a Samo›.

Forni isole

Vi sono monti altissimi, Aothe, Meridalo, *et* altri. Da Ponente ha isole diserte, che son dette i Forni, pericolose a' naviganti: ne per altro alcuna volta utili, che per riparare i venti.

Chio, hoggi Scio

L'isola di Chio, hoggi Scio (lascia*n*do star Tenosa, *et* Psara isole ignobili) è posta nel mare Egeo, o Arcipelago, quattro miglia presso l'Asia minore: *et* gira di circuito CXXIII miglia. La sua lunghezza è da Tramontana a Mezogiorno: *et* è divisa in due parti. La prima è detta Apanomerea, cioè Parte di sopra: *et* l'altra Catomerea, cioè Parte di sotto. In quella di sopra son monti pieni d'alberi, fontane, *et* luoghi cultivati, co*n* valli ombrose, *et* con molte terre. Qui dicono, ch'è la sepoltura d'Homero: percioche fra **[32]** le sette città, che contendevano della patria di quel gran Poeta; Scio fu una. Havvi il porto Cordamille, *et* un fiume, presso al quale era la città di Scio, c'hora è abandonata, *et* è stata trasportata al mare. Intorno a questa son campi fertilissimi. Nella parte di sotto sono gli alberi del Lentisco, che producono la gomma, detta Mastice, *et* son di verso Mezogiorno: *et* v'ha anco fontane assai, *et* porti, *et* un fiume, che corre per la pianura. Quest'isola essendo colonia de' Genovesi; fu l'anno MDLXV oppressa da Solimano gran Turco, che ne menò quasi tutta la nobiltà in servitù, opponendo a gl'isolani, che davano ricetto a gli schiavi rifuggiti: ma in effetto volendo insignorirsi delle facoltà di quelli infelici gentil'huomini: *et* forse tirato da' suoi Bascià, accesi di libidine per la bellezza delle do*n*ne di quell'isola: le quali fra tutte l'altre son degne d'esser celebrate per singolarmente belle, *et* attrattive.

Lesbo isola, hoggi Metellino
L'isola di Lesbo, posta pur nell'Egeo, fu detta Mitilene, *et* hoggi Metellino: dove nacquero Alceo Poeta, Safo Poetessa, *et* Theofrasto filosofo. Qui s'annegarono Castore *et* Polluce, che perseguitavano la sorella Helena: onde poi (secondo i Poeti) furon trasferiti in cielo, *et* convertiti in stelle. Nel circuito d'essa son molte castella: ma il maggiore era Metellino, c'hora è quasi disfatto. Verso Mezodì vi son quattro colonne con mirabili edificij, *et* caverne sotterranee. Nel mezo è piana *et* fertile: *et* ne' monti ha molti cipressi. Gira di circuito cento e trenta miglia, *et* confina con la Turchia.

Tenedo isola
Tenedo isola è posta nell'Egeo in faccia dell'entrata nello stretto di Romania, o d'Hellesponto, di rimpetto all'antichissima Troia: al tempo della quale fu ricchissima, dove hora del tutto è diserta.

Fonte mirabile in Tenedo
Alle radici del piu alto monte ha una fontana, che nel Solstitio dalle tre fino alle sei hore di notte abbonda tanto d'acque, che pare un fiume: *et* nel resto del tempo non ve ne ha punto. L'isola è piana, *et* circondata di colline, piene di vigne, *et* di frutti. Verso Troia vi si veggono molti pezzi d'anticaglie. Da man manca di questa s'entra nello Hellesponto, detto hoggi Mar maggiore: all'entrata del quale sono i Dardanelli, che son due fortezze per guardia dello stretto.

Nio isola. Anasio isola, ove non si posson nodrire animali velenosi
Segue Nio nuovo, che gira quaranta miglia: *et* poi verso Tramontana Anasio, isola per questo solo degna di esser ricordata, perche non nodrisce alcuno animal velenoso: anzi se si fa un cerchio della terra di quest'isola in un'altro paese; tutti gli animali velenosi, che son dentro a quel cerchio; muoiono: il che sappiamo avvenire ancho in Ispagna nell'isola d'Ebuso, hoggi detta Ieviza.

Amurgospoli, o Brupore isola
Amurgospoli un'altra isola, gia detta Brupore, di circuito di ottanta miglia; è tutta in monti, ma però coltivata: *et* ha tre porti, Santa Anna, Calos, *et* Catapla. I monti ch'ella ha da Ponente, non son cosi alti, come quei da Levante: *et* però quella parte piu bassa è detta Catomerea, cioè parte bassa. Vi son balze horribili: *et* al mare è un monasterio di Caloieri.

Chinera. Leuta
Qui presso son due isole, Chinera, *et* Leuta, inculte *et* non mai habitate da altri, che da Asini: de' quali dicono che son piene.

Caloiero
Segue l'altissimo scoglio Caloiero, posto in mezo del mare: dove è il confino dell'isola Coo di verso Mezodì. Questo minaccia a tutte l'isole vicine: *et* ha in cima una chiesa, dove dimora un Caloiero.

Callipoli
Vassi poi a Callipoli, ch'è lo stretto, *et* entrata del Mar Maggiore: *et* qui si divide l'Asia dall'Europa. Da man ritta è Troia, *et* da man manca una torre presso al mare, ch'è vicina all'Asia: *et* di qui è poca strada per andare ad Abido. Qui Xerse Re de' Persi fece un po*n*te per passar d'Asia in Europa: *et* questo è detto il braccio di S*an* Giorgio. Quaranta miglia piu in la è la terra di Callipoli dalla parte dell'Europa in uno stretto, per dove si va a Costantinopoli. Questo luogo è stato da gl'Imperatori di Costantinopoli altre volte fatto molto forte, per assicurar la loro Imperial città.

Proconeso, hoggi Marmora isola
All'entrata del Mar Maggiore è l'isola Marmora, gia detta Proconeso, che gira trenta miglia, tutta montuosa, *et* piena di marmi: de' quali da gl'Imperatori vi sono stati fabricati infiniti edificij, come ancho ne furon fatti nell'isola Calonimo, posta sopra un monte, *et* piu in la verso Levante, nella città Comidia presso al mare.

Caria, hoggi Nissaro celebrata per li bagni saluberrimi
Segue l'isola Caria, hora Nissaro, che fu sempre amica de' Romani per amor di Flaminio. Circonda XVIII miglia, *et* ha cinque castella: de' quali **[33]** due sono i principali Mandrachi, *et* Paleocastro. Intorno al mezo ha una fonte, che sempre spira fuor solfo, *et* fuoco, posta nel monte, chiamato Ethneo: dalquale come si scende un trar di mano si trova una fonte caldissima con un lago profondissimo. La terra di questo monte è tanto calda, che niuno vi puo caminar sopra, se non ha in piedi zoccoli di legno: *et* di qui si trahe gran copia di solfo, che si contratta. Vi si guariscono diverse sorti di mali: di maniera che molti abandonati da ogni soccorso humano; qui hanno ricuperato la sanità. È quest'isola molto habitata *et* coltivata, *et* per rispetto di queste acque salutifere; in quelle parti molto è celebrata.

Stinfalea hoggi Stampalea
Vedesi l'Isola Stinfalea, hora Stampalea, che gira LXXXVIII miglia, *et* ha molte anticaglie: la quale è fruttifera, *et* ha buone pescagioni, *et* cavalli dignissimi.
Egasa hoggi Santelini
Appresso vien l'Isola Egasa, gia detta Filete, poi Calista, *et* Therasia, *et* hora Santelini, fertile *et* popolata assai. La metà d'essa è sommersa in mare, essendo prima abbruciata: *et* se ne vede una particella arsa, formata come una meza luna. Circonda quaranta miglia. Sicandro isola cosi detta dalla copia de' fichi, è montuosa, *et* gira XII miglia: ne vi si vede quasi altro, che Donne *et* Asini in grandissima copia.

Milo isola
Seguono Policandro, *et* Polinno, *et* poi Milo, gia Mellida per la quantità del miele. Qui sono molte acque, che cadono da' monti: *et* ha la vena, dove si cava l'argento, *et* si trova il Sardonio. Ella è elevata in luogo altissimo di rimpetto a Capo Malio: *et* è il confino del mare Egeo. Vi si vede anchora una bella sepoltura, che dicono esser di Menesteo fratel di Demofonte, che fu alla guerra di Troia. Gira di circuito LXXX miglia: *et* ha nel mezo dalla parte di Tramontana un porto nobilissimo. Ella è copiosa d'acque sulfuree, *et* di bagni medicinali: *et* ha la sua città verso Levante, ch'è

molto forte: nella quale era adorata Cibele. Da Ponente ha il porto Pollona: di rimpetto al quale son molti scogli.

Siffano isola
L'isola di Siffano gira XL miglia: *et* da Levante ha la città, *et* da Ponente il golfo Schinosi. Da Mezodì ha il porto, dove gia era la città. Qui si trova la calamita: *et* v'è una torre con una bella fontana: dove era adorato lo Dio Pan, come si vede per la sua statua. Hora ella è poco habitata da altri, che da Donne.

Constantinopoli
Segue finalmente Costantinopoli, cosi detta da Costantino, essendo prima chiamata Bizantio. Questa città fu da Giustiniano Imperator molto adornata, havendovi egli edificato il grande *et* bel tempio di Santa Sofia, con un palazzo, *et* uno Hippodromo, ch'è il luogo da maneggiare i cavalli. È fatta in triangolo, *et* gira XVIII miglia di circuito in questo modo. Dal cantone di San Dimitrio (uso il nome, secondo che da' Greci è proferito) a quello d'Ulacherne son sei miglia: e in questo spatio sono cento *et* dieci torri. Di qui a porta Crisea cinque miglia con un muro doppio, cioè muro, *et* antemurale, *et* co'l fosso pien d'acqua, che rende il luogo fortissimo: oltra che vi sono XCVI torri. Da questo tornando a San Dimitrio son sette miglia, *et* CXCVI torri: e in questo luogo dalla parte di fuora è un campo, *et* gia vi era il porto Ulanga. Qui presso è l'Arsenale, *et* poi il palazzo di Giustiniano: oltra che vi si veggono ruine di molti superbi edificij, colonne, archi, *et* molte chiese gettate a terra, fabricate di marmi, *et* di porfidi. Vi sono cavalli di bronzo, *et* serpenti intrecciati insieme, *et* piramidi altissime, edificij di gran Re e Imperatori: ma in particolare cinque colonne di LVIII braccia l'una: *et* quattro piu piccole, sopra le quali stavano posti quei quattro cavalli di bronzo, c'hora sono a Vinetia sopra la porta della Chiesa di San Marco. Eranvi le sepolture de gl'Imperatori, mentre che questa città fu, come Roma, signora del mondo, piena di grandezze, *et* albergo d'honestà *et* di sapientia: dove hora tutta è data all'ignorantia, al vitio, *et* alla barbarie.

Pera
Lontano un miglio da questa città, verso Tramontana, è Pera, bellissima città, separata da Costantinopoli dal canale dell'acqua. Si fanno di qui al mar Pontico, o Eussino, o Mar maggiore XVIII miglia verso Tramontana: dove è l'entrata stretta *et* pericolosa. Et questo basti haver detto brevemente di Costantinopoli: poiche presso molti historici si trovano memorie della **[34]** grandezza d'essa.

Lenno hoggi Stalimene
Lenno isola, hoggi Stalimene è posta nell'Egeo in piano, *et* gira cento miglia: ma per esser bassa; è pericoloso l'andarvi. Ha molti seni, *et* castelli: *et* molto abbonda di grano *et* di vino. Qui era la fucina di Vulcano: *et* Homero scrive nel primo della Iliade, che dal Cielo fu Vulcano zoppo gettato in quest'Isola: nella quale gia le Donne amazzarono gli huomini, fuor che Isifile, che perdonò al padre Thoante. Quest'isola fu da Lodovico Patriarca di Aquileia, mandato contra i Turchi da Papa Calisto terzo con buona armata; tolta di mano de' nimici: ma subito dopo la partita di lui; fu da essi ricuperata.

Embaro isola
Verso Tramontana è Embaro Isola montuosa nell'Egeo di giro di XXX miglia, che guarda la punta del Mar maggiore: *et* poco discosto Antiparo, habitata da Aquile, *et* da Falconi: *et* dirincontro a questa Panaia, dove sono uccelli, che sempre stridono.

Nasso isola, hoggi Nixia
Indi si trova l'Isola Nasso piu nobil di tutte le Cicladi, di giro di ottanta miglia. Fu detta Strongile, *et* Sicilia piccola per l'abbondantia grande delle biade, *et* de gli altri frutti. Fu sacrata a Bacco, *et* si leggono d'essa molte cose. Qui si trova una pietra nerissima, detta Smeriglio: *et* vi son vespe, che pungendo; amazzano. Vi ha la vena dell'oro: ma per poltroneria de gli habitanti è lasciato stare. Qui nacque Ariadna, che fu rapita da Theseo: *et* vi son molte Do*n*ne, che si conservano vergini fino alla vecchiezza. Da Ponente era un magnifico tempio con una statua d'Apollo: *et* quivi presso il lago delle Saline. Ha una valle fra monti fertilissima, detta Darmille, con la terra posta in alto, detta Aperato. Ha verso Tramontana la città, chiamata Nixia, che cosi ancho da noi vie*n* detta hoggi l'Isola; la quale haveva Duca: ma pochi anni a dietro n'è stato cacciato da Selim presente gran Turco.

Mandrachi isola. Tasso isola
Segue Mandrachi, per dove s'entra nel seno Maliaco, isola abbondante di miele, *et* ben coltivata: *et* Tasso, isola presso Monte Santo, che gira quaranta miglia: la quale è molto habitata, *et* ha tre belle terre, *et* assai è abbondante. Questa giace alla foce del fiume Acheloo.

Atho hoggi Monte santo
Dopo questa Isola ne viene il Monte Atho, hoggi detto Monte santo: il qual se bene a tempo di Xerse Re de' Persi era isola; hoggi nondimeno è congiunto con Terra ferma. È monte altissimo, *et* gira di circuito CXXII miglia. Ha molti monasteri di Caloieri, di diversi riti, *et* modo di vivere: ma però tutti vivono una vita aspra, *et* con pensare alla futura. Ha valli amene, *et* vi sono olivi, *et* altre cose necessarie a vivere, oltra il miele che le Api in gran copia vi fanno.

Sciro isola
Sciro isola si ste*n*de da Tramontana in Mezodì nel mare Egeo, o Arcipelago, incircuito d'ottanta miglia, *et* guarda il golfo Pegaseo. È montuosa *et* piena di boschi, *et* dishabitata per la moltitudine delle fiere. Dicono alcuni, che questa è l'Isola, dove Thetide nascose il figliuolo Achille in habito di fanciulla presso il Re Licomede. In faccia del Ducato d'Athene a Tramontana è l'Isola di Negroponte: della qual si puo veder quanto n'ho scritto appartatamente al suo luogo in questo volume: *et* poi è l'isola Egina, dove era il Capo di San Giorgio, che quivi è honorato da quei pochi, che vi stanno. Indi si vede Sanstrati isoletta montuosa di giro di XV miglia: dove sono molti animali indomiti: *et* Lime isola pur dell'Arcipelago, che circonda quaranta miglia: *et* Dromo, che vol dir Corso: percioche le navi che vanno di Levante in Ponente; qui pigliano segno del corso della lor navigatione la notte. È isola di XXX miglia di giro, *et* assai fertile. L'isola Macri, o Calchi pur di questo mare; non è per

altro nominata, che per la rotta di Pelopida capitano d'Antioco, il quale in questo luogo diede ne gli agguati dell'armata Romana. Gira quaranta miglia.

Scoglio d'Helia
Finalmente sono nel mare Egeo l'isole Schiati, e Scogli: la prima di XXII, *et* l'altra di XII miglia di giro, separate l'una dall'altra da un canale: *et* di rimpetto a queste isole è lo scoglio d'Helia molto alto, in cima del quale è una Chiesa, dove habitava un Caloiero, che serviva a Dio: *et* dicono, che dormendo costui una volta al sole; un'Aquila gli cavò gli occhi. Onde facendo egli oratione a Dio, che glieli restituisse; Helia, vedendo cio altri che v'erano, glieli rimise: *et* per questo si chiama lo scoglio d'Helia.

7.6. Inghilterra

Descrittione dell'Isola d'Inghilterra

La Britannia tutta, c'hoggi con due nomi è chiamata Inghilterra e Scotia; è un'Isola del mare Oceano, posta dirimpetto al lito della Francia: *et* è divisa in quattro parti, delle quali n'habitano una gli Inglesi, l'altra gli Scozzesi, la terza gli Vualli, *et* l'ultima i Cornubiesi, popoli tutti, cosi di lingua, come di costumi o di leggi fra loro differenti. Quella ch'è habitata da gl'Inglesi; è grandissima di tutte, *et* è divisa in trentanove Contee, *et* di queste farò io descrittione, parte secondo c'ho tratto da molti auttori, *et* parte secondo che ne sono stato informato dal molto illustre *et* molto generoso Signor Mario Cardoini, Colonnello di Filippo Re Catholico in Fiandra, *et* Signore d'alto valore, *et* di mirabili qualità, *et* parte anchora secondo che il molto dotto *et* eccellente M*esser* Mario Cotti da Castiglione Arretino, al presente dignissimo Podestà di Cervia me n'ha fatto dar relatione dal valorosissimo Capitano Clemente Cotti suo fratello, in tutto quel tempo, ch'esso è stato in Inghilterra, e in Fiandra presso l'Illustrissimo S*ignor* Chiappino Vitelli Marchese di Cetona, del cui valore mostrato in tutte le guerre de' tempi suoi in servitio del Re Catholico, *et* del gran Duca di Thoscana mio Principe *et* Signore, merita che si tessano lu*n*ghe historie. Ne resterò ancor di dire, che gra*n* lume *et* cognitione ho io ritratto delle cose qui scritte, dall'Illustre S*ignor* Riccardo Scellei, Prior d'Inghilterra Cavallier della sacra Relligion Gierosolimitana in molti **[60]** ragionamenti che con questo illustre, dotto, *et* valoroso Signore ho piu volte havuti qui in Vinetia: il che tanto piu volentieri ho ricordato, quanto io non mi veggo mai satio di celebrar la molta dottrina, *et* cognition di lingue, *et* di cose, *et* la singolare humanità di lui, che mi ama cordialmente.

Contee di Inghilterra
Di queste Contee dunque ve n'ha dieci, che contengono la prima parte dell'Isola, cioè Cantio, Suthessia, Surra, Suthantone, Bercheria, Vuilceria, Dorcestria, Somerseto, Devonia, *et* Cornubia: la qual parte è volta a Mezogiorno, *et* è posta fra'l fiume Tamigi, e'l mare. Dipoi fino al fiume Trenta, che corre per mezo l'Inghilterra; son poste sedici Contee: sei dalla parte di sopra verso Levante, Essessia, Midelsessia, Hertefordia, Suthfolch, Northfolch, *et* Cantabrigia: *et* dieci piu fra terra,

Bedfordia, Hutingtona, Buchingamia, Ossonia (benche parte di questa si stende di qua dal Tamigi) Northantone, Rotelandia, Lecestre, Notingamia, Varvico, *et* Lincolniese. Dopo queste ne son poste sei verso la Vuallia, e'l Ponente, Glocestra, Herefordia, Vigornia, Salopia, Staffordia, *et* Cestra. Intorno all'umbilico della regione segue la Contea Darbiese, l'Eboracese, di Lancastro, *et* Cumbria, poste da man manca verso Ponente, insieme co'l Contado di Vuesthumbria: ma al dirimpetto è la Contea di Dunelmo, *et* quella di Northumbria; e questa guardando a Tramontana; appartiene alla Scotia: *et* tutte queste Contee son sottoposte a XVII Vescovadi, o giurisdittioni Pontificali.

Tueda fiume
Questa prima parte della Britannia ha da Levante *et* da Mezogiorno l'Oceano: da Ponente i confini della Vuallia, *et* di Cornubia: *et* da Tramontana il fiume Tueda, che divide gl'Inglesi da gli Scozzesi: *et* a questo fiume fornisce tutta la lunghezza dell'Inghilterra: la quale cominciando dal lito, ch'è posto di rimpetto al Mezogiorno, *et* termina*n*do qui; viene a esser lunga CCCXX miglia.

Vuallia terza parte d'Inghilterra
Quella ch'è habitata da gli Scozzesi, e Scotia vien chiamata; sarà da me descritta separatame*n*te dopo questa descrittione: *et* però dirò di quella che giace a man manca presso l'umbilico d'Inghilterra, *et* è la terza parte dell'Isola, chiamata Vuallia: la quale a guisa d'un seno, quasi penisola, si stende fra l'Oceano, da cui è da ogni parte circondata, fuor che da Levante: dove è terminata dal fiume Sabrina, che separa i Vualli da gl'Inglesi. Bene è vero, che v'ha alcuni scrittori moderni, i quali pongono, che la città Herefordia sia il termine fra la Vuallia, *et* l'Inghilterra: *et* vogliono che la Vuallia pigli principio presso la terra, che chiamano Chepstollio: dove il fiume chiamato Veio, accresciuto dal Luggo, *et* passando per l'Herefordia; scorre in mare. Questo fiume nasce dal medesimo monte nella parte mediterranea della Vuallia, che nasce il Sabrina, chiamato da Cornelio Tacito Antona: *et* dicono che fino a quel termine va un gran braccio di mare, che da Ponente entrando in terra; dalla destra lava Cornubia *et* dalla sinistra Vuallia: *et* questa topografia è da me seguitata (se bene è de' moderni) come piu approvata. Ora la Vuallia dalla terra Chepstollio, dove comincia, quasi per dritta linea si stende sopra Salopia fino alla terra Cestria verso Tramontana: *et* è divisa in quattro Vescovadi.

*Meneva hoggi Sa*n *David*
Il primo è il Menevese da Meneva, c'hoggi si chiama San David, città antica, posta nel lito, che guarda a Ponente, dirimpetto all'Isola Hibernia. L'altro Landavese: il terzo Bangoriese: *et* l'ultimo Assavese: *et* questi tutti son soggetti all'Arcivescovo Cantuariese. Il paese di questa provincia verso la riviera del mare, *et* gli altri luoghi, dove è pianura; è fertilissimo, cosi di paschi per li bestiami, come di biade per gli huomini: ma altrove in gran parte è sterile, *et* men fruttifero per non esser coltivato: onde i villani fanno vita aspra, mangiando pane fatto di vena, *et* bevendo il siero del latte mescolato con l'acqua. Hanno gli Vualli lingua diversa da gl'Inglesi, come quelli che vantandosi d'esser discesi da' Troiani; dicono d'haver linguaggio parte Troiano, *et* parte Greco: ma quale ei si sia; è men dolce di quel de gl'Inglesi: i quali

imitando rettamente i Latini; mandano fuor la voce un poco fra le labra, che rende a chi l'ascolta, dolce suono.

Cornubia quarta provincia d'Inghilterra
Quella ch'è chiamata Cornubia, *et* è posta per la quarta parte; comincia da quel lato dell'Isola, che guarda la Spagna verso Ponente: *et* s'allarga verso Levante XC miglia, distendendosi poco di là da S*an* **[61]** Germano: il quale è un borgo non ignobile, posto a man dritta nel lito: *et* dove la larghezza di quel luogo è maggiore; è di XX miglia: percioche questa particella di terra è ristretta da man dritta dal lito dell'Oceano, *et* da man manca da quel braccio di mare, ch'entra i*n* terra fino a Chepstollio: *et* pigliando forma d'un corno; da principio è stretta, *et* poi s'allarga poco di la da San Germano.

Cornovaglia perche cosi detta
Da Levante confina con l'Inghilterra: ma da Ponente, Mezodì, *et* Tramontana ha intorno l'Oceano che la bagna. Il paese è molto sterile: *et* se fa frutto; è piu per l'industria de' lavoratori, che per bontà del terreno: ma produce in quantità piombo e stagno: e in cio sopra tutto s'affaticano gli habitatori, *et* vivono del cavarlo. In questa parte dell'isola dura fino a hoggi la nation de' Britanni, che da principio venne di Francia a occupar l'Inghilterra, se crediamo a chi lasciò scritto, che i primi habitatori di Britannia fossero discesi dalle città Armoriche: di che s'ha per testimonio, che chi habita la Cornubia; usa la stessa lingua, ch'usano in Francia hoggi quelli, che fra i Britanni son detti Britoni: *et* se n'ha quest'altro argomento, che in uno antichissimo libro d'annali si trova scritto, non Cornubia, ma Cornugallia: il qual nome è composto dal Corno, di che questa provincia ha forma, *et* dalla Gallia, da cui hebbe i primi habitatori. Il lor parlar nondimeno è molto differente dall'Inglese, se bene ha qualche conformità con quel de' Vualli. Questa provincia, che da noi è detta Cornovaglia; è della diocesi Essoniese: la qual gia era riputata la quarta parte dell'Isola: ma poi da' Normani, che di nuovo formarono il Regno; fu posta *et* ridotta fra le Contee: *et* questo basti intorno alle membra dell'isola di Britannia. Vengo hora al corpo tutto.

Britannia di che forma è
La forma di tutta l'isola di Britannia chiara cosa è, ch'è triangolare: percioche ella ha tre angoli, o punte: *et* di questi quel che guarda a Levante, *et* quel ch'è volto a Ponente, correndo verso Tramontana; sono lunghissimi: ma il terzo, ch'è verso Mezogiorno; è molto piu corto: atteso che l'isola è piu lunga che larga *et* si come quei due angioli seguono la lunghezza; cosi questo la larghezza. Il primo angolo posto a man dritta verso Levante; è al promontorio Cantio: dove è il porto Dovero, *et* Sandvico: *et* d'onde si partono le barche per traghettare a Cales, o a Bologna, terre del lito di Francia. Da questa punta tutto quel fianco dell'isola, ch'è di rimpetto alla Francia; va verso Tramontana fino alla terza punta, ch'è in Scotia, *et* guarda l'Alemagna: la qual terza punta fornisce come in un cuneo: *et* a questa parte non s'oppone all'incontro alcuna terra: ma essendo il lito molto soggetto alle tempeste; si stende da DCC miglia in lunghezza. Ora dal primo angolo di Cantio nasce ancho l'altro fianco contiguo, che guardando a Mezogiorno: va contra Ponente fino al terzo ango-

lo, ch'è posto nella parte sinistra dell'Isola, *et* fornisce nell'estremo lito di Cornubia: *et* questo fianco è come fronte, *et* faccia di tutta l'isola: la quale per questo tratto, allargate all'uno, *et* all'altro angolo le braccia; mostra il largo petto, come quella che qui è larghissima. Percioche da Dovero fino al Promontorio di San Michele, che sta a cavalliere sopra l'ultimo lito di Cornubia; stimano ch'ella sia lunga CCC miglia: e in questo tratto sono spessi *et* celebratissimi porti, sicurissimi ridotti di navi. Finalmente da questo secondo angolo sinistro comincia l'altro fianco, che guarda la Spagna verso Ponente: *et* da questa parte è l'Hibernia, fra la Britannia *et* la Spagna: *et* cosi per l'incavato lito, rispetto alla Vuallia, che l'è di mezo; si stende fino al terzo angolo verso Tramo*n*tana, per lo spatio di settecento miglia: dove fornisce l'isola: *et* di là v'è perpetuo Oceano. In questo fianco sono sicurissimi porti; da' quali si traghetta in Hibernia con la navigatione d'un giorno: ma è piu corta, partendosi di Vuallia, *et* andando a Vatfordia terra maritima d'Hibernia: il qual traghetto è XXX miglia, o poco piu: ma cortissimo è poi a traghettarvi di Scotia.

Antona terra, et *porto di mare*
Da quest'ultimo angolo fino ad Antona, ch'è terra di mare con un porto dell'istesso nome in faccia di Mezogiorno, fra gli angoli Ca*n*tiano *et* Cornubiese; tutta la lu*n*ghezza dell'isola, misurata per dritta linea; dicono ch'è di otto ce*n*to miglia, si come la larghezza da San David fino al borgo, detto Hiermutho, nell'estrema **[62]** parte dell'isola, che guarda a Levante; si misura lo spatio di CC miglia: percioche l'isola di Britannia (come ho mostrato) è larga *et* aperta nel fianco meridionale, c'ho posto per la fronte, *et* principio d'essa: *et* fornisce stretta.

*Brita*n*nia quanto gira di circuito*
In questo modo il circuito di tutta l'Isola è di MCCC miglia, che viene a essere CC meno del computo fatto da Cesare: *et* se bene altri dice ch'ella gira MDCCXX; io nondimeno mi riporto a Polidoro Virgilio, *et* alla misura havutane d'Inghilterra da' sopra nominati amici *et* Signori: a' quali, per cagion d'honore; non resterò d'aggiugnere il virtuoso, *et* cortese amico mio Messer Giovanni Genova da Cadoro, ch' ultimamente mi portò; sapendo il desiderio mio, alcuni scritti vecchi delle cose d'Inghilterra, havuti (come esso dice) da un mercante suo amico, ch'era molto prattico in quell'isola: il che ho voluto ricordare per non mostrarmi discortese verso cosi caro amico. Fu quest'isola da principio chiamata Albione, dalla bianchezza de' monti, che da lontano si scoprono a' naviganti: o dall'arena, secondo che notò l'Ariosto nel suo poema: *et* poi fu detta Britannia dal Re Britanno: *et* ultimamente Anglia da gli Angli, popoli di Sassonia, che chiamati in soccorso da' Britanni contra gli Scoti, e i Piti (questi eran popoli d'Irlanda, *et* di Norvegia, *et* diedero nome alla Scotia, *et* (secondo San Girolamo) erano gli Antropofagi) i quali infestavano la Britannia; tosto c'hebbero frenato l'audacia d'essi Scoti *et* Piti; cacciarono ancho i Britanni: *et* dal lor nome chiamarono quella provincia Anglia.

Inghilterra perche cosi detta
Alcuni dicono, che i popoli di Sassonia sotto il governo della Reina Angela, ridussero quest'isola in poter loro: *et* co*n* voce propria della lor lingua la chiamarono Angel landt, che vol dir Terra d'Angela: onde poi da' Francesi, *et* da gli altri fu detta

Anghelterra, che Inghilterra secondo il nostro piu dolce suono, vie*n* proferita. Sono intorno all'isola di Britannia parecchi Isolette: *et* fra queste ve n'ha due molto celebrate, simili quasi fra loro di grandezza, *et* per piccolo traghetto separate dalla Britannia. L'una è chiamata Vetti, o Vetta, *et* l'altra Mona.

Vetta isola intorno alla Britannia
La Vetta è dirimpetto al lito meridional della Britannia: dal quale è lontana, hora quattro, hora sette, *et* hora dodici miglia. Dicono ch'è di forma simile a un'ovo, come quella, che da Levante verso Ponente è lu*n*ga XXX miglia: *et* da Mezodì verso Tramo*n*tana a pena è larga XII. Ella è habitata da Inglesi, *et* molto freque*n*tata, *et* trovasi compresa sotto la diocesi Vintoniese. Anticamente fu da Vespasiano soggiogata la prima volta a' Romani, essendovi egli stato mandato da Claudio Imperatore.

Mona isola famosa intorno alla Britannia, hoggi Mana
L'isola Mona molto famosa, mutata una lettera; hoggi è detta Mana: *et* dalla parte di Tramontana è vicina alla Scotia: da Levante di state all'Inghilterra: *et* da Ponente al mare d'Hibernia: *et* essendo gia separata da uno stretto di mare; quante volte calava l'acqua dell'Oceano, che d'ogni te*m*po ha gra*n* flusso *et* reflusso; rimaneva cosi vicina a terra, e in secco, che vi si poteva andar senza barca: il che testifica Cornelio Tacito havere alcune volte fatto i Romani: *et* presso questo auttore si puo veder da chi quest'Isola fosse domata. Fu ella da principio tenuta da gli Scozzesi: i quali v'ha*n*no il traghetto piu breve a' te*m*pi nostri di trentasei miglia. Ma hoggi v'habitano ancho e Inglesi, e Hibernesi, ch'usano una stessa lingua commune *et* mischiata. Ora in Inghilterra v'ha l'aria grossa: dove agevolme*n*te si ristringono le nuvole, le pioggie, e i venti: onde rispetto a questa grossezza non v'è molto gran freddo, ne caldo. Le notti son chiare, *et* nell'ultima parte Settentrionale dell'isola cortissime: ma in Londra città posta nella parte meridionale intorno al Solstitio di state; s'è osservato ch'a pena la notte è lunga cinque hore. La regione in qual si voglia tempo dell'anno è temperatissima, senza alcuna malignità d'aria: di maniera che vi son poche malattie, *et* per tutto molti huomini arrivano all'età di cento dieci, *et* alcuni di cento venti anni. Terremoti non vi si sentono quasi mai, *et* rare volte saette. Il terreno è fecondo *et* abbondante: *et* vi sono alberi d'ogni sorte, fuor che abeti. Cesare dice che non vi son ne ancho faggi: ma a questi tempi se ne vede per tutta l'isola. Vi mancano però gli olivi, *et* certe altre specie d'Alberi, soliti a nascere in paesi caldi. Le viti ne gli horti crescono per tutto: ma piu tosto per fare ombra, che per matu- **[63]** rar l'uva: la quale se la state non è calda; rare volte si matura. Vi si semina al suo tempo il grano, l'orzo, la segala, *et* la vena; ma altre biade non hanno: *et* de' legumi solamente la fava, e'l pisello. Le biade crescon tosto: ma si maturano tardi: *et* di cioè cagione il molto humore, cosi dell'aria, come del terreno: *et* quando cosi queste, come i legumi son maturi; gli portan ne' granai con le spiche, *et* co' baccelli: *et* quivi gli salvano fin che per loro uso gli voglion poi battere *et* trebbiare. In cambio di vino, che non vi nasce; usano la cervogia fatta con orzo: laqual bevanda a chi v'è avezzo; è utile, *et* aggradevole.

Fiumi di Inghilterra non crescono facilmente per le piogge
V'hanno fiumi bellissimi che abbondevolmente irrigano i terreni: *et* è cosa maravigliosa a dirsi, ma verissima, che il Tamigi, l'Umbro *et* alcuni altri fiumi non crescono facilmente per le pioggie: il che nasce dalla terra di sua natura arenosa, che beve molta acqua. Per tutto son molte colline, senza alberi, *et* senza fontane: ma copiose di tenera herbetta per util pastura delle pecore: le quali bianchissime fanno lana piu fina di tutte l'altre: *et* è degna d'esser considerata cosi maravigliosa natura, che queste pecore non bevono altra acqua, che la rugiada, che cade dal cielo: anzi da' pastori son cacciate lungi dalle fontane, havendo essi conosciuto per prova, che'l dar lor bere l'ammazza.

Panni d'Inghilterra finissimi
Questo veramente è il vello d'oro: percioche le richezze de gl'Isolani consistono per lo piu in questa lana: nella qual si spende gran somma d'oro *et* d'argento per fabricarne quei panni cosi belli che superano i drappi di gran valuta, *et* che non possono altrove che in Inghilterra esser fabricati. Di qui nasce, che l'isola è ricchissima, *et* no*n* v'ha quasi huomo, per povero che sia; il quale per l'uso quotidiano della sua tavola non habbia saliera, tazza, o cucchiai d'argento: *et* ciascuno secondo la sua facoltà molti *et* diversi vasi dell'istesso. Abbonda l'Inghilterra d'ogni specie d'animali, fuor che d'asini, di muli, di cameli, *et* di elefanti: ma non genera alcuno animal velenoso, o rapace, fuor che volpi *et* altre volte lupi: per la qual cosa i greggi vanno per tutto sicuri, *et* quasi senza guardiano: *et* ancho gli armenti de' buoi *et* de' cavalli errano il di *et* la notte per tutto a pascere, dopo i ricolti de' frutti: *et* ogniuno per antica usanza costuma di lasciar pasturar su'l suo i bestiami de' vicini.

Cornacchie in Inghilterra
De i pollami *et* de gli uccellami n'hanno quantità, cosi di salvatichi, come di domestichi: ma fra gli altri tanta gran copia di fastidiose cornacchie, che in una Dieta di Principi fu proposto premio a chi n'ammazzasse. Abbondano ancho di pesce, *et* d'ostriche delicatissime di tutte l'altre. Produce oltra di cio l'Inghilterra oro, argento, piombo, stagno, *et* ottone: *et* ne' paesi maritimi nasce ancho il ferro: ma in poca copia: *et* vi nascono perle *et* agate: *et* questo basti della bontà dell'aria, *et* del terreno. Non è per anchora ben chiaro, se i primi habitatori della Britannia fossero venuti di fuora, o quivi fin ne piu antichi tempi nati: e intorno a cio molto contrasto è fra gli scrittori. Cesare scrive la parte piu a dentro della Britannia essere habitata da coloro, ch'eran nati nell'Isola: ma la parte maritima da coloro, che per predare, *et* per far guerra v'eran passati di Fiandra: *et* a cio consente Cornelio Tacito. Ma Beda huomo Inglese scrive, che i Britanni di terra ferma, cioè quelli che sono in mezo fra i Francesi *et* gli Spagnuoli, habitatori dell'Oceano; venuti dalla parte delle città Armoriche; furono i primi che occupassero l'isola, *et* le dessero il nome, essendo ella prima detta Albione. Gilda pure Inglese, *et* auttor gravissimo, *et* piu antico di Beda dice, che i primi habitatori dell'Isola hebbero cognitione di Dio, come furon quelli che dopo il diluvio di Noe habitarono la terra: *et* questa opinione è seguita da Guglielmo Neoborgo Inglese, che visse intorno all'anno MCXCV di nostra salute: *et* questi sono i pareri piu conformi *et* migliori, che di cio vengono scritti, per lasciar le favole: *et* d'essi prenda il lettor qual piu gli piace. Sono gli habitatori d'Inghilterra

stati accresciuti poi da' Germani, da' Francesi, *et* da gli Spagnuoli popoli vicini, che vi sono andati ad habitare.

Inglesi et *loro qualità*
Gl'Inglesi sono di statura grandi, gratiosi, *et* bianchi: *et* d'occhi per lo piu, chiari, *et* azurrini: *et* si come nel suono della lingua son molto simili a gl'Italiani, cosi nella bellezza del corpo, *et* ne' costumi non son quasi punto da lor differenti. Sono ben crea- **[64]** ti, *et* nel dare, o nel pigliar consiglio vanno lenti, come quelli che fanno la celerità esser nimica del buon consiglio. Son piacevoli *et* per lor natura molto inclinati a ogni cortesia, massimamente i nobili verso i forestieri: ma il popolo non tanto. Nella guerra son coraggiosi, senza paura, *et* ottimi arcieri: ma non possono sopportar troppo bene la lunghezza delle guerre: *et* color ch'attendono alle lettere; fanno ordinariamente molto profitto. Vestono quasi come i Francesi. Le donne son bianche *et* belle: ma molto piu belle si fanno co'l bellissimo habito *et* vestire.

Londra città principal d'Inghilterra
Hanno città, *et* castella molto nobili: *et* per tutto borghi *et* ville magnifiche: ma di tutte la principal è Londra, città maritima, capo della gente, sedia del Re, *et* piena di ricchezze. Quella parte d'essa che guarda a Mezogiorno, è bagnata dal fiume Tamigi: sopra'l quale è dalla parte verso Cantio un Ponte, edificato con XIX archi, *et* da amendue le parti magnifico per lungo ordine di case. Questo è tutto di pietre quadre con XX pilastri alti LX piedi, *et* larghi XXX: i quali essendo congiunti con archi; son lontani l'un dall'altro da XX piedi. Nondimeno nel libro fiscal di Roma son descritte due città metropolitane di tutto il Regno d'Inghilterra, cioè la Cantuariese, *et* l'Eboracese.

Inghilterra da chi dominata
Fu l'Inghilterra dominata da' suoi Re, senza ch'ella sentisse l'armi Romane, fino a Giulio Cesare: il quale superata la Francia; passò in quest'Isola, *et* dopo lungo contrasto vinse Cassivellauno, *et* aggiunse la Britannia all'Imperio Romano intorno all'anno sessanta innanzi all'avvenimento del Salvator nostro, facendola tributaria: ma poi havendo essa negato il tributo, overo non havendo voluto dare a Claudio Imperatore alcuni rifuggiti; fu dal medesimo Claudio, che v'andò in persona, senza alcuna guerra ridotta all'ubidientia: *et* però volle in memoria di tanta impresa nominar Britannico dalla Britannia superata, il figliuolo, c'hebbe di Messalina. Suscitati appresso nuovi tumulti nell'Isola; vi fu mandato Vespasiano: il quale con un fatto d'arme quietò ogni tumulto, *et* ridusse sotto l'Imperio Romano l'isola Vetta, di cui ho parlato di sopra: *et* fu all'hora cominciato a mandarsi da Roma in Britannia un legato et un procuratore che vi risedesse, per tener piu facilmente i Britanni a freno: e'l primo fu Aulo Plautio, *et* poi Ostorio Scapula, che vi fece gran fatti. Suetonio Paolino soggiogò poi l'Isola Mona, *et* commise un'aspro fatto d'arme presso Londra con l'essercito de gl'Inglesi, che di nuovo s'erano ribellati, *et* havevan tagliato a pezzi piu di settanta mila huomini de' Romani: *et* ne restò vincitore.

Giuseppe d'Arimathea convertì l'Inghilterra alla fede Christiana
Successe in quel Regno il Re Arvirago in tempo di Nerone Imperatore: *et* all'hora venne in Inghilterra quel Giuseppe dalla città Arimathea, che sepellì il corpo del nostro Signor Giesu Christo: il quale insieme co' compagni predicò in questo Regno l'Evangelio, *et* la dottrina di Christo: tanto che ne battezarono *et* convertiron molti: *et* hebbero dal Re un poco di luogo da habitare, dove è hoggi il magnifico monasterio de' monaci di San Benedetto, chiamato Glasconia. Furon grandi ancho in questa Isola l'opere di Giulio Agricola: il quale in tempo di Vespasiano Imperatore; fece a gl'Isolani parer l'armi Romane piu terribili di prima, havendo vinto gli Ordovici, *et* ricuperato l'Isola Mona, che s'era ribellata. Successero poi di mano in mano altre guerre *et* rivolutioni fra i Britanni medesimi, co' Romani, *et* con molti popoli *et* nationi barbare: la historia delle quali ricerca un gran volume.

Re d'Inghilterra bellicosi
Basta che il Regno hebbe i suoi Re, che lo governarono: *et* di questi ne furono alcuni molto bellicosi; come fu Arrigo secondo, ch'aggiunse al suo Imperio la Scotia, l'Hibernia: l'isole Orcadi, la Normandia, la Borgogna, i Cenomanni, i Pittavi, *et* la Guascogna: ma poi macchiò tutta questa gloria con la scelerata morte di San Thomaso Arcivescovo di Conturbia. Riccardo figliuol di costui andò all'impresa di Gierusalem: *et* trasportato per fortuna in Cipro, essendogli negato il porto; sdegnato si soggiogò quell'isola: *et* la diede poi a Guido Lusignano gia Re di Gierusalem con patto, ch'esso gli cedessse le ragioni del regno di Gierusalem. Di lui restò il figliuol Giovanni, ch'essendo oppresso dalla guerra di Lodovico Re di Francia; fece tributarie al Papa l'Inghilterra *et* l'Hibernia, le **[65]** quali gli pagassero settanta marche d'oro ogni anno: il che fu l'anno MCCVII Edoardo quarto soggiogò di nuovo la Scotia, che s'era ribellata.

Giovanni Aucut
Edoardo sesto superò Filippo Re di Francia in guerra navale: *et* poi gli diede un'altra rotta a Cales, *et* gli tolse quella fortezza: e in questo tempo fu Giovanni Aucut Inglese, capitano di chiaro nome in Inghilterra, e in Italia. Arrigo quinto tagliò a pezzi in Piccardia in un fatto d'arme undici mila Francesi, *et* fece altre prove, havendo sotto di se molti honorati Capitani. Arrigo sesto, huomo pietosissimo *et* giustissimo, have*n*do patito molti scherni di fortuna; vien tenuto come santo. Ma Arrigo ottavo facendo guerra contra Lodovico Re di Fra*n*cia; gli tolse Terovana, *et* ruppe un'essercito di quaranta mila persone. Ottenne ancho una gran vittoria contra Iacopo Re di Scotia in un gran fatto d'arme, nel qual morirono da cinquanta mila huomini. Fu un tempo studioso dell'honor di Santa Chiesa, *et* della fede Catholica: per la quale scrisse contra Martin Lutero: ma poi sdegnato co*n* Papa Clemente settimo, che non gli havesse voluto conceder licentia di repudiar la moglie Catherina, figliuola del Re Catholico, per rimaritarsi in Anna Bolenia; si ribellò dalla Chiesa Romana, *et* fece morir Thomaso Moro Inglese gran Cancellier di quel Regno, e'l Cardinal Roffense, amendue grandissimi dotti, che gli contradissero. Dopo lui il figliuolo Edoardo sesto, che visse poco: *et* a questo successe la sorella Maria: la qual fece ritornar quel Regno alla fede Catholica: ma morta essa; prese il Regno Elisabetta presente Reina nata di Anna Bolenia. Questa tornata nelle opinioni del Padre, contrarie alla

fede Catholica; vive anchora. Fu di Inghilterra il Cardinal Polo, huomo dottissimo: il quale in sedia vacante di Papa Paolo terzo fu de' primi in predicamento per le sue virtu d'esser creato Papa, *et* ha scritto molte dotte opere. Il numero de gli altri huomini illustri, che vi furono è lungo: onde convenendomi studiare alla brevità, passerò a dir della Scotia.

7.7. Ollanda

Descrittione dell'Isola di Hollanda

Ancorche l'Hollanda venga communemente annoverata fra le isole; nondimeno considerati i confini d'essa, ch'io metterò qui sotto; ella deve piu propriamente esser chiamata Penisola. Ma però non credo, che gra*n*demente errino color, che fra le isole la po*n*gono, gia che ella è posta in quell'isola, che da gli antichi era chiamata Batavia: onde confondendo (con non molto errore a mio parere, poiche trovo buoni auttori moderni, *et* di quei paesi, che non fanno in cio alcuna differentia) il genere con la specie; hanno tutta la Batavia denominata Hollanda. Questa dunque è una penisoletta, posta nell'isola Batavia, cioè in tutto quel paese, ch'è abbracciato dal Bicorne del Reno, *et* dal Mare Oceano: *et* ha per suoi confini da Tramontana *et* da Ponente esso mare Oceano: da Mezogiorno il fiume Mosa, e'l paese di Brabante: *et* da Levante ha in parte il seno di Zuiderzee, e in parte il paese di Ghelderi: onde per questo credono (com'ho detto) che l'Hollanda sia veramente penisola. Gira di circuito da sessanta leghe: *et* è tanto stretta, che dove ella è piu larga, un'huomo puo facilmente arrivar da un capo all'altro per larghezza in tre hore.

Hollanda perche cosi chiamata
È detta Hollanda con voci Thedesche Hol, *et* Lant, che voglion significar propriamente paese concavo, o voto: atteso che non molto sotto al terreno tengono, che per tutto sia acqua: *et* percio anda*n*do, o carri, o cavalli in molti luoghi, si vede che il terren trema, quasi stia a galla **[74]** sopra l'acqua. Alcuni altri dicono, ch'è detta Holtlandia; cioè paese del legname, volendo essi, che tutto fosse pieno di boschi: *et* poi per piu dolcezza fosse nominato Hollanda. Ma la prima opinione vien riputata migliore. Ha i grandissimi fiumi Reno *et* Mosa, che con piu rami *et* braccia la bagnano: *et* con tutto cio gli habitatori, aggiugnendo industria alla natura; hanno cavato a mano tanti canali, che a tutte le terre, *et* quasi a tutti i villagi maggiori si puo andar per acqua. È paese paludoso, pieno di molti stagni, *et* seni di mare: ma però l'aria vi si prova molto buona, gia che da buoni venti, *et* da gl'infiniti fuochi de' casamenti vien purgata. Et per cagione di queste tante acque vi si veggono alla campagna pochissimi alberi, *et* frutti, come che scrivano alcuni, che anticamente fosse pieno di selve *et* di foreste. Per questa cagion medesima essendo basso, *et* fortemente soggetto all'acque; hanno i paesani in quasi tutti i fiumi *et* canali maggiori, dove entra il flusso del mare, *et* conduce materia; fatto argini, accioche l'acque, le quali con molta maraviglia si veggono in diverse parti piu alte che la terra; non inondino, *et* allaghino il terreno.

Hollanda, essendo paese sterile, abbonda di tutti i beni

Di qui similmente nasce, che il terren non produce grano, o biade, o vini, o cose tali: ma questo è a noi cagione di maggior maraviglia: percioche se ben non vi nasce grano; ve ne vien nondimeno portato tanta quantità di Danimarca *et* d'Ostarlante, che l'Hollanda ne fornisce molte altre provincie. Il vino v'è ancho portato da piu luoghi, e in particolare il vin del Rheno: onde in questi paesi ne consumano oltra ogni credenza. Non vi nasce lino: ma di Fiandra, del paese di Liege, *et* d'Ostarlante glie n'è somministrato in tanta somma, che vi fanno assaissime, *et* finissime tele. Vi si fa appresso molta pannina: ma le lane vi vengono d'Inghilterra, di Scotia, di Spagna, *et* alcune poche di Brabante. I legnami vengono d'Ostarlante *et* d'altre parti, *et* di questi oltra inifinito numero d'argini; si fanno piu navili, che sian forse in tutto il resto di Europa. Abbonda solamente l'Hollanda di molti paschi per li bestiami: onde vi ha grandissimi branchi di cavalli, di buoi, *et* di vacche. I cavalli, accioche si facciano migliori; usano da un tempo in qua di migliorarli con le razze de' ginetti di Spagna, *et* d'altri nobili *et* leggiadri: *et* come sono alqua*n*to grandicelli; gli ma*n*dano a pascolare in Frigia: dove i paschi son migliori per farli gagliardi.

Turba, che materia sia, et *a che serva*

Cavasi anchora dell'Hollanda gran quantita di Turbe. È la Turba certa superficie di terra tenace *et* conglutinata, a similitudine di legno stemperato, *et* poi composto con terra: la qual si genera ne' luoghi bassi, *et* acquosi vicini al mare. Questa apparisce sopra l'altra terra a guisa d'un callo: *et* si taglia la state per le ca*m*pagne, che n'appariscono piene, *et* seccata, s'abbrucia, con gran benificio, *et* utile: percioche come ha ricevuto il fuoco; s'accende, per esser materia untosa, senza mai spegnersi, *et* fa gran servitio alle cucine: in che si vede grandissima esser la provide*n*tia di Dio in haver provisto di cosi fatta materia per il fuoco a quel paese, che non genera alberi da far legne. Di queste Turbe mandano fuora a vendere, *et* ne cavano gran somma di denari. Il numero anchora infinito delle vacche, che si nodriscono in Hollanda; è cagione che vi si fa tanto butiro, *et* cacio, che il paese ne riceve quasi incredibile utilità: percioche si distribuisce per tutti quei paesi bassi, *et* poi in Lamagna, in Inghilterra, e in Ispagna.

Hollanda ha grandissimo numero di navi

È appresso di grandissimo, anzi principal benificio all'Hollanda l'arte navigatoria, *et* la pescagione: le quali son due arti proprie de gli Hollandesi: talche vi si contano piu di ottoce*n*to buone *et* grosse navi di gaggia, da una fino a cinque: *et* piu di seicento altri legni minori di portata da cento, fino a ducento tonellate. Sono in tutto questo paese ve*n*tinove terre murate: ma di queste sei sono le principali, cioè Dordrecht, Haerle*m*, Delft, Leiden, Goude, *et* Amsterdam. Dopo queste sono altre terre sfasciate per dissensioni: ma cosi privilegiate, come se fossero circondate di mura: *et* oltra esse piu di CCCC villaggi.

Stapula vol dir, come appalto di mercantie

Dordrecht è la prima: *et* ha la stapula del vin di Reno, *et* del grano, che vi si porta del paese di Ghelderi, di Cleves, di Giuliers, *et* d'altre parti mediterranee, cioè che tutti i vini, *et* grani di questi paesi, che si vogliono portare a vendere; bisogna principalmente che sian portati in Dordrecht: dove **[75]** pagate le gabelle; puo l'huomo dispor poi di quella mercantia a suo beneplacito.

Stampa da imprimer libri dove prima trovata
Haerlem, terra maggior di quante n'habbia l'Hollanda, ma seconda in ordine; ha questo di celebre, che vogliono molti scrittori, *et* cio difendono gli habitatori, che vi fosse trovata l'arte di stampare i libri. Ben soggiungono, che venuto a morte l'inventore, avanti che l'arte fosse ridotta a perfettione; un suo servidore la trasportò a Maganza.

Donne et Huomini marini
Qui afferma Lodovico Guicciardino, per testimonio del Meier Scrittore, *et* de gli annali d'Hollanda, che l'anno MCCCCIII fu condotta una Do*n*na marina, nuda, *et* mutola, presa in un lago d'Hollanda, dove per fortuna di mare era stata spinta: la quale a poco a poco s'avezzò a vivere in terra, *et* a servire alla patrona: ma sempre visse mutola. Dicono anchora, che non son molti anni fu preso nel Mar di Frigia un'huomo marino, formato speditamente come gli altri: il qual s'addomesticò, *et* visse similmente mutolo. Nel mar di Norvegia ancora l'anno MDXXXI, presso la città d'Elepoch, dicono che fu preso un'altro huomo marino, divisato in guisa, che pareva propriamente un Vescovo con l'habito, *et* fu donato al Re di Polonia: ma non volendo mangiare; visse tre giorni soli, ne di lui si sentì mai altra voce, che sospiri grandissimi. Di Delft l'altra terra uscì quel mostro abominevole di David Giorgio dipintore, c'hebbe ardimento di farsi adorar per Dio: ma perseguitato da' magistrati; fuggì con la famiglia a Basilea, facendosi chiamar Giovanni di Bruch: dove similmente mante*n*ne secretamente presso i suoi seguaci l'istesso credito. Ma finalmente morto di dolore, per tema d'essere scoperto; l'anno MDLVI, da' magistrati fu dopo morte processato, *et* per sententia il corpo suo punito, e i beni confiscati. Lontan da Delft tre leghe, è la terra di Leiden: la qual vogliono, che presso Tolomeo fosse Lugdunum Batavorum, *et* presso Antonino Caput Germanarum. Qui trovasi, che risedeva il Pretor Romano della Provincia con una Legion di soldati: *et* è hoggi molto bella terra, piena sopra tutto di bellissime Donne. Qui nacque quel Giovanni Sarto perfidissimo Anabattista, che si fece Re con pessime arti in Monasterio, città della Vuestfalia l'anno MDXXXIIII: *et* dopo molte sceleraggini co*m*messe; vi fu fatto prigione l'anno seguente, *et* giustitiato, come si conveniva. Presso Leiden a quattro leghe fu'l fiume Isel, alla foce del rivo Gouve, è posta la terra Goude, buona, *et* popolata.

Amsterdam *terra fondata quasi come Vinetia, richissima,* et *piena di traffichi*
Ma la terra di Amsterdam è posta su'l seno Tie, *et* ha molti canali, per li quali di verso Levante entrano *et* escono le navi, che ogni di vi vengono dal mare Oceano per il gran lago, *et* golfo di Zuiderzee, in gra*n*dissimo numero: percioche qui è Porto molto famoso: *et* vi si veggono due volte l'anno venir le frotte, *et* conserve di due, *et* trecento navi per frotta, cariche di mercantie d'ogni sorte a Danzica, a Rie, a Revevele, *et* alla Nerva: *et* oltra quei paesi bassi, si caricano ancho in Francia, in Inghilterra, in Spagna, in Portogallo: *et* ve ne vengono ancho di Lamagna, di Polonia, di Livonia, di Norvegia, d'Ostarlante, di Svetia, *et* d'altre parti Settentrionali: di

maniera che dopo Anversa; questa è per mercantia la principal terra di queste parti. È fondata questa terra d'Amsterdam tutta sopra pali di lunghissimi *et* grossissimi alberi, ficcati a forza di machine nel fondo di quelle acque: di maniera che i fondamenti delle case costano assai piu, che le parti di sopra: *et* ha questo di commodità, che con mirabili ingegni se le puo dar per larghissimo spatio i*n*torno l'acqua: onde par, che in molte cose sia simile a Vinetia. È piena di belli *et* nobili edifici publici *et* privati: e i suoi cittadini son per li traffichi tanto ricchi, che venendo le frotte delle navi del numero, c'ho detto; comprano subito tutte le mercantie: talche in quattro, o cinque giorni trecento navi cariche (cosa quasi incredibile) havranno spedito tutte le lor merci. Ora tutta l'Hollanda in generale è molto ben popolata: e i suoi habitatori sono per ordinario huomini grandissimi, ben disposti, *et* feroci: ma pero differenti da' primi antichi tempi, come quelli che son civili, humani, piacevoli, ingegnosi, *et* sottili nell'inventioni, ilche massimamente si vede ne' tanti argini *et* ripari, che fanno per tutta l'isola, nel votar canali, nel mantener i prati, e in altre molte occasioni con facilità *et* con destrezza singolare.

Parto miracoloso di Margharita Contessa d'Hollanda

Fu Contessa d'Hol- **[76]** landa quella Margherita, figliuola del Conte Fiorenzo, *et* della Contessa Matilde, che partorì a un corpo miracolosamente (se però non deve dirsi favolosamente) trecento sessantaquattro figliuoli fra maschi, *et* femine: i quali vissero ta*n*to, che dal Vescovo Guido suffraganeo hebbero il carattere del battesimo: e i maschi hebbero nome Giovanni, *et* le femine Elisabetta: ma subito battezati morirono con la madre l'anno MCCLXXVI, *et* furon sepolti in un Monasterio di monache dell'ordine di S*an* Bernardo, detto Losdune, meza lega presso all'Haia con l'epitaffio, ch'anchor'hoggi vi si vede, *et* dal Guicciardino è registrato.

Hollanda sotto chi sia stata

Fu il paese dell'Hollanda principalmente occupato, *et* habitato da Batone figliuolo del Re de' Catti, popoli venuti (secondo Cornelio Tacito) di Germania: il quale fuggendo l'insidie della matrigna; venne qui, *et* ridusse tutto il paese a coltura. Indi fu soggiogato da' Romani: i quali (come vol Tacito) in te*m*po de gl'Imperatori, molto si valsero dell'opera de' Batavi (cosi son chiamati gli Hollandesi) havendogli trovati forti, *et* fedeli. Declinando poi l'Imperio Romano; Meroveo Re de' Fra*n*chi, passando di Lamagna in Francia; se n'insignorì l'anno CCCCXLIX. Cosi stette con varie fortune l'Hollanda sotto i Francesi; fin che Carlo Calvo Imperatore *et* Re di Francia la ridusse in Contea l'anno DCCCLXXIII, *et* la diede a Theodorico del sangue reale di Francia, che fu il primo Co*n*te d'Hollanda: la cui generatione durò fino al sestodecimo Conte. Sotto costoro furono unite insieme l'Hollanda, la Silanda, *et* la Frigia, co'l Contado di Hainault. Mancata questa linea; passarono questi stati a Lodovico di Baviera Conte Palatino del Rheno, e Imperator Romano, finche venne poi a Filippo il Buono Duca di Borgogna l'anno MCCCCXXXV, *et* appressso alla casa d'Austria nel modo, che passaron tutti i paesi bassi della Fiandra: *et* cosi hoggi è sotto Filippo Re Catholico. Ha l'Hollanda sotto il suo dominio diverse Isolette vicine: *et* di queste le piu notabili sono verso Tramontana Vielant, Tessele, *et* Vueringhen. Verso Leva*n*te nel seno di Zuiderzee ha Vrck, *et* Ens. A Mezogiorno fra'l fiume Mervue, *et* la foce della Mosa ha l'isole Voorn, Goerede, Soemersdyck, Corendick, *et* Pierschille.

Inondationi ne' paesi bassi, successe lo anno 1570
Ha patito questo anno MDLXX grandissime inondationi l'Hollanda con tutte le altre provincie di quei paesi bassi: percioche il primo di Novembre le maree crebbero di sorte, che fra'l paese di Brabante, la Fiandra, la Silandia, l'Hollanda, *et* la Frigia, sono annegati piu di CCCC villaggi, con morte d'infinite persone, non havendo gli habitatori potuto antivedere il pericolo, cosi per la repentina furia dell'acque, come perche sopragiunsero di notte. Ne si ricorda alcuno, che mai questi paesi habbiano patito danni maggiori: i quali s'estesero nel tempo medesimo fin nella città d'Anversa: dove ruinato piu di cinquanta braccia di muraglia in lunghezza alla Villanova; andò ad annegare i villaggi all'intorno fino a Berbes. Accrebbesi questa miseria per un subito incendio, che s'attaccò in alcune casette dietro al Monasterio di Focles: dove essendo l'acqua alta quanto un'huomo, *et* non potendosi correre a smorzar il fuoco; molti non volendo abbruciare; si sommersero nell'acqua. In questo modo il presente anno è stato molto notabile per grandissimi, *et* moltissimi prodigij, che son successi in diverse parti del mondo, come tosto si vedrà dal libro de' Prodigij, *et* Portenti dell'Eccellente M*esser* Agostino Ferentilli, valoroso *et* giudicioso scrittore, *et* mio singolar amico.

7.8. Hispaniola

Descrittione dell'Isola Spagnuola prima isola scoperta dal Colombo

Christoforo Colo*m*bo Genovese, have*n*do cominciato con ardimento piu che da huomo, a solcare il mare l'anno MCCCCXCII di là dalle Canarie al diritto di Ponente, con piegare alquanto a man sinistra verso Garbino; dopo che trentatre giorni hebbe navigato, senza vedere altro che cielo *et* acqua; trovò finalmente terra, lontana dalle Canarie DCCCCL leghe, che sono tre mila otto cento miglia, a ragion di quattro miglia nostre per lega: *et* passato alquanto piu innanzi; in pochi giorni scoperse sei Isole: delle quali due eran molto grandi. Alla maggior d'esse posero nome Spagnuola, *et* all'altra Giovanna: ma questa fu poi trovato esser terra ferma. La Spagnuola, della qual sono hora per trattare; è dunque una Isola posta nel gran mare Oceano Occidentale, fra la linea dell'Equinottiale, e il tropico del Cancro: *et* gira di circuito, costeggiandosele intorno CCCL leghe, che son MCCCC miglia. Nella lunghezza *et* larghezza d'essa trovo molta diversità: percioche alcuni historici dicono, ch'ella si stende per lunghezza da Levante in Ponente intorno a D miglia: *et* che da Mezodì a Tramontana in alcuni luoghi è larga CCC miglia: *et* alcuni altri, parlando pur della lunghezza *et* larghezza di essa per via di gradi, scrivon, che dove è piu larga; è da' XVIII a' XX gradi: il che importerebbe intorno a XXXVII leghe, che sarebbono CXLVIII miglia: *et* dove **[82]** è piu lunga importa da CXX in CXXX leghe, poco piu o meno, che sarebbono da' CCCCLXXX, a DXX miglia. Dalla parte, che guarda all'Austro, o Mezogiorno, *et* massimamente dove è la principal città, chiamata di San Domenico; è posta XVIII gradi distante dall'Equinottiale: *et* da quella di Tramontana gradi XX: e in alcuna parte poco piu, e in alcun'altra assai meno, secondo che l'isola si va allarga*n*do, o strignendo. Sono alcuni altri, che pigliano le misure in altro modo: *et* nondimeno in questo anchora dalle gia raccontate opinioni son discordanti. Dicono essi, che dalla punta del Capo Iguei al Capo Tiburon sono piu di C[?] leghe, che essi, che importerebbono di lunghezza DC miglia, *et* piu: *et* dalla costa, o spiaggia della Natività, ch'è da Tramontana, fino al capo di Lobos dalla parte di Mezogiorno; sono cinquantacinque leghe, cioè CCXX miglia: *et* della città di San Domenico dicono affermativamente, ch'essa è in XIX gradi alla parte di Mezogiorno.

Isola Spagnuola di che forma è, et *come da principio fosse chiamata*
È di forma quest'isola, come la foglia del castagno, *et* fu da principio chiamata Quizqueia, che vol dire Il tutto: percioche vedendola i primi habitatori Indiani, cacciati dell'isola Matitina poco lontana, per fattioni fra loro, ch'ella era cosi grande, *et* non sapendo ove terminasse; pensarono ch'ella fosse tutto il mo*n*do; *et* che il Sole non riscaldasse altra terra che questa, *et* l'isole vicine. Ma poi entrati fra terra, et veduti alcuni monti altissimi con aspre balze; la chiamarono Haiti, che vol dir aspro: e in ultimo veduti altri monti simili ad alcuni, detti Cipangi nella lor prima isola Matitina; dal nome d'essi monti la terza volta la nominaron Cipanga. Finalmente poi fu detta Spagnuola da' nostri; *et* molti la dicono di S*an* Domenico per cagion della principal città di detta isola, che cosi è chiamata. Ella fu gia divisa in quattro parti da quattro grossi fiumi, che da monti altissimi calano al basso, cioè da Levante dal fiume Iunna, da Ponente dall'Altibunico, da Mezodì dal Nabia, *et* da Tramontana dal Iacche.

*Isola Spagnuola in qua*n*te provincie è divisa*
Ma poi i Capitani moderni, *et* Governatori piu saggi hanno inteso ch'è partita in cinque provincie principali in questo modo. Cominciando dalla parte verso Levante; dicono che quella si chiama Caizimu, che in lor linguaggio significa Fronte, o principio: *et* questa confina al Mezodì co'l fiume Ozama, che passa per la città di S*an* Domenico: *et* da Tramontana co' monti Haiti altissimi, *et* per la loro asprezza cosi detti. La seconda è detta Huhabo, ch'è fra i monti, *et* un fiume detto Iaciga. La terza Caiabo, ch'abbraccia tutto quello spatio, ch'è fra Cubaho, e'l fiume Iacche: *et* si distende fino a' monti Cibaui, dove è gran copia d'oro, *et* dove nasce il fiume Neiba, che dalla parte di Mezogiorno va a sboccar nel mare. La quarta è chiamata Bainoa, *et* comincia da' confini di Caiabo, *et* si distende verso Tramontana: dove è il fiume Bagaboni: *et* dove fu gia fabricata la prima casa. Il rimanente verso Ponente è della provincia nominata Guaccaiarima, che vol dir le Natiche, essendo questa parte da gl'Indiani tenuta la piu stretta dell'isola. Ella è abbondantissima di tutti i beni: in tanto che gl'Historici, che scrivono di quelle parti; dicono liberamente che di fertilità non cede punto alla Sicilia, ne all'Inghilterra: anzi dicono, che se un Principe non havesse altra Signoria, che di questa sola isola; in breve accumulerebbe tante ricchezze, che non invidierebbe a quelle di Sicilia *et* d'Inghilterra. È molto temperata d'aria, non vi essendo caldo, ne freddo troppo eccessivo: *et* se pur v'è freddo; è in alcune parti dove son monti altissimi, per cagion de' quali il freddo vi regna.

Isola Spagnuola è d'aria perfetta, et *sempre ha gli alberi fioriti*
Della sua temperie è manifesto argomento, che di co*n*tinuo si veggono in tutte le parti gli alberi verdissimi, carichi di fiori, *et* di frutti: *et* no*n* cadono lor mai le foglie, se non quando sorgono le nuove. Gli herbaggi da horto, *et* le piante fruttifere, che di Spagna vi sono state trasferite; crescono in molta perfettione. Il grano s'è trovato, che moltiplica meglio, semina*n*dolo nelle colline, *et* ne' monti, dove sia tal volta freddo, e il terren non sia tanto grasso, che in piano: percioche la molta grassezza lo fa quasi tutto lussuriare in herba, *et* andare in morbido: ma ne' mo*n*ti fa la spiga grossa, come il braccio dell'huomo, la quale è tanto piena di granella, che (cosa maravigliosa a dirsi) a numerarle si trovano piu di due mila. I bestiami cosi grossi, come minuti portativi di Spagna; han- **[83]** no moltiplicato in guisa, che gli lasciano insalvatichire: *et* quei che si macellano; si vendono a vilissimo prezzo, tutto che siano carni preciose: *et* a vil prezzo ancho si comprano i cavalli, *et* altre sorti d'armenti, o di greggi. Nascevi naturalmente tanto bombagio, o cotone, che se gli habitatori si dessero a procurarlo; se ne caverebbe il migliore, e in piu quantità che in un'altra parte del mondo. Vi fa appresso tanta gran copia di gengevo, di cassia, *et* di zuccaro, *et* tanto buoni, che se ne caricano le caravelle, *et* le navi per Spagna: *et* v'ha grande abondanza di mastice, di legno aloe, di verzini, *et* d'eccellente color d'azurro, migliore per li pittori di quel che si suol chiamare Azurro d'aria. Sono in questa isola innumerabili piante d'aranci, di cedri, *et* di limoni buonissimi: il che è grande inditio della temperie dell'aria, cosi la state, come il verno: ma solamente gli alberi di frutti co'l nocciolo in quest'Isola non fanno alcun frutto: perche gli olivi fra gli altri vi crescono molto belli: ma però sono sterili, *et* non producono altro che foglie. L'altre sorti di frutti, come poponi, legumi, *et* altri tali vi crescono molto belli: ma però sono sterili, *et* non producono altro che foglie. L'altre sorti di frutti, come poponi, legumi, *et* altri tali vi regnano ottimamente: *et* fra gli altri i poponi, e i fichi vi son quasi tutto l'anno: ma al tempo debito sono di precioso gusto *et* sapore. Le viti similmente vi fruttano eccellentemente, *et* fanno soavi *et* delicati vini. È l'Isola Spagnuola assai ricca di copiose *et* co*n*tinue minere d'oro: e in particolare ne' monti Cibaui ne nasce gran copia.

Isola Spagnuola, et *sue maraviglie di Natura*
Nella provincia detta Caizimu è lontan dal mare mezo miglio un monte altissimo co*n* una spelonca grandissima, c'ha l'entrata, come la porta d'un superbo palazzo: e in detta spelonca si sentono cader fiumi con tanto rumore e strepito, che si fa sentir cinque miglia lontano: *et* chi vi s'aspressa, *et* vi sta alquanto; doventa sordo. Fanno questi fiumi un ampissimo lago: nel qual sorgono alcuni bollori *et* ritortoli d'acque continui *et* si grandi, che inghiottirebbono qualunque v'entrasse de*n*tro: *et* dalla parte di sopra della spelonca si veggono essalar continue nebbie per rispetto di quei bollori. Dirimpetto alla città di Sa*n* Domenico, ma discosto sessanta miglia, è un lago in cima d'alcuni monti altissimi d'acqua dolce, pieno d'infinite sorti di pesci: il qual gira da tre miglia, *et* all'intorno è serrato dall'altezza de i mo*n*ti, da' quali scaturiscono infinite fontane d'acqua chiarissime: *et* co*n* tutto che le parti de' monti siano tutte horride *et* sassose; le ripe nondimeno del lago son piene d'herbe.

Lago di acque amare, detto il mar Caspio

Sono in molti altri luoghi di quest'isola altri laghi d'acque, cosi salse, come dolci: *et* nella provincia di Bainoa ve n'ha uno d'acque amare, lungo trenta miglia, *et* largo il piu quindici, chiamato da gl'Indiani Hagueygabon, *et* da' nostri il mar Caspio: percioche da esso no*n* nasce alcun fiume, se ben dentro ve ne corrono molti. Tiensi che di sotto terra per caverne entri in questo lago il mare: atteso che dentro vi si trovano molti pesci marini. In mezo d'esso è un'isola, detta Guarizacca: dove stanno molti pescatori Indiani. Sonvi ancho altri laghetti dolci *et* salsi in una valle grandissima, che per piu di cento miglia si stende da Levante a Pone*n*te in lunghezza, *et* per XXV miglia di larghezza. Ne molto lo*n*tan da questa è un'altra valle lunga da CC miglia, detta Maguana, con un bellissimo lago d'acqua dolce, non troppo grande: presso il qual habitava il Re, detto Cacique Caramatexio, in un suo palazzo, con infinite altre case d'Indiani, che tutti insieme co'l Cacique attendevano a pescar quasi sempre.

Pesce domestico et miracoloso

Racconta Don Pietro Martire un caso miracoloso d'un pesce, preso da gli huomini di questo Re: *et* dice c'have*n*do egli un giorno veduto pigliar da' suoi pescatori un pesce detto Manati picciolo, ma che vien molto grande; lo fece portar vivo a casa, *et* gettar in questo vicin lago. Quivi ogni giorno gli dava a mangiar di quel pane, che chiamano Maice, *et* Iucca: tanto che l'addomesticarono in guisa, che veniva tutte le volte ch'era chiamato, a pigliare il cibo alla mano, *et* si lasciava maneggiare, *et* cavalcare per passare altrui dall'altra parte del lago, o dove volesse. Descrive egli la forma di questo pesce: *et* dice ch'esse*n*do una volta go*n*fiate l'acque di questo lago grossamente; il pesce fu straportato dalla violentia della fortuna *et* dell'acque in mare, ne mai piu si vide. In detta provincia di Bainoa è un fiume chiamato Bahua*n*, che passa per mezo il paese detto Maguana: *et* nascendo a piei d'un monte altissi- **[84]**
mo; corre per molte miglia tutto salso fin che sbocca in mare, se ben'entrano in esso molte fontane d'acque dolci. Nella medesima sono i monti Diagoni, dodici miglia lontani al lago salso, detto il mar Caspio: ne' quali cavando si trova il sale durissimo, *et* lucido a guisa di Christallo: *et* di questo si servono gl'Indiani fra terra, c'hanno carestia di quel che si fa presso il mare. In cima a' monti Cibaui, dove ho detto cavarsi l'oro, nella provincia di Caiabo; è un piano di XXV miglia di lunghezza, *et* di XV di larghezza, detto Cotohi: il qual se bene è altissimo, *et* sotto a esso par che sian le nuvole; pur è circondato da altri monti, da' quali scaturiscon nel piano infinite fontane d'acque chiarissime: *et* qui si sentono l'anno le variate stagioni della Primavera, della State, dell'Autunno, *et* del Verno: dove ne gli altri luoghi sempre è Primavera *et* Autunno. Ne' monti che circondano questo piano dicono, che si trova molto oro: ma gli habitatori, havendo dalla terra in abbondanza Maice, *et* Iucca, che basta lor per il pane; ociosi *et* poltroni non si curano di cercarlo.

Oro, che nasce, come pianta nella Spagnuola

Dicono anchora che fra la provincia Huabo di quest'isola, *et* quella di Caiabo è un'altro paese sterile *et* dishabitato, nel quale affermano essere il principio della minera di tutto l'oro, ch'è in quell'Isola: *et* che fra quei monti si vede ch'esce a guisa di pianta fuor della terra: il che non è punto impossibile, ne incredibile per quel ch'altri ha veduto in Ungheria *et* altrove, l'oro di continuo uscir della terra finissimo, *et* a guisa di viti andarsi avviticchiando attorno a gli alberi. Nella provincia di Caizimu sono nelle contrade di Guanama *et* di Guariagua alcune fontane d'acqua nella superficie dolcissima, *et* buona da bere: nel mezo salsa, *et* nel fondo amara: il che stimano proceder perche la vena sia salsa, *et* di sopra vi corrano acque dolci, che non si mescolino insieme. Presso queste fontane, se alcun mette l'orecchie a terra; sente ch'ella è concava, et risuona: et udirà uno a cavallo, che venga, et sia anchor tre miglia discosto, et uno a piede un miglio. Fu questa isola (come ho detto) da principio habitata da Indiani: de' costumi de' quali dirò alcuni pochi particolari, non accadendomi trattar de' presenti habitatori, che sono Spagnuoli.

Costumi de gl'Indiani dell'isola Spagnuola

Erano questi habitatori huomini semplici, ociosi, *et* sempre dati al riposo, come quelli che dalla terra havevan le cose necessarie al vitto senza durar fatica, *et* facilmente pigliavano pesci nel mare *et* ne' fiumi in molta copia: *et* andavan nudi. Credevano, che fosse un primo Motore onnipotente, eterno, e invisibile: ma c'havesse madre: *et* sotto lui fossero diversi messaggieri, chiamati in lor lingua Cemi, o Tuira: *et* che ciascun Cacique, o Re havesse un particolar Cemi, o Tuira, che da lui fosse adorato: il quale era formato di bombagio tinto di nero con la coda, *et* co' piedi di serpi neri, over d'altra materia, secondo che piu gli pareva, o diceva d'haver veduto in sogno. Con questi poi facevan molte pazzie per saper le cose a venire, finche all'arrivo de' Christiani; il Diavolo gli abandonò, *et* ritirate le illusioni; gli lasciò: onde poi furono instrutti nella verità Evangelica. Havevano in costume di fare ammaestrare i figliuoli de' Caciqui da alcuni favi, chiamati Boitij, over Tequina: i quali in alcuni versi insegnavan loro l'origine, e i principij delle cose, *et* le imprese fatte da' loro avoli *et* maggiori, cosi in pace, come in guerra: *et* di questo narra molte belle cose Don Pietro Martire nel suo Sommario, ch'a me non fanno a proposito, volendo io fuggir la lunghezza. Narra egli similmente quali fossero i prinicipij delle cose presso loro, come la generatione humana, onde sia nato il mare, che i morti il giorno stanno ascosti, *et* la notte vanno hor quà hor là, e i modi che tengono i Boitij, o maestri a insegnare, *et* a guarir gl'infermi con altre loro superstitioni. Erano questi Indiani habitatori d'alquanto minore statura, che communemente son gli Spagnuoli, *et* di color bertino chiaro. Havevan la fronte larga, i capelli neri *et* distesi, *et* senza barba, o alcuna superfluità di peli per la persona, tanto gli huomini, quanto le donne. Alle parti vergognose portavano un pezzo di tela, grande come una mano. Havevano (come ho detto di sopra) due sorti di pane: una di Maice, ch'è grano: *et* l'altra d'una radice detta Cazabi.

Maice grano

Il Maice si pianta, come a noi i ceci, o legumi tali: *et* fa il suo gambo grosso, co-
[85] me il dito mignolo della mano, *et* alto come un'huomo. La foglia è come di canna: ma non tanto ruvida, *et* piu lunga *et* flessibile. La spiga è una pannocchia grossa, c'havrà fino a cinquecento, et piu granelli, secondo la grandezza: tanto che uno staio rendeva XX, XXX, L, *et* LXXX staia: *et* di questo grano facevan pane.

Cazabi è pane fatti di radice, c'ha sugo velenoso
Il Cazabi si fa di certa radice, chiamata Iucca, che fa alcuni fusti piu grandi d'un'huomo, con foglia, come di canapa, ma maggiore *et* piu grossa. Questa piantata, *et* governata produce un frutto fra le radici, come carota grosso, ma piu grande con color tanè, o bigio: ma dentro bianco. Questo essi grattugiano, *et* poi ne spremono fuora il sugo, ch'è velenoso, *et* del resto fanno, come una torta, o schiacciata, *et* la cuocono, *et* mangiano: *et* questo pane si mantiene, dove l'altro non dura, *et* si corrompe.

Iuanas, serpi che si mangiano
Appresso havevano detti Indiani per mangiare alcuni animaletti, chiamati Cories, *et* Utias, che sono coniglietti piccioli: *et* una sorte di serpi chiamati Iuanas, che vivono in terra, e in acqua, spaventevoli a vedere, ma di miglior carne, che'l coniglio. Hanno quattro piei, *et* la coda come i ramarri. Son maggiori che i conigli, *et* la pelle è dipinta, come il ramarro: *et* su'l fil della schiena ha spini levati. Ha i denti aguzzi, *et* massimamente i canini: *et* un gozzo, che gli arriva dalla barba al petto, molto lungo *et* largo. Staranno legati a' piei d'una tavola senza far mai strepito XV, *et* XX giorni senza mangiare: anchor che talvolta se glie ne dia. I diti de' piei dinanzi hanno le unghie lunghe, come d'uccello: ma non fanno presa.

Cocuio ucello di mirabil qualità
Fra gli uccelli di quest'isola ve n'era uno di mirabil qualità, detto Cocuio: del quale ho pensato voler minutamente descriver l'historia, secondo c'ho ritratto da Gonzalo Oviedo, *et* da Giovanni Aubano, perche è bella: *et* questo è dignissimo uccello, che sia stato levato per particolare impresa in soggetto amoroso dal molto illustre, *et* magnanimo Signor Marchese Lodovico Malaspina, come dirò piu a basso. Il Cocuio dunque è uno animaletto assai noto nell'isola Spagnuola, *et* nell'altre convicine, della specie de gli scarafaggi, grosso come la cima del dito grosso della mano, o poco meno, con due ali dure, sotto le quali ne sono due altre piu sottili, che sono dalle prime coperte *et* conservate, quando non vola: *et* le ali maggiori sono come quelle del pipistrello. Ha gli occhi risplendenti, come candele accese: di maniera che volando alluma ogni scuro luogo, *et* tenebrosa aria, come farebbe una candela accesa: *et* chi ne porta uno in una camera scura; subito senz'altra luce vi si vede cosi chiaro, che si puo assai ben leggere e scrivere. Ha questo medesimo splendore sotto le ali, cioè ne' fianchi: tal che qua*n*do vola; nell'aprir l'ali si raddoppia la chiarezza.

Stelle son fuochi eterni
Scrive Giovanni Aubano, che ne gli occhi, *et* sotto le ali ha in ciascuna parte due stelle, che rendono cosi fatta luce, *et* che non ha se non due ali: et dicono, che se n'infilzano, o legano quattro, o cinque di questi Cocui insieme; se ne servono, come d'una buona lanterna in campagna, o per li boschi, o altrove di notte bene oscura: *et* in tempo di guerra se ne son serviti e Indiani, *et* Christiani per non si smarrir la notte, o per riconoscersi l'un l'altro: anzi la scorta che andava innanzi alle genti, se ne poneva uno in testa: *et* a questo modo serviva per Faro a tutti gli altri, che lo seguivano, tirati dallo splendore di quel miracoloso *et* quasi sopranatural lume. Di qui mosso il S*ignor* Marchese Lodovico Malaspina, nobilissimo *et* generosissimo Si-

gnore, a considerar l'occulta virtu di questo fuoco, ch'è nelle quattro stelle di questo Cocuio; nell'Illustre *et* famosa Academia de' Filarmonici in Verona, piena di Cavallieri virtuosissimi, *et* honoratissimi, essendo egli cognominato l'Ardente; s'ha levato per particolare impresa questo uccello Cocuio con le ali aperte, con le due stelle risplendentissime ne gli occhi, *et* con le altre due non men lucide sotto l'ali: percioche considerato, che le stelle per opinion filosofica *et* poetica son doma*n*date da Messer Tullio fuochi sempiterni, *et* da Virgilio fuochi eterni, *et* che nel cuor suo è stato sempre quell'ardore amoroso, al quale niun nobile *et* virtuoso nega mai d'esser soggetto; lo stimò degno soggetto per ispiegar le amorose fiamme del cuor suo alla sua Donna, *et* se lo levò per impresa con questo grave *et* sententioso motto ‹Ignem natura dedit›. Ne- **[86]** pure per mano dell'eccellente pittore M*esser* Felice Brusasorci egli l'ha fatto dipignere, *et* locare in quella publica, *et* illustre Academia: ma havendolo io fatto lavorare in seta *et* oro con molti vaghi *et* ben composti ornamenti alla virtuosa *et* da me con tutto il cuor mio amata Madonna Aurora Estense mia Consorte; lo porta per cimiero: e in questo modo cosi illustre Cavalliero acutamente ghiribizando intorno a' secreti della Natura; va eccellentemente spiegando i suoi concetti.

San Domenico città principal dell'isola Spagnuola

Delle città, *et* terre che in quest'Isola Spagnuola sono; la principal senza dubbio è la città di San Domenico: della quale havendo io a parlare; è ben che prima si vegga quali furon le terre prima edificate dall'Almirante Don Christoforo Colombo, *et* quali l'altre fabricate poi in processo di tempo. Quando l'Almirante fu la prima volta in quest'isola, la qual fu la prima in quelle parti habitata da' Christiani; vi lasciò XXXVIII huomini de' suoi, *et* fece far loro un Castel di legno, dove habitassero, e investigassero la natura de' luoghi, *et* la stagion de' tempi fino al suo ritorno, e imparassero quella lingua. Ma tornato poi, *et* trovato il castel disfatto, e i suoi morti; edificò un'altra città sopra un colle in mezo dell'Isola verso Tramontana, *et* le pose nome Isabella. Appresso intendendo che nella provincia di Cibauo in mezo dell'isola era molto oro; andatovi con CCCC huomini; fece una fortezza sopra un colle alla ripa d'un fiume; *et* la chiamò San Thomè. Dipoi accioche in ogni occorrentia havessero i suoi in quell'isola piu ridotti; edificò fra la città Isabella, *et* la fortezza di San Thomè, un'altra fortezza sopra una collina abbondante d'acque, *et* le pose nome Concettione. Et havendo appresso mandato Bartholomeo Colombo suo fratello, ch'era Governatore dell'isola alle miniere dell'oro; partì esso a XI di Marzo MCCCCXCV per tornare in Spagna, *et* Bartholomeo fece presso le minere dell'oro una fortezza, *et* la chiamò la fortezza dell'oro. Ma havuto commissione da' Re Catholici, che dovesse andare ad habitare in quella parte dell'isola, ch'è esposta a Mezogiorno, come piu vicina alle Minere; il Governatore elesse un luogo per habitare sopra un colle a Mezodì, vicino a un sicurissimo porto, *et* quivi edificò una rocca, *et* la chiamò Sa*n* Domenico, perche quivi arrivò in giorno di Domenica.

Ozama fiume

A piei di questo colle corre, e sbocca nel porto un bellissimo *et* largo fiume, chiamato Ozama, di chiara acqua, copioso di molti pesci, *et* con le ripe a ogni parte ripiene di herbe *et* d'alberi fruttiferi. Questa rocca è poi dove*n*tata la principal città dell'isola: *et* dal nome d'essa, pare che mutato il suo primo nome di Spagnuola, fosse in processo di tempo chiamata isola di San Domenico. Vi furon fabricate molte altre terre: percioche fu fatta lontano dalla città Isabella XXXVI miglia la rocca Speranza: *et* da Speranza XXIIII miglia discosto Santa Catherina: quindi a XX miglia San Iacopo. Fra la Concettione *et* San Domenico un'altra chiamata Bonauo dal nome d'un Cacique vicino, *et* altre in altri luoghi dell'Isola, che troppo farei lungo a dirle tutte. Ma la città di San Domenico hoggi è tutta piana, come una tavola, *et* le passa di lungo da Tramontana a Mezogiorno il fiume Ozama navigabile, profondo, *et* ben vago per le piante, *et* per li giardini, c'ha presso le sue ripe con molte sorti d'aranci, di cannafistole, *et* d'altre qualità d'alberi. È la città circondata piu di meza dalla parte di Mezogiorno da esso fiume, *et* dal mare: ma da ponente *et* Tramontana si stende in molte belle strade, larghe, *et* bene ordinate: onde vien giudicato, che non si possa trovare un piu bel sito, ne con piu giudicio disposto *et* ordinato. Il suo porto è dodici, o quindici passi lontan da terra, *et* le navi sorgono cosi vicine alle case, che gettato un ponte; si caricano senza aiuto di altra barca. Alla foce del fiume a pari del porto è uno assai forte castello per guardia del porto: *et* nella Città le case son tutte belle, *et* tanto bene accommodate all'usanza nostra, che vi potrebbono allogiar commodamente i Signori grandi: *et* la Chiesa Cathedrale; *et* l'altre son tanto belle *et* tanto ben dotate, *et* governate, quanto in alcun'altra città, o luogo. Il resto dell'historia delle imprese fatte da i primi habitatori di questa Isola, *et* de gli huomini illustri che vi sono stati, perche è involto nel- **[87]** le tenebre, *et* non se n'ha chiara contezza, *et* per cagion delle cose moderne il Signor Don Pietro Martire, e'l Signor Gonzalo d'Oviedo n'hanno trattato assai; da me in bella prova sarà lasciato, rimettendone i curiosi a i due nominati Auttori, *et* passando hora a ragionar dell'Isola di Cuba, vicina alla Spagnuola.

7.9. Cuba

Descrittione dell'Isola Cuba, che dal Colombo fu scoperta insieme con la Spagnuola

L'Isola Cuba posta nell'istesso mare, che la Spagnuola, da cui è lontana solamente XX leghe, cioè LXXX miglia; è lunga e stretta: *et* da Levante ha la Spagnuola: da Ponente la terra di Iucatan, *et* della nuova Spagna, che son provincie di terra ferma: da Mezogiorno ha la punta di San Michele, parte piu occidentale *et* ultima della Spagnuola, *et* oltra questa l'Isola di Iamaica, *et* l'isole de' Lagarti: *et* da Tramontana ha l'isole de' Lucai, *et* di Bimini, *et* la provincia, che vien chiamata Florida. Nell'estrema parte dell'isola verso Levante è una punta, detta di Maici: la qual viene a stare in XX gradi *et* mezo dell'Equinottiale: *et* dirimpetto quasi a questa verso Ponente ve n'ha un'altra nel fine, detta di Santo Antonio, che sta in XXI grado *et* mezo: ma da Tramontana è la punta di Iucanana in XXII gradi *et* mezo: *et* da Mezodì sono i Giardini della Reina con certe Isolette, *et* con molte pericolose seccagne: *et* questa parte sta in poco piu di XIX gradi dalla linea Equinottiale dalla parte del nostro polo artico. Ella è di lunghezza dal capo Maici a Santo Antonio (altri lo chiamano San Nicolò, *et* altri San Giov*anni* Battista) quasi CCC leghe, che sarebbono MCC miglia: ma molti no*n* le attribuiscono piu che CCXX leghe, *et* chi piu, *et* chi meno. Color nondimeno **[89]** che per terra l'hanno caminata; dicono che la sua lunghezza è poco piu, o meno di CCC leghe: ma la sua larghezza non è punto corrispondente alla lunghezza, essendo questa isola stretta per tutto. Dove pero è piu larga (il che viene a essere dalla punta de' Giardini traversando verso Tramontana, a quella di Iucana) è larga LXV leghe, cioè CCL miglia: ma in tutto il resto non passa di larghezza XX leghe.

Cuba con quali altri nomi fosse chiamata
È quest'isola stata chiamata da alcuni Alfa *et* Omega, *et* ancho Giovanna: ma questi nomi vengono rifiutati, *et* co'l nome di Cuba; cosi prima detta da gl'Indiani; l'hanno denominata: ma poi per ordine di Ferrando Re Catholico, in tempo, *et* sotto l'ombra del quale Christoforo Colombo la discoperse; fu dal nome d'esso Re nominata Ferrandina. È Isola per la maggior parte molto aspra, *et* montuosa, ma con buoni fiumi *et* ricchi d'oro, *et* con molte buone acque, *et* lacune, e stagni d'acqua dolce, *et* salsi. La principal città della Cuba, è detta di San Iacopo, c'ha un bello *et* sicuro porto, essendo ella quasi due leghe lontana dalla bocca del mare, ch'è tanto stretta, quanto vi puo una nave entrare. De*n*tro di questa bocca fa un seno, o golfetto, o porto, c'ha molte Isolette, fra le quali e'l porto son molte pescherie. Havvi altre terre come è quella in capo dell'Isola verso Tramontana, detta dell'Havana: *et* come è quella della Trinità dalla parte di Mezogiorno, *et* quella di Sa*n*to Spirito, *et* quella del Porto del Principe, *et* quella del Baiamo: ma per esser passati gli habitatori d'esse nella nuova Spagna a maggiore acquisto; son come dishabitate.

Miniere nell'isola Cuba di oro et *di rame*
In quest'isola da diverse minere s'ha cavato molto oro, *et* v'è stata ancho trovata la minera del rame, che è molto buono, lo*n*tana tre leghe dalla città di San Iacopo, sopra un mo*n*te. Trovasi in una valle di quest'isola una spetie di palle di pietra da artiglierie, formate dalla Natura tanto belle, forti, *et* tonde, grosse *et* picciole, c'humano artificio non le saprebbe far piu belle ne piu a proposito. Questa valle dura quasi tre leghe fra due monti, *et* tutta è piena di simili palle, cosi nella superficie, come sotto terra, *et* massimame*n*te presso il fiume, che chiamano del Vento contra Maestro, ch'è quindici leghe lontano da San Iacopo, andando alla terra di San Salvadore del Baiamo, ch'è la via verso Ponente.

Pece cavata di miniera
Nella costiera da Tramontana presso al Porto del Principe è una minera di Pece, che si cava a lastre, *et* a pezzi, ottima p*er* impeciar le navi, mescolandola con sevo, o con olio. Sono in quest'isola infinite Gru in tutti i te*m*pi dell'anno, che vi covano *et* fanno nidi. Vi sono anco certe Pernici picciole, come tortore di soavissimo gusto: *et* vi se ne trova in gran copia: *et* prese facilmente si domesticano e ingrassano. Havvi molti serpi di varie *et* differenti maniere: ma alcuni cosi grossi, come è la coscia d'un'huomo, *et* lunghi XXV, o XXX piedi: i quali da gl'Indiani son ma*n*giati. Nelle cose prodotte dalla terra, *et* ne gli animali che di Spagna vi furon portati; havrei che discorrere assai: ma perche studio alla brevità, *et* sono in effetto i medesimi, che dell'isola Spagnuola, di cui a bastanza parmi d'haver ragionato; però io concluderò solo, che nella Cuba sono tutte le pia*n*te, *et* tutti gli herbaggi, *et* animali, che nella

Spagnuola si trovano. Gli huomini parimente son della stessa qualità, se ben in molte voci son nel parlar differenti da quei della Spagnuola. Vanno nudi, cosi gli huomini, come le donne: *et* son libidinosi, ingrati, di poca, o niuna verità, *et* molto dati all'abhominevol sodomia. Nel resto non ho altro che dire; si perche quanto della Spagnuola s'è detto, convien quasi ancho a questa, come perche gli Scrittori che della Cuba hanno trattato; si riportano in tutto alla descrittion della Spagnuola: della quale in ben forse XVII libri hanno raccontato le cose memorabili. Bene è vero, che quella è molto piu fruttifera *et* abbondante di questa, *et* massimamente di Zuccheri: de' quali se ne farebbe però gran copia, trovandosi che la cannamele vi alligna molto bene, se le genti si fossero date a farne lavorare, *et* non fossero passate con l'altre nella nuova Spagna *et* altrove per far maggiori acquisti *et* guadagni: percioche da questa isola partirono coloro, che la nuova Spagna andarono a discoprire. Dicono che nella Cuba fa grandissima copia di rubia: la qual vi nasce naturalmente, *et* è molto buona.

Cuba da chi prima discoperta
Fu quest'isola discoperta la prima volta da Christo- **[90]** foro Colombo in quel suo viaggio, quando ci discoperse ancho la Spagnuola: anzi fu questa alcuni giorni prima discoperta, *et* conosciuta non esser men buona di quell'altra, che chiamano di San Giovanni: una similmente delle prime scoperte: ma poi venuto in governo dell'Indie il secondo Almirante Don Diego Colombo, figliuolo di Christoforo; egli mandò Diego Velasco, uno di quelli che prima con suo padre erano stati del MCCCCXCIII in quelle parti, a conquistar la Cuba, *et* ad habitarla: *et* egli la conquistò, popolò, et tenne, fabricandovi terre, et facendovi altre convenienti opere.

7.10. Madagascar

Descrittione dell'Isola di S*an* Lorenzo

L'Isola di S*an* Lorenzo è delle grandi, che nell'India siano state discoperte: *et* tale che gli Spagnuoli ha*n*no havuto a dire, ch'ell'è maggior del Regno di Castiglia, *et* di Portogallo. Come s'ha voltato il Capo di Buona Speranza per Greco *et* Garbino; corre quest'isola da XII fino a XXVI gradi *et* mezo, verso l'Antartico, lontana mille miglia dall'isola Soccotera, secondo alcuni, *et* secondo altri Scoira. Andrea Tevet Francese nel suo primo libro, con molto notabil divario da gli altri, dice, ch'ella ha settantadue gradi di lunghezza, *et* undici gradi *et* trenta minuti di larghezza: il che a settanta miglia nostre per ciascun grado; risulterebbe gra*n* numero di miglia. Con l'opinione di questo Scrittor Francese si confrontano alcuni Scritti in Spagnuolo, ch'io ho d'un Piloto Portoghese, che fu in quelle parti: il quale del tutto si conforma nel trattare di quest'isola co'l detto Francese: *et* mi son venute queste Scritture nelle mani, per opera, *et* cortesia de gl'Illustri Signori, Conte Federico, *et* Conte Antonio Sareghi: i quali per la molto affettione, c'hanno alla virtu, della quale sono assidui *et* caldi fautori, *et* per l'affettion grande, che si degnano portarmi; volentieri di queste *et* d'altre Scritture rare, appartenenti a questa professione; m'hanno fatto partecipe. Giovanni di Barros scrive, che l'isola di San Lorenzo giace all'Ostro della costa

Zanguebar, o Zenzibar, *et* con la sua lunghezza viene a distendersi da CC leghe, che sarebbono DCCC **[92]** miglia: ma intorno a cio trovo molti altri, che discordano: talche io non posso in tanta diversità di pareri, adherir piu a quello, che a questo. Gira di circuito tre mila miglia: benche altri dice quattro mila.

Isola di San Lorenzo detta Magastar

Da *Messer* Marco Polo vien nominata la grande isola di Maġastar, se bene il suo interprete latino la chiama Madaigascar, *et* Andrea Tevet, e il Piloto Portoghese, Madaguscar, che da tutti i moderni co'l solo nome d'isola di San Lorenzo vien detta. Nel mezo della parte di dentro ella sporge in mare un gomito: il qual risponde a un'altro, che fa il Capo di Mozambique, isola posta a fronte di San Lorenzo, in gradi XV sotto il polo Antartico: *et* questi due gomiti pare che vogliano serrare un passo al mare in quel luogo, ch'è largo da LX leghe; ma occupato da isole, secche, basse, *et* diserte: il qual passo, paragonato con l'altro mare, che giace fra queste due isole; è tanto stretto da diversi canali, che l'acqua vi corre furiosissimamente: onde le navi, tutto che non habbiano vela, ne vento; son fatte stracorrere *et* girare dalla sola furia dell'acqua in molti pericoli. A questo passo, perche è molto simile a quel di Sicilia, dicono alcuni che debitamente conviene il nome di Scilla *et* Cariddi.

Capo delle Correnti

Per questa correntia d'acqua cosi furiosa quella punta di terra ferma, ch'è opposta al fine occidentale dell'isola di San Lorenzo; è detta Capo delle Correnti: atteso che qui fa capo *et* cessa la furia dell'acque: le quali corrono piu libere per lo spacioso campo del mare. Il corso velocissimo di quest'acqua si distende verso Mezogiorno: *et* le navi che a seconda vengono da Malabar a quest'isola; fanno il viaggio al piu in XXV giorni: dove al ritorno penano tre mesi. Nello stretto nondimeno di queste due terre, perche vi si raccolgono tutti i venti; i marinari nel passare trovano differentia nel corso dell'acque, *et* nuovi tempi del movimento del mare per Levante, *et* Ponente. Ora quest'isola posta quasi nel mezo della costa Zanguebar, avanti la città di Magadasso, e'l Capo delle Correnti da LXX leghe; è d'aria molto temperata: ilche è cagione, che molto è popolata, *et* tenuta per una delle piu eccellenti, che siano. È habitata da Saracini, che osservano la legge di Macometto: e i moderni scrittori dicono, che v'hanno molti Re: ma *Messer* Marco Polo scrive, che vi son quattro Siechi, cioè in lingua nostra Vecchi: i quali hanno il dominio dell'isola *et* la governano. Vi sono infiniti armenti, *et* gran numero v'ha d'uccelli, *et* d'animali domestici, *et* salvatichi d'ogni sorte.

Ruch, uccelli di smisurata grandezza

Dice *Messer* Marco Polo d'havere udito da quelle genti, che vengono a certo tempo dell'anno di verso Mezogiorno, che v'è una strana sorte d'uccelli, chiamati Ruch, simili all'aquila, ma d'incomparabile, e stupenda grandezza. Uno di questi ha tanta forza, che con gli unghioni de' piedi piglierà uno elefante, *et* lo leverà in alto, *et* poi lo lascia cadere, accioche moia, *et* esso di quella carne possa pascersi. Et soggiugne che chi l'ha veduto, ha detto, che quando uno di questi uccelli allarga le ali; elle son tanto larghe, che dalla punta dell'una a quella dell'altra v'è lo spatio di sedici passi di larghezza: *et* c'ha le penne lunghe da otto passi, *et* grosse, come conviene a tanta lunghezza: anzi misuratane una, che fu portata al gra*n* Can de' Tartari; fu trovato ch'era lunga novanta spanne, *et* grossa due. Prendane altri quella credenza, che piu gli aggrada, ch'io no*n* ci voglio metter del mio. Havvi un'altro uccello, chiamato Pa, che in lingua nostra vol dir Piede, o Gambe, che è d'una specie molto strana. Ha il becco d'aquila, gli orecchi lunghi a maraviglia fino al gozzo, la testa aguzza in punta di diamante, e i piedi, e le gambe, come il resto del corpo, molto pelose. Le sue penne sono argentine di colore, salvo che nella testa, *et* ne gli orechhi, che son nere. Vi si trovano anchora molti Elefanti, *et* due sorti d'animali d'un corno l'uno, cioè l'Asino d'India, con l'unghia intera senza fesso; *et* un'altro, chiamato Orix, c'ha l'unghia fessa. Produce serpenti in gran copia, lucerte, *et* ramarri grossi, come le gambe, *et* molto delicati a mangiare.

Sandali rossi, et *ambracane nell'isola di S*an *Lorenzo*

Vi sono boschi grandi d'alberi di Sandali rossi: i quali per la gran quantità sono in piccol prezzo: *et* v'hanno anchora molto ambracane, gettato (come dicono) dalle Balene: ma il mare poi lo rispigne al lito, *et* gli habitatori lo raccolgono, come cosa preciosa, *et* cordiale per trafficarlo. L'isola produce riso, **[93]** miglio, melarance, limoni, cedri, *et* molto gengiovo, che da quelle genti è mangiato verde: *et* appresso garofoli di migliore odore, *et* d'altra forma, che quelli d'India, miele, *et* canne di zuccaro, del quale non si fanno servire, zafferano, *et* argento: ma alcuni tengono, che sia di bassa lega. Vi si trovano poponi, ta*n*to grossi, che a pena un'huomo gli potrebbe abbracciare, cosi di rossi, come di gialli, *et* di bianchi: ma senza controversia migliori di quelli delle nostre parti, *et* piu sani. Vi sono appresso molte herbe cordiali: ma fra l'altre una (come scrivono Andrea Tevet, e'l Portoghese) simile al radicchio salvatico, molto utile a' morsi de gli animali velenosi: *et* oltra questo molti altri semplici. Fra gli altri frutti, che nascono in quest'isola; v'è la noce Indiana, detta in quella lingua Chitorin: del qual frutto i mercanti fanno grande stima: percioche oltra la spesa del viaggio; è molto commodo a far vasi da tener vino, rispetto all'odore che piglia dal frutto: *et* dicono che chi s'avezza a bere di questo vino; non sente doglie di fianco, ne di testa. Ha molti fiumi, *et* gran copia d'acque dolci: *et* oltra di cio molti sicuri porti di mare: i quali sono occupati da' Mori, che da diverse provincie con mercantie di varie sorti, panni d'oro, di seta, di bombagio, *et* con sete di diverse maniere vi vengono per venderle, o barattarle con grosso utile *et* guadagno. Le genti sono di colore olivastro: ma tutti co'l capo riccio.

*Costumi de gli habitatori dell'Isola di S*an *Lorenzo*

Vivono principalmente d'alcune radici, ch'essi piantano, *et* da lor son chiamate Igname: *et* s'essercitano assai ne' traffichi: ma particolarmente vendono infinita quantità di denti d'elefanti, de' quali v'è moltitudine incredibile. Di poi ma*n*giano in tutto l'anno per lo piu carne di cameli, oltra quella de gli altri animali: la qual carne di camelo trovano piu sana, *et* piu saporita dell'altre. Va*n*no nudi, fuor che si coprono le parti vergognose, con tele di bombagio. Non vogliono che fuor de' porti le nationi straniere prattichino troppo per l'isola: *et* di qui forse è venuto, che gl'Historici non hanno potuto cosi ampiamente trattar la descrittion di questa isola, come dell'altre con diligentia hanno trattato. Sono bestiali, e spesso guerreggiano fra loro, usando per arme alcune zagaglie sottilissime, delle quali portano in mano gran mazzo, *et* hanno ferri lavorati con ogni maestria. Queste, perche essi sono agili *et* leggieri; con molta destrezza di braccio son da loro scagliate contra il nimico.

Almadie et *Zambuchi, barche da pescare*
Usano alcune barche per pescare in quella costa, chiamate Almadie: *et* secondo altri Za*m*buchi, cuciti (come dicono) con cairo, che sono corde fatte delle tiglie, o filacci delle noci Indiane: *et* soggiungono, che non le conficcano con chiodi, *et* aguti, accioche meglio possano sopportar l'impeto de' mari freddi della terra, oltra il Capo di buona speranza verso l'Antartico: ma però no*n* si mettono in queste barche, se non in tempi buoni, *et* fatti. Presso quest'isola dicono, che ve n'è un'altra picciola, chiamata Oetabacam: la quale è molto copiosa d'argento di miglior lega, che quel dell'isola di San Lorenzo: della quale questo è quanta informatione io habbia potuto havere, ricordando sempre quel che altrove ho detto, ch'io ho parlato de' costumi di quei popoli, avanti che venissero sotto il Re di Portogallo: percioche hora battezati, *et* ridotti all'ubidientia di quel Re, vivono per lo piu alla Portoghese.

7.11. Ceylon

Descrittione dell'Isola di Taprobana

La Taprobana è isola del gran mare Indico, posta (come dice Solino) fra'l Levante e'l Ponente: ma tanto grande *et* ampia che gli antichi riputarono, ch'ella fosse un'altro mondo, habitato da gli Antipodi. Strabone, cosi nel secondo, come nel decimoquinto libro dice, ch'ella è la piu Australe di tutte, come quella, che non è lo*n*tana dalle parti meridionali, che son presso i Coniaci verso Mezogiorno, altro che la navigation di sette giorni: *et* secondo l'opinion d'Eratosthene dice, ch'è lunga otto mila stadi, cioè mille miglia: ma soggiugne, che Onesicrito la fa grande cinque mila stadi, cioè DCXXV miglia, senza dar misura della lunghezza, ne della larghezza: *et* ch'è lontana da terraferma la navigatione di venti giornate: ma che le navi mal vi potevan navigare; si per le vele cattive, come perche non havevano il fondo fatto in taglio: Nondimeno posto che molti *et* molti auttori antichi *et* moderni di quest'isola habbiano trattato; io non trovo però alcuno, che le assegni i confini: onde anchor'io dovrò esser scusato, se in questa manco del mio ordine consueto.

Taprobana, et *suo circuito*
Ella gira di circuito, secondo il calcolo fatto da' Mori, che modernamente l'hanno navigata d'ogn'intorno, due mila *et* cento miglia, *et* corre Maestro, e Sirocco: *et* per il mezo d'essa passa la linea Equinottiale: *et* è nel principio del primo clima al terzo parallelo. Della lunghezza è differe*n*za fra gli Scrittori, dicendo alcuni ch'è lunga mille, altri novecento miglia: ma della larghezza non è alcuno che ne parli, fuor che Strabone: il qual dice, ch'ella è cosi **[95]** larga, come lunga a proportione. Ella fu chiamata prima (secondo Tolomeo) Simondi, *et* poi Salice, e in ultimo Taprobana: ma i moderni concludono, c'hoggi sia domandata Sumatra, benche non mancano di quelli, che non Sumatra, ma l'isola di Zeilam vogliono che sia la Taprobana.

Taprobana, hoggi Sumatra

Ma questa opinione facilmente è riprovata: poiche dall'isola di Zeilam, posta all'incontro del capo di Cumeri, promontorio meridional della costa di Calicut, in gradi sette sopra l'Equinottiale; si puo veder l'Orsa del nostro polo: *et* da Sumatra non si puo altramente vedere: il che gli antichi confermano della Taprobana. Dice Plinio (ma alcuni moderni vogliono, che niuno de gli antichi habbia messo la Taprobana giustamente: anzi tengono, che dove essi l'hanno posta; non sia isola alcuna che si possa credere esser quella) ch'essendo a tempo di Claudio Imperatore venuti a Roma alcuni ambasciatori dal Re di quest'isola, de' quali il primo era chiamato Rachia; riferirono all'Imperatore, che nella Taprobana erano cinquecento terre: *et* che dirimpetto al Mezogiorno v'era un porto, *et* castello, detto Palesimondo, il piu nobil di tutti, dove il Re faceva residentia. Piu a dentro v'era uno stagno, detto Megisba di circuito di CCLXXV miglia, nel quale sono isole, abbondanti solamente di pasture. Da questo derivano due fiumi: Palesimondo, che correndo presso il castello, chiamato dell'istesso nome; va per tre bocche nel porto: *et* Cidara, che corre verso Tramontana *et* l'India. Il promontorio, ch'è piu vicino all'India; si chiama Colaico, lontano la navigation di quattro giornate.

Taprobana divisa in dieci regni: ma alcuni dicono in *quattro,* et *di questi è Lodovico Bartema*

I moderni dividono l'isola Taprobana in dieci Regni: de' quali il principale è quello di Pedir, posto verso Malaca dalla parte di Tramontana: *et* è detto Pedir dalla città di questo nome. Un'altro ve n'ha chiamato Pazem, con una città simile di nome: la quale ha il miglior porto di tutta l'isola. Il terzo posto pur da Tramontana in un capo dell'isola in cinque gradi; è detto Achem. Il quarto Campar dirimpetto a Malaca. Il quinto Menancabo dalla parte di Mezogiorno: dove è il fondamento di tutte le ricchezze della Taprobana, poiche vi son minere d'oro, *et* fu per le ripe de' fiumi si trovano ancho i grani dell'oro, senza fatica di cavarlo sotto terra. Dall'istessa parte di Mezogiorno è il sesto Regno, detto di Zunda da una città di questo nome, posta in gradi quattro *et* tre terzi: ma fra terra sono due altri Regni, Andragide, *et* Auru, habitati da huomini bestiali, che vivono di carne humana: ma sopra tutto mangiano quelli, che da lor sono amazzati in guerra. Sono in tutti questi Regni molte città *et* grandi, fabricate in piano: ma le case sono di paglia. Le città fra terra sono habitate da' Gentili (cosi chiamano gl'Idolatri: *et* questi sono Antropofagi, che vivono di carne humana) ma quelle che son sopra la costa del mare; sono habitate da' Mori.

Maraviglie scritte da gli antichi dell'Isola Taprobana

Gli antichi scrivono cose mirabili de gli habitatori di quest'isola, cioè ch'essi non veggono la Tramontana: ilche è confermato ancho da' moderni. Che presso loro la Luna non apparisce sopra la terra dall'ottavo fino al sesto decimo giorno: ma che si vede quivi la notte la stella Canopo, assai grande, *et* tutta risplendente. Che gli ambasciatori, che furono a Roma a tempo di Claudio Imperatore; si maravigliavano, che il nostro cielo havesse le sue ombre, dove il lor non le haveva: *et* che il sole presso noi si levasse a man ma*n*ca, *et* si coricasse a man dritta piu tosto che in co*n*trario. Che gli huomini di quell'isola eccedono la grandezza de gli altri, *et* ha*n*no i capelli rossi, gli occhi azurrini, la voce cruda, *et* non sono intesi nel parlare da altre nationi: ma però contrattano con esse in questo modo. Pongono le mercantie sopra la ripa del fiume: *et* quivi son portate da' compratori altre mercantie in baratto: le quali tolgono, se lor piacciono in contracambio. Hanno similmente in prezzo l'oro *et* l'argento, le gioie, *et* le perle: *et* v'hanno marmi di color diversi *et* mischiati. Eleggevano essi il Re, che fosse vecchio, *et* pietoso, ne havesse figliuoli: *et* se pur glie ne nascevano, mentre ch'era Re; lo levavano di seggio, *et* ne creavano un'altro, non volendo che il Regno passasse in successione hereditaria. A questo Re davano XXX rettori: la maggior parte de' quali nel far le sente*n*tie capitali; bisognava che valesse. Da questi si facevano le appellationi al popolo, ch'eleggeva LXX giudici: *et* se **[96]** costoro havessero liberato un reo, che da' primi trenta fosse stato condennato; quei trenta erano cassi con gran vergogna dell'ufficio loro. Se il Re havesse commesso qualche grave errore; non lo facevan morire: ma tutti lo fuggivano, *et* havevano in horrore, senza mai pratticare, ne parlar con lui. Lavoravano dilige*n*temente i terreni, *et* havevano abbondantia di pomi.

Testuggini grandissime
Attendevano con gran piacere a pescare, *et* massimamente alle testuggini, de gli scorzi, *et* coppe delle quali coprivano (tanto sono elle grandi) le case. Color che in quest'isola vivevano cento anni; eran vivuti poco; secondo che si ritrahe da Plinio: il qual ne scrive per relatione de' su detti ambasciatori, *et* da un servitor d'Annio Plocamo, che per il fisco riscoteva la gabella del mar Rosso: il qual servitore navigando in torno all'Arabia; fu trasportato dal vento di Tramontana quindici giornate di la dalla Carmania, nel porto Hippuri dell'isola Taprobana: dove stette sei mesi, molto cortesemente accarezzato da quel Re: il quale vedendo le monete dell'Imperatore, *et* sentendone parlare; ne prese gran maraviglia, *et* per cio mandò poi i suoi ambasciatori a Roma.

Iambolo Greco fu trasportato alla Taprobana
Presso Diodoro Sicolo se ne leggono molte altre maraviglie: percioche egli dice, che un'Iambolo Greco, mercante, fu trasportato a un'isola posta sotto la linea dell'Equinottiale nel mare Indico: la qual concludono i moderni, che fosse la Taprobana per molte ragioni, che da lor sono addotte. Gli habitatori di quell'isola (come quel Iambolo riferì, *et* Diodoro scrisse) nel modo del vivere, *et* nelle proprietà del corpo; eran molto differenti da' Greci: de' quali coloro erano piu grandi quattro cubiti, piu gagliardi, *et* piu robusti: ma però belli, gratiosi, *et* di corpo ben formati, con le orecchie forate. Parlano variamente, *et* co*n*trafanno ogni diversità di suono *et* di voce: anzi (quel c'ha piu del favoloso) parlano a un tratto insieme con due huomini perfettame*n*te, di due diversi soggetti, *et* rispondono a proposito *et* alla distesa d'ogni particolar circostantia: percioche havendo essi (come dicono) la lingua doppia fino alla radice, *et* divisa; con una parte (no*n* si puo raccontar senza riso) parlano a uno, *et* con l'altra a un'altro.

Il sole nella Taprobana a mezo di non fa ombra
L'aria v'è temperata, senza gran freddi, ne caldi in ogni stagione dell'anno; e il giorno è sempre pari alla notte: ma a mezo dì il sole batte perpendicolarmente, *et* a piombino sopra la testa: onde niuna cosa fa ombra. La terra produce naturalmente i

frutti: *et* fra gli altri quelle canne, che producono grani, come ceci bianchi *et* grossi, de' quali si fa farina *et* pane. V'hanno bagni d'acque calde, *et* vivono fino a CL anni, *et* per lo piu senza infermità. Chi si stroppia di qualche membro, o riceve qualche mancamento nel corpo; per legge è fatto morire. Le donne non si maritano: ma son communi a tutti, e i figliuoli sono allevati in commune, *et* da tutti egualmente amati: anzi spesso le madri gli scambiano con altri, accioche niuno sia riconosciuto per proprio figliuolo. Vivono ordinatamente d'un cibo solo per giorno, varia*n*do di giorno in giorno: *et* fanno diversi essercitij, aiutandosi l'un l'altro, *et* vivendo in pace e in unione. Molte altre cose, *et* mirabili, *et* favolose scrive Diodoro, che in lui possono esser lette.

Costumi de gli habitatori della Taprobana

Ma i nostri moderni, lasciato star gli antichi, dicono veramente, che gli habitatori della Taprobana sono molto crudeli, *et* di pessimi costumi, *et* communemente cosi gli huomini, come le donne hanno l'orecchie molto grandi: alle quali portano gioie infilzate con fila d'oro. Vestono di tela di lino, di bombagio, o di seta: *et* le lor vesti son lunghe fino al ginocchio. Le lor case (scrive Nicolo de' Conti) son molto basse, per difendersi dall'eccessivo ardor del sole. Gli huomini pigliano quante donne lor piacciono, *et* tutti sono idolatri. Nasce in quest'isola il pepe maggior dell'altro, *et* ancho il pepe lungho, *et* la canfora. L'albero che produce il pepe; è come quel dell'edera, *et* fa i granelli verdi come quelli del ginepro: i quali colgono, e spargono di cenere, *et* poi gli seccano al sole. Vi nasce anchora un frutto, detto Duriano, verde, *et* grande, come quei cocomeri, che a Vinetia son chiamati angurie: in mezo del quale trovano dentro cinque frutti, quasi come melarance, ma un poco piu lunghi, di sapor molto eccellente.

Elefanti della Taprobana maggiori et *migliori de gli altri*

Vi nasce oro in grande abbondantia: *et* dicono esservi Elefanti maggiori *et* migliori, che **[97]** in alcun'altro paese. In una parte di quest'isola, chiamata Batech; gli habitatori stanno in continua guerra co' vicini, *et* mangiano carne humana, *et* massimamente (come ho detto di sopra) de' nimici prigioni: a' quali tagliano la testa, *et* adoperano l'osso, o coppa, per moneta: di maniera che volendo comprare alcuna mercantia; danno due, o piu teste all'incontro, secondo il valore: *et* chi ha piu teste in casa; è riputato il piu ricco. I Mori c'habitano hoggi la Taprobana fanno grandissimi traffichi, navigando per tutto: *et* piu anchora vengono da diverse parti molte mercantie, massimamente dal paese di Cambaia, coralli, cinabrio, et argento vivo: ma son questi Mori, perfidi, *et* amazzano spesse volte i lor Re, *et* ne creano de gli altri. In quest'isola il Re di Portogallo tiene una gran casa di fattoria: dove s'essercitano grandissimi traffichi. Sono intorno alla Taprobana moltissime isole: ma le principali sono l'isole della Giava maggiore, *et* minore, l'isola di Borneo, di Timor, *et* molte altre dette le Molucche: delle quali ho trattato al luogo conveniente.

7.12. Mondo Nuovo

Descrittione dell'Isola et Terra di Santa Croce, overo Mondo Nuovo

Hanno havuto opinione molto tempo alcuni, che questa, c'hoggi è domandata da noi Terra di Santa Croce, et Mondo nuovo; fosse attaccata co'l nostro continente; *et* che però non dovesse essere annoverata fra le isole: ma il tempo, *et* le navigationi di molti Capitani hanno fatto chiaro, che quei tali della loro opinione havevano fondamento non vero: percioche essendo stata girata d'ogn'intorno la costa, ch'è verso Tramontana, *et* l'altra che giace verso Ostro; s'ha veduto, ch'ella è isola, *et* ha il principio suo verso Levante in forma d'uno angolo, o cantone, *et* poi piega verso Ostro *et* Garbino. Quella parte veramente, che siede a Tramontana; si distende per lo spatio di tre mila miglia verso Ponente: ma poi torce*n*do verso Tramontana; confina con Terra del Laboradore, cosi con voce Spagnuola chiamata, *et* forma un canale, ch'è discosto DCLX miglia dal circolo del Cancro, *et* due mila quaranta dalla linea Equinottiale. Questo canale è tre mila settecento venti miglia di la dallo stretto di Gibelterra; *et* lontano per Ponente dal Cataio, due mila cinquecento: ma la sua lunghezza per Ponente è da trecento miglia, *et* la larghezza non passa trenta. L'angolo, o cantone, che fa quest'isola dalla parte di Levante; è lontano per Ponente seicento miglia da Caponero **[102]** nostro continente: il quale sta Levante *et* Ponente co'l capo del Mondo nuovo, o di Terra Santa Croce.

Indie Americhe, Occidentali, o Maggiori
È domandato con diversi nomi questo paese da diversi Scrittori: percioche alcuni le chiamano Indie Americhe, overo Occidentali: attesoche i popoli tengono quasi la medesima maniera di vivere, andar nudi, esser rozi *et* barbari, che tengono quelli dell'Indie di Levante: le quali son chiamate Indie dal fiume Indo, ch'entra per sette foci nel mare Orientale, come fa il Nilo nel Mediterraneo. Americhe son cosi dette da Americo Vespucci Fiorentino, che fu il primo, che le scoperse, *et* fu huomo rarissimo nelle cose della navigatione, e in abbracciare alte *et* valorose imprese. Ne mi è nuovo, che altri tiene, che questa regione sia lontanissima dalle Americhe: *et* che però non se le deve assegnar questo nome.

Francia Antartica, et Mondo nuovo
Altri l'hanno chiamata Francia Antartica, dicendo, che prima fosse scoperta da' Francesi, sotto il Signor di Villagagnon: *et* fu detta Antartica per esser posta sotto il polo Antartico a differentia della nostra. Altri le ha dato nome di Terra di Santa Croce, *et* altri di Mondo nuovo, per esser come un'altro mondo, nuovamente discoperto: *et* con questi tre ultimi nomi indifferentemente vien questo paese domandato, cioè Francia Antartica, Terra di Santa Croce, *et* Mondo nuovo, anchorche a molti piaccia assai piu chiamarlo Indie Occidentali.

Terra di Santa Croce in quante parti è divisa
Vien tutta questa regione divisa in tre parti, la prima delle quali è verso il Mezogiorno, dopo lo stretto di Magaglianes, ch'è a cinquanta due gradi, *et* trenta minuti dalla linea Equinottiale, intendendo di larghezza Australe, senza comprender punto l'altra

terra, ch'è oltra lo stretto, che non è mai stata habitata, ne conosciuta, se non dopo questo stretto, venendo al fiume Plata, *et* di la andando verso Ponente. In questa prima parte son comprese le provincie di Patalia, di Paranaguacu, di Margagend, di Patagones, ch'è ancho detto il paese de' Giganti, di Morpion, di Tabaiarel, di Toupinambau, delle Amazone, del Bresil fino al Capo di Santo Agostino, ch'è otto gradi oltra la linea, *et* de' Canibali che mangiano gli huomini. Queste provincie dicono alcuni, *et* massimamente Andrea Tevet (ma il peota Portoghese non ne fa alcuna me*n*tione) che son comprese nelle Americhe: onde, se questo fosse vero; potremmo dir, che del tutto non hanno havuto il torto coloro, che a questa Terra diedero nome d'India America. Sono elle circondate dall'Oceano da una parte: ma dall'altra, ch'è verso Mezogiorno dal Mar Pacifico, chiamato altramente Magellanico, o di Magaglianes, *et* fornisce al fiume delle Amazone. La seconda parte comincia dopo questo fiume, *et* abbraccia molti Regni, *et* Provincie: *et* queste sono, tutto il Perù, *et* quello stretto di terra, dove è Darien, Furne, Popaian, Anzerma, Carapa, Quimbaia, Cali, Paste, Quito, Canares, Cuzco, Chib, Patala, Parias, Temistitan Messico, Cataio, Panuco, i Pigmei, *et* fino alla Florida, posta XXV gradi di larghezza di qua dalla linea. Et è da avertire, che in queste provincie non son nominate le isole, se ben elle non son punto minori di Sicilia, di Corsica, di Cipro, *et* d'altre: e il termine d'essa è posto verso Ponente alla Florida. La terza parte ha il suo principio alla nuova Spagna; *et* contiene queste Provincie, Anauac, Ucatan, Gulhuacan, Xalife, Calco, Mixticapan, Tezeuco, Guzanes, Apulachen, Xanto, Aute, e il Regno di Micuacan. Sono alcuni, che di questa gran regione, meritamente detta Mondo nuovo; fanno non tre, ma quattro parti: *et* dicono che la prima è Maria Tambal, l'altra Paria, la terza Curtana, *et* l'ultima Canchite. La prima è posta da Levante, *et* molto popolata di ge*n*te humana, ma povera: *et* è bagnata dal mare, che tutto è d'acqua dolce, rispetto a' tanti grossi fiumi, che cadendo da mo*n*ti altissimi v'entrano con impetuosissima furia, *et* fanno perdere al mar la sua salsedine. Ha un seno, o golfo, che per sessanta miglia si stende a Mezodì: nel quale pescano quelle ostriche, che generano le perle: ma però non sono molto buone. In questa provincia è un'animale di molto strana figura *et* forma, c'ha il corpo, la coda, e'l muso di volpe, i piei di dietro di scimia, quei dinanzi simili quasi a quei dell'huomo, *et* l'orecchie (dicono) di nottola. Sotto il corpo ha una tasca, formata della sua pelle medesima, ch'esso apre, *et* serra a sua posta: e in essa **[103]** porta rinchiusi i suoi figliuoli, senza mai lasciarli fuora; eccetto che quando vole allattarli, o che sono in stato da poter viver per loro stessi.

Paria provincia

La seconda provincia è Paria, *et* è posta verso Ponente, molto ricca d'oro, *et* di perle, *et* habitata da huomini civili, che molto riveriscono le persone di credito. Le lor case per lo piu son fabricate intorno a una piazza tonda, *et* molto bella: la qual da tutte le parti vien circondata, *et* le case son tonde. Gli huomini, cosi qui, come altrove nelle provincie di tutta l'isola; vanno ignudi, se non che con tele, o veli di bombagio di piu colori si coprono le parti della vergogna. Ha*n*no un Re, a cui rendono ubidientia, e in lor lingua è detto Cacique. Fanno d'alcuni frutti vino bianco *et* vermiglio molto delicato *et* soave: *et* di tutta quest'isola pare che qui le persone facciano ritratto di civiltà, piu che altrove.

Curtana provincia
La terza provincia detta Curtana è posta per Ponente alla Paria, *et* è non meno dell'altre habitata *et* popolata: ma da gente non cosi humana. Questi habitatori, come gli altri van nudi, con alcune brache di pelle di lontra, o di tele di bombagio alle parti oscene: ma essendo gelosissimi delle lor donne; mai non le lasciano uscir di casa. Costumano assai di mantenersi bianchi i denti: *et* per cio portano in bocca una radice d'herba, e spesso si risciacquano co*n* acqua fresca. Sono ottimi arcieri, *et* trafficano assai co' mercanti, che di fuora vengono: ma ogni cosa in baratto: atteso che quivi no*n* nasce oro, *et* quel che di fuora vi vien portato; è poco *et* di bassa lega. Hanno le case fabricate di legno: ma coperte con foglie di platano: *et* vivono di quelle ostriche, che fanno le perle, *et* di pane fatto di radici d'herbe *et* di panico. V'hanno però porci, conigli, lepri, colombi, tortore, *et* pavoni in buona copia.

Canchite provincia
La quarta *et* ultima è la provincia Canchite, posta da Pone*n*te, che per se stessa è molto abbondevole di bombagio. Dicono, che caminando per la costa di questa provincia dieci giornate verso Ponente; si trovano castelli, fiumi, *et* giardini tanto ameni, *et* dilettevoli, che sembrano Paradisi, ma gli habitatori son tanti diavoli, spiacevoli, *et* nimici di forestieri. Sono però bellissimi di corpo: ma di color pallido, *et* delle lor donne, oltra ogni crede*n*za, gelosi: onde le tengono perpetuamente serrate in casa. Queste due divisioni trovo io essere state fatte di questa provincia da gli Scrittori ad arbitrio loro: di che non piglio punto di maraviglia, poiche i moderni s'hanno fatto lecito di compartirla a lor modo, non havendo alcuno antico che potessero imitare. Il peota Portoghese, di cui nell'isola di San Lorenzo ho fatto mentione, *et* gli scritti del quale hebbi da gl'illustri miei Signori Conte Federico, *et* Conte Antonio Sareghi; aggiugne anchor esso una quarta parte a quest'isola, che è dalla Florida fino alla terra di Baccalos: nella qual comprende la terra di Canada; la provincia di Chicora, ch'è trentatre gradi di qua dalla linea; la terra del Laborador, *et* Terra nova, da altri detta Incognita, che da Tramontana è circondata dal mar gelato. Ora tutta questa contrada dell'Indie Occidentali, o del Mondo nuovo, o di Terra Santa Croce, divisa brevemen*t*e; dicono ch'è lunga piu di nove mila, *et* seicento miglia: *et* che da questa lu*n*ghezza si puo considerar la larghezza: da che vogliono che non senza ragione da alcuni tutta questa general provincia sia detta ancho le Indie maggiori, a comparation delle Orientali, che son minori. I costumi de gli habitatori, *et* massimamente in quella parte, ch'è posta verso Levante, *et* piega verso Ostro *et* Garbino, dicono che son di gente piacevole, *et* che va nuda indifferentemente, senza coprirsi huomini, *et* donne, alcun membro del corpo. Hanno i capelli lunghi *et* neri, *et* sono di colore arsiccio, e incotto: ma di bello *et* gratioso aspetto, se non che gli huomini se lo guastano con una ridicola maniera d'ornamento, cioè forandosi tutto il viso con buchi grandi, *et* piccoli per ficcarvi pietrucce, *et* atre baie a lor modo: *et* a gli orecchi portano tre anelli per ciascuno, forato in tre luoghi.

Bestialità horribile
Le donne nondimeno s'astengono da questa pazzia, *et* portano solamente le anella a gli orecchi: ma però hanno una libidinosa, sporca, *et* dishonestissima usanza, per la molta loro appetentia di coito: *et* questa è, che fanno a gli huomini mordere da un

velenoso animale quella parte dell'huomo, che piu loro aggradisce, accioche **[104]** ingrossata bestialmente; esse bestie possano meglio satiar la bestialità loro. Da che ne segue spesse volte la morte de gli huomini, o la perdita di quella parte, che tanto ingordamente appetiscono. Hanno ancho quest'altro uso di pigliar quante moglie vogliono, senza risguardar parentado di sorella, ne ancho di madre: anzi se incontrano donne per la strada; con esse indifferentemente su la strada si congiungono, facendo la legge del matrimonio ad arbitrio loro, *et* non altramente. Mangiano volentieri carne humana, *et* massimamente di quelli che da loro sono stati fatti prigioni in guerra. Hanno lunga vita, *et* rare volte si ammalano: ma all'hora curano la infirmità loro con radici d'herbe. Hanno molti e spessi boschi, altissimi monti, *et* grossi fiumi, che inondano il paese, *et* v'è l'aria temperata assai: ilche è cagione della lunghezza della lor vita: *et* costumano assai d'attendere a pescare. Queste usanze s'intendono solamente di quelli habitatori, ch'erano avanti all'arrivo de gli Spagnuoli: percioche hora essendo il paese habitato dalle nationi, che di Ponente andate vi sono; vivesi al costume di Spagna, *et* con la relligion Christiana.

7.13. Mappamondo

Descrittione del Mappamondo

Di tutti i quattro elementi, cioè Terra, Acqua, Aria, *et* Fuoco, de' quali è composta la machina universale; chiara cosa è, che la Terra *et* l'Acqua sono elementi piu densi *et* piu gravi che gli altri due dell'Aria *et* del Fuoco: i quali sono piu rari, et piu leggieri: et quelli che son piu gravi; naturalmente vanno al centro del mondo.

Acqua, elemento piu leggiero della Terra
Ma l'elemento dell'Acqua per natura è piu leggiero di quel della Terra: onde per cio secondo l'ordine delle cose naturali; si sta fermo nella superficie della concavità della Terra: ma perche ve n'è grandissima quantità et copia; ella empie le concavità della Terra: et gonfiando; va con la sua superficie eguale alla superficie gonfia d'essa Terra, che sia discoperta dall'acqua. Questi due elementi cosi congiunti fanno una sfera, o rotondità perfetta: la quale da gli antichi fu divisa in cinque Zone, per voler descriver cosi la superficie, come la circo*n*ferentia, c'ha la Terra et l'Acqua, co' gradi della division de' cieli per lunghezza, et larghezza, et con le linee, dette Parallele, *et* del meridiano con le divisioni delle Zone fredde, *et* temperate, *et* della Zona torrida. Questa sfera, *et* rotondità, da gl'ingegnosi Mathematici vien ridotta per maggior commodità in forma piana: *et* se bene è difficile, *et* quasi impossibile ridurre un corpo sferico perfetto in una forma piana, che sia similmente perfetta; nondimeno ella s'accosta qua*n*to piu puo al verisimile dello sferico.

Mappamondo perche cosi chiamato. Cosmografia. Geografia
Questa forma piana tratta dalla forma sferica vien **[110]** chiamata Mappamondo, quasi voglia dire Tavola, o Tovaglia, sopra la quale s'è fatto apparecchio di tutti i luoghi del mondo: percioche non pur vi sono i luoghi della Cosmografia, cioè le quattro generali parti, in che è diviso tutto in mondo: ma anchora le particolari, co-

me son terre, mari, divisioni delle provincie, *et* de' regni, monti, laghi, porti, golfi, isole *et* simili, ch'appartengono alla Geografia.

Corografia. Topografia

Le piu minute parti poi della terra, *et* del mare, come fa la carta da navigare, *et* le particolari descrittioni de' territori delle città, con le lor terre, ville; fiumi, torrenti, boschi, *et* simili; sono della Corografia: e in ultimo la piu minuta descrittione del sito d'una fortezza, *et* della pianta d'essa, delle possessioni, case, *et* palazzi de' particolari Signori, *et* huomini, appartiene alla Topografia. In questo Mappamondo vien dunque figurato tutto quel, ch'appartiene alle due prime parti, cioè alla Cosmografia, *et* alla Geografia: *et* di queste havendosi a parlare comincerò prima dalla general divisione in questo modo, lasciando da parte il trattar delle Zone.

Europa et *suoi confini*

Il Mappamondo universale è diviso in quattro parti, Europa, Africa, Asia, *et* Mondo Nuovo. L'Europa confina da Levante co'l fiume Tanai, dalle fonte del quale si tira una linea verso il mar di Tramontana: *et* cosi anchora dalla foce del detto fiume si tira una linea un'altra linea per la palude Meotide, o mar delle Zabacche fino al Bosforo Cimmerio, o stretto di Caffà. Questa linea seguita per l'Eussino, o mar maggiore fino al Bosforo Tracio, detto hoggi, lo stretto di Costantinopoli, *et* va continuando per la Propontide, o mare di Marmora, fino allo stretto di Gallipoli, o Hellesponto, *et* quindi per l'Egeo, o Arcipelago, fino in Candia al promontorio Samonio, o Capo Salomone: *et* cosi questa linea verso Levante divide parte dell'Europa da una parte dell'Asia. Ma verso Mezodi il confino dell'Europa è il mar Mediterraneo, tirando una linea dalla su detta isola di Candia verso Ponente fra l'isola di Sicilia, *et* di Malta, *et* fra le Secche di Barberia, *et* la Sardigna fino allo stretto di Gibelterra, chiamato Freto Herculeo: *et* questa linea è quella che verso Ostro divide l'Europa dall'Africa: dalla quale similmente la divide poi verso Ponente, tirandola a drittura di la dal promontorio Sacro di Spagna, hoggi detto Capo San Vincentio: *et* quel che qui divide l'Europa è il mare Oceano, tenendo però sempre una linea, che vada continuamente verso Tramontana, *et* serri l'Isola d'Irlanda fino al parallelo, che passa per il mare Drobasaf: *et* questa linea dividerà verso Ponente l'Europa dal Mondonuovo: e il parallelo, che passa per il mar Drobasaf fino alla linea, che comincia al fiume Don ch'è il Tanai; separa l'Europa dalla Grotlandia, parte nuova verso Tramo*n*tana.

Africa, et *suoi confini*

L'Africa ha i suoi confini verso Levante con l'Asia con una linea, che comincia dal promontorio Samonio di Candia, *et* si stende fino al Teneso, luogo al fin dell'Egitto, verso Levante alla città di Damiata, gia detta Pelusio. Di qui va fino al principio del Mar rosso, *et* per il mezo d'esso allo stretto chiamato Bebelme*n*del: *et* di qui per il golfo Arabico fino al Meridiano, ch'è verso Levante all'isola Dioscoride hoggi detta Zocotora: *et* seguita il Meridiano sempre verso Ostro fino a quarantaquattro gradi di larghezza Australe. Questo è quel che con le linee su dette separa dalla parte di Levante l'Africa dall'Asia: *et* da esso tirando una linea a gradi meridionali quarantaquattro verso Poenente fino al Meridiano, che passa per l'isola detta Santo Antonio, ch'è una di quelle di Capo verde; divide verso le parti Australi l'Africa dalle parti nuove: *et* seguita dopo il detto Meridiano di Santo Antonio fino per mezo lo stretto di Gibelterra: *et* questo Meridiano divide verso Ponente l'Africa dall'Indie Occide*n*tali. Ma quella linea, che divide l'Europa verso Ostro; divide ancho l'Africa verso Tramontana: *et* questa è la divisione fra amendue le parti.

Asia et *suoi confini*

L'Asia terza parte del mondo ha i confini suoi da Levante lo stretto, chiamato Anian: onde si ste*n*de una linea per lo golfo Chiena, o Cheinan, *et* passa per lo mare Oceano di Mengi, fino al Meridiano, ch'è nel fine dell'Isola Giapan verso Levante: *et* segue*n*do il detto Meridiano verso Ostro; rinchiude l'isola Gilolo fino a gradi XV. della larghezza Meridionale: *et* questo è **[111]** il confino dell'Asia verso Levante dalla parte del Mondonuovo: seguitando il parallelo, ch'è in questi XV gradi sempre verso Ponente fino al Meridiano, che divide l'Asia dall'Africa verso Ponente; questo parallelo divide l'Asia dal Mondo nuovo, incognito verso Mezogiorno. Il confino poi c'ha dalla parte di Ponente, è quel dell'Europa *et* dell'Africa verso Ponente: ma da Tramontana è quella linea, che comincia da quell'altra del fiume Tanai, o Don nel mar di Scithia, *et* va fino allo stretto Anian. Questi sono i confini di tutte quattro le parti principali del mondo, ch'io, seguitando il Gastaldo, ho poste: percioche la quarta parte, detta Mondonuovo, essendo in mezo delle tre sudette; ha i suoi confini come di sopra ho divisato. Ma perche dopo la Cosmografia è necessario ancho venire alla Geografia; però è da sapersi, che ciascuna di queste quattro parti è divisa in piu provincie.

Europa in quante provincie è partita

L'Europa, secondo i moderni, è partita in dodici provincie se ben Tolomeo la parte in dieci: la prima delle quali abbraccia l'Inghilterra con la Scotia, *et* l'Irlanda: la seconda la Spagna: la terza la Francia: la quarta l'Alemagna: la quinta non ha alcun nome particolarme*n*te; ma diversame*n*te è nominata, secondo i paesi; *et* contiene l'Elvetia, o Terra di Svizzeri, la Vindelicia, la Baviera, o Norico, la Pannonia di sopra, hoggi Austria, *et* parte di quella di sotto, hoggi Ungheria, la Schiavonia, la Crovatia, *et* Bossina, *et* la Dalmatia: la sesta è l'Italia: la settima l'isole di Sicilia *et* di Sardigna: l'ottava abbraccia la Prussia, la Rossia, la Lituania, *et* la Sarmatia d'Europa hoggi Livonia: *et* par quasi che vengano sotto il nome di Polonia, benche molti vogliono, che non habbia nome proprio: la nona è la Norvegia, *et* la Svevia: la decima è dalla Finmarchia, cioè la Staponia, la Scrifinia, la Corelia, Rossia bianca, *et* Biarmia. L'undecima è compresa nelle parti de' Iazigi Metanasti, c'hoggi chiamano de' Sette castelli: dove è la Misia di sotto, hoggi Valachia, *et* quella di sopra, hora Bulgheria, la Dacia, hoggi Transilvania, la Dardania, o Servia, *et* la Tracia, hora Romania: *et* l'ultima è la Grecia gia Macedonia con molte Isole.

Africa et *sue provincie*

L'Africa è divisa in sette provincie, cioè Barberia *et* Egitto una: l'altra Numidia: la terza Libia: la quarta Terra de' Neri: la quinta Guinea: la sesta ch'abbraccia molti regni; è l'Etiopia: *et* l'ultimo il regno Manicongo, *et* di Cefala co'l capo di Buona Speranza. Ma però è da sapere, che Giovanni Lioni Africano non divide l'Africa in piu, che in quattro parti: *et* non mette i confini conformi a quelli; c'ho detto di sopra: ma nel modo ch'io, per piu facile intelligentia dirò, cioè. L'Africa comincia da' rami del Lago del diserto di Gaogà verso Mezogiorno, *et* fornisce verso Levante al fiume Nilo: ma verso Tramontana si estende fino a' piei d'Egitto, dove il Nilo entra nel mar Mediterraneo, et qui termina, allungandosi verso Ponente fino allo stretto di Gibelterra. Di qui si va per Ponente sopra'l mare Oceano fino a Num, ultima città di Libia su'l detto mare. Da questa città di Num comincia verso Mezogiorno, *et* si sporge sopra l'Oceano: il quale abbraccia tutta l'Africa fino a' deserti di Gaogà. Le quattro parti in che è divisa, sono Barberia, Numidia, Libia, *et* la Terra de' Neri.

Asia in quante provincie è divisa

L'Asia terza parte del mondo, dicono i piu moderni, ch'è divisa in quindici provincie: ma Tolomeo ne mette dodici; *et* la prima è l'Asia minore, hora Natolia, la seconda contiene la Moscovia, la Permia, la Circassia, gia Sarmatia Asiatica: la terza è divisa ne' Colchi, hoggi Mengrelli, negl'Iberi, o Giorgiani, *et* nell'Armenia maggiore: la quarta nella Siria, o Soria, Diarbech, o Mesopotamia, Palestina, o Terra santa, *et* Arabia diserta con Babilonia, hoggi Bagadat: la quinta nella Persia, che gia fu chiamata Media, Assiria, Parthia, Hircania, et Persia. La sesta è detta Arabia felice, hoggi Aiaman. La settima è divisa con le Orde de' Tartari, Nogai, Sibiera, la Scithia dentro l'Imauo, hora Zagatai, la region Seselbas, o Margiana, di Carassan, o Battriana, *et* Sogdiana, o Maurenacher, *et* l'ultima chiamata Saca, hora Sim. L'ottava è detta Scithia di là dall'Imauo, hora Tangut, *et* Agriaia: *et* contiensi in questa ancho **[112]** parte della provincia Sericana hora del Cataio. La nona ha la regione Aria, o Corasan, Paropamisade, hora Sablestan, Drangiana, hoggi Sigistan, e'l regno d'Aracosia, o di Cabul, con la Gedrosia, o di Circan. La decima Idedostan, gia l'India dentro al Gange. L'ultima ha il regno Gangano, o Cardandan, il Meandro, o di Macin, il Baracuro, o di Bengala, il Letturo, o di Siam, quel dell'aurea Chersoneso, hoggi di Malaca, e'l gran regno della China, gia di Sina: i quali regni con molti altri erano compresi sotto nome d'India di là dal Gange. La duodecima provincia è detta Mangi: della quale gli antichi non hebbero contezza. La terza decima è l'isola di Giapan nuovamente riconosciuta. La decimaquarta è la Taprobana, hoggi detta isola di Sumatra: *et* nell'ultima è compreso un numero grande d'isole, fra le quali son le Molucche, *et* l'isole della Giava, maggiore *et* minore, con l'Isola di Burnei, del Gilolo, *et* altre, delle quali non venne notitia a gli antichi.

Mondo nuovo in quante provincie è diviso

Il Mondo nuovo, quarta *et* ultima parte di questo nostro Mappamondo, ch'è chiamata ancho India Occidentale (come ho detto di sopra) si divide in due parti, cioè nel Peru, *et* nella Nuova Spagna. Il Perù è diviso in sette provincie, Castiglia dell'oro, Paria, Quito, Brasil, Chili, Plata, *et* Chinea. Ma la Nuova Spagna è partita in dodici, che son queste. Nicaragua, San Domenico, overo Isola Spagnuola, *et* Cuba, con molte altre: Guatimala, Messico di Temistitan, Florida, Xalco, Nuova Gallitia, Nuova Francia, Baccallaos, Canada, Civola, *et* Quivira, che confina con parte dell'Asia verso Ponente. Tutte le sudette provincie delle quattro parti del mondo son poi divise ne' lor regni, regioni, *et* territorij, con le lor città, terre, monti, laghi, fiumi, mari, golfi, porti, e Isole, ch'appartengono alla Corografia, *et* se bene elle convengono ancho alla Cosmografia; a me nondimeno per hora non conviene discendere tanto a basso.

Mondo in quanti gradi è partito
Tutta questa macchina del mondo, ch'è (come ho detto) di forma sferica; vien misurata hoggi da' moderni con la misura de' gradi, trovati prima da Tolomeo: percioche innanzi a lui, come affermano Plinio, Strabone, *et* gli altri era misurata la Terra, non per gradi, ma per stadi, per passi, *et* per piedi. Tolomeo dunque per misurar l'acqua *et* la terra insieme, perche prima non potevan cosi esser misurate; compassò l'universo per gradi, cosi per larghezza, come per lunghezza: onde si trovano in questo universo trecento sessanta gradi di misura: *et* a ogni grado vengono assegnate XVII leghe *et* meza, che fanno settanta miglia.

Grado et sua divisione
Il grado poi è composto di sessanta minuti: il minuto di sessanta terze: la terza di sessanta quarte: la quarta di sessanta quinte, *et* cosi fino a sessanta decimi. La ragione, perche in questo tondo da Levante a Ponente, *et* da Tramontana a Mezogiorno siano computate XVII leghe *et* meza per ciascun grado in ciascuno de' rombi *et* non piu, *et* ne gli altri rombi, anchor che siano eguali a questi si contino piu leghe per grado; ha da esser considerata in una divisione, che deve farsi de' gradi. Percioche il grado è di due sorti, cioè della ritondezza del mondo, *et* della elevatione, o altezza del polo. Parlandosi del grado della ritondezza; dico, che in questi tutti i gradi de' venti sono eguali: atteso che in questo modo tutti i venti, de' quali a pieno ho trattato nella Carta da navigare; sono circoli maggiori nella Sfera, c'hanno CCCLX gradi in giro: *et* però a ciascuno vengono date XVII leghe, *et* meza. Ma parlandosi de' gradi della elevation del polo; dico, che i gradi son differenti: perche s'ha rispetto al luogo dell'altezza per li rombi che corrono differentemente de' luoghi, ove si trovan le navi, fino alla linea equinottiale. Et anchor che tutti i venti di questo *et* di quel modo siano ne' lor circoli eguali; nondimeno rispetto all'Equinottiale; non sono eguali: atteso che quanto piu un vento si discosta dal Meridiano del luogo; tanto piu si torce: onde la distantia del luogo dell'altezza, per fin dove il vento va a intersecar l'Equinottiale; è tanto maggiore, quanto il vento è piu torto. Di qui è che si contano piu leghe per uno, che per un'altro.

Terra et *suo circuito*
Per la qual co- **[113]** sa volendo dare una misura definita a questa ritondezza del mondo; dico, che essendo ella (come è) di CCCLX gradi, *et* dandosi a ogni grado XVII leghe *et* meza; sommano in tutto le leghe sei mila trecento: ma riducendole a miglia nostre, a ragion di quattro miglia per lega; sarebbe il circuito di tutta la terra venticinque mila, *et* CC miglia: *et* tanto a punto da' piu diligenti mathematici vien misurato, anchor ch'io trovi molti altri di diverso parere.

7.14. Carta da navigare

Discorso intorno alla Carta da Navigare

La carta da navigare è una tavola piana, nella quale son disegnati i viaggi, che si fanno per mare: *et* con il quale il buon peota vede *et* conosce il luogo, dove si trova, *et* dove ha d'andare: compre*n*de l'altezza de' gradi del polo: *et* giudica, se si ha da navigare da questa, o da quella parte, ascendendo, o discendendo: *et* ancho vede co*n* qual vento habbia a caminare per andare al luogo destinato. Appresso comprende la distantia, *et* le miglia, o leghe, c'ha da solcare, disponendo con questi discorsi il viaggio suo.

Peota buono che consideratione haver debba
In che necessaria cosa è, ch'egli sopra tutto habbia tre principali considerationi: atteso che prima avertirà al luogo, dove si trova, et a quel, dove ha destinato andare, *et* quanto l'uno sia dall'altro lontano. Di poi in quanta altezza di gradi si trovi, e in quanta debba andare: e in ultimo di qual vento s'habbia a servire in questa sua navigatione: il che tutto nondimeno il perito peota fa diligentemente conoscer per via della carta, puntandola *et* compassandola con le seste, o compasso, quando però la carta sia giusta, cosi nel disegno de' venti, come nella descrittion de' liti; in modo che ciascun luogo sia figurato nel suo proprio, vero, *et* certo sito, cosi per rispetto de' venti, come dell'altezza. Come ha considerato tutte queste cose; egli ha da guardar, se ha vento proprio, *et* conveniente al suo viaggio, co'l quale drittamente possa far la navigation sua: che se non l'ha; all'hora deve navigar con vento differente. Intorno a che non **[115]** farà male, essendo tanto necessario il vento a questa impresa, che senza esso non puo solcarsi il mare, ch'io descriva i venti, che si fanno nella carta da navigare, *et* metta il numero, *et* nomi loro, secondo l'uso de' naviganti.

*Venti qua*n*ti sono*
Essendo il mondo, come è, di forma Sferica *et* ritonda; questa ritondità è stata imaginata *et* divisa in trentadue parti, a ciascuna delle quali s'assegna un vento: di maniera che ta*n*ti vengono a essere i venti, quante sono queste parti imaginate *et* divise, cioè tre*n*tadue. Ma è da avertire, che di questi alcuni son detti Venti interi, alcuni Mezi, et alcune Quarte, secondo che nel voler dividere un cerchio tondo perfetto in XXXII parti ci convien fare: percioche prima è diviso in quattro, poi in otto, indi in sedici, *et* finalmente in trentadue. Le prime otto parti divise son chiamate Intere: l'altre Meze, *et* l'ultime, Quarte: Cosi il mondo vien diviso in quattro parti, cioè Levante, Ponente, Tramontana, Mezogiorno: *et* ciascuna di queste ha il suo vento principale dell'istesso nome.

Venti interi
Il Levante, detto ancho Subsolano; vie*n* da dove nasce il Sole, sotto la linea dell'Equinottiale: *et* è cosi detto, perche nasce là, dove il Sol si leva: *et* da' naviganti del gran mare Oceano è chiamato Este. Il Ponente vien dalla parte opposita, dove il Sol si pone, o corica, sotto l'istessa linea Equinottiale, *et* è detto ancho Favonio: ma nell'Oceano Oeste. Il terzo è Tramontana, detto Circio, Aquilone, *et* Settentrione,

che cosi vien nominata la parte, onde nasce dal Polo artico: *et* nell'Oceano è detto Norte. L'ultimo è il vento Meridionale, o Austro, che vien dal Polo Antartico: *et* è detto Meridionale; perche come il Sole è al circolo meridiano; all'hora è mezo giorno: *et* nell'Oceano è nominato Sur.

Venti collaterali

Da questi quattro ne son denominati altri quattro; che son loro collaterali, *et* pigliano la metà del nome di ciascuno di quei due venti, al quale stanno in mezo: percioche quel ch'è fra Tramontana *et* Levante, cioè fra'l Norte *et* l'Este; si chiama Nordeste: ma da' nostri è detto Greco. Quel che è fra Leva*n*te, *et* Ostro, o Mezodì, cioè fra Este *et* Sur, è detto Sueste, *et* da' nostri Scirocco. Quel ch'è fra Ostro *et* Ponente, cioè fra Sur *et* Oeste; da' naviganti dell'Oceano è nominato Sudueste, *et* da' nostri Garbino, *et* Libeccio. L'ultimo, ch'è fra Ponente, *et* Tramontana, cioè fra Norte, *et* Oeste; ha nome Noroeste, che presso i nostri è Maestro.

Mezi venti quali siano

Tutti questi otto venti nella navigatione son detti Venti interi, o principali: *et* fra essi ne sono alcuni altri detti Mezi venti; non perche habbiano minor forza de gli altri, ma perche son descritti in mezo de' detti: *et* questi pigliano il nome da' loro Collaterali, in questo modo.

Quel ch'è fra Tramontana *et* Greco è detto Grecotramontana: ma da quei dell'Oceano co'l nome loro Nornordeste, perch'è fra'l Norte, e'l Nordeste.

Il secondo si chiama Grecolevante, o Esnordeste, per esser posto fra questi.

Il terzo Scirocco levante, o Essueste.

Il quarto Ostroscirocco, o Sussueste.

Il quinto Ostro garbino, o Sudueste.

Il sesto Ponente garbino, overo Oestudueste.

Il settimo Ponente maestro, o Oesnoroeste.

L'ottavo Maestro tramontana, o Nornoroeste: perche tutti son posti fra quelli, da' quali hanno il nome.

Quarte de' venti quali siano

In mezo a questi sedici rombi di venti, che cosi gli chiamano i marinari; ne sono descritti altri sedici, che son chiamati Quarte: *et* queste son situate in tal maniera, che ciascuno de gli otto principali e interi ha due quarte collaterali: *et* ciascuna d'esse è denominata dal suo vento piu vicino in questo modo.

La Tramontana ha due quarte: quella ch'è da Maestro è detta Quarta di Tramo*n*tana verso Maestro: ma l'altra da Greco; Quarta di Tramo*n*tana verso Greco.

Il Greco ha due quarte: l'una verso Tramontana, detta Quarta di Greco verso Tramontana: *et* l'altra verso Levante; Quarta di Greco verso Levante.

Il Levante n'ha due: Quarta di Levante verso Greco, *et* di Levante verso Scirocco, secondo che, *et* a Greco, *et* a Scirocco sono vicine.

Scirocco ha la quarta di Scirocco verso Levante, *et* di Scirocco verso Ostro. **[116]**

Ostro ha la quarta d'Ostro verso Scirocco, *et* quella di Ostro verso Garbino.

Garbino ha la quarta verso Ostro, *et* l'altra verso Ponente.

Ponente l'ha verso Garbino, *et* l'altra verso Maestro. Et

Maestro ha similmente le sue due: una di Maestro verso Ponente: *et* l'altra di Maestro verso Tramontana.

Navigar in poppa via, alla borina, o all'orza

Questi venti in circolo disposti; cingono, *et* circondano la terra *et* l'acqua: i quali due elementi sono di forma sferica, *et* tonda, come altre volte ho detto: *et* hanno intorno CCCLX gradi: tal che se una nave vorrà partirsi da qual si voglia luogo per andar verso la Tramontana; dovrà, non havendo altro impedimento, navigar con Ostro, *et* non con altro, intendendosi però che navighi per drittura, come dicono in Poppa via: *et* se con altro si navigherà; sarà (come dicono), alla borina, o all'orza, cioè per via indiretta, mutandosi le vele hora da una, *et* hora da un'altra parte fin che si giunga al destinato luogo. All'incontro chi vorrà da Tramontana far la sua navigatione a drittura verso la parte opposta di Mezogiorno; bisognerà che co'l vento di Tramontana la faccia: overo secondo la stessa regola con altro vento per via torta. Ma quando si naviga (come dicono) Levante ponente (per usar l'essempio, *et* le parole del Dottor Pietro di Medina, di cui mi servo) si fa in questo modo. Se una nave vol partir dell'isola di San Thomaso, ch'è sotto l'Equinottiale, *et* vol girare intorno al mondo, supponendo però, che senza intoppo si possa navigar d'ogn'intorno; dico che al voler navigar verso Levante; bisogna ch'ella vada co'l vento di Pone*n*te, finche gira*n*do intorno intorno; si ritornata all'istesso luogo, onde sciolse prima le vele. Ma se di questo camino ella ne farà solo lo spatio di CLXXX gradi, ch'è la metà del circuito del mondo; *et* poi vorrà, per l'istesso parallelo tornare in dietro al luogo, onde si partì la prima volta; bisognerà ch'ella navighi co'l vento di Levante. In questa guisa trovisi l'huomo, ove si voglia, imaginandosi un circolo, che cinga tutto il mondo; quel circolo si navigherà sempre co'l vento medesimo: ma se dall'istesso volesse, o dal mezo, o altronde tornare a dietro; converrà valersi del vento opposito; *et* questo s'intende cosi della navigatione per sotto la linea equinottiale, come per qual si voglia altro circolo. Come s'è presa questa cognition de' venti; è necessario che'l Peota, navighi dove si voglia; sappia a che rombo del bossolo gli risponde la terra, *et* dove va, *et* le leghe ch'egli è lontano dal luogo, ove va, quanto, partendo da questo luogo per andare a quello, *et* naviga*n*do per qual si voglia rombo; si discosti da quel meridiano, ove egli era prima, e in che meridiano si trovi: il che dopo l'altezza è molto necessario alla navigatione.

Peota in che modo s'ha da eleggere il rombo

Sopra tutte l'altre cose dunque osservi la dirittura del viaggio, c'ha da fare, et s'elegga quel rombo, che piu gli conviene: e intorno a questo faccia in questo modo. Imaginisi un punto, o principio, dal qual derivino tutti i rombi, o venti della navigatione: *et* dopo questo noti nella sua carta il luogo, dove sta, *et* quel dove vole andare, *et* cerchi il rombo piu dritto alla parte, dove mira d'arrivare. Se ha rombo che lo meni a drittura al luogo proposto; all'hora drizzi la prora della sua nave per quel rombo, secondo che il bossolo gli dimostra: *et* cosi segua il suo camino, fin che quel rombo lo serve. Se pur non haverà rombo a dirittura; ha da cercar con le seste, o compasso quello, che meno si discosterà dal luogo, dove vole arrivare: *et* con esso deve seguire il suo viaggio tanti gradi, o leghe finche trovi altro rombo, che lo serva dirittamente a far il suo camino. Avertisca nondimeno quanto spatio gli serva ciascuno de' ro*m*bi, *et* dove ha da lasciare uno *et* pigliar l'altro: *et* tenga buon conto, quanto piu gli sarà possibile, del viaggio che fa, cioè nel compassar la carta, *et* nel mutar de' venti fin che trovi quello, che a dirittura lo porti al destinato luogo: ne mai si tenga al rombo piu vicino a dove sta; ma a quelli che piu s'appressano a dove vole andare. Avertisca anchora di compassare spesso la carta: *et* habbia un libro da conti, dove noti la sua navigatione, tenendo a mente i venti, ch gli servono per ogni misura di tempo, *et* per qual rombo: *et* cosi osservi quanta di scaduta fa la nave, *et* co'l suo horiuolo qua*n*te miglia l'hora ella puo correre.

Nave quanto corso puo fare in un'hora

Dicono i prattichi, che il maggior corso che **[117]** possa fare una nave, è sedici miglia l'hora: dodici miglia è buo*n* corso: *et* otto è ragionevole.

Carta da navicare in che modo si compassa, o assesta

Ma il compassar della Carta, si fa in questo modo. Come il peota vol saper dove ei si trovi; guardi prima nella carta il luogo, d'onde ei fece partita, in che elevation di gradi era conformemente alla carta, c'haveva, *et* vegga in che altezza si troverà, secondo che gl'instrumenti gli dimostreranno. Dopo questo pigli due compassi, o seste, *et* ponga la punta d'un paio di seste nel luogo, onde si partì, *et* l'altra punta nel rombo, o vento, co'l quale ha navigato. Appresso pigli l'altro paio di seste, *et* metta una punta ne' gradi dell'altezza, c'ha trovato, cercandogli nella graduation della carta, *et* l'altra punta nel vento Levante ponente, o in altro piu vicino, *et* corra co*n* questi due paia di seste uno verso l'altro, senza levar le due punte, che saranno state poste sopra i due venti, cioè quello, co'l quale la nave ha navigato, *et* l'altro Ponente levante. Et dove si scontreranno queste due punte di compassi, cioè quella che fu posta nel luogo, d'onde si partì la nave, *et* quella che fu messa nell'altezza de' gradi, nella qual si trovava all'hora; in quel luogo stesso sarà la nave. Ci resterebbe a trattar dopo questo dell'altezza del Sole, come di quella che insegna al navigante il suo viaggio, che fa, *et* che ha da fare: *et* questa cognitione è bella, *et* sottile piu di quante ne siano nell'arte navigatoria, *et* da gli antichi auttori è stata havuta in gran consideratione: ma intorno a cio mi bisognerebbe fare un libro appartato: *et* dichiarar prima i sedici principij fondame*n*tali dell'altezza d'esso: dipoi l'eccellentie, e i moti suoi: trattar dell'anno solare, bissestile, *et* altri anni: che cosa sia ombra, *et* come debbano l'ombre del sole essere osservate, per haver la sua altezza: in che modo questa debba esser presa per saper dove l'huomo si truovi, *et* altre cose tali che ricercano lunga narratione, *et* dal Dottor di Medina tutte son poste: al quale mi rimetto interamente.
Il fine delle Isole piu famose del mondo, descritte da Thomaso Porcacchi.

8. Errata

Entsprechend den *Errori da corregersi* (Le Isole, b2v°; «I meno importanti si rimettono a' giudiciosi Lettori») ist korrigiert:

pieno spoglie > pieno di spoglie (4); Prince di Vinetia > Principi di Vinetia (6); et cosi coniunsero > et cosi congiunsero (6); sessanta miglia dell'Italia > sessanta miglia dall'Italia (9); «il titolo che dice Descrittione di Vinetia, vol dire della Morea» (18); ilquale andò > al quale andò (18); «il titolo, che dice di Corfu, vol dire di Cipro» (22); Gibiolo > Gilolo (28); costei fu nipote > costui fu nipote (30); «in trian va casso»: fatta in triangolo > fatta in trian- in triangolo, (33); Ilifile > Ififile (24); Re di Scotia > Re di Suetia (80); Giardani > Giardini (88); cono-quale > con la quale (114); dove si trava > dove si trova (114).

Darüber hinaus wurden folgende Korrekturen von Satzfehlern vorgenommen:

porto > portato (b4r°); medesme > medesime (b4v°); co*n*-ponti > co*n* ponti (2); patriarca di di Vinetia > patriarca di Vinetia (4); Diro > Dirò (7); Carlo Zeno Michel Giustiniano > Carlo Zeno, Michel Giustiniano (8); lotana > lontana (9); biade- *et* altri frutti > biade *et* altri frutti (10); E divisa > E` divisa (12); l altre cose > le altre cose (17); non piu. Giorgio Alessandri > non piu Giorgio Alessandri (18); Laberinto e > Laberinto è (18); città Domenico Fregoso > città, Domenico Fregoso (22); l'sola di Rhodi > l'isola di Rhodi (25); Arci. > Arci- (27); diconò > dicono (28); esser'Isole > esser Isole (28); partori > partorì (30); E′ > E` (36); l anno > l'anno (36); chiamo > chiamò (39); a Turchi > a' Turchi (39); pesce, > pesce. (40); la calabria > la Calabria (41); nomata > nominata (46); Ma[Letter verdreht]co > Marco (48); e andato > è andato (49); Re publica di Genova > Republica di Genova (49); placata l'sola > placata l'isola (49); di quì > di qui (51); prlvilegi > privilegi (52); ando > andò (58); La vetta > La Vetta (62); di state > distante (62); occupassero l isola > occupassero l'isola (63); habitatori dell Isola > habitatori dell'Isola (63); da Germani > da' Germani (63); sepeli > sepellì (64); fortuua > fortuna (64); co l pelo > co'l pelo (71); in cima de monti > in cima di monti altissimi (71); de monti > de' monti (71); che correndo *et* allargandosi divide > che correndo *et* allargandosi, divide (71); co l pelo > co'l pelo (71); de riti > de' riti (72); vene vengono > ve ne vengono (75); quì > qui (76); quante > quanto (77); di Gothia di Svevia > di Gothia, di Svevia (79); e l fiume > e 'l fiume (82); romore > rumore (83); e in piu quantità che in parte del mondo > e in piu quantità che in un'altra parte del mondo (83); divetsi > diversi (84); scivere > scrivere (85); gratttugiano > grattugiano (85); leggere e scivere > leggere e scrivere (85); Scive Giovanni Aubano > Scrive Giovanni Aubano (85); stìmò > stimò (85); dellla quale > della quale (86); l ombra del quale > l'ombra del quale (92); remperata > temperata (92); ucceli > uccelli (92); le nationi sttane > le nationi straniere (93); Strbone > Strabone (94); commuve > commune (96); dall eccessivo > dall'eccessivo (96); come ancho Francese Alcune d'esse > come ancho Francese. Alcune d'esse (98); c ho detto di sopra > c'ho detto di sopra (99); di Magaglia.nes > di Magaglianes (102); mogli > moglie (104); huomo d'gni sorte > huomo d'ogni sorte (106); c ha la correntia > c'ha la correntia (106); larghezza. > larghezza, (109); leggieri > leggiero (109); L'Euro,pasecondo > L'Europa, secondo (111); duodecma > duodecima (112); qu* le > quale (114); trovisi l huomo > trovisi l'huomo (116); discaduta > di scaduta (116).

9. Thomaso Porcacchi: Werkeverzeichnis[1]

Ariosto, Lodovico, *Comedie* [...], *cioè I Suppositi, la Cassaria, la Lena, il Negromante, et la Scolastica, di nuovo ristampate; et con somma diligenza ricorrette, per Thomaso Porcacchi*, Vinegia, Giolito, 1562.

Ariosto, Lodovico, *Orlando furioso di m. Lodovico Ariosto con cinque nuovi canti del medesimo* [...] *Dichiaratione d'historie* [...] *di Thomaso Porcacchi*, Venetia, Valvassori, 1566; 1567; *con le allegorie a ciascun canto di Thomaso Porcacchi*, Venetia, Guerra, 1570; Venetia, Zanetti, 1571; Vinegia, Polo, 1573; 1577; 1583; 1586; 1589; Venetia, Gobbi, 1580; Vinegia, Bordogna, 1587; Bindoni, 1589; Alberti, 1589; Misserino, 1596 [8°]; Miserino, 1596 [12°]; 1600; Imberti, 1600; *con* [...] *nuove allegorie di Thomaso Porcacchi*, Venetia, Guerra, 1568; *Le nuove allegorie, et annotationi di Thomaso Porcacchi*, Venetia, Guerra, 1574; 1575; 1577; 1582; 1585; Gidini, 1577; Farri, 1580; 1594; Imberti, 1590; Alberti, 1596–1597; 1598.

Ariosto, Lodovico, *Orlando furioso* [...] *con le allegorie a ciascun canto di Thomaso Porcacchi*, Venetia, 1570; Venegia, Polo, 1577; Venetia, Misserino, 1596; Venetia, Imberti, 1599; Venetia, Misserino, 1605; Venetia, Bonfadino, 1612; Venetia, Conzatti, 1668; 1672; 1679; Venetia, Lovisa, 1713.

Atanagi, Dionigi, *Lettere di XIII huomini illustri, alle quali [...] sono state aggiunte molte [cose] da Thomaso Porcacchi*, Vinetia, Cavalli, 1565; Venetia, heredi Bonelli, 1571; Venetia, Vidali, 1576; Vinetia, Franceschini, 1582; Venetia, Zoppini, 1584.

Bembo, Pietro, *Gli Asolani, con gli argomenti a ciascun libro, et con le postille in margine che dichiarano i vocaboli piu difficili, fatte da Thomaso Porcacchi da Castiglione Aretino*, Vinegia, Giolito, 1572; 1575; Vinegia, Vidali, 1575; Venetia, 1584; Venetia, Bonfadino, 1607; Verona, Berno, 1743; Venezia, Sansoni, 1785.

Bembo, Pietro, *Rime, con ogni acuratezza corrette et rivedute per Thomaso Porcacchi*, Vinegia, Giolito, 1564; Bergamo, Lancellotti, 1745.

Boccaccio, Giovanni, *Laberinto d'amore, di nuovo ristampato et diligentemente corretto per Thomaso Porcacchi*, Vinegia, Vidali, 1563[2].

Camillo, Giulio, *Tutte le opere*, vol. 2: *Nuovamente ristampate et ricorrette per Thomaso Porcacchi*, Venecia, Gioleto, 1574.

Corio, Bernardino, *L'Historia di Milano volgarmente scritta, Con un breve sommario di Thomaso Porcacchi per agiunta delle cose successe fino a questi tempi*, Vinetia, Cavalli, 1565.

Curtio, Quintus, *De' fatti d'Alessandro Magno, re de' Macedoni, tradotto per M. Tomaso Porcacchi*, Vinegia, Giolito, 1558; Lucca, Marescandoli, 1558?; Venetia, Brigonci, 1661.

Della Croce, Marsilio, *L'historia della publica et famosa entrata in Vinegia del serenissimo Henrico III*, Vinegia [vermutlich unter Mitarbeit von Thomaso Porcacchi], Vinetia, 1574.

---

1 Hauptquellen: BibGenIt, Bongi 1890-1897; Shirley 1984; Lancioni 1991 (*Schede bibliografiche*).

2 Cf. Bongi 1890–1897, vol. 2, 177: «edizioncella ordinaria che si ricopiò nel 1582».

Dionisio Alicarnasseo, *Delle cose antiche della città di Roma, aggiuntovi in questa nuova impressione la vita dell'autore di Tomaso Porcacchi*, Verona, Ramanzini, 1738.
Ditte, Candiotto/Darete Frigio, *Della guerra troiana, tradottii per Tomaso Porcacchi*, Vinetia, Giolito, 1570; Verona, Ramanzini, 1734.
Domenichi, Lodovico, *Facetie, motti, et burle di diversi signori et personne private, con una nuova aggiunta di motti; raccolti da M. Thomaso Parcacchi [sic]*, Venetia, Muschio, 1571; Venetia, Leoncini, 1574; Venetia, 1581; Venetia, Farri, 1584; Venetia, Cornetti, 1588; Fano, Farri, 1593; Venetia, Ugolino, 1599; Venetia, Bonfadino, 1609.
Equicola d'Alveto, Mario, *Di natura d'amore, di nuovo ricorretto et con somma diligentia riformato per Thomaso Porcacchi*, Vinegia, Giolito, 1563.
Erodoto Alicarnasso, *Dell'imprese de Greci e de Barbari, con la vita d'Omero, nuovamente nella nostra lingua tradotto dal Signor Giulio Cesare Becelli; la vita dell'autore descritta per Tommaso Porcacchi*, Verona, Ramazani, 1733.
Gamucci, Bernardo, *Le antichità della citta di Roma, in questa seconda editione da infiniti errori emendate et corrette da Thomaso Porcacchi*, Venezia, 1558; Vinegia, Varisco, 1569; Vinegia, Varisco, 1580; Vinegia, Varisco, 1588 [ed. facs.: Roma, 1995].
Giustino Historico nelle historie di Trogo Pompeo, tradotto per Thomaso Porcacchi, Vinegia, Giolito, 1561.
Guicciardini, Francesco, *La Historia d'Italia* [...] *Nuovamente riscontrata con tutti gli altri Historici, et Autori, che dell'istesse cose habbiano scritto: et ornata in margine con l'Annotationi de' riscontri fatti da Thomaso Porcacchi da Castiglione Aretino. Con un Giudicio fatto dal medesimo, per discoprir tutte le bellezze di questa Historia: et una Raccolta di tutte le Sententie sparse per l'Opera* [...], Venezia, Angelieri, 1574; Venezia, Angelieri, 1583; Venetia, Ugolino, 1590; Venetia, 1592; Venetia, Ugolino, 1587–1592; Venetia, Polo, 1599; Trevigi, Zanetti, 1604; Venetia, Polo, Rampazetto, 1610; Venetia, Bertano, 1616; Venetia, Pasini, 1623; Venetia, Baba, 1640; Venezia, Pasquali, 1738; Venezia, 1740.
Historia dell'origine et successione dell'illustrissima famiglia Malaspina, descritta da Thomaso Porcacchi da Castiglione Arretino, et Mandata in luce da Aurora Bianca d'Este sua consorte, Verona, Discepolo, 1585.
Le antichita della citta di Roma, in questa seconda editione [...] *emendate et corrette da T. Porcacchi*, Vinegia, 1569.
Mela, Pomponio, *I tre libri [...] del sito, forma, e misura del mondo, tradotto per meser Thomaso Porcacchi*, Vinegia, Giolito, 1557.
Mora, Domenico, *Il soldato, [quinta] congiunta all'anella della nostra Collana historica* [i.e. Collana istorica degli scrittori greci, ed. Thomaso Porcacchi], Vinetia, Giolito, 1570.
Parabosco, Gerolamo, *Lettere amorose, di nuovo ordinatamente accommodate, ampliate, et ricorrette per Thomaso Porcacchi*, Trivigi, Dehuchino, 1599; Venetia, Polo, 1607; Venetia, Valentini, 1617.
Parabosco, Girolamo, *Quattro libri delle Lettere Amorose*, ed. Thomaso Porcacchi, Vinegia, Giolito, 1561; 1567; 1568, 1569.
Plutarco Cheroneo, *Vite [...] de gli huomini illustri Greci et Romani nuovamente, tradotte per M. Lodovico Domenichi et altri, et diligentemente confrontate co' testi greci per M. Lionardo Ghini: con la vita dell'auttore, descritta da Thomaso Porcacchi; et co' Sommari a ciascuna Vita, Nono Anello della nostra Collana Historica de' Greci*, Vinegia, Giolito, 1566–1569; 1568–1657; Venetia, 1587.
Porcacchi, Thomaso, *Cagioni delle guerre antiche [...] tratte da gl'historici antichi greci a beneficio di vuol' adonarsi l'animo delle gioie dell'historie [primo volume], una delle prime gioie congiunte all'anella della sua Collana Historica*, Vinegia, Giolito, 1564, 1565, 1566.
Porcacchi, Thomaso, *Funerali Antichi di diversi Popoli, et Nationi; Forma, Ordine, et Pompa di sepolture, di essequie, di consecrationi antiche et d'altro*, Venetia, Galignani, 1574; Venezia, 1576; Venetia, Galignani, 1591.

Porcacchi, Thomaso, *La nobilta della citta di Como*, Vinetia, Giolito di Ferrarii, 1569 [ed. facs. Bologna, Forni, 1970].

Porcacchi, Thomaso, *Le attioni d'Arrigo terzo re di Francia, et quarto di Polonia, descritte in dialogo [...]*, Vinetia, Angelieri, 1574.

Porcacchi, Thomaso, *Lettere di XIII Huomini illustri, nelle quali sono due libri di diversi altri auttori [...]*, Venetia, Trino, 1564; 1571; 1576; 1584.

Porcacchi, Thomaso, *L'Isole piu famose del mondo*, Venetia, Galignani/Porro, 1572; Vinetia, Angelieri, 1575; Venetia, Galignani/Porro, 1576; Brigonci, 1586; Venetia, Heredi Galignani, 1590; 1603; 1604; 1605; Venetia, Giolito, 1516 [i.e. post 1619]; Padova, Galignani Fratelli, 1620; Venetia, Brigonci, 1686 (→ 9.1.).

Porcacchi, Thomaso, *Nuovo vocabolario [...] di tutte quelle voci, che mancavano nella Fabrica, et si leggono in diversi altri autthori antichi et moderni*, in: Alunno, Francesco, *Della fabrica del mondo*, Venetia, Porta, 1584; Venetia, Uscio, 1588; Venetia, Ugolino, 1600; Venetia, Baba, 1612.

Porcacchi, Thomaso, *Osservationi* [1563–1573], in: Danti, Antonio (ed.), *Osservationi di diverse historie et d'altri particolari*, Venezia, Bosello, 1573 [ed.: Hill 1999].

Porcacchi, Thomaso, *Paralleli o Essempi simili, seconda gioia, congiunta all'anella della sua Collana Historica*, Vinegia, Giolito, 1566; 1567.

Porcacchi, Thomaso, *Prima parte delle prediche*, Vinegia, 1566.

Porcacchi, Thomaso, *Vita di Dione Cassio*, Vinetia, 1565.

Porcacchi, Thomaso, *Vite dei Sommi Pontefici*, Venezia, Trino, 1565; 1611.

Rocca, Bernardino, *Imprese, stratagemi, et errori militari, al quarta Gioia, congiunta all'anella della nostra Collana historica* [ed. Thomaso Porcacchi], Vinegia, Giolito, 1567; 1568; 1570.

Sannazaro, Iacopo, *Arcadia, nuovamente coretta, et ornata d'alcune annotationi da Thomaso Porcacchi: con la vita dell'auttore, descritta dal medesimo et con la dichiaratione di tutte le voci oscure, che son nell'opera*, Vinegia, Giolito, 1568; Venetia, Zoppini f.lli, 1583; Venetia, Dehuchino, 1588; Venetia, Marinelli, 1589; 1591; Venetia, Bisuccio, 1602; Venetia, Alberti, 1614; 1608; Venetia, 1623; Padova, Comino, 1723; Venezia, 1725; Venezia, Bortoli, 1741.

Tucidide Istorico Greco delle guerre fatte tra i Popoli della Morea, e gli Ateniesi, trad. Francesco di Soldo Strozzi Fiorentino, riv., dagli errori emendato, colla Vita dell'Autore descritta da Tommaso Porcacchi [= terzo anello della Collana Istorica Greca], Vinegia, Giolito, 1564; Verona, 1734.

Vergilio, *L'opere [...] Bucolica, Georgica, et Eneida, nuovamente da diversi eccellentissimi auttori tradotte in versi sciolti et con ogni diligentia raccolte da M. Lodouico Domenichi; con figure bellisime, et argomenti o sommarii de medesimo, poste dinanzi a ciascun libro* [*Eneide*, vol. 5. trad. Thomaso Porcacchi], Vinegia, Farri f.lli, 1549; Venegia, Farri, 1567; Venetia, Farri, 1573 [Thomaso Porcacchi, *Vita di Vergilio*]; Venetia, Cornetti, 1586; Venezia, Lazzaroni, Tabacco, 1746.

Vimercato, Giovanni Battista, *Dialogo [...] de gli horologi solari [...]*, [ed. Thomaso Porcacchi] Vinegia, Giolito, 1565; 1566; 1585; Padova, Pasquati, 1622.

9.1. Editionen von Le Isole

1572

L'Isole piu famose del mondo descritte da Thomaso Porcacchi da Castiglione Arretino e intagliate da Girolamo Porro Padovano Al Sereniss. Principe et Sig.re il s. Don Giovanni d'Austria

General della Santiss. Lega, Venetia, Simon Galignani/Girolamo Porro, 1572. [Exemplar: (MF) BSB München, res. 2° geo. u. 77 w.]

Dedica: Al Serenissimo Principe et Signore il sig. Don Giovanni D'Austria General della Santissima Lega, contra gl'Infedeli/Di Vinetia. a' 15. di Gennaio, 1571. Di Vostra Altezza Humilissimo Servo Simone Galignani da Carrera III s.

XXII + 117 p.

1576

L'Isole piu famose del mondo descritte da Thomaso Porcacchi da Castiglione Arretino e intagliate da Girolamo Porro Padovano. Con l'Aggiunta di molte Isole all'Ill.re s. Conte Georgio Triultio Dottore, Cavaliere, Conte di Melzo, Regio, e Ducal Senatore, Venetia, Simon Galignani/Girolamo Porro, 1576. [Exemplar: BSB Res. 2° Geo. U. 77 X.]

Dedica: All'Illustre S. Conte Georgio Triultio Dottore, Cavaliere, Conte di Melzo, Regio, e Ducal Senatore; endet: Di Venetia, il giorno dell'Ascensione. M. D. LXXVI. D. V.s. Servitore Affettionatissimo, Girolamo Poro. sic (a 2r°s.).

XXVIII + 202 p.

1590

L'Isole piu famose del mondo descritte da Thomaso Porcacchi da Castiglione Arretino e intagliate da Girolamo Porro Padovano Con l'Aggiunta di molte Isole all'Ill.re s. Conte Geogrio Triultio Dottore, Cavaliere, Conte di Melzo, Regio, e Ducal Senatore, Venetia, Heredi Simon Galignani, 1590. [Exemplar: BSB Res. 2° Geo. U. 78.]

Dedica: All'Illustre S. Conte Georgio Triultio Dottore, Cavaliere, conte di Melzo, Regio, e Ducal Senatore, Di Venetia, il giorno dell'Ascensione. MDLXXVI. Di V.s. Ill. Servitore Affettionatissimo, Girolamo Porro (a 2r°).

XXIV + 202 p.

1604

L'Isole piu famose del mondo descritte da Thomaso Porcacchi da Castiglione Arretino e intagliate da Girolamo Porro Padovano Con l'Aggiunta di molte Isole All'Ill.re s. *Conte Georgio Triultio Dottore, Cavaliere, Conte di Melzo, Regio e ducal Senatore*, Venetia, Heredi Simon Galignani, 1604. [Exemplar: Landesbibliothek Coburg, A I 2 /30:1.]

Dedica: All'Illustre Sig. Conte Georgio Triultio, Dottore, Cavaliere, Conte di Melzo, Regio e Ducal Senatore/Di Venetia, il giorno dell'Ascensione. MDLXXVI. Di V. Sig. Ill. Servitore Affettionatissimo Girolamo Porro (a 2r°).

XXII + 211 p.

1620

L'Isole piu famose del mondo descritte da Thomaso Porcacchi da Castiglione Arretino e intagliate da Girolamo Porro Padovano con nova aggionta dedicate all'Illmo *et Rev.*[mo] *Mons.*[r] *Gio. Francesco Moresini Abbate di Leno etc.*, Padova, Galignani Fratelli, 1620. [Exemplar: Niedersächsische SUB Göttingen 2 GEOGR 702 RARA.]

Dedica: All'Illustriss. et Reverendiss. sig. nostro Padrone colendissimo. Monsig. Gio. Francesco Morosini, Abbate di Leno, *et* Canonico di Padova. ... Della nostra Libraria il dì 13. Giugno 1619. Di V.s. Illustriss. *et* Reverendiss. Servitori devotissimi Paolo, *et* Franceso Galignani (a 2r°).

XII + 211 p.

1686

L'Isole più famose del Mondo, descritte da Tomaso Porcacchi da Castiglione Arretino, et intagliate da Girolamo Porro Padovano. Di nuovo corrette, et illustrate con l'aggiunta dell'Istria, et altre Isole, Scogli, e nuove curiosità. Essendovi una distinta descrittione della Città di Costantinopoli, e della Penisola di Morea. Consecrate All'Illustrissimo, et Eccellentissimo Sign. il Sign. Pietro Gritti Q. Luigi, Q. Raimondo, Nobile Veneto, Venetia, Pietr' Antonio Brigonci, 1686. [Exemplar: BSB München, Res 4° Geo. u. 84 u.]

Dedica: All' Illustriss. ed Eccellentiss. Sig. Sig. Padrone Colendiss./Di D. V. E. Venetia li 22 Luglio 1686. Humiliss. divotiss. *et* obligatiss. servo Pietr' Antonio Brigonci III s.

IV + 200 p.

10. Indizes

10.1. Indizes zur Edition

Die Seitenzahlen verweisen auf die Originalpaginierung, in der Edition in eckigen Klammern angezeigt.

10.1.1. Zitierte Autoren

10.1.2. Ethnika

10.1.3. Geographische Eigennamen

10.2. Index zur Analyse

11. Verzeichnisse

11.1. Abkürzungsverzeichnis

a.	ante	p.m.	prima metà
arc.	arcaico	r°	recto
cf.	confer	Repr.	Reprint
dt.	deutsch	s.	sequens
ed.	editio/edidit	s.a.	sine anno
edd.	ediderunt	s.n.	sine nomine
facs.	facsimile	ss.	sequentes
fin.	fine	s.m.	seconda metà
gr.a.	greco antico	s.v.	sub voce
gr.post-bizant.	greco post-bizantino	sec.	secolo
in.	inizio	turc.	turco
isg.	insgesamt	v°	verso
lat.a.	latino antico	vol.	volumen
lat.med.	latino medievale	vols.	volumines
n.	nota	vs.	versus
p.	pagina	zit.	zitiert

11.2. Zeitschriftensiglen

AbhHeidelberg	Abhandlungen der Heidelberger Akademie der Wissenschaften. Philosophisch-historische Klasse. Heidelberg
AColombaria	Atti e memorie dell'Accademia Toscana di Scienze e Lettere «La Colombaria». Firenze
ADRSP	Archivio della R. Deputazione romana di storia patria. Roma
AI	Annali d'italianistica, Chapel Hill
ALASH	Acta Linguistica Academiae Scientiarum Hungaricae. Budapest
Almanacco	Almanacco del bibliofilo. Milano
AMR	Atti e Memorie della R. Deputazione di storia patria per le provincie di Romagna. Bologna
AnnaliIUO	Annali dell'Istituto Universitario Orientale, Sezione Romanza. Napoli
AR	Archivum Romanicum. Nuova rivista di filologia romanza. Genève
ARIVSLA	Atti del Reale Istituto Veneto di Scienze, Lettere ed Arti. Venezia
BALM	Bollettino dell'Atlante linguistico mediterraneo. Venezia
BBG	Blätter für das Bayerische Gymnasial- und Real-Schulwesen. München
BEN	Bollettino del Comitato per la preparazione dell'edizione nazionale dei classici greci e latini, nuova seria. Roma

BF	Byzantinische Forschungen. Internationale Zeitschrift für Byzantinistik. Amsterdam
Bibliofilia	La Bibliofilia. Rivista di storia del libro e di bibliografia. Firenze
BISIME	Bullettino dell'Istituto storico italiano per il Medio Evo. Roma
BNF	Beiträge zur Namenforschung. Heidelberg
BJRULM	Bulletin of the John Rylands University Library of Manchester
BSFR	Bullettino della Società filologica romana. Roma
Byz-Metabyz	Byzantina, Metabyzantina. Journal of Byzantine and modern Greek studies. New York
ByzZ	Byzantinische Zeitschrift. München/Leipzig
CIRR	Centre interuniversitaire de recherche sur la Renaissance. Paris
DaF	Deutsch als Fremdsprache, Herder-Institut Leipzig
DCh	Δωδεκανισιακά Χρωνικά, Αθήναι
editio	editio. Tübingen
EMLS	Early Modern Literary Studies (online).
EPM	Ergänzungsheft Nr. ... zu «Petermanns Mitteilungen». Gotha
FM	Français moderne. Paris
IM	Imago Mundi. An review of early cartography. 's Gravenhage
IMU	Italia medioevale e umanistica. Roma
Isis	Isis. An international review devoted to the history of science. Chicago
ItS	Italian Studies. Leeds
ItSt	Italienische Studien. Wien
JDAI	Jahrbuch des kaiserlichen deutschen archäologischen Instituts. Berlin
JS	Journal des savants. Paris
LettIt	Lettere Italiane. Rivista trimestrale. Firenze
LeSt	Lingua e stile. Bologna
LN	Lingua nostra. Firenze
Linguistique	La Linguistique. Revue internationale de linguistique générale. Paris
LinguistiqueF	Linguistique. Revue de la Societé internationale de la linguistique fonctionelle. Paris
Littérature	Littérature. Revue trimestrielle. Paris
MF	Maso Finiguerra. Rivista quadrimestrale della stampa incisa e del libro illustrato. Milano
Médiévales	Médiévales. Langue, textes, histoire. Paris
MLN	Modern Language Notes. Baltimore (MD)
MS	Medieval Studies of the Pontifical Institute of Medieval Studies. Toronto
Onoma	Onoma. Journal of the Council of Onomastic Sciences. Leuven
Onomata	Onomata. Revue d'onomastique grecque. Athènes
RCCM	Rivista di cultura classica e medioevale. Pisa
Rendiconti	Rendiconti della Classe di scienze morali, storiche e filologiche dell'Accademia nazionale dei Lincei. Roma
RF	Romanische Forschungen. Organ für Romanische Sprachen und Mittellatein. Frankfurt a. M.
RGI	Rivista geografica italiana. Pisa
RI	Rassegna iberistica. Roma
RJb	Romanistisches Jahrbuch. Berlin
RPh	Romance Philology. Turnhout
SB	Studia Balcanica. Sofija
SBN	Studi bizantini e neoellenici dell'Istituto per l'Europa Orientale. Roma
SBWien	Sitzungsberichte der philosophisch-historischen Classe der kaiserlichen Akademie der Wissenschaften Wien. Wien

Schifanoia	Schifanoia. Notizie dell'Istituto di studi rinascimentali di Ferrara. Ferrara/Modena
Schweizer Sammler	Der Schweizer Sammler/Le collectionneur suisse. Bern
Scriptorium	Scriptorium. Revue internationale des études relatives aux manuscrits. Bruxelles
SFI	Studi di filologia italiana. Bollettino annuale dell'Accademia della Crusca. Firenze
SGIMemorie	Società geografica italiana. Memorie. Roma
SGI	Studi di grammatica italiana. Crusca
SR	Studies in the Renaissance. New York
SLI	Studi linguistici italiani. Roma
Universo	L'Universo. Geografia, cartografia, studi urbani, territoriali e ambientali. Firenze
WZ	Wissenschaftliche Zeitschrift der Karl-Marx-Universität Leipzig, Gesellschafts- und Sprachwissenschaftliche Reihe. Leipzig
ZBalk	Zeitschrift für Balkanologie. Wiesbaden
ZdP	Zeitschrift für deutsche Philologie. Berlin
ZfSL	Zeitschrift für französische Sprache und Literatur. Stuttgart
ZGL	Zeitschrift für germanistische Linguistik. Berlin
ZONF	Zeitschrift für Ortsnamenforschung. München/Berlin/Oldenburg
ZrP	Zeitschrift für romanische Philologie. Tübingen

12. Bibliographie

ABI 1 = *Archivio Biografico Italiano*, München, Saur, 1987–1991 (Mikrofichen).

ABI 2 = *Archivio Biografico Italiano*, München, Saur, 1991–1998 (Mikrofichen).

Accademia della Crusca (ed.), *L'età delle scoperte geografiche nei suoi riflessi linguistici in Italia, Convegno di Studi, Firenze, 21–22 ottobre 1992*, Firenze, Accademia della Crusca, 1994.

ACILFR XXI = Ruffino, Giovanni (ed.), *Atti del XXI Congresso Internazionale di Linguistica e Filologia Romanza (Università di Palermo, 18–24 settembre 1995)*, 6 vol., Tübingen, Niemeyer, 1998.

Adamzik, Kirsten, *Textsorten – Texttypologie. Eine kommentierte Bibliographie*, Münster, Nodus, 1995.

– (ed.), *Textsorten. Reflexionen und Analysen*, Tübingen, Stauffenburg Verlag, 2000 (= 2000a).

– *Die Zukunft der Text(sorten)linguistik. Textsortennetze, Textsortenfelder, Textsorten im Verbund*, in: Fix/Habscheid/Klein 2000, 15–30 (= 2000b).

Admoni, Wladimir, *Die Entwicklung des Gestaltungssystems als Grundlage der historischen Syntax*, in: Betten 1990, 1–13.

AeneisRibbeck = Vergilius, *Aeneis*, ed. Otto Ribbeck, Lipsiae, Teubneri, 1905.

AfricanoDescrizioneRamusio = *Della descrittione dell'Africa Et delle cose notabili che quivi sono, Per Giovan Lioni Africano*, in: RamusioNavigazioni 1,1r°–95v°.

Ahlzweig, Claus, *Geschichte des Buches*, in: HSK 10/1 (1994), 85–102.

Allen, W. Sidney, *Kalóyeros: an Atlantis in microcosm?*, IM 29 (1977), 55–71.

Almalgià, Roberto, *Intorno alle carte e figurazioni annesse all'Isolario di Benedetto Bordone*, MF 2 (1937), 170–186.

– *Planisferi e carte nautiche e affini dal secolo XIV al XVII esistenti nella Biblioteca Vaticana* (Monumenta Cartographica Vaticana 1), Città del Vaticano, Biblioteca Apostolica Vaticana, 1944.

– *Osservazioni sull'opera geografica di Francesco Berlinghieri*, ADRSP 68 (1945), 211–255.

AlunnoFabrica = *Della Fabrica del Mondo, di M. Francesco Alunno da Ferrara, Libri Dieci. Ne' quali si contengono le voci di Dante, del Petrarca, del Boccaccio, et d'altri buoni Autthori, mediante le quali si possono scrivendo esprimere tutti i concetti dell'huomo di qualunque cosa creata. Di nuovo ristampati et ricorretti da M. Borgarutio Borgarucci. Con un nuovo Vocabolario in fine, di tutte quelle voci, che mancavano nella Fabrica, et si leggono in diversi altri Autthori antichi et moderni; aggiunto da M. Thomaso Porcacchi per intera sodisfattione di chi desidera haver piena cognitione della nostra lingua. Con due Tavole copiosissime*, Venetia, Porta, 1584.

Amantos, Konstantinos, *Die Erforschung der heutigen Ortsnamen in Griechenland*, ZONF 5 (1929), 62–70.

– *Ονόματα Νήσων*, Byz-Metabyz 1/2 (1949), 1–5.

Ambaglio, Delfino, *La «biblioteca storica» di Diodoro Sicolo: Problemi e metodo*, Como, New Press, 1995.

Ambrosini, Federica, *Echi della conquista del Messico nella Venezia del Cinquecento*, in: Caracciolo Aricò 1990a, 7–23.

– *Sulla sintassi del verbo nella prosa toscana del Dugento ovvero: Tempo e aspetto nell'italiano antico*, LeSt 35 (2000), 547–571.

AngiolelloBazzolo = Bazzolo, Cristina (ed.), *Giovan Maria Angiolello: viaggio di Negroponte*, Vicenza, Pozza, 1982.

Antonini, Anna, *La «Tipocosmia» di Alessandro Citolini: un repertorio linguistico*, in: Barocchi/Bolzoni 1997, 159–231.

Aquilecchia, Giovanni, Rez. zu: Grendler, Paul E., *Critics of the Italian World (1530–1560): Anton Francesco Doni, Niccolò Franco and Ortensio Lando*, Madison/Milwaukee/London, University of Wisconsin Press, 1969, ItS 25 (1970), 109–115.

Aquilecchia, Giovanni, *Pietro Aretino e altri poligrafi a Venezia*, in: Arnaldi/Pastore Stocchi 1980, 61–98.

– *«Redazioni a stampa» originarie e seriori (considerazioni di un editore di testi cinquecenteschi)*, in: *La critica del testo* 1985, 67–80.

– *Trilemma of Textual Criticism (Autor's Alterations, Different Versions, Autonomous Works). An Italian View*, in: Lepschy/Took/Rhodes 1986, 1–6.

Argelati, Filippo, *Biblioteca degli Volgarizzatori, o sia notizia dall'opere volgarizzate d'autori, che scrissero in lingue morte prima del secolo XV. Opera Postuma del segretario Filippo Argelati Bolognese, Tomi IV, coll'addizioni, e correzioni di Angelo Teodoro Villa Milanese, comprese nella Parte II del Tomo IV*, 5 vol., Milano, Agnelli, 1767.

Armao, Ermanno, *Nomi antichi e moderni delle isole del Mar Egeo*, RGI 54 (1947), 250–258.

Armstrong, Adrian, *Technique and technology. Script, Print, and Poetics in France 1470–1550*, Oxford, Clarendon Press, 2000.

Arnaldi, Girolamo/Pastore Stocchi, Manlio (edd.), *Storia della cultura veneta*, vol. 2: *Dal primo quattrocento al concilio di Trento*, Vicenza, Pozza, 1980.

Arntz, Reiner, *Überlegungen zur Methodik einer «Kontrastiven Textologie»*, in: Arntz, Reiner/Thome, Gisela (edd.), *Übersetzungswissenschaft. Ergebnisse und Perspektiven. Festschrift für Wolfram Wilss zum 65. Geburtstag*, Tübingen, Narr, 1990, 393–404.

ArrianoMarRossoRamusio = *Navigatione del Mar Rosso Fino Alle Indie Orientali scritta per Arriano in Lingua Greca, et di quella poi Tradotta nella Italiana*, in: RamusioNavigazioni 1,283r°–287v°.

Arveiller, Raymond, *Contribution à l'étude des termes de voyage en français (1505–1722)*, Diss., Paris, d'Artrey, 1963.

Ascarelli, Fernanda/Menato, Marco, *La tipografia del '500 in Italia*, Firenze, Olschki, 1989.

ASLI XV = Coveri, Lorenzo/Berrett, Monica (edd.), *Linguistica testuale. Atti del XV Congresso Internazionale di Studi della Società di Linguistica Italiana (Genova/Santa Margherita Ligure, 8–10 maggio 1981)*, Roma, Bulzoni, 1984.

ASLI XXX = Ramat, Paolo/Roma, Elisa (edd.), *Sintassi storica. Atti del XXX Congresso Internazionale della Società di Linguistica Italiana (Pavia, 26–28 settembre 1996)*, Roma, Bulzoni, 1998.

AITCI = *Atlante Internazionale del Touring Club Italiano*, Milano, TCI, [8]1968.

Avalle, D'Arco Silvio, *Introduzione alla critica del testo*, Torino, Giappichelli, 1970.

Avramea, A., *Une source méconnue: la liste des noms anciens et modernes de la Grèce par Giacomo Gastaldi*, SB 10 (1975), 171–176.

Babenko, Natalija, *Reisebeschreibungen des 16. Jahrhunderts im Kontext der sprachgeschichtlichen Probleme*, in: Iwasaki, Eijirō (ed.), *Begegnungen mit dem «Fremden». Grenzen – Traditionen – Vergleiche. Akten des VIII. Internationalen Germanisten-Kongresses Tokyo 1990*, vol. 3, München, Iudicium-Verlag, 1991, 160–166.

– *Reisebeschreibungen in der Textsortenklassifikation*, in: Simmler 1997, 205–213.

Bagrow, Leo, *A. Ortelii Catalogus Cartographorum, Teil I (A–L)*, EPM 199 (1928); *Teil II (M–Z)*, EPM 210 (1930).

Bagrow, Leo/Skelton, Raleigh A., *Meister der Karthographie*, Berlin, Safari-Verlag, 1963.

Baldacci, Osvaldo, *Introduzione*, in: ScillacioIsoleBaldacci 1992, 7–42.

BarbaroViaggoTanaRamusio = *Di Messer Iosafa Barbaro Gentil'Huomo venetiano, Il viaggio della Tana, et nella Persia*, in: RamusioNavigazioni 2,91v°–125v°.

Barbato, Marcello, *Il libro VIII del Plinio napoletano di Giovanni Brancati*, Napoli, Liguori, 2001.

BarbosaLibroRamusio = *Libro di Odoardo Barbosa*, in: RamusioNavigazioni 1,288r°–323v°.

Barocchi, Paola/Bolzoni, Lina, *Repertori di parole e immagini. Esperienze cinquecentesche e moderni database*, Pisa, SNS, 1997.

Barradas de Carvalho, Joaquim, *La traduction espagnole du «De situ orbis» de Pomponius Mela par Maître Joan Faras et les notes marginales de Duarte Pacheco Pereira*, Lisboa, Junta de Investigações Científicas do Ultramar, 1974.

Bartoli Langeli, Attilio, *La scrittura dell'italiano*, Bologna, Il Mulino, 2000.

BassanoBabinger = Babinger, Franz (ed.), *Luigi Bassano: Costumi et i modi particolari della vita de' Turchi* [Roma, 1545], ed. facs. München, Hueber, 1963.

Beaugrande, Robert-A. de/Dressler, Wolfgang U., *Einführung in die Textlinguistik*, Tübingen, Niemeyer, 1981.

Beck, Hanno, *Geographie. Europäische Entwicklung in Texten und Erläuterungen*, Freiburg/München, Albe, 1973.

Bein, Thomas, *Editionsprinzipien für deutsche Texte des späten Mittelalters und der frühen Neuzeit*, in: HSK 2/1 (1998), 923–931.

Beltrami, Pietro G., *ItalNet, il corpus testuale dell'OVI e il Tesoro della Lingua Italiana delle Origini* (Firenze, 20 maggio 1998). <http://www.csovi.fi.cnr.it/beltrami.htm> (26.06.2001).

BemboHistVinZiletti = *Della historia vinitiana di M. Pietro Bembo Card. volgarmente scritta libri XII, aggiuntavi di nuovo la tavola delle cose piu notabili, co' nomi di tutti i Principi, Patriarchi, et Cardinali Vinitiani fin' al Serenissimo Luigi Mocenigo*, per M. Alemano Fino, Venetia, Ziletti, 1570.

BemboProse = *Pietro Bembo: Prose della volgar lingua. L'«editio princeps» del 1525 riscontrata con l'autografo Vaticano latino 3210*, ed. Claudio Vela, Bologna, CLUEB, 2001.

BemboRimePorcacchi = Bembo, Pietro, *Rime*, con ogni acuratezza corrette *et* rivedute per Thomaso Porcacchi, Bergamo, Lancellotti, 1745 [Vinegia, Giolito, 1564].

Benassai, Luca, *Intertestualità tra fonti e testo: alcuni problemi di ricezione del testo di Plinio, «Naturalis Historia», nelle mediolatine «curae ex animalibus»*, in: Leonardi, Claudio (ed.), *La critica del testo mediolatino. Atti del Convegno (Firenze 6–8 dicembre 1990)*, Spoleto, Centro Italiano Studi sull'Alto Medioevo, 1994, 301–312.

Beneš, Eduard, *Zur Typologie der Stilgattungen der wissenschaftlichen Prosa*, DaF 6 (1969), 225–233.

Bennewitz, Ingrid, *Alte «Neue» Philologie? Zur Tradition eines Diskurses*, ZdP 116 (1997), 46–61.

Bentzinger, Rudolf, *Besonderheiten in der Syntax der Reformationsdialoge 1520–1525*, in: Betten/Riehl 1990, 196–204.

Benzoni, Gino, *Gli affanni della cultura. Intellettuali e potere nell'Italia della Controriforma e barocca*, Milano, Feltrinelli, 1978.

– *Le accademie e l'istruzione*, in: *Storia di Venezia. Dalle origini alla caduta della Serenissima*, vol. 4: Tenenti, Alberto/Tucci, Ugo (edd.), *Il Rinascimento. Politica e cultura*, Roma, Istituto dell'Enciclopedia Italiana, 1996, 789–816.

Berger, Günter, *Mouvance, variance und die Folgen. Griselda und ihre «Nachkommen»*, in: Gleßgen/Lebsanft 1997a, 255–265.

BerlinghieriGeographia = Berlinghieri, Francesco, *Geographia (Florence 1482)*, ed. facs. Amsterdam, Theatrum Orbis Terrarum, 1964.

Berrendonner, Alain/Reichler-Béguelin, Marie-José, *Décalages: Les niveaux de l'analyse linguistique*, in: Adam, Jean-Michel/Fayol, Michel (edd.), *Structurations de textes: Connecteurs et démarcations graphiques*, Paris, Mouton, 1989, 99–125.

Berretta, Monica, *Connettivi testuali in italiano e pianificazione del discorso*, in: ASLI XV (1984), 237–254.

Bertarelli, Luigi, *Possedimenti e colonie. Isole Egee, Tripolitana, Cirenáica, Eritréa, Somália* (Guida d'Italia del Touring Club Italiano 16), Milano, TCI, 1929.

Bertoni, Giulio, *L'elemento germanico nella lingua italiana*, Genova, Formiggini, 1914.

Betten, Anne/Riehl, Claudia M. (edd.), *Neuere Forschungen zur historischen Syntax des Deutschen. Referate der Internationalen Fachkonferenz Eichstätt 1989*, Tübingen, Niemeyer, 1990.

Bevilacqua, Eugenia, *Geografi e Cosmografi*, in: Arnaldi/Pastore Stocchi 1980, 355–374.

BibGenIt = *Bibliografia Generale Italiana dal XV secolo al 1999*, München, Saur, [2]2000 (CD-ROM).

Biggar, H. P. (ed.), *The voyages of Jacques Cartier. Published from the originals with translations, notes and appendices*, Ottawa, F. A. Acland, 1924.

Billanovich, Myriam, *Benedetto Bordone e Giulio Cesare Scaligero*, IMU 11 (1968), 187–256.

BiondoRoma/ItaliaFauno = *Roma ristaurata, et Italia illustrata di Biondo da Forli. Tradotte in buona lingua volgare per Lucio Fauno*, Venetia, Tramezino, 1542.

Biraschi, Anna Maria, et al., *Strabone. Saggio di Bibliografia 1496–1978*, Perugia, Università degli Studi, 1981.

Bivio = Centro di Ricerche Informatiche per i Beni Culturali/Scuola Normale di Pisa/Istituto nazionale di Studi sul Rinascimento di Firenze, *BIVIO. Biblioteca Virtuale On-Line*, Pisa, 2002. <http://www.bivionline.it/en/index.html> (02.11.2002).

Blank, Andreas, *Einführung in die lexikalische Semantik für Romanisten*, Tübingen, Niemeyer, 2001.

Bloc-Duraffour, Catherine/Lazard, Sylviane, *Standardisation de la typographie à Venise au cours des XVIe–XVIIe siècles*, in: Tavoni 1996, vol. 1, 267–285.

Blumenthal, Peter, *Schémas de cohésion, causalité «floue» et paradigme de complexité dans F. Braudel «La mediterranée»*, FM 63 (1995), 1–19.

– *Textorganisation im Französischen vom Mittelalter zur Klassik*, ZfSL 100 (1990), 25–60.

Bödeker, Hans Erich (ed.), *Begriffsgeschichte, Diskursgeschichte, Metapherngeschichte*, Göttingen, Wallstein, 2002 (= 2002a).

– *Reflexionen über Begriffsgeschichte als Methode*, in: Bödeker 2002a, 73–121 (= 2002b).

BoemoCostumiFauno = *I costumi, le leggi, et l'usanze di tutte le genti. Divisi in tre libri. Raccolte, quì insieme da molti Illustri Scrittori, per Giovanni Boemo Aubano Alemano; Et tradotti per Lucio Fauno in questa nostra lingua volgare. Aggiuntovi di nuovo il Quarto Libro, nelquale si narra i costumi, et l'usanze dell'Indie Occidentali, overo Mondo Novo; da M. Pre Gieronimo Giglio*, Venetia, Cornetti, 1585.

Boerio = Boerio, Giuseppe, *Dizionario del dialetto veneziano. Seconda edizione aumentata e corretta, aggiuntovi l'indice italiano veneto già promesso dall'autore nella prima edizione*, Venezia, Cecchini, 1856.

Boetius, Henning, *Textkritik und Editionstechnik*, in: Arnold, Heinz Ludwig/Sinemus, Volker (edd.), *Grundzüge der Literatur- und Sprachwissenschaft*, vol. 1: *Literaturwissenschaft*, München, DTV, [8]1986, 73–88.

Böhme, Max, *Die großen Reisesammlungen*, Diss. Leipzig, 1904 (Repr. Amsterdam, Meridian, 1962).

Boghardt, Martin, *Der Buchdruck als Überlieferungsträger*, in: Crapulli 1985/1987, vol. 1 (1985), 1–16.

Bolzoni, Lina, *Memoria letteraria e iconografia nei repertori cinquecenteschi*, in: Barocchi/Bolzoni 1997, 13–47.

Bon, Antoine, *La Morée Franque. Recherches historiques, topographiques et archéologiques sur la principauté d'Achaie (1205–1430). Texte*, Paris, de Boccard, 1969.

Bonacker, Wilhelm/Anliker, Ernst, *Francesco Niccolò Berlinghieri und seine Ptolemäus-Ausgabe vom Jahre 1482*, Schweizer Sammler 6 (1932), 21–30.

Bongi, Salvatore, *Annali di Gabriel Giolito de' Ferrari*, vol. 1 (1890–1893); vol. 2 (1895–1897), Roma, Principali librai, 1890–1897.

BordoneIsolarioBerchet = *Isolario* [ms., Bib.Nat.Firenze, cod. Magliabechiano XIII, 10, 52; 1526], in: Berchet, Guglielmo (ed.), *Fonti italiane per la storia della scoperta del Nuovo Mondo*, vol. 2: *Narrazioni sincrone*, Roma, Ministero della Pubblica Istruzione, 1892/1893, 346–360.

BordoneIsolarioDonattini = Bordone, Benedetto, *Isolario* [^{2}1534], ed. Massimo Donattini, Modena, Edizioni Aldine, 1983.

BordoneIsolarioEco = Bordone, Benedetto, *Isolario* [Venetia, 1534], préf. Umberto Eco, Paris, Les Belles Lettres, 2000.

BordoneLibro = *Libro di Benedetto Bordone* [Venezia, Zoppino, 1528], ed. facs. Giovanni Battista De Cesare, Roma, Bulzoni, 1988.

BordoneLibroSkelton = *Libro di Benedetto Bordone de tutte l'Isole del Mondo* [Venezia, Zoppino, 1528], Einleitung Raleigh A. Skelton, Amsterdam, Theatrum Orbis Terrarum, 1966.

Borrelli, Clara, *Interpunzione nel pieno e tardo Rinascimento: teoria e prassi*, AnnaliIUO 29/1 (1987), 43–76.

Borsetto, Luciana, *Il furto di Prometeo. Imitazione, scrittura, riscrittura nel Rinascimento*, Alessandria, Edizioni dell'Orso, 1990.

Borst, Arno, *Das Buch der Naturgeschichte*, AbhHeidelberg, Winter, 1995.

BoschiniArcipelago = Boschini, Marco, *L'Arcipelago con tutte le Isole, Scogli Secche, e Bassi Fondi, con i Mari, Golfi, Seni, Porti, Città, e Castelli; nella forma che si vedono al tempo presente. Con una cuccinta narrativa de i loro nomi, Favole, et Historie, tanto antiche quanto moderne. Opera di Marco Boschini. Non meno utile alli Studiosi di Cosmografia, che dilettevole all'universale. Dedicata All'Altezza Serenissima del Sig. Prencipe Allessandro Farnese. Per L'Augustissima Republica di Venetia, General della Cavalleria, contro l'armi Ottomane*, Venetia, Nicolini, 1658.

Bosteels, Ralf, *Toponymie grecque et problèmes cartographiques*, Onoma 21 (1977), 157–161.

Braudel, Fernand, *Modell Italien. 1450–1650*, Stuttgart, Klett-Cotta, 1999.

Brinker, Klaus, *Die Konstitution schriftlicher Texte*, in: HSK 10/2 (1996), 1515–1526.

– *Linguistische Textanalyse*, Berlin, Schmidt, ^{5}2001 (^{4}1997).

Broc, Numa, *La Géographie de la Renaissance (1420–1620)*, Paris, Bibliothèque Nationale, 1980.

Brocchi, Filippo, *Collezione alfabetica di uomini e donne illustri della Toscana dagli scorsi secoli fino alla metà del XIX*, Firenze, Tip. Bonducciana, 1852.

Browning, Robert, *Medieval and Modern Greek*, Cambridge et al., Cambridge University Press, ^{2}1983.

Bruzzo, G., *Di Grazioso Benincasa e del suo portolano (una lettera inedita)*, RGI 4 (1897), 443–448.

BSB/HAB = Bayerische Staatsbibliothek München/Herzog August Bibliothek in Wolfenbüttel (edd.), *Verzeichnis der im deutschen Sprachbereich erschienenen Drucke des XVI. Jahrhunderts, I. Abteilung: Verfasser – Körperschaften – Anonyma*, vol. 16: *Pf–Reh*, Stuttgart, Hiersemann, 1990.

Buck, August, *Die Rezeption der Antike in den romanischen Literaturen der Renaissance*, Berlin, Schmidt, 1976.

Bujanda, Jesús Martínez de, *Index des livres interdits*, vol. 3: *Index de Venise (1549) – Venise et Milan (1554)*, introd. Paul F. Grendler, trad. Claude Sutto (1987); vol. 8: *Index de Rome 1557, 1559, 1564* (1990); vol. 9: *Index de Rome 1590, 1593, 1596* (1994); vol. 10: *Thesaurus de la littérature interdite au XVIe siècle. Auteurs, ouvrages, éditions avec Addenda et corrigenda* (1996), Sherbrooke, Centre d'Études de la Renaissance 1984ss.

BuondelmontiNēsōnLegrand = *Déscription des Îles de l'Archipel par Christophe Buondelmonti. Version grecque par un anonyme*, ed. Emile Legrand, Paris, Leroux, 1897.

BuondelmontiLiberSinner = *Christophori Bondelmontii, Florentini, Liber Insularum Archipelagi*, ed. Gabriel Rudolf Ludwig v. Sinner, Leipzig/Berlin, Reimer, 1824.

BuondelmontiLibroA = [Volgarizzamento del *Liber Insularum Archipelagi*, Cristoforo Buondelmonti] (Ms. Y 72 sup. Biblioteca Ambrosiana, Milano).

BuondelmontiLibroV = *Traductione del libro de le insule de lo archipelago composto da messer Christophoro de Bondelmonti de Fiorenza el quale mando da la cita de Rhodo a Roma a meser Jordano Cardenale de li ursini nelli anni di dio MCCCCXXII* (4°, saec. 15, Codex Vindobonensis Palatinus 2639, Österreichische Nationalbibliothek Wien).

BuondelmontiSporadiGerola = Gerola 1914.

Burckhardt, Jakob, *Die Kultur der Renaissance in Italien*, Stuttgart, Kröner, 1987 (¹1960).

Burmeister, Karl Heinz, *Sebastian Münster. Versuch eines biographischen Gesamtbildes*, Basel/Stuttgart, Helbing und Lichtenhahn, 1963.

Burmeister, Karl Heinz, *Sebastian Münster*, Wiesbaden, Pressler, 1964.

– *Neue Forschungen zu Sebastian Münster*, Ingelheim, Historischer Verein, 1971.

Bussmann, Hadumod, *Lexikon der Sprachwissenschaft*, Stuttgart, Kröner, ²1990.

Bustico, G., *Dizionario del mare*, Torino, Chiantore, [1932].

Caie, Graham D., *Hypertext and multiplicity: The medieval example*, in: Murphy 2000, 30–43.

Camerini, Paolo, *Annali dei Giunti*, 2 vol., Firenze, Sansoni, 1962/1963.

Campana, A., *Da Codici del Buondelmonti*, SBN 9 (1957), 32–52.

Campbell, Tony, *Portolan Charts from the Thirteenth Century to 1500*, in: Harley/Woodward 1987, 371–463 (= 1987a).

– *The Earliest Printed Maps 1472–1500*, London, British Library, 1987 (= 1987b).

Campioni, Rosario, *Osservatore da un altro pianeta: Conor Fahy e il censimento delle edizioni italiane del XVI secolo*, in: Harris 1999, 205–211.

CandidoCommentariiTramezzino = Candido, Giovanni, *Commentarii de i fatti d'Aquileia*, Venetia, Michele Tramezino, 1544 (Repr. Bologna, Forni, 1969).

Cannata, Nadia, *Dizionario biografico compatto degli autori della letteratura italiana*, Bologna, Zanichelli, 1997.

CapacciTopon = Capacci, Alberto, *La toponomastica nella cartografia nautica di tipo medievale*, Firenze, Università degli studi di Genova, 1994.

Caputo, Vincenzo, *Gli antichi poeti italiani (fino al secolo XVIII). Dizionario Biografico*, Milano, Gastaldi, 1960.

Caracciolo Aricò, Angela, *Gli storiografi delle Indie*, in: *Storie di viaggiatori italiani* 1987, 54–61.

– (ed.), *L'impatto della scoperta dell'America nella cultura veneziana*, Roma, Bulzoni, 1990 (= 1990a).

– *Il nuovo mondo e l'umanesimo. Immagini e miti dell'editoria veneziana*, in: Caracciolo Aricò 1990a, 25–33 (= 1990b).

Carcereri, Luciano, *Le edizioni italiane della «Piazza universale di tutte le professioni del mondo»*, in: GarzoniPiazzaBronzini, 1996, vol. 2, 1195–1231.

Cardona, Giorgio Raimondo, *I sei lati del mondo: linguaggio ed esperienza*, Roma/Bari, Laterza, 1985.

– *I linguaggi del sapere*, Roma, Laterza, 1990.

Casali, Scipione, *Annali della tipografia veneziana di Francesco Marcolini da Forlì*, Forlì, Casali, 1861 (Repr. ed. Alfredo Gerace, Bologna, Gerace, 1953).

Castellani, Arrigo, *Problemi di lingua, di grafia, di interpunzione nell'allestimento dell'edizione critica*, in: *La critica del testo* 1985, 229–254.

Castellani, Arrigo, *Sulla formazione del sistema paragrafematico moderno*, SLI 21 (1995), 3–47.

– *Le virgolette di Aldo Manuzio*, SLI 22 (1996), 106–109.

Catach, Nina, *L'Orthographe française à l'époque de la Renaissance (Auteurs, Imprimeurs, Ateliers d'imprimerie)*, Genève, PUF, 1968.

Cazalé Bérard, Claude/Mordenti, Raul, *La costituzione del testo e la «comunità degli interpreti». Libertà e responsabilità del critico/editore/ermeneuta in ambiente inter-attivo*, in: Nerozzi Bellman 1997, 13–37.

Cerquiglini, Bernard, *Éloge de la variante. Histoire critique de la philologie*, Paris, Le Seuil, 1989.

Chartier, Roger, *«Populärer» Lesestoff und «volkstümliche» Leser in Renaissance und Barock*, in: Chartier, Roger/Cavallo, Guglielmo (edd.), *Die Welt des Lesens. Von der Schriftrolle zum Bildschirm*, Frankfurt a. M./New York/Paris, Campus, 1999, 397–418.

Chastel, André, *La crise de la Renaissance (1520–1600)*, Genève, Skira, 1968.

Χατζιπαναγιώτη, Ιούλια, *Βενετσιάνικα Ιζολάρια του 15ου, 16ου και 17ου Αl. και Δωδεκάνησα*, DCh 15 (1994), 285–308.

Cherchi, Paolo, *Enciclopedismo e politica della riscrittura: Tommaso Garzoni*, Pisa, Pacini, 1980.

– *Polimatia di riuso: mezzo secolo di plagio. 1539–1589*, Roma, Bulzoni, 1998 (= 1998a).

– (ed.), *Sondaggi sulla riscrittura del Cinquecento*, Ravenna, Longo, 1998 (= 1998b).

– (ed.), *Richerche sulle selve rinascimentali*, Ravenna, Longo, 1999 (= 1999a).

– *La selva rinascimentale: profilo di un genere*, in: Cherchi 1999, 9–41 (= 1999b).

Cherubini, Francesco, *Vocabolario patronimico italiano o sia adjettivario italiano di nazionalità*, opera postuma ed. Giovanni Battista De Capitani d'Arzago, Milano, Soc. tip. dei classici italiani, 1860.

Chiantera, Angela, *Le regole interpuntive nella trattatistica cinquecentesca*, in: Cresti/Maraschio/Toschi 1992, 191–203.

Chiappelli, Fredi, *Nuovi studi sul linguaggio del Machiavelli*, Firenze, Le Monnier, 1969.

Chibnall, M., *Pliny's «Natural History» and the Middle Ages*, in: Dorey, Thomas A. (ed.), *Empire and Aftermath. Silver Latin II*, London/Boston, Routledge/K. Paul, 1975, 57–78.

Codazzi, Angela, *Le edizioni quattrocentesche e cinquecentesche della «Geografia» di Tolomeo*, Milano, Goliardica, 1950.

Coglievina, Lionella, *Il «Vocabolario Nuovo» di Tommaso Porcacchi*, LN 26 (1965), 35–38.

Conley, Tom, *Virtual Reality and the «Isolario»*, AI 14 (1996), 121–130.

Conte, Maria-Elisabeth, *Italienisch: Textlinguistik*, in: LRL 4 (1988), 132–143.

Contini, Gianfranco, *Breviario di ecdotica*, Torino, Einaudi, 1986.

CorioHistoriaPorcacchi = Corio, Bernardino, *L'Historia di Milano volgarmente scritta*, Con un breve sommario di Thomaso Porcacchi per agiunta delle cose successe fino a questi tempi, Vinetia, G. de' Cavalli, 1565.

Cornagliotti, Anna, *Italienisch: Geschichte der Verschriftung*, in: LRL 4 (1988), 379–392.

CoronelliIsolario = *Isolario, Descrittione Geografico-Historica, Sacro-Profana, Antico-Moderna, Politica, Naturale, e Poetica. Mari, Golfi, Seni, Piagge, Porti, Barche, Pesche, Promontorj, Monti, Boschi, Fiumi, Laghi, Stagni, Bagni, Volcani, Miniere, Gemme, Richezze, e Monete; Iscrittioni, Linguaggi, Governi, Forze, Armate, Guerre, Aleanze, Acquisti, Perdite, Tregue, Trattati di Pace, Religioni Claustrali, ed Equestri; Concilj, e Missioni; Vescovadi, Arcivescovadi, e Patriarcadi; Leggi, Costumi, Habiti, Blasoni, Accademie, Huomini Illustri, Ed ogni più esatta notitia Di tutte l'Isole Coll'osservationi degli Scogli*

Sirti, Scagni, e Secche del Globo Terracqueo. Aggiuntivi anche i Ritratti de' Dominatori di esse. Ornato Di Trecento-dieci Tavole Geografiche, Topografiche, Corografiche, Iconografiche, Scenografiche, Idrografiche, e Potomografiche; A maggiore dilucidatione, ed uso della Navigatione, E in Supplimento Dei XIV Volumi del Bleau. Tomo II Dell'Atlante Veneto. Opera, e Studio Del P. Maestro Vincenzo Coronelli Min. Conv. Cosmografo della Serenissima Republica di Venetia, e Professore di Geografia, A spese dell'Autore, 1696.

Cortelazzo, Manlio, *L'elemento romanzo nei portolani greci*, BALM 1 (1959), 215–221.

– *Che cosa s'intendesse per «Lingua Franca»*, LN 26 (1965), 108–110.

– *L'influsso greco a Venezia*, Bologna, Patron, 1970.

– *I nomi dell'America*, in: *Storie di viaggiatori italiani* 1987, 84–91.

Corti, Maria, *Uso del gerundio*, AColombaria 18 (1953), 341–364.

Coseriu, Eugenio, *Textlinguistik. Eine Einführung*, Tübingen, Narr, 1980.

Crapulli, Giovanni (ed.), *Trasmissione dei testi a stampa nel periodo moderno. I Seminario Internazionale (Roma, 23–26 marzo 1983)*, 2 vol., Roma, Ateneo, 1985/1987.

Cresti, Emanuela/Maraschio, Nicoletta/Toschi, Luca (edd.), *Storia e teoria dell'interpunzione: atti del convegno internazionale di studi (Firenze 19–21 maggio 1988)*, Roma, Bulzoni, 1992.

CTC = *Catalogus Translationum et Commentariorum. Mediaeval and Renaissance Latin Translations and Commentaries. Annotated Lists and Guides*, vol. 2: ed. Paul Oskar Kristeller/Ferdinand Edward Cranz (1971); vol. 4: ed. Ferdinand Edward Cranz/Paul Oskar Kristeller (1980); vol. 5: ed. Ferdinand Edward Cranz/Paul Oskar Kristeller (1984); vol. 7: ed. Virginia Brown/Paul Oskar Kristeller/Ferdinand Edward Cranz (1992), Washington D. C., Cath. University of America Press, 1971–1992.

DandoloChronicaPastorello = Muratori, Lodovico Antonio (ed.), *Rerum Italicarum scriptores: raccolta degli storici italiani dal cinquecento al millecinquecento*, ed. Giosué Carducci/Vittorio Fiorini/Pietro Fedele, 1900ss., vol. 12/1: *Andreae Danduli ducis venetiarum Chronica per extensum descripta, aa. 46–1280 d.C.*, ed. Ester Pastorello, Bologna, Zanichelli, [1938].

D'AnghieraNavigazioneMontalboddo = D'Anghiera, Pietro Martire, *Navigatione del Re de Castiglia dele Isole et Paese novamente retrovate*, in: MontalboddoPaesi, cap. 84–113.

D'AnghieraSommarioRamusio = D'Anghiera, Pietro Martire, *Sommario dell'Istoria dell'Indie occidentali di Pietro Martire*, in: RamusioNavigazioni 3,1r°–36v°.

DapperBeschryving = Dapper, Olfert, *Naukeurige Beschryving der Eilanden, in de Archipel der Middelantsche Zee, en ontrent dezelve, gelegen: Waer onder de voornaemste Cyprus, Rhodus, Kandien, Samos, Scio, Negroponte, Lemnos, Paros, Delos, Patmos, en andere, in groten getale, Behelzende Der zelver benamingen, gelegentheden, steden, kastelen, gedenkwaerdige aeloude en hedendaeghse geschiedenissen, bestieringen, veroveringen, gewaffen, dieren, etc. Verrijkt met zee-en eilant-karten, en afbeeldingen van steden, dieren, gewassen, etc.*, Amsterdam, Wolfgangh et al., 1688.

Dardano, Maurizio/Frenguelli, Gianluca/Pelo, Adriana, *Struttura della frase e testualità: il caso delle proposizioni consecutive nell'italiano antico*, in: ASLI XXX (1998), 293–310.

De Cesare, Giovanni Battista, *L'«Isolario» di Benedetto Bordone tra Geografia e l'immaginario*, in: BordoneLibro 1988, 7–38.

De Meyier, K. A., *Un manuscrit du «Liber insularum Archipelagi» de Christophe Buondelmonti à Leyde*, Scriptorium 25 (1971), 300–303; Pl. 15–16.

De Smet, Antoine, *Les géographes de la Renaissance et la Cosmographie*, in: *L'univers à la Renaissance: Microcosme et Macrocosme. Colloque international tenu en octobre 1968 sous les auspices de la Fédération Internationale des Instituts et Sociétés pour l'étude de la Renaissance et du Ministère de l'Éducation Nationale et de la Culture de Belgique*, Bruxelles, Presses universitaires de Bruxelles, 1970, 13–29.

Debenedetti, Santorre/Segre, Cesare (edd.), *Lodovico Ariosto: «Orlando furioso» secondo l'edizione del 1532 con le varianti delle edizioni del 1516 e del 1521*, Bologna, Commissione per i testi di lingua, 1960.

DEI = Battisti, Cesare/Alessio, Giovanni, *Dizionario etimologico italiano*, vol. 1: *a–caudisono* (1950), vol. 2: *caudotomia–fatica* (1951), vol. 3: *faticabilità–medusa* (1952), vol. 4: *medusa₃–rabbò* (1954), vol. 5: *rabbruzzare–z* (1957), Firenze, Barbèra, 1950–1957.

Deitz, Luc, *Editing Sixteenth-Century Latin Prose Texts: A case study and a few general observations*, in: Most 1998, 141–164.

DELI = Cortelazzo, Manlio/Zolli, Paolo, *Dizionario etimologico della lingua italiana*, vol. 1 (1979); vol. 2 (1980); vol. 3 (1983); vol. 4 (1985); vol. 5 (1989), Bologna, Zanichelli, 1979–1988.

DELIN = Cortelazzo, Manlio/Zolli, Paolo, *Il nuovo etimologico. DELI – Dizionario Etimologico della Lingua Italiana*, ed. Manlio Cortelazzo/Michele A. Cortelazzo, Bologna, Zanichelli, 1999 (mit CD-Rom).

Detlefsen, Detlef, *Die geographischen Bücher (II, 242–VI Schluß) der Naturalis Historia des C. Plinius Secundus mit vollständigem kritischen Apparat*, Berlin, Weidmann, 1904 (Repr. Roma, ERMA di Bretschneider, 1972).

Devoto, Giacomo, *Profilo di storia linguistica italiana*, Firenze, Nuova Italia, 1971.

DI = Schweickard, Wolfgang, *Deonomasticon Italicum. Dizionario storico dei derivati da nomi geografici e da nomi di persona*, vol. 1, Tübingen, Niemeyer, 2002.

DISuppl = Schweickard, Wolfgang, *Deonomasticon Italicum (DI). Dizionario storico dei derivati da nomi geografici e da nomi di persona. Supplemento bibliografico, versione* aggiornata, Tübingen, Niemeyer (1997). <http://romanistik.phil.uni-sb.de/schweickard/deonomasticonitalicum.html>.

Dieterich, Karl, *Byzantinische Quellen zur Länder- und Völkerkunde*, Leipzig, 1912 (Repr. Hildesheim/New York, Olms, 1973).

Di Filippo Bareggi, Claudia, *Il mestiere di scrivere. Lavoro intellettuale e mercato librario a Venezia nel Cinquecento*, Roma, Bulzoni, 1988.

Di Palma, Maria Teresa, *Rotte e profili del Nuovo Mondo*, in: *Storie di viaggiatori italiani* 1987, 62–83.

Dimter, Matthias, *Textklassenkonzepte heutiger Alltagssprache. Kommunikationssituation, Textfunktion und Textinhalt als Kategorien alltagssprachlicher Textklassifikation*, Tübingen, Niemeyer, 1981.

Dionisotti, Carlo, *Tradizione classica e volgarizzamenti*, in: Dionisotti, Carlo, *Geografia e storia della letteratura italiana*, Torino, Einaudi, 1967, 125–178.

Ditte/DareteGuerraPorcacchi = Ditte, Candiotto/Darete Frigio, *Della guerra troiana*, tradottii per Tomaso Porcacchi, Vinetia, G. Giolito di Ferrarii, 1570 (Verona, D. Ramanzini, 1734).

Dizionario biografico degli italiani, 22 vol., Roma, Istituto della Enciclopedia, 1960ss.

DizTopon = Gasca Queirazza, Giuliano, et al. (edd.), *Dizionario di Toponomastica. Storia e significato dei nomi geografici italiani*, Torino, UTET, 1990.

DNPR = Landfester, Manfred (ed.), *Der Neue Pauly: Rezeptions- und Wissenschaftsgeschichte*, vol. 13: *A–Fo* (1999); vol. 14: *Fr–Ky* (2000), Stuttgart/Weimar, Metzler, 1996ss.

Doederlein, *Sebastian Münster, ein Wiedererwecker des Ptolemaeus*, BBG 15 (1879), 396–401; 433–441.

Donattini, Massimo, *Vincenzo Coronelli e l'immagine del mondo tra isolari ed atlanti*, Ravenna, Longo, 1999.

– *Spazio e modernità. Libri, carte, isolari nell'età delle scoperte*, Bologna, CLUEB, 2000.

Duden Rechtschreibung der deutschen Sprache. 21., völlig neu bearbeitete und erweiterte Auflage. Herausgegeben von der Dudenredaktion. Auf der Grundlage der neuen amtlichen Rechtschreibregeln, Mannheim et al., Dudenverlag, 1996.

DudenAussprache = *Duden Band 6: Aussprachewörterbuch. Wörterbuch der deutschen Standardaussprache*, ed. Max Mangold/Dudenredaktion, Mannheim et al., Dudenverlag, ^{3}1990.

Dumotier-Sigwalt, Eliane, *«Le Grand insulaire et pilotage» d'André Thevet: une œuvre iconographique du XVIe siècle, magistrale et «naufragé»*, in: Pelletier, Monique (ed.), *Les Îles, du mythe à la réalité*, Paris, Éditions du CTHS, 2002, 101–121.

Dupuigrenet Desroussilles, François, *Au delà des variantes. Note sur les corrections d'Atelier dans les textes imprimés en Italie au XVIe siècle*, in: Réécritures, vol. 2 (1984), 227–242.

Durante, Marcello, *Dal latino all'italiano moderno. Saggio di storia linguistica e culturale*, Bologna, Zanichelli, 1994 (^{1}1981; dt. Übers. Adolf Walter, Stuttgart, Steiner, 1993).

EGLE = Σταματελάτος, Μιχαήλ/Βάμβα-Σταματελάτου, Φωτεινή, *Επιτόμο Γεωγραφικό Λέξικο της Ελλάδος*, Αθήνα, Ερμης, 2001.

Ehlich, Konrad, *«Textsorten» – Überlegungen zur Praxis der Kategorienbildung in der Textlinguistik*, in: Mackeldey 1990, 17–30.

EncIt = *Enciclopedia Italiana di scienze, lettere ed arti*, 35 vol., Roma, Istituto della Enciclopedia Italiana, 1929–1936; *Indici*, Roma, Istituto della Enciclopedia Italiana, 1952 (stampato 1949ss.).

EncTreccani = *La piccola Treccani. Dizionario Enciclopedico*, ed. Istituto della Enciclopedia Italiana, vol. 1 (1995); vol. 2 (1995); 3 (1995); 4 (1995); vol. 6 (1995); 8 (1995); 9 (1996); 10 (1996); 11 (1997); 12 (1997), Roma, Istituto della Enciclopedia Italiana, 1995ss.

EncZanichelli = Edigeo (ed.), *Enciclopedia Zanichelli 2002. Dizionario enciclopedico di arti, scienze, tecniche, lettere, filosofia, storia, geografia, diritto, economia*, Bologna, Zanichelli, 2001.

Ernst, Gerhard, *Latinismen des Italienischen in «DELI» und «LEI»*, Linguistica 31 (1991), 185–200.

Ernst, Gerhard/Wolf, Barbara, *Textes français privés des XVIIe et XVIIIe siècles*, Tübingen, Niemeyer, 2001/2002 (2 CD-ROMs).

Fabian, Bernhard/Kranz, Dieter, *Interne Kollation. Eine Einführung in die maschinelle Textvergleichung*, in: Martens 1971, 385–400.

Fahy, Conor, *Correzioni ed errori avvenuti durante la tiratura secondo uno stampatore del Cinquecento: contributo alla storia della tecnica tipografica in Italia*, LettIt 27 (1975), 184–192.

– *Introduzione alla bibliografia testuale*, Bibliofilia 82 (1980), 151–180 (= 1980a).

– *L. Ariosto, «Orlando Furioso», Ferrara, Francesco Rosso, 1532: Profilo di una edizione*, in: Crapulli 1985/1987, vol. 2 (1987), 123–145 (= 1980b).

– *The «Index librorum prohibitorum» and the Venetian printing industry in the sixteenth century*, ItS 35 (1980), 52–61 (= 1980c).

– *Il concetto di «esemplare ideale»*, in: Crapulli 1985, 49–60.

– *The Venetian Ptolemy of 1548*, in: Reidy, Denis E. (ed.), *The Italian Book 1465–1800. Studies presented to Dennis E. Rhodes on his 70th birthday*, London, British Library, 1993, 89–115.

– *Storia della bibliografia testuale*, in: Harris 1999, 23–34.

Faller, Stefan, *Taprobane im Wandel der Zeit: das Sri-Lanka-Bild in griechischen und lateinischen Quellen zwischen Alexanderzug und Spätantike*, Stuttgart, Steiner, 2000.

Febvre, Lucien/Martin, Henri Jean, *L'apparition du livre*, Paris, Michel, 1999 (^{1}1958).

Fellerer, Jan, *Texttypologie*, in: LRL 1/2 (2001), 730–771.

Fels, E., *Die Vielfalt griechischer geographischer Namen*, ByzZ 44 (1951), 135–142.

Fischer, Theobald (ed.), *Sammlung mittelalterlicher Welt- und Seekarten italienischen Ursprungs und aus italienischen Bibliotheken und Archiven*, Venedig, Ongania, 1886 (Repr. Amsterdam, Meridian, 1961).

Fix, Ulla/Habscheid, Stefan/Klein, Josef (edd.), *Zur Kulturspezifik von Textsorten*, vol. 3, Tübingen, Stauffenburg Verlag, 2000.

Fleskes, Gabriele, *Untersuchungen zur Textsortengeschichte im 19. Jahrhundert. Am Beispiel der ersten deutschen Eisenbahnen*, Tübingen, Niemeyer, 1996.

Florio, John, *A Worlde of Wordes (1598)*, Hildesheim/New York, Olms, 1972.

Folena, Gianfranco, *Volgarizzare e tradurre*, Torino, Einaudi, 1994.

Forbiger, Albert, *Handbuch der Alten Geographie*, 3 vol., Leipzig, Mayer und Wigand, 1842–1877 (Repr. Graz, 1966).

ForcOnom = Forcellini, Aegidio, *Lexicon Totius Latinitatis*, vol. 5–6: Perin, Iosepho, *Onomasticon*, Patavii, Typis Seminarii, 1940.

Formisano, Luciano, *Linee di ricerca sul tema: «il viaggio alle Indie Occidentali»*, in: Letteratura di viaggio 1989, 85–94.

Franke, Wilhelm, *Texttypen – Textsorten – Textexemplare: Ein Ansatz zu ihrer Klassifizierung und Beschreibung*, ZGL 15 (1987), 263–281.

Fumagalli, Giuseppe, *Lexicon typographicum Italiae. Dictionnaire géographique d'Italie pour servir à l'histoire de l'imprimerie dans ce pays*, Firenze, Olschki, 1905.

Galletti, Gustavo Camillo (ed.), *La sfera. Libri quattro in ottava rima, scritti nel secolo XIV da F. Leonardo di Stagio Dati, aggiuntivi due altri libri* [...], Milano, Daelli e Comp., 1865 (Repr. Bologna, Forni, 1975).

Gamba, Bartolommeo, *Osservazioni su la edizione della Geografia di Tolomeo fatta in Bologna colla data del MCCCCLXII*, Bassano, 1794.

Garand, Monique Cécile, *La Tradition manuscrite du «Liber Archipelagi Insularum» à la Bibliothèque Nationale de Paris*, Scriptorium 29 (1975), 69–76.

Garner, Samuel, *The Gerundial Construction in the Romanic Languages. I (Introduction) – VII (Conclusion)*, MLA 2 (1887), 109–117; 271–281; 3 (1888), 185–192; 263–270; 425–437; 4 (1889), 133–145; 258–274.

GarzoniPiazzaBronzini = Garzoni, Tommaso, *La piazza universale di tutte le professioni del mondo* [1589], ed. Giovanni Battista Bronzini con Pina de Meo/Luciano Carcereri, 2 vol., Firenze, Olschki, 1996.

GarzoniPiazzaCherchi/Collina = Garzoni, Tommaso, *La piazza universale di tutte le professioni del mondo*, ed. Paolo Cherchi/Beatrice Collina, 2 vol., Torino, Einaudi, 1996.

GastaldiUniversaleDescrizione = *La universale descrittione del mondo, descritta da Giacomo de' Castaldi Piamontese. Venetia, Per Matthio Pagano, in Frezzaria, al segno della Fed.M.(D)LXII*, ed. facs. Jenkintown, Tall Tree Library, 1949.

GastaldiNomiGrecia = *I nomi latini tratti dall'antico Greco, et i volgari hora nominati, di tutta la provincia della Grecia, et parte della Natolia di tutte le Regioni città, castelli, Monti, Laghi, Fiuni* [sic] *Mari, Golfi, Porti et isole; graduato ogni luoco in longhezza et larghezza. Opera nuova di Giacomo di Gastaldi Piemontese Cosmographo*, Venetiis, 1560; ed. facs. Avramea 1975.

Gauger, Hans-Martin, *Sprachbewußtsein und Sprachwissenschaft*, München, Piper, 1976.

GDE4 = *Grande dizionario encilopedico UTET*, 20 vol., Torino, UTET, ^{4}1994.

GDLI = Battaglia, Salvatore, *Grande dizionario della lingua italiana*, Torino, UTET, 1961ss.

GDU = De Mauro, Tullio, *Grande Dizionario dell'Uso*, CD-ROM, UTET, 1999.

Gensini, Stefano, *Italienisch: Interne Sprachgeschichte und Entwicklungstendenzen*, in: LRL 4 (1988), 393–400.

Georgacas, Demetrius J., *Griechische Ortsnamen*, ByzZ 42 (1943), 76–90 (Repr. 1959).

– *The middle greek place-name «Skortá» (in Arcadia)*, BNF 1 (1949/1950), 78–84 (= 1949/1950a).

– *Italian Place-names in Greece and Place-names from Italian Loanwords*, BNF 1 (1949–1950), 149–170 (= 1949/1950b).

– *Place and other names in Greece of various Balkan origin*, ZBalk 2 (1964), 38–76.

– *On the names of the Santorini Island Group: ΘΗΡΑ-ΣΑΝΤΟΡΗΝΗ, ΘΗΡΑΣΙΑ, ΚΑΜΕΝΕΣ, ΑΣΠΟΝΗΣΙ, FIRA, etc.*, BNF N.F. 5 (1970), 341–370.

Gerola, Giuseppe, *Le Tredici Sporadi nel codice Classense di Cristoforo Buondelmonti*, AMR serie 4, vol. 4, Bologna, 1914.
– *Le vedute di Costantinopoli di Cristoforo Buondelmonti*, SBN 3 (1931), 249–279.
Gerola, Berengario, *Le etimologie dei nomi di luogo in Cristoforo Buondelmonti*, ARIVSLA 92/2 (1932–1933), 1129–1174.
GGB = Brunner, Otto/Conze, Werner/Koselleck, Reinhart (edd.), *Geschichtliche Grundbegriffe. Historisches Lexikon zur politisch-sozialen Sprache in Deutschland*, 9 vol., Stuttgart, Klett, 1972ss.
Giesecke, Michael, *Der Buchdruck in der frühen Neuzeit. Eine historische Fallstudie über die Durchsetzung neuer Informations- und Kommunikationstechnologien*, Frankfurt a.M., Suhrkamp, 1991.
– *Die typographische Konstruktion der «Neuen Welt»*, in: Wenzel 1994, 15–31.
Gleßgen, Martin-Dietrich, *Die Falkenheilkunde des «Moamin» im Spiegel ihrer volgarizzamenti: Studien zur Romania Arabica*, vol. 1: *Edition der neapolitanischen und der toskanischen Version mit philologischem Kommentar*, Tübingen, Niemeyer, 1996.
Gleßgen, Martin-Dietrich/Lebsanft, Franz (edd.), *Alte und neue Philologie*, Tübingen, Niemeyer, 1997 (= 1997a).
Gleßgen, Martin-Dietrich/Lebsanft, Franz, *Von alter und neuer Philologie. Oder: Neuer Streit über Prinzipien und Praxis der Textkritik*, in: Gleßgen/Lebsanft 1997a, 1–14 (= 1997b).
Gormley, Catherine M./Rouse, Mary A./Rouse, Richard H., *The medieval circulation of the DE CHOROGRAPHIA of Pomponius Mela*, MS 46 (1984), 266–320.
Grafton, Anthony, *Notes from Underground on Cultural Transmission*, in: Grafton, Anthony/Blair, Ann (edd.), *The Transmission of Culture in Early Modern Europe*, Philadelphia, University of Pennsylvania Press, 1990, 1–7.
– *New Worlds, Ancient Texts. The Power of Tradition and the Shock of Discovery*, Cambridge (Mass.)/London, Belknap Press, 1992.
– *Commerce with the Classics: Ancient Books and Renaissance Readers*, Ann Arbor, University of Michigan Press, 1997.
– *Correctores corruptores? Notes on the Social History of Editing*, in: Most 1998, 54–76.
Grande, Stefano, *Le relazioni geografiche fra P. Bembo, G. Fracastoro, G. B. Ramusio, G. Gastaldi*, SGIMemorie 11 (1904), 93–197.
GrassettoViaggio = *Viaggio di Francesco Grassetto da Lonigo lungo le coste dalmate greco-venete ed italiche nell'anno MDXI e seguenti* (Monumenti storici pubblicati dalla R. Deputazione veneta di Storia Patria, ser. IV Miscellanea 4), Venezia, La società, 1886.
Grendler, Paul F., *Francesco Sansovino and Italian Popular History 1560–1600*, SR 16 (1969), 139–180 (= 1969a).
– *Critics of the Italian World (1530–1560): Anton Francesco Doni, Nicolò Franco and Ortensio Lando*, Madison/Milwaukee/London, University of Wisconsin Press, 1969 (= 1969b).
– *The Roman Inquisition and the Venetian press. 1540–1605*, Princeton (NJ), University Press, 1977.
Gröber, Gustav, *II Die Behandlung der Quellen – A: Methodik und Aufgaben der sprachwissenschaftlichen Forschung*, in: Gröber, Gustav (ed.), *Grundriss der Romanischen Philologie*, vol. 1, Straßburg, Trübner, ²1904–1906 (Repr. Berlin/New York, de Gruyter, 1985), 267–317.
Grothusen, Klaus-Detlev (ed.), *Südosteuropa-Handbuch 3: Griechenland*, Göttingen, Vandenhoeck und Ruprecht, 1980.
Gudger, E. W., *Pliny's Historia naturalis, the Most Popular Natural History ever Published*, Isis 6 (1924), 269–281.
Guglielminetti, Marziano, *Per un sottogenere della letteratura di viaggio: gl'isolari fra Quattro- e Cinquecento*, in: Letteratura di viaggio 1989, 108–117.

– *Manierismo e Barocco* (Bárberi Squarotti, Giorgio (ed.), *Storia della civiltà letteraria italiana*, vol. 3), Torino, UTET, 1990 (= 1990a).
– *Il Messico a Venezia nel 1528: Benedetto Bordon e Hernán Cortés*, in: Caracciolo Aricò 1990a, 107–114 (= 1990b).
GuicciardiniStoriaCaprariis = *Storia d'Italia*, in: Guicciardini, Francesco, *Opere*, ed. Vittorio de Caprariis, Milano/Napoli, Ricciardi, 1953, 373–1066.
GuicciardiniStoriaPorcacchi = Guicciardini, Francesco, *La Historia d'Italia* [...] *Nuovamente riscontrata con tutti gli altri Historici, et Autori, che dell'istesse cose habbiano scritto: et ornata in margine con l'Annotationi de' riscontri fatti da Thomaso Porcacchi da Castiglione Aretino. Con un Giudicio fatto dal medesimo, per discoprir tutte le bellezze di questa Historia: et una Raccolta di tutte le Sententie sparse per l'Opera* [...], Vinegia, Angelieri, 1574.
Gülich, Elisabeth, *Makrosyntax der Gliederungssignale im gesprochenen Französisch*, München, Fink, 1970.
Gülich, Elisabeth/Raible, Wolfgang (edd.), *Textsorten. Differenzierungskriterien aus linguistischer Sicht*, Wiesbaden, Athenaion, ^{2}1975 (Frankfurt a. M., Athenäum, ^{1}1972).
Gumbrecht, Hans Ulrich, *Wenig Neues in der Neuen Welt. Über Typen der Erfahrungsbildung in spanischen Kolonialchroniken des XVI. Jahrhunderts*, in: Stempel, Wolf-Dieter/Stierle, Karl-Heinz (edd.), *Die Pluralität der Welten – Aspekte der Renaissance*, München, Fink, 1987, 227–249.
Günther, Hartmut, *«... und hält den Verstand an» – Eine Etüde zur Entwicklung der deutschen Interpunktion 1522–1961*, in: Thieroff, Rolf/Tamrat, Matthias/Fuhrhop, Nanna/Teuber, Oliver (edd.), *Deutsche Grammatik in Theorie und Praxis*, Tübingen, Niemeyer, 2000, 275–286.
Guthmüller, Bodo, *Die Übersetzung in der italienischen Renaissance. Ein Überblick*, in: Guthmüller, Bodo (ed.), *Latein und Nationalsprachen in der Renaissance*, Wiesbaden, Harrassowitz, 1998, 9–30.
Hagen, Waltraud, *Textkonstitution und Erläuterungspraxis – ein methodischer Zusammenhang*, editio 7 (1993), 171–180.
Hainsworth, Peter (ed.), *The Languages of Literature in Renaissance Italy*, Oxford, Clarendon Press, 1988.
Harley, John Brian/Woodward, David, *The History of Cartography*, vol. 1: *Cartography in Prehistoric, Ancient, and Medieval Europe and the Mediterranean*, Chicago/London, University Press, 1987.
Harris, Neil (ed.), *Bibliografia testuale o filologia dei testi a stampa? Definizioni metodologiche e prospettive future. Convegno di Studi in Onore di Conor Fahy (Udine, 24–25–26 febbraio 1997)*, Udine, Forum, 1999.
Hartmann, G., *Zur Geschichte der italienischen Orthographie*, RF 20 (1907), 199–283.
Harvey, P. D. A., *Local and Regional Cartography in Medieval Europe*, in: Harley/Woodward 1987, 464–501.
Heinemann, Wolfgang, *Textsorten/Textmuster – ein Problemaufriß*, in: Mackeldey 1990, 8–16.
– *Textsorte – Textmuster – Texttyp*, in: HSK 16/1 (2000), 507–523 (= 2000a).
– *Aspekte der Textsortendifferenzierung*, in: HSK 16/1 (2000), 523–546 (= 2000b).
– *Textsorten. Zur Diskussion um Basisklassen des Kommunizierens. Rückschau und Ausblick*, in: Adamzik 2000 a, 9–29 (= 2000 c).
Heinemann, Wolfgang/Viehwegger, Dieter, *Textlinguistik. Eine Einführung*, Tübingen, Niemeyer, 1991.
Herkenhoff, Michael, *Die Darstellung außereuropäischer Welten in Drucken deutscher Offizinen des 15. Jahrhunderts*, Berlin, Akademie Verlag, 1996.
Herczeg, Giulio, *Il gerundio assoluto nella prosa del Boccaccio*, LN 10 (1949), 36–41.
– *Saggi linguistici e stilistici*, Firenze, Olschki, 1972.

Heyse, Elisabeth, *Hrabanus Maurus' Enzyklopädie «De rerum naturis». Untersuchungen zu den Quellen und zur Methode der Kompilation*, München, Arbeo-Gesellschaft, 1969.

Hill, Sarah, *Tommaso Porcacchi: Frammenti di una sua «Selva» perduta*, in: Cherchi 1999a, 83–99.

Hiltbrunner, Otto, *Kleines Lexikon der Antike. Umfassend die griechisch-römische Welt von ihren Anfängen bis zum Beginn des Mittelalters (6. Jh. n. Chr.)*, Bern/München, Francke, ^{5}1974 (^{1}1946).

Hoffmann, Dirk/Jörgensen, Peter/Foelsche, Otmar, *Computer-Edition statt Buch-Edition. Notizen zu einer historisch-kritischen Edition – basierend auf dem Konzept von «hypertext» und «hypermedia»*, editio 7 (1993), 211–220.

Hoffmann, Lothar, *Entwicklungstendenzen der deutschen Sprache seit der Mitte des 20. Jahrhunderts*, in: HSK 2/2 (2000), 1991–1999.

Holtus, Günter/Kramer, Johannes (edd.), *Romania et Slavia Adriatica. Festschrift für Žarko Muljačić*, Hamburg, Buske, 1987.

Holtus, Günter/Kramer, Johannes/Schweickard, Wolfgang (edd.), *Italica et Romanica. Festschrift für Max Pfister zum 65. Geburtstag*, 3 vol., Tübingen, Niemeyer, 1997.

Holtus, Günter/Völker, Harald, *Editionskriterien in der Romanischen Philologie (Diskussion aktueller Probleme)*, ZrP 115 (1999), 397–409.

HSK 2 = Besch, Werner/Betten, Anne/Reichmann, Oskar/Sonderegger, Stefan (edd.), *Sprachgeschichte. Ein Handbuch zur Geschichte der deutschen Sprache und ihrer Erforschung (HSK 2)*, 2 vol., Berlin/New York, de Gruyter, ^{2}1998/2000.

HSK 5 = Hausmann, Franz Josef/Reichmann, Oskar/Wiegand, Herbert Ernst/Zgusta, Ladislav (edd.), *Wörterbücher. Ein internationales Handbuch zur Lexikographie (HSK 5)*, 3 vol., Berlin/New York, de Gruyter, 1989–1991.

HSK 10 = Günther, Hartmut/Ludwig, Otto (edd.), *Schrift und Schriftlichkeit. Ein interdisziplinäres Handbuch internationaler Forschung (HSK 10)*, 2 vol., Berlin/New York, de Gruyter, 1994/1996.

HSK 11 = Eichler, Ernst/Hilty, Gerold/Löffler, Heinrich/Steger, Hugo/Zgusta, Ladislav (edd.), *Namenforschung. Ein internationales Handbuch zur Onomastik*, 3 vol., Berlin/New York, de Gruyter, 1995–1996.

HSK 15/1 = Leonhard, Joachim-Felix/Ludwig, Hans-Werner/Schwarze, Dietrich/Straßner, Erich (edd.), *Medienwissenschaft. Ein Handbuch zur Entwicklung der Medien und Kommunikationsformen (HSK 15.1.)*, Berlin/New York, de Gruyter, 1999, 746–764.

HSK 16/1 = Brinker, Klaus/Antos, Gerd/Heinemann, Wolfgang/Sager, Sven F. (edd.), *Text- und Gesprächslinguistik. Ein internationales Handbuch zeitgenössischer Forschung (HSK 16.1)*, Berlin/New York, de Gruyter, 2000.

HSK 20/1 = Haspelmath, Martin/König, Ekkehard/Oesterreicher, Wulf/Raible, Wolfgang (edd.), *Language Typology and Language Universals/Sprachtypologie und sprachliche Universalien. An International Handbook/Ein internationales Handbuch (HSK 20.1.)*, Berlin/New York, de Gruyter, 2001.

HSK 23/1 = Ernst, Gerhard/Gleßgen, Martin-Dietrich/Schmitt, Christian/Schweickard, Wolfgang (edd.), *Romanische Sprachgeschichte/Histoire des langues romanes*, Berlin/New York, de Gruyter, 2003.

IamboloNavigazioneRamusio = *La Navigatione di Iambolo Mercatante. Da i libri di Diodoro Siculo tradotta di lingua greca nella toscana*, in: RamusioNavigazioni 1,173r°–175r°.

Iannone, Alfredo/Russo, Vittorio, *Progetto per un'edizione elettronica «in progress» della «Commedia» di Dante*, in: ACILFR XXI/6 (1998), 235–242.

ICCU = Istituto Centrale per il Catalogo Unico delle Biblioteche Italiane e per le Informazioni Bibliografiche (ICCU), *Le edizioni italiane del XVI secolo: censimento nazionale*, vol. 1: *A* (^{2}1990), Roma, ICCU, 1985ss.

IndexABI = *Internationaler Biographischer Index 7*, Universität Braunschweig/Saur, 1999. <http://www.biblio.tu-bs.de/acwww25u/wbi/> (Abfragezeitraum 1999–2002).
Indice Biografico Italiano, seconda edizione ed. Tommaso Nappo, München, Saur, 1997.
Ineichen, Gustav, *Schriftlichkeit und Philologie*, in: HSK 10/1 (1994), 672–678.
InsulaeHopf = *Insulae Aegeopelagi [sec. XIII]*, ed. Charles Hopf, in: *Chroniques gréco-romanes inédites ou peu connues*, Berlin, Weidmann, 1873, 175–176.
Isenberg, Horst, *Probleme der Texttypologie. Variation und Determination von Texttypen*, WZ 27 (1978), 565–579.
IterIt = Kristeller, Paul Oskar, *Iter Italicum. A finding list of uncatalogued or incompletely catalogued humanistic manuscripts of the renaissance in italian and other libraries*, vol. 1: *Italy. Agrigento to Novara* (1977); vol. 2: *Italy. Orvieto to Volterra. Vatican City* (1977); vol. 5: *(Alia Itineraria III and Italy III). Sweden to Yugoslavia, Utopia, Supplement to Italy (A–F)* (1990); vol. 6: *(Italy III and Alia Itineraria IV). Supplement to Italy (G–V), Supplement to Vatican and Austria to Spain* (1992); *A cumulative index to volumes I–VI* (1997), London et al., Warburg Inst., 1977–1997 (Leiden, Brill, [1]1963ss.).
Jacobs, Emil, *Cristoforo Buondelmonti. Ein Beitrag zur Kenntnis seines Lebens und seiner Schriften*, in: *Beiträge zur Bücherkunde und Philologie. August Wilmanns zum 25. März 1903 gewidmet*, Leipzig, Harrassowitz, 1903, 313–340.
– *Neues von Christoforo Buondelmonti*, JDAI 20 (1905), 39–45.
– *Zu Buondelmontis kretischen Reisen*, in: *Stephaniskos. Ernst Fabricius zum VI. IX. MDCCCCXXVII.*, Freiburg i.Br., als Handschrift gedruckt, 1927.
Jacopi, Giulio, *Il ritrovamento di un'epigrafe di Cristoforo Buondelmonti*, Universo 11/1 (1930), 17–21.
Jahraus, Oliver, *Intertextualität und Editionsphilologie. Der Materialwert der Vorlagen in den Beiträgen Heinrich von Kleists für die «Berliner Abendblätter»*, editio 13 (1999), 108–130.
Jireček, Constantin, *Das christliche Element in der topographischen Nomenclatur der Balkanländer*, SbWien 138, Abh. 11, 1897.
Kadmon, Naftali, *Ptolemy – the first UNGEN Toponymist. Commomemorating the thirtieth anniversary of the first United Nations Conference on the Standardisation of Geographical Names*, Onoma 35 (2000), 123–143.
Kahane, Heinrich, *Gli elementi linguistici italiani nel neogreco*, AR 22 (1938), 120–135.
Kahane, Heinrich/Kahane, Renée, *Italienische Ortsnamen in Griechenland*, Athen, Verlag der «Byzantinisch-Neugriechischen Jahrbücher», 1940.
Kahane, Henry/Kahane, Renée, *Abendland und Byzanz. III. Literatur und Sprache*, in: Wirth, Peter (ed.), *Reallexikon der Byzantinistik*, Amsterdam, Hakkert, 1968–1976, 227–639.
– *The Nativization of Venetianisms on Cephalonia: The nexus nasal + stop*, in: Holtus/Kramer 1987, 325–340.
Kahane, Henry/Kahane, Renée/Bremner, Lucille, *Glossario degli antichi portolani italiani*, trad. Manlio Cortelazzo, Firenze, Olschki, 1967.
Kahane, Henry/Kahane, Renée/Koshansky, Olga, *Venetian Nautical Terms in Dalmatia*, RPh 7 (1953–1954), 156–170.
Kahle, Paul (ed.), *Piri Re'īs: Bahrīje. Das türkische Segelhandbuch für das mittelländische Meer vom Jahre 1521*, vol. 1: *Text* (1927); vol. 2: *Übersetzung* (1926), Berlin/Leipzig, de Gruyter, 1926/1927.
Karrow, Robert W., *Mapmakers of the Sixteenth Century and Their Maps. Bio-Bibliography of the Cartographers of Abraham Ortelius, 1570*, Chicago, Speculum Orbis Press, 1993.
Kästner, Hannes/Schütz, Eva/Schwitalla, Johannes, *Die Textsorten des Frühneuhochdeutschen*, in: HSK 2/2 (2000), 1605–1623.
Kelle, Bernhard, *Abraham Ortelius, Theatrum Orbis Terrarum (1570) und die Entwicklung der Atlanten*, in: HSK 15/1 (1999), 746–764.
Kiepert, Heinrich, *Lehrbuch der Alten Geographie*, Berlin, Reimer, 1878.

Kimble, George H. T., *Geography in the Middle Ages*, New York, Russell & Russel, 1968 ([1]1938).

Klebs, A. C., *Incunable Editions of Pliny's Historia Naturalis*, Isis 24 (1935–1936), 120–121.

Klein, Hans Wilhelm, *Latein und Volgare in Italien. Ein Beitrag zur Geschichte der italienischen Nationalsprache*, München, Hueber, 1957.

Kloocke, Kurt, *Editionstheorie und Editionspraxis bei französischen Texten der Neuzeit. Die «Œuvres complètes de Benjamin Constant»*, in: Gleßgen/Lebsanft 1997a, 283–294.

Koch, Peter, *Italienisch: Gesprochene Sprache und geschriebene Sprache*, LRL 4 (1988), 169–189 (= 1988a).

– *Italienisch: Externe Sprachgeschichte*, in: LRL 4 (1988), 343–360 (= 1988b).

– *Diskurstraditionen: zu ihrem sprachtheoretischen Status und ihrer Dynamik*, in: Frank, Barbara/Haye, Thomas/Tophinke, Doris (edd.), *Gattungen mittelalterlicher Schriftlichkeit*, Tübingen, Narr, 1997, 43–79.

Koch, Peter/Oesterreicher, Wulf, *Sprache der Nähe – Sprache der Distanz. Mündlichkeit und Schriftlichkeit im Spannungsfeld von Sprachtheorie und Sprachgeschichte*, RJb 36 (1985), 15–43.

Koder, Johannes, *Topographie und Bevölkerung der Ägäis-Inseln in spätbyzantinischer Zeit. Probleme der Quellen*, in: Thiriet 1977, 217–234.

Köhler, Helga, *Auf dem Weg zum modernen Lesetext?*, in: Most 1998, 165–189.

Kramer, Johannes, *La toponomastica italiana nel Dodecaneso (1912–1943)*, BALM 29–35 (1987–1993), 311–332.

KretschmerPortolane = Kretschmer, Konrad, *Die italienischen Portolane des Mittelalters. Ein Beitrag zur Karthographiegeschichte und Nautik*, Berlin, Mittler, 1909.

Kristeller, Paul Oskar, *Latin and Vernacular in Fourteenth- and Fifteenth-Century Italy*, in: *Studies in Renaissance Thought and Letters*, vol. 4, Roma, Ed. di storia e letteratura, 1996, 341–365.

La critica del testo. Problemi di metodo ed esperienze di lavoro. Atti del Convegno di Lecce (22–26 ottobre 1984), Roma, Salerno, 1985.

La Roncière, Monique de/Mollat du Jourdin, Michel, *Portulane. Seekarten vom 13. bis zum 17. Jahrhundert*, München, Hirmer, 1984.

Labarre, Albert, *Diffusion de l'Histoire naturelle de Pline au temps de la Renaissance*, in: Geck, Elisabeth/Pressler, Guido (edd.), *Festschrift für Claus Nissen zum 70. Geburtstag, 2. September 1971*, Wiesbaden, Pressler, 1973, 451–470.

LamentoNegroponte = *Lamento di Negroponte*, in: Beer, Marina/Ivaldi, Cristina (edd.), *Guerre in ottava rima*, vol. 4: *Guerre contro i Turchi (1453–1570)*, Modena, Panini, 1989.

Lancioni, Tarcisio, *Viaggio tra gli isolarî*, prefazione di Umberto Eco, *Schede bibliografiche* di Paolo Pampaloni, Almanacco 2 (1991).

Landow, George P., *The Convergence of Contemporary Critical Theory and Technology*, in: Nerozzi Bellman 1997, 75–97.

LdA = Irmscher, Johannes, *Digitale Bibliothek Band 18: Lexikon der Antike*, Berlin, Directmedia, 2000 (CD-ROM).

Le Isole = Porcacchi, Thomaso, *L'Isole piu famose del mondo*, Venetia, Galignani/Porro, 1572.

Lebsanft, Franz, *Frühneuzeitliche Kartographie und Sprachgeschichte. Die Amerika-Karte des Abraham Ortelius (1570)*, in: Nitsch, Wolfram/Teuber, Bernhard (edd.), *Vom Flugblatt zum Feuilleton. Mediengebrauch und historische Anthropologie in historischer Perspektive*, Tübingen, Narr, 2002, 35–48.

– *Geschichtswissenschaft, Soziologie und romanistische Sprachgeschichtsschreibung*, in: HSK 23/1 (2003), 481–503.

Legrand, Emile, *Introduction*, in: BuondelmontiArchipelLegrand, 1897, VII–XL.

LEI = Pfister, Max, *Lessico etimologico italiano*, Wiesbaden, Reichert, 1984ss.

Leonardi, Claudio/Olsen, Birger Munk (edd.), *The classical tradition in the Middle Ages and the Renaissance: proceedings of the first European Science Foundation Workshop on «The Reception of Classical Texts» (Florence, Certosa del Galluzzo, 26–27 June 1992)*, Spoleto, Centro italiano di studi sull'Alto Medioevo, 1995.

Leonhard, Richard, *Die Insel Kythera. Eine geographische Mongraphie* (Ergänzungsheft N° 128 zu *Petermanns Mitteilungen*), Gotha, Perthes, 1899.

Lepschy, Anna Laura, *«Quel libro del Mandavila ... che me aveva tuto travaliato». A presentation of the Italian Incunables*, in: Lepschy/Took/Rhodes 1986, 210–219.

Lepschy, Anna Laura/Took, John/Rhodes, Dennis E. (edd.), *Book production and letters in the Western European Renaissance. Essays in Honour of Conor Fahy*, London, Publications of the Modern Humanities Research Association, 1986.

Lerchner, Gotthard, *Zur empirischen Beschreibung von Textmustermischungen in einem historischen Textsortenspektrum*, in: Mackeldey 1990, 61–67.

Lestringant, Frank, *L'atelier du cosmographie ou l'image du monde à la Renaissance*, Paris, Michel, 1991 (*Mapping the Renaissance World. The Geographical Information in the Age of Discovery*, translation David Fausett, Cambridge, Polity Press, 1994).

– *Écrire le monde à la Renaissance. Quinze études sur Rabelais, Postel, Bodin et la littérature géographique*, Caen, Paradigme, 1993.

Letteratura di viaggio = *La letteratura di viaggio dal medioevo al rinascimento. Generi e problemi*, Alessandria, Edizioni dell'Orso, 1989.

LexMA = *Lexikon des Mittelalters*, vol. 4: *Erzkanzler bis Hiddensee* (1989); vol. 7: *Planudes – Stadt (Rus')* (1995), 9 vol.; Suppl., München, Artemis, 1980–1999.

Librandi, Rita, *La «Metaura» di Aristotele. Volgarizzamento fiorentino anonimo del XIV secolo. Edizione critica*, vol. 1, Napoli, Liguori, 1995.

Lichem, Klaus, *Italienisch: Graphetik und Graphematik*, in: LRL 4 (1988), 19–39.

Liddel/Scott = Liddell, Henry George/Scott, Robert, *A Greek-English Lexicon*, a new edition revised and augmented throughout by Henry Stuart Jones, Oxford, Clarendon Press, [9]1940 (Repr. 1953).

Liddell/Scott it. = *Dizionario illustrato greco-italiano di H. G. Liddel e R. Scott*, a cura di Quintino Cataudella et al., Firenze, Le Monnier, 1975.

Lieber, Maria/Marri, Fabio, *Edition italienischer Texte des 18. Jahrhunderts im Umkreis Muratoris*, in: Gleßgen/Lebsanft 1997a, 267–282.

Linke, Angelika/Nussbaumer, Markus, *Intertextualität. Linguistische Bemerkungen zu einem literaturwissenschaftlichen Textkonzept*, in: Antos, Gerd/Tietz, Heide (edd.), *Die Zukunft der Textlinguistik. Traditionen, Transformationen, Trends*, Tübingen, Niemeyer, 1997, 109–126.

LIZ = Stopelli, Pasquale/Picchi, Eugenio (ed.), *LIZ 4.0. Letteratura italiana Zanichelli, CD-Rom dei testi della letteratura italiana*, Bologna, Zanichelli, 2001.

LIZSchede = Lexis Progetti Editoriali (ed.), *LIZ 4. Schede di letteratura italiana*, Bologna, Zanichelli, 2001.

Lognon, Jean, *Les noms de lieu de la Grèce franque*, JS 1960, 97–110.

Lowry, Martin, *Aldus Manutius and Benedetto Bordon: In search of a link*, BJRULM 66/1 (1983), 173–197.

– *Nicholas Jenson and the Rise of Venetian Publishing in Renaissance Europe*, Oxford, Blackwell, 1991.

LRL = Holtus, Günter/Metzeltin, Michael/Schmitt, Christian (edd.), *Lexikon der Romanistischen Linguistik (LRL)*, vol. 1/2 *Methodologie (Sprache in der Gesellschaft/Sprache und Klassifikation/Datensammlung und -verarbeitung)* (2001); vol. 2/1: *Latein und Romanisch: Historisch-vergleichende Grammatik der romanischen Sprachen* (1996); vol. 4: *Italienisch, Korsisch, Sardisch* (1988); vol. 6/1: *Aragonesisch/Navarresisch, Spanisch, Asturia-*

nisch/Leonesisch (1992), vol. 7: *Kontakt, Migration und Kunstsprachen. Kontrastivität, Klassifikation und Typologie* (1998), Tübingen, Niemeyer, 1988ss.

Lucchesi, Valerio, *Appunti di sintassi e stile cinquecenteschi*, in: Hainsworth 1988, 81–107.

Lucchetta, Giuliano, *L'oriente mediterraneo nella cultura di Venezia tra il quattro e il cinquecento*, in: Arnaldi/Pastore Stocchi 1980, 375–432 (= 1980a).

– *Viaggiatori e racconti di viaggio nel cinquecento*, in: Arnaldi/Pastore Stocchi 1980, 433–489 (= 1980b).

LUI = *Lessico universale italiano di lingua, lettere, arti, scienze e tecnica*, Roma, Istituto Italiano dell'Enciclopedia, 1968–1981.

Lunardo, Ernesto, *Un grande umanista e storico che vive l'epoca della scoperta dell'America*, in: Stoppa, Angelo L./Cicala, Roberto (edd.), *L'umanista aronese Pietro Martire D'Anghiera. Primo storico del «nuovo mondo» (Atti del Convegno Arona 28 Ottobre 1990)*, Novara, Associazione di storia della Chiesa novarese, 1992.

Luzzati Laganà, Francesca, *Sur les mers grecques: un voyageur florentin du XV*[e] *siècle, Cristoforo Buondelmonti*, Médiévales 12 (1987), 67–77.

– *La funzione politica della memoria di Bisanzio nella Descriptio Cretae (1417–1422) di Cristoforo Buondelmonti*, BISIME 94 (1988), 395–420.

Lyer, Stanislav, *Syntaxe du gérondif et du participe présent dans les langues romanes*, Paris, Droz, 1934.

Mackeldey, Roger (ed.), *Textsorten/Textmuster in der Sprech- und Schrift-Kommunikation. Festschrift zum 65. Geburtstag von Wolfgang Heinemann*, Leipzig, Universität, 1990.

Maffei, Scipione, *Traduttori italiani o sia notizia de' Volgarizzamenti d'Antichi Scrittori Latini, e Greci, che sono in luce. Aggiunto il Volgarizzamento d'alcune insigni Iscrizioni Greche; E la Notizia del nuovo Museo d'Iscrizioni in Verona, col paragone fra le Iscrizioni, e le Medaglie*, Venezia, Sebastian Coleti, 1720.

Maffei, Sonia, *Per una «concordanza diacronica» dell'«Iconologia» di Cesare Ripa*, in: Barocchi/Bolzoni 1997, 101–118.

MagniRelazione = Magni, Cornelio, *Relazione Della città d'Athene, colle Provincie dell'Attica, Focia, Beozia, e Negroponte, ne' tempi, che furono queste passeggiate da Cornelio Magno Parmegiano l'Anno 1674* [...], Parma, Carlo Rosati, 1688.

Maltese, Diego, *Bibliografia nazionale italiana retrospettiva. A proposito del censimento delle edizioni italiane del XVI secolo*, in: Harris 1999, 213–218.

Maraschio, Nicoletta, *«L'arte del puntar gli scritti» di Orazio Lombardelli*, in: Cresti/Maraschio/Toschi 1992, 205–230.

Maraschio, Nicoletta, *Grafia e ortografia: evoluzione e codificazione*, in: Serianni/Trifone 1993–1994, vol. 1 (1993), 139–230.

Marazzini, Claudio, *Il secondo Cinquecento e il Seicento*, Bologna, Il Mulino, 1993.

Markl, Otto, *Ortsnamen Griechenlands in «fränkischer» Zeit*, Graz/Köln, Böhlau, 1966.

Marri, Fabio, *Norme per l'edizione del carteggio muratoriano*, Modena, Aedes Muratoriana, 1989.

Martens, Gunter/Zeller, Hans (edd.), *Texte und Varianten*, München, Beck, 1971.

Martens, Gunter, *Methoden der Textkritik und Textedition*, in: HSK 16/1 (2000), 201–208.

Masai, François, *Principes et conventions de l'édition diplomatique*, Scriptorium 4 (1950), 177–193.

Mathijsen, Marita, *Neue Drucktechniken und alte Fehlerquellen. Die Entwicklung in der Buchdruckkunst und die Folgen für die Edition*, editio 6 (1992), 131–144.

Maylender, Michele, *Storia delle Accademie d'Italia*, 5 vol., Bologna, Cappelli, 1926–1930 (Repr. Bologna, Forni, 1976).

Medici, Mario, *Gerundio: Il tipo «ballando ballando»*, LN 47 (1986), 20–21.

MedinaArteNavegarPedrezano = *L'arte del navegar, in laqual si contengono le regole, dechiarationi, secreti, et avisi, alla bona navegation necessarij. Composta per l'Eccel. Dottor M.*

Pietro da Medina, et tradotta de lingua Spagnola in volgar Italiano, à beneficio, et utilità de ciascadun Navigante [Fr. Vicenzo Palentino da Corzula], Vinetia, Pedrezano, 1554.

Ménard, Philippe, *Réflexions sur la «nouvelle philologie»*, in: Gleßgen/Lebsanft 1997a, 17–33.

– *Histoire des langues romanes et philologie textuelle*, HSK 23/1 (2003), 62–71.

Menoni, Viviana, *Formazione e storia del gerundio composto nell'italiano antico*, SGI 11 (1982), 5–88.

Mesenburg, Peter, *Portolankarten. Die «vermessene» Welt des Mittelalters*, in: Wenzel 1994, 59–75.

Metzeltin, Michael, *Die Terminologie des Seekompasses in Italien und auf der Italienischen Halbinsel bis 1600*, Diss., Basel, Apollonia, 1970.

Migliorini, Bruno, *Dal nome proprio al nome comune*, Genève, Olschki, 1927.

– *L'atto di nascita dei vocaboli*, LN 6 (1944–1945), 6–10.

– *Le lingue classiche, serbatoio lessicale delle lingue europee moderne*, LN 17 (1956), 33–38.

– *Saggi linguistici*, Firenze, Le Monnier, 1957 (= 1957a).

– *Sulla lingua dell'Ariosto*, in: Migliorini 1957a, 178–186 (zuerst: Italica 23, 1946, 152–160) (= 1957b).

– *Note sulla grafia italiana nel Rinascimento*, in: Migliorini 1957a, 197–225 (zuerst: SFI 13, 1955, 259–296) (= 1957c).

– *Il tipo sintattico «camminare riva riva»*, in: Segre, Cesare (ed.), *Linguistica e filologia. Omaggio a Benvenuto Terracini*, Milano, Mondadori, 1968, 183–190.

MiglioriniStoria = Migliorini, Bruno, *Storia della lingua italiana*, Milano, Bompiani, 1994 (Repr. 2000; Firenze, Sansoni, [1]1960).

Mildonian, Paola, *La conquista dello spazio americano nelle prime raccolte venete*, in: Caracciolo Aricò 1990a, 115–133.

Miller, William, *Essays on the Latin Orient*, London, 1921 (Repr. Amsterdam, Hakkert, 1964).

Missaglia, Giovanni Battista, *Biografia universale antica e moderna*, Venezia, Missaglia, 1830.

MlWb = Bayerische Akademie der Wissenschaften/Berlin-Brandenburgische Akademie der Wissenschaften (edd.), *Mittellateinisches Wörterbuch bis zum ausgehenden 13. Jahrhundert*, vol. 1: *A–B* (1959–1967), vol. 2: *C* (1968–1998), München, Beck, 1959ss.

Möhren, Frankwalt, *Édition et lexicographie*, in: Gleßgen/Lebsanft 1997a, 153–166.

MomiglianoLepschy = Momigliano Lepschy, Anna Laura (ed.), *«Viaggio in Terrasanta di Santo Brascia» 1480 con l'«Itinerario di Gabriele Capodilista» 1458*, Milano, Longanesi, 1966.

MontalboddoPaesi = Montalboddo, Fracanzano, *Paesi novamente retrovati et Mondo Novo*, Vicenza, Enrico Ca' da Zeno, 1507.

Montesdeoca Medina, José Manuel, *Los islarios de la época del humanismo: el «De Insulis» de Domenico Silvestri, edición y traducción*, Thesis, ms. Universidad de La Laguna, 2000.

Mordenti, Raul, *Informatica e filologia*, in: *Calcolatori e Scienze Umane. Archeologia e Arte, Storia e Scienze Giuridiche e Sociali, Linguistica, Letteratura. Scritti del convegno organizzato dall'Accademia Nazionale dei Lincei e dalla Fondazione IBM Italia*, Milano, Etaslibri, 1992, 236–272.

Mortara, Bice, *Un uso particolare dell'infinito in Daniello Bartoli*, Rendiconti Serie 8, vol. 17 (1962), 486–495.

Mortara Garavelli, Bice, *Italienisch: Textsorten*, in: LRL 4 (1988), 157–168.

Most, Glenn W. (ed.), *Texte edieren*, Göttingen, Vandenhoeck und Ruprecht, 1998.

Mühlhäusser, Anna, *Die Landschaftsschilderung in Briefen der italienischen Frührenaissance*, Berlin/Leipzig, Rothschild, 1914.

Mundt, Lothar/Roloff, Hans Gert/Seelbach, Ulrich (edd.), *Probleme der Edition von Texten der Frühen Neuzeit*, Tübingen, Niemeyer, 1992.

MünsterCosmographia = Münster, Sebastian, *Cosmographia. Beschreibung aller Lender* [...] *in welcher begriffen, Aller volcker, herrschafften, Stetten, und namhafftiger flecken, herkommen: Sitten, gebreüch, ordnung, glauben, secten, und hantierung, durch die gantze welt, und fürnemlich Teütscher nation* [...] *Alles mit figuren und schonen landt taflen eklert und für augen gestelt*, Basel, Petri, 1544.

MunsteroCosmografia = *Figura universale del mondo terreno, ove si mostra leggiadramente in che luoghi si scoopra dall'acque la terra, et come le tre parti di quella principali l'Europa, l'Africa, et l'Asia sien per natura trase distente, et che luogo si approiino, quelle nove isole nell'occeano, all'eta nostra trovate, le quali chiamiamo il novo mondo, la dechiarazion de tute queste cose, te pone innanzi il principio del secondo libro*, Basilea, 1558.

Murphy, Andrew (ed.), *The Renaissance text. Theory, editing, textuality*, Manchester, Manchester University Press, 2000.

NATCart = *Nuovo Atlante Treccani*, vol. 1: *Cartografia*, Roma, Istituto della Enciclopedia Italiana, 1995.

NATInd = *Nuovo Atlante Treccani*, vol. 2: *Indici, Appendice*, Roma, Istituto della Enciclopedia Italiana, 1995.

NDI = *Nuovo Dizionario Istorico ovvero Istoria in Compendio di tutti gli uomini, che si sono renduti celebri per talenti, virtù, sceleratezze, errori etc.*, Napoli, Morelli, 1791ss.

Nerozzi Bellman, Patrizia (ed.), *Internet e le muse. La rivoluzione digitale nella cultura umanistica*, Milano, Mimesis, 1997.

NeubrigensisLibriPotelerium = Neubrigensis, Guglielmo, *Rerum Anglicarum Libri Quinque*, in: *Rerum britannicarum, id est Angliæ, Scotiæ, vicinarumque insularum ac regionum, scriptores vetustiores ac praecipui: Galfredi Monumetensis, cognomento: Arturi de origine et gestis Regum Britanniæ libri XII. Pontici Virunnii Britannicæ historiæ libri VI. quibus G. Monumetensis libros sex priores in Epitomen redegit. Gildae Sapientis, de excidio et conquestu Britanniæ Epistola. Bedae Anglossaxonis Historiæ Ecclesiasticæ gentis Anglorum libri V. Continuatio eiusdem Historiæ, incerto auctore libris III. comprehensa, ac iam primum publicata. Guglielmus Neubrigensis de rebus Anglicis libri V. Ioannis Frossardi Historiarum Epitome, in qua de Bellis inter Anglos et Gallos gestis, praecipue agitur*, Lugduni, Renatum Potelerium, 1587, 353–496.

Oesterreicher, Wulf, *Sprachttheoretische Aspekte von Textphilologie und Editionstechnik*, in: Gleßgen/Lebsanft 1997a, 111–126.

OKAH = Kayser, Bernard/Thompson, Kenneth, et al., *Οικονομικός και κοινωνικός Ατλας της Ελλάδος*, Αθήναι, 1964.

Olandesi/ZelandesiNavigazioniRamusio = *Tre Navigationi fatte da gli Olandesi et Zelandesi Al Settentrione della Norvegia, Moscovia, e Tartaria verso il Catai, et Regno de' Sini, dove scopersero il mare di Veygatz, la nuova Zembla, et un paese el 80. grado creduto la Groenlandia*, in: RamusioNavigazioni 3,398v°–430r°.

Olivieri, Ornella, *I primi vocabolari italiani fino alla prima edizione della Crusca*, SFI 6 (1942), 164–192.

Olschki, Leo S., *Le Livre en Italie à travers les siècles*, Firenze, Juntine, 1914.

Olschki, Leonardo, *Geschichte der neusprachlichen wissenschaftlichen Literatur*, vol. 2: *Bildung und Wissenschaft im Zeitalter der Renaissance in Italien*, Leipzig et al., Olschki, 1922.

– *Storia letteraria delle scoperte geografiche. Studi e ricerche*, Firenze, Olschki, 1937.

Olsen, Birger Mink, *État présent des études sur la réception de la littérature classique au moyen âge et à la renaissance*, in: Leonardi/Olsen 1995, 185–196.

OVI = Beltrami, Pietro (dir.), *Opera del Vocabolario italiano: Corpus testuale ItalNet (per utenti registrati)*, 1998ss. <http://www.csovi.fi.cnr.it/> (Abfragezeitraum 1999–2002).

Palek, Bohumil, *Textverweis (Cross-Reference). Ein Beitrag zur Hypersyntax*, in: Dressler, Wolfgang (ed.), *Textlinguistik*, Darmstadt, Wissenschaftliche Buchgesellschaft, 1978, 167–184 (zuerst: Travaux Linguistiques de Prague 3, 1968, 255–266, übers. Elisabeth Rockenbauer/Alois Eder).

Palermo, Massimo, Rezension zu Wilhelm 1996, SLI 25/1 (1999), 149–152.

Pallucchini, Anna (ed.), *Marco Boschini: La carta del navegar pitoresco*, Venezia/Roma, Istituto per la collaborazione culturale, 1966.

Paolucci, Anne, *Fact, fiction, and philology: A re-assessment of the Columbus story*, in: Paolucci, Anne/Paolucci, Henry (edd.), *Columbus*, Whitestone (N. Y.), Griffin House, 1989, 7–15.

Pape = Pape, Wilhelm/Benseler, Gustav, *Wörterbuch der Griechischen Eigennamen* (Pape, Wilhelm/Benseler, Gustav, *Handwörterbuch der Griechischen Sprache*, vol. 3), Braunschweig, Vieweg, ^{2}1850, ^{3}1884 (Repr. Graz, Akademische Druck- und Verlagsanstalt, 1959).

Parks, George, *The contents and sources of Ramusio's «Navigationi»*, in: RamusioNavigazioni 1,1–39.

PaschArcipelago = Ross, Ludwig (ed.), *Graf Pasch van Krienen. Abdruck seiner italienischen Beschreibung des griechischen Archipelagus mit Anmerkungen und einer Abhandlung über den Verfasser und seine Auffindung des Grabes Homers auf Ios aus dem Nachlasse*, Halle, Schwetschke, 1860.

Pastina, Daniela, *La Grammatica di Lodovico Dolce*, in: Cherchi 1998b, 63–73.

Pastorello, Ester, *Tipografi, editori, librai a Venezia nel secolo XVI* (Biblioteca di Bibliografia Italiana 5), Firenze, Olschki, 1924.

Pérennec, Marie-Hélène, *Textlinguistik im romanischen Sprachraum*, in: HSK 16/1 (2000), 145–153.

Quondam, Amedeo, *«Mercanzia d'onore», «mercanzia d'utile». Produzione libraria e lavoro intellettuale a Venezia nel Cinquecento*, in: Petrucci 1977, 51–104.

Pecoraro, Carmela (ed.), *Domenico Silvestri. De insulis et earum proprietatibus*, Palermo, Accademia, 1955.

Petrucci, Armando (ed.), *Libri, editori e pubblico nell'Europa moderna. Guida storica e critica*, Bari, Laterza, 1977.

– *Introduzione*, in: Petrucci 1977, IX–XXIX.

Pfister, Max, *Die Bedeutung der «volgarizzamenti» lateinischer Texte für die Herausbildung der literarischen Prosasprache*, in: Buck, August/Pfister, Max, *Studien zu den volgarizzamenti römischer Autoren in der italienischen Literatur des 13. und 14. Jahrhunderts*, München, Fink, 1978, 45–87.

– *La «Questione della Lingua» nel Cinquecento e nel Novecento*, ItSt 4 (1981), 101–116.

– *Die Italienische Lexikographie von den Anfängen bis 1900*, in: HSK 5/2 (1990), 1844–1863.

– *Italienische Sprach- und Literaturakademien des Quattro- und Cinquecento*, in: Frobenius, Wolf (ed.), *Akademie und Musik. Erscheinungsweisen und Wirkungen des Akademiegedankens in Kultur- und Musikgeschichte: Institutionen, Veranstaltungen, Schriften. Festschrift für Werner Braun zum 65. Geburtstag; zugleich Bericht über das Symposium «Der Akademiegedanke in der Geschichte der Musik und Angrenzender Fächer» (Saarbrücken 1991)*, Saarbrücken, Saarbrücker Druck und Verlag, 1993, 61–69.

– *Riflessi nel lessico italiano dei viaggi di Colombo, di Vespucci e di Magellano*, in: Accademia della Crusca 1994, 9–22.

– Rezension zu Pigafetta, Antonio, *Il primo viaggio intorno al mondo con il Trattato della sfera*, ed. Mario Pozzi, 2 vol., Vicenza, Neri Pozza, 1994, ZrP 12 (1996), 827.

Philippson, Alfred, *Beiträge zur Kenntnis der griechischen Inselwelt* (EPM 134), Gotha, Perthes, 1901.

– *Land und See der Griechen*, Bonn, Dümmler, 1947.
– *Die griechischen Landschaften. Eine Landeskunde*, vol. 1/2: *Das östliche Mittelgriechenland und die Insel Euboea* (1951); vol. 2/2: *Das westliche Mittelgriechenland und die westgriechischen Inseln* (1958); vol. 3/2: *Der Westen und Süden der Halbinsel* (1959); vol. 4: *Das Aegaeische Meer und seine Inseln* (1959), Frankfurt, Klostermann, 1950–1959.
Pitcher, Donald Edgar, *An Historical Geography of the Ottoman Empire from earliest times to the end of the sixteenth century with detailed maps to illustrate the expansion of the Sultanate*, Leiden, Brill, 1972.
PlinioHistoriaNaturaleLandino = *Historia naturale di C. Plinio Secondo tradocta di lingua latina in fiorentina per Christophoro Landino Fiorentino al serenissimo Ferdinando Re di Napoli*, Venezia, Jenson, 1476.
PlinioHistoriaNaturaleBrucioli = *Historia Naturale di C. Plinio Secondo di Latino in volgare tradotta per Christophoro Landino, et nuovamente in molti luoghi, dove quella mancava, supplico, et da infiniti errori emendata, et con somma diligenza corretta per Antonio Brucioli. Con la Tavola similmente castigata, et aggiuntovi molti capitoli, che nelle altre impressioni non erano. Agiontovi anchora di nuovo la sua vita con un'altra tavola copiosissima di tutte le materie, che nell'opera si trattano con molto studio a perfettione per ordine alphabetico ridotta. Et piu una tavola nella quale si dichiarano molti vocaboli incogniti difficili, et molte parole estranie non intese*, Venetia, Gabriel Iolito, 1543.
PlinioHistoriaNaturaleDomenichi = *Historia naturale di G. Plinio Secondo. Tradotta per M. Lodovico Domenichi; con le postille in margine, nelle quali, o vengono segnate le cose notabili, o citati altri Auttori, che della stessa materia habbiano scritto, o dichiariti i luoghi difficili, o posti i nomi di Geografia moderni; et con le tavole copiosissime di tutto quel che nell'opera si contiene. All'Illustrissimo Signore, il Signor Alberigo Cibò Malespina, Marchese di Massa, et S. di Carrara*, Vinegia, Giolito, 1562.
PlinioStoriaNaturaleGentile = *Caio Plinio Secondo: La Storia Naturale (Libri I–XI), tradotta in «napoletano misto» da Giovanni Brancati*, inedito del sec. XV ed. Salvatore Gentile, 3 vol., Napoli, 1974.
Pöckl, Wolfgang, *La traduction, clé de l'histoire culturelle du Moyen Age*, in: ACILFR XXI/6 (1998), 719–726.
Pontani, Anna, *Sullo studio del greco in occidente nel sec. XV: L'esempio di Michele Apostolis*, in: Tavoni 1996, vol. 1, 133–170.
PorcacchiAzioniAngelieri = Porcacchi, Thomaso, *Le attioni d'Arrigo terzo re di Francia, et quarto di Polonia, descritte in dialogo [...]*, Vinetia, Angelieri, 1574.
PorcacchiCagioniGiolito = Porcacchi, Thomaso, *Cagioni delle guerre antiche [...] tratte da gl'historici antichi greci a beneficio di vuol' adonarsi l'animo delle gioie dell'historie [primo volume], una delle prime gioie congiunte all'anella della sua Collana Historica*, Vinegia, Giolito, 1564.
PorcacchiFuneraliGalignani = Porcacchi, Thomaso, *Funerali Antichi di diversi Popoli, et Nationi; Forma, Ordine, et Pompa di sepolture, di essequie, di consecrationi antiche et d'altro*, Venetia, Galignani, 1572.
PorcacchiHistoriaD'Este = *Historia dell'origine et successione dell'illustrissima famiglia Malaspina, descritta da Thomaso Porcacchi da Castiglione Arretino, et Mandata in luce da Aurora Bianca d'Este sua consorte*, Verona, Discepolo, 1585.
PorcacchiIsole = Le Isole.
PorcacchiIsoleGalignani = Porcacchi, Thomaso, *L'Isole piu famose del mondo*, Venetia, Galignani/Porro, 1576.
PorcacchiLettereTrino = Porcacchi, Thomaso, *Lettere di XIII Huomini illustri, nelle quali sono due libri di diversi altri auttori [...]*, Venetia, Trino, 1564.
PorcacchiParalleliGiolito = Porcacchi, Thomaso, *Paralleli o Essempi simili, seconda gioia, congiunta all'anella della sua Collana Historica*, Vinegia, Giolito, 1567.

PorcacchiVocabolario = *Vocabolario nuovo del Porcacchi. Sopra molte voci, che per avanti nella Fabbrica erano grandemente desiderate. Lequali sono state estratte, et cavate dal Giovio, dal Caro, dal Politiano, da Cino da Pistoia, dal Fiorenzuola, et da diversi altri piu approvati, et migliori authori della nostra lingua. Con gli essempi à tutte le voci, secondo l'ordine istesso tenuto dall'Alunno*, Vinegia, Porta, 1584, angebunden an: AlunnoFabrica.

PortogheseNarrazioneRamusio = *Narratione di un Portoghese Compagno di Odoardo Barbosa. qual fu sopra la nave Vittoria del Anno 1519*, in: RamusioNavigazioni 1,370r°–370v°.

PortulansGrecsDelatte = Delatte, Armand (ed.), *Les Portulans Grecs*, Paris, Droz, 1947.

PortulansGrecsDelatteCompl = Delatte, Armand (ed.), *Les Portulans Grecs. II Complements*, Bruxelles, Palais des Académies, 1958.

Pozzi, Mario, *Discussioni linguistiche del Cinquecento*, Torino, UTET, 1988.

Pregliasco, Marinella, *Tipologia di un viaggio minimo*, in: Letteratura di viaggio 1989, 63–84.

Puppo, Mario, *Appunti sulla sintassi del Machiavelli*, RCCM 7 (1965), 906–914.

Pusch, Luise F., *Kontrastive Untersuchungen zum italienischen «gerundio»: Instrumental- und Modalsätze und das Problem der Individuierung von Ereignissen*, Tübingen, Niemeyer, 1980.

Quondam, Amedeo, *«Mercanzia d'onore», «mercanzia d'utile». Produzione libraria e lavoro intellettuale a Venezia nel Cinquecento*, in: Petrucci 1977, 51–104.

Quondam, Amedeo, *Note su imitazione e ‹Plagio› nel Classicismo*, in: Cherchi 1998b, 11–26.

Radici Colace, Paola, *La riscrittura come pratica intertestuale nella manualistica tecnica e scientifica: gli 'ΑΠΟΤΕΛΕΣΜΑΤΙΚΑ' di Efestione Tebano*, in: Moreschini, Claudio (ed.), *Esegesi, Parafrasi e compilazione in età tardoantica. Atti del Terzo Convegno dell'Associazione di Studi Tardoantichi*, Napoli, D'Auria, 1995, 331–343.

Raible, Wolfgang, *Das «Lob der Variante» aus der Sicht des Sprachwissenschaftlers*, in: Gleßgen/Lebsanft 1997a, 127–141.

RamusioDaMostoRamusio = *Delle Navigationi di Messer Alvise Da ca da Mosto Gentilhuomo Venetiano*, in: RamusioNavigazioni 1,96v°–111v°.

RamusioDiscorsoHannone, *Discorso sopra la Navigatione Di Hannone Carthaginese fatto per un pilotto Portoghese*, in: RamusioNavigazioni 1,112r°–114r°.

RamusioDiscorsoLettere = *Discorso sopra alcune lettere Et Navigationi fatte per li Capitani dell'Armate delli Serenissimi Re di Portogallo, verso le Indie Orientali*, in: RamusioNavigazioni 1,119r°.

RamusioDiscorsoTerzo = *Discorso di M. Gio. Battista Ramusio Sopra il Terzo volume delle Navigationi et Viaggi nella parte del Mondo Nuovo. All'Eccellente M. Hieronimo Fracastoro [...]. Di Venetia alli xx di Giugno MCLIII*, in: *Terzo Volume delle navigationi et viaggi raccolto gia da M. Gio. Battista Ramusio Nel quale si contengono Le Navigationi al Mondo Nuovo, à gli Antichi incognito [...]. Si come si legge nelle diverse Relationi, tradotte dal Ramusio di Lingua Spagnuola et Francese nella nostra [...]*, Venetia, Giunti, 1565, A ij r°–A vj v°.

RamusioDiscorsoViaggi = *Discorso di M. Gio. Battista Rhamusio sopra varij Viaggi per liquali sono state condotte fino à tempi nostri le spetierie et altri nuovi, che se potriano usare per condurle*, in: RamusioNavigazioni 1,371r°–375r°.

RamusioNavigazioniMilanesi = Ramusio, Giovanni Battista, *Navigazioni e viaggi*, ed. Marica Milanesi, Torino, Einaudi, 1978–1988 (LIZ 4.0).

RamusioNavigazioni = Ramusio, Giovanni Battista, *Navigationi et viaggi (Venice 1563–1606)*, ed. facs. vol. 1 (1970 [1563]); vol. 2 (1968 [1583]); vol. 3 (1967 [1606]), Amsterdam, Theatrum Orbis Terrarum, 1967/1968/1970 [Venetia, Giunti, 1563/1583/1606].

Réécritures = *Réécritures. Commentaires, parodies, variations dans la littérature italienne de la Renaissance*, vol. 1 (1983); vol. 2 (1984), Paris, Université de la Sorbonne Nouvelle, 1983/1984 (= CIRR 11, 1983; 12, 1984).

Reichert, Folker, *Marco Polos «Divisament du monde» und die Reisebücher*, in: HSK 15/1 (1999), 665–680.

Reichmann, Oskar, *Deutsche Sprachgeschichte im Rahmen der Kulturgeschichte*, in: HSK 2/1 ([2]1998), 1–41.

Reusch, Franz Heinrich, *Der Index der Verbotenen Bücher. Ein Beitrag zur Kirchen- und Literaturgeschichte*, 2 vol., Bonn, Cohen, 1883 (Repr. Aalen, Scientia, 1967).

Reynolds, Leighton D./Wilson, Nigel G., *Scribes and Scholars. A Guide to the Transmission of Greek and Latin Literature*, Oxford, Clarendon Press, [3]1991 ([1]1968).

Richardson, Brian (ed.), *Trattati sull'Ortografia del Volgare 1524–1526*, Exeter, University of Exeter, 1984.

– *An Editor of Vernacular Texts in Sixteenth-Century Venice: Lucio Paolo Rosello*, in: Lepschy/Took/Rhodes 1986, 246–278.

– *Gli Italiani e il Toscano parlato nel Cinquecento*, LN 48 (1987), 97–107.

– *Print Culture in Renaissance Italy. The Editor and the Vernacular Text 1470–1600*, Cambridge, Cambridge University Press, 1994.

– *La riforma ortografica dal 1501 al 1533: confronti tra l'Italia e la Francia*, in: Tavoni 1996, vol. 1, 257–266.

Ricklefs, Ulfert, *Zur Systematik historisch-kritischer Ausgaben*, editio 13 (1999), 1–22.

Rohlfs, Gerhard, *Grammatica storica della lingua italiana e dei suoi dialetti*, vol. 1: *Fonetica* (1966); vol. 2: *Morfologia* (1968); vol. 3: *Sintassi e formazione delle parole* (1969), 3 vol., Torino, Einaudi, 1966–1969 (Originalausgabe: Rohlfs, Gerhard, *Historische Grammatik der Italienischen Sprache und ihrer Mundarten*, vol. 1: *Lautlehre*; vol. 2: *Formenlehre und Syntax*; vol. 3: *Syntax und Wortbildung*, 3 vol., Bern, Francke, 1949).

Roloff, Hans-Gert, *Fragen zur Gestaltung von Kommentaren zu Textausgaben der Frühen Neuzeit*, in: Mundt/Roloff/Seelbach 1992, 130–166 (= 1992a).

– *Zur Relevanz von Varianten*, in: Mundt/Roloff/Seelbach 1992, 2–14 (= 1992b).

Roncaglia, Gino, *Alcune riflessioni su edizioni critiche, edizioni elettroniche, edizioni in rete*, in: Nerozzi Bellman 1997, 251–276.

Rösch, Gerhard, *«Venedig». Geschichte einer Seerepublik*, Stuttgart, Kohlhammer, 2000.

Rübekeil, Ludwig, *Völkernamen Europas*, in: HSK 11/2 (1996), 1330–1343.

Rüdiger, Horst, *Die Wiederentdeckung der antiken Literatur im Zeitalter der Renaissance*, in: Hunger, Herbert/Stegmüller, Otto (edd.), *Geschichte der Textüberlieferung der antiken und mittelalterlichen Literatur*, Zürich, Atlantis, 1961, 511–580.

SabellicoHistorieTrino = *Le Historie Vinitiane di Marco Antonio Sabellico, divise in tre Deche con tre Libri della quarta Deca. Nuovamente ricorrette, e in diverse parti accresciute di molte cose, che nell'esemplare Latino mancavano*, Venezia, Trino, 1554.

SabellicoSitoMeneghetti = Sabellico, Marco Antonio, *Del Sito di Venezia città (1502)*, ed. G. Meneghetti, Venezia, Filippi, 1985.

Salvatori, Guido/Salvatori, Paola (edd.), *Ortensio Lando: Commentario delle più nobabili et monstruose cose d'Italia et altri luoghi di lingua Aramea in Italiana tradotto. Con un breve catalogo de gli inventori delle cose che si mangiano et beveno, novamente ritrovato. Ripresa dell'edizione veneziana del 1553*, Bologna, Pendragon, 1994.

Sandig, Barbara, *Zur Differenzierung gebrauchssprachlicher Textsorten im Deutschen*, in: Gülich/Raible 1975, 113–124.

Sandys, John Edwin, *A Short History of Classical Scholarship. From the sixth century b.c. to the present day*, Cambridge, Cambridge University Press, 1915.

SantaCruzIslarioNaudé = *Islario general de todas las islas del mundo dirigido a la S. C. R. M. del Rey don Felipe nuestro señor por Alonso de Santa Cruz su cosmógrafo mayor* [1542], in: Naudé, Françoise, *Reconnaissance du nouveau monde et cosmographie à la Renaissance*, Kassel, Reichenberger, 1992, 127–363.

SanudoDiarii = *I diarii di Marino Sanuto*, vol. 3: ed. Rinaldo Fulin (1880); vol. 4: ed. Federico Stefani (1880); vol. 5: ed. Federico Stefani (1881), Venezia, A spese degli autori, 1879ss.

Savoca, Giuseppe (ed.), *Lessicografia, Filologia e critica. Atti del Convegno Internazionale di Studi (Catania – Siracusa, 26–28 aprile 1985)*, Firenze, Olschki, 1986, 177–188.

– *Primi dati sulla congiunzione «e» nella poesia italiana (da Dante e Petrarca a Montale)*, in: Savoca 1986, 177–188.

Sbordone, Francesco, *La tradizione umanistica della «Geografia» di Strabone*, BEN 9 (1961), 11–32.

Scavuzzo, Carmelo, *Girolamo Ruscelli e la norma grammaticale nel Cinquecento*, SLI 22 (1996), 3–31.

Schlieben-Lange, Brigitte, *Traditionen des Sprechens. Elemente einer pragmatischen Sprachgeschichtsschreibung*, Stuttgart, Kohlhammer, 1983.

Schmitt, Rüdiger, Rezension zu Markl 1966, BNF N.F. 1 (1966), 214s.

Schreiber, Michael, *Zur Abgrenzung und Klassifikation der Proformen, dargelegt an französischen und deutschen Beispielen*, in: Gil, Alberto/Schmitt, Christian (edd.), *Kohäsion, Kohärenz, Modalität in Texten romanischer Sprachen. Akten der Sektion «Grundlagen für eine Textgrammatik der romanischen Sprachen» des XXIV. Deutschen Romanistentages, Münster (25.–28.9.1995)*, Bonn, Romanistischer Verlag, 1996, 91–108.

Schröter, Kirsten, *Die Terminologie der italienischen Buchdrucker im 15. und 16. Jahrhundert*, Tübingen, Niemeyer, 1998.

Schulz, Jürgen, *Maps as Metaphors: Mural Map Cycles of the Italian Renaissance*, in: Woodward 1987, 97–122.

Schulz-Buschhaus, Ulrich, *Gemeinromanische Tendenzen XIII. Konstituierung von Textsorten*, in: LRL 2/1 (1996), 538–557.

Schwarze, Christoph, *Grammatik der italienischen Sprache*, Tübingen, Niemeyer, ²1995.

Schweickard, Wolfgang, *Neue Medien und historische Lexikographie: die «Letteratura Italiana Zanichelli» («LIZ») auf CD-ROM*, in: Holtus/Kramer/Schweickard 1997, vol. 1, 441–449.

– *Die Textgrundlagen der historischen Lexikographie*, in: Bernhard, Gerald/Heinemann, Susanne/Kattenbusch, Dietrich (edd.), *Festschrift für Gerhard Ernst zum 65. Geburtstag*, Tübingen, Niemeyer, 2002, 323–335.

Schwendener, Ulrich, *Der Accusativus cum Infinitivo im Italienischen*, Säckingen, Mehr, 1923.

Schwitalla, Johannes, *Deutsche Flugschriften 1460–1525. Textsortengeschichtliche Studien*, Tübingen, Niemeyer, 1983.

ScillacioIsoleBaldacci = Scillacio, Nicola, *Delle isole del mare meridiano e indiano recentemente scoperte*, ed. Osvaldo Baldacci, Firenze, Olschki, 1992.

Scolari, Antonio, *Destrorso*, SLI 17 (1991), 132–135.

ScrofaniViaggioRicorda = Ricorda, Ricciarda (ed.), *Saverio Scrofani: Viaggio in Grecia*, Venezia, Marsilio, 1988.

Searle, John R., *Sprechakte. Ein sprachphilosophischer Essay*, Frankfurt, Suhrkamp, ⁷1997 (¹1983).

Segre, Cesare, *La natura del testo e la prassi ecdotica*, in: *La critica del testo* 1985, 25–44.

Serafin, Silvana, *Immagini del mondo coloniale nella cultura veneziana dei secoli XVI e XVII*, RI 57 (1996), 39–42.

Serianni, Luca/Trifone, Pietro (edd.), *Storia della lingua italiana*, vol. 1: *I luoghi della codificazione* (1993); vol. 2: *Scritto e parlato* (1994); vol. 3: *Le altre lingue* (1994), 3 vol., Torino, Einaudi, 1993–1994.

Shirley, Rodney W., *The Mapping of the World: Earley Printed World Maps, 1472–1700*, London, Holland, 1984.

SilvestriMontesdeoca = Silvestri, Domenico, *De insulis et earum proprietaribus*, ed. Montesdeoca Medina 2000.

Simmler, Franz, *Prinzipien der Edition von Texten der Frühen Neuzeit aus sprachwissenschaftlicher Sicht*, in: Mundt/Roloff/Seelbach 1992, 36–127.
Simmler, Fritz (ed.), *Textsorten und Textsortentraditionen*, Bern, Lang, 1997.
Sinner, Gabriel Rudolf Ludwig v., *Lectori erudito atque benevolo editor*, in: BuondelmontiLiberSinner, 1824, 7–48.
Skelton, Raleigh A., *Bibliographical Note*, in: BerlinghieriGeografia, 1964, V–XII.
Skelton, Raleigh A., [Einleitung zu BordoneLibroSkelton] 1966, XXX (= 1966a).
– *Bibliographical Note*, in: TolomeoGeografiaMunstero, 1966, V–XXIII (= 1966b).
– *Introduction*, in: RamusioNavigazioni 1 (1970), V–XIV.
Škerlj, Stanko, *Syntaxe du participe présent et du gérondif en vieil italien, avec une introduction sur l'emploi du participe présent et de l'ablatif du gérondif en italien*, Paris, Champion, 1926.
SomaveraTesoro = Somavera, Alessio da, *Tesoro della lingua greca-volgare ed italiana* [Parigi, 1709], Napoli, s.n., 1806 (Repr. Bologna, Forni, 1977).
SonettiIsolario = Dalli Sonetti, Bartolommeo, *Isolario* [Venezia, 1485], ed. facs. Amsterdam, Theatrum Orbis Terrarum, 1972.
Sophocles, Evangelinus A., *Greek lexicon of the Roman and Byzantin periods (From B.C. 146 to A.D. 1100)*, 2 vol., New York, Scribner et al., s.a. [1888].
Soucek, Svat, *Piri Reis and Turkish Mapmaking after Columbus*, London, Nour Foundation, 1996.
SpanduginoTurchi = *I commentari di Theodoro Spandugino Cantacuscino Gentilhuomo Costantinopolitano, dell'origine de principi Turchi, et de' costumi di quella natione*, Fiorenza, s.n., 1551.
Spitael, Marie-Anne van (ed.), *Cristoforo Buondelmonti: Descriptio Insule Crete et Liber insularum, Cap. XI: Creta*, Herakleion, Syllogos Politistikes Anaptyxeos Herakleiu, 1981.
Stagl, Justin, *Der wohl unterwiesene Passagier. Reisekunst und Gesellschaftsbeschreibung vom 16. bis zum 18. Jahrhundert*, in: Krasnobaev, Boris/Robel, Gert/Zeman, Herbert (edd.), *Reisen und Reisebeschreibungen im 18. und 19. Jahrhundert als Quellen der Kulturbeziehungsforschung*, Berlin, Camen, 1980, 353–379.
Stark, Elisabeth, *Textkohärenz und Textkohäsion*, in: HSK 20/1 (2001), 634–656.
Steger, Hugo, *Über Textsorten und andere Textklassen*, in: *Textsorten und literarische Gattungen. Dokumentation des Germanistentages in Hamburg vom 1.–4. April 1979*, herausgegeben vom Vorstand der Vereinigung der deutschen Hochschulgermanisten, Berlin, Schmidt, 1983, 25–67.
Stein, Peter, *Untersuchungen zur Verbalsyntax der Liviusübersetzungen in die romanischen Sprachen. Ein Versuch zur Anwendung quantitativer Methoden in der historisch-vergleichenden Syntax*, Tübingen, Niemeyer, 1997.
Stempel, Wolf-Dieter, *Gibt es Textsorten?*, in: Gülich/Raible 1975, 175–179.
Steuerwald = Steuerwald, Karl, *Türkisch-Deutsches Wörterbuch. Türkçe-Almanca Sözlük*, Wiesbaden, Harrassowitz, 1972.
Stolt, Birgit, *Historische Textologie*, in: HSK 2/1 (1998), 786–797.
Storie di viaggiatori italiani: Le Americhe, prefazione Egidio Ortona, Milano, Electa, 1987.
StraboneGeografiaBuonacciuoli 1 = *La prima parte della Geografia di Strabone, di greco tradotta in volgare italiano da M. Alfonso Buonacciuoli gentilhuomo Ferrarese, con due copiosissime tavole l'una de' nomi Antichi et Moderni, l'altra di tutti i nomi, et cose notabili, che in questo libro si contengono*, Venetia, Senese, 1562.
StraboneGeografiaBuonacciuoli 2 = *La seconda parte della Geografia di Strabone di greco tradotta in volgare italiano da M. Alfonso Buonacciuoli gentilhuomo Ferrarese et academico Mantovano. Con due copiosissime tavole l'una de' nomi Antichi et Moderni, l'altra di tutti i nomi, et cose notabili, che in questo libro si contengono*, Ferrara, Senese, 1565.

StrabonisGeographicaMüller = Müller, Carl/Dübner, F., *Strabonis Geographica. Graece cum versione reficta. Accedit index variantis lectionis et tabula rerum nominumque locu pletissima*, Paris, Didot, 1877.

Straub, Richard E. F., *Gedruckt oder elektronisch? Zu neuen Formen von Textausgaben*, in: Gleßgen/Lebsanft 1997a, 227–234.

Stussi, Alfredo, *Notizie dall'Egeo*, in: Holtus/Kramer 1987, 341–348.

Tancke, Gunnar, *Die italienischen Wörterbücher von den Anfängen bis zum Erscheinen des «Vocabolario degli Accademici della Crusca» (1612). Bestandsaufnahme und Analyse*, Tübingen, Niemeyer, 1984.

Tarot, Rolf, *Probleme der Edition von Texten des 16. und 17. Jahrhunderts*, in: Martens/Zeller 1971, 371–384.

– *Editionsprinzipien für deutsche Texte der Neuzeit I: literarische Texte*, in: HSK 2/1 (1998), 931–941.

Tavoni, Mirko, *Il Quattrocento*, Bologna, Il Mulino, 1992.

– (ed.), *Italia ed Europa nella linguistica del Rinascimento: Confronti e relazioni. Atti del convegno internazionale Ferrara, Palazzo Paradiso, 20–24 marzo 1991*, vol. 1: *L'Italia e il mondo romanzo*; vol. 2: *L'Italia e l'Europa non romanza. Le lingue orientali*, Modena, Panini, 1996.

TB = Tommaseo, Nicolò/Bellini, Bernardo, *Dizionario della lingua italiana con oltre centomila giunte ai precedenti dizionari*, 20 vol., Torino, Società l'Unione Tipografica-Editrice, 1865–1879 (Repr. Milano, Rizzoli, 1977/1983).

Tchekhoff, Claude, *Les formations savantes gréco-latines en français, anglais, italien, espagnol, allemand et russe. Norme et déviations récentes*, LinguistiqueF 7 (1971/1972), 35–53.

Tekavčić, Pavao, *Grammatica storica dell'italiano*, vol. 1: *Fonematica*; vol. 2: *Morfosintassi*, vol. 3: *Lessico*, Bologna, Il Mulino, 1972.

Thiriet, Freddy, *La Romanie vénétienne au Moyen âge. Le développement et l'exploitation du domaine colonial vénitien (XIIe–XVe siècles)*, Paris, Boccard, 1959.

Thiriet, Freddy (ed.), *Symposion Byzantinon. Colloque international des historiens de Byzance (Strasbourg, 15–29 septembre 1973): Les Îles de l'Empire Byzantin*, BF 5 (1977).

ThLL = *Thesaurus Linguae Latinae*, Lipsiae, Teubner, 1900ss.

Thomopoulos, J., *Eine Statistik der Ortsnamen der Insel Keos*, Onomata 1 (1952), 27–29.

Tinto, Alberto, *Annali tipografici dei Tramezzino*, Venezia/Roma, Istituto per la collaborazione culturale, 1968.

Todorov, Tzvetan, *Der Reisende und der Fremde*, in: Garin, Eugenio (ed.), *Der Mensch der Renaissance*, Frankfurt a. M., Campus, 1996, 341–381 (Bari, 1988).

TolomeoCosmografiaBologna = Ptolemaeus, Claudius, *Cosmographia* [Bologna, 1477], ed. facs. Amsterdam, Theatrum Orbis Terrarum, 1963.

TolomeoGeografiaCernoti = *Geografia cioè descrittione universale della terra. Partita in due volumi, Nel Primo de' quali si contengono gli Otto Libri della Geografia di Cl. Tolomeo, Nuovamente con singolare studio rincontrati, et corretti dall'eccellentissimo Signor Giovanni Antonio Magini Padovano, Publico matematico nello Studio di Bologna* [...] *Dal Latino nell'Italiano Tradotta dal R. D. Leonardo Cernoti Vinitiano Canonico di S. Salvadore*, 2 vol., Venetia, Galignani Fratelli, 1597/1598.

TolomeoGeografiaMagini = Ptolemaeus, Claudius, *Geographieae universae tum veteris, tum novae absolutissimum opus [...] duobus voluminibus distinctum*, ed. Jo. Antonius Magini, Venetiis, Galignanus de Karera, 1596.

TolomeoGeografiaMunstero = *Claudius Ptolemaeus, ed. Sebastian Münster, Geographia, Basle, 1540*, ed. facs. Amsterdam, Theatrum Orbis Terrarum, 1966.

TolomeoGeografiaMattioli = *La Geografia di Claudio Ptolomeo Alessandrino, Con alcuni comenti et aggiunte fattevi da* [Sebastiano Munstero, Name geschabt] *Alamanno, Con le ta-*

vole non solamente antiche et moderne solite di stampasi, ma altre nuove aggiuntevi di Messer Iacopo Gastaldo Piamontese cosmographo, ridotta in volgare Italiano da M. Pietro Andrea Mattiolo Senese medico Eccellentissimo. Con l'aggiunta d'infiniti nomi moderni, di Città, Provincie, Castella, et altri luoghi, fatta con grandissima diligenza da esso Meser Iacopo Gastaldo, il che in nissun altro Ptolemeo si ritrova. Opera veramente non meno utile che necessaria, Venetia, Pedrezano, 1548.

TolomeoGeografiaRuscelli = *La Geografia di Claudio Tolomeo Alessandrino, Nuovamente tradotta di Greco in Italiano, da Girolamo Ruscelli, Con Espositioni del medesimo, particolari di luogo in luogo, et universali sopra tutto il libro, et sopra tutta la Geografia, ò modo di far la descrittione di tutto il mondo. Et con nuove et bellissime figure in istampe di rame, ove, oltre alle xxvi antiche di tolomeo, se ne son' aggiunte xxxvi altre delle moderne. Con la carta da navicare, et col modo d'intenderla, et d'adoperarla. Aggiuntovi un pieno discorso di M. Gioseppe Moleto Matematico. Nel quale si dichiarano tutti i termini et le regole appartenenti alla Geografia. Et con una nuova et copiosa Tavola di nomi antichi, dichiarati co i nomi moderni, et con molte altre cse utilissime et necessarie, che ciascuno leggendo potrà conoscere. Al sacratissimo et sempre felicissimo Imperator Ferdinando Primo*, Venetia, Valgrisi, 1561.

Tooley, Ronald V., *Maps in Italian Atlasses of the Sixteenth Century, being a comparative list of the Italian maps issued by Lafreri, Forlani, Duchetti, Bertelli and others, found in atlasses*, IM 3 (1939), 12–47.

Tortarolo, Edoardo, *Zensur als Institution und Praxis im Europa der Frühen Neuzeit. Ein Überblick*, in: Zedelmaier/Mulsow 2001, 277–294.

Trifone, Pietro, *La lingua e la stampa nel Cinquecento*, in: Serianni/Trifone 1993–1994, vol. 1 (1993), 425–446.

Trovato, Paolo, *Primi appunti sulla norma linguistica e la stampa tra '400 e '500*, LN 48 (1987), 1–7.

– *Prefazioni cinquecentesche e «questione della lingua». Assaggi su testi non letterari*, Schifanoia 9 (1990), 57–66.

– *Con ogni diligenza corretto: la stampa e le revisioni editoriali dei testi letterari italiani (1470–1570)*, Bologna, Il Mulino, 1991.

– *Il primo Cinquecento*, Bologna, Il Mulino, 1994.

– *L'ordine de' tipografi. Lettori, stampatori, correttori tra Quattro e Cinquecento*, Roma, Bulzoni, 1998.

Turnbull, David, *Cartography and Science in Early Modern Europe: Mapping the Construction of Knowledge Spaces*, IM 48 (1996), 5–24.

ÜG = Übersichtskarte Griechenland, Beilage zu Grothusen 1980.

UrkVen = Tafel, Gottlieb Lukas Friedrich/Thomas, Georg Martin, *Urkunden zur älteren Handels- und Staatsgeschichte der Republik Venedig mit besonderer Beziehung auf Byzanz und die Levante. Vom neunten bis zum Ausgang des fünfzehnten Jahrhunderts*, vol. 1: *814–1205* (1856); vol. 2: *1205–1255* (1856); vol. 3: *1256–1299* (1857), 3 vol., Wien, k.u.k. Hof- u. Staatsdr., 1856–1857.

Uzielli, Gustavo/Amat di S. Filippo, Pietro, *Mappamondi, Carte Nautiche, Portolani ed altri monumenti cartografici specialmente italiani dei secoli XIII–XVII* (Società Geografica Italiana (ed.), *Studi biografici e bibliografici sulla Storia della Geografia in Italia pubblicati in occasione del III.o Congresso Geografico Internazionale*, vol. 2), Roma, Società, 1882.

Van Dijk, Teun A., *Textwissenschaft. Eine interdisziplinäre Einführung*, München, DTV, 1980.

VarthemaItinerarioRamusio = *Itinerario di Lodovico Barthema*, in: RamusioNavigazioni 1,147v°–173r°.

Varvaro, Alberto, *La «New Philology» nella prospettiva italiana*, in: Gleßgen/Lebsanft 1997a, 35–42.

– *Storia della lingua e filologia (a proposito di lessicografia)*, in: Maraschio, Nicoletta/Poggi Salani, Teresa (edd.), *Storia della lingua italiana e storia letteraria. Atti del I Convegno ASLI – Associazione per la Storia della Lingua Italiana (Firenze, 29–30 maggio 1997)*, Firenze, Cesati, 1998, 99–109.

Vater, Heinz, *Einführung in die Textlinguistik*, München, Fink, ²1994 (¹1992).

VespucciMontalboddo = *El Novo Mondo de Lengue Spagnole interpretato in idioma Ro. Libro Quinto*, in: MontalboddoPaesi, &iiir°–Xiv°.

VespucciPozzi = Pozzi, Mario (ed.), *Il Mondo Nuovo di Amerigo Vespucci. Scritti vespucciani e paravespucciani*, Alessandria, Edizioni dell'Orso, 1993.

Vingopoulou, Ioli/Polycandrioti, Rania, *Travel Literature on S.E. Europe and the eastern mediterranean 15th–19th centuries. Short-title catalogue*, Athena, Kentron Neoellenikon Ereunon, 1993.

Vitale, Maurizio, *La questione della lingua*, nuova ed., Palermo, Palumbo, ³1964 (¹1960).

VLI = *Vocabolario della lingua italiana*, 4 vol., Roma, Istituto dell'Enciclopedia Italiana, 1986–1994.

Vogel, Sabine, *Kulturtransfer in der frühen Neuzeit: Die Vorworte der Lyoner Drucke des 16. Jahrhunderts*, Tübingen, Mohr, 1999.

VOUR = Chatzipanagioti, Julia, *Verzeichnis von Ortsnamen und Unterkunftsangaben in Reiseberichten des 16. und 17. Jahrhunderts über die südliche Balkanhalbinsel und den östlichen Mittelmeerraum*, in: Droulia, Loukia (ed.), *On Travel Literature and Related Subjects. References and approaches*, Athens, Institute of Neohellenic Research, 1993, 157–320.

VWG = Bischoff, Friedrich Heinrich Theodor/Möller, Johann Heinrich, *Vergleichendes Wörterbuch der alten, mittleren und neuen Geographie*, Gotha, Becker'sche Buchhandlung, 1829.

Wagner, Sabine, *Der Text auf der Karte – die Karte im Text. Zum Verhältnis von Bild, Texttafel und Begleittext in der deutschen Kosmographie des 16. Jahrhunderts*, in: Kühlmann, Wilhelm/Neuber, Wolfgang (edd.), *Intertextualität in der Frühen Neuzeit. Studien zu ihren theoretischen und praktischen Perspektiven*, Frankfurt a. M., Lang, 1994, 225–252.

Weinrich, Harald, *Das spanische Sprachbewußtsein im Siglo de Oro*, in: Baader, Horst/Loos, Erich (edd.), *Spanische Literatur im Goldenen Zeitalter. Fritz Schalk zum 70. Geburtstag*, Frankfurt a. M., Klostermann, 1973, 524–547.

– *Thesen zur Textsorten-Linguistik*, in: Gülich/Raible 1975, 161–169.

Weiss, Robert, *Un umanista antiquario: Cristoforo Buondelmonti*, LettIt 16 (1964), 105–116.

Wenzel, Horst (ed.), *Gutenberg und die Neue Welt*, München, Fink, 1994.

Werlich, Egon, *Typologie der Texte. Entwurf eines textlinguistischen Modells zur Grundlegung einer Textgrammatik*, Heidelberg, Quelle und Meyer, 1975.

Whitfield, Peter, *New Found Lands*, London, British Library, 1998.

Wilhelm, Raymund, *Italienische Flugschriften des Cinquecento (1500–1550). Gattungsgeschichte und Sprachgeschichte*, Tübingen, Niemeyer, 1996.

– *Diskurstraditionen*, in: HSK 20/1 (2001), 467–477.

Wind, Edgar, *Kulturwissenschaftliche Bibliographie zum Nachleben der Antike*, vol. I/IV, Leipzig/Berlin, Teubner, 1934.

Wirth, Peter, *Die mittelalterliche griechische Inselwelt im Lichte der byzantinischen Kaiserdiplome*, in: Thiriet 1977, 415–431.

Woesler, Winfried, *Editionsprinzipien für deutsche Texte der Neuzeit II: nichtliterarische Texte*, in: HSK 2/1 (1998), 941–948.

Wolf, Lothar, *Fr. «traduire», lat. «traducere» und die kulturelle Hegemonie Italiens zur Zeit der Renaissance*, ZrP 87 (1971), 99–105.

Woodward, David (ed.), *Art and Cartography. Six historical essays*, Chicago/London, Chicago Press, 1987.

– *Maps as Prints in the Italian Renaissance. Makers, Distributors and Consumers*, London, British Library, 1996.
Wrobel, Johannes (ed.), *Eberhard von Bethune: Graecismus*, ed. facs. Hildesheim/Zürich/New York, Olms, 1987 [Breslau, Koebner, 1887].
Zaccaria, Enrico, *L'elemento iberico nella lingua italiana*, Bologna, Cappelli, 1927.
Zamboni, Alberto, *I nomi di luogo*, in: Serianni/Trifone 1993–1994, vol. 2 (1994), 859–878.
Zancan, Marina, *Venezia e il Veneto*, in: Asor Rosa, Alberto (ed.), *Letteratura italiana. Storia della geografia*, vol. 2/2: *Storia e geografia. L'età moderna*, Torino, Einaudi, 1988, 619–741.
Zandvliet, Kees, *Mapping for money*, Amsterdam, De Bataafsche Leeuw, 1998.
Zaragoza, Gonzalo, *L'età delle scoperte: i nuovi mondi dei secoli XV–XVII*, Milano, Fenice, 1996.
Zedelmaier, Helmut/Mulsow, Martin (edd.), *Die Praktiken der Gelehrsamkeit in der Frühen Neuzeit*, Tübingen, Niemeyer, 2001.
Zemon Davies, Natalie, *Die schenkende Gesellschaft. Zur Kultur der französischen Renaissance*, München, C. H. Beck, 2002.
Zingarelli = Zingarelli, Nicola, *Lo Zingarelli: 2004. Vocabolario della lingua italiana*, Bologna, Zanichelli, [12]1993 (rist. 2003).
Zolli, Paolo, *Filologia e lessicografia: il problema della postdatazione*, in: Savoca 1986, 150–175.
Zorzi, Marino (ed.), *Biblioteca Marciana*, Firenze, Nardini, 1988.
Zumthor, Paul, *Intertextualité et mouvance*, Littérature 41 (1981), 8–16.
Zurhausen-Bamberg, Helga, *Die Etablierung der Syntax in der italienischen Grammatik. Studien an ausgewählten Sprachtraktaten aus drei Jahrhunderten*, Augsburg, Wißner, 1996.

FSC
www.fsc.org
MIX
Papier | Fördert
gute Waldnutzung
FSC® C083411

Kolibri 360 GmbH
Ferdinand-Jühlke-Straße 7
99095 Erfurt, Deutschland
produktsicherheit@kolibri360.de